www.kkwbooks.com

CBT검정활용

최신 출제 경향에 맞춘 최고의 수험서!

2025 개정 16판

콘크리트 기능사

이 책의 특징

- KDS, KCS 적용 | SI 단위 적용
- 다년간 실무 및 강의 경험이 풍부한 최상급 저자
- 정확한 답과 명쾌한 해설
- 내용에 따른 사진을 많이 삽입하여 알기 쉽게 풀이
- 각 과목 단원별 엄선된 문제 및 요점 수록
- 최근 기출문제 및 해설 수록

필기 실기

고행만 저

실기 필답형 2024년
기출 복원 문제 수록
CBT 모의고사 1~6회 수록

질의응답 카페 운영
cafe.daum.net/khm116
(토목, 건설재료, 콘크리트)

도서출판 건기원

머리말

건설공사에 있어서 자격증의 필요성은 해를 거듭할수록 높아가고 있습니다. 토목 및 건축분야의 건설기술인으로 자격과 경력에 따른 등급이 적용되고 있어 비전공자의 경우 자격 취득은 당연시되고 있습니다.

급변하는 건설 산업 환경에서는 건설공사의 질적 발전을 도모하기 위해 인정받는 건설기술인으로 거듭나야 할 것이라고 생각합니다.

본 도서를 소개하면 수험자 여러분이 짧은 시간 내에 자격취득을 할 수 있도록 단원별 실전문제와 기출문제를 제시하였고, 실기작업의 이해력을 증진시키기 위해 자세한 설명과 시험과정을 사진으로 편성하였습니다.

아무쪼록 수험자 여러분의 무한한 정진과 최선을 다하는 모습에서 보람을 느끼며 여러분의 합격을 진심으로 기원합니다.

끝으로 본 도서를 펴내기 위해 협조해 주신 도서출판 건기원 관계자분들과 원고 정리 및 교정 등에 많은 도움을 주신 분들께 감사드리며 가까이에서 응원해 주시는 여러 선생님과 늘 함께하는 가족에게 진심으로 고마움을 표합니다.

저자 고행만

콘크리트기능사 출제기준

자격종목 : 콘크리트기능사
검정방법 : 필기
적용기간 : 2025.1.1.~2027.12.31.

과목명	문제수	주요항목	세부항목
콘크리트 재료, 콘크리트 시공, 콘크리트 재료시험	60	1. 콘크리트 재료에 관한 지식	1. 시멘트 2. 물 3. 골재 4. 혼화재료 5. 콘크리트에 필요한 기타 재료
		2. 콘크리트 시공에 관한 지식	1. 콘크리트의 시공기계 및 기구 2. 콘크리트의 배합 3. 콘크리트의 운반 4. 콘크리트의 타설 및 다지기 5. 콘크리트의 양생 6. 특수 콘크리트의 시공법
		3. 콘크리트재료에 관한 시험법 및 배합 설계에 관한 지식	1. 시멘트 시험 2. 골재 시험 3. 굳지 않은 콘크리트 시험 4. 굳은 콘크리트 시험 5. 콘크리트의 배합설계

자격종목 : 콘크리트기능사
검정방법 : 실기

과목명	주요항목	세부항목
콘크리트 시공 작업	일반 콘크리트 및 특수 콘크리트에 관한 시공 작업	1. 콘크리트 재료 이해하기 2. 콘크리트 관련 시험하기 3. 콘크리트 공구 및 장비 활용하기 4. 콘크리트 배합하기 5. 콘크리트 타설 및 다지기하기 6. 콘크리트 양생하기

※ 자세한 출제기준은 한국산업인력공단(http://www.q-net.or.kr/)에서 확인하실 수 있습니다.

차 례

제1편 콘크리트 재료

제1장 골 재 ... 1-3

1-1 골재의 특성별 분류 / 1-3
1-2 골재의 성질 / 1-3

제2장 시멘트 및 혼화재료 ... 1-6

2-1 시 멘 트 / 1-6
2-2 혼화재료 / 1-12
♣ 실전문제 ... 1-15

제2편 콘크리트 시공

제1장 콘크리트의 혼합·운반·치기 ... 2-3

1-1 콘크리트의 혼합 / 2-3
1-2 콘크리트의 운반 / 2-4
1-3 타설 및 다지기 / 2-8
1-4 거푸집 및 동바리 / 2-16
1-5 레디믹스트 콘크리트 / 2-21
1-6 일반 콘크리트 품질관리 / 2-24
♣ 실전문제 ... 2-26

제2장　특수 콘크리트　　　　　　　　　　　　　　　　　　　　2-51

2-1　매스 콘크리트 / 2-51
♣ 실전문제 …………………………………………………………… 2-54

2-2　한중 콘크리트 / 2-60
♣ 실전문제 …………………………………………………………… 2-63

2-3　서중 콘크리트 / 2-67
♣ 실전문제 …………………………………………………………… 2-68

2-4　수밀 콘크리트 / 2-70
♣ 실전문제 …………………………………………………………… 2-71

2-5　수중 콘크리트 / 2-72
♣ 실전문제 …………………………………………………………… 2-76

2-6　프리플레이스트 콘크리트 / 2-82
♣ 실전문제 …………………………………………………………… 2-85

2-7　해양 콘크리트 / 2-92
♣ 실전문제 …………………………………………………………… 2-94

2-8　숏크리트 / 2-97
♣ 실전문제 …………………………………………………………… 2-99

2-9　섬유보강 콘크리트 / 2-102
♣ 실전문제 …………………………………………………………… 2-103

2-10　방사선 차폐용 콘크리트 / 2-105
♣ 실전문제 …………………………………………………………… 2-106

2-11　프리캐스트 콘크리트 / 2-107
♣ 실전문제 …………………………………………………………… 2-109

2-12　프리스트레스트 콘크리트 / 2-111
♣ 실전문제 …………………………………………………………… 2-115

제3편 | 콘크리트 재료시험

제1장 시멘트 시험 3-3

- 1-1 시멘트 밀도 시험 / 3-3
- 1-2 시멘트의 분말도 시험 / 3-6
- 1-3 시멘트의 응결 시험 / 3-9
- 1-4 시멘트의 오토클레이브 팽창도 시험 / 3-13
- 1-5 시멘트 모르타르의 압축 강도 시험 / 3-16
- 1-6 시멘트 모르타르의 인장 강도 시험 / 3-20

제2장 골재 시험 3-24

- 2-1 골재의 체가름 시험 / 3-24
- 2-2 굵은골재 밀도 및 흡수율 시험 / 3-32
- 2-3 잔골재의 밀도 및 흡수율 시험 / 3-37
- 2-4 잔골재의 표면수 시험 / 3-41
- 2-5 골재의 용적질량 및 실적률 시험 / 3-46
- 2-6 골재 중의 함유되는 점토덩어리 양의 시험 / 3-49
- 2-7 골재에 포함된 잔입자(0.08mm체 통과하는) 시험 / 3-52
- 2-8 콘크리트용 모래에 포함되어 있는 유기 불순물 시험 / 3-55
- 2-9 골재의 안정성 시험 / 3-58
- 2-10 로스앤젤레스 시험기에 의한 굵은골재의 마모시험 / 3-64

제3장 콘크리트 시험 3-68

- 3-1 굳지 않은 콘크리트의 슬럼프 시험 / 3-68
- 3-2 압력법에 의한 굳지 않은 콘크리트의 공기량 시험 / 3-70
- 3-3 굳지 않은 콘크리트의 블리딩 시험 / 3-75
- 3-4 콘크리트의 압축강도 시험 / 3-77
- 3-5 콘크리트의 인장강도 시험 / 3-81
- 3-6 콘크리트의 휨강도 시험 / 3-84
- 3-7 슈미트 해머에 의한 콘크리트 강도의 비파괴 시험 / 3-87
- 3-8 콘크리트 배합 설계 / 3-91
- ♣ 실전문제 ·· 3-107

제4편 기출문제

국가기술자격검정 필기시험문제   4-3

2013년 1월 27일(제1회)	4-47	2016년 1월 24일(제1회)	4-169
2013년 4월 14일(제2회)	4-60	2016년 4월 2일(제2회)	4-182
2013년 7월 21일(제4회)	4-74	2016년 7월 10일(제4회)	4-196
2014년 1월 26일(제1회)	4-86	제 1 회 CBT 모의고사	4-210
2014년 4월 6일(제2회)	4-99	제 2 회 CBT 모의고사	4-224
2014년 7월 20일(제4회)	4-113	제 3 회 CBT 모의고사	4-236
2015년 1월 25일(제1회)	4-127	제 4 회 CBT 모의고사	4-249
2015년 4월 4일(제2회)	4-141	제 5 회 CBT 모의고사	4-261
2015년 7월 19일(제4회)	4-156	제 6 회 CBT 모의고사	4-274

제5편 실기 기출문제

실기 필답형 문제				5-3
실기 작업형 문제				5-37
2013년 3월 17일 실기 필답형	5-51	2019년 3월 23일 실기 필답형	5-110
2013년 5월 26일 실기 필답형	5-54	2019년 5월 25일 실기 필답형	5-114
2013년 9월 1일 실기 필답형	5-57	2019년 8월 24일 실기 필답형	5-117
2014년 3월 23일 실기 필답형	5-60	2020년 4월 4일 실기 필답형	5-121
2014년 5월 25일 실기 필답형	5-64	2020년 6월 13일 실기 필답형	5-124
2014년 9월 14일 실기 필답형	5-67	2020년 8월 29일 실기 필답형	5-128
2015년 3월 15일 실기 필답형	5-70	2021년 4월 3일 실기 필답형	5-131
2015년 5월 24일 실기 필답형	5-74	2021년 6월 13일 실기 필답형	5-135
2015년 9월 6일 실기 필답형	5-77	2021년 8월 22일 실기 필답형	5-139
2016년 3월 13일 실기 필답형	5-80	2022년 3월 20일 실기 필답형	5-142
2016년 5월 21일 실기 필답형	5-83	2022년 5월 29일 실기 필답형	5-146
2016년 8월 28일 실기 필답형	5-86	2022년 8월 14일 실기 필답형	5-150
2017년 3월 12일 실기 필답형	5-90	2023년 4월 9일 실기 필답형	5-154
2017년 5월 20일 실기 필답형	5-93	2023년 6월 11일 실기 필답형	5-158
2017년 9월 9일 실기 필답형	5-97	2023년 8월 12일 실기 필답형	5-163
2018년 3월 10일 실기 필답형	5-100	2024년 3월 16일 실기 필답형	5-166
2018년 5월 26일 실기 필답형	5-103	2024년 6월 1일 실기 필답형	5-170
2018년 8월 25일 실기 필답형	5-106	2024년 8월 18일 실기 필답형	5-174

제1편 콘크리트 재료

제1장 골 재
제2장 시멘트 및 혼화재료

제1장 골 재

1-1 골재의 특성별 분류

(1) 골재의 입경에 따른 분류

① 굵은골재 : 5mm 체에 거의 남는 골재
② 잔골재 : 10mm 체를 전부 통과하고 5mm 체를 거의 통과하며 0.08mm 체에 다 남는 골재

(2) 골재의 산출 방법에 따른 분류

① 천연 골재 : 하천모래, 하천자갈, 바다모래, 바다자갈 등
② 인공 골재 : 부순돌(쇄석), 부순모래, 고로 슬래그, 인공 경량 및 중량골재 등

(3) 골재의 중량에 의한 분류

① 경량 골재 : 콘크리트의 질량을 줄이기 위해 사용하는 골재로 밀도가 $2.50g/cm^3$ 이하
② 보통 골재 : 밀도가 $2.50 \sim 2.65g/cm^3$ 정도인 골재
③ 중량 골재 : 댐, 방사선 차폐 콘크리트 등에 사용되는 골재로 밀도가 $2.70g/cm^3$ 이상인 골재

1-2 골재의 성질

(1) 골재의 필요 조건

① 깨끗하고 유해물이 함유하지 않을 것
② 물리, 화학적으로 안정하고 강도 및 내구성이 클 것
③ 입도 분포가 양호할 것
④ 모양은 구 또는 입방체에 가까울 것
⑤ 마모에 대한 저항성이 클 것

(2) 골재의 입도 및 입형

① 골재의 모양은 모난 것보다는 둥근 것이 콘크리트의 유동성 즉 워커빌리티를 증대시켜주므로 구 또는 입방체가 좋다.
② 골재의 입자가 크고 작은 것이 골고루 섞여 있는 즉 입도가 양호한 것이 좋다.
③ 부순 돌(쇄석)은 강자갈에 비해 워커빌리티는 나쁘고 잔골재율과 단위 수량이 증대되며 골재의 표면이 거칠어 강도는 더 크다.
④ 굵은골재의 최대치수가 65mm 이상인 경우에는 대·소알을 구분하여 따로 저장한다.
⑤ 잔골재는 10mm 체를 전부 통과하고 5mm 체를 질량비로 85% 이상 통과하며 최대 입자로부터 미립자까지 대소의 알이 적당히 혼합되어 있는 것이 좋다.
⑥ 굵은 알이 적당히 혼합되어 있는 잔골재를 쓰면 소요 품질의 콘크리트를 비교적 적은 단위 수량 및 단위 시멘트양으로 경제적인 콘크리트를 만들 수 있다.
⑦ 조립률이 2.0~3.3의 잔골재를 쓰는 것이 좋다. 조립률이 이 범위를 벗어난 잔골재를 쓰는 경우에는 2종 이상의 잔골재를 혼합하여 입도를 조정해서 쓰는 것이 좋다. 또 잔골재 입도의 표준에 표시된 연속된 2개의 체 사이를 통과하는 양의 백분율은 45%를 넘지 않아야 한다.
⑧ 빈배합 콘크리트의 경우나 굵은골재의 최대치수가 작은 굵은골재를 쓰는 경우에는 비교적 세립이 많은 잔골재를 사용하면 워커빌리티가 좋은 콘크리트를 얻을 수 있다.
⑨ 잔골재에 부순 잔골재나 고로 슬래그 잔골재를 혼합하여 사용할 경우 0.15mm 체 통과 분의 대부분이 부순 잔골재나 슬래그 잔골재인 경우에는 15%로 증가시켜도 좋다.

(3) 알칼리 골재 반응

① 포틀랜드 시멘트 속의 알칼리 성분이 골재 속의 실리카질 광물과 화학반응을 일으키는 것이다.
② 알칼리 골재반응을 일으키는 시멘트를 사용한 콘크리트는 타설 후 1년 이내에 불규칙한 팽창성 균열이 생긴다.
③ 콘크리트 속의 골재는 겔(gel) 상태의 물질을 형성한다.
④ 이백석, 규산질 또는 고로질 석회암, 응회암의 골재에서 이와 같은 반응을 일으킨다.
⑤ 알칼리 골재 반응을 억제하기 위해 알칼리양을 0.6% 이하로 하는 것이 좋다.

(4) 굵은골재 최대치수

① 골재의 체가름 시험을 하였을 때 통과중량 백분율이 90% 이상 통과한 체 중에서 최소치수의 눈금을 말한다.
② 굵은골재 최대치수는 허용하는 범위 내에서 큰 것을 사용할수록 간극률이 적어서 단위 수량과 단위 시멘트양이 적어지고 잔골재율이 적어져서 경제적인 콘크리트가 된다.

③ 굵은골재 최대치수가 클수록 워커빌리티가 나빠지고 재료분리가 발생한다.
④ 구조물의 종류별 굵은골재 최대치수

구조물의 종류		굵은골재 최대치수	
무근 콘크리트		40mm 이하, 부재 최소치수의 1/4 이하	
철근 콘크리트	일반적인 경우	20mm 또는 25mm 이하	부재 최소치수의 1/5 이하, 피복 두께 및 철근의 최소수평, 수직 순간격의 3/4 이하
	단면이 큰 경우	40mm 이하	
댐 콘크리트		150mm 이하	
포장 콘크리트		40mm 이하	

제 2 장 시멘트 및 혼화재료

2-1 시멘트

2-1-1 시멘트 제조

석회석과 점토를 혼합하여 1,400~1,500°C 정도 소성하여 클링커를 만든 후 응결 지연제인 석고를 2~3% 정도 넣고 클링커를 분쇄하여 만든다.

2-1-2 시멘트의 화학적 성분

(1) 주성분

① 석회(CaO) : 63%
② 실리카(SiO_2) : 23%
③ 알루미나(Al_2O_3) : 6%

(2) 부성분

① 산화철(Fe_2O_3)
② 무수황산(SO_3)
③ 산화마그네슘(MgO)

2-1-3 시멘트 화합물의 특성

(1) 규산 3석회(C_3S)

강도가 빨리 나타나고 중용열 포틀랜드 시멘트에서는 이 양을 50% 이하로 제한하고 있다.

(2) 규산 2석회(C_2S)

수화 작용은 늦고 장기 강도가 크다.

(3) 알루민산 3석회(C_3A)

수화작용이 가장 빠르며 수화열이 매우 높아 중용열 시멘트에서는 8% 이하로 제한하고 있다.

(4) 알루민산철 4석회(C_4AF)

수화작용이 늦고 수화열도 적어 도로용, 댐용 시멘트에 사용된다.

2-1-4 시멘트의 일반적 성질

(1) 시멘트의 수화

① 시멘트와 물이 혼합하면 화학반응을 일으켜 응결, 경화과정을 거쳐 강도를 내게 된다. 이런 반응을 수화작용이라 한다.
② 수화작용은 시멘트의 분말도, 수량, 온도, 혼화재료의 사용유무 등 여러 가지 요인에 따라 영향을 받는다.

(2) 응결 및 경화

① 응 결
  (가) 시멘트와 물이 혼합된 시멘트풀이 시간이 지남에 따라 유동성과 점성을 잃고 굳어지는 현상이다.
  (나) 응결은 초결 1시간 이후, 종결은 10시간 이내로 규정되어 있다.
  (다) 시멘트의 응결 시험은 비카침 및 길모어 침에 의해 시멘트의 응결시간을 측정한다.

② 응결시간에 영향을 끼치는 요인
  (가) 수량이 많으면 응결이 늦어진다.
  (나) 석고량을 많이 넣을수록 응결은 늦어진다.
  (다) 물-결합재비가 많을수록 응결은 늦어진다.
  (라) 풍화된 시멘트를 사용할 경우 응결은 늦어진다.
  (마) 온도가 높을수록 응결이 빨라진다.
  (바) 습도가 낮으면 응결이 빨라진다.
  (사) 분말도가 높으면 응결이 빨라진다.
  (아) 알루민산 3석회(C_3A)가 많을수록 응결은 빨라진다.

③ 경 화
  응결이 끝난 후 수화작용이 계속되면 굳어져서 강도를 내는 상태

(3) 수화열

① 시멘트가 수화작용을 할 때 발생하는 열을 말한다.
② 시멘트가 응결, 경화하는 과정에서 열이 발생한다.
③ 수화열은 콘크리트의 내부온도를 상승시키므로 한중 콘크리트 공사에는 유효하지만 댐과 같이 단면이 큰 매스 콘크리트 온도가 크게 상승하여 초기 경화 후 냉각하

게 되면 내외 온도차에 의한 온도응력이 발생하여 균열이 발생하는 원인이 된다.
④ 수화열은 물-결합재비가 클수록 높고 양생온도가 높을수록 조기 재령에서 높아진다.

(4) 시멘트의 풍화

① 시멘트가 저장 중에 공기와 접하면 공기 중의 수분을 흡수하여 수화작용을 일으켜 굳어지는 현상

② 풍화된 시멘트의 성질
   (가) 밀도가 작아진다.
   (나) 응결이 늦어진다.
   (다) 강도가 늦게 나타난다.
   (라) 강열감량이 증가된다.
   [강열감량] 시멘트의 풍화정도를 나타내는 척도로 3% 이하로 규정되어 있다.

(5) 시멘트의 밀도

① 보통 포틀랜드 시멘트의 밀도는 $3.14 \sim 3.16 g/cm^3$ 정도이며 콘크리트 배합 및 단위용적질량 계산 등에 이용된다.

② 시멘트의 밀도 값으로 클링커의 소성상태, 풍화, 혼합재료의 섞인 양, 시멘트의 품질, 시멘트의 종류 등을 알 수 있다.

③ 시멘트 밀도에 영향을 끼치는 요인
   (가) 석고 함유량이 많으면 밀도가 작아진다.
   (나) 저장기간이 길거나 풍화된 경우 밀도가 작아진다.
   (다) 클링커의 소성이 불충분할 경우 밀도가 작아진다.
   (라) 혼합 시멘트는 혼합재료의 양이 많아지면 밀도가 작아진다.
   (마) 일반적으로 실리카(SiO_2), 산화철(Fe_2O_3) 등이 많으면 밀도가 크고, 석회(CaO), 알루미나(Al_2O_3)가 많으면 밀도가 작다.

④ 시멘트 밀도시험
   (가) 르샤틀리에 병에 광유를 0~1ml 눈금사이에 넣고 눈금을 읽는다.
   (나) 병의 목 부분에 묻은 광유를 철사에 마른 천을 감고 닦아낸다.
   (다) 시멘트 64g을 넣고 병을 가볍게 굴리거나 흔들어 내부공기를 뺀 후 광유의 표면눈금을 읽는다.
   (라) 시멘트 밀도 = $\dfrac{\text{시멘트의 질량(g)}}{\text{비중병 눈금의 차}(ml)}$

(6) 시멘트의 분말도

① 시멘트 입자의 가는 정도를 나타내는 것으로 비표면적으로 나타낸다. 즉 시멘트 1g이 가지는 전체 입자의 총 표면적(cm^2/g)이다.
② 보통 포틀랜드 시멘트의 분말도는 $2,800cm^2/g$ 이상이다.
③ 시멘트의 입자가 가늘수록 분말도가 높다.
④ 분말도가 높은 시멘트의 성질
 ㈎ 수화작용이 빠르고 초기강도 크게 된다.
 ㈏ 블리딩이 적고 워커빌리티가 좋아진다.
 ㈐ 풍화하기 쉽다.
 ㈑ 수화열이 많으므로 건조수축이 커져서 균열이 발생하기 쉽다.
⑤ 시멘트의 분말도 시험은 표준체에 의한 방법[No.325(44μ), No.170(88μ)]과 블레인 방법이 있다.

(7) 시멘트의 안정성

① 시멘트가 경화중에 체적이 팽창하여 균열이 생기거나 휨 등이 생기는 정도를 말한다.
② 보통 포틀랜드 시멘트의 팽창도는 0.8% 이하이다.
③ 시멘트가 불안정한 원인은 시멘트 입자 안에 산화칼슘(CaO), 산화마그네슘(MgO), 삼산화황(SO_3) 등이 많이 포함되어 있기 때문이다.
④ 시멘트의 오토클레이브 팽창도 시험으로 시멘트의 안정성을 알 수 있다.

(8) 시멘트 모르타르의 압축강도 시험

① 모르타르는 시멘트와 표준모래를 1 : 3의 질량비로 한다. (시멘트 450g, 표준사 1,350g)
② 흐름 몰드에 모르타르를 각 층마다 20회씩 2층을 다진 후 흐름판을 15초 동안에 25회 낙하시켜 흐름값을 구한다.
③ 흐름값은 100~115가 표준값이다.
④ 흐름값(%) = $\dfrac{\text{시험 후 퍼진 모르타르 평균지름}}{\text{흐름 몰드의 밑지름}} \times 100$
⑤ 압축강도 = $\dfrac{\text{최대 하중}}{\text{시험체의 단면적}}$
여기서, 시험체(공시체)의 몰드는 $40 \times 40 = 1,600mm^2$이다.

(9) 시멘트 모르타르의 인장강도 시험

① 모르타르는 시멘트와 표준모래를 섞어 무게비가 1 : 2.7의 질량비로 한다.
② 인장강도 = $\dfrac{\text{최대 하중}}{\text{시험체의 단면적}}$

2-1-5 시멘트의 종류 및 특성

(1) 보통 포틀랜드 시멘트
① 일반적인 시멘트를 보통 포틀랜드 시멘트라 한다.
② 원료가 석회석과 점토로 재료구입이 쉽고 제조공정이 간단하며 그 성질이 우수하다.

(2) 중용열 포틀랜드 시멘트
① 수화열을 적게하기 위해 알루민산 3석회(C_3A)의 양을 적게하고 장기 강도를 내기위해 규산 2석회(C_2S)량을 많게 한 시멘트
② 수화열이 적다.
③ 조기강도는 작으나 장기강도는 크다.
④ 댐, 매스 콘크리트, 방사선 차폐용 등에 적합하다.
⑤ 건조수축은 포틀랜드 시멘트 중에서 가장 작다.

(3) 조강 포틀랜드 시멘트
① 보통 포틀랜드 시멘트의 28일 강도를 재령 7일 정도에서 나타난다.
② 수화속도가 빠르고 수화열이 커 한중공사, 긴급공사 등에 사용된다.
③ 수화열이 크므로 매스 콘크리트에서는 균열 발생의 원인이 되므로 주의해야 한다.

(4) 고로 시멘트
① 수화열이 비교적 적다.
② 내화학약품성이 좋아 해수, 공장폐수, 하수 등에 접하는 콘크리트에 적당하다.
③ 댐 공사에 사용된다.
④ 단기강도가 적고 장기강도가 크다.

(5) 실리카 시멘트(포졸란)
① 콘크리트 워커빌리티를 증가시킨다.
② 장기강도가 커진다.
③ 수밀성 및 해수에 대한 화학적 저항성이 크다.

(6) 플라이 애시 시멘트
① 콘크리트 워커빌리티를 증대시키며 단위 수량을 감소시킬 수 있다.
② 수화열이 적고 건조수축도 적다.
③ 장기강도가 커진다.
④ 해수에 대한 내화학성이 크다.

(7) 알루미나 시멘트

① 1일 강도가 보통 포틀랜드 시멘트의 28일 강도와 같다.
② 발열량이 커 한중공사, 긴급공사에 적합하다.
③ 해수 및 기타 화학작용을 받는 곳에 저항성이 크다.
④ 내화용 콘크리트에 적합하다.
⑤ 보통 포틀랜드 시멘트와 혼합하여 사용하면 순결성이 나타나므로 주의하여야 한다.

(8) 초속경 시멘트(jet cement)

① 긴급공사, 동절기 공사, 숏크리트, 그라우트용으로 사용한다.
② 응결시간이 짧고 경화시 발열이 크다.
③ 알루미나 시멘트와 같은 전이 현상이 없다.
④ 보통 시멘트와 혼합해서 사용하면 안 된다.
⑤ 강도 발현이 매우 빨라 물을 가한 후 2~3시간에 압축강도가 약 10~20MPa에 달한다.
⑥ 재령 1일에 40MPa의 강도를 발현한다.

(9) 팽창시멘트

① 보통 포틀랜드 시멘트를 사용한 콘크리트는 경화 건조에 의해 수축, 균열이 발생하는데 이 수축성을 개선할 목적으로 사용한다.
② 초기에 팽창하여 그 후의 건조수축을 제거하고 균열을 방지하는 수축 보상용과 크게 팽창을 일으켜 프리스트레스 콘크리트로 이용하는 화학적 프리스트레스 도입용이 있다.
③ 팽창성 콘크리트의 수축률은 보통 콘크리트에 비해 20~30% 작다.
④ 팽창성 콘크리트는 양생이 중요하며 믹싱시간이 길면 팽창률이 감소하므로 주의해야 한다.

2-1-6 시멘트의 저장

(1) 방습된 사일로 또는 창고에 입하된 순서대로 저장한다.
(2) 포대 시멘트는 지상 30cm 이상 되는 마루에 쌓아 놓는다.
(3) 포대 시멘트는 13포 이상 쌓아 놓지 않는다. 단, 장기간 저장 시에는 7포 이상 쌓지 않는다.
(4) 저장 중에 약간이라도 굳은 시멘트는 사용해서는 안 된다.
(5) 장기간 저장한 시멘트는 사용하기 전에 시험을 하여 품질을 확인해야 한다.
(6) 시멘트의 온도가 너무 높을 때는 온도를 낮추어서 사용해야 한다.

(7) 시멘트 저장고의 면적

$$A = 0.4\frac{N}{n}(\text{m}^2)$$

여기서, N : 총 쌓을 포대 수
n : 높이로 쌓을 포대 수

2-2 혼화재료

2-2-1 혼 화 재

사용량이 비교적 많아 그 자체의 부피가 콘크리트의 배합계산에 관계가 되며 시멘트 사용량의 5% 이상 사용한다.

(1) 포졸란
① 블리딩이 감소하고 워커빌리티가 좋아진다.
② 수밀성 및 화학 저항성이 크다.
③ 발열량이 적어지므로 강도의 증진이 늦고 장기 강도가 크다.
④ 댐 등 단면이 큰 콘크리트에 사용된다.

(2) 플라이 애시
① 콘크리트의 워커빌리티를 좋게 하고 사용수량을 감소시켜 준다.
② 장기 강도가 크다.
③ 수화열이 적어 단면이 큰 콘크리트 구조물에 적합하다.
④ 콘크리트의 수밀성을 크게 개선한다.

(3) 고로 슬래그
① 내해수성, 내화학성이 향상된다.
② 수화열에 의한 온도상승의 대폭적인 억제가 가능하게 되어 매스 콘크리트에 적합하다.
③ 알칼리 골재반응의 억제에 대한 효과가 크다.

(4) 팽창재
① 교량의 지승을 설치할 때나 기계를 앉힐 때 기초부위 등의 그라우트에 사용한다.
② 콘크리트 부재의 건조수축을 줄여 균열의 발생을 방지할 목적으로 사용한다.
③ 혼합량이 지나치게 많으면 팽창균열을 일으키게 되므로 주의해야 한다.
④ 포틀랜드 시멘트에 혼합하여 팽창시멘트로 사용한다.
⑤ 물탱크, 지붕 슬래브, 지하벽 등의 방수 이음부를 없앤 콘크리트 포장, 흄관 등에 이용한다.

(5) 실리카 퓸

① 밀도는 $2.1 \sim 2.2 g/cm^3$ 정도이며 시멘트 중량의 5~15% 정도 치환하면 콘크리트가 치밀한 구조가 된다.
② 재료분리 저항성, 수밀성, 내화학 약품성이 향상되며 알칼리 골재 반응의 억제효과 및 강도 증진이 된다.
③ 단위 수량의 증가, 건조수축의 증대 등의 결점이 있다.

2-2-2 혼 화 제

사용량이 비교적 적어 그 자체의 부피가 콘크리트의 배합계산에서 무시되며 시멘트 사용량의 1% 이하로 사용한다.

(1) AE제

① 콘크리트 내부에 독립된 미세한 기포를 발생시켜 이 연행공기가 시멘트, 골재입자 주위에서 볼 베어링 작용을 함으로 콘크리트의 워커빌리티를 개선한다.
② 블리딩을 감소시킨다.
③ 동결융해에 대한 내구성을 크게 증가시킨다.
④ 공기량이 1% 증가함에 따라 슬럼프가 2.5cm 증가하고 압축강도는 4~6% 감소한다.
⑤ 단위 수량이 적게 된다.
⑥ 철근과 부착강도가 저하되는 단점이 있다.
⑦ 알칼리 골재 반응이 적다.

(2) 감수제, AE감수제, 분산제

① 시멘트 입자를 분산시킴으로 콘크리트의 워커빌리티를 좋게 하고 소요의 워커빌리티를 얻기 위해 단위 수량을 10~16% 정도 감소시킨다.
② 동결융해에 대한 저항성이 증대된다.
③ 단위 시멘트양을 감소시킨다.
④ 수밀성이 향상되고 투수성이 감소된다.
⑤ 내약품성이 커지고 건조수축을 감소시킨다.

(3) 유동화제

① 낮은 물-결합비 콘크리트에 사용하여 반죽질기를 증가시켜 워커빌리티를 증대시킨다.
② 고강도 콘크리트를 얻을 수 있다.

(4) 경화 촉진제

① 시멘트의 수화작용을 촉진하는 혼화제로 시멘트 중량의 1~2% 정도 사용한다.

② 조기강도를 증가시켜 주나 2% 이상 사용하면 큰 효과가 없으며 오히려 순결, 강도 저하를 준다.
③ 조기강도의 증대 및 동결온도의 저하에 따른 한중 콘크리트에 사용한다.
④ 경화 촉진제로 염화칼슘, 규산나트륨 등이 있다.

(5) 지연제

① 시멘트의 수화반응을 늦추어 응결시간을 길게 할 목적으로 사용한다.
② 서중 콘크리트 시공 시 워커빌리티의 저하를 방지한다.
③ 레디믹스트 콘크리트의 운반거리가 멀어 운반시간이 장시간 소요되는 경우 유효하다.
④ 수조, 사일로 및 대형 구조물 등 연속타설을 필요로 하는 콘크리트 구조에서 작업이음 발생 등의 방지에 유효하다.

(6) 급결제

① 시멘트의 응결시간을 빨리하기 위해 사용한다.
② 모르터, 콘크리트의 뿜어 붙이기 공법, 그라우트에 의한 지수공법 등에 사용된다.
③ 탄산 소오다, 염화 제2철, 염화알루미늄, 알루민산 소다, 규산 소다 등이 주성분이다.

(7) 발포제

① 알루미늄 또는 아연 등의 분말을 혼합하여 모르타르 및 콘크리트 속에 미세한 기포를 발생하게 한다.
② 모르타르나 시멘트풀을 팽창시켜 굵은골재의 간극이나 PC강재의 주위를 채워지게 하기 위해 프리플레이스트 콘크리트용 그라우트나 PC용 그라우트에 사용된다.
③ 건축분야에서는 부재의 경량화, 단열성을 증대하기 위해 사용한다.

제 2 장 실전문제 — 시멘트 및 혼화재료

01 시멘트의 성질에 대한 설명 중 옳지 않은 것은?
㉮ 보통 포틀랜드 시멘트가 모든 분야에 걸쳐 가장 많이 사용된다.
㉯ 조강 포틀랜드 시멘트는 발열량이 많고 저온에서도 강도의 저하가 적다.
㉰ 플라이 애시 시멘트는 워커빌리티를 증가시킨다.
㉱ 알루미나 시멘트는 댐 등의 거대한 구조물에 적합하다.

해설 알루미나 시멘트는 수화열(발열량)이 많아 거대한 구조물에 적합하지 않다.

02 조기 고강도를 요하는 공사, 공기를 급히 서두르는 공사에 효과적인 시멘트는?
㉮ 중용열 포틀랜드 시멘트 ㉯ 조강 포틀랜드 시멘트
㉰ AE 시멘트 ㉱ 알루미나 시멘트

해설 조강 및 알루미나 시멘트가 사용되는데 알루미나 시멘트가 더 조기에 고강도를 낼 수 있다.

03 조강 포틀랜드 시멘트 사용 시의 단점은?
㉮ 거푸집을 단시일 내에 제거할 수 있다.
㉯ 수화열이 크므로 단면이 큰 콘크리트 구조물에 적당하다.
㉰ 양생기간을 단축시킨다.
㉱ 한중공사에 적합하다.

04 다음은 시멘트를 조기강도 순으로 열거한 것이다. 옳은 것은?
㉮ 알루미나 시멘트 – 고로 시멘트 – 포틀랜드 시멘트
㉯ 포틀랜드 시멘트 – 고로 시멘트 – 알루미나 시멘트
㉰ 알루미나 시멘트 – 포틀랜드 시멘트 – 고로 시멘트
㉱ 포틀랜드 시멘트 – 알루미나 시멘트 – 고로 시멘트

05 시멘트가 수화작용을 할 때 발생하는 수화열이 가장 작은 것은 다음 중 어느 것인가?
㉮ 실리카 시멘트 ㉯ 보통 포틀랜드 시멘트
㉰ 고로 시멘트 ㉱ 중용열 포틀랜드 시멘트

해설 수화열이 작은 중용열 포틀랜드 시멘트는 댐 공사에 적합하다.

답 01. ㉱ 02. ㉱ 03. ㉯ 04. ㉰ 05. ㉱

06 다음 중에서 KSL 5201에 따른 포틀랜드 시멘트에 속하지 않는 것은?
  ㉮ 중용열 시멘트
  ㉯ 저열 시멘트
  ㉰ 포졸란 시멘트
  ㉱ 내황산염 시멘트

  해설 포졸란 시멘트는 혼합 시멘트에 속한다.

07 포틀랜드 시멘트가 풍화되었을 때 일어나는 성질의 변화에 관한 다음의 설명 중 옳지 않은 것은?
  ㉮ 조기강도가 저하한다.
  ㉯ 밀도가 증가한다.
  ㉰ 비표면적이 감소한다.
  ㉱ 응결을 빠르게 할 경우도 있으나 일반적으로 응결시간은 늦어지는 경향이 있다.

  해설 풍화된 시멘트는 밀도가 작아진다.

08 다음은 슬래그(slag)에 대한 설명이다. 옳지 않은 것은?
  ㉮ 슬래그란 철을 생산하는 과정에서 부산물로 나오는 것이다.
  ㉯ 단열성, 부착력, 건조수축에 대한 저항성 등이 일반 골재보다 다소 떨어지나 골재로서 사용은 가능하다.
  ㉰ 콘크리트용, 포장용 등의 골재로 사용이 가능하다.
  ㉱ 워커빌리티는 일반 골재보다 불량하다.

  해설 단열성이 크며 건조수축이 작고 부착력이 크다.

09 포졸란(pozzolan) 시멘트와 플라이 애시(Fly-ash) 시멘트의 특성 설명 중 틀린 것은?
  ㉮ 수밀성이 크므로 댐(dam) 등의 큰 구조물에 사용한다.
  ㉯ 바닷물과 같은 염화물에 대한 저항성이 크다.
  ㉰ 장기강도는 낮으나 조기강도가 증대한다.
  ㉱ 균일한 콘크리트를 만들기가 어렵다.

  해설 • 조기강도는 낮으나 장기강도가 크다.
  • 포졸란 시멘트는 수화열이 낮아 댐 등 매시브한 구조물에 사용된다.

10 다음과 같은 시멘트의 성분 중에서 가장 많이 함유하고 있는 것부터 순서대로 이루어진 것은 어느 것인가?
  ㉮ 석회 – 실리카 – 산화철 – 알루미나
  ㉯ 석회 – 실리카 – 알루미나 – 산화철
  ㉰ 실리카 – 석회 – 산화철 – 알루미나
  ㉱ 실리카 – 석회 – 알루미나 – 산화철

답 06. ㉰ 07. ㉯ 08. ㉯ 09. ㉰ 10. ㉯

11 시멘트의 저장 및 관리에 있어 다음 중 적당하지 않은 것은 어느 것인가?
  ㉮ 방습적인 구조로 된 사일로 또는 창고에 저장해야 한다.
  ㉯ 지상 30cm 이상 되는 마루바닥에 쌓아야 하며 13포 이상 쌓아서는 안 된다.
  ㉰ 저장 기간이 길어질 때는 7포 이상으로 쌓아 올리지 않는 것이 좋다.
  ㉱ 장기 저장된 것은 품질시험을 하여야 하고, 단기 저장품으로 약간 굳은 것은 사용해도 좋다.

  해설 약간 굳은 시멘트라도 사용해서는 안 된다.

12 다음 시멘트 중 콘크리트 댐 시공에 적합한 것은?
  ㉮ 보통 포틀랜드 시멘트   ㉯ 중용열 포틀랜드 시멘트
  ㉰ 조강 포틀랜드 시멘트   ㉱ 백색 포틀랜드 시멘트

13 다음 설명이 올바르게 되어 있는 것은 어느 것인가?
  ㉮ 중용열 포틀랜드 시멘트 : 해수의 작용을 받는 곳이나 하수의 수로에 적당하다.
  ㉯ 플라이 애시 시멘트 : 댐공사 등에 많이 사용된다.
  ㉰ 슬래그 시멘트 : 응결이 빠르므로 한중 콘크리트에 적당하다.
  ㉱ 조강 포틀랜드 시멘트 : 건축물의 표면 마무리 도장에 주로 사용된다.

14 알루미나 시멘트의 특성에 관한 다음 사항 중에서 옳지 않은 것은 어느 것인가?
  ㉮ 포틀랜드 시멘트와 혼합하여 사용하면 빨리 응결하는 순결성을 가진다.
  ㉯ 응결 및 경화시 발열량이 작으므로 양생 시와 별다른 주의를 요하지 않는다.
  ㉰ 석회분이 적기 때문에 화학적 저항성이 크고 내구성도 크나 가격이 고가이다.
  ㉱ 초조강성 시멘트로 초기강도가 커서 보통 포틀랜드 시멘트의 28일 강도를 24시간에 낼 수 있다.

  해설 응결 및 경화시 발열량이 많으므로 양생 시 주의해야 한다.

15 특수 시멘트 중에서 알루미나 시멘트에 관한 설명 중 옳지 않은 것은?
  ㉮ 해수 또는 화학작용을 받는 곳에서는 부적합하다.
  ㉯ 발열량이 대단히 많으므로 양생할 때 주의해야 한다.
  ㉰ 수화작용에 의한 수산화칼슘의 생성량이 작아 산에 강하다.
  ㉱ 열분해 온도가 높으므로 내화용 콘크리트에 적합하다.

  해설 해수 또는 화학작용을 받는 곳에서는 적합하다.

16 시멘트의 수화작용에 영향을 미치는 주요 화합물 중 알루민산3석회(C_3A)는 중용열 포틀랜드 시멘트에서 얼마 이하를 사용하도록 규정되었는가?
  ㉮ 2%   ㉯ 4%   ㉰ 6%   ㉱ 8%

답 11. ㉱ 12. ㉯ 13. ㉮ 14. ㉯ 15. ㉮ 16. ㉱

17 시멘트의 표준계량에서 단위용적질량(kg/m³)은 다음 중 어느 것인가?
  ㉮ 2,100 ㉯ 1,800 ㉰ 1,500 ㉱ 1,400

18 시멘트가 공기 중의 수분을 흡수하여 일어나는 수화작용이란?
  ㉮ 풍화 ㉯ 경화 ㉰ 수축 ㉱ 응결

  해설 시멘트가 공기 중의 수분을 흡수하고 덩어리가 된다.

19 보통 포틀랜드 시멘트가 회색을 나타내는 이유는 무엇을 함유하고 있기 때문인가?
  ㉮ 무수황산 ㉯ 실리카 ㉰ 산화철 ㉱ 석회

20 시멘트 제조공정 중 소성(burning)이 불충분한 경우 발생하는 현상이 아닌 것은?
  ㉮ 시멘트 밀도가 작아진다.
  ㉯ 시멘트의 안정성이 떨어지고 장기강도가 저하된다.
  ㉰ 시멘트의 주원료인 석회성분의 분리현상이 생긴다.
  ㉱ 수화작용이 빨라 시멘트의 초기강도가 커진다.

21 시멘트의 응결시간에 대한 설명이다. 다음 사항 중에서 옳은 것은 어느 것인가?
  ㉮ 분말도가 낮으면 응결이 빠르다.
  ㉯ 물의 양이 많으면 응결이 빨라진다.
  ㉰ 알루민산 3석회(C_3A)가 많으면 응결이 빠르다.
  ㉱ 온도가 낮을수록 응결이 빠르다.

  해설 • 분말도가 낮거나 온도가 낮으면 응결이 늦어진다.
  • 물의 양이 많으면 응결이 늦어진다.

22 다음과 같은 시멘트의 강도에 영향을 주는 사항 중에서 옳지 못한 것은?
  ㉮ 분말도가 높으면 조기강도가 커진다.
  ㉯ 30℃ 이내에서 온도가 높을수록 강도가 커지며 재령에 따라 강도가 증가한다.
  ㉰ 물의 양이 적으면 강도가 커지나 반죽이 어렵다.
  ㉱ 풍화된 시멘트는 강도가 작아지며, 특히 장기강도가 현저히 작아진다.

  해설 풍화된 시멘트는 강도가 작아지며 특히 조기강도가 현저히 작아진다.

23 시멘트 모르타르의 압축강도 시험 시 실험실의 상대습도는 몇 % 이상인가?
  ㉮ 30% ㉯ 50%
  ㉰ 70% ㉱ 90%

  해설 • 상대습도 : 50% 이상
  • 습기함의 습도 : 90% 이상

답 17. ㉰ 18. ㉮ 19. ㉰ 20. ㉱ 21. ㉰ 22. ㉱ 23. ㉯

제2장 시멘트 및 혼화재료

24 시멘트 모르터의 압축강도 시험에서 시멘트양이 450g일 때 표준사의 질량은?
㉮ 1,250g ㉯ 756g ㉰ 1,350g ㉱ 510g

해설 시멘트와 표준사 비율이 1 : 3이므로 450×3=1,350g이다.

25 시멘트 모르터의 압축강도 시험 시 플로(flow) 값을 측정하여 이 값이 110~115 정도일 때 몰드를 제작한다. 이때, 플로 테이블(flow table)을 15초 동안 몇 회 낙하시키는가?
㉮ 5회 ㉯ 10회 ㉰ 25회 ㉱ 50회

26 다음 중 모르터의 압축강도용 흐름 시험에서 흐름값으로 적당한 것은?
㉮ 80~90 ㉯ 50~100
㉰ 100~115 ㉱ 95~105

27 시멘트의 응결 시험 방법 중 옳은 것은?
㉮ 길모어 침에 의한 방법 ㉯ 오토클레이브 방법
㉰ 블레인 방법 ㉱ 비비시험

해설 시멘트의 응결 시험은 길모어 침, 비이카 침에 의한 방법이 있다.

28 르샤틀리에 병에 0.5cc 눈금까지 광유를 주입하고 시료로 시멘트 64g을 넣어 눈금이 21.5cc로 증가되었을 때 이 시멘트의 밀도는 어느 것인가?
㉮ 3.0g/cm³ ㉯ 3.05g/cm³ ㉰ 3.12g/cm³ ㉱ 3.17g/cm³

해설 시멘트 밀도 = $\frac{64}{21.5-0.5}$ ≒ 3.05g/cm³

29 시멘트의 밀도에 관한 다음 설명 중 옳지 않은 것은?
㉮ 소성이 불충분하면 밀도가 저하한다.
㉯ 풍화하면 밀도가 저하한다.
㉰ 실리카나 산화철을 많이 함유하면 밀도가 증가한다.
㉱ 혼화제를 첨가하면 밀도가 증가한다.

해설 혼화제를 첨가하면 밀도가 저하한다.

30 다음 시멘트의 비표면적 시험에 관한 설명 중 틀린 것은?
㉮ 블레인 공기 투과장치를 사용하여 시험할 수 있다.
㉯ 시멘트의 분말도를 알아보는 시험이다.
㉰ 시멘트 내의 공기량을 측정하는 시험이다.
㉱ 초기강도는 비표면적이 큰 시멘트가 높다.

답 24. ㉰ 25. ㉰ 26. ㉰ 27. ㉮ 28. ㉯ 29. ㉱ 30. ㉰

31 시멘트의 분말도(fineness)는 수화속도에 큰 영향을 준다. 이 분말도는 어떻게 표시하는가, 다음 중 옳은 것은?

㉮ 비중량 stoke(g/cm^2) 또는 표준체 44μ의 잔분(%)
㉯ 비표면적 blaine(cm^2/g) 또는 표준체 44μ의 잔분(%)
㉰ 비중량 stoke(g/cm^2) 또는 표준체 66μ의 잔분(%)
㉱ 비표면적 blaine(cm^2/g) 또는 표준체 66μ의 잔분(%)

32 표준체에 의한 분말도 시험결과 다음과 같을 때 분말도는 얼마인가? (단, 표준체의 보정계수 : −14%, 시험한 시료의 잔사량 : 0.095g)

㉮ 91.83%   ㉯ 85.83%   ㉰ 78.95%   ㉱ 98.95%

해설
- 시험한 시료의 보정된 잔사량 = (100 − 14) × 0.095 = 8.17%
- 분말도 = 100 − 8.17 = 91.83%

33 다음은 시멘트의 분말도에 대한 설명이다. 맞지 않는 것은?

㉮ 분말도 시험방법에는 표준체에 의한 방법과 비표면적을 구하는 블레인(blaine) 방법이 있다.
㉯ 비표면적이란 시멘트 1g이 가지는 총 표면적을 cm^{2}로 나타낸 것으로 시멘트의 분말도를 나타낸다.
㉰ KS L 5201에 규정된 포틀랜드 시멘트의 분말도는 2,800cm^2/g 이상이다.
㉱ 시멘트의 품질이 일정한 경우 분말도가 클수록 수화작용이 촉진되므로 응결이 빠르며 조기강도가 낮아진다.

해설 분말도가 클수록 수화작용이 촉진되므로 응결이 빠르며 조기강도가 높다(크다).

34 다음은 시멘트의 분말도가 높을 때의 효과이다. 틀린 것은 어느 것인가?

㉮ 수화작용이 빠르다.   ㉯ 조기강도가 빠르다.
㉰ 발열량도 약간 높아진다.   ㉱ 풍화가 더디다.

해설 분말도가 높다는 것은 시멘트 입자가 가늘다는 뜻으로 풍화가 빨라진다.

35 시멘트의 분말도에 관한 설명 중 옳은 것은?

㉮ 분말도가 높을수록 물에 접촉하는 면적이 작다.
㉯ 분말도가 높을수록 수화작용이 느리다.
㉰ 분말도가 높을수록 콘크리트에 내구성이 좋다.
㉱ 분말도가 높을수록 콘크리트에 균열이 발생하기 쉽다.

해설 분말도가 높은 시멘트는 입자가 가늘어 수화열이 높아 콘크리트 균열이 발생하기 쉽다.

답 31. ㉯ 32. ㉮ 33. ㉱ 34. ㉱ 35. ㉱

36. 다음 설명 중 틀린 것은?

㉮ 혼화재(混和材)에는 플라이 애시(fly ash) 고로 슬래그(slag) 규산백토 등이 있다.
㉯ 혼화제(混和劑)에는 AE제, 경화촉진제, 방수제 등이 있다.
㉰ 혼화재(混和材)는 그 사용량이 비교적 적어서 그 자체의 부피가 콘크리트 배합의 계산에서 무시하여도 좋다.
㉱ AE제에 의해 만들어진 공기를 연행 공기라 한다.

해설
- 혼화재는 사용량이 비교적 많아 배합설계에서 용적 계산에 고려되고 포졸란 등이 있다.
- 혼화제는 사용량이 적어 용적계산에 고려되지 않는다.

37. 다음은 혼화재료에 대한 설명 중 틀린 것은?

㉮ 감수제라 함은 시멘트 입자를 분산시킴으로써 콘크리트의 단위 수량을 감소시키는 작용을 하는 혼화제이다.
㉯ 촉진제라 함은 시멘트의 수화작용을 촉진하는 혼화제로서 보통 리그닌설폰산염과 그 염기를 많이 사용한다.
㉰ 지연제라 함은 시멘트의 응결을 늦게 할 목적으로 사용하는 혼화제로서 여름철에 레미콘(ready-mixed concrete)의 운반거리가 길 경우나 콜드 조인트(cold joint)의 방지 등에 효과가 있다.
㉱ 급결제라 함은 시멘트의 응결시간을 빠르게 하기 위하여 사용하는 혼화제이고 뿜어 붙이기 공법, 물막이 공법 등에 사용한다.

해설
- 촉진제에는 염화칼슘과 규산나트륨이 사용된다.
- 리그닌설폰산염과 그 염기는 지연제에 사용된다.

38. 다음 시멘트 분산제에 관한 설명 중 잘못된 것은?

㉮ 분산제를 사용하면 콘크리트의 강도, 수밀성, 내구성을 증대시킬 수 있다.
㉯ 분산제에는 pozzolith와 darex 등이 있다.
㉰ 분산제를 사용한 콘크리트는 유동성이 많아지고, 블리딩이나 골재분리가 적게 일어난다.
㉱ 시멘트 분산제는 시멘트 입자 간의 표면활성의 성질을 부여하여 비교적 균일하게 분산시킬 목적으로 사용된다.

해설 다렉스(darex)는 AE제에 속한다.

39. 콘크리트의 경화를 촉진하는 화학약품이 아닌 것은?

㉮ 규산나트륨 ㉯ 염화칼슘
㉰ 염화알루미늄 ㉱ 포졸리스

해설 경화제로 규산나트륨, 염화칼슘, 염화알루미늄 등이 사용된다.

답 36. ㉰ 37. ㉯ 38. ㉯ 39. ㉱

40 다음 혼화재료 중 콘크리트의 워커빌리티를 개선하는 효과가 없는 것은?
㉮ 시멘트 분산제 ㉯ AE제
㉰ 포졸란 ㉱ 응결경화 촉진제

해설 응결경화 촉진제는 경화속도를 촉진시키므로 워커빌리티가 감소된다.

41 다음 혼화재료 중 사용량이 비교적 많아 콘크리트 배합설계에서 고려해야 되는 혼화재료는?
㉮ 포졸란 ㉯ AE제
㉰ 시멘트 분산제 ㉱ 응결경화 촉진제

해설 포졸란 혼화재에 속하여 혼합량을 배합설계 시 고려해야 한다.

42 다음 중에서 혼화제에 속하지 않는 것은?
㉮ AE제 ㉯ 포졸리스 ㉰ pozzolan ㉱ 염화칼슘

43 AE제의 특성에 관한 다음 설명 중 틀린 것은?
㉮ 단위 수량이 적고, 동결융해에 대한 저항성이 크다.
㉯ 콘크리트 내부에 공극이 많기 때문에 콘크리트의 투수계수가 크므로 수밀성 콘크리트에는 사용할 수 없다.
㉰ 단위 시멘트양이 같은 콘크리트에서 빈배합의 경우 AE 콘크리트가 압축강도가 높다.
㉱ 알칼리 골재 반응의 영향이 적고, 응결경화 시에 있어서 발열량이 적다.

해설 콘크리트 내부에 무수히 많은 미세한 기포가 시멘트 입자를 분산시켜 투수성이 작아지며 수밀성 콘크리트에 사용될 수 있다.

44 AE제를 사용한 콘크리트는 일반적으로 동결융해에 대한 저항성이 증가되는데, 이를 좌우하는 가장 큰 요인은?
㉮ slump ㉯ 연행 공기의 균일한 크기와 고른 분포
㉰ 물-시멘트비 ㉱ bleeding 양

45 다음 중 AE제를 사용한 콘크리트에 대한 설명으로 올바른 것은?
㉮ AE제를 사용하면 내구성이 증가하며 동결융해에 대한 저항성 역시 증가한다.
㉯ AE제를 사용하면 연행공기에 의하여 강도는 증가한다.
㉰ AE제를 사용하면 철근과 부착하는 강도가 증진된다.
㉱ AE제를 사용하면 단위 수량이 증가한다.

해설 • 철근과 부착 강도가 감소된다.
• AE제를 사용하면 단위 수량이 감소된다.
• 압축강도가 감소된다.

답 40. ㉱ 41. ㉮ 42. ㉰ 43. ㉯ 44. ㉯ 45. ㉮

46 AE제를 사용하는 가장 큰 목적은 다음 중 어느 것인가?
- ㉮ 워커빌리티의 증대
- ㉯ 시멘트 절약
- ㉰ 수량의 감소
- ㉱ 모래 절약

47 AE제가 아닌 것은?
- ㉮ 빈졸레신 분말(vinsol resin)
- ㉯ 빈졸(NVX)
- ㉰ 다렉스 원액(darex)
- ㉱ 포졸란

48 다음 중 5% 이상의 감수율을 기대할 수 있는 혼화제(재료)는?
- ㉮ AE제
- ㉯ 염화칼슘
- ㉰ 규산소다
- ㉱ 플라이 애시

49 다음의 혼화제 중에서 슬럼프 값을 증대시키기 위해서 가장 좋은 것으로 짝지어진 것은?
- ㉮ AE제, 유동화제
- ㉯ 감수제, 지연제
- ㉰ 분산제, 경화촉진제
- ㉱ 팽창제, 감수제

50 다음은 플라이 애시(fly ash)에 관한 사항이다. 옳지 않은 것은?
- ㉮ Workability가 좋아진다.
- ㉯ 단위 수량이 감소된다.
- ㉰ 시멘트의 수화열이 증가된다.
- ㉱ 수밀성이 증대된다.

[해설] 시멘트의 수화열이 저하된다.

51 플라이 애시(fly-ash)를 시멘트에 혼합하면 다음과 같은 효과가 있다. 이 중 옳지 않은 것은?
- ㉮ 화학적 저항성의 향상
- ㉯ 골재의 절약
- ㉰ 유동성의 증가
- ㉱ 수화열의 저하

52 AE제를 사용한 콘크리트에 있어 다음 중 옳지 못한 것은 어느 것인가?
- ㉮ 철근 콘크리트에서는 기포로 인하여 철근과 부착력이 떨어진다.
- ㉯ 동결융해에 대한 저항이 적어진다.
- ㉰ 수밀성, 내구성이 증가된다.
- ㉱ 알칼리 골재 반응이 영향이 작다.

[해설]
- 동결융해에 대한 저항이 커진다.
- 화학적인 침식에 대한 내구성이 증대된다.

답 46. ㉮ 47. ㉱ 48. ㉮ 49. ㉮ 50. ㉰ 51. ㉯ 52. ㉯

53 다음에서 인공산 포졸란(pozzolan)을 사용한 콘크리트의 특징으로 옳지 않은 것은?
㉮ 워커빌리티(workability)가 좋고 블리딩(bleeding) 및 재료의 분리가 적다.
㉯ 수밀성(水密性)이 크다.
㉰ 강도의 증진이 빠르고 단기강도가 크다.
㉱ 바닷물에 대한 화학적 저항성이 크다.

해설 조기강도는 작고 장기강도가 크다

54 그라우팅(grouting)용 혼화재로서의 필요한 성질 중 옳지 않은 것은?
㉮ 단위 수량이 작고, 블리딩이 적어야 한다.
㉯ 그라우트를 수축시키는 성질이 있어야 한다.
㉰ 재료의 분리가 생기지 않아야 한다.
㉱ 주입하기 쉬어야 하며 공기를 연행시켜야 한다.

해설 • 그라우트를 수축시키는 성질이 있어서는 안 된다.
• 유동성이 있어 구석을 채울 수 있어야 한다.

55 시멘트 모르타르 인장강도 시험을 위해 시멘트와 표준사의 비율은?
㉮ 1 : 2.45   ㉯ 1 : 2.7   ㉰ 1 : 3   ㉱ 1 : 2.54

해설 시멘트 모르타르의 압축강도 시험에서는 1 : 3이다.

56 다음 중 시멘트 밀도 시험 시 사용하지 않는 것은?
㉮ 광유   ㉯ 헝겊   ㉰ 비카 장치   ㉱ 르샤틀리에 병

해설 비카 장치는 시멘트 응결을 측정하는 장치이다.

57 블레인 공기투과 장치가 사용되는 시험은?
㉮ 시멘트 분말도 측정   ㉯ 시멘트 밀도 측정
㉰ 콘크리트 공기량 측정   ㉱ 시멘트 응결시간 측정

58 모르타르 흐름 시험에서 흐름 몰드의 밑지름 100mm, 시험 후 퍼진 모르타르의 평균지름이 212mm일 때 흐름값은 얼마인가?
㉮ 66.6   ㉯ 86.6   ㉰ 89.2   ㉱ 112

해설 흐름값(%) $= \dfrac{(212-100)}{100} \times 100 = 112$

59 시멘트 모르터의 압축 강도 결정 시 시험한 평균값보다 몇 % 이상 강도 차이가 나는 것을 압축강도 계산에 넣지 않는가?
㉮ 5%   ㉯ 10%   ㉰ 15%   ㉱ 20%

답 53. ㉰   54. ㉯   55. ㉱   56. ㉰   57. ㉮   58. ㉱   59. ㉯

60 시멘트의 밀도 시험은 (a)회 이상 실시하여 그 차가 (b) 이내일 때의 평균값으로 밀도를 취한다. 이때 (a)와 (b)의 값은 각각 얼마인가?
㉮ (a) 2   (b) ±0.03g/cm³
㉯ (a) 2   (b) ±0.02g/cm³
㉰ (a) 3   (b) ±0.01g/cm³
㉱ (a) 3   (b) ±0.02g/cm³

61 시멘트 밀도와 분말도에 관한 설명 중 틀린 것은?
㉮ 분말도가 높으면 시멘트풀의 응결 속도가 빠르고 시멘트의 강도는 커지며 조기 강도가 크다.
㉯ 밀도는 시멘트 성분에 따라 다르며 풍화된 시멘트는 밀도가 작아진다.
㉰ 분말도 시험방법에는 표준체에 의한 방법과 비표면적을 구하는 블레인 방법이 있다.
㉱ 고로 시멘트는 밀도가 크다.

해설 고로(slag)시멘트는 밀도가 작다.

62 시멘트 응결시간 측정 시 길모어 장치에 의한 시험체를 조제할 경우 어느 정도 크기로 패트를 만드는가?
㉮ 지름 7.5cm, 중앙 두께가 1.3cm
㉯ 지름 9cm, 중앙 두께가 2.5cm
㉰ 지름 10cm, 중앙 두께가 1.6cm
㉱ 지름 13cm, 중앙 두께가 7.5cm

해설 시멘트 응결시간 측정법에는 비카 장치, 길모어 장치 등이 있다.

63 콘크리트의 흡수성, 투수성을 감소시키기 위해 사용하는 방수용 혼화제의 종류가 아닌 것은?
㉮ 염화칼슘
㉯ 탄산소다
㉰ 실리카질 분말
㉱ 고급지방산

해설
• 방수제 종류 : 염화칼슘, 지방산, 파라핀, 고분자 에멀션
• 탄산소다는 급결제에 속한다.

64 시멘트 원료인 점토 중의 산화철을 제거하거나 대용원료를 사용하여 제조하며 또한 소성연료로 석탄 대신 중유를 사용하여 제조하는 시멘트는?
㉮ 고로 시멘트
㉯ 백색 포틀랜드 시멘트
㉰ 조강 포틀랜드 시멘트
㉱ 중용열 포틀랜드 시멘트

해설 백색 포틀랜드 시멘트는 철분, 마그네시아가 적은 백색 점토와 석회석을 원료로 하고 소성연료는 석탄 대신 중유를 사용해서 만든다.

답 60. ㉮ 61. ㉱ 62. ㉮ 63. ㉯ 64. ㉯

65 시멘트의 강열감량에 관한 설명 중 틀린 것은?
  ㉮ 시멘트가 풍화하면 강열감량이 적어지며 풍화의 정도를 파악하는 데 이용된다.
  ㉯ 강열감량은 시멘트에 1,000℃의 강한 열을 가했을 때 시멘트의 감량을 뜻한다.
  ㉰ 강열감량은 클링커와 혼합하는 석고와 결정수량과 거의 같은 양이다.
  ㉱ 강열감량은 시멘트 중에 함유된 H_2O와 CO_2의 양을 뜻한다.

  해설 풍화된 시멘트는 강열감량이 증가되며 시멘트의 풍화의 정도를 파악하는 데 감열감량이 사용된다.

66 시멘트의 응결경화 촉진제로 사용되는 혼화재료는?
  ㉮ 플라이 애시   ㉯ 염화칼슘
  ㉰ 포졸리스   ㉱ 리그닌설폰산염

  해설 • 콘크리트 경화 촉진제로 염화칼슘과 규산나트륨이 사용된다.
  • 염화칼슘은 시멘트양의 1~2% 정도를 차지한다.

67 시멘트 클링커의 냉각과정에서 유리질 속에 포함되어 시멘트 특유의 암갈색을 띠게 하는 작용을 하며 장기간 경과 후 팽창성을 띠어 균열을 가져오는 화합물은?
  ㉮ 유리석회   ㉯ 아황산
  ㉰ 마그네시아   ㉱ 알칼리

  해설 마그네시아가 시멘트 중에 많이 존재하면 팽창균열의 원인이 되며 장기 안정성을 해칠 우려가 있다.

68 콘크리트 시공 시 블리딩 방지대책에 관한 설명 중 틀린 것은?
  ㉮ 분말도가 큰 시멘트를 사용한다.   ㉯ 세립자가 많은 잔골재를 사용한다.
  ㉰ 가능한 한 단위 수량을 적게 한다. ㉱ 굵은골재의 최대 치수를 크게 한다.

  해설 • 적당한 세립자가 포함된 잔골재를 사용한다.
  • 부배합으로 시공한다.
  • 분산제를 사용한다.

69 염화칼슘($CaCl_2$)을 혼합한 콘크리트의 성질이 아닌 것은?
  ㉮ 시멘트양의 1~2% 사용하면 조기 강도가 증대된다.
  ㉯ 건습에 대한 팽창수축이 작게 된다.
  ㉰ 적당량을 사용하면 마모에 대한 저항성이 커진다.
  ㉱ 슬럼프가 감소된다.

  해설 • 건습에 대한 팽창수축이 크게 된다.
  • 응결이 촉진되고 슬럼프가 감소하므로 시공에 주의한다.

답 65. ㉮ 66. ㉯ 67. ㉰ 68. ㉯ 69. ㉯

70 초속경 시멘트의 특성 중 틀린 것은?

㉮ 응결시간이 짧고 경화 시 발열이 크다.
㉯ 2~3시간이 큰 강도를 발휘한다.
㉰ 알루미나 시멘트와 같은 전이현상이 발생한다.
㉱ 포틀랜드 시멘트와 혼합하여 사용하지 않아야 한다.

해설 알루미나 시멘트와 같은 전이현상(순결현상 : 강도가 발현 전에 응결하는 현상)이 없다.

71 긴급보수가 필요한 경우 다음의 시멘트 중 적당한 것은?

㉮ 실리카 시멘트　　　　　㉯ 알루미나 시멘트
㉰ 중용열 포틀랜드 시멘트　㉱ 고로 시멘트

해설 알루미나 시멘트는 발열량이 크기 때문에 긴급을 요하는 공사나 한중 공사 시의 시공에 적합하다.

72 시멘트의 건조수축에 관한 설명 중 틀린 것은?

㉮ C_3A 함유량, 물-시멘트비 등이 높은 경우 수축이 높아지는 경향이 있다.
㉯ 수축에는 수화에 따른 화학적 수축, 건조에 의한 수축, 탄산화에 의한 수축 등이 있다.
㉰ 시멘트 겔의 주위에 있는 미세한 모세관 속의 수분이 증발하면 모세관수의 표면장력이 작아지게 되어 수축한다.
㉱ 습도가 커지면 모세관이 물을 흡수하여 표면장력이 작아지며 팽창한다.

해설 경화한 시멘트풀은 건조시키면 시멘트 겔의 주위에 있는 미세한 모세관 속의 수분이 증발하며 모세관수의 표면장력이 커지게 되어 수축한다.

73 알루미나 시멘트의 특성에 관한 설명 중 틀린 것은?

㉮ 발열량이 대단히 커 조기에 고강도를 발현한다.
㉯ 해수 기타 화학적 침식에 대한 저항성이 크다.
㉰ 열분해 온도가 높으므로(1,300℃) 내화 콘크리트용 시멘트로서 적합하다.
㉱ 포틀랜드 시멘트와 혼합하여 사용하면 순결(純潔)하지 않는다.

해설
• 포틀랜드 시멘트와 혼합하여 사용하면 순결하므로 주의하여야 한다.
• 발열량이 대단히 크기 때문에 물-시멘트를 적게 하고(40%), 저온(25℃ 이하)으로 유지시켜 양생하지 않으면 장기강도가 상당히 저하한다.
• 수화한 알루미나 시멘트는 알칼리성에 악하므로 철근을 부식할 우려가 있다.

답 70. ㉰　71. ㉯　72. ㉰　73. ㉱

74 혼화재료를 사용하므로 얻을 수 있는 효과가 아닌 것은?
  ㉮ 크리프가 감소된다.
  ㉯ 건조수축이 감소된다.
  ㉰ 발열량이나 발열속도가 감소된다.
  ㉱ 시공 연도가 향상되어 마무리 작업량을 증대시킨다.

  해설 혼화재료를 사용하면 워커빌리티가 개선되고 마무리 작업을 감소시킬 수 있다.

75 염화칼슘을 사용한 콘크리트의 성질로서 틀린 것은?
  ㉮ 적당량의 염화칼슘을 사용하면 마모저항성이 커진다.
  ㉯ 건조수축과 크리프가 작아진다.
  ㉰ 알칼리 골재 반응을 촉진시킨다.
  ㉱ 황산염에 대한 저항성이 적어진다.

  해설 건조수축과 크리프가 커진다.

76 중용열 포틀랜드 시멘트의 장기 강도를 높여 주기 위해 포함시키는 성분은?
  ㉮ MgO ㉯ CaO ㉰ C_3A ㉱ C_2S

  해설 • C_2S(규산 2석회) : 수화가 늦고 장기 강도가 커진다.
  • C_3A(알루미나 3석회) : 가장 빨리 응결되며 수화작용이 매우 빠르다.

77 고로 시멘트의 특징에 해당되지 않는 것은?
  ㉮ 밀도가 작다.   ㉯ 장기강도가 크다.
  ㉰ 응결시간이 빠르다.   ㉱ 블리딩이 작아진다.

  해설 • 수화열이 비교적 적다.
  • 내화학약품성이 좋으므로 해수, 공장폐수, 하수 등에 접하는 콘크리트에 적당하다.

78 염화칼슘을 응결경화 촉진제로 사용할 경우 다음 설명 중 옳지 않은 것은?
  ㉮ 조기강도를 증대시켜 주나 2% 이상 사용하면 큰 효과가 없으며 순결(純潔), 강도 저하를 나타낼 수 있다.
  ㉯ 건습에 의한 팽창, 수축이 커지며 알칼리 골재 반응을 촉진시킨다.
  ㉰ 염화칼슘을 사용한 콘크리트는 황산염에 대한 화학 저항성이 크다.
  ㉱ 프리스트레스 콘크리트의 PC강재에 접촉하면 부식 내지 PC강재는 녹이 슬기 쉽다.

  해설 염화칼슘을 사용한 콘크리트는 황산염에 대한 화학 저항성이 적다.

답 74. ㉱ 75. ㉯ 76. ㉱ 77. ㉰ 78. ㉰

79 콘크리트의 AE 공기량에 대한 다음 설명 중 틀린 것은?
- ㉮ 콘크리트의 온도가 높으면 연행 공기량이 감소하고 온도가 낮으면 연행 공기량이 증가한다.
- ㉯ 잔골재 입도는 연행 공기량에 영향을 미치지 않는다.
- ㉰ 시멘트의 비표면적이 커지면 연행 공기량이 감소한다.
- ㉱ 플라이 애시를 혼화재로 사용할 경우 미연소 탄소함유량이 많으면 연행 공기량이 감소한다.

해설 AE 공기량의 변동을 적게 하기 위해서는 잔골재 입도를 일정하게 하는 것이 중요하며 조립률의 변동은 ±0.1 이하로 억제하는 것이 바람직하다.

80 AE제를 사용했을 때 콘크리트에 미치는 영향 중 설명이 틀린 것은?
- ㉮ 단위 수량이 감소된다.
- ㉯ 블리딩이 증가한다.
- ㉰ 콘크리트의 동결 저항성이 증대된다.
- ㉱ 워커빌리티가 개선된다.

해설 골재 분리 및 블리딩이 감소된다.

81 블리딩의 대한 설명 중 틀린 것은?
- ㉮ 물-결합재비가 커지면 블리딩이 커진다.
- ㉯ 철근콘크리트에서 철근과 부착력이 감소된다.
- ㉰ 콘크리트 타설 후 보통 10시간 이내에 끝난다.
- ㉱ 블리딩 현상 이후에 레이턴스가 발생한다.

해설 콘크리트 타설 후 블리딩이 발생하며 보통 4시간 이내에 끝난다.

82 콘크리트의 구성요소에 대한 설명 중 틀린 것은?
- ㉮ 시멘트와 물을 혼합한 것을 시멘트풀이라 한다.
- ㉯ 모래와 자갈을 채움재로 사용한다.
- ㉰ 시멘트와 모래, 물 등을 혼합한 것을 모르타르라 한다.
- ㉱ 시멘트, 모래, 자갈, 물이 혼합된 것을 콘크리트라 한다.

해설 채움재란 석회암 분말, 화성암류를 분쇄하여 0.08mm체를 70% 이상 통과한 것을 뜻한다.

83 블리딩에 대한 다음 설명 중 옳지 않은 것은?
- ㉮ 블리딩이 많은 콘크리트는 침하량도 많다.
- ㉯ 초속경 시멘트는 응결이 매우 빠르기 때문에 블리딩은 거의 발견되지 않는다.
- ㉰ 콘크리트 타설 속도가 빠르면 블리딩이 적어진다.
- ㉱ 거푸집의 치수가 크면 블리딩이 크게 되는 경향이 있다.

해설 콘크리트 타설 속도가 빠르면 블리딩이 많아지기 때문에 1회의 타설 높이를 작게 한다.

답 79. ㉯ 80. ㉯ 81. ㉰ 82. ㉯ 83. ㉰

84 포졸란을 사용한 콘크리트의 특징이 아닌 것은?
   ㉮ 수밀성이 크다.　　　　　㉯ 발열량이 적다.
   ㉰ 워커빌리티가 좋다.　　　㉱ 건조수축이 작다.

   해설 • 건조수축이 크다.
   　　 • 블리딩이 감소한다.
   　　 • 발열량이 적어 단면이 큰 콘크리트에 적합하다.

85 콘크리트의 블리딩에 관한 설명 중 틀린 것은?
   ㉮ 블리딩이 심하면 투수성과 투기성이 커져서 콘크리트의 중성화(탄산화)가 촉진된다.
   ㉯ 블리딩이 심하면 철근과 부착력 감소로 강도 및 내구성의 감소가 현저해진다.
   ㉰ 시멘트의 분말도가 작을수록, 잔골재 중의 미립분이 작을수록 블리딩 현상이 적어진다.
   ㉱ 블리딩은 보통 2~4시간에 끝나며 그 연속시간은 콘크리트 높이가 낮고 온도가 높으면 빨리 끝난다.

   해설 시멘트의 분말도가 커지면 블리딩 현상이 적어진다.

86 실리카 흄을 사용한 콘크리트의 특징으로 옳지 않은 것은?
   ㉮ 블리딩 및 재료의 분리가 적다.
   ㉯ 알칼리 골재 반응의 억제 효과를 낸다.
   ㉰ 건조수축이 적다.
   ㉱ 내화학적 저항성이 크다.

   해설 • 건조수축이 크다.
   　　 • 단위 수량이 커진다.
   　　 • 장기 강도가 크다.
   　　 ※ 포졸란으로서 플라이 애시, 고로 슬래그 분말, 실리카 흄, 규조토, 화산회 등이 있다.

87 분말도가 큰 시멘트의 성질이 아닌 것은?
   ㉮ 블리딩이 적고 워커빌리티가 좋다.
   ㉯ 수화 작용이 빠르다.
   ㉰ 건조수축을 억제하여 균열을 방지한다.
   ㉱ 강도 증진율이 높아진다.

   해설 • 시멘트의 입자가 미세할수록 분말도가 크다.
   　　 • 분말도가 크면 균열이 커지고 내구성이 떨어진다.

답 84. ㉱　85. ㉰　86. ㉰　87. ㉰

제 2 편 콘크리트 시공

제1장 콘크리트의 혼합 · 운반 · 치기
제2장 특수 콘크리트

제1장 콘크리트의 혼합·운반·치기

1-1 콘크리트의 혼합

1-1-1 개 념

균등질의 콘크리트를 만들기 위하여 각 재료를 계량믹서 등에 의해 충분히 반죽하는 작업을 혼합이라 한다.

1-1-2 재료의 계량

(1) 재료는 현장배합에 의해 계량한다.
(2) 각 재료는 1배치씩 질량으로 계량한다. 단, 물과 혼화제 용액은 용적으로 계량해도 좋다.
(3) 1배치량은 콘크리트의 종류, 비비기 설비의 성능, 운반방법, 공사의 종류, 콘크리트의 타설량 등을 고려하여 정한다.
(4) 골재의 유효흡수율은 보통 15~30분간의 흡수율로 본다.
(5) 혼화제를 녹이는 데 사용하는 물이나 혼화제를 묽게 하는 데 사용하는 물은 단위 수량의 일부로 본다.
(6) 재료의 계량 시 허용오차

재료의 종류	허용오차(%)
물	$-2, +1$
시멘트	$-1, +2$
골 재	± 3
혼화재	± 2
혼화제	± 3

※ 고로 슬래그 미분말의 계량오차의 최대치는 1%로 한다.

(7) 연속믹서를 사용할 경우, 각 재료는 용적으로 계량해도 좋다.

1-1-3 비 비 기

(1) 재료의 믹서 투입 순서

① KSF 2455「믹서로 비빈 콘크리트 중의 모르타르와 굵은골재량의 변화율 시험방법」에 의한 시험, 강도 시험, 블리딩 시험 등의 결과 또는 실적을 참고하여 정하는 것이 좋다.
② 일반적으로 물은 다른 재료보다 먼저 넣기 시작하여 넣는 속도를 일정하게 하고 다른 재료의 투입이 끝난 후 조금 지난 뒤에 물을 넣는다.
③ 강제 혼합식 믹서 중 바닥의 배출구를 완전히 폐쇄시킬 수 없는 것은 물을 다른 재료보다 조금 늦게 넣는 것이 좋다.

(2) 비비기 시간

① 비비기 시간은 시험에 의해 정하는 것을 원칙으로 한다.
② 비비기 시간에 대한 시험을 하지 않은 경우
　㈎ 가경식 믹서 : 1분 30초 이상
　㈏ 강제식 믹서 : 1분 이상
③ 믹서의 용량이 큰 경우, 슬럼프가 작은 콘크리트, 혼화재료나 경량골재를 사용한 콘크리트의 경우에는 비비기 시간을 길게 하는 것이 적당한 경우가 많다.
④ 비비기는 미리 정해둔 비비기 시간의 3배 이상 계속해서는 안 된다.
⑤ 비비기 전에 믹서 내부에 모르타르를 부착시킨다.
⑥ 믹서 안의 콘크리트를 전부 꺼낸 후가 아니면 믹서 안에 다음 재료를 넣어서는 안 된다.
⑦ 믹서는 사용전후에 청소를 잘하여야 한다.
⑧ 연속믹서를 사용할 경우, 비비기 시작 후 최초에 배출되는 콘크리트는 사용해서는 안 된다.

1-2 콘크리트의 운반

1-2-1 개 요

콘크리트 배합 후 치기를 위해 소정의 위치까지 콘크리트를 이동하는 작업을 운반이라 한다.

1-2-2 운 반

(1) 구조물의 요구되는 기능, 강도, 내구성 및 시공상 주의할 점 등을 고려하여 운반, 타설

방법을 계획할 필요가 있으며, 검토할 사항은 다음과 같다.
① 전 공정중의 콘크리트 작업의 공정
② 1일 쳐야 할 콘크리트양에 맞추어 운반, 타설 방법 등의 결정 및 인원배치
③ 운반로, 운반경로
④ 타설구획, 시공이음의 위치, 시공이음의 처치 방법
⑤ 콘크리트 타설 순서
⑥ 콘크리트 비비기에서 타설까지 소요 시간
⑦ 기상조건
(2) 콘크리트는 신속하게 운반하여 즉시 타설하고 충분히 다진다.
비비기로부터 타설이 끝날 때까지의 시간은 다음과 같다.
① 외기온도가 25°C 이상일 때 : 1.5시간 이내
② 외기온도가 25°C 미만일 때 : 2시간 이내
(3) 운반할 때에는 콘크리트의 재료분리가 될 수 있는 대로 적게 일어나도록 한다.
(4) 운반 중에 현저한 재료분리가 일어났음이 확인되었을 때에는 충분히 다시 비벼 균질한 상태로 콘크리트를 타설한다.

1-2-3 운반차

(1) 운반거리가 긴 경우 애지테이터 등의 설비를 갖춘다.
(2) 운반거리가 100m 이하의 평탄한 운반로의 경우 손수레 등을 사용해도 좋다.
(3) 콘크리트 운반용 자동차는 배출작업이 쉬운 것이어야 하며 트럭에지테이터가 가장 많이 사용되고 있다.
(4) 슬럼프가 50mm 이하의 된반죽 콘크리트를 10km 이내 장소에 운반하는 경우나 1시간 이내에 운반 가능한 경우 재료분리가 심하지 않으면 덤프트럭이나 또는 버킷을 자동차에 실어 운반해도 좋다.

1-2-4 버 킷

(1) 믹서로부터 받아 즉시 콘크리트 칠 장소로 운반하기에 가장 좋은 방법이다.
(2) 버킷은 담기, 부리기 할 때 재료분리를 일으키지 않고 부리기 쉬워야 한다.
(3) 배출구가 한쪽으로 치우쳐 있으며 배출시에 재료분리가 일어나기 쉬워 중앙부의 아래쪽에 배출구가 있는 것이 좋다.

1-2-5 콘크리트 펌프

(1) 지름 100~150mm 수송관을 사용하여 펌프로 콘크리트를 압송하며 굵은골재 최대치수 40mm, 슬럼프 범위는 100~180mm가 알맞다.

(2) 수송관의 배치는 될 수 있는 대로 굴곡을 적게 하고 수평, 상향으로 해서 압송 중에 콘크리트가 막히지 않게 한다.
(3) 배관상 주의사항
① 경사배관은 피하는 것이 좋다.
② 내리막 배관은 수송이 곤란하므로 곡관부에서는 공기빼기 콕을 설치한다.
③ flexible한 호스는 5m 정도인 것을 사용한다.
④ 수송 중 진동, 철근, 거푸집에 영향이 없도록 설치한다.
(4) 콘크리트를 연속적으로 압송할 수 있어 재료분리의 우려가 없다.
(5) 타설 능력은 15~30m³/hr인 것을 많이 사용한다.
(6) 펌프 압송시 콘크리트 펌프의 최대이론 토출 압력에 대한 최대 압송 부하의 비율이 80% 이하로 펌퍼빌리티를 설정한다.
(7) 펌프의 압송 능력은 시간당 최대 토출량과 최대이론 토출압력으로 나타낸다.
(8) 수송관 직경의 최소치는 보통 콘크리트의 경우 100mm 경량 콘크리트의 경우 125mm로 하며 또 굵은골재 최대치수의 3배 이상이 되어야 한다.
(9) 시멘트양이 적으면 관내 저항이 증가하여 압송선이 저하한다. 보통 콘크리트의 경우 290kgf/m³, 경량 콘크리트의 경우 340kgf/m³ 이상의 단위 시멘트양을 사용하는 것이 좋다.
(10) 펌프를 사용하는 콘크리트의 잔골재율은 펌프를 사용하지 않는 경우에 비하여 2~5% 정도 크게 하는 것이 좋다. 슬럼프가 210mm인 콘크리트에서는 잔골재율을 45~48% 정도가 적당하다.
(11) 인공 경량골재 콘크리트를 압송하는 경우 유동화 콘크리트로 하며 슬럼프가 80~120mm인 베이스 콘크리트를 유동화시켜서 슬럼프를 180mm 정도로 하면 펌프 운반이 가능하다.
(12) 펌프의 실토출량은 이론 토출량에 용적효율을 곱한 값이며 슬럼프가 적을수록 효율은 저하한다.
(13) 압송거리는 일반적으로 표준적인 배합의 콘크리트를 20~30m³/h 정도의 비교적 적은 토출량으로 압송할 때의 압송거리를 한다.
(14) 압송능력은 배합, 기종 등에 따라 다르나 수평거리로 80~600m, 수직거리로 20~140m, 압송량은 20~90m³/h의 범위이다.

1-2-6 콘크리트 플레이서

(1) 콘크리트 펌프와 같이 터널 등의 좁은 곳에 콘크리트를 운반하는 데 적합하다.
(2) 수송관의 배치는 굴곡을 적게 하고, 수평 또는 상향으로 설치하며, 하향경사로 설치 운용해서는 안 된다.
(3) 관의 선단이 항상 콘크리트 중에 매립되지 않으면 큰 세력으로 분사되어 그 충격에 의해

굵은골재가 분리하게 되고, 콘크리트 분사에 의하여 슬럼프의 감소가 대단히 커진다. 따라서 미리 시멘트 페이스트의 양을 크게 할 필요가 있으므로 단위 시멘트양을 20kgf 정도 증가시킨다.

(4) 재료분리를 막기 위해 벨트 컨베이어 끝부분에 조절판이나 깔때기를 설치한다. 된반죽 콘크리트 운반에 적합하다.

(5) 슬럼프가 25mm 이하 또는 180mm 이상인 콘크리트의 경우는 벨트 컨베이어의 운반 능력을 현저히 저하시킨다.

(6) 가장 효과적인 능력을 발휘하기 위해서는 콘크리트의 슬럼프 50~80mm의 범위가 적당하다.

(7) 100mm를 넘는 굵은골재가 사용되는 경우 분리되어 나오는 경향이 있기 때문에 이러한 경우는 벨트 컨베이어의 허용각도를 크게 낮추어야 한다.

1-2-7 벨트 컨베이어

(1) 콘크리트를 연속으로 운반하는 데 편리하다.
(2) 운반거리가 길면 반죽질기가 변하므로 덮개를 사용한다.
(3) 재료분리를 막기 위해 벨트 컨베이어 끝부분에 조절판이나 깔때기를 설치한다.
(4) 된반죽 콘크리트 운반에 적합하다.

1-2-8 슈트

(1) 연직슈트

① 깔때기 등을 이어서 만들고 높은 곳에서부터 콘크리트를 칠 때 이용하며 원칙적으로 연직슈트를 사용해야 한다.
② 유연한 연직슈트를 사용하며 이음부는 콘크리트 치기 도중에 분리되거나 관이 막히지 않는 구조가 되도록 고려한다.

(2) 경사슈트

① 재료분리를 일으키기 쉬워 될 수 있는 대로 사용하지 않는 것이 좋다.
② 부득이 경사슈트를 사용할 경우 수평 2에 연직 1 정도의 경사가 적당하다.
③ 경사슈트의 출구에서는 조절판 및 깔때기를 설치해서 재료분리를 방지하는 것이 좋다. 이때 깔때기의 하단은 콘크리트 치는 표면과의 간격은 1.5m 이하로 한다.

1-3 타설 및 다지기

1-3-1 타설 준비

(1) 철근, 매입철골, 거푸집 등이 도면대로 배치되어 있는지 확인한다.
(2) 콘크리트 타설작업이나 타설 중 콘크리트 압력 등에 의해 철근이나 거푸집이 이동될 염려가 없는지 확인한다.
(3) 콘크리트 타설계획에 정해진 설비 및 인원 등이 배치되었는지 확인한다.
(4) 운반장치, 타설설비 및 거푸집 안을 청소하여 콘크리트 속에 잡물이 혼입되지 않게 한다.
(5) 콘크리트가 닿으면 흡수할 우려가 있는 곳은 미리 습하게 해 두어야 하며 이때 물이 고이지 않도록 주의한다.
(6) 콘크리트를 직접 지면에 치는 경우에는 미리 깔기 콘크리트를 깔아두는 것이 좋다.
(7) 콘크리트 타설 시 먼저 모르타르를 쳐서 모르타르를 널리 펴고 그 위에 콘크리트를 치면 곰보 방지, 시공이음 일체화의 효과가 있다.
(8) 터파기 안의 물은 타설 전에 제거하여야 한다.
(9) 콘크리트가 충분히 경화할 때까지 터파기 안에 유입한 물이 콘크리트에 접촉하지 않도록 배수설비 등을 갖추어야 한다.

1-3-2 타 설

(1) 시공계획서에 따라 콘크리트를 타설한다.
(2) 철근 및 매설물의 배치나 거푸집이 변형 및 손상되지 않도록 한다.
(3) 타설한 콘크리트를 거푸집 안에서 횡방향으로 이동시켜서는 안 된다.
   ① 콘크리트는 취급할 때마다 재료분리가 일어나기 쉬우므로 거듭 다루기를 피하도록 목적하는 위치에 콘크리트를 내려서 치는 것이 좋다.
   ② 내부 진동기를 이용하여 콘크리트를 이동시켜서는 안 된다.
(4) 콘크리트 타설 도중에 심한 재료분리가 생긴 경우에는 이런 콘크리트는 사용하지 않는다.
(5) 콘크리트 타설 후 콘크리트의 굵은골재가 분리되어 모르타르가 부족한 부분이 생길 경우에는 분리된 굵은골재를 긁어 올려서 모르타르가 많은 콘크리트 속에 묻어 넣어야 한다.
(6) 한 구획 내의 콘크리트는 타설이 완료될 때까지 연속해서 타설한다.
(7) 콘크리트는 그 표면이 한 구획 내에서는 거의 수평이 되도록 타설하는 것을 원칙으로 한다.
(8) 콘크리트 타설의 1층 높이는 다짐능력을 고려하여 결정한다.

(9) 콘크리트를 2층 이상으로 나눠 타설할 경우 하층의 콘크리트가 굳기 전에 상층 콘크리트를 타설해 상, 하층이 일체가 되게 한다.
(10) 콜드 조인트가 생기지 않게 시공구획의 면적, 콘크리트의 공급능력, 이어치기 허용간격 등을 정한다.
① 허용 이어치기 시간 간격의 표준

외기온	허용 이어치기 시간 간격
25°C 초과	2.0시간
25°C 이하	2.5시간

② 허용 이어치기 시간 간격은 콘크리트 비비기 시작에서부터 하층 콘크리트 타설 완료한 후, 정치시간을 포함하여 상층 콘크리트가 타설되기까지의 시간이다.
(11) 거푸집의 높이가 높을 경우 타설
① 재료분리를 막고 상부의 철근 또는 거푸집에 콘크리트가 부착하여 경화하는 것을 방지하기 위해 거푸집에 투입구를 설치한다.
② 연직슈트 또는 펌프배관의 배출구를 타설면 가까운 곳까지 내려서 콘크리트를 타설한다.
③ 슈트, 펌프배관, 버킷, 호퍼 등의 배출구와 타설면까지의 높이는 1.5m 이하를 원칙으로 한다.
(12) 콘크리트 타설 도중 표면에 떠올라 고인 블리딩 수가 있을 경우에는 적당한 방법으로 제거한 후 그 위에 콘크리트를 친다. 단, 고인 물을 제거하기 위해 표면에 홈을 만들어 흐르게 하면 안 된다.
(13) 벽 또는 기둥과 같이 높이가 높은 콘크리트를 연속해서 타설할 경우
① 콘크리트의 쳐 올라가는 속도를 너무 빨리 하면 재료분리가 일어나기 쉽고, 블리딩에 의해 나쁜 영향을 일으키기 쉬우며 상부의 콘크리트 품질이 떨어지고 수평철근의 부착강도가 현저하게 저하될 수 있다.
② 쳐 올라가는 속도는 단면의 크기, 콘크리트의 배합, 다지기 방법 등에 따라 다르나 일반적으로 30분에 1~1.5m 정도로 하는 것이 적당하다.

1-3-3 다 지 기

(1) 내부 진동기 사용을 원칙으로 한다.
① 특히 된반죽 콘크리트의 다지기에는 내부 진동기가 유효하다.
② 얇은 벽 등 내부 진동기의 사용이 곤란한 장소에서는 거푸집 진동기를 사용해도 좋다.
㈎ 거푸집 진동기는 적절한 형식을 선택한다.
㈏ 거푸집 진동기를 거푸집에 확실히 부착시킬 것
㈐ 거푸집 진동기를 부착시키는 위치와 이동시키는 방법을 적절히 한다.

(2) 콘크리트 타설 직후 바로 충분히 다진다.
   ① 콘크리트가 철근 및 매설물 등의 주위와 거푸집의 구석구석까지 채워 밀실한 콘크리트가 되게 한다.
   ② 콘크리트가 노출되는 면은 표면이 매끈하도록 다진다.

(3) 거푸집 판에 접하는 콘크리트는 되도록 평탄한 표면이 얻어지도록 타설하고 다진다.

(4) 내부 진동기 사용 방법
   ① 내부 진동기를 하층 콘크리트 속으로 0.1m 정도 찔러 다진다.
   ② 연직으로 찔러 다지며 삽입간격은 0.5m 이하로 한다.
   ③ 1개소당 진동시간은 5~15초로 한다.
   ④ 콘크리트 속에서 진동기를 천천히 빼 구멍이 생기지 않게 한다.
   ⑤ 콘크리트의 재료분리의 원인 때문에 내부 진동기는 콘크리트를 횡방향 이동에 사용해서는 안 된다.
   ⑥ 진동기의 형식, 크기 및 대수
      (가) 한 번에 다질 수 있는 콘크리트의 전 용적을 충분히 진동 다지기를 하는 데 적당해야 한다.
      (나) 부재 단면의 두께와 면적, 한 번에 운반되어 오는 콘크리트의 양, 한 시간 동안의 횟수, 굵은골재의 최대치수, 배합 특히 잔골재율, 콘크리트의 반죽질기 등에 적합한 것을 선정한다.
      (다) 1대의 내부 진동기로 다지는 콘크리트 용적은 소형의 경우 $4~8m^3/hr$, 대형은 $30m^3/hr$ 정도이다.
      (라) 예비 진동기를 갖추어 놓고 적당한 시간에 교체하고 정비해서 사용한다.

(5) 콘크리트 타설 후 즉시 거푸집의 외측을 가볍게 두드려 콘크리트를 거푸집 구석까지 잘 채워 평평한 표면을 만든다.

(6) 거푸집 진동기는 거푸집의 적절한 위치에 단단히 설치한다.

(7) 재진동은 콘크리트를 한 차례 다진 후 적절한 시기에 다시 진동을 한다.
   ① 적절한 시기에 재진동을 하면 공극이 줄고 콘크리트 강도 및 철근의 부착강도가 증가되며 침하균열의 방지에 효과가 있다.
   ② 재진동은 콘크리트가 유동할 수 있는 범위에서 될 수 있는 대로 늦은 시기가 좋지만 너무 늦으면 콘크리트 중에 균열이 남아 문제가 생길 수 있다.
   ③ 재진동은 초결이 일어나기 전에 실시한다.

(8) 침하균열에 대한 조치

① 슬래브 또는 보의 콘크리트가 벽 또는 기둥의 콘크리트와 연속되어 있는 경우에는 침하균열을 방지하기 위해 벽 또는 기둥의 콘크리트 침하가 거의 끝난 다음 슬래브, 보의 콘크리트를 타설한다. 내민 부분을 가진 구조물의 경우에도 동일한 방법으로 시공한다.
② 침하균열이 발생할 경우에는 발생 직후에 즉시 다짐이나 재진동을 실시한다.
③ 콘크리트는 단면이 변하는 위치에서 타설을 중지한 다음 콘크리트가 침하가 생긴 후 내민 부분 등의 상층 콘크리트를 친다.
④ 콘크리트의 침하가 끝나는 시간은 콘크리트의 배합, 사용재료, 온도 등에 영향을 받으므로 일정하지 않지만 보통 1~2시간 정도이다.

(9) 콘크리트 표면의 마감처리

① 콘크리트 표면은 요구되는 정밀도와 물매에 따라 평활한 표면마감을 한다.
② 흙손으로 마감할 때 표면에 있는 골재가 떠오르지 않도록 하고 흙손에 힘을 주어 약간 누르는 힘이 작용하도록 한다.
③ 블리딩, 들뜬 골재, 콘크리트의 부분침하 등의 결함은 콘크리트가 응결하기 전에 수정 처리를 완료한다.
④ 기둥 벽 등의 수평이음부의 표면은 소정의 물매로 거친면으로 마감한다.
⑤ 콘크리트 면에 마감재를 설치하는 경우에는 콘크리트의 내구성을 해치지 않도록 한다.

1-3-4 양　생

콘크리트를 타설한 후 소요기간까지 경화에 필요한 온도, 습도 조건을 유지하여 유해한 작용의 영향을 받지 않도록 보호하는 작업을 양생이라 한다.

(1) 습윤양생

① 콘크리트는 타설한 후 경화가 시작될 때까지 직사광선이나 바람에 의해 수분이 증발되지 않도록 보호한다.
② 콘크리트 표면을 해치지 않고 작업 될 수 있을 정도로 경화하면 콘크리트의 노출면은 양생용 매트, 모포 등을 적셔서 덮거나 또는 살수를 하여 습윤상태로 보호한다.
③ 습윤상태의 보호기간은 다음 표와 같다.

○ 습윤양생기간의 표준

일평균기온	보통 포틀랜드 시멘트	고로 슬래그 시멘트 2종 플라이 애시 시멘트 2종	조강 포틀랜드 시멘트
15℃ 이상	5일	7일	3일
10℃ 이상	7일	9일	4일
5℃ 이상	9일	12일	5일

④ 거푸집 판이 건조될 우려가 있는 경우에는 살수하여야 한다.
⑤ 막양생제는 콘크리트 표면의 물빛이 없어진 직후에 실시하며 부득이 살포가 지연되는 경우에는 막양생제를 살포할 때까지 콘크리트 표면을 습윤상태로 보호하여야 한다.

(2) 온도제어 양생

① 콘크리트는 경화가 충분히 진행될 때까지 경화에 필요한 온도조건을 유지하여 저온, 고온, 급격한 온도변화 등에 의한 유해한 영향을 받지 않도록 필요에 따라 온도제어 양생을 실시한다.
② 온도제어방법, 양생기간 및 관리방법에 대하여 콘크리트의 종류, 구조물의 형상 및 치수, 시공방법 및 환경조건을 종합적으로 고려하여 적절히 정한다.
③ 증기양생, 급열양생, 그 밖의 촉진양생을 실시하는 경우에는 양생을 시작하는 시기, 온도상승속도, 냉각속도, 양생온도 및 양생시간 등을 정한다.

(3) 유해한 작용에 대한 보호

① 콘크리트는 양생기간 중에 예상되는 진동, 충격, 하중 등의 유해한 작용으로부터 보호해야 한다.
② 재령 5일이 될 때까지는 물에 씻기지 않도록 보호해야 한다.

1-3-5 이 음

(1) 시공이음

① 될 수 있는 대로 전단력이 작은 위치에 시공이음을 한다.
② 부재의 압축력이 작용하는 방향과 직각이 되게 한다.
③ 부득이 전단이 큰 위치에 시공이음을 할 경우 시공이음에 장부 또는 홈을 두거나 적절한 강재를 배치하여 보강한다. 철근으로 보강하는 경우에 정착 길이는 직경의 20배 이상으로 하고 원형철근의 경우에는 갈고리(hook)를 붙여야 한다.
④ 이음부의 시공에 있어 설계에 정해져 있는 이음의 위치와 구조는 지켜야 한다.
⑤ 설계에 정해져 있지 않은 이음을 설치할 경우에는 구조물의 강도, 내구성, 수밀성 및 외관을 해치지 않도록 시공계획서에 정해진 위치, 방향 및 시공방법을 준수한다.

⑥ 외부의 염분에 의해 피해를 받을 우려가 있는 해양 및 항만 콘크리트 구조물 등에는 시공 이음부를 되도록 두지 않는 것이 좋다. 부득이 시공 이음부를 설치할 경우에는 만조위로부터 위로 0.6m와 간조위로부터 아래로 0.6m 사이인 가조부 부분을 피한다.
⑦ 수밀을 요하는 콘크리트는 소요의 수밀성이 얻어지도록 적절한 간격으로 시공이음부를 둔다.

(2) 수평 시공이음

① 거푸집에 접하는 선은 될 수 있는 대로 수평한 직선이 되게 한다.
② 콘크리트를 이어칠 경우 구 콘크리트 표면의 레이턴스, 품질이 나쁜 콘크리트, 꽉 달라붙지 않은 골재알 등을 제거하고 충분히 흡수시킨다.
③ 새 콘크리트를 타설할 때 구 콘크리트와 밀착하게 다짐을 한다.
④ 시공이음부가 될 콘크리트 면은 느슨해진 골재알 등이 없도록 마무리하고 경화가 시작되면 빨리 쇠솔이나 모래분사 등으로 면을 거칠게 하며 습윤상태로 양생한다.
⑤ 역방향 타설 콘크리트의 시공 시에는 콘크리트의 침하를 고려하여 시공이음이 일체가 되도록 콘크리트의 재료, 배합 및 시공방법을 선정한다.

(3) 연직 시공이음

① 시공이음면의 거푸집을 견고하게 지지하고 이음부분의 콘크리트는 진동기를 써서 충분히 다진다.
② 구 콘크리트 시공이음면을 쇠솔이나 쪼아내기를 하여 거칠게 하고 충분히 흡수시킨 후 시멘트풀, 모르타르, 습윤면용 에폭시 수지 등을 바르고 새 콘크리트를 타설한다.
③ 신·구 콘크리트가 충분히 밀착하게 다진다.
④ 새 콘크리트를 타설한 후 적당한 시기에 재진동 다지기를 하는 것이 좋다.
⑤ 시공이음면의 거푸집 철거는 콘크리트가 굳은 후 되도록 빠른 시기에 한다. 보통 콘크리트 타설 후 여름에는 4~6시간 정도, 겨울에는 10~15시간 정도로 한다.

(4) 바닥틀과 일체로 된 기둥, 벽의 시공이음

① 바닥틀과 경계 부근에 시공이음을 둔다.
② 헌치는 바닥틀과 연속으로 콘크리트를 타설한다.
③ 내민 부분을 가진 구조물의 경우에도 마찬가지로 시공한다.
④ 헌치부 콘크리트는 다짐이 불량할 우려가 있으므로 다짐에 주의를 하여 수밀한 콘크리트가 되도록 한다.

(5) 바닥틀의 시공이음

① 슬래브 또는 보의 경간 중앙부 부근에 시공이음을 둔다.
② 보가 그 경간 중에서 작은 보와 교차할 경우에는 작은 보의 폭 약 2배 거리만큼 떨어진 곳에 보의 시공이음을 설치한다.

(6) 아치의 시공이음

① 아치축에 직각방향이 되게 시공이음을 한다.
② 아치축에 평행하게 연직 시공이음을 부득이 설치할 경우에는 시공이음부터 위치, 보강방법 등을 검토 후 설치한다.

(7) 신축이음

신축이음은 온도변화, 건조수축, 기초의 부등침하 등에 의해 생기는 균열을 방지하기 위해 설치한다.

① 양쪽의 구조물 혹은 부재가 구속되지 않는 구조라야 한다.
② 필요에 따라 줄눈재, 지수판 등을 배치한다.
  (가) 채움재가 갖추어야 할 조건
   • 온도변화에 신축이 용이할 것
   • 강성 및 내구성이 좋을 것
   • 구조가 간단하며 시공이 용이할 것
   • 방수 또는 배수가 가능할 것
  (나) 지수판의 종류 : 동판, 강판, 염화비닐판, 고무제
③ 신축이음의 단차를 피할 필요가 있는 경우에는 장부나 홈을 두든가 전단 연결재를 사용하는 것이 좋다.
④ 수밀을 요하는 구조물의 신축이음에는 적당한 신축성을 가지는 지수판을 사용한다.
⑤ 신축이음의 간격
  (가) 댐, 옹벽과 같은 큰 구조물 : 10~15m
  (나) 도로 포장 : 6~10m
  (다) 얇은 벽 : 6~9m

(8) 균열 유발 줄눈(수축이음)

콘크리트의 수화열이나 외기 온도 등의 의해 온도변화, 건조수축, 외력 등 변형이 생겨 균열이 발생하는데 이 균열을 제어할 목적으로 미리 어느 정해진 장소에 균열을 집중시켜 소정의 간격으로 단면 결속부를 설치하여 균열을 강제적으로 유발하게 한다.

(9) 표면 마무리

- 콘크리트의 균일한 노출면을 얻기 위해 동일 공장제품의 시멘트, 동일한 종류 및 입도를 갖는 골재, 동일한 배합의 콘크리트, 동일한 콘크리트 타설 방법을 사용하며 정해진 구획의 콘크리트 타설은 연속해서 일괄작업으로 한다.
- 시공이음이 미리 정해져 있지 않을 경우에는 직선상의 이음이 얻어지도록 시공한다.

① 거푸집 판에 접하지 않은 면의 마무리

(개) 콘크리트 다짐 후 윗면으로 스며 올라온 물이 없어진 후, 또는 물 처리한 후 마무리를 해야 한다.
마무리 할 때는 나무 흙손이나 적절한 마무리 기계를 사용하며 마무리 작업이 과도하게 되지 않게 한다.

(나) 마무리 작업 후 굳기 시작할 때까지의 사이에 일어나는 균열은 다짐 또는 재 마무리에 의해 제거하며 필요시 재진동을 해도 좋다.

(다) 매끄럽고 치밀한 표면이 필요할 때는 작업이 가능한 범위에서 될 수 있는 대로 늦은 시기에 흙손으로 강하게 힘을 주어 콘크리트 윗면을 마무리한다.

② 거푸집 판에 접하는 면의 마무리

(개) 노출면이 되는 콘크리트는 평활한 모르타르의 표면이 얻어지도록 치고 다져야 하며, 최종 마무리된 면은 설계 허용오차의 범위를 벗어나지 않아야 한다.

(나) 콘크리트 표면에 혹이나 줄이 생긴 경우에는 이를 매끈하게 따내야 하고, 곰보와 홈이 생긴 경우에는 그 부근의 불완전한 부분을 쪼아내고 물로 적신 후, 적당한 배합의 콘크리트 또는 모르타르로 땜질을 하여 매끈하게 마무리하여야 한다.

(다) 거푸집을 떼어낸 후 온도응력, 건조수축 등에 의하여 표면에 발생한 균열은 필요에 따라 적절히 보수하여야 한다.

③ 마모를 받는 면의 마무리

(개) 마모를 받는 면의 경우에는 콘크리트의 마모에 대한 저항성을 높이기 위해 강경하고 마모저항이 큰 양질의 골재를 사용하고 물-시멘트비를 작게 하여야 한다. 또 밀실하고 균등질의 콘크리트로 되게 하기 위하여 꼼꼼하게 다지는 동시에 충분히 양생해야 한다.

(나) 마모에 대한 저항성을 크게 할 목적으로 철분이나 철립골재(鐵粒骨材)를 사용하거나 수지 콘크리트, 폴리머 콘크리트, 섬유보강 콘크리트, 폴리머 함침 콘크리트 등의 특수 콘크리트를 사용할 경우에는 각각의 특별한 주의사항에 따라 시공하여야 한다.

1-4 거푸집 및 동바리

1-4-1 거푸집

(1) 거푸집의 구비조건

① 형상과 위치를 정확히 유지되어야 할 것
② 조립과 해체가 용이할 것
③ 거푸집널 또는 패널의 이음은 가능한 한 부재축에 직각 또는 평행으로 하고 모르타르가 새어 나오지 않는 구조가 될 것
④ 콘크리트의 모서리는 모따기가 될 수 있는 구조일 것
⑤ 거푸집의 청소, 검사 및 콘크리트 타설에 편리하게 적당한 위치에 일시적인 개구부를 만들 것
⑥ 여러 번 반복 사용할 수 있을 것

(2) 거푸집널의 재료

① 흠집 및 옹이가 많은 거푸집과 합판의 접착 부분이 떨어져 구조적으로 약한 것은 사용하지 말 것
② 거푸집의 띠장은 부러지거나 균열이 있는 것은 사용하지 말 것
③ 제물치장 콘크리트용 거푸집널에 사용하는 합판은 내알칼리성이 우수한 재료로 표면처리된 것일 것
④ 제재한 목재를 거푸집널로 사용할 경우에는 한 면을 기계 대패질하여 사용할 것
⑤ 형상이 찌그러지거나 비틀림 등 변형이 있는 것은 교정한 다음 사용할 것
⑥ 금속제 거푸집의 표면에 녹이 많이 발생한 경우에는 쇠솔 또는 샌드페이퍼 등으로 제거하고 박리제를 엷게 칠하여 사용할 것
⑦ 거푸집널을 재사용할 경우에는 콘크리트에 접하는 면을 깨끗이 청소하고 볼트용 구멍 또는 파손 부위를 수선한 후 사용할 것
⑧ 목재 거푸집널을 콘크리트의 경화 불량을 방지하기 위해 직사광선에 노출되지 않도록 씌우개로 덮어 둘 것

(3) 거푸집의 시공

① 거푸집을 단단하게 조이는 조임재는 기성제품의 거푸집 긴결재, 볼트 또는 강봉을 사용하는 것을 원칙으로 한다.
② 거푸집을 제거한 후 콘크리트 표면에서 25mm 이내에 있는 조임재는 구멍을 뚫어 제거하고 표면에 생긴 구멍은 모르타르로 메운다.
③ 거푸집을 해체한 콘크리트의 면이 거칠게 마무리된 경우 구멍 및 기타 결함이 있는 부위는 땜질하고 6mm 이상의 돌기물은 제거한다.

④ 거푸집널의 내면에는 콘크리트가 거푸집에 부착되는 것을 방지하고 거푸집을 제거하기 쉽게 박리제를 칠한다.
⑤ 슬립 폼은 구조물이 완성될 때까지 또는 소정의 시공 구분이 완료될 때까지 연속해서 이동시킬 것
⑥ 슬립 폼은 충분한 강성을 가지는 구조로 부속장치는 소정의 성능과 안전성을 가질 것
⑦ 슬립 폼의 이동속도는 탈형 직후 콘크리트 압축강도가 그 부분에 걸리는 전 하중에 견딜 수 있게 콘크리트의 품질과 시공조건에 따라 결정한다.
⑧ 측벽, 계단외벽 등 외부에 사용하는 갱폼은 이동에 대한 저항성도 고려하여 설계해야 하며 아래로 처지거나 밖으로 이탈되지 않도록 조립하고 아래층의 거푸집 긴결재 구멍을 이용하여 2열 이상 고정시킨다.

(4) 거푸집의 종류 및 특징

① 목재 거푸집
  ㈎ 가공하기는 쉬우나, 건습에 의한 신축이 크고 파손되기 쉬워 여러 번 반복하여 사용하기 힘들다.
  ㈏ 합판 거푸집은 건습에 의한 신축 변형이 작고 가공하기 용이하다.

② 강재 거푸집
  ㈎ 강도가 크고 수밀성이 크다.
  ㈏ 조립 및 해체가 쉽다.
  ㈐ 여러 번 반복하여 사용할 수 있다.
  ㈑ 콘크리트가 부착하기 쉽고 녹슬기 쉽다.

③ 슬립 폼(slip form)
  ㈎ 콘크리트의 면에 따라 거푸집이 서서히 연직 또는 수평으로 이동하면서 콘크리트를 타설한다.
  ㈏ 연직방향으로 이동하는 것은 주로 교각, 사일로 등에 사용된다.
  ㈐ 수평방향으로 이동하는 것은 수로 및 터널의 라이닝 등에 사용된다.
  ㈑ 슬라이딩 폼(sliding form) 공법이라 한다.

④ Travelling form
  ㈎ 구조물을 따라 거푸집을 이동시키면서 콘크리트를 계속 타설하며 수평으로 연속된 구조물에 이용한다.
  ㈏ 터널의 복공, 교량 등에 쓰인다.

1-4-2 동바리

(1) 동바리의 구비조건
① 하중을 완전하게 기초에 전달하도록 충분한 강도와 안전성을 가질 것
② 조립과 해체가 쉬운 구조일 것
③ 이음이나 접속부에서 하중을 확실하게 전달할 수 있을 것
④ 콘크리트 타설 중은 물론 타설 완료 후에도 과도한 침하나 부동침하가 일어나지 않도록 한다.

(2) 동바리의 재료
① 현저한 손상, 변형, 부식이 있는 것은 사용하지 말 것
② 강관 동바리는 굽어져 있는 것을 사용하지 않는다.
③ 강관을 조합한 동바리 구조는 최대 허용하중을 초과하지 않는 범위에서 사용해야 한다.

(3) 기타 재료
① 긴결재는 내력시험에 의해 허용 인장력이 보증된 것을 사용한다.
② 연결재의 선정요건
    ㈎ 정확하고 충분한 강도가 있을 것
    ㈏ 회수, 해체가 쉬울 것
    ㈐ 조합 부품수가 적을 것

(4) 동바리의 시공
① 동바리를 조립하기에 앞서 기초가 소요 지지력을 갖도록 하고 동바리는 충분한 강도와 안전성을 갖도록 시공하여야 한다.
② 동바리는 필요에 따라 적당한 솟음을 두어야 한다.
③ 거푸집이 곡면일 경우에는 버팀대의 부착 등 당해 거푸집의 변형을 방지하기 위한 조치를 하여야 한다.
④ 동바리는 침하를 방지하고 각부가 움직이지 않도록 견고하게 설치하여야 한다.
⑤ 강재와 강재와의 접속부 및 교차부는 볼트, 클램프 등의 철물로 정확하게 연결하여야 한다.
⑥ 특수한 경우를 제외하고 강관 동바리는 2개 이상을 연결하여 사용하지 않아야 하며, 높이가 3.5m 이상인 경우에는 높이 2m 이내마다 수평 연결재를 2개 방향으로 설치하고 수평 연결재의 변위가 일어나지 않도록 이음부분은 견고하게 하여야 한다.
⑦ 동바리 하부의 받침판 또는 받침목은 2단 이상 삽입하지 않도록 하고 작업원의 보행에 지장이 없어야 하며, 이탈되지 않도록 고정시켜야 한다.
⑧ 강관 동바리의 설치 높이가 4m를 초과하거나 슬래브 두께가 1m를 초과하는 경우

에는 하중을 안전하게 지지할 수 있는 구조의 시스템 동바리로 사용한다.
⑨ 동바리를 해체한 후에도 유해한 하중이 재하될 경우에는 동바리를 적절하게 재설치하여야 하며 시공중의 고층 건물의 경우 최소 3개 층에 걸쳐 동바리를 설치하여야 한다.

(5) 이동 동바리
① 충분한 강도와 안전성 및 소정의 성능을 가질 것
② 이동 동바리의 이동은 정확하고 안전하게 해야 한다.
③ 필요에 따라 적당한 솟음을 둔다.
④ 조립 후 사용 중 콘크리트에 유해한 변형을 생기게 해서는 안 된다.
⑤ 이동 동바리에 설치되는 여러 장치는 조립 후 및 사용 중 검사하여 안전을 확인한다.

1-4-3 거푸집 및 동바리의 구조계산

거푸집 및 동바리는 구조물의 종류, 규모, 중요도, 시공조건 및 환경조건 등을 고려하여 연직방향 하중, 수평방향 하중 및 콘크리트의 측압 등에 대해 설계하여야 하며 동바리의 설계는 강도뿐만 아니라 변형도 고려한다.

(1) 연직방향 하중
① 고정하중
  ㈎ 철근 콘크리트와 거푸집의 질량을 고려하여 합한 하중이다.
  ㈏ 콘크리트 단위 용적질량은 철근 질량을 포함하여 보통 콘크리트 $24kN/m^3$, 제1종 경량 콘크리트 $20kN/m^3$, 2종 경량 콘크리트 $17kN/m^3$를 적용한다.
  ㈐ 거푸집의 하중은 최소 $0.4kN/m^2$ 이상을 적용한다.
  ㈑ 특수 거푸집의 경우에는 그 실제의 질량을 적용한다.

② 활하중
  ㈎ 작업원, 경량의 장비하중, 기타 콘크리트 타설 시 필요한 자재 및 공구 등의 시공하중, 충격하중을 포함한다.
  ㈏ 구조물의 수평투영면적(연직방향으로 투영시킨 수평면적)당 최소 $2.5kN/m^2$ 이상으로 설계한다.
  ㈐ 전동식 카트 장비를 이용하여 콘크리트를 타설할 경우에는 $3.75kN/m^2$의 활하중을 고려한다.
  ㈑ 콘크리트 분배기 등의 특수장비를 이용할 경우에는 실제 장비하중을 적용한다.

③ 고정하중과 활하중을 합한 연직하중은 슬래브 두께에 관계없이 최소 $5.0kN/m^2$ 이상, 전동식 카트 사용 시에는 최소 $6.25kN/m^2$ 이상을 고려한다.

(2) 수평방향하중

① 고정하중 및 공사 중 발생하는 활하중을 적용한다.
② 동바리에 작용하는 수평방향하중으로는 고정하중의 2% 이상 또는 동바리 상단의 수평방향 단위 길이당 1.5kN/m 이상 중에서 큰 쪽의 하중이 동바리 머리부분에 수평방향으로 작용하는 것으로 가정한다.
③ 옹벽과 같은 거푸집의 경우에는 거푸집 측면에 대하여 $0.5kN/m^2$ 이상의 수평방향 하중이 작용하는 것으로 본다.
④ 풍압, 유수압, 지진 등의 영향을 크게 받을 때에는 별도로 이들 하중을 고려한다.

(3) 굳지 않은 콘크리트의 측압(거푸집 설계 시)

① 콘크리트의 측압은 사용재료, 배합, 타설 속도, 타설 높이, 다짐 방법 및 타설 시 콘크리트 온도에 따라 다르며 사용하는 혼화제의 종류, 부재의 단면치수, 철근량 등에 의해서도 영향을 받는다.
② 재진동을 하거나 거푸집 진동기를 사용할 경우, 묽은 반죽의 콘크리트를 타설하는 경우 또는 응결이 지연되는 콘크리트를 사용할 경우에는 측압을 적절히 증가 시킨다.

(4) 목재 거푸집 및 수평부재

목재 거푸집 및 수평부재는 등분포 하중이 작용하는 단순보로 검토한다.

1-4-4 거푸집 및 동바리의 해체

(1) 콘크리트가 자중 및 시공중에 가해지는 하중에 충분히 견딜만한 강도를 가질 때까지 해체해서는 안 된다.
(2) 고정보, 라멘, 아치 등에서는 콘크리트의 크리프 영향을 이용하면 구조물에 균열을 적게 할 수 있으므로 콘크리트가 자중 및 시공하중을 지탱하기에 충분한 강도에 도달했을 때 되도록 빨리 거푸집 및 동바리를 제거하도록 한다.
(3) 거푸집 및 동바리의 해체시기 및 순서는 시멘트의 성질, 콘크리트의 배합, 구조물의 종류와 중요도, 부재의 종류 및 크기, 부재가 받는 하중, 콘크리트 내부온도와 표면온도의 차이 등의 요인을 고려하여 결정한다.
(4) 콘크리트의 압축강도 시험결과 다음 값에 도달했을 때는 해체할 수 있다.

부 재	콘크리트 압축강도(f_{cu})
확대기초, 보옆, 기둥, 벽 등의 측벽	5MPa 이상
슬래브 및 보의 밑면, 아치 내면	설계기준 압축강도×2/3 ($f_{cu} \geq 2/3 f_{ck}$) 다만, 14MPa 이상

(5) 기초, 보의 측면, 기둥, 벽의 거푸집널은 특히 내구성을 고려할 경우에는 콘크리트의 압축강도가 10MPa 이상 도달한 경우 해체하는 것이 좋다.
(6) 거푸집널의 존치기간 중 평균기온이 10°C 이상인 경우 압축강도 시험을 하지 않고 기초, 보 옆, 기둥 및 벽의 측벽의 경우 다음 표에 주어진 재령이상을 경과하면 해체할 수 있다.

시멘트의 종류 평균 기온	조강 포틀랜드 시멘트	보통 포틀랜드 시멘트 고로 슬래그 시멘트 1종 포틀랜드 포졸란 시멘트 1종 플라이 애시 시멘트 1종	고로 슬래그 시멘트 2종 포틀랜드 포졸란 시멘트 2종 플라이 애시 시멘트 2종
20°C 이상	2일	4일	5일
20°C 미만 10°C 이상	3일	6일	8일

(7) 보, 슬래브 및 아치 하부의 거푸집널은 원칙적으로 동바리를 해체한 후에 해체한다. 그러나 충분한 양의 동바리를 현 상태로 유지하도록 설계 시공된 경우 콘크리트를 10°C 이상 온도에서 4일 이상 양생한 후 책임기술자의 승인을 받아 해체할 수 있다.
(8) 해체 순서는 하중을 받지 않는 부분부터 해체한다. 즉 연직부재는 수평부재의 거푸집 보다 먼저 해체한다.
(9) 거푸집의 존치기간이 짧은 순서는 기둥, 푸팅 기초, 스팬이 짧은 보, 스팬이 긴 보, 콘크리트 포장 순이다.

1-5 레디믹스트 콘크리트

1-5-1 개 념

정비된 콘크리트 제조설비를 갖춘 공장으로부터 수시로 구입할 수 있는, 굳지 않은 콘크리트이다.

1-5-2 일반 사항

(1) 특수 AE 콘크리트의 공기량은 굵은골재의 최대치수, 기타에 따라 콘크리트 체적은 4~7%로 한다.
(2) 레디믹스트 콘크리트의 배출지점에서 공기량은 굵은골재의 최대치수 20, 25, 40mm 에 대하여 4.5%를 표준으로 한다.

1-5-3 공장의 선정

(1) KS 표시허가 공장으로부터 레디믹스트 콘크리트를 구입한다.
(2) KS 표시허가 공장이 공사현장 근처에 없으면 규정 및 심사기준을 참고하여 사용재료, 제설비, 품질관리 상태 등을 고려하여 공장을 선정한다.
(3) 비비기로부터 타설을 종료할 때까지의 시간을 외기온도가 25℃ 초과할 때 1.5시간 이내, 25℃ 이하일 때 2시간 이내를 표준으로 하고 있으면 공장을 선정할 때에는 타설에 걸리는 시간도 고려하여 1.5시간에서 타설을 종료할 수 있는 거리에 있는 공장을 선정한다.
(4) 운반시간은 되도록 짧은 것이 좋으며 운반로의 교통혼잡 상황이나 기후 등에 따라 변동하므로 이를 고려하여 선정한다.
(5) 콘크리트의 제조능력, 운반능력 등을 고려하여 선정한다.

1-5-4 품질의 지정

(1) 레디믹스트 콘크리트의 종류는 보통 콘크리트, 경량 골재 콘크리트, 포장 콘크리트, 고강도 콘크리트로 하고 구입자는 굵은골재의 최대치수, 슬럼프 및 호칭강도를 지정한다.
(2) 강도시험에서 공시체의 재령은 지정이 없는 경우 28일로 한다.
  ① 1회의 시험결과는 구입자가 지정한 호칭강도의 85% 이상이어야 한다.
  ② 3회의 시험결과의 평균치는 구입자가 지정한 호칭강도의 값 이상이어야 한다.
(3) 공기량은 보통 콘크리트의 경우 4.5%이며 경량골재 콘크리트의 경우 5.5%로 하며 그 허용오차는 ±1.5%로 한다.
(4) 슬럼프의 허용오차

슬럼프(mm)	슬럼프 허용차(mm)
25	±10
50 및 65	±15
80 이상	±25

(5) 구입자가 생산자와 협의하여 지정할 사항
  ① 시공할 구조물의 종류, 시공 방법 등을 고려하여 시멘트의 종류를 지정한다.
  ② 자갈, 모래, 부순 돌, 부순 모래, 고로 슬래그 굵은골재, 고로 슬래그 잔골재, 경량 골재 등의 구별을 지정한다.
  ③ 굵은골재의 최대치수를 지정한다.
  ④ 콘크리트 및 강재에 해로운 영향을 주지 않는 혼화재료를 사용한다.
  ⑤ 염화물 함유량의 한도는 배출지점에서 염화물 이온양은 $0.3kg/m^3$ 이하로 한다. 구입자의 승인을 얻은 경우에는 $0.6kg/m^3$ 이하로 할 수 있다.

⑥ 경량골재 콘크리트의 경우 굳지 않은 콘크리트의 단위용적질량을 지정한다.
⑦ 한중 콘크리트, 서중 콘크리트, 매스 콘크리트 등의 경우에 콘크리트의 최고온도 또는 최저온도를 지정한다.
　㈎ 한중 콘크리트의 경우는 반입 시 최저온도는 5℃ 이상이 되도록 유지한다.
　㈏ 서중 콘크리트의 경우는 반입 시 최고온도가 35℃ 이하가 되도록 유지한다.
⑧ 물-결합재비의 상한치, 단위 수량의 상한치, 단위 시멘트양의 하한치 또는 상한치 등을 지정한다.
⑨ 유동화 콘크리트의 경우는 유동화하기 전 베이스 콘크리트에서 슬럼프의 증대량을 지정한다.
⑩ 그 외 필요한 사항은 생산자와 협의하여 지정한다.

(6) 레디믹스트 콘크리트의 받아들이기
① 타설에 앞서 납품일시, 콘크리트의 종류, 수량, 배출장소, 트럭 애지테이터의 반입 속도 등을 생산자와 충분히 협의해 둔다.
② 타설 중단이 없도록 상호 연락을 취한다.
③ 콘크리트 배출장소는 운반차가 안전하고 원활하게 출입할 수 있는 장소일 것
④ 콘크리트 배출작업은 재료분리가 일어나지 않도록 해야 한다.
⑤ 콘크리트의 비빔 시작부터 부어넣기 종료까지의 시간의 한도는 외기기온이 25℃ 미만의 경우에는 120분, 25℃ 이상의 경우에는 90분을 한도로 한다.

1-5-5 재　료

(1) 재료의 저장설비
① 골재는 콘크리트 최대 출하량의 1일분 이상에 상당하는 골재를 저장할 수 있을 것
② 하절기에 시멘트의 온도가 가능한 한 80℃ 이상이 넘지 않을 것

(2) 배치 플랜트
① 계량기는 연속적으로 계량할 수 있는 장치가 구비되어야 한다.
② 믹시는 고정식 믹서로 한다.
③ 믹서의 성능은 콘크리트 중 모르타르와 단위 용적질량의 차가 0.8%, 콘크리트 중 단위 굵은골재량의 차가 5% 이상의 오차가 생겨서는 안 된다.

(3) 재료의 계량 오차

재료의 종류	1회 계량 오차(%)
시멘트, 물	시멘트(-1, +2), 물(-2, +1)
혼화재	±2%
골재 · 혼화제	±3%

1-5-6 시 공

(1) 콘크리트 운반차는 트럭 믹서 또는 트럭 애지테이터의 사용을 원칙으로 하고 슬럼프가 25mm 이하의 낮은 콘크리트를 운반할 때는 덤프트럭을 사용할 수 있다.
(2) 콘크리트 운반 및 부어넣었을 때에는 콘크리트에 가수(加水)해서는 안 된다.
(3) 콘크리트의 압송에 앞서 부배합의 모르타르를 압송하여 콘크리트의 품질변화를 방지한다.
(4) 콘크리트 펌프를 사용할 경우 굵은골재의 최대치수에 대한 압송관의 최소 호칭치수

굵은골재의 최대치수(mm)	압송관의 호칭(mm)
20	100 이상
25	100 이상
40	125 이상

1-5-7 레디믹스트 콘크리트의 제조

(1) 센트럴 믹스트 콘크리트(central mixed concrete)

각 재료를 고정믹서에서 완전히 혼합하여 콘크리트를 트럭믹서나 트럭애지테이터로 운반하는 방식

(2) 쉬링크 믹스트 콘크리트(shrink mixed concrete)

각 재료를 고정믹서에서 어느 정도 비빈 후 트럭믹서 또는 트럭애지테이터로 운반하면서 혼합하여 도착 시에는 완전히 혼합된 콘크리트로 공급하는 방식

(3) 트랜싯 믹스트 콘크리트(transit mixed concrete)

고정믹서 없이 계량장치만 설치되어 있어 계량된 각 재료를 트럭믹서에 투입하여 운반하면서 물을 첨가하여 완전히 혼합된 콘크리트로 공급하는 방식

1-6 일반 콘크리트 품질관리

(1) 슬럼프 시험, 공기량 시험, 강도 시험, 염화물 함유량 시험, 단위용적 질량시험을 한다.
(2) 트럭 애지테이터에서 시료를 채취하는 경우에는 트럭 애지테이터를 30초간 고속으로 휘저은 후 최초로 배출되는 콘크리트 약 50l를 제외한 후 콘크리트의 전 횡단면에서 3회 이상 나누어 채취한 다음 전체를 다시 비비기하여 시료로 사용한다.
(3) 검사는 강도, 슬럼프, 공기량 및 염화물 함유량에 대하여 시험한다.
(4) 시험 횟수는 1일 1회 이상, 구조물별 120m^3마다 1회 시험을 한다.

(5) 압축강도 시험결과는 임의의 1개 운반차로부터 채취한 시료로 공시체를 제작하여 시험한 평균값으로 한다.
   콘크리트 강도시험용 시료는 하루에 1회 이상, 120m³ 당 1회 이상, 슬래브나 벽체의 표면적 500m²마다 1회 이상 채취한다.
(6) 현장 양생 공시체 제작 및 강도
   ① 현장 양생된 공시체 강도가 동일 조건의 시험실에서 양생된 공시체 강도의 85%보다 작을 때는 콘크리트의 양생과 보호 절차를 개선해야 한다.
   ② 현장 양생된 것의 강도가 설계기준강도보다 3.5MPa를 더 초과하면 85%의 한계 조항은 무시할 수 있다.
   ③ 현장 양생되는 공시체는 시험실에서 양생되는 공시체와 똑같은 시간에 동일한 시료를 사용하여 만든다.
(7) 시험 결과 콘크리트의 강도가 작게 나오는 경우
   ① 콘크리트 강도 판정 시에는 공시체 3개의 평균값을 1회의 시험값으로 보며, 임의 연속한 3회 압축강도의 시험값의 평균이 호칭강도 이상이어야 하고 동시에 호칭강도가 35MPa 이하의 경우에는 각각의 시험값이 (호칭강도 −3.5MPa) 이상이어야 하며 호칭강도가 35MPa 초과한 경우에는 각각의 시험값이 호칭강도 90% 이상이어야 한다.
   ② 콘크리트 강도가 현저히 부족하다고 판단될 때, 그리고 계산에 의해 하중저항 능력이 크게 감소되었다고 판단될 때에는 문제된 부분에서 코어를 채취하여 코어의 압축강도 시험을 실시해야 한다. 이때 강도 시험값이 부족한지 여부를 알기 위해 3개의 코어를 채취한다.
   ③ 구조물에서 콘크리트 상태가 건조된 경우 코어는 시험 전 7일 동안 온도 15~30℃, 상대습도 60% 이하로 건조시킨 후 기건 상태에서 시험한다.
   ④ 구조물의 콘크리트가 습윤된 상태에 있다면 코어는 적어도 40시간 이상 물 속에 담가 두어야 하며 습윤상태로 시험한다.
   ⑤ 모든 코어 공시체의 3개의 압축강도 평균값이 f_{ck}의 85%를 초과하고 각각의 강도가 f_{ck}의 75%를 초과하면 구조적으로 적합하다고 판정힐 수 있다.
   ⑥ 시험의 정확성을 위해 불규칙한 코어 강도를 나타내는 위치에 대해 재시험을 실시해야 한다.

제1장 실전문제 — 콘크리트의 혼합·운반·치기

01 콘크리트를 어느 정도 비빈 후 트럭믹서 또는 교반트럭에 투입하여 공사현장에 도달할 때까지 운반시간 동안 혼합하여 도착 시 완전히 혼합된 콘크리트로 공급하는 레디믹스트 콘크리트는?
㉮ 센트럴 믹스트 콘크리트   ㉯ 쉬링크 믹스트 콘크리트
㉰ 트랜싯 믹스트 콘크리트   ㉱ 프리믹스트 콘크리트

해설
- 센트럴 믹스트 콘크리트 : 각 재료를 완전하게 혼합하여 콘크리트를 트럭믹서나 트럭애지테이터로 운반하는 방법
- 트랜싯 믹스트 콘크리트 : 계량된 각 재료는 직접 트럭믹서 속에 투입하고 운반 도중에 소정의 물을 첨가하여 혼합하면서 공사현장에 도착하면 완전한 콘크리트로 공급하는 방법

02 콘크리트 구조물의 설계에서 사용하는 콘크리트의 강도는?
㉮ 압축강도   ㉯ 인장강도   ㉰ 휨강도   ㉱ 전단강도

해설 포장 콘크리트의 경우는 휨강도를 기준으로 한다.

03 압축강도에 의해 콘크리트 품질관리를 할 경우에 대해 설명한 것 중 잘못된 것은?
㉮ 일반적인 경우 조기재령의 압축강도에 의한다.
㉯ 압축강도의 1회 시험값은 동일 배치에서 취한 공시체 3개에 대한 평균값으로 한다.
㉰ 시험값에 의해 품질을 관리할 경우 관리도 및 산포도 곡선을 이용하는 것이 좋다.
㉱ 시험용 시료채취 시기 및 횟수는 하루에 치는 콘크리트마다 적어도 1회, 구조물별 120m^{3}마다 1회로 한다.

해설 시험값에 의해 품질을 관리할 경우 관리도를 이용하는 것이 좋다.

04 제빙화학제가 사용되는 콘크리트의 물-결합재비는 몇 % 이하로 하는가?
㉮ 45%   ㉯ 50%   ㉰ 55%   ㉱ 60%

05 굵은골재의 최대치수는 부재의 최소치수의 (   ), 철근 피복 및 철근의 최소 순간격의 (   )을 초과해서는 안 되는가?
㉮ 3/4, 1/5   ㉯ 1/5, 3/4
㉰ 1/4, 1/5   ㉱ 1/5, 1/4

답 01. ㉰   02. ㉮   03. ㉰   04. ㉮   05. ㉰

06 무근 콘크리트의 경우 굵은골재의 최대치수는 몇 mm인가?
  ㉮ 20mm ㉯ 25mm ㉰ 40mm ㉱ 50mm

해설 • 굵은골재의 최대치수

구조물의 종류	굵은골재의 최대치수(mm)
일반적인 경우	20 또는 25
단면이 큰 경우	40
무근 콘크리트	40 부재 최소치수의 1/4를 초과해서는 안 됨.

07 단면이 큰 경우 철근 콘크리트의 슬럼프 값은?
  ㉮ 80~150mm ㉯ 60~120mm
  ㉰ 50~150mm ㉱ 10~100mm

해설 • 슬럼프의 표준값

종 류		슬럼프 값(mm)
철근 콘크리트	일반적인 경우	80~150
	단면이 큰 경우	60~120
무근 콘크리트	일반적인 경우	50~150
	단면이 큰 경우	50~100

08 콘크리트 비비기 시간은 가경식 믹서의 경우 얼마인가?
  ㉮ 1분 이상 ㉯ 1분 30초 이상
  ㉰ 2분 이상 ㉱ 2분 30초 이상

해설 강제혼합식의 경우는 1분 이상을 표준으로 한다.

09 비비기는 미리 정해둔 비비기 시간의 몇 배 이상 계속해서는 안 되는가?
  ㉮ 1배 ㉯ 2배 ㉰ 3배 ㉱ 4배

10 콘크리트 비비기에 관한 설명 중 틀린 것은?
  ㉮ 비비기를 시작하기 전에 미리 믹서 내부를 모르타르로 부착시킨다.
  ㉯ 믹서 안의 콘크리트를 전부 꺼낸 후에 다음 재료를 넣는다.
  ㉰ 비벼놓아 굳기 시작한 콘크리트는 되비비기 하여 사용한다.
  ㉱ 재료를 믹서에 투입할 때 일반적으로 물은 다른 재료보다 먼저 넣는다.

해설 물을 더 넣지 않고 되비비기를 하면 콘크리트 압축강도는 증가하나 시공 시에 되비비기를 허용하면 충분히 되비비기를 하지 않은 콘크리트를 치거나 물을 넣어 되비비기를 할 우려가 있어 되비비기를 한 콘크리트를 사용하지 않도록 한다.

답 06. ㉰ 07. ㉯ 08. ㉰ 09. ㉰ 10. ㉰

11 콘크리트 재료의 계량에 관한 설명 중 틀린 것은?

㉮ 혼화제를 녹이는 데 사용하는 물은 단위 수량과 별도로 고려한다.
㉯ 재료는 시방 배합을 현장 배합으로 고친 후 현장 배합에 의해 계량한다.
㉰ 각 재료는 1회의 비비기 양마다 질량으로 계량한다.
㉱ 시멘트의 1회 계량오차는 1% 이내가 되도록 한다.

해설
- 혼화제를 녹이는 데 사용하는 물은 단위 수량 일부로 본다.
- 물과 혼화제 용액은 용적으로 계량해도 좋다.
- 혼화재의 1회 계량분에 대한 계량오차는 ±2%이다.
- 골재 및 혼화제의 1회 계량분에 대한 계량오차는 ±3%이다.

12 콘크리트 운반에 대한 설명 중 틀린 것은?

㉮ 운반거리가 50~100m 이하의 평탄한 운반로를 만들어 콘크리트의 재료분리를 방지할 수 있는 경우는 손수레차를 사용해도 좋다.
㉯ 운반 중에 재료분리가 발생한 경우는 충분히 거듭비비기를 해서 균등질의 콘크리트로 한다.
㉰ 슬럼프가 50mm 이하의 된반죽 콘크리트를 10km 이하의 거리를 운반하는 경우나 1시간 이내에 운반 가능한 경우는 덤프트럭을 이용해도 좋다.
㉱ 보통 콘크리트를 펌프로 압송할 경우 굵은골재의 최대치수는 25mm 이하를 표준으로 한다.

해설 콘크리트 펌프로 압송할 경우 굵은골재의 최대치수는 40mm 이하를 표준으로 한다.

13 콘크리트 운반시공에 관한 설명 중 틀린 것은?

㉮ 콘크리트 플레이서 수송관의 배치는 굴곡을 적게 하고 수평 또는 하향경사로 설치한다.
㉯ 벨트 컨베이어는 운반거리가 길거나 경사가 있어서는 안 된다.
㉰ 슈트를 사용할 경우는 연직슈트를 사용한다.
㉱ 부득이 경사슈트를 사용할 경우는 수평 2에 대하여 연직 1 정도가 적당하다.

해설
- 콘크리트 플레이서 수송관의 배치는 굴곡을 적게 하고 수평 또는 상향으로 하며 하향경사로 해서는 안 된다.
- 경사슈트는 가능한 사용하지 않는 것이 좋다.

14 경사슈트의 출구에서 조절판 및 깔때기를 설치하여 재료분리를 방지하는데 이 경우 깔때기의 하단과 콘크리트를 치는 표면과의 간격은?

㉮ 0.5m 이하
㉯ 1m 이하
㉰ 1.5m 이하
㉱ 2.0m 이하

답 11. ㉮ 12. ㉱ 13. ㉮ 14. ㉰

15 콘크리트 치기에 관한 설명 중 틀린 것은?

㉮ 친 콘크리트를 거푸집 안에서 내부 진동기를 써서 유동화시키며 콘크리트를 이동시킨다.
㉯ 한 구획 내의 콘크리트 치기는 끝날 때까지 연속해서 콘크리트를 쳐야 한다.
㉰ 콘크리트는 그 표면이 한 구획 내에서는 거의 수평이 되도록 친다.
㉱ 벽 또는 기둥과 같이 높이가 높은 곳을 쳐 올라가는 속도는 30분에 1~1.5m 정도가 적당하다.

해설
• 내부 진동기는 콘크리트의 다짐에 사용되는 기구이므로 콘크리트를 이동시키는 데 사용해서는 안 된다.
• 콘크리트 칠 때는 목적하는 위치에 콘크리트를 내려서 치고 횡방향으로 이동시켜서는 안 된다.

16 내부 진동기는 가능한 한 연직으로 일정한 간격으로 찔러 넣는데 그 간격은?

㉮ 20cm 이하　　㉯ 30cm 이하
㉰ 50cm 이하　　㉱ 100cm 이하

17 진동 다짐을 할 때에는 진동기를 아래층의 콘크리트 속에 몇 m 정도 찔러 넣는가?

㉮ 5cm　　㉯ 10cm　　㉰ 15cm　　㉱ 20cm

해설
• 2층 이상으로 콘크리트를 칠 경우 각 층의 콘크리트가 일체가 되도록 하층의 콘크리트가 굳기 전에 다진다.
• 진동기를 뺄 때 천천히 빼내 구멍이 남지 않도록 한다.

18 1대의 내부 진동기로서 다지는 콘크리트 용적은 2명이 취급하는 대형의 경우 1시간에 몇 m³ 정도인가?

㉮ 10m³　　㉯ 20m³　　㉰ 30m³　　㉱ 40m³

해설 일반적으로 소형은 1시간에 4~8m³ 정도이다.

19 콘크리트 침하 균열에 대한 조치의 설명 중 틀린 것은?

㉮ 벽 또는 기둥의 콘크리트 침하가 거의 끝난 후 슬래브, 보의 콘크리트를 쳐야 한다.
㉯ 콘크리트 단면이 변하는 위치에서 치기를 중지한 다음 그 콘크리트의 침하가 생긴 다음 내민 부분 등의 상층 콘크리트를 친다.
㉰ 콘크리트의 침하가 끝나는 시간은 1~2시간 정도가 일반적이다.
㉱ 침하 균열이 발생할 경우에는 탬핑을 실시해서는 안 된다.

해설
• 콘크리트가 굳기 전에 침하 균열이 발생한 경우에는 즉시 탬핑을 하여 균열을 적게 한다.
• 침하 균열은 콘크리트의 침하나 철근이나 배설물에 구속되는 경우에도 발생한 경우가 있다.

답 15. ㉮　16. ㉰　17. ㉯　18. ㉰　19. ㉱

20 레디믹스트 콘크리트 믹서는 콘크리트 중 모르타르와 단위용적질량의 차가 몇 % 이하이면 콘크리트를 균등하게 혼합시킬 성능을 갖고 있다고 볼 수 있는가?
- ㉮ 0.5%
- ㉯ 0.8%
- ㉰ 1%
- ㉱ 5%

해설
- 레디믹스트 콘크리트의 믹서는 가경식 믹서를 사용해서는 안 되고 고정식 믹서를 사용한다.
- 믹서의 성능이 콘크리트 중 단위 굵은골재량의 차가 5% 이상의 오차가 생겨서는 안 된다.

21 레디믹스트 콘크리트로 발주할 경우 품질에 대한 지정 중 공기량은 보통 콘크리트의 경우 몇 %로 하는가?
- ㉮ 4.5%
- ㉯ 5%
- ㉰ 6%
- ㉱ 7%

해설
- 경량골재 콘크리트의 경우 5.5%이다.
- 허용오차는 ±1.5%이다.

22 콘크리트를 버킷으로 운반할 경우 다음의 설명 중 틀린 것은?
- ㉮ 버킷의 배출구가 버킷 바닥 모서리에 있는 것이 좋다.
- ㉯ 배출구의 개폐가 쉽고 닫았을 때 콘크리트나 모르타르가 새지 않아야 한다.
- ㉰ 버킷은 믹서로부터 받아 즉시 콘크리트를 칠 장소로 운반하는 방법을 현재로서는 가장 적합한 운반방법이라고 본다.
- ㉱ 버킷을 타워 크레인으로 운반하는 방법은 콘크리트에 진동을 적게 주기 때문에 좋다.

해설
- 버킷의 배출구는 중앙부 아래쪽에 있는 것이 좋다.
- 버킷을 타워 크레인으로 운반하는 방법은 치기 장소에 상하 수평 어느 방향에 대해서도 운반이 용이하며 편리하다.

23 콘크리트 펌프의 기종을 선정할 경우 고려해야 할 사항 중 관계가 가장 먼 것은?
- ㉮ 콘크리트의 종류
- ㉯ 배관조건
- ㉰ 콘크리트의 치기량
- ㉱ 기후조건

해설
- 콘크리트 펌프의 기종은 콘크리트의 종류, 품질, 관의 지름, 배관 조건, 치기 장소, 1회의 치기량, 치기 속도 등을 고려하여 선정해야 한다.
- 경우에 따라 압송시험을 실시하여 콘크리트 펌프의 기종을 결정하는 것이 좋다.

24 콘크리트 펌프 기종의 관경을 정할 때 고려할 사항이 아닌 것은?
- ㉮ 콘크리트의 종류
- ㉯ 배관조건
- ㉰ 압송조건
- ㉱ 굵은골재의 최대치수

해설 콘크리트의 품질 등을 고려하여 관경을 정한다.

답 20. ㉯ 21. ㉮ 22. ㉮ 23. ㉱ 24. ㉯

25 콘크리트 펌프의 기종에 관한 설명 중 틀린 것은?

㉮ 관경이 클수록 관내의 압력손실이 적고 압송이 쉽다.
㉯ 콘크리트 펌프의 관경의 크기는 100~150A(4B~6B)가 사용된다.
㉰ 100A와 4B는 관의 지름이 각각 100mm와 4inch를 의미한다.
㉱ 펌프의 형식은 스퀴즈(squeeze) 식의 사용을 원칙으로 한다.

해설 펌프의 형식은 피스톤식과 스퀴즈(squeeze) 식의 사용을 원칙으로 한다.

26 콘크리트 펌프의 기종에 관한 설명 중 틀린 것은?

㉮ 펌핑 시의 최대 소요압력은 $P_{\max}$ =(수평관 1m당 관내 압력의 손실)×경사거리
㉯ 콘크리트 펌핑이 원활한 것으로 한다.
㉰ 콘크리트 펌핑 시의 소요압력은 펌프의 최대 압송압력 이상이 되어서는 안 된다.
㉱ 펌핑 시의 최대 소요압력은 유사한 현장의 실적이나 펌핑시험을 통하여 결정해야 한다.

해설 $P_{\max}$ =(수평관 1m당 관내 압력의 손실)×(수평 환산거리)

27 콘크리트 강도에 영향을 주는 요인이 아닌 것은?

㉮ 양생온도 ㉯ 물-시멘트비
㉰ 거푸집 크기 ㉱ 골재의 조립률

해설
• 물-시멘트비가 콘크리트 강도에 가장 큰 영향을 미친다.
• 골재의 입도가 적합하면 강도가 증가된다.

28 유동화 콘크리트 시험을 위해 트럭 애지테이터를 30초간 고속으로 휘저은 후 최초로 배출되는 콘크리트 약 몇 l를 제외한 후 시료를 채취하는가?

㉮ 50 l ㉯ 10 l
㉰ 15 l ㉱ 20 l

29 콘크리트를 운반할 경우 운반용 자동차의 사용에 관한 설명 중 틀린 것은?

㉮ 운반거리가 먼 경우나 슬럼프가 큰 콘크리트의 경우에는 애지테이터를 붙인 트럭 믹서를 사용하여 운반해야 한다.
㉯ 슬럼프가 50mm 이하의 된반죽 콘크리트를 10km 이하의 거리를 운반하는 경우에는 덤프트럭을 이용하여 운반해도 좋다.
㉰ 1시간 이내에 운반 가능한 경우 재료분리가 심하지 않으면 덤프트럭에 의해 운반해도 좋다.
㉱ 운반거리가 짧은 경우에는 애지테이터 등의 설비를 반드시 갖추어야 한다.

해설 운반거리가 긴 경우에는 애지테이터 등의 설비를 갖추어야 한다.

답 25. ㉱ 26. ㉮ 27. ㉰ 28. ㉮ 29. ㉱

30 벨트 컨베이어를 사용하여 콘크리트를 운반할 경우의 설명이다. 틀린 것은?

㉮ 콘크리트를 연속적으로 운반하는 데 편리하다.
㉯ 재료분리 방지를 위해 조절판(baffle plate) 및 깔때기를 설치한다.
㉰ 벨트 컨베이어는 원칙으로 운반거리가 길거나 경사가 있어서는 안 된다.
㉱ 벨트 컨베이어에 덮개를 설치하여 사용하지 않도록 한다.

해설 운반거리가 길면 콘크리트의 햇빛이나 공기 중 노출되는 시간이 길어 반죽질기가 변화될 우려가 있으므로 적당한 위치에 덮개를 설치하여 사용한다.

31 콘크리트 플레이서를 사용할 경우 다음의 설명 중 틀린 것은?

㉮ 콘크리트를 압축공기로서 압송하는 것으로 터널 등의 좁은 곳에 운반하는 데는 불편하다.
㉯ 수송관의 배치는 굴곡을 적게 하고 수평 또는 상향으로 설치한다.
㉰ 수송관의 배치는 하향경사로 설치하여 사용해서는 안 된다.
㉱ 잔골재율을 크게 한 콘크리트를 사용하는 것이 좋다.

해설
- 콘크리트를 압축공기로서 압송하는 것으로 콘크리트 펌프와 같이 터널 등의 좁은 곳에 콘크리트를 운반하는 데 편리하다.
- 콘크리트 플레이서를 사용하면 콘크리트의 재료분리가 매우 심한 경우가 발생하므로 점성이 풍부한 콘크리트가 되게 잔골재율을 크게 한, 단위 모르타르량이 많은 콘크리트를 사용하는 것이 좋다.
- 수송거리는 공기압, 공기소비량 등에 따라 다르다.
- 관에서 배출하는 과정에 재료분리가 발생하는 경우는 관 끝에 달린 삼베 등에 닿게 배출하게 하여 배출 충격을 줄게 한다.

32 슈트를 사용하여 콘크리트를 운반할 경우 다음 설명 중 틀린 것은?

㉮ 원칙적으로 연직슈트를 사용해야 한다.
㉯ 슈트는 사용 전후에 충분히 물로 씻어야 한다.
㉰ 경사슈트에 의하여 운반된 콘크리트는 재료분리를 일으키기 쉽다.
㉱ 부득이 경사슈트를 사용할 경우에는 수평 3에 대하여 연직 1 정도가 적당하다.

해설
- 부득이 경사슈트를 사용할 경우에는 수평 2에 대하여 연직 1 정도가 적당하다.
- 콘크리트 유하에 앞서 모르타르를 유하시키는 것이 좋다.
- 연직슈트는 깔때기 등을 이어대어 만들어 재료분리가 적게 일어나도록 해야 한다.
- 콘크리트가 한 장소에 모이지 않도록 콘크리트 투입구의 간격, 투입 순서 등을 검토해야 한다.

33 콘크리트의 치기에 대한 설명 중 틀린 것은?

㉮ 미리 정해진 작업구획 내에서는 치기가 끝날 때까지 연속해서 콘크리트를 친다.
㉯ 콘크리트 치기의 1층 높이는 다짐 능력을 고려하여 결정한다.
㉰ 콘크리트는 그 표면이 한 구획 내에서는 거의 수평이 되도록 치는 것을 원칙으로 한다.
㉱ 콘크리트 표면의 고인 물은 도랑을 만들어 흐르게 하여 제거시키고 콘크리트를 친다.

답 30. ㉱ 31. ㉮ 32. ㉱ 33. ㉱

해설 고인 물을 제거하기 위해 콘크리트 표면에 도랑을 만들어 흐르게 하면 시멘트풀이 씻겨서 골재만 남게 되므로 절대로 해서는 안 된다.

34 믹서를 이용하여 콘크리트를 혼합할 경우 다음의 설명 중 틀린 것은?
㉮ 콘크리트를 너무 오래 비비면 골재가 파쇄되어 미분의 양이 많아 강도가 저하될 수 있다.
㉯ 혼합시간이 길어지면 공기량이 점차 감소하여 배출시의 콘크리트의 워커빌리티가 나빠진다.
㉰ 콘크리트는 비비기 시간이 길수록 일반적으로 강도가 작아진다.
㉱ 혼합시간이 너무 길면 콘크리트의 워커빌리티가 나빠지며 배출 후의 시간경과에 따라 슬럼프 저하량이 커진다.

해설
• 혼합시간이 길어지면 처음에는 공기량이 증가하나 그 후 혼합시간이 연장되면 점차 감소한다.
• 콘크리트는 비비기 시간이 길수록 시멘트와 물과의 접촉이 좋게 되기 때문에 일반적으로 강도가 커진다. 그러나 비비는 시간이 너무 길면 오히려 강도가 떨어진다.

35 콘크리트 타설 시 진동기를 사용하는 가장 큰 이유는?
㉮ 된반죽 콘크리트 다짐을 하기 위해
㉯ 거푸집의 구석까지 잘 채워 밀실한 콘크리트를 만들기 위해
㉰ 조기 응결을 촉진시키기 위해
㉱ 단위 수량을 적게 하기 위해

해설 진동기를 사용하여 콘크리트 내부를 다질 경우 공극을 적게 해서 밀도를 크게 할 수 있다.

36 굵은골재의 최대치수가 40mm인 경우 콘크리트 펌프 압송관의 호칭치수는 몇 mm 이상인가?
㉮ 80mm   ㉯ 100mm   ㉰ 125mm   ㉱ 150mm

해설 굵은골재의 최대치수가 20mm인 경우는 압송관의 호칭치수가 100mm 이상이다.

37 콘크리트의 비빔 시작부터 부어넣기 종료까지의 시간의 한도는? (단, 외기기온이 25°C 미만인 경우)
㉮ 60분   ㉯ 90분   ㉰ 120분   ㉱ 150분

해설
• 외기기온이 25°C 미만인 경우 : 120분 이내
• 외기기온이 25°C 이상인 경우 : 90분 이내

38 콘크리트 생산 시 각 재료의 계량오차의 허용범위가 틀린 것은?
㉮ 혼화제 : ±3%   ㉯ 골재 : ±3%   ㉰ 시멘트 : ±2%   ㉱ 혼화재 : ±2%

해설 시멘트 : -1%, +2%

답 34. ㉰ 35. ㉯ 36. ㉰ 37. ㉰ 38. ㉰

39 레디믹스트 콘크리트 운반에 관한 설명 중 틀린 것은?
- ㉮ 슬럼프가 25mm 이하의 낮은 콘크리트를 운반할 때는 덤프트럭을 사용할 수 있다.
- ㉯ 운반 및 부어넣을 때에는 콘크리트에 가수(加水)를 할 수 있다.
- ㉰ 콘크리트 펌프로 압송을 수행하는 자는 자격이 있는 기술자 또는 동등 이상의 기능을 가진 자로 한다.
- ㉱ 굵은골재의 최대치수가 25mm인 경우 압송관의 호칭치수는 100mm 이상이어야 한다.

해설 콘크리트를 운반하거나 부어넣을 때에는 콘크리트에 가수(加水)를 해서는 안 된다.

40 레디믹스트 콘크리트 구입자가 생산자와 협의하여 지정하는 사항이 아닌 것은? (보통 콘크리트의 경우)
- ㉮ 시멘트 종류
- ㉯ 굵은골재의 최대치수
- ㉰ 혼화재료의 종류
- ㉱ 굳지 않은 콘크리트 단위용적질량

해설
- 경량골재 콘크리트의 경우는 굳지 않은 콘크리트의 단위용적질량을 지정한다.
- 한중, 서중 콘크리트 및 매스 콘크리트 경우에는 콘크리트의 최고온도 또는 최저온도를 지정한다.
- 유동화 콘크리트의 경우 유동화하기 전 베이스 콘크리트에서 슬럼프의 증대량을 지정한다.

41 레디믹스트 콘크리트의 강도시험은 몇 m^3당 1회의 비율로 공시체를 제작하는가?
- ㉮ $50m^3$
- ㉯ $100m^3$
- ㉰ $150m^3$
- ㉱ $200m^3$

해설 1회 강도시험은 임의의 1개 운반차에서 채취한 시료로 3개의 공시체를 제작하여 시험한 평균값으로 한다.

42 비빈 콘크리트를 현장의 거푸집까지 운반해 공사하는 데 쓰이는 운반 방법이 아닌 것은?
- ㉮ 슈트
- ㉯ 콘크리트 펌프
- ㉰ 드래그 라인
- ㉱ 벨트 컨베이어

해설 드래그 라인은 토공기계로 흙을 굴착, 실기에 이용된다.

43 콘크리트의 운반 및 치기에 관한 설명 중 틀린 것은?
- ㉮ 콘크리트의 재료 분리가 될 수 있는 대로 적게 일어나도록 해야 한다.
- ㉯ 신속하게 운반하여 치고 충분히 다져야 한다.
- ㉰ 비비기로부터 치기가 끝날 때까지의 시간은 외기온도가 25°C를 넘을 때 1.5시간 미만이다.
- ㉱ 운반 중에 현저한 재료분리가 인정될 때에는 폐기해야 한다.

해설 운반 중에 현저한 재료분리가 인정될 때에는 충분히 거듭비비기를 해서 균등질의 콘크리트로 한다.

답 39. ㉯ 40. ㉱ 41. ㉰ 42. ㉰ 43. ㉱

44 콘크리트 비비기에 관한 설명 중 틀린 것은?
- ㉮ 재료를 믹서에 투입하는 순서는 여러 시험 결과와 실적을 참고로 해서 정한다.
- ㉯ 비비기는 미리 정해 둔 비비기 시간의 3배 이상 계속해서는 안 된다.
- ㉰ 콘크리트는 거듭비비기를 하여 사용하지 않는 것을 원칙으로 한다.
- ㉱ 믹서 안에 재료를 투입한 후 가경식 믹서일 경우에는 1분 30초 이상 비빈다.

해설 비벼 놓아 굳기 시작한 콘크리트는 되비벼서 사용하지 않는 것을 원칙으로 한다.

45 비빌 때 콘크리트 중의 전 염화물 이온양은 원칙적으로 얼마 이하로 하는가?
- ㉮ 0.3kg/m^3
- ㉯ 0.4kg/m^3
- ㉰ 0.5kg/m^3
- ㉱ 0.6kg/m^3

46 콘크리트 시공에 대한 설명 중 틀린 것은?
- ㉮ 콘크리트를 직접 지면에 치는 경우에는 미리 깔기 콘크리트를 깔아 두는 것이 좋다.
- ㉯ 콘크리트 친 후 굵은골재가 분리되어 모르타르가 부족한 부분이 생길 경우에는 분리된 굵은골재를 긁어 올려서 모르타르가 많은 콘크리트 속에 묻어 넣는다.
- ㉰ 콘크리트 치기 중 및 다진 후에 블리딩에 의한 고인 물은 도랑을 만들어 흐르도록 즉시 조치한다.
- ㉱ 콘크리트 치기 작업 중 철근의 배치, 매설물의 변형이나 손상을 입힐 경우에 대비하여 치기 작업 중에도 철근공을 배치해 두는 것이 좋다.

해설 콘크리트 표면에 고인 물을 흐르게 하면 시멘트풀이 씻겨서 골재만 남게 되므로 절대 해서는 안 된다.

47 콘크리트의 다지기에 대한 설명 중 옳지 않은 것은?
- ㉮ 거푸집 진동기를 사용하는 경우에는 진동기를 거푸집에 확실히 부착시킨다.
- ㉯ 거푸집이 콘크리트와 접촉하는 면은 표면이 매끈해야 한다.
- ㉰ 재진동을 적절한 시기에 하면 공극, 수극이 줄어들고 철근과의 부착강도가 증가된다.
- ㉱ 봉다지기를 하면 거푸집 판에 작용하는 콘크리트 압력이 증가되므로 진동에 의하여 다지는 경우보다 거푸집이 상당히 견고해야 한다.

해설
- 진동에 의하여 다지기를 하면 거푸집 판에 작용하는 콘크리트의 압력은 증가하므로 거푸집은 봉다지기보다 상당히 견고해야 한다.
- 재진동을 적절한 시기에 하면 콘크리트 강도가 증가되며 침하균열의 방지 등에 효과가 있다.

답 44. ㉯ 45. ㉮ 46. ㉰ 47. ㉱

48 콘크리트 다지기에 대한 설명 중 틀린 것은?
㉮ 진동 다짐을 할 때에는 상·하층이 일체가 되도록 진동기를 아래층의 콘크리트 속에 10cm 정도 찔러 넣는다.
㉯ 진동기의 형식, 크기 및 개수는 한 번에 다질 수 있는 콘크리트의 전 용적을 충분히 진동 다지기를 하는 데 적당한 것이어야 한다.
㉰ 재진동을 실시할 경우에는 가급적 늦게 할수록 좋다.
㉱ 다지기에는 내부 진동기를 원칙으로 사용하나 얇은 벽 등 내부 진동기의 사용이 곤란한 장소에서는 거푸집 진동기를 사용해도 좋다.

해설 재진동을 할 경우에는 콘크리트에 나쁜 영향이 생기지 않도록 초결이 일어나기 전에 실시해야 한다.

49 콘크리트의 슬럼프가 100mm인 경우 슬럼프의 허용차는 몇 mm인가?
㉮ ±10mm ㉯ ±15mm ㉰ ±25mm ㉱ ±30mm

해설 • 슬럼프의 허용차

슬럼프(mm)	슬럼프 허용차(mm)
25	±10
50~65	±15
80 이상	±25

50 보통 콘크리트의 경우 공기량은 4.5%로 하며 그 허용오차는 얼마인가?
㉮ ±1.0% ㉯ ±1.5%
㉰ ±2.0% ㉱ ±2.5%

해설 공기량은 보통 콘크리트의 경우 4.5%, 경량골재 콘크리트의 경우 5.5%로 하며 그 허용오차는 ±1.5%로 한다.

51 레디믹스트 콘크리트의 염화물 이온(Cl⁻)량은 배출지점에서 몇 kg/m³ 이하인가?
㉮ $0.1kg/m^3$ ㉯ $0.3kg/m^3$
㉰ $0.5kg/m^3$ ㉱ $0.6kg/m^3$

해설 구입자의 승인을 얻은 경우에는 $0.6kg/m^3$ 이하로 할 수 있다.

52 레디믹스트 콘크리트 강도시험 1회의 결과는 구입자가 정한 호칭강도 값의 몇 % 이상이어야 하는가?
㉮ 65% ㉯ 75% ㉰ 85% ㉱ 100%

해설 3회의 시험결과 평균치는 구입자가 정한 호칭강도의 값 이상이어야 한다.

답 48. ㉰ 49. ㉰ 50. ㉯ 51. ㉯ 52. ㉰

53. 콘크리트 표면의 마감처리에 관한 내용 중 틀린 것은?

㉮ 콘크리트 노출면은 반드시 매끈하게 처리하여 오염된 공기나 물의 침투가 최소화 되게 한다.
㉯ 블리딩, 들뜬 골재, 콘크리트의 부분침하 등의 결함은 콘크리트 응결 전에 수정처리를 완료한다.
㉰ 기둥, 벽 등의 수평이음부의 표면은 소정의 물매와 거친면으로 마감한다.
㉱ 흙손으로 마감할 때 표면에 있는 골재가 떠오르지 않도록 하고 흙손에 힘을 주어 약간 누르는 힘이 작용되게 한다.

해설 콘크리트가 경화하기 전에 설계 도서에 따른 표면 물매로 하며 특별한 목적으로 요구하는 사항을 제외하고는 매끈하게 처리하여 오염된 공기나 물의 침투를 최소화되게 한다.

54. 굵은골재의 최대치수가 25mm일 경우 압송관의 최소 호칭치수는 몇 mm 이상인가?

㉮ 80mm
㉯ 100mm
㉰ 125mm
㉱ 150mm

해설 • 굵은골재의 최대치수에 따른 압송관의 최소 호칭치수

굵은골재의 최대치수(mm)	압송관의 호칭치수(mm)
20	100 이상
25	100 이상
40	125 이상

55. 콘크리트 운반계획 수립 시 검토해야 할 사항이 아닌 것은?

㉮ 전 공정 중의 콘크리트 작업의 공정
㉯ 1일 쳐야 할 콘크리트양에 맞춰 운반, 치기방법 등의 설비 및 인원배치
㉰ 양생방법의 선정
㉱ 운반로, 운반경로

해설 • 운반계획 수립 시 검토해야 할 사항
① 치기구획, 시공음의 위치, 시공이음의 처치방법
② 콘크리트의 치기 순서
③ 콘크리트의 비비기에서 치기까지 소요시간
④ 기상조건(온도, 습도, 풍속, 직사광선)

56. 혼화재의 계량오차는 몇 % 이내인가?

㉮ ±1%   ㉯ ±2%   ㉰ ±3%   ㉱ ±4%

해설 • 시멘트 : -1%, +2%   • 물 : -2%, +1%
• 혼화재 : ±2%   • 골재, 혼화제 : ±3%

답 53. ㉮ 54. ㉯ 55. ㉰ 56. ㉯

57 콘크리트 펌프의 단위시간당 압송량에 영향을 미치는 요인이 아닌 것은?
㉮ 콘크리트의 타설량 ㉯ 압송능력
㉰ 압송작업조건 ㉱ 콘크리트의 워커빌리티

해설 다짐 작업 효율에도 영향을 받는다.

58 콘크리트 펌프의 관내 압력 손실에 관한 설명 중 틀린 것은?
㉮ 슬럼프 값이 작을수록 관내 압력 손실이 커진다.
㉯ 수송관의 직경이 클수록 관내 압력 손실이 커진다.
㉰ 토출량이 많을수록 관내 압력 손실이 커진다.
㉱ 수평관 1m당 관내 압력 손실은 콘크리트의 종류, 품질, 토출량, 수송관의 직경에 의해서 결정된다.

해설
• 수송관의 직경이 작을수록 관내 압력 손실이 커진다.
• 최대압력이 콘크리트 펌프의 최대 이론 토출 압력의 80% 이하이면 압송이 가능하다.

59 콘크리트 펌프를 이용하여 압송시 다음 설명 중 틀린 것은?
㉮ 압송을 수월하게 하기 위해 유동화 콘크리트를 사용하며 슬럼프 값을 아주 높게 한다.
㉯ 보통 콘크리트를 펌프로 압송할 경우 굵은골재의 최대치수는 40mm 이하, 슬럼프는 100~180mm의 범위가 적절하다.
㉰ 펌프의 호퍼(hopper)에 콘크리트 투입 시의 슬럼프를 120mm 이상으로 할 경우에는 유동화 콘크리트를 원칙으로 한다.
㉱ 일반적으로 안정하게 압송할 수 있는 최초의 슬럼프 값은 굵은골재의 최대입경이 20~40mm이며 사용할 관의 지름이 150mm 이하의 경우 80mm 정도이다.

해설
• 압송을 수월하게 고성능 AE 감수제 또는 유동화 콘크리트를 사용한다.
• 유동화 콘크리트라도 슬럼프 값을 너무 높게 해서는 안 된다.
• 수송관의 배치는 가능한 한 굴곡을 적게 하고 수평 또는 상향으로 압송한다.

60 콘크리트 치기 전에 준비사항 중 틀린 것은?
㉮ 철근, 매입철골, 거푸집 기타가 시공 상세도면 및 철근 가공 조립도에 맞게 배치되어 있는지 확인한다.
㉯ 콘크리트가 닿았을 때 흡수할 염려가 있는 곳은 건조시켜 놓았는지 확인한다.
㉰ 치기 작업이나 치기 중에 철근이나 거푸집이 이동될 염려가 있는지 확인한다.
㉱ 콘크리트 치기 중에 여러 가지 공정이 치기 계획에 정해진 조건에 만족하는지 확인한다.

해설 콘크리트가 닿았을 때 흡수할 염려가 있는 곳은 미리 습하게 하여 둔다.

답 57. ㉮ 58. ㉯ 59. ㉮ 60. ㉯

61 콘크리트 치기 작업내용 중 옳지 않은 것은?

㉮ 거푸집 안의 콘크리트는 내부 진동기를 써서 유동화시키면서 어떤 경우라도 이동시켜서는 안 된다.
㉯ 콘크리트 치기 중 거푸집의 변형, 손상에 대비해서 거푸집공을 배치해 두는 것이 좋다.
㉰ 시공계획에 의해 콘크리트 치기 해야 하는데 부득이 계획한 치기 방법을 변경할 경우 책임감리자의 지시에 따른다.
㉱ 콘크리트 치기 도중에 심한 재료분리가 생겼을 경우에는 거듭비비기를 하여 균등질의 콘크리트를 만든다.

해설 콘크리트 치기 도중에 심한 재료분리가 발생할 경우에는 거듭비비기를 하여 균등질의 콘크리트를 만드는 작업이 어렵다.

62 레디믹스트 콘크리트에 관한 설명 중 옳지 못한 것은 어느 것인가?

㉮ 짧은 시간에 많은 양의 콘크리트를 시공할 수 있다.
㉯ 콘크리트 반죽을 위한 현장설비가 필요 없고 치기가 능률적이다.
㉰ 콘크리트 품질은 염려할 필요가 없으며 워커빌리티를 단시간에 조절할 수 있다.
㉱ 운반 중 콘크리트의 품질이 저하되기 쉽다.

해설 운반도중 콘크리트 품질이 변동될 우려가 있고 워커빌리티를 단시간에 조절할 수 없다.

63 콘크리트의 비비기에 관한 다음 설명 중에서 잘못된 것은 어느 것인가?

㉮ 거듭비비기한 콘크리트는 슬럼프, 압축강도, 부착강도 등이 증가하나 초기의 침하나 수축이 크다.
㉯ 되비비기한 콘크리트는 부착강도가 저하되므로 철근 콘크리트에서는 사용을 금한다.
㉰ 콘크리트의 비비기는 원칙적으로 배치 믹서(batch mixer)에 의한 기계 비비기로 해야 한다.
㉱ 연속식과 배치식이 있으나 배치식이 더 많이 사용된다.

해설 거듭비비기한 콘크리트는 아직 응결이 시작되지 않았는데 비빈 후 상당한 시간이 경과되었을 때 비비는 경우로 콘크리트 성질이 좋아진다.

64 콘크리트를 타설할 때 다짐을 실시하는 주목적은 어느 것인가?

㉮ 콘크리트 속의 여분의 수분을 없애기 위해서
㉯ 콘크리트를 균등하게 혼합하기 위해서
㉰ 콘크리트를 거푸집 내부에 잘 채우기 위해서
㉱ 콘크리트 속의 공극을 줄여 주기 위해서

답 61. ㉮ 62. ㉰ 63. ㉮ 64. ㉱

65 콘크리트 품질관리상 주의사항에 대한 설명으로 틀린 것은?
- ㉮ 품질관리가 잘된 레미콘은 현장에서 다시 슬럼프 시험 등을 할 필요가 없다.
- ㉯ 콘크리트 강도 시험은 적어도 3개의 공시체로 시험하여 그 평균치를 취해야 한다.
- ㉰ 골재의 품질 시험을 기준으로 콘크리트의 현장 배합을 조정한다.
- ㉱ 콘크리트 양생에서 습도는 높을수록 좋고 온도는 적정 온도에서 양생하여야 한다.

해설 현장에 도착한 레미콘은 슬럼프, 공기량, 염화물 함유량, 공시체 제작 후 압축강도 등의 시험을 한다.

66 콘크리트를 운반할 때에 가급적 그 운반횟수를 적게 하여야 하는 이유는?
- ㉮ 운반 도중에 분실되기 쉬우므로
- ㉯ 공비가 많이 들므로
- ㉰ 재료분리가 일어나기 쉬우므로
- ㉱ 건조하기 쉬우므로

해설 운반횟수가 많으면 재료분리가 일어나기 쉽다.

67 콘크리트는 비비기부터 치기가 끝날 때까지의 시간은 25℃일 경우 원칙적으로 몇 시간 이내이어야 하는가?
- ㉮ 1시간
- ㉯ 1.5시간
- ㉰ 2시간
- ㉱ 2.5시간

해설 외기온도가 25℃ 이상일 때는 1.5시간, 25℃ 미만일 때에는 2시간 이하로 콘크리트를 운반하여야 한다.

68 동바리 취급상의 주의사항 중 옳지 않은 것은?
- ㉮ 기둥은 연직으로 세워 편심이 생겨서는 안 된다.
- ㉯ 기둥에 휨응력이 작용하더라도 이는 고려하지 않고 설계해도 된다.
- ㉰ 허용응력은 강제의 파괴 하중에 대하여 안전율 그 이상을 취해야 한다.
- ㉱ 변위량은 Span 중앙부에서 1/200 이하가 되어야 한다.

해설 기둥에 휨응력이 작용시 휨응력을 고려하여 설계한다.

69 콘크리트 플랜트에서 생산된 콘크리트를 칠 때까지 재료 분리가 일어나지 않도록 휘저어 섞으면서 운반하는 형식의 트럭은?
- ㉮ 콘크리트 플레이서
- ㉯ 덤프트럭
- ㉰ 애지테이터 트럭
- ㉱ 스크레이퍼

해설 콘크리트는 신속하게 운반하여 즉시 타설하고 충분히 다진다.

답 65. ㉮ 66. ㉰ 67. ㉯ 68. ㉯ 69. ㉰

70 거푸집을 존치기간(存置期間)에 맞추어 해체(解體)할 때 다음 순서 중에서 가장 올바른 순서는?

㉮ 보-기둥-기초
㉯ 기초-기둥-보
㉰ 기둥-기초-보
㉱ 기초-보-기둥

해설 거푸집은 하중을 적게 받는 부위부터 해체한다.

71 거푸집 및 동바리의 구조계산에서 연직 방향 하중에 관한 설명 중 틀린 것은?

㉮ 활하중은 작업원, 경량의 장비하중, 기타 콘크리트 타설 시 필요한 자재 및 공구 등의 시공하중, 충격하중을 포함한다.
㉯ 구조물의 수평 투영 면적당 최소 $2.5\,kN/m^2$ 이상으로 활하중을 설계한다.
㉰ 고정하중과 활하중을 합한 연직하중은 슬래브 두께에 관계없이 최소 $0.5\,kN/m^2$ 이상을 고려한다.
㉱ 콘크리트 단위중량은 철근중량을 포함하여 제1종 경량 콘크리트의 고정하중은 $20\,kN/m^3$이다.

해설 고정하중과 활하중을 합한 연직하중은 슬래브 두께에 관계없이 최소 $5.0\,kN/m^2$ 이상을 고려한다.

72 콘크리트에 시공이음을 두는 이유가 아닌 것은?

㉮ 댐과 같이 단면이 큰 경우 수화열의 피해를 줄이기 위한 경우
㉯ 기존에 타설된 콘크리트에 충분한 양생을 하기 위한 경우
㉰ 거푸집을 연속으로 쓰기 위해
㉱ 철근 조립을 일체로 할 수 없을 때

해설 • 시공이음을 두는 이유
① 거푸집 및 동바리를 반복하여 사용하기 위해
② 철근 조립을 쉽게 하기 위해

73 콘크리트 펌프를 사용하는 타설계획에 대해 다음 설명 중 틀린 것은?

㉮ 콘크리트 펌프의 타설 능력은 $15\sim30\,m^3/h$인 것을 많이 사용한다.
㉯ 콘크리트 펌프는 콘크리트 재료 분리가 많은 것이 결점이다.
㉰ 콘크리트로 수송할 수 있는 최대 거리는 수평으로 일직선인 경우 300m 정도이다.
㉱ 높은 곳에 콘크리트를 수송하는 데는 콘크리트 펌프가 유리하다.

해설 콘크리트를 연속적으로 압송할 수 있어 재료분리의 우려가 없다.

답 70. ㉮ 71. ㉰ 72. ㉰ 73. ㉯

74 거푸집의 필요조건과 관계가 가장 없는 것은?
㉮ 재료의 강도 ㉯ 경제성
㉰ 가공조립의 용이도 ㉱ 기초의 부등침하

해설 거푸집은 견고하고 조립·해체가 용이하고 안전하며 위치, 치수, 형상이 정확하여야 한다.

75 거푸집의 모서리에 모따기를 하는 이유 중 옳지 않은 것은?
㉮ 콘크리트의 미관을 위해서
㉯ 화재 기상 작용의 해를 적게 하기 위해서
㉰ 미장공이 일하기 편리하도록 하기 위해서
㉱ 거푸집을 제거할 때 콘크리트 모서리의 파손을 방지하기 위해서

해설 모서리에 모따기를 하지 않으면 모서리가 생겨 파손의 우려가 크고 미관상 좋지 않아 설치한다.

76 거푸집의 설계조건 중 옳지 않은 것은 어느 것인가?
㉮ 거푸집의 이음은 연직 또는 수평으로 한다.
㉯ 거푸집의 형상 및 위치를 정확하게 고정시켜야 한다.
㉰ 콘크리트를 치기 전에 일시적 개구는 없애야 한다.
㉱ 거푸집 철거시 구조물에 진동 충격을 받지 않는 구조라야 한다.

해설 콘크리트를 치기 전에 일시적으로 개구를 설치해 둬야 치기 및 검사가 용이하다.

77 다음은 동바리 시공에 대한 설명이다. 틀린 것은?
㉮ 동바리는 필요에 따라 적당한 솟음을 두어야 한다.
㉯ 강관 동바리는 2개 이상 이어서 사용하지 않아야 한다.
㉰ 동바리 하부의 받침판 또는 받침목은 2단 이상 삽입하지 않도록 한다.
㉱ 시스템 동바리의 높이가 4m를 초과할 때에는 높이 4m 이내마다 수평 연결재를 2개의 방향으로 설치한다.

해설 강관 동바리는 3개 이상 이어서 사용하지 않아야 한다.

78 거푸집 및 동바리의 구조계산에서 고정하중에 관한 설명 중 틀린 것은?
㉮ 철근 콘크리트와 거푸집의 질량을 고려하여 합한 하중이다.
㉯ 콘크리트 단위용적질량은 철근 질량을 포함하여 보통 콘크리트의 경우 $24kN/m^3$이다.
㉰ 거푸집의 하중은 최소 $0.5kN/m^2$ 이상을 적용한다.
㉱ 특수 거푸집의 경우에는 그 실제의 질량을 적용한다.

해설 거푸집의 하중은 최소 $0.4kN/m^2$ 이상을 적용한다.

답 74. ㉱ 75. ㉰ 76. ㉰ 77. ㉯ 78. ㉰

79 콘크리트의 운반에 대해 다음 중 틀린 것은 어느 것인가?
- ㉮ 될 수 있는 대로 버킷(bucket)에 담아서 운반한다.
- ㉯ 인력운반은 주로 손수레이다.
- ㉰ 먼 거리를 운반하는 데는 덤프트럭이 좋다.
- ㉱ 콘크리트 펌프로 운반하는 수도 있다.

해설 먼 거리를 운반하는 데는 애지데이터 트럭믹서로 운반하는 것이 적당하다.

80 다음은 강 아치 동바리공의 설치에 대한 시방 규정을 적은 것이다. 설명이 틀린 것은?
- ㉮ 강 아치 동바리공은 상호를 연결 볼트 및 안버팀재로 충분히 조여야 한다.
- ㉯ 동바리공은 널판 등을 써서 원지반을 지지시킴과 동시에 쐐기로서 원지반과의 틈을 조여 아치 작용이 충분히 확보되도록 하여야 한다.
- ㉰ 동바리공은 최소 라이닝 두께선이 명시되어 있는 경우에는 이 선을 침범하여 시공해도 무방하다.
- ㉱ 설계 라이닝 두께선을 침범한 목재는 라이닝 시공 시에 제거하여야 한다.

해설 동바리공은 최소 라이닝 두께선이 명시되어 있는 경우에는 이선을 침범하여 시공해서는 안 된다.

81 거푸집 및 동바리를 떼어내는 시기에 대한 설명 중 옳지 않은 것은?
- ㉮ 콘크리트가 경화되어 거푸집이 압력을 받지 않을 때까지 둔다.
- ㉯ 확대기초, 보 옆, 기둥, 벽 등의 측벽은 콘크리트 압축강도가 5MPa 이상일 때 해체할 수 있다.
- ㉰ 거푸집 해체 순서는 하중을 받지 않는 부분부터 해체한다.
- ㉱ 기초, 보의 측면, 기둥, 벽의 거푸집널은 내구성을 구할 경우 콘크리트 압축강도가 20MPa 이상 도달한 경우 해체하는 것이 좋다.

해설 기초, 보의 측면, 기둥, 벽의 거푸집널은 내구성을 고려할 경우 콘크리트 압축강도가 10MPa 이상 도달한 경우 해체하는 것이 좋다.

82 콘크리트 타설방법에 대한 설명 중 틀린 것은?
- ㉮ 슈트, 펌프 수송관, 버킷, 호퍼 등의 배출구와 타설면까지의 높이는 1.5m 이하를 원칙으로 한다.
- ㉯ 블리딩에 의해 생긴 고인물을 제거하기 위해 콘크리트 표면에 홈을 만들어 흐르게 한다.
- ㉰ 콘크리트 타설의 1층 높이는 다짐능력을 고려하여 결정한다.
- ㉱ 타설 속도는 일반적으로 30분에 1~1.5m 정도로 한다.

해설 블리딩에 의해 생긴 고인물을 제거하기 위해 콘크리트 표면에 홈을 만들어 흐르게 해서는 안 된다.

83 일 평균기온이 15℃ 이상의 경우 보통 포틀랜드 시멘트를 사용한 콘크리트의 습윤 양생기간의 표준은?

㉮ 3일　　　　　　　　　　　㉯ 4일
㉰ 5일　　　　　　　　　　　㉱ 7일

해설 조강 포틀랜드 시멘트를 사용할 경우 : 3일

84 콘크리트의 시공이음에 대한 설명 중 틀린 것은?

㉮ 헌치는 바닥틀과 연속으로 콘크리트를 타설한다.
㉯ 바닥틀과 일체로 된 기둥, 벽의 시공이음은 바닥틀과 경계부근에 둔다.
㉰ 아치축에 직각 방향이 되게 시공이음을 한다.
㉱ 될 수 있는 대로 전단력이 큰 위치에 시공이음을 한다.

해설 될 수 있는 대로 전단력이 작은 위치에 시공이음을 한다.

85 거푸집 및 동바리의 시공에서 옳지 않은 것은?

㉮ 동바리 시공에 앞서 기초 지반을 정리하고 소요의 지지력을 얻도록 할 것
㉯ 동바리는 부등침하 등이 일어나지 않도록 보강 방법을 강구할 것
㉰ 거푸집은 콘크리트를 타설한 직후 설계도에 의한 소정의 치수를 검사할 것
㉱ 연직 부재의 거푸집은 수평 부재의 거푸집보다 먼저 떼어낼 것

해설 거푸집 및 동바리는 콘크리트를 타설하기 전에 검측을 받는다.

86 콘크리트 치기 작업에 대한 설명 중 틀린 것은?

㉮ 콘크리트 치기는 시공 설비의 능력, 노동력, 천후를 고려하여 정한다.
㉯ 경사면에 콘크리트를 칠 때에는 높은 곳에서부터 시작하는 것이 보통이다.
㉰ 거푸집이 될 수 있으면 균등하게 침하할 수 있는 순서로 콘크리트를 쳐야 한다.
㉱ 일반적으로 콘크리트 표면은 한 작업 구획 내에서 대략 수평이 되게 한다.

해설
• 경사면에 콘크리트를 칠 때에는 낮은 곳에서부터 높은 곳으로 친다.
• 콘크리트 치기 작업은 다지기 두께와 다음 치기까지의 대기시간, 시공 속도 등은 시방서 규정을 준수해야 한다.

87 강재 거푸집 사용횟수는 몇 회를 기준으로 하는가? (단, 간단한 구조(측구, 기초, 수로 등) 강재의 두께 3.2mm가 기준임.)

㉮ 20~30회　　　　　　　　　㉯ 30~40회
㉰ 40~100회　　　　　　　　 ㉱ 150~200회

답 83. ㉰　84. ㉱　85. ㉰　86. ㉯　87. ㉱

88 콘크리트의 비비기에 대한 설명 중 잘못된 것은?
㉮ 비비기가 좋아지면 강도가 좋아진다.
㉯ 비비기를 시작하기 전에 미리 믹서에 모르타르를 떼어내는 것을 원칙으로 한다.
㉰ 비비기가 과도할 때 콘크리트에서는 워커빌리티가 감소한다.
㉱ 콘크리트 비비기는 원칙적으로 믹서에 의한 기계 비비기를 한다.

해설 비비기 전에 미리 믹서 안에 모르타르를 부착시킨다.

89 콘크리트 비비기에 관한 다음 설명 중 틀린 것은?
㉮ 콘크리트 믹서에 재료를 넣는 순서는 모든 재료를 한꺼번에 넣는 것이 좋다.
㉯ 비비기는 미리 정해둔 비비기 시간의 3배 이상 계속해서는 안 된다.
㉰ 믹서의 회전 외주 속도는 매초 1m를 표준으로 한다.
㉱ 중력식 믹서의 경우 1분 이상을 비빈다.

해설 강제식 믹서의 경우 1분 이상을 비빈다.

90 콘크리트의 운반작업에 대한 설명 중 틀린 것은?
㉮ 높은 곳에서부터 콘크리트를 칠 경우 원칙적으로 경사슈트를 이용한다.
㉯ 된반죽 콘크리트 운반에 벨트 컨베이어가 적합하다.
㉰ 버킷은 믹서로부터 받아 즉시 콘크리트를 칠 장소로 운반하기에 가장 좋은 방법이다.
㉱ 콘크리트 펌프의 수송관 배치는 가능한 한 굴곡을 적게 하고 수평, 상향으로 압송한다.

해설 높은 곳에서부터 콘크리트를 칠 경우 원칙적으로 연직슈트를 사용해야 한다.

91 Batch Mixer란 다음 어느 것을 말하는가?
㉮ $1m^3$의 콘크리트를 혼합하는 기계이다.
㉯ 콘크리트 재료를 1회분씩 혼합하는 기계이다.
㉰ Bacher Plant의 별명이다.
㉱ 콘크리트와 모르타르의 배합비를 측정하는 기계이다.

해설 콘크리트 재료를 1회분 혼합하여 비비는 것을 Batch Mixer라 한다.

92 콘크리트 신축이음으로서 구비해야 할 주의사항 중 거리가 먼 것은?
㉮ 온도변화 등에 의한 신축이 자유로울 것
㉯ 평탄하고 주행성이 있는 구조가 되게 할 것
㉰ 강성이 낮은 일체 구조로서 내구성이 있을 것
㉱ 구조가 단순하고 시공이 쉬울 것

답 88. ㉯ 89. ㉮ 90. ㉮ 91. ㉯ 92. ㉰

93 콘크리트 신축이음의 두께는 보통 어느 정도가 좋은가?
㉮ 1cm 이하   ㉯ 1~3cm
㉰ 3~4cm   ㉱ 4~5cm

94 Bleeding이 심하면 콘크리트에 끼치는 영향은?
㉮ 강도가 증가한다.   ㉯ 다지기가 잘 된다.
㉰ 재료가 분리하지 않는다.   ㉱ 응결이 빨라진다.

해설 블리딩이 심하면 콘크리트 속의 수분이 적어지므로 응결이 빨라진다.

95 콘크리트 양생에 관한 설명 중 틀린 것은?
㉮ 치기를 마친 콘크리트의 상부에는 시트 등으로 햇빛막이나 바람막이를 설치하여 수분 증발을 막는다.
㉯ 콘크리트의 강도 증진을 위해 가능한 오랫동안 습윤상태로 유지하는 것이 좋다.
㉰ 거푸집판이 건조할 우려가 있을 때는 살수하여 습윤상태로 유지한다.
㉱ 막양생은 막양생제를 콘크리트 표면의 물빛이 있을 때 살포하며 살포 방향을 바꾸어서 2회 이상 실시한다.

해설 막양생은 콘크리트의 표면에 막을 만드는 막양생제를 살포하여 증발을 막는 양생으로 막양생제는 콘크리트 표면의 물빛이 없어진 직후에 살포하며 살포방향을 바꾸어서 2회 이상 실시한다.

96 콘크리트의 양생기간 중 양생의 기본사항과 관계가 먼 것은?
㉮ 양생기간 중 형틀을 존치시킨다.
㉯ 가열과 냉각을 반복한다.
㉰ 수분을 충분하게 공급한다.
㉱ 성형된 콘크리트에 충격이나 진동을 주지 않는다.

해설 콘크리트가 경화되도록 적당한 온도와 습도를 유지시켜 보호해야 한다.

97 다음의 양생방법 중 초기 재령에서 가장 강도를 크게 할 수 있는 방법은?
㉮ 고압 증기양생   ㉯ 습윤양생
㉰ 수중양생   ㉱ 상압 증기양생

해설 고압 증기양생은 온도 180°C 전후로 증기압 7~15기압의 고온고압 처리방법으로 말뚝, 기포 콘크리트 제품 등의 양생에 적용한다.

답 93. ㉯ 94. ㉱ 95. ㉱ 96. ㉯ 97. ㉮

98 일 평균기온이 15℃ 이상일 때 조강 포틀랜드 시멘트를 사용한 콘크리트의 양생 시 습윤 상태의 보호기간은 최소 며칠 이상으로 하는가?
- ㉮ 1일
- ㉯ 3일
- ㉰ 5일
- ㉱ 7일

99 콘크리트의 상압 증기양생에 대한 설명 중 틀린 것은?
- ㉮ 양생 시간은 24시간 이내가 되도록 한다.
- ㉯ 보통 대기압 이상의 압력이 필요하다.
- ㉰ 양생 시 온도상승속도는 1시간에 20℃ 이하로 하고 최고온도는 65℃로 한다.
- ㉱ 보통 콘크리트보다 경량 콘크리트는 높게 가열해도 된다.

해설
- 양생시간은 18시간 이내가 되도록 한다.
- 콘크리트를 비빈 후 3시간 이후부터 증기양생을 한다.

100 다음 중 상온에서 일반 콘크리트를 양생할 때 가장 높은 강도(28일 기준)를 확보할 수 있는 양생 방법은?
- ㉮ 습윤양생
- ㉯ 기중양생
- ㉰ 피막양생
- ㉱ 급열양생

해설 상온(20±3℃)이므로 온도제어양생은 필요 없고 재령 28일 기준이므로 표준양생인 습윤방법이 가장 유효하다.

101 거푸집판 내부에 박리제를 칠할 때 효과로 볼 수 없는 것은?
- ㉮ 콘크리트의 거푸집면 부착방지
- ㉯ 거푸집 해체 용이
- ㉰ 수분 흡수방지
- ㉱ 콘크리트의 강도 증진

102 동바리(받침기둥)의 시공에 관한 설명 중 틀린 것은?
- ㉮ 동바리는 필요한 경우 적당한 솟음을 둔다.
- ㉯ 강관 동바리는 2개 이상 이어서 사용하지 않는다.
- ㉰ 강관 동바리 높이가 3.6m 이상의 경우 높이 2.0m 이내마다 수평 연결재를 2개 방향으로 설치한다.
- ㉱ 동바리 하부의 받침판 또는 받침목은 2단 이상 삽입하지 않는다.

해설 강관 동바리는 3개 이상 이어서 사용하지 않는다.

103 보 옆, 기둥, 벽 등의 측벽의 경우 콘크리트 압축강도가 몇 MPa 이상일 때 거푸집널을 해체할 수 있는가?
- ㉮ 4MPa
- ㉯ 5MPa
- ㉰ 6MPa
- ㉱ 10MPa

해설
- 슬래브 및 보의 밑면, 아치 내면 거푸집 해체의 경우
  설계기준강도 $\times \frac{2}{3}$ 이상인 경우 가능. 단, 14MPa 이상이어야 한다.

답 98. ㉯ 99. ㉮ 100. ㉮ 101. ㉱ 102. ㉯ 103. ㉯

104 거푸집 해체에 관한 설명 중 틀린 것은?
- ㉮ 거푸집 해체는 하중을 받지 않는 부분을 먼저 하고 나중에 중요한 부분을 떼어낸다.
- ㉯ 기둥, 벽 등의 연직부재의 거푸집은 보 등의 수평보재보다 늦게 떼어낸다.
- ㉰ 보의 양 측면의 거푸집은 바닥판보다 먼저 떼어낸다.
- ㉱ 거푸집은 콘크리트의 강도가 소정의 값이 될 때까지 떼어내지 않는다.

해설 기둥, 벽 등의 연직부재의 거푸집은 보 등의 수평부재의 거푸집보다 먼저 떼어내는 것이 원칙이다.

105 다음은 거푸집 및 동바리 구조계산 시 연직방향 하중에 대한 설명이다. 틀린 것은?
- ㉮ 거푸집의 하중은 최소 $0.4\,\text{kN/m}^2$ 이상을 적용한다.
- ㉯ 고정하중은 철근 콘크리트와 거푸집의 중량을 고려하여 합한 하중이다.
- ㉰ 콘크리트 단위중량은 철근중량을 포함하여 보통 콘크리트는 $24\,\text{kN/m}^3$을 적용한다.
- ㉱ 고정하중과 활하중을 합한 연직하중은 슬래브 두께에 관계없이 최소 $6.25\,\text{kN/m}^2$ 이상을 고려한다.

해설 고정하중과 활하중을 합한 연직하중은 슬래브 두께에 관계없이 최소 $5.0\,\text{kN/m}^2$ 이상을 고려한다.

106 옹벽과 같은 거푸집의 경우에는 거푸집 측면에 대하여 몇 kN/m^2 이상의 수평방향 하중이 작용하는 것으로 보는가?
- ㉮ $0.5\,\text{kN/m}^2$
- ㉯ $1.0\,\text{kN/m}^2$
- ㉰ $2\,\text{kN/m}^2$
- ㉱ $4\,\text{kN/m}^2$

107 동바리에 작용하는 수평방향의 하중으로 고려하지 않는 것은?
- ㉮ 거푸집의 경사
- ㉯ 작업할 때의 진동 및 충격
- ㉰ 풍압
- ㉱ 콘크리트의 치기 속도

해설 횡방향 하중(수평방향 하중)으로는 거푸집의 경사, 작업할 때의 진동, 충격, 풍압, 유수압, 지진 등을 고려한다.

108 콘크리트 측압 산정시 고려하지 않는 사항은?
- ㉮ 콘크리트 배합
- ㉯ 콘크리트 치기 속도
- ㉰ 시공기계의 기구의 중량
- ㉱ 칠 때의 콘크리트 온도

해설 콘크리트의 측압은 사용재료, 배합, 치기속도, 치기높이, 다지기 방법 및 칠 때의 콘크리트 온도, 혼화재의 종류, 부재의 단면치수, 철근량 등에 의해 영향을 받는다.

답 104. ㉯ 105. ㉱ 106. ㉮ 107. ㉱ 108. ㉰

109 기초, 보의 측면, 기둥, 벽의 거푸집널은 내구성을 고려할 경우 콘크리트 압축강도가 몇 MPa 이상 도달한 경우 해체하는 것이 좋은가?

㉮ 5Mpa ㉯ 10MPa
㉰ 15Mpa ㉱ 20MPa

110 동바리에 작용하는 횡방향 하중은 설계 고정하중의 2% 이상 또는 동바리 상단의 수평방향 단위길이당 몇 kN/m 이상 중에서 큰 하중이 동바리 머리부분에 수평방향으로 작용하는 것으로 가정하는가?

㉮ 0.5 kN/m ㉯ 1 kN/m
㉰ 1.5 kN/m ㉱ 2 kN/m

111 콘크리트의 시공이음에 관한 설명 중 틀린 것은?

㉮ 시공이음은 전단력이 작은 위치에 설치한다.
㉯ 시공이음을 부재의 압축력이 작용하는 방향과 직각되게 한다.
㉰ 시공이음부를 철근으로 보강하는 경우 정착길이는 철근지름의 10배 이상으로 한다.
㉱ 시공이음부를 원형 철근으로 보강하는 경우 갈고리를 붙인다.

해설 시공이음부를 철근으로 보강하는 경우 정착길이는 철근지름의 20배 이상으로 한다.

112 콘크리트의 연직 시공이음부의 거푸집 제거 시기는 콘크리트를 치고 난 후 여름에는 몇 시간 정도인가?

㉮ 2~3시간 ㉯ 4~6시간 ㉰ 8~10시간 ㉱ 10~15시간

해설 겨울에는 10~15시간 정도

113 콘크리트 시공이음에 관한 설명 중 틀린 것은?

㉮ 헌치는 바닥틀과 연속해서 콘크리트를 쳐야 한다.
㉯ 바닥틀과 일체로 된 기둥 또는 벽의 시공이음은 바닥틀과의 경계부근에 설치하는 것이 좋다.
㉰ 바닥틀의 시공이음은 슬래브 또는 보의 지간 중앙부 1/3 이내에 두어야 한다.
㉱ 아치의 시공이음은 아치축에 직각방향으로 설치해서는 안 된다.

해설
• 아치의 시공이음이 아치축에 직각으로 설치한다.
• 아치의 폭이 넓을 때는 지간방향의 연직시공이음을 설치해야 한다.

답 109. ㉯ 110. ㉯ 111. ㉰ 112. ㉯ 113. ㉱

114. 콘크리트 신축이음에 관한 설명 중 틀린 것은?

㉮ 신축이음은 구조물이 서로 접하는 양쪽부분을 절연시켜야 한다.
㉯ 구조물의 종류나 설치 장소에 따라 콘크리트만 절연시키고 철근은 연속시키는 경우도 있다.
㉰ 절연시킨 신축이음에서 턱이 생길 위험이 있을 경우는 장부 또는 홈을 만들어서는 안 된다.
㉱ 신축이음의 줄눈에 흙 등이 들어갈 염려가 있을 때는 이음 채움재를 사용해야 한다.

해설
- 절연시킨 신축이음에서 신축이음에 턱이 생길 위험이 있을 경우에는 장부 또는 홈을 만들거나 슬립바(slip bar)를 사용하는 것이 좋다.
- 수밀을 요하는 구조물의 신축이음에는 적당한 신축성을 가지는 지수판을 사용해야 한다.
- 지수판 재료는 동판, 스텐레스판, 염화비닐수지, 고무제품 등이 사용된다.

115. 균열유발 줄눈의 간격은 부재높이의 1배 이상에서 2배 이내 정도로 하고 단면의 결손율은 몇 %를 약간 넘을 정도로 하는 것이 좋은가?

㉮ 10% ㉯ 20%
㉰ 30% ㉱ 40%

해설 미리 어느 정해진 장소에 균열을 집중시킬 목적으로 소정의 간격으로 단면 결손부를 설치하여 균열을 강제적으로 생기게 하는 균열유발 줄눈을 설치한다.

116. 고정하중과 활하중을 합한 연직하중은 전동식 카트를 사용 시 최소 몇 kN/m² 이상을 고려하는가?

㉮ $2.5\,kN/m^2$ ㉯ $3.75\,kN/m^2$
㉰ $5.0\,kN/m^2$ ㉱ $6.25\,kN/m^2$

해설 고정하중과 활하중을 합한 연직하중은 슬래브 두께에 관계없이 최소 $5.0\,kN/m^2$ 이상, 전동식 카트 사용 시에는 최소 $6.25\,kN/m^2$ 이상을 고려한다.

답 114. ㉰ 115. ㉯ 116. ㉱

제 2 장 특수 콘크리트

2-1 매스 콘크리트

1-2-1 개요

(1) 구조물의 부재치수는 일반적인 표준으로서 넓이가 넓은 평판 구조에서는 두께 0.8m 이상, 하단이 구속된 벽체에서는 두께 0.5m 이상으로 한다.
(2) 부재 혹은 구조물의 치수가 커서 시멘트의 수화열에 의한 온도 상승을 고려하여 설계·시공해야 한다.

1-2-2 설계 및 시공 시 유의사항

(1) 온도 균열 방지 및 제어

① 프리쿨링(pre-cooling)
  콘크리트 타설 온도를 낮추기 위해 냉수나 얼음, 냉각한 골재, 액체질소를 사용하는 방법이 있다.

② 파이프쿨링(pipe-cooling)
  콘크리트 타설 후 미리 콘크리트 속에 묻은 파이프 내부에 냉수 또는 공기를 보내 콘크리트의 온도를 제어한다.
  ㈎ 파이프의 지름은 25mm 정도의 얇은 관을 사용한다.
  ㈏ 파이프 주변의 콘크리트 온도와 동수 온도의 차이는 20℃ 이하이다.

(2) 균열유발 줄눈

① 구조물의 길이 방향에 일정 간격으로 단면 감소부분을 만들어 그 부분에 균열이 집중하도록 한다.
② 균열유발 줄눈의 단면 감소율은 35% 이상으로 한다.
③ 균열유발 줄눈의 간격은 4~5m 정도를 기준으로 한다.

(3) 온도균열 발생 검토

① 온도균열지수에 의해 균열발생의 가능성을 평가하는 것을 원칙으로 한다.

② 온도균열지수

$$I_{cr}(t) = \frac{f_{sp}(t)}{f_t(t)}$$

여기서, $f_t(t)$: 재령 t 일에서의 수화열에 의하여 생긴 부재 내부의 온도응력 최댓값(MPa)
$f_{sp}(t)$: 재령 t 일에서의 콘크리트의 인장강도로서, 재령 및 양생온도를 고려하여 구함(MPa)

③ 온도응력 해석에 의한 온도균열지수
  (가) 연질지반 위에 타설된 평판구조 등과 같이 내부 구속응력이 큰 경우

$$온도균열지수 = \frac{15}{\Delta T_i}$$

여기서, ΔT_i : 내부온도가 최고일 때의 내부와 표면과의 온도차(℃)

  (나) 암반이나 매시브한 콘크리트 위에 타설된 평판구조 등과 같이 외부 구속응력이 큰 경우

$$온도균열지수 = \frac{10}{K_R \cdot R \cdot \Delta T_0}$$

여기서, ΔT_o : 부재평균 최고온도와 외기온도와의 균형 시의 온도차(℃)
R : 외부 구속의 정도를 표시하는 계수
K_R : 타설되는 콘크리트의 형상 및 온도균열지수를 산정하는 위치와 관련된 계수로서, 최댓값은 1이다.

④ 구조물에서의 표준적인 온도균열지수
  (가) 균열발생을 방지하여야 할 경우 : 1.5 이상
  (나) 균열발생을 제한할 경우 : 1.2~1.5
  (다) 유해한 균열발생을 제한할 경우 : 0.7~1.2

(4) 배 합

① 단위 시멘트양을 적게 하여 발열량을 감소시킨다.
② 콘크리트의 온도상승량은 단위 시멘트양 $10kg/m^3$에 대하여 대략 1℃ 정도의 비율로 증감한다.
③ 저열 포틀랜드 시멘트, 중용열 포틀랜드 시멘트, 고로 슬래그 시멘트, 플라이 애시 시멘트 등을 수화열 저감할 수 있다.
④ 저발열형 시멘트는 장기 재령의 강도 증진이 보통 포틀랜드 시멘트에 비해 크므로 91일 정도의 장기 재령을 설계기준강도의 기준 재령으로 한다.
⑤ 각 재료의 온도가 비빈 직후 콘크리트 온도에 미치는 영향은 대략 골재는 ±2℃, 물은 ±4℃, 시멘트는 ±8℃에 대해 ±1℃ 정도이다.

(5) 콘크리트 타설
  ① 콘크리트 표면이 거의 수평이 되도록 타설한다.
  ② 타설의 한층높이는 0.4~0.5m를 표준한다.
  ③ 콘크리트 친 후 침강균열의 우려가 있을 경우에는 재진동 다짐이나 다짐 등을 실시한다.

제2장 실전문제 — 특수 콘크리트 ··· 매스 콘크리트

01 균열유발 줄눈에 대한 설명 중 틀린 것은?
- ㉮ 균열유발 줄눈의 간격은 4~5m 정도를 기준으로 한다.
- ㉯ 예정하고 있는 개소에 균열을 확실하게 유도하기 위해서는 유발줄눈의 단면 감소율을 35% 이상으로 한다.
- ㉰ 수밀을 요하는 경우에는 균열 유발개소에 미리 지수판을 두는 것이 좋다.
- ㉱ 균열유발 줄눈을 둘 경우에는 구조물의 길이방향에 일정간격으로 단면 증대부분을 만든다.

해설 균열유발 줄눈을 둘 경우 구조물을 길이방향에 일정간격으로 단면 감소부분을 만들어 균열을 유발시킨다.

02 넓은 평판구조에서는 두께가 몇 m 이상, 하단이 구속된 벽체에서는 두께가 몇 m 이상일 때 매스 콘크리트로 다루는가?
- ㉮ 1, 0.8
- ㉯ 0.8, 0.5
- ㉰ 0.6, 0.4
- ㉱ 0.5, 0.3

03 매스 콘크리트의 온도상승, 온도응력 및 이에 따라 발생하는 균열폭에 영향을 미치는 설계인자 중 관계가 가장 먼 것은?
- ㉮ 거푸집 사용횟수
- ㉯ 부재단면
- ㉰ 구조형식
- ㉱ 설계기준강도

해설 구조형식, 부재단면, 여러 가지 줄눈의 위치 및 구조, 배근(철근 배치), 콘크리트의 설계기준강도 등의 영향을 미친다.

04 매스 콘크리트에서 예정 개소에 균열을 확실하게 유도하기 위해서 유발줄눈의 단면 감소율을 몇 % 이상으로 하는가?
- ㉮ 10
- ㉯ 35
- ㉰ 40
- ㉱ 50

해설 예정하고 있는 개소에 균열을 확실하게 유도하기 위해서는 유발줄눈의 단면 감소율을 35% 이상으로 한다.

05 온도균열지수에 관한 설명 중 틀린 것은?
- ㉮ 온도균열지수는 재령에 따라 변하므로 재령을 변화시키면서 가장 작은 값을 구한다.
- ㉯ 균열 발생에 대한 안정성을 평가한다.
- ㉰ 원칙적으로 콘크리트의 인장강도와 온도응력의 비로 나타낸다.
- ㉱ 온도균열지수가 클수록 균열발생 확률이 높다.

답 01. ㉱ 02. ㉯ 03. ㉮

해설
- 온도균열지수가 작으면 균열의 수도 많고 균열폭도 커진다.
- 온도균열지수가 클수록 균열이 생기는 확률이 낮다.

06 철근이 배치된 일반적인 구조물에서의 균열을 방지할 경우 표준적인 온도균열지수의 값은?

㉮ 1.5 이상　　　　　　　　　㉯ 1.5 미만
㉰ 0.7 이상 1.2 미만　　　　㉱ 1.2 이상

해설
- 균열발생을 제한할 경우 : 1.2 이상 1.5 미만
- 유해한 균열발생을 제한할 경우 : 0.7 이상 1.2 미만

07 온도만으로 온도균열지수를 구하는 간이적인 방법에서 연질의 지반 위에 타설된 평판구조 등과 같이 내부구속응력이 큰 경우에 해당하는 식은? (단, ΔT_i : 내부온도가 최고일 때의 내부와 표면과의 온도차)

㉮ $\dfrac{20}{\Delta T_i}$　　　　　　　㉯ $\dfrac{15}{\Delta T_i}$
㉰ $\dfrac{10}{\Delta T_i}$　　　　　　　㉱ $\dfrac{5}{\Delta T_i}$

해설
- 암반이나 매시브한 콘크리트 위에 타설된 평판구조 등과 같이 외부 구속응력이 큰 경우
  온도균열지수 $= \dfrac{10}{K_R \cdot R \cdot \Delta T_0}$
  R : 외부구속의 정도를 표시하는 계수
  ΔT_0 : 부재 평균 최고온도와 외기온도와의 균형시의 온도차(℃)
  K_R : 타설되는 콘크리트의 형상 및 온도균열지수를 산정하는 위치와 관련된 계수로서, 최댓값은 1이다.

08 콘크리트의 재료 및 온도해석에 사용하는 열 특성치와 관계가 가장 먼 것은?

㉮ 수화열　　　　　　　　㉯ 열전도율
㉰ 비열　　　　　　　　　㉱ 열확산율

해설 콘크리트 열 특성장치인 열전도율, 열확산률, 비열은 콘크리트 밀도와 관련이 있다.

09 콘크리트의 열계수 일반값 중에서 열전도율의 사용값은?

㉮ 1.2~1.4　　　　　　　㉯ 2.6~2.8
㉰ 3.2~3.4　　　　　　　㉱ 4.2~4.4

해설
- 콘크리트의 열계수 일반값

열 계 수	사 용 값
열전도율(W/m℃)	2.6~2.8
비열(J/kg℃)	1050~1260
열확산율(m²/h)	(0.83~1.10)×10⁻⁶

답 06. ㉮　07. ㉰　08. ㉮　09. ㉯

10 콘크리트의 온도해석에서 열전도율에 관한 설명 중 틀린 것은?
- ㉮ 열전달경계는 대지와 사이에 열의 출입이 있는 경계이며 그 특성은 열전도율로 표시한다.
- ㉯ 열전도율은 부재 표면부의 콘크리트 온도에 큰 영향을 주지는 않는다.
- ㉰ 열전도율은 거푸집의 유무, 종류, 두께, 존치기간, 양생방법, 주위의 풍속 등을 고려한다.
- ㉱ 시트양생 시 열전도율의 평균값은 5W/m℃이다.

해설 열전도율은 부재 표면부의 콘크리트 온도에 큰 영향을 미치며 부재 두께가 비교적 작을 경우에는 내부 온도상승에도 영향을 미친다.

11 매스 콘크리트 배합에 관한 설명 중 틀린 것은?
- ㉮ 콘크리트 온도상승량을 감소시키기 위해 단위 시멘트양을 적게 한다.
- ㉯ 설계기준강도와 워커빌리티를 만족하는 범위 내에서 콘크리트의 온도상승이 최소가 되게 한다.
- ㉰ 일반적으로 콘크리트의 온도상승량을 단위 시멘트양 10kg/m³ 대해 대략 1℃ 정도의 비율로 증감된다.
- ㉱ 온도상승량을 감소시켜 균열을 방지하기 위해 단위 수량을 크게 한다.

해설 단위 수량을 작업에 적합한 범위 내에서 최소가 되도록 하므로 단위 시멘트양이 줄어들어 균열발생 우려가 적다.

12 매스 콘크리트의 거푸집 사용에 대한 설명 중 틀린 것은?
- ㉮ 거푸집 탈형 후 수화열을 발산시키도록 콘크리트 표면을 급랭하게 한다.
- ㉯ 보온성 거푸집을 사용할 경우는 보통 거푸집의 존치기간보다 길게 한다.
- ㉰ 온도균열 제어를 하기 위해 온도상승을 작게 하기 위해 방열성이 높은 거푸집이 좋다.
- ㉱ 콘크리트 친 후 큰 폭으로 기온의 저하가 될 때나 겨울철에는 강재 거푸집보다 보온성이 좋은 거푸집을 사용한다.

해설 거푸집 탈형 후의 콘크리트 표면의 급랭을 방지하기 위하여 시트 등으로 콘크리트 표면의 보온을 계속해 주는 것이 좋다.

13 매스 콘크리트의 온도 제어 대책인 파이프 쿨링(pipe-cooling)은 콘크리트 내부에 묻어 넣은 파이프에 냉각수를 통수하는데 이때 파이프의 지름은 어느 정도 관을 사용하는가?
- ㉮ 25mm
- ㉯ 20mm
- ㉰ 15mm
- ㉱ 10mm

해설
- 파이프는 지름 25mm 정도의 얇은 관을 사용한다.
- 파이프 쿨링은 물에 의하지 않고 공기에 의한 방법도 있다.

답 10. ㉯ 11. ㉱ 12. ㉮ 13. ㉮

14. 매스 콘크리트 치기 관련사항이다. 설명이 틀린 것은?

㉮ 몇 개의 블록으로 나눠 칠 때 콘크리트 치기를 장시간 중지하는 일이 없도록 한다.
㉯ 암반 위에 몇 층으로 나눠 칠 때 치기 시간 간격을 너무 짧게 하면 콘크리트 전체의 온도가 높아져서 균열발생의 우려가 있다.
㉰ 매스 콘크리트의 치기 온도는 온도균열을 제어하기 위해 될 수 있는 대로 저온으로 한다.
㉱ 각 재료의 온도가 비빈 직후 콘크리트 온도에 미치는 영향은 대략 골재는 ±1℃, 물은 ±4℃에 대해 ±2℃, 시멘트는 ±8℃에 대해 ±3℃ 정도이다.

해설
- 골재는 ±2℃에 대해 ±1℃
- 물은 ±4℃에 대해 ±1℃
- 시멘트는 ±8℃에 대해 ±1℃ 정도

15. 파이프 쿨링(pipe-cooling)을 할 때 파이프 주변의 콘크리트 온도와 통수 온도와의 차이는 보통 몇 ℃ 이하로 하는가?

㉮ 10℃   ㉯ 15℃   ㉰ 20℃   ㉱ 30℃

해설 통수 온도가 지나치면 부재간 및 부재 내부에서의 온도차가 커져 균열이 발생할 우려가 있다.

16. 매스 콘크리트 치기의 한 층의 높이는 얼마를 표준으로 하는가?

㉮ 0.2~0.3m   ㉯ 0.4~0.5m   ㉰ 0.6~0.7m   ㉱ 0.8~1m

해설 콘크리트의 표면은 거의 수평이 되도록 하며 한 층의 치기 높이는 0.4~0.5m를 표준으로 한다.

17. 일반적인 경우 외기온도가 25℃ 미만일 경우 콘크리트 운반시간은?

㉮ 60분   ㉯ 90분   ㉰ 120분   ㉱ 150분

해설 외기온도가 25℃ 미만일 경우는 120분, 25℃ 이상인 경우는 90분으로 한다.

18. 상층의 콘크리트를 다질 때에는 상층 및 하층이 일체가 되도록 다짐기를 하층의 표면에서 어느 정도까지 찔러 넣어 다지는가?

㉮ 0.05m   ㉯ 0.1m   ㉰ 0.15m   ㉱ 0.2m

19. 매스 콘크리트 치기를 끝마친 후 균열 측정시기는?

㉮ 1주 전후   ㉯ 2주 전후   ㉰ 3주 전후   ㉱ 4주 전후

해설
- 여러 층으로 나누어 시공하는 경우 상층 콘크리트 치기 전에 하층 콘크리트의 균열발생 유무를 측정한다.
- 온도 균열의 검사 시기는 구조물의 구속 조건을 고려하여 결정한다.

답 14. ㉱ 15. ㉰ 16. ㉯ 17. ㉰ 18. ㉯ 19. ㉮

20 매스 콘크리트 제조용 시멘트로 가장 적합한 것은?
  ㉮ 보통 포틀랜드 시멘트 ㉯ 알루미나 시멘트
  ㉰ 중용열 포틀랜드 시멘트 ㉱ 내황산염 포틀랜드 시멘트

  해설 매스 콘크리트에는 수화열이 적은 중용열 포틀랜드 시멘트, 고로 시멘트, 플라이 애시 등의 저발열 시멘트를 사용한다.

21 넓이가 넓은 평판 구조에서는 두께가 얼마 이상일 때 매스 콘크리트로 취급하는가?
  ㉮ 0.5m ㉯ 0.8m ㉰ 1m ㉱ 1.2m

22 매스 콘크리트에 사용되는 다음 재료 중 적합하지 않은 것은?
  ㉮ 급결제 ㉯ 냉각수
  ㉰ 플라이 애시 ㉱ 중용열 시멘트

  해설 수화열 때문에 급결제 사용은 부적합하다.

23 매스 콘크리트에서 균열유발 줄눈의 간격은 얼마를 기준으로 하는가?
  ㉮ 10~15m ㉯ 8~10m ㉰ 5~8m ㉱ 4~5m

24 댐 콘크리트의 압축강도는 재령 며칠을 기준으로 하는가?
  ㉮ 7일 ㉯ 14일 ㉰ 28일 ㉱ 91일

  해설 매스 콘크리트에서는 중용열 포틀랜드 시멘트, 고로 시멘트, 플라이 애시 시멘트 등의 저발열 시멘트를 사용하는데 이 시멘트는 장기 재령의 강도 증진이 보통 포틀랜드 시멘트에 비해 크므로 91일 정도의 장기재령을 기준한다.

25 매스 콘크리트 구조물의 온도균열 폭에 대한 적절한 대책이 아닌 것은?
  ㉮ 온도균열지수를 높인다. ㉯ 철근비를 높인다.
  ㉰ 가는 철근을 분산시켜 배근한다. ㉱ 단위 시멘트양을 높여 준다.

  해설 단위 시멘트양이 많으면 수화열이 내부에 축적되어 내부의 온도가 상승하므로 균열이 발생할 가능성이 있다.

26 매스 콘크리트 시공 시 균열방지를 위한 사항 중 틀린 것은?
  ㉮ 신구 콘크리트의 치기 시간 간격을 너무 길게 하지는 않는다.
  ㉯ 콘크리트 타설 구획의 높이를 적게 한다.
  ㉰ 암반 위에 여러 층을 칠 경우 치기 시간 간격을 가급적 짧게 한다.
  ㉱ 인장 변형에 대한 저항이 큰 콘크리트를 사용한다.

답 20. ㉰ 21. ㉯ 22. ㉮ 23. ㉱ 24. ㉱ 25. ㉱ 26. ㉰

해설 암반 등 구속도가 큰 것 위에 여러 층에 걸쳐서 콘크리트를 이어 칠 경우 치기 시간 간격을 너무 짧게 하면 리프트(lift) 두께 등의 조건에 따라 콘크리트 전체의 온도가 높아지거나 균열 발생 우려가 클 수 있다.

27 매스 콘크리트(mass concrete)의 시공에 있어서 유의해야 할 사항 중 옳지 않은 것은?

㉮ 단위 시멘트양을 적게 한다.
㉯ 수화열이 낮은 시멘트를 사용한다.
㉰ 1회의 치는 높이를 제한한다.
㉱ 양생 중에서 콘크리트의 보온을 철저히 한다.

해설 거푸집을 가능한 빨리 해체하여 방열시킨다.

답 27. ㉱

2-2 한중 콘크리트

2-2-1 개 요

(1) 하루 평균기온이 4°C 이하에는 콘크리트가 동결할 염려가 있으므로 한중 콘크리트로 시공한다.
(2) 콘크리트가 동결하지 않더라도 5°C 정도 이하의 저온에 노출되면 응결 및 경화반응이 상당히 지연되어 소정의 강도 발현이 이루어지지 않는다.

2-2-2 재 료

(1) 시멘트는 보통 포틀랜드 시멘트를 사용하는 것을 표준한다.
(2) 보통 포틀랜드 시멘트에서는 소요의 양생온도나 초기 강도의 확보가 어려워 수화열에 의한 균열이 없는 경우 조강 포틀랜드 시멘트를 사용하면 효과적이다.
(3) 긴급 공사용의 특수 시멘트는 초속경 시멘트, 알루미나 시멘트 등이 있다.
(4) 골재가 동결되어 있거나 골재에 빙설이 혼입되어 있는 골재는 사용하지 않는다.
(5) 시멘트는 어떠한 경우라도 직접 가열해서는 안 된다.
(6) 골재를 65°C 이상 가열하면 다루기가 어려워지며 시멘트를 급결시킬 우려가 있다.
(7) 물과 골재 혼합물의 온도는 40°C 이하로 하면 시멘트가 급결하지 않는다.
(8) 재료를 가열했을 때 비빈 직후 콘크리트의 대체적인 온도(T°C)

$$T = \frac{C_s(T_a W_a + T_c W_c) + T_m W_m}{C_s(W_a + W_c) + W_m}$$

여기서, T : 콘크리트 온도(°C)
W_a 및 T_a : 골재의 질량(kg) 및 온도(°C)
W_c 및 T_c : 시멘트의 질량(kg) 및 온도(°C)
W_m 및 T_m : 비빌 때 사용되는 물의 질량(kg) 및 온도(°C)
C_s : 시멘트 및 골재의 물에 대한 비열의 비로서 0.2로 가정해도 좋다.

2-2-3 배 합

(1) AE 콘크리트를 사용하는 것을 원칙으로 한다.
(2) 단위 수량은 초기 동해를 적게 하기 위하여 소요의 워커빌리티를 유지할 수 있는 범위 내에서 되도록 작게 정한다.
(3) 물-결합재비는 60% 이하로 한다.

(4) 적산온도 방식에 의한 배합강도 및 물-결합재비
   ① 적산온도가 210°D·D 이상일 경우 적용한다.
   ② 조강, 초조강 포틀랜드 시멘트 및 알루미나 시멘트를 사용하면 적산온도가 105°D·D 이상의 경우에도 적용할 수 있다.
   ③ 구조체 콘크리트의 강도관리 재령은 91일 이내에서, 또한 적산온도는 420°D·D 이하가 되는 재령으로 한다.
   ④ 적산온도

   $$M = \sum_{0}^{t} (\theta + A) \Delta t$$

   여기서, M : 적산온도(°D·D(일), 또는 °C·D)
   θ : Δt 시간 중의 콘크리트의 일평균 양생온도(°C)
   A : 정수로서 일반적으로 10°C가 사용된다.
   Δt : 시간(일)

   ⑤ 물-결합재비

   $$x(\%) = \alpha \cdot x_{20}$$

   여기서, x : 적산온도가 M(°D·D)일 때 배합강도를 얻기 위한 물-시멘트비
   α : 적산온도 M에 대한 물-결합재비의 보정계수
   x_{20} : 콘크리트의 양생온도가 20±3°C일 때 재령 28일에 있어서 배합강도를 얻기 위한 물-결합재비

(5) 비비기
   ① 운반 및 타설시간 1시간에 대하여 콘크리트 온도와 주위의 기온과의 차이는 15% 정도로 본다.

   $$T_2 = T_1 - 0.15(T_1 - T_0) \cdot t$$

   여기서, T_0 : 주위의 온도(°C)
   T_1 : 비볐을 때 콘크리트의 온도(°C)
   T_2 : 타설이 끝났을 때인 콘크리트의 온도(°C)
   t : 비빈 후부터 타설이 끝났을 때까지의 시간(hr)

   ② 가열한 재료를 믹서에 투입하는 순서는 먼저 가열한 물과 굵은골재, 다음에 잔골재를 넣어서 믹서 안의 재료온도가 40°C 이하가 된 후에 시멘트를 넣는 것이 좋다.

2-2-4 시 공

(1) 타설할 때 콘크리트 온도는 5~20°C의 범위에서 한다.
(2) 기상조건이 가혹한 경우나 부재 두께가 얇을 경우에 칠 때의 콘크리트 최저온도는 10°C 정도로 한다.
(3) 소요 압축강도가 얻어질 때까지 콘크리트의 온도를 5°C 이상으로 유지하며 그 후 2일간은 구조물이 어느 부분이라도 0°C 이상이 되도록 유지한다.

(4) 초기 동해 방지를 위해 콘크리트의 최저온도를 5℃로 하였지만 추위가 심한 경우 또는 부재 두께가 얇은 경우에는 10℃ 정도로 한다.

(5) 강도를 얻기에 필요한 양생일수는 시험에 의해 정하는 것이 원칙이나 5℃ 및 10℃에서 양생할 경우 표준은 아래 표와 같다.

구조물의 노출상태	시멘트의 종류	보통 포틀랜드 시멘트	조강 포틀랜드, 보통 포틀랜드+촉진제	혼합 시멘트 B종
① 계속해서 또는 자주 물로 포화되는 부분	5℃	9일	5일	12일
	10℃	7일	4일	9일
② 보통의 노출상태에 있고 ①에 속하지 않는 부분	5℃	4일	3일	5일
	10℃	3일	2일	4일

(6) 단면의 두께가 얇고 보통의 노출상태에 있는 콘크리트는 초기 양생 종료 후 2일간 이상은 콘크리트 온도를 0℃ 이상으로 한다.

제 2 장 실전문제 — 특수 콘크리트 … 한중 콘크리트

01 일 평균기온이 얼마 이하가 될 경우 한중 콘크리트로 시공해야 하는가?
㉮ 4℃ ㉯ 0℃ ㉰ −2℃ ㉱ −3℃

02 콘크리트의 동결온도는 물−시멘트비, 혼화재료의 종류 및 양에 따라 다르지만 대략 얼마인가?
㉮ 4~3℃ ㉯ 2~1℃ ㉰ −0.5~2℃ ㉱ −2.5~3.5℃

03 한중 콘크리트 재료에 대한 설명 중 틀린 것은?
㉮ 시멘트는 포틀랜드 시멘트를 사용하는 것을 표준으로 한다.
㉯ 동결된 골재나 빙설이 혼입된 골재는 사용하지 않는다.
㉰ 시멘트는 특별한 경우 직접 가열할 수 있다.
㉱ 고성능 AE 감수제를 사용하며 물−결합재비를 작게 하는 것은 동결에 대한 저항성을 높이는 데 효과적이다.

해설 시멘트는 어떠한 경우라도 직접 가열해서는 안 된다.

04 믹서에 넣은 가열한 재료의 온도가 얼마 이하가 된 후 시멘트를 넣는 것이 좋은가?
㉮ 10℃ ㉯ 20℃ ㉰ 30℃ ㉱ 40℃

해설 먼저 가열한 물과 굵은골재, 잔골재를 넣은 후 시멘트를 넣는다.

05 한중 콘크리트에서 표준으로 사용되는 시멘트는?
㉮ 포틀랜드 시멘트   ㉯ 중용열 포틀랜드 시멘트
㉰ 초속경 시멘트   ㉱ 조강 포틀랜드 시멘트

해설 포틀랜드 시멘트는 저온 양생했을 때 초기 재령의 강도 발현에 대한 지연 정도가 작고 콘크리트 동해에 대한 염려를 적게 할 수 있다.

06 한중 콘크리트에 대한 설명 중 틀린 것은?
㉮ 한중 콘크리트는 AE 콘크리트를 사용하는 것을 원칙으로 한다.
㉯ 단위 수량은 초기 동해를 작게 하기 위해 워커빌리티 범위 내에서 작게 한다.
㉰ 보통 운반 및 치기 시간 1시간에 대해 콘크리트 온도와 주위의 기온과의 차이는 25% 정도로 본다.
㉱ 칠 때의 콘크리트 온도는 구조물의 단면치수, 기상조건 등을 고려하여 5~20℃의 범위로 한다.

답 01. ㉮ 02. ㉰ 03. ㉰ 04. ㉱ 05. ㉮ 06. ㉰

[해설] 콘크리트 치기가 끝났을 때의 콘크리트 온도는 운반, 치기 도중의 열손실 때문에 믹서에서 비볐을 때의 온도보다 떨어지는데 그 차이는 15% 정도

07 기상조건이 가혹한 경우나 부재 두께가 얇을 경우에 칠 때의 콘크리트 최저온도는?
㉮ 4°C　㉯ 6°C　㉰ 8°C　㉱ 10°C

08 압축강도가 얼마 이상이 되면 동해 받는 일이 비교적 적다고 볼 수 있는가?
㉮ 4MPa　㉯ 5MPa　㉰ 8MPa　㉱ 10MPa

09 초기 동해 방지의 관점에서 양생할 경우 콘크리트의 최저온도를 얼마로 하는가?
㉮ 5°C　㉯ 10°C　㉰ 15°C　㉱ 20°C

[해설] 추위가 심한 경우 또는 부재 두께가 얇을 경우에는 10°C 정도

10 한중 콘크리트는 소요 압축강도가 얻어질 때까지 콘크리트의 온도를 몇 °C 이상으로 유지하는가?
㉮ 5°C　㉯ 10°C　㉰ 15°C　㉱ 20°C

11 한중 콘크리트의 양생방법으로 기온이 낮은 경우 또는 단면이 얇은 경우에 보온만으로는 동결온도 이상의 온도를 유지할 수 없을 때 양생하는 방법은?
㉮ 습윤양생　㉯ 수중양생　㉰ 급열양생　㉱ 보온양생

[해설]
• 한중 콘크리트의 양생방법으로는 보온양생과 급열양생 등이 있다.
• 보온양생은 단열성이 높은 재료로 콘크리트 주위를 덮어서 시멘트 수화열을 이용하여 소정의 강도가 얻어질 때까지 보온하는 것

12 한중 콘크리트 시공에 관한 사항 중 틀린 것은?
㉮ 보온양생 또는 급열양생이 끝난 후에는 콘크리트 온도를 급격히 저하시켜도 된다.
㉯ 목재 거푸집은 강재 거푸집에 비해 열전도율이 적어 보온효과가 크다.
㉰ 소정의 강도가 얻어진 후에도 콘크리트 표면이 급냉하지 않도록 거푸집을 남겨 두는 것이 좋다.
㉱ 콘크리트에 열을 가할 경우 콘크리트가 급격히 건조되거나 국부적으로 가열되지 않도록 한다.

[해설] 양생을 끝냈더라도 온도가 높은 콘크리트를 갑자기 한기(寒氣)에 노출시키면 콘크리트의 표면에 균열이 생긴다.

답 07. ㉱　08. ㉮　09. ㉯　10. ㉮　11. ㉰　12. ㉮

13 한중 콘크리트의 타설 시 가열한 재료를 믹서에 투입하는 순서로 옳은 것은?

① 물 ② 시멘트 ③ 잔골재 ④ 굵은골재

㉮ ①-③-②-④ ㉯ ③-④-①-②
㉰ ①-③-④-② ㉱ ①-④-③-②

해설 믹서 안에 물, 굵은골재, 잔골재, 시멘트 순서로 넣는다.

14 한중 콘크리트 시공 시 주의해야 할 사항 중 틀린 것은?

㉮ 조기강도를 높이도록 한다.
㉯ 급격한 온도변화를 방지한다.
㉰ 물-결합재비를 높인다.
㉱ 거푸집을 오래 거치하고 보온양생한다.

해설 한중 콘크리트의 경우 물-결합재비를 높이면 초기에 동해에 걸리기 쉬우므로 AE제 또는 AE 감수제를 사용하는 것을 표준으로 한다.

15 다음 중 콘크리트 강도를 예측하는 데 이용되는 적산온도의 개념을 나타낸 식은 어느 것인가?

㉮ Σ(시간 × 강도) ㉯ Σ(시간 × 온도)
㉰ Σ(물-시멘트비 × 온도) ㉱ Σ(강도 × 온도)

해설 콘크리트의 강도를 콘크리트 온도와 시간과의 함수로 나타내는 적산온도는

$$M = \sum_{0}^{t}(\theta + A)\Delta t$$

여기서, M : 적산온도[℃ · D(일)]
θ : Δt 시간 중의 콘크리트 온도(℃)
A : 정수로서 일반적으로 10℃가 사용된다.
Δt : 시간(일 또는 시)

16 한중 콘크리트에 관한 다음 설명 중 틀린 것은?

㉮ 하루 평균기온이 4℃ 되는 기상조건 하에서는 한중 콘크리트로 시공해야 한다.
㉯ 기온이 −3℃ 이하에서는 물, 시멘트 및 골재를 가열하여 콘크리트의 온도를 높여야 한다.
㉰ 한중 콘크리트에서는 AE 콘크리트를 사용하는 것을 원칙으로 한다.
㉱ 응결 경화의 초기에 동결되지 않도록 하며 예상되는 하중에 대해 충분한 강도를 가지게 해야 한다.

해설 시멘트는 어떤 경우라도 직접 가열해서는 안 된다.

답 13. ㉱ 14. ㉰ 15. ㉯ 16. ㉯

17 한중 콘크리트나 해중 공사에 가장 적합한 시멘트는?
㉮ 실리카 시멘트 ㉯ 고로 시멘트
㉰ 알루미나 시멘트 ㉱ 중용열 포틀랜드 시멘트

해설
- 알루미나 시멘트
- 산, 염류, 해수 등의 화학적 침식에 대한 저항성이 크다.
- 발열량이 크기 때문에 긴급한 공사나 한중 공사시 시공에 적합하다.

18 한중 콘크리트 시공 시 주의할 사항 중 틀린 것은?
㉮ 초기에 충분한 강도를 발휘하도록 한다.
㉯ 초기 동해를 피한다.
㉰ 타설 시 콘크리트의 온도는 4°C를 유지한다.
㉱ 적당한 온도, 습도의 유지관리를 한다.

해설 타설 시 콘크리트 온도는 구조물의 단면치수, 기상조건 등을 고려하여 5~20°C의 범위로 한다.

19 한중 콘크리트 시공 시 비볐을 때 콘크리트의 온도가 10°C이고 비비기할 때 주위의 온도가 −3°C였다. 비빈 후부터 2시간 후 타설 완료하였을 때 콘크리트 온도는?
㉮ 3.5°C ㉯ 4.5°C ㉰ 6.1°C ㉱ 7.1°C

해설 $T_2 = T_1 - 0.15(T_1 - T_0) \cdot t = 10 - 0.15[10 - (-3)] \times 2 = 6.1°C$
여기서, T_0 : 주위의 기온(°C)
T_1 : 비볐을 때의 콘크리트의 온도(°C)
T_2 : 치기가 끝났을 때의 콘크리트의 온도(°C)
t : 비빈 후부터 치기가 끝났을 때까지의 시간(hr)

20 한중 콘크리트 시공 시 콘크리트 온도는 운반, 치기 도중의 열손실 때문에 믹서에서 비볐을 때의 온도보다 떨어지는데 운반 및 치기 시간 1시간에 대해 콘크리트 온도와 주위의 온도와의 차이는 몇 % 정도로 보는가?
㉮ 10% ㉯ 15% ㉰ 20% ㉱ 25%

해설 $T_2 = T_1 - 0.15(T_1 - T_0) \cdot t$

21 한중(寒中) 콘크리트의 설명 중 틀린 것은?
㉮ 4°C 이하에서 시공할 때는 AE 콘크리트를 사용하는 것이 좋다.
㉯ 골재에 눈이나 얼음이 있으면 이를 녹여 사용해야 한다.
㉰ 배합 단위 수량을 작업 가능 범위 내에서 적게 해야 한다.
㉱ 보통 시멘트에서 콘크리트 친 후 6일 이상 4°C 이상을 유지해야 한다.

해설 구조물이 보통 노출상태에 있고 계속해서 또는 자주 물로 포화되지 않는 경우에 보통 포틀랜드 시멘트를 사용하여 5°C 이하에서는 4일, 10°C 이하에서는 3일 동안 양생한다.

답 17. ㉰ 18. ㉰ 19. ㉰ 20. ㉯ 21. ㉱

2-3 서중 콘크리트

2-3-1 개 요

하루 평균기온이 25°C를 초과할 경우에 서중 콘크리트로 시공한다.

2-3-2 배 합

(1) 단위 수량은 일반적으로 185kg/m^3 이하로 한다.
(2) 기온 10°C의 상승에 대해 단위 수량은 2~5% 증가하므로 소요의 압축강도를 확보하기 위해서는 단위 수량에 비례하여 단위 시멘트양의 증가를 고려한다.
(3) 소요의 강도 및 워커빌리티를 얻을 수 있는 범위 내에서 단위 수량 및 단위 시멘트양을 적게 한다.

2-3-3 시 공

(1) 비빈 후 되도록 빨리 타설한다. 지연형 감수제를 사용한 경우라도 1.5시간 이내에 타설한다.
(2) 콘크리트 타설 시 콘크리트 온도는 35°C 이하여야 한다.
(3) 타설 후 적어도 24시간은 노출면이 건조하는 일이 없도록 습윤상태로 유지한다. 또 양생은 적어도 5일 이상 실시한다.
(4) 거푸집을 떼어낸 후에도 양생기간 동안은 노출면을 습윤상태로 유지한다.

제 2 장 실전문제 — 특수 콘크리트 … 서중 콘크리트

01 하루 평균기온 (   )℃를 초과하는 시기에 시공할 경우에는 서중 콘크리트로 시공한다. (   ) 안에 들어갈 온도는?
- ㉮ 20
- ㉯ 25
- ㉰ 30
- ㉱ 35

02 서중 콘크리트 배합에 사용하여 단위 수량을 감소시키는 효과를 낼 수 있는 혼화재료가 아닌 것은?
- ㉮ 유동화제
- ㉯ 지연형의 감수제
- ㉰ AE 감수제
- ㉱ 기포제

해설 기포제는 기포의 작용에 의해 충전성을 개선하거나 중량을 조절하는 효과를 낸다.

03 서중 콘크리트 배합에서 일반적으로 기온 10℃ 상승에 대해 단위 수량은 어느 정도 증가하는가?
- ㉮ 2~5%
- ㉯ 6~10%
- ㉰ 12~15%
- ㉱ 16~20%

04 서중 콘크리트는 일반적인 대책을 강구한 경우라도 비빈 후 몇 시간 이내에 쳐야 하는가?
- ㉮ 1시간
- ㉯ 1.5시간
- ㉰ 2시간
- ㉱ 2.5시간

05 서중 콘크리트를 칠 때의 콘크리트 온도는 몇 ℃ 이하여야 하는가?
- ㉮ 25℃
- ㉯ 30℃
- ㉰ 35℃
- ㉱ 40℃

06 서중 콘크리트의 양생은 적어도 며칠 이상 실시하는 것이 바람직한가?
- ㉮ 3일
- ㉯ 5일
- ㉰ 7일
- ㉱ 9일

해설 타설 후 적어도 24시간은 노출면이 건조하지 않도록 습윤상태로 유지해야 하며 또 양생은 적어도 5일 이상 실시하는 것이 좋다.

답 01. ㉯ 02. ㉱ 03. ㉮ 04. ㉯ 05. ㉰ 06. ㉯

07 서중 콘크리트의 타설 시 저온의 재료를 사용하여 콘크리트의 온도를 낮추고자 하는 경우 가장 크게 영향을 미치는 재료는 어느 것인가?
- ㉮ 골재
- ㉯ 시멘트
- ㉰ 물
- ㉱ 혼화재료

해설 시멘트 온도 ±8°C, 수온 ±4°C, 골재 온도 ±2°C에 대해 콘크리트 온도 ±1°C의 변화가 있어 골재를 냉각하면 효과적이다.

08 다음은 서중 콘크리트의 관리에 주의할 사항이다. 이 중 적당하지 않은 것은?
- ㉮ 콘크리트 쳐 넣을 때 콘크리트 온도는 40°C 이하 유지
- ㉯ 비빈 콘크리트는 1시간 이내에 빨리 운반 타설
- ㉰ 콘크리트 타설 후 24시간 동안은 노출면을 반드시 습윤상태 유지
- ㉱ 기온이 높고 습도가 낮을 때에는 증발 건조가 빨라지므로 균열방지에 주의

해설 콘크리트 타설 시 콘크리트 온도는 35°C 이하일 것

답 07. ㉮ 08. ㉮

2-4 수밀 콘크리트

2-4-1 개 념

(1) 각종 저장시설, 지하구조물, 수리구조물, 저수조, 수영장, 상하수도시설, 터널 등 압력수가 작용하는 구조물을 말한다.
(2) 균열, 콜드 조인트, 누수의 원인이 되는 결함이 생기지 않도록 해야 한다.

2-4-2 배 합

(1) AE제, 감수제, AE 감수제, 포졸란 등을 사용한다.
(2) 팽창제를 사용하면 콘크리트의 수축균열을 방지하므로 누수의 원인이 작게 되므로 콘크리트 구조물의 수밀성을 증대시킨다.
(3) 방수제 등을 사용할 경우 성능 효과를 확인 후 사용한다.
(4) 블리딩이 적어지도록 일반적인 경우보다 잔골재율을 크게 하는 것이 좋다.
(5) 단위 수량 및 물−결합재비는 되도록 적게 하고 단위 굵은골재량을 되도록 크게 한다.
(6) 슬럼프는 180mm를 넘지 않게 하며 콘크리트 타설이 용이할 때에는 120mm 이하로 한다.
(7) AE제, AE 감수제 또는 고성능 AE 감수제를 사용하는 경우라도 공기량은 4% 이하가 되게 한다.
(8) 물−결합재비는 50% 이하를 표준한다.
(9) 소요 품질을 갖는 수밀 콘크리트를 얻기 위해서는 적당한 간격으로 시공이음을 둔다.
(10) 가능한 연속으로 타설하여 콜드 조인트가 발생하지 않도록 한다.
(11) 누수 원인이 되는 건조수축 균열의 발생이 없도록 시공하며 0.1mm 이상의 균열 발생이 예상되는 경우 누수방지를 위한 방수를 검토한다.

실전문제

특수 콘크리트 ··· 수밀 콘크리트

01 수밀 콘크리트의 소요 슬럼프는 가급적 적게 하고 몇 mm를 넘지 않도록 하는가?
- ㉮ 80mm
- ㉯ 120mm
- ㉰ 180mm
- ㉱ 210mm

해설 콘크리트 치기가 용이할 때에는 120mm 이하로 한다.

02 AE제, AE 감수제 등을 사용하는 경우라도 수밀 콘크리트의 공기량은 몇 % 이하가 되게 하는가?
- ㉮ 3%
- ㉯ 4%
- ㉰ 5%
- ㉱ 6%

03 수밀 콘크리트에서 물-결합재비는 얼마 이하를 표준으로 하는가?
- ㉮ 50%
- ㉯ 55%
- ㉰ 60%
- ㉱ 65%

04 수밀 콘크리트 시공에 관한 설명 중 틀린 것은?
- ㉮ 콘크리트는 될 수 있는 대로 연속으로 친다.
- ㉯ 쳐 넣은 콘크리트의 온도는 30℃ 이하가 되게 한다.
- ㉰ 단위 수량 및 물-결합재비를 적게 하고 단위 굵은골재량을 가급적 크게 한다.
- ㉱ 연직시공이음에 지수판을 사용하면 수밀성에 나쁘다.

해설 연직시공이음에는 지수판의 사용을 원칙으로 한다.

05 수밀 콘크리트 대한 설명 중 틀린 것은?
- ㉮ 일반적인 경우보다 잔골재율을 어느 정도 크게 하는 것이 좋다.
- ㉯ 수밀을 요하는 콘크리트 구조물은 각종 저장시설, 지하구조물, 수리구조물, 저수조, 수영장, 상하수도시설, 터널 등을 말한다.
- ㉰ 팽창재를 사용하여 콘크리트의 수축열을 방지하므로 누수의 원인을 작게 한다.
- ㉱ 배합이나 경화 후의 품질을 변치 않도록 유동화제 사용을 원칙으로 한다.

해설 AE제, 감수제, AE 감수제, 고성능 AE 감수제 또는 포졸란 등을 사용하는 것을 원칙으로 한다.

답 01. ㉰ 02. ㉯ 03. ㉮ 04. ㉱ 05. ㉱

2-5 수중 콘크리트

2-5-1 개 요

(1) 일반 수중 콘크리트, 수중 불분리성 콘크리트, 현장타설 말뚝 및 지하연속벽에 사용한다.
(2) 해양 및 수면 하의 비교적 넓은 곳이나 현장타설 말뚝 또는 지하연속벽과 같이 비교적 좁은 곳에 콘크리트를 타설하여 만드는 구조물이다.

2-5-2 수중 콘크리트의 성능

(1) 수중분리 저항성

① 수중 콘크리트의 물-결합재비 및 단위 시멘트양

항 목 \ 콘크리트 종류	일반 수중 콘크리트	현장타설 말뚝 및 지하연속벽에 사용하는 수중 콘크리트
물-결합재비	50% 이하	55% 이하
단위 결합재량	370kg/m^3 이상	350kg/m^3 이상

② 수중기중 강도비는 수중분리 저항성의 요구가 비교적 높은 경우 0.8 이상, 일반적인 경우에는 0.7 이상으로 한다.
③ 현탄물질량은 50 mg/l 이하, pH는 12.0 이하이어야 한다.

(2) 유동성

① 슬럼프의 표준값(mm)

시공 방법	일반 수중 콘크리트	현장타설 말뚝 및 지하연속벽에 사용하는 수중 콘크리트
트레미	130~180	180~210
콘크리트 펌프	130~180	-
밑열림 상자, 밑열림 포대	100~150	-

② 현장타설 말뚝 및 지하연속벽에 사용하는 수중 콘크리트에서 설계기준강도가 50 MPa을 초과하는 경우 슬럼프 플로는 500~700mm 범위로 한다.
③ 수중 불분리성 콘크리트의 슬럼프 플로

시공 조건	슬럼프 플로의 범위(mm)
급경사면의 장석(1 : 1.5~1 : 2)의 고결, 사면의 엷은 슬래브(1 : 8 정도까지)의 시공 등에서 유동성을 작게 하고 싶은 경우	350~400
단순한 형상의 부분에 타설하는 경우	400~500
일반적인 경우, 표준적인 철근 콘크리트 구조물에 타설하는 경우	450~550
복잡한 형상의 부분에 타설하는 경우 특별히 양호한 유동성이 요구되는 경우	550~600

2-5-3 배 합

(1) 일반 수중 콘크리트는 수중 시공 시의 강도가 표준공시체 강도의 0.6~0.8배가 되게 배합강도를 설정한다.

(2) 수중 낙하높이 0.5m 이하, 수중 유동거리 5m 이하에서 타설한 수중 불분리성 콘크리트 코어의 재령 28일 압축강도는 수중 제작 공시체의 압축강도를 기준으로 콘크리트 배합강도를 정한다.

(3) 현장 타설 콘크리트 말뚝 및 지하연속벽 콘크리트는 수중 시공 시 강도가 대기중 시공 시 강도의 0.8배, 안정액 중 시공 시 강도가 대기 중 시공 시 강도의 0.7배로 하여 배합강도를 정한다.

(4) 굵은골재의 최대치수는 수중 불분리성 콘크리트의 경우 20 또는 25mm 이하를 표준으로 하며 부재 최소치수의 1/5 및 철근의 최소 순간격의 1/2를 초과해서는 안 된다.

(5) 현장타설 말뚝 및 지하연속벽에 사용하는 수중 콘크리트에서 설계기준 압축강도 50 MPa을 초과하는 경우에는 부배합의 콘크리트를 사용하기 위해 온도균열의 발생을 억제할 목적으로 저발열형 시멘트가 사용된다.

(6) 내구성으로부터 정해진 수중 불분리성 콘크리트의 최대 물-결합재비(%)

환경 \ 콘크리트 종류	무근 콘크리트	철근 콘크리트
담수중·해수중	55	50

(7) 수중 불분리성 콘크리트는 공기량이 과다하면 압축강도가 저하하며 콘크리트의 유동중 공기포가 콘크리트로부터 떠오르게 되어 수질 오탁, 품질의 변동 등의 원인이 되기 때문에 공기량은 4±1.5% 이하로 한다.

(8) 현장 타설, 콘크리트 말뚝 및 지하연속벽의 콘크리트는 일반적으로 트레미를 사용하여 수중에서 타설하므로 슬럼프 값은 180~210mm를 표준으로 한다. 특히 철근 간격이 좁은 경우 등 슬럼프가 큰 콘크리트를 타설할 필요가 있을 때는 유동화제를 사용한 부배합 콘크리트로서 슬럼프를 240mm 이하로 한다.

(9) 지하연속벽에 사용하는 수중 콘크리트의 경우, 지하연속벽을 가설만으로 이용할 경우에는 단위 시멘트양은 300kg/m^3 이상으로 한다.

(10) 수중 불분리성 콘크리트의 비비기는 플랜트에서 물을 투입하기 전 건식으로 20~30초 비빈 후 전 재료를 투입하여 비빈다. 1회 비비기량은 믹서 공칭용량의 80% 이하로 하며 강제식 믹서의 경우 비비기 시간은 90~180초로 한다.

2-5-4 시 공

(1) 일반 수중 콘크리트
① 물막이를 설치하여 물을 정지시킨 정수중에 타설한다. 완전히 물막이할 수 없는 경우에는 유속을 50mm/초 이하로 하여야 한다.
② 콘크리트는 수중에 낙하시키지 않는다.
③ 콘크리트를 연속해서 타설한다.
④ 타설 도중에 가능한 한 콘크리트가 흐트러지지 않도록 물을 휘젓거나 펌프의 선단부분을 이동시켜서는 안 되며 콘크리트가 경화될 때까지 물의 유동을 방지해야 한다.
⑤ 한 구획의 콘크리트 타설을 완료한 후 레이턴스를 모두 제거하고 다시 타설하여야 한다.
⑥ 수중 콘크리트 시공 시 시멘트가 물에 씻겨서 흘러나오지 않도록 트레미나 콘크리트 펌프를 사용해서 타설한다. 그러나 부득이한 경우 및 소규모 공사의 경우 밑열림 상자나 밑열림 포대를 사용할 수 있다.

(2) 트레미에 의한 타설
① 트레미의 안지름은 수심이 3m 이내에서 250mm, 3~5m에서 300mm, 5m 이상에서 300~500mm 정도가 좋으며 굵은골재의 최대치수의 8배 정도가 필요하다.
② 트레미 1개로 타설할 수 있는 면적은 30m^2 정도이다.
③ 트레미는 타설 동안 하반부가 항상 콘크리트로 채워져 트레미 속으로 물이 침입하지 않도록 하며 타설 동안 수평이동해서는 안 된다.
④ 타설 동안 트레미 하단이 타설된 콘크리트면보다 300~500mm 아래로 유지하면서 가볍게 상하로 움직여야 한다.

(3) 콘크리트 펌프에 의한 타설
① 콘크리트 펌프의 배관은 수밀해야 한다.
② 펌프의 안지름은 0.10~0.15m 정도가 좋으며 수송관 1개로 타설할 수 있는 면적은 5m^2 정도이다.
③ 타설 중에는 배관 속을 콘크리트로 채우면서 배관 선단부분을 이미 타설된 콘크리트 속으로 0.3~0.5m 묻어 타설한다.
④ 배관을 이동 시 배관 속으로 물이 역류하거나 배관 속의 콘크리트가 수중낙하하는 일이 없도록 선단부분에 역류 밸브를 붙인다.

(4) 수중 불분리성 콘크리트의 타설
① 타설은 유속이 50 mm/sec 정도 이하의 정수 중에서 수중 낙하높이가 0.5m 이하여야 한다.

② 펌프로 압송할 경우 압송압력은 보통 콘크리트의 2~3배, 타설속도는 1/2~1/3 정도로 한다.
③ 일반 수중 콘크리트보다 트레미 1개 및 콘크리트 펌프배관 1개당 콘크리트 타설 면적을 크게 하여도 좋다.
④ 수중 유동거리는 5m 이하로 한다.

(5) 현장 타설 말뚝 및 지하연속벽에 사용하는 수중 콘크리트
① 철근 망태의 비틀림을 방지하기 위해 철근을 외측으로 경사지게 하여 격자형으로 배치한다.
② 철근의 피복두께를 100mm 이상으로 한다.
③ 외측 가설벽, 치수벽의 경우, 철근의 피복두께를 80mm 이상으로 할 수 있다.
④ 간격재는 철근망태를 넣을 때 이탈하든가 공벽을 깎아내지 않는 형상이어야 하며 깊이 방향으로 3~5m 간격, 같은 깊이 위치에 4~6개소 주철근에 설치한다.
⑤ 트레미의 안지름은 굵은골재 최대치수의 8배 정도가 적당하며 굵은골재 최대치수 25mm의 경우 관지름이 200~250mm의 트레미를 사용한다.
⑥ 콘크리트 속의 트레미 삽입깊이는 2m 이상으로 한다. 타설 완료 직전에 콘크리트 면을 확인하기 쉬운 경우에는 삽입깊이를 2m 이하로 할 수 있다.
⑦ 지하연속벽 타설 시 트레미는 가로방향 3m 이내의 간격에 배치하고 단부나 모서리에 배치한다.
⑧ 콘크리트 타설속도는 먼저 타설하는 부분의 경우 4~9m/hr, 나중에 타설하는 부분의 경우 8~10m/hr로 실시한다.
⑨ 콘크리트 상면은 설계면보다 0.5m 이상 높이로 타설하고 경화한 후 제거한다. 단, 가설벽, 차수벽 등에 쓰이는 지하연속벽의 경우 여분으로 더 타설하는 높이는 0.5m 이하여야 한다.

제2장 실전문제 — 특수 콘크리트 … 수중 콘크리트

01 일반 수중 콘크리트에서 트레미를 이용하여 시공할 경우 슬럼프의 범위는?
㉮ 130~180mm ㉯ 120~170mm
㉰ 100~150mm ㉱ 80~120mm

해설 • 일반 수중 콘크리트의 슬럼프의 범위

시공방법	슬럼프 범위(mm)
트레미, 콘크리트 펌프	130~180
밑열림 상자, 밑열림 포대	100~150

02 현장타설 말뚝 및 지하연속벽에 사용하는 수중 콘크리트의 배합설계 시 단위 시멘트양은 몇 kg/m³ 이상인가?
㉮ 300kg/m³ ㉯ 350kg/m³ ㉰ 370kg/m³ ㉱ 400kg/m³

03 일반 수중 콘크리트의 물-결합재비는 몇 % 이하, 단위 시멘트양은 몇 kg/m³ 이상을 표준으로 하는가?
㉮ 40%, 370kg/m³ ㉯ 50%, 400kg/m³
㉰ 50%, 370kg/m³ ㉱ 45%, 400kg/m³

04 수중 콘크리트 타설에 관한 설명 중 틀린 것은?
㉮ 물막이를 하여 정지시킨 정수중(靜水中)에서 치는 것을 원칙으로 한다.
㉯ 완전히 물막이를 할 수 없을 경우에는 유속이 1초간 50mm 이하일 때 칠 수 있다.
㉰ 콘크리트는 수중에 낙하시켜 타설한다.
㉱ 한 구획의 콘크리트 치기를 완료한 후 레이턴스를 모두 제거하고 다시 친다.

해설 콘크리트를 수중에 낙하시키면 재료분리가 일어나고 시멘트가 유실되기 때문에 낙하시켜선 안 된다.

05 수중 콘크리트 시공에 관한 설명 중 틀린 것은?
㉮ 트레미 또는 콘크리트 펌프를 사용하는 것을 원칙으로 한다.
㉯ 콘크리트면을 가능한 수평으로 유지하면서 소정의 높이 또는 수면상에 이를 때까지 연속해서 친다.
㉰ 레이턴스를 적게 하기 위해 되비비기를 한 콘크리트를 사용하는 경우도 있다.
㉱ 레이턴스 발생을 적게 하기 위해 치면서 물을 휘젓거나 펌프 선단부분을 조금씩 이동시킨다.

답 01. ㉮ 02. ㉱ 03. ㉰ 04. ㉰ 05. ㉱

해설 레이턴스 발생을 적게 하기 위해 도중에 가능한 한 물을 휘젓거나 펌프 선단부분을 이동시켜서는 안 되며 콘크리트가 경화될 때까지 물의 유동을 방지해야 한다.

06 트레미를 이용한 콘크리트 치기에 관한 설명 중 틀린 것은?
㉮ 트레미의 안지름은 굵은골재 최대치수의 8배 정도가 좋다.
㉯ 트레미 1개로 칠 수 있는 면적은 30m² 정도가 좋다.
㉰ 트레미의 하단을 쳐놓은 콘크리트면보다 0.3~0.4m 아래로 유지하면서 가볍게 상하로 움직이며 친다.
㉱ 트레미는 콘크리트를 치는 동안 수평으로 이동한다.

해설 트레미는 콘크리트를 치는 동안 하반부는 항상 콘크리트로 채워져 있어야 하며 트레미는 콘크리트를 치는 동안 수평이동시켜서는 안 된다.

07 트레미의 안지름 수심(水深) 3m 이내에서는 몇 mm 정도가 적당한가?
㉮ 250mm
㉯ 300mm
㉰ 400mm
㉱ 500mm

해설 • 수심이 3~5m에서 300mm 정도
• 수심이 5m 이상에서 300~500mm 정도

08 콘크리트 펌프의 안지름은 몇 m 정도가 적당한가?
㉮ 0.1~0.15m
㉯ 0.2~0.25m
㉰ 0.3~0.35m
㉱ 0.4~0.45m

09 콘크리트 펌프로 수중 콘크리트를 칠 경우 수송관 1개로 칠 수 있는 면적은 몇 m² 정도인가?
㉮ 20m²
㉯ 15m²
㉰ 10m²
㉱ 5m²

10 콘크리트 펌프의 선단부분을 콘크리트의 상면부터 몇 m 아래로 유지하는가?
㉮ 0.1~0.25m
㉯ 0.3~0.5m
㉰ 0.6~0.8m
㉱ 1~1.2m

11 수중 불분리성 콘크리트의 경우 굵은골재의 최대치수는 몇 mm 이하로 정하는가?
㉮ 20mm
㉯ 25mm
㉰ 40mm
㉱ 50mm

해설 굵은골재의 최대치수는 40mm 이하, 부재 최소치수의 1/5를 표준으로 하며 철근 최소 순간격의 1/2을 넘어서는 안 된다.

답 06. ㉱ 07. ㉮ 08. ㉮ 09. ㉱ 10. ㉯ 11. ㉰

12 수중 콘크리트 시공에 관한 설명 중 틀린 것은?
  ㉮ 트레미보다 밑열림 포대를 이용하는 것이 좋다.
  ㉯ 프리플레이스트 콘크리트에 효과적으로 이용하면 좋다.
  ㉰ 정수중에 치는 것을 원칙으로 한다.
  ㉱ 콘크리트를 수중에 낙하시키지 않는 것이 좋다.

  해설 트레미 또는 콘크리트 펌프를 사용하는 것을 원칙으로 한다.

13 트레미 1개로 칠 수 있는 수중 콘크리트의 면적은 몇 m² 정도가 좋은가?
  ㉮ 10m² ㉯ 20m² ㉰ 30m² ㉱ 50m²

14 수중 불분리성 콘크리트의 유동성은 슬럼프 플로로 표시하는데 슬럼프 콘을 들어올린 다음 몇 분 후에 측정하는가?
  ㉮ 3분 ㉯ 5분 ㉰ 10분 ㉱ 15분

  해설 유동성이 큰 범위에서는 슬럼프 값보다도 유동성의 크기를 정확히 표시할 수 있는 슬럼프 플로를 이용한다.

15 수중 불분리성 콘크리트 치기는 유속의 50 mm/sec 정도 이하의 정수(靜水) 중에서 수중 낙하높이 몇 m 이하라야 하는가?
  ㉮ 0.2m ㉯ 0.3m ㉰ 0.5m ㉱ 1m

16 수중 불분리성 콘크리트를 유동시키는 것은 품질저하 및 불균일성을 발생시키므로 수중 유동거리는 몇 m 이하로 하는가?
  ㉮ 1m ㉯ 2m ㉰ 3m ㉱ 5m

17 수중 불분리성 콘크리트의 비비기 시간은 강제식 믹서의 경우 몇 초를 표준으로 하는가?
  ㉮ 20~30초 ㉯ 40~60초
  ㉰ 70~80초 ㉱ 90~180초

18 수중 불분리성 콘크리트를 비빌 때 1회 비비기 양은 믹서에 걸리는 부하 때문에 믹서 공칭 용량의 몇 % 이하로 하는가?
  ㉮ 50% ㉯ 60% ㉰ 70% ㉱ 80%

19 수중 불분리성 콘크리트를 플랜트에서 비빌 경우 시멘트, 골재 및 혼화제를 투입하여 건식 비비기를 몇 초 정도 한 후 물과 고성능감수제를 투입하여 비비기를 하는가?
  ㉮ 20~30초 ㉯ 40~60초 ㉰ 70~80초 ㉱ 90~180초

답 12. ㉮ 13. ㉰ 14. ㉯ 15. ㉰ 16. ㉱ 17. ㉱ 18. ㉱ 19. ㉮

20 지하연속벽의 치기시에는 현장치기 말뚝의 치기와 비교해서 콘크리트의 유동거리가 길어져서 재료분리가 생기기 쉬우므로 트레미는 가로방향 몇 m 이내의 간격에 배치하는가?

㉮ 2m ㉯ 3m
㉰ 5m ㉱ 6m

21 현장치기 콘크리트말뚝 및 지하연속벽의 콘크리트를 수중에서 재료분리를 억제하기 위해 물-결합재비는 몇 % 이하를 표준으로 하며 단위 시멘트양은 몇 kg/m^3 이상인가?

㉮ 50%, $350kg/m^3$ ㉯ 55%, $350kg/m^3$
㉰ 50%, $370kg/m^3$ ㉱ 55%, $370kg/m^3$

> **해설** 현장치기 콘크리트말뚝 및 지하연속벽 콘크리트의 설계기준강도는 24~30MPa 정도이다.
> 지하연속벽을 가설(假設)만으로 이용할 경우 단위 시멘트양을 $300kg/m^3$ 이상으로 한다.

22 현장치기 말뚝 및 지하연속벽 콘크리트는 철근의 피복두께를 몇 mm 이상으로 취하는가?

㉮ 50mm ㉯ 65mm
㉰ 80mm ㉱ 100mm

> **해설** 외측 가설벽(假設壁), 차수벽의 경우, 철근의 피복두께를 80mm 이상으로 할 수 있다.
> 피복두께는 띠철근 외측에서 말뚝 또는 벽의 설계 유효단면 외측까지의 거리를 말한다.

23 철근망태 시공에 대한 설명 중 틀린 것은?

㉮ 지하연속벽과 같은 장방형의 철근망태에서는 비틀림을 방지하기 위해 철근을 외측에 경사시켜 격자형을 배치한다.
㉯ 철근망태 보강에는 지름이 작은 조립용 철근을 사용하는 것이 좋다.
㉰ 간격재는 보통 깊이 방향에 3~5m 간격, 같은 깊이 위치에 4~6군데 주철근을 배치한다.
㉱ 철근망태는 반드시 간격재를 써서 소정의 피복두께를 확보해야 한다.

> **해설** 철근망태 보강에는 지름이 큰 조립용 철근이나 소요의 형상, 치수를 가진 철판 등을 사용하는 것이 좋다.

24 현장치기 말뚝 및 지하연속벽의 수중 콘크리트를 치는 경우 콘크리트 속의 트레미 삽입깊이는 몇 m 이상으로 하는가?

㉮ 2m ㉯ 3m
㉰ 4m ㉱ 6m

> **해설** 삽입깊이가 지나치게 크면 콘크리트의 유출이 어려우며 트레미를 뽑기 어려워 트레미의 삽입 깊이는 6m 이하로 하는 것이 좋다.

답 20. ㉯ 21. ㉯ 22. ㉰ 23. ㉯ 24. ㉮

25 현장치기 말뚝 및 지하연속벽의 수중 콘크리트 치기에 관한 설명 중 틀린 것은?
㉮ 진흙처리는 굴착 완료 후와 콘크리트 치기 직전에 2회 하는 것이 가장 좋다.
㉯ 콘크리트 치기 완료 직전에 콘크리트면을 확인하기 쉬운 경우에는 삽입깊이를 2m 이하로 할 수 있다.
㉰ 복수의 트레미를 사용하여 콘크리트를 칠 경우 될 수 있는 대로 동시에 콘크리트면이 상승되도록 콘크리트를 치는 것이 좋다.
㉱ 콘크리트의 설계면보다 0.1m 이상 높이로 치고 경화한 후 제거한다.

해설 콘크리트의 설계면보다 0.5m 이상 높이로 치고 경화한 후 이것을 제거해야 한다. 단, 가설벽, 차수벽 등에 쓰이는 지하연속벽의 경우 여분으로 더 쳐 올리는 높이는 0.5m 이하라도 좋다.

26 현장치기 말뚝 및 지하연속벽에 사용하는 수중 콘크리트의 치기 속도는 미리 쳐 놓은 경우 시간당 몇 m로 실시하는가?
㉮ 0.5~1.5m/h   ㉯ 2~3m/h
㉰ 4~9m/h   ㉱ 8~10m/h

해설 나중에 치는 부분의 경우 8~10 m/h로 실시해야 한다.

27 현장치기 말뚝 및 지하연속벽에 사용하는 수중 콘크리트의 굵은골재의 최대치수는 얼마를 표준하는가?
㉮ 철근 순간격의 1/2 이하 또는 25mm 이하
㉯ 철근 순간격의 3/4 이하 또는 40mm 이하
㉰ 철근 순간격의 1/2 이하 또는 40mm 이하
㉱ 철근 순간격의 3/4 이하 또는 25mm 이하

해설 벽두께 또는 말뚝지름이 크고 철근간격이 넓은 경우는 40mm 이하로 할 수 있다.

28 현장치기 말뚝 및 지하연속벽의 콘크리트 치기에 관한 설명 중 틀린 것은?
㉮ 굵은골재의 최대치수 25mm의 경우 관지름이 200~250mm의 트레미를 사용한다.
㉯ 트레미의 안지름은 굵은골재 최대치수의 8배 정도가 적당하다.
㉰ 콘크리트 속의 트레미 삽입깊이는 3m 이상으로 한다.
㉱ 트레미의 삽입깊이는 6m 이하로 하는 것이 좋다.

해설 • 콘크리트 속의 트레미 삽입깊이는 2m 이상으로 한다.
• 트레미의 간격은 3m 이내가 적당하다.

29 수중 콘크리트의 시공 방법 중 강관에 콘크리트를 채워 강관이 시공 위치에 도달하면 밸브(valve)를 열고 콘크리트를 배출시키는 공법을 다음 중 무엇이라 하는가?
㉮ 가 물막이   ㉯ 트레미(tremie)
㉰ 밑열림 포대   ㉱ 밑열림 상자

답 25. ㉱ 26. ㉱ 27. ㉮ 28. ㉰ 29. ㉯

30 수중 콘크리트에 관한 설명 중 적당하지 않은 것은 어느 것인가?
- ㉮ 수중 콘크리트의 단위 시멘트양은 육상 시공의 경우보다 많게 한다.
- ㉯ 트레미관 시공 시는 수중에서 재료의 분리를 막기 위하여 관 하단을 타설면과 밀착한다.
- ㉰ 굵은골재는 입도가 좋은 하천자갈이 쇄석보다 좋다.
- ㉱ 콘크리트는 정수(靜水) 중에서 치는 것이 원칙이고 유수방지시설을 하여 타설한다.

해설 트레미 하단이 타설된 콘크리트면보다 0.3~0.4m 아래로 유지하면서 가볍게 상하로 움직이며 타설한다.

31 수중 콘크리트에 관한 설명 중 옳지 않은 것은?
- ㉮ 수중 콘크리트는 정수(靜水) 중에서 타설해야 한다.
- ㉯ 수중 콘크리트는 트레미(tremie), 밑열림 상자 등을 사용한다.
- ㉰ 수중 콘크리트의 시공은 온도와는 관계가 없다.
- ㉱ 수중 콘크리트는 굳을 때까지 물의 유동을 방지해야 한다.

해설 빙점의 2℃ 이하 수중에서 콘크리트 타설을 해서는 안 된다.

32 수중 콘크리트 공사에 대한 설명 가운데 가장 맞는 것은?
- ㉮ 일반적으로 보통 포틀랜드 시멘트는 사용하지 않는다.
- ㉯ 트레미를 사용할 때 슬럼프 범위는 50~80mm이다.
- ㉰ 잔골재율은 60% 정도가 표준이다.
- ㉱ 항만공사에는 프리팩트 콘크리트 공법이 많이 쓰인다.

해설
- 일반적으로 보통 포틀랜드 시멘트를 사용한다.
- 트레미, 콘크리트 펌프 사용 시 슬럼프는 130~180mm이다.
- 잔골재율은 40~45% 정도이다.

33 수중, 서중, 한중 콘크리트에 대한 다음 설명 중 잘못된 사항은?
- ㉮ 일반 수중 콘크리트는 특히 그 점성이 풍부하고 트레미를 이용할 경우 슬럼프가 130~180mm로 되게 한다.
- ㉯ 서중 콘크리트를 칠 때의 콘크리트의 온도가 35℃ 이하로 하고, 사용재료가 저온을 유지하도록 하여야 한다.
- ㉰ 한중 콘크리트를 칠 때는 콘크리트의 온도를 5~20℃ 범위가 되게 한다.
- ㉱ 한중 콘크리트는 -3~0℃에서는 모든 재료에 가열을 한다.

해설 어떤 경우라도 시멘트는 절대 가열해서는 안 된다.

2-6 프리플레이스트 콘크리트

2-6-1 개 요

(1) 특정한 입도를 가진 굵은골재를 거푸집에 채워 놓고 그 공극 속에 특수한 모르타르를 적당한 압력으로 주입하여 만든 콘크리트이다.
(2) 대규모 프리플레이스트 콘크리트란 시공속도가 40~80m^3/hr 이상 또는 한 구획의 시공면적이 50~250m^2 이상의 경우로 정의한다.
(3) 고강도 프리플레이스트 콘크리트는 고성능 감수제에 의해 모르타르의 물-결합재비를 40% 이하로 낮추어 재령 91일에서 40~60MPa의 압축강도를 얻을 수 있다.

2-6-2 주입 모르타르의 품질

(1) 유하시간은 16~20초를 표준으로 한다. 고강도 프리플레이스트 콘크리트는 유하시간 25~50초를 표준으로 한다.
(2) 블리딩률은 시험 시작 후 3시간에서의 값이 3% 이하가 되게 한다. 고강도 프리플레이스트 콘크리트의 경우에는 1% 이하로 한다.
(3) 팽창률은 시험 시작 후 3시간에서의 값이 5~10%인 것을 표준으로 한다. 고강도 프리플레이스트 콘크리트의 경우는 2~5%를 표준으로 한다.

2-6-3 재 료

(1) 혼화제에 포함되어 있는 발포제는 알루미늄 분말을 사용한다. 온도가 10~20℃의 경우 결합재에 대한 알루미늄 분말의 질량비로서 0.01~0.015% 정도 사용할 수 있다.
(2) 잔골재의 조립률은 1.4~2.2 범위가 좋다.
(3) 굵은골재 최소치수는 15mm 이상, 굵은골재 최대치수는 부재 단면 최소치수의 1/4 이하, 철근 콘크리트의 경우 철근 순간격의 2/3 이하로 한다.
(4) 굵은골재 최대치수는 최소치수의 2~4배 정도가 좋다.
(5) 대규모 프리플레이스트 콘크리트를 대상으로 할 경우 굵은골재 최소치수를 크게 하는 것이 효과적이며 40mm 이상이어야 한다.
(6) 잔골재의 표준입도

체의 호칭치수(mm)	체를 통과한 것의 질량 백분율(%)
2.5	100
1.2	90~100
0.6	60~80
0.3	20~50
0.15	5~30

2-6-4 배 합

(1) 대규모 프리플레이스트 콘크리트에 사용하는 주입 모르타르는 시공 중에 재료분리를 작게 하기 위해 부배합으로 해야 한다.
(2) 팽창률은 블리딩의 2배 정도 이상이 바람직하지만 팽창률이 지나치게 크면 모르타르 속의 공극을 크게 하여 해롭다.
(3) 깊은 해수 중에 시공할 경우에는 알루미늄 분말의 혼입량을 증가시켜야 한다.
(4) 프리플레이스트 콘크리트 배합의 표시법

굵은골재			주입 모르타르								
최소치수(mm)	최대치수(mm)	공극률(%)	유하시간 범위(s)	물-결합재 비(%) $W/(C+F)$	혼화재의 혼합률(%) $F/(C+F)$	모래결합재 비(%) $S/(C+F)$	단위량(kg/m³)				
							W	C	F	S	혼화제	알루미늄 분말

(5) 모르타르 믹서는 5분 이내에 비빌 수 있고, 용량은 1배치가 0.2~1.5m³ 정도이다.
(6) 믹서는 일반적으로 애지테이터 날개의 회전수는 125~500rpm 정도이며 비비기 시간은 2~5분 정도일 것
(7) 기온이 높은 시기에 시공하는 경우나 주입 시간이 걸릴 때 비비기를 끝낸 모르타르는 애지테이터에 옮기든가 믹서 내에서 저속으로 비비기를 한다.
(8) 애지테이터 용량은 보통 믹서 용량의 3~5배 정도로 한다.
(9) 고강도용 주입 모르타르는 약 1.5배의 고성능 모르타르 믹서를 사용한다.

2-6-5 주입 및 압송 작업

(1) 주입관은 안지름 25~65mm의 강관이 사용된다.
(2) 연직주입관의 수평간격은 2m 정도로 한다.
(3) 수평주입관의 수평간격은 2m 정도, 연직간격은 1.5m 정도로 한다. 단, 수평주입관에는 역류를 방지하는 장치를 한다.
(4) 대규모 프리플레이스트 콘그리드 주입관의 간격은 5m 전후가 좋다.
(5) 대규모 프리플레이스트 콘크리트 시공 시 굵은골재 채우기 전에 지름이 0.2m 정도인 겉관을 배치하고 이 속에 길이가 3m 정도인 주입관을 넣어 설치하는 2중관 방식이 좋다.
(6) 보통 주입 모르타르에서는 피스톤식 펌프가 사용되나 고강도용 주입 모르타르는 소성점성이 크기 때문에 펌프의 압송 압력은 보통 주입 모르타르의 2~3배가 되므로 피스톤식보다 스퀴즈식 펌프가 적합하다.
(7) 모르타르 펌프의 압송 시 압력손실을 적게 해야 한다.
  ① 수송관의 연장을 짧게 한다.

② 수송관의 연장이 100m를 넘을 때는 중계용 애지테이터와 펌프를 사용한다.
③ 수송관의 급격한 곡률과 단면의 급변을 피한다.
④ 수송관의 이음은 수밀하며 깨끗하고 점검이 쉬운 구조일 것
⑤ 모르타르의 평균유속은 0.5~2m/sec 정도로 한다.

(8) 모르타르 주입은 최하부로부터 시작하여 상부에 향하는 것으로 시행하며 모르타르면의 상승속도는 0.3~2.0m/hr 정도로 한다.

(9) 주입은 모르타르면이 거의 수평으로 상승하도록 주입장소를 이동하면서 실시한다. 이를 위해 펌프의 토출량을 일정하게 유지하면서 적당한 시간 간격으로 주입관을 순차로 바꿔가며 주입한다.

(10) 연직주입관은 관을 뽑아 올리면서 주입하되 주입관의 선단은 0.5~2.0m 깊이의 모르타르 속에 묻혀 있는 상태로 유지한다.

(11) 대규모 프리플레이스트 콘크리트의 모르타르 주입 시 모르타르면의 상승속도가 0.3m/hr 정도 이하가 되지 않게 한다.

(12) 한중 시공 시 주입 모르타르의 온도를 올리기 위해서는 물을 가열하는 것이 좋으나 온수의 온도는 40℃ 정도 이하로 한다.

제 2 장 실전문제

특수 콘크리트 ···· 프리플레이스트 콘크리트

---

01 프리플레이스트 콘크리트의 잔골재 조립률은?

㉮ 1.4~2.2 ㉯ 2.3~3.1 ㉰ 2.5~3.5 ㉱ 6~8

해설
- 잔골재의 입도는 보통 콘크리트에 사용하는 것보다 조립률이 작은 가는 잔골재를 사용한다.
- 잔골재는 입경 2.5mm 이하가 적당하다.

---

02 프리플레이스트 콘크리트에 사용되는 굵은골재 최소치수는 몇 mm 이상인가?

㉮ 13mm ㉯ 15mm ㉰ 19mm ㉱ 25mm

해설 굵은골재 최대치수는 부재 단면 최소치수의 1/4 이하, 철근 콘크리트의 경우 철근의 순간격의 2/3 이하로 한다.

---

03 프리플레이스트 콘크리트의 주입 모르타르 유동성은 유하시간(流下時間)이 몇 초를 표준으로 하는가?

㉮ 10~15초 ㉯ 16~20초 ㉰ 21~25초 ㉱ 26~30초

해설 주입 모르타르의 유동성을 표준 유하시간의 범위로 나타낸다.

---

04 프리플레이스트 콘크리트의 주입 모르타르 블리딩을 시험하는 경우 시험 개시 후 3시간의 값이 몇 % 이하라야 하는가?

㉮ 1% ㉯ 2% ㉰ 3% ㉱ 4%

---

05 프리플레이스트 콘크리트의 주입 모르타르 팽창률을 시험하는 경우 시험 개시 후 3시간의 값이 몇 %를 표준으로 하는가?

㉮ 5~10% ㉯ 10~15% ㉰ 15~20% ㉱ 20~25%

해설 팽창률은 블리딩의 2배 정도 이상이 적절하지만 팽창률이 너무 크면 모르타르 속의 공극이 커진다.

---

06 프리플레이스트 콘크리트의 주입 모르타르 배합에 관한 설명 중 틀린 것은?

㉮ 주입 모르타르의 블리딩은 보통 콘크리트보다 일반적으로 크다.
㉯ 주입 모르타르의 유하시간이 15초 이하의 모르타르에서는 단위 수량이 다소 변동하여도 유하시간에 그다지 영향을 주지 않으나 품질을 크게 저하시킬 수 있다.
㉰ 추울 때의 주입 모르타르 시공은 팽창률이 커지기 쉽다.
㉱ 깊은 수중 또는 압력을 크게 받는 구조물의 경우 팽창률이 작아지기 때문에 적절히 알루미늄 분말의 혼입량을 증가하도록 한다.

답 01. ㉮ 02. ㉯ 03. ㉯ 04. ㉰ 05. ㉮ 06. ㉰

07 프리플레이스트 콘크리트 시공 시 수평주입관의 수평간격은 2m 정도이며 연직간격은 몇 m 정도를 표준으로 하는가?

㉮ 1m   ㉯ 1.5m   ㉰ 2m   ㉱ 2.5m

해설 연직주입관의 수평간격은 2m 정도를 표준으로 한다.

08 프리플레이스트 콘크리트 시공 시 모르타르 펌프의 압력손실이 적게 하려는 사항 중 틀린 것은?

㉮ 수송관의 연장을 짧게 한다.
㉯ 수송관의 연장이 100m를 넘을 때는 중계용 애지테이터와 펌프를 사용한다.
㉰ 수송관의 급격한 곡률과 단면의 급변을 피한다.
㉱ 모르타르의 평균유속을 3~5m/sec 정도 되게 정한다.

해설 수송관의 지름은 펌프의 토출구 지름에 맞추어야 하며 관내 유속이 너무 작으면 모르타르의 재료분리에 의한 침강이 생기고 관내 유속이 크면 압력손실이 크므로 모르타르의 평균유속은 0.5~2m/sec 정도 되게 정한다.

09 프리플레이스트 콘크리트 시공에 있어 모르타르 주입에 관한 설명 중 틀린 것은?

㉮ 주입은 거푸집 내의 모르타르면이 거의 수평으로 상승하도록 주입장소를 이동하면서 실시한다.
㉯ 주입관의 매입깊이는 올라가는 속도에 관계가 있으나 3~5m 정도가 적당하다.
㉰ 주입은 최하부로부터 시작하여 상부에 향하게 하며 모르타르면의 상승속도는 0.3~2m/h 정도로 한다.
㉱ 연직주입관은 관을 뽑아 올리면서 주입하되 주입관 선단은 0.5~2m 깊이의 모르타르 속에 묻혀 있는 상태로 유지한다.

해설 • 주입관의 매입깊이는 올라가는 속도에는 관계가 있으나 0.5~2m 정도가 적당하다.
• 연직주입관은 관을 뽑아 올리면서 주입하는 것이 원칙이나 주입높이가 비교적 낮은 경우에는 뽑아 올리지 않고 주입할 수 있다.

10 프리플레이스트 콘크리트를 기온이 높은 여름철에 시공할 경우 주입 모르타르의 과대팽창 및 유동성의 저하를 방지하려는 방법 중 틀린 것은?

㉮ 애지테이터의 모르타르 저류시간(貯留時間)을 길게 한다.
㉯ 비빈 후 즉시 주입한다.
㉰ 수송관 주변의 온도를 낮추어 준다.
㉱ 유동성과 유동구배의 관리를 엄격히 한다.

해설 애지테이터 안의 모르타르 저류시간(貯留時間)을 짧게 한다.

답 07. ㉯ 08. ㉱ 09. ㉯ 10. ㉮

11 프리플레이스트 콘크리트의 공사에 있어 주입 모르타르의 품질시험에 해당하지 않는 것은?
- ㉮ 주입 모르타르의 온도 측정
- ㉯ 유동성 시험
- ㉰ 잔골재의 표면수의 변동 측정
- ㉱ 블리딩률 및 팽창률 시험

해설 • 사용재료의 관리
① 잔골재 입도의 변동 측정
② 잔골재 표면수의 변동 측정
③ 각 재료온도의 변동 측정

12 프리플레이스트 콘크리트 공사에 있어 주입 모르타르의 소정의 품질을 확보하기 위한 주입관리의 항목에 속하지 않는 것은?
- ㉮ 주입 모르타르의 압송압력의 측정
- ㉯ 주입량의 측정
- ㉰ 주입 모르타르의 온도측정
- ㉱ 주입 모르타르의 유동구배 측정

해설 주입 모르타르의 높이측정, 주입관 선단의 위치 측정 등이 주입관리 항목에 속한다.

13 프리플레이스트 콘크리트에 대한 설명 중 잘못된 것은?
- ㉮ 장기간 양생이 곤란하거나 재령 91일 이내에 설계하중을 받는 구조물은 재령 28일의 압축강도를 기준한다.
- ㉯ 굵은골재 최대치수는 20mm 이상이어야 한다.
- ㉰ 모르타르 주입은 최하부에서 시작하여 상부로 향하여 시행하며 모르타르면의 상승속도는 0.3~2.0m/h 정도로 해야 한다.
- ㉱ 굵은골재 최대치수는 최소치수의 2~4배 정도가 좋다.

해설 굵은골재의 최소치수는 15mm 이상이어야 한다.

14 거푸집 속에 특정한 입도를 가진 굵은골재를 넣고 그 공극 속에 특수한 모르타르를 적당한 압력으로 주입하여 만든 콘크리트는?
- ㉮ 숏크리트
- ㉯ 프리플레이스트 콘크리트
- ㉰ 레디믹스트 콘크리트
- ㉱ 프리스트레스트 콘크리트

15 프리플레이스트 콘크리트의 특성 중 틀린 것은?
- ㉮ 해수에 대한 저항성이 크고 물-시멘트비를 작게 할 수 있다.
- ㉯ 내구성, 수밀성, 동결·융해에 대한 저항성이 크고 건조수축과 수중에서의 팽창이 작다.
- ㉰ 굳은 콘크리트와의 부착이 좋지 않아 파괴된 콘크리트의 수선 및 보강에는 적합하지 않다.
- ㉱ 레이턴스와 발열량이 작으며 콘크리트의 온도상승이 보통 콘크리트보다 30~40% 낮다.

답 11. ㉰   12. ㉱   13. ㉯   14. ㉯   15. ㉰

해설
- 굳은 콘크리트와의 부착이 좋아 부분적으로 파괴된 콘크리트의 수선 및 보강에 사용하면 효과적이다.
- 초기강도는 보통 콘크리트보다 약간 작으나 장기강도가 매우 크며 단위 시멘트양을 줄일 수 있다.

16 프리플레이스트 콘크리트의 시공 시 주의사항 중 틀린 것은?
㉮ 혼화재료로 사용되는 분산제, 알루미늄 분말, 플라이 애시 등은 균질이며 품질이 우수한 것을 사용해야 한다.
㉯ 모르타르는 균등하게 혼합하여 연속적으로 공급할 수 있어야 하며 주입펌프는 피스톤식이 좋다.
㉰ 모르타르의 주입은 위쪽에서 아래쪽으로 공극이 생기지 않도록 연속으로 실시한다.
㉱ 시멘트는 보통 포틀랜드 시멘트를 사용하여야 한다.

해설
- 모르타르의 주입은 아래쪽으로부터 위쪽으로 공극이 생기지 않도록 연속으로 실시한다.
- 굵은골재는 주입 전에 물로 충분히 포화시켜 놓아야 한다.
- 수평주입관은 필요에 따라 역류방지장치를 갖춘 주입관을 별도로 삽입하여 주입할 수 있도록 해야 한다.

17 시공면적이 넓은 프리플레이스트 콘크리트를 대상으로 할 경우 굵은골재의 최소치수는 몇 mm 정도 이상인가?
㉮ 15mm ㉯ 19mm ㉰ 25mm ㉱ 40mm

해설 굵은골재의 최대치수 및 최소치수를 주입 모르타르의 주입성을 개선하기 위해 일반적인 프리플레이스트 콘크리트용 굵은골재보다 큰 값을 취한다.

18 대규모 프리플레이스트 콘크리트에서 주입 모르타르의 주입관의 간격은 몇 m 전후가 좋은가?
㉮ 1m ㉯ 1.5m ㉰ 3m ㉱ 5m

해설 주입관의 길이는 3m 정도가 좋다.

19 대규모 프리플레이스트 콘크리트 시공 시 모르타르의 주입은 연속적으로 하며 모르타르면의 평균 상승속도가 몇 m/h 정도 이하가 되지 않도록 하는가?
㉮ 0.3m/h ㉯ 0.5m/h ㉰ 1.0m/h ㉱ 1.5m/h

20 대규모 프리플레이스트 콘크리트 시공 시 주입 모르타르의 응결시발시간의 규정은?
㉮ 1시간 이상, 3시간 이내 ㉯ 5시간 이상, 8시간 이내
㉰ 8시간 이상, 16시간 이내 ㉱ 10시간 이상, 24시간 이내

해설 응결의 시발이 지나치게 늦어지면 모르타르가 경화하기까지 블리딩이 많아져 재료분리가 발생하는 경향이 있으므로 응결시발시간을 규정한다.

답 16. ㉰ 17. ㉱ 18. ㉰ 19. ㉮ 20. ㉰

21 고강도 프리플레이스트 콘크리트는 물-결합재비를 몇 % 이하로 낮추어 재령 91일 압축강도 몇 MPa 이상 얻어지는 프리플레이스트 콘크리트라 하는가?
㉮ 50% 이하, 30MPa 이상
㉯ 45% 이하, 35MPa 이상
㉰ 40% 이하, 40MPa 이상
㉱ 45% 이하, 45MPa 이상

22 고강도 프리플레이스트 콘크리트 시공 시 주입 모르타르용 잔골재의 조립률의 범위는?
㉮ 2.3~3.1　㉯ 1.4~2.2　㉰ 1.8~2.2　㉱ 1.4~3.1

23 고강도용 주입 모르타르의 팽창률은 시험 후 3시간에서 몇 %를 표준으로 하는가?
㉮ 2~5%　㉯ 5~7%　㉰ 8~10%　㉱ 5~10%

24 고강도용 주입 모르타르의 블리딩률은 시험 개시 후 3시간에서 몇 % 값 이하를 표준하는가?
㉮ 1%　㉯ 2%　㉰ 3%　㉱ 4%

25 고강도 프리플레이스트 콘크리트 시공 시 주입 모르타르의 유동성은 유하시간 몇 초를 표준으로 하는가?
㉮ 10~15초　㉯ 16~20초　㉰ 20~30초　㉱ 25~50초

26 프리플레이스트 콘크리트에 관한 다음의 기술 중 옳은 것은??
㉮ 프리플레이스트 콘크리트란 거푸집 속에 잔골재 및 굵은골재를 채워 넣고 여기에 시멘트풀을 주입한 것이다.
㉯ 프리플레이스트용 혼화제로서 발포제 대신에 팽창성 시멘트 혼화제를 사용한다.
㉰ 프리플레이스트 콘크리트에 사용하는 굵은골재의 최소치수는 15mm 이상으로 한다.
㉱ 프리플레이스트 콘크리트의 압축강도는 7일 강도를 기준으로 하고 있다.

해설
• 거푸집 속에 굵은골재를 채워 놓고 모르타르를 주입한다.
• 발포제 대신에 플라이 애시를 사용한다.
• 강도는 재령 28일 혹은 91일 기준으로 한다.

27 프리플레이스트 콘크리트의 성질 중에서 옳지 않은 것은?
㉮ 동결, 융해에 대한 저항성이 크다.
㉯ 수밀성은 낮으나, 염류에 대한 내구성이 크다.
㉰ 조기강도는 보통 콘크리트보다 적으나 장기강도는 상당히 크다.
㉱ 암반이나 낡은 콘크리트와의 부착력이 크다.

해설 수밀성이 높고, 염류에 대한 내구성이 크다.

답　21. ㉰　22. ㉰　23. ㉮　24. ㉮　25. ㉱　26. ㉰　27. ㉯

28 프리플레이스트 콘크리트에 관한 다음 설명 중 틀린 것은?
㉮ 초기강도는 보통 콘크리트보다 작으나 장기강도는 커진다.
㉯ 수축률은 보통 콘크리트보다 적다.
㉰ 수중 콘크리트 시공에는 적합하지 않다.
㉱ 굵은골재의 최소치수는 15mm 이상으로 하여야 한다.

해설 수중 콘크리트 시공에 적합하다.

29 프리플레이스트 콘크리트에 관한 다음 설명 중 틀린 것은?
㉮ 수중 콘크리트나 터널의 복공 교대 등의 수선이나 개조 등에 사용한다.
㉯ 굵은골재를 거푸집에 채우고 그 공극에 특수 모르타르를 주입시킨다.
㉰ 특수 모르타르는 보통 포틀랜드 시멘트와 모래, 플라이 애시, 시멘트 등을 포함하고 있다.
㉱ AE 콘크리트를 사용할 수 있다.

해설 공극이 없어야 하므로 AE 콘크리트를 사용할 수 없다.

30 프리플레이스트 콘크리트에 대한 설명 중 옳지 않은 것은?
㉮ 동결융해에 대하여 강한 저항성을 가진다.
㉯ 수축률은 보통 콘크리트의 1/2 이하이다.
㉰ 수중 콘크리트에 부적당하다.
㉱ 초기강도가 보통 콘크리트보다 작다.

31 프리플레이스트 콘크리트의 특성 중 옳지 않은 것은?
㉮ 조기강도는 보통 콘크리트보다 작으나 장기강도는 크다.
㉯ 수밀성이 높고 부착력은 좋으나 건조수축이 적다.
㉰ 내구성이 높고 동해에 대한 저항성도 강하며 수축침하가 거의 없다.
㉱ 배처 플랜트(batcher plant)가 필요하다.

해설 굵은골재를 거푸집에 채우고 그 공극에 모르타르를 주입하므로 배처 플랜트가 필요하지 않다.

32 다음은 프리플레이스트 콘크리트에 대한 설명이다. 옳지 않은 것은?
㉮ 보통 콘크리트에 비해 건조수축이 적다.
㉯ 수중 콘크리트에 적합하다.
㉰ 잔골재를 사용하면 질이 좋은 콘크리트를 얻을 수 있다.
㉱ 주입 모르타르는 아래쪽에서부터 수평이 되도록 올라가야 한다.

해설 잔골재를 사용하면 모르타르 주입 시 충분한 충전이 어려워 굵은골재의 최소치수를 15mm 이상으로 한다.

답 28. ㉰ 29. ㉱ 30. ㉰ 31. ㉱ 32. ㉰

33 프리플레이스트 콘크리트에 관한 다음 설명 중에서 옳지 않은 것을 고르시오.

㉠ 거푸집의 강도는 주입되는 모르타르의 압력에 견딜 수 있어야 하며 거푸집의 이음부에서 모르타르가 새어나오지 않아야 한다.
㉡ 주입용 모르타르는 균등하게 혼합하여 지속적으로 공급할 수 있어야 하며 주입속도는 관내유속 0.3~2m/h 정도로 공극을 충분히 메꿀 수 있어야 한다.
㉢ 공극에 주입되는 모르타르는 인트루전 모르타르(intrusion mortar) 또는 인트루전 에이드(intrusion aid)라 하고 모르타르에 플라이 애시(fly ash), 분산제, 알루미늄 등을 혼합한 것이다.
㉣ 사용되는 골재는 깨끗해야 하며 굵은골재의 최대치수 25mm 이상이어야 하고 천연사로서 2.5mm 체를 100% 통과하는 것이어야 한다.

해설 굵은골재 최소치수는 15mm 이상, 굵은골재 최대치수는 최소치수의 2~4배 정도가 좋다.

답 33. ㉣

2-7 해양 콘크리트

2-7-1 개 요

(1) 직접 해수의 작용을 받는 구조물에 사용되는 콘크리트뿐만 아니라 육상 혹은 해면상에 건설되어 파랑이나 해수 조풍의 작용을 받는 구조물에 사용되는 콘크리트이다.
(2) 방파제, 계선안, 호안, 해상교량, 둑, 해저터널, 해상공항, 해상발전소, 해상도시 등의 해양 콘크리트 구조물이 있다.

2-7-2 재 료

(1) 시멘트와 폴리머를 사용한 폴리머 시멘트 콘크리트와 결합재를 폴리머만 사용한 수지 콘크리트 또는 시멘트 콘크리트의 공극 속에 합성수지를 함침시킨 폴리머 함침 콘크리트 등이 사용된다.
(2) PS 강재와 같은 고장력강에서 작용응력이 인장강도의 60%를 넘을 때에는 응력 부식 및 강재의 부식피로에 대하여 검토해야 한다.

2-7-3 배 합

(1) 노출범주가 ES(해양환경, 제설염 등 염화물)로 염화물에 의한 철근 부식을 방지하기 위해 추가적인 방식이 요구되는 철근 콘크리트와 프리스트레스트 콘크리트
  ① ES1 등급 : 보통 정도의 습도에서 대기 중의 염화물에 노출되지만 해수 또는 염화물을 함유한 물에 직접 접하지 않는 콘크리트
    - 해안가 또는 해안 근처에 있는 구조물
    - 도로 주변에 위치하여 공기 중의 제빙화학제에 노출되는 콘크리트
    - 내구성 기준 압축강도 : 30MPa
    - 최대 물-결합재비 : 0.45
  ② ES2 등급 : 습윤하고 드물게 건조되며 염화물에 노출되는 콘크리트
    - 수영장
    - 염화물을 함유한 공업용수에 노출되는 콘크리트
    - 내구성 기준 압축강도 : 30MPa
    - 최대 물-결합재비 : 0.45
  ③ ES3 등급 : 항상 해수에 침지되는 콘크리트
    - 해상 교각의 해수 중에 침지되는 부분
    - 내구성 기준 압축강도 : 35MPa
    - 최대 물-결합재비 : 0.40

④ ES4 등급 : 건습이 반복되면서 해수 또는 염화물에 노출되는 콘크리트
- 해상 환경의 물보라 지역(비말대) 및 간만대에 위치한 콘크리트
- 염화물을 함유한 물보라에 직접 노출되는 교량 부위
- 도로 포장
- 주차장
- 내구성 기준 압축강도 : 35MPa
- 최대 물-결합재비 : 0.40

(2) 내구성으로 정해지는 최소 단위 결합재량(kg/m^3)

환경 구분	굵은골재 최대치수(mm)		
	20	25	40
물보라 지역, 간만대 및 해상 대기중(노출등급 ES1, ES4)	340	330	300
해중(노출등급 ES3)	310	300	280

(3) 공기연행 콘크리트 공기량의 표준값

굵은골재의 최대치수(mm)	공기량(%)	
	심한 노출 (노출등급 EF2, EF3, EF4)	일반 노출 (노출등급 EF1)
10	7.5	6.0
15	7.0	5.5
20	6.0	5.0
25	6.0	4.5
40	5.5	4.5

① 동결 융해작용을 받을 염려가 없는 경우는 항상 해중에 있는 구조물로서 기온이 0℃ 이하 되는 일이 거의 없는 경우를 말한다.
② 설계기준 압축강도가 35MPa 이상인 경우 콘크리트 공기량의 표준값에서 1% 감소한 값으로 할 수 있다.

2-7-4 시 공

(1) 해양 구조물에서는 시공이음부를 피해야 한다. 특히 만조위로부터 위로 0.6m, 간조위로부터 아래로 0.6m 사이의 감조부분에는 시공이음이 생기지 않게 한다.
(2) 콘크리트가 충분히 경화되기 전에 직접 해수에 닿지 않도록 보통 포틀랜드 시멘트를 사용할 경우 대개 5일간 보호한다. (고로 슬래그 시멘트 등 혼합 시멘트를 사용할 경우에는 이 기간을 설계기준 압축강도의 75% 이상의 강도가 확보될 때까지 연장하여야 한다.)
(3) 강재와 거푸집판의 간격은 소정의 덮개를 확보되도록 한다.
(4) 간격재의 개수는 기초, 기둥, 벽 및 난간 등에는 2개/m^2 이상, 보, 주거터 및 슬래브 등에는 4개/m^2 이상을 표준한다.

제 2 장 **실전문제**　　특수 콘크리트 … 해양 콘크리트

01 해양 철근 콘크리트 구조물에서 굵은골재의 최대치수 25mm이며 물보라 지역 및 해상 대기중의 경우 내구성으로 정해지는 단위 결합재량은 얼마 이상으로 하는가?
㉮ 280kg/m^3　　　　　　　　㉯ 300kg/m^3
㉰ 330kg/m^3　　　　　　　　㉱ 350kg/m^3

해설 • 내구성으로 정해지는 최소 단위 결합재량(kg/m^3)

환경구분 \ 굵은골재의 최대치수(mm)	20	25	40
물보라 지역, 간만대 및 해상 대기중(노출등급 ES1, ES4)	340	330	300
해중(노출등급 ES3)	310	300	280

02 해양 구조물에서 시공이음부분은 가능한 한 피해야 하는데 만조위로부터 위로 몇 m, 간조위로부터 아래로 몇 m 사이의 감조부분에는 시공이음이 생기지 않도록 시공계획을 세우는가?
㉮ 0.3m, 0.3m　　　　　　　　㉯ 0.4m, 0.4m
㉰ 0.5m, 0.5m　　　　　　　　㉱ 0.6m, 0.6m

03 해양 콘크리트 구조물을 축조할 때 거푸집에 접하는 간격재의 설치수는 기초, 기둥, 벽 및 난간 등에는 얼마 이상을 표준으로 하는가?
㉮ 1개/m^2　　　　　　　　㉯ 2개/m^2
㉰ 3개/m^2　　　　　　　　㉱ 4개/m^2

해설 보, 주거더 및 슬래브 등에는 4개/m^2 이상을 표준으로 한다.

04 해양 환경하에 있는 콘크리트 구조물의 염해에 의한 강재부식을 방지하기 위한 대책 중 틀린 것은?
㉮ 콘크리트의 피복두께를 증가시킨다.
㉯ 콘크리트 중의 염소 이온양을 적게 한다.
㉰ 수지도장 철근을 사용하거나 콘크리트 표면에 라이닝을 한다.
㉱ 물-결합재비를 가능한 한 적게 하고 고로 슬래그 미분말 등의 포졸란 재료의 사용을 피한다.

해설 고로 슬래그 시멘트, 플라이 애시 시멘트 등의 혼합계 시멘트를 사용하면 내해수성 이외에도 장기재령의 강도가 크고 수화열이 적은 이점이 있다.

답 01. ㉰　02. ㉰　03. ㉯　04. ㉱

05
해수에 의한 콘크리트의 열화를 방지하기 위해서는 어떻게 해야 하는가?
- ㉮ 양질의 감수제 또는 AE제를 사용한다.
- ㉯ 물-결합재비는 작게 한다.
- ㉰ 콘크리트는 재령 7일 이전에 해수의 영향을 받지 않도록 보호한다.
- ㉱ 배합은 부배합의 콘크리트를 사용한다.

해설 콘크리트는 재령 4일 이전에 해수의 영향을 받지 않도록 보호해야 한다.

06
해양 콘크리트에 대한 설명 중 옳지 않은 것은?
- ㉮ 해중에서 25mm 골재를 사용 시 결합재는 300kg/m³으로 한다.
- ㉯ 해양 구조물에서는 시공이음부를 둘 경우 성능 저하가 생기기 쉬우므로 될 수 있는 대로 피해야 한다.
- ㉰ 콘크리트 타설 후 대개 5일간은 해수면에 직접 닿지 않도록 한다.
- ㉱ 항상 해수에 침지되는 콘크리트의 물-결합재비는 45% 이하로 정한다.

해설 항상 해수에 침지되는 콘크리트의 물-결합재비는 40% 이하로 정한다.

07
해양 콘크리트에서 공기량의 표준값 중 틀린 것은?
- ㉮ 일반 노출의 경우 25mm 골재에서는 4.5%이다.
- ㉯ 심한 노출의 경우 25mm 골재에서는 6%이다.
- ㉰ 심한 노출의 경우 40mm 골재에서는 5.5%이다.
- ㉱ 일반 노출의 경우 40mm 골재에서는 5%이다.

해설 일반 노출의 경우 40mm 골재에서는 4.5%이다.

08
해양 콘크리트 구조물 시공 시 간격재의 설치 수량이 맞는 것은?
- ㉮ 보, 주거더 및 슬래브 : 4개/m² 이상
- ㉯ 보, 슬래브 : 5개/m² 이상
- ㉰ 기초, 기둥 : 3개/m² 이상
- ㉱ 벽, 난간 : 6개/m² 이상

해설
- 기초, 기둥, 벽 및 난간 : 2개/m² 이상
- 보, 주거더 및 슬래브 : 4개/m² 이상

09
해양 콘크리트에서 사용되는 결합재가 아닌 것은?
- ㉮ 폴리머 시멘트 콘크리트(Polymer Cement Concrete)
- ㉯ 수지 콘크리트(Resin Concrete)
- ㉰ 폴리머 함침 콘크리트(Polymer impregnated Concrete)
- ㉱ 섬유보강 콘크리트

답 05. ㉰ 06. ㉱ 07. ㉱ 08. ㉮ 09. ㉱

10 해양 환경에서 철근 콘크리트의 수용성 염소 이온양(결합재 중량비 %)은?

㉮ 1.0 ㉯ 0.30
㉰ 0.45 ㉱ 0.15

해설 해양 환경에서 철근 콘크리트의 수용성 염소 이온양(결합재 중량비 %)은 0.15이며 프리스트레스 콘크리트는 0.06이다.

답 10. ㉱

2-8 숏크리트

2-8-1 개 요

(1) 터널이나 큰 공동구조물의 라이닝, 비탈면, 법면 또는 벽면의 풍화나 박리, 박락의 방지, 터널, 댐 및 교량의 보수·보강 공사에 적용한다.
(2) NATM(숏크리트와 록볼트 및 강재 지보공에 의한 원지반을 보호하는 산악터널공법)에 의한 산악터널에서 사용되는 숏크리트를 대상한다.

2-8-2 뿜어붙이기 성능 및 강도

(1) 분진 농도의 표준값

갱내 환기, 측정방법, 측정위치	분진농도(mg/m^3)
갱내 환기를 정지한 환경, 뿜어붙이기 작업 개시 5분 후로부터 원칙적으로 2회 측정, 뿜어붙이기 작업 개소로부터 5m 지점	5 이하

(2) 숏크리트 초기강도의 표준값

재 령	숏크리트의 초기강도(MPa)
24시간	5.0~10.0
3시간	1.0~3.0

(3) 리바운드율의 상한치는 20~30%로 한다.
(4) 숏크리트 장기 설계기준 압축강도는 재령 28일에서 21MPa 이상으로 한다.

2-8-3 보 강 재

(1) 강섬유는 숏크리트에 적합한 길이 30mm 이하, 지름 0.3~0.6mm, 아스팩트비(길이/지름)가 40~60 정도의 것을 사용하며 혼입률은 용적비로 0.5~1.0% 범위의 것을 사용한다.
(2) 철망을 사용할 경우에는 용접철망으로 하고 철망눈 치수는 100~150mm인 것을 사용한다.

2-8-4 배 합

(1) 건식 방식의 숏크리트 배합을 정할 때 선정 항목
① 굵은골재의 최대치수
② 잔골재율

③ 단위 시멘트양
④ 물-결합재비
⑤ 혼화재료의 종류 및 단위량

(2) 습식방식에 있어서 급결제 첨가 전의 베이스 콘크리트는 굵은골재의 최대치수, 슬럼프 및 배합강도에 기초하여 정한다. 베이스 콘크리트는 펌프로 압송할 경우 슬럼프는 120mm 이상을 표준으로 한다.

2-8-5 제 조

(1) 급결제는 혼화제 계량오차 최댓값을 적용하지 않는다.
(2) 굵은골재 최대치수는 13mm 이하이며, 골재의 조립률은 3.4~4.1 범위 것이 바람직하다.
(3) 건식 방식의 경우 잔골재 표면수율은 3~6% 정도가 적당하다.

2-8-6 시 공

(1) 절취면이 비교적 평활하고 넓은 법면에 대해서는 수축에 의한 균열 발생이 많으므로 세로방향으로 적당한 간격으로 신축줄눈을 설치한다.
(2) 보강재는 뿜어붙일 면과 20~30mm 간격을 둔다.
(3) 급결제를 첨가 후 바로 뿜어붙이기 작업을 한다.
(4) 노즐은 항상 뿜어붙일 면에 직각을 유지한다.
(5) 건식 콘크리트는 배치 후 45분 이내, 습식 콘크리트는 배치 후 60분 이내에 뿜어 붙인다.
(6) 숏크리트 타설장소의 대기온도가 32℃ 이상이 되면 건식 및 습식 숏크리트의 뿜어 붙이기는 할 수 없다.
(7) 숏크리크는 대기온도가 10℃ 이상일 때 뿜어 붙이기를 실시한다.
(8) 숏크리트 작업 시 리바운드된 재료는 혼합되지 않게 한다.
(9) 숏크리트 1회 타설 두께는 100mm 이내가 되게 타설한다.
(10) 숏크리트 작업환경은 $3mg/m^3$ 이하이다.
(11) 숏크리트에 사용하는 재료는 10~32℃ 범위에 있도록 한 후 뿜어붙이기를 실시한다.

제 2 장 실전문제

특수 콘크리트 … 숏크리트

제 2 편 콘크리트 시공

01 숏크리트 배합설계에 관련된 사항 중 틀린 것은?

㉮ 배합은 노즐에서 토출되는 토출배합으로 표시한다.
㉯ 굵은골재 최대치수는 13mm 이하인 것을 사용한다.
㉰ 공칭길이가 30mm 이하의 강섬유를 혼입하여 사용한다.
㉱ 잔골재율이 커지면 리바운드양이 많아진다.

해설
- 잔골재율이 커지면 시멘트양이 많아지고 비경제적이다.
- 잔골재율이 적어지면 리바운드가 많아지고, 호스의 막힘 현상을 일으킨다.

02 숏크리트의 건식 공법에 사용되는 잔골재는 표면수율이 어느 정도가 적당한가?

㉮ 1~2% ㉯ 3~6%
㉰ 10~12% ㉱ 13~15%

03 숏크리트 작업에 관한 설명 중 틀린 것은?

㉮ 노즐은 항상 뿜어붙일 면에 직각이 되도록 유지한다.
㉯ 건식 공법으로 시공 시 노즐에서 첨가하는 물의 압력은 재료 토출압력보다 0.1MPa 이상 높고 또 일정 압력으로 유지해야 한다.
㉰ 철근, 철망은 가능한 한 뿜어붙일 면과 20~30mm 간격을 두고 근접시켜 설치한다.
㉱ 숏크리트 표면의 마무리는 특별한 경우에만 숏크리트만으로 마무리한다.

해설 숏크리트의 표면은 특별히 필요한 경우를 제외하고는 숏크리트만으로 마무리하는 것을 원칙으로 한다.

04 뿜어붙이기 콘크리트(Shotcrete)에 대한 설명 중 틀린 것은?

㉮ 배합은 노즐에서 토출되는 토출배합으로 표시한다.
㉯ 굵은골재 최대치수는 25mm를 사용한다.
㉰ 숏크리트 강도는 일반적으로 재령 28일에서의 압축강도를 기준한다.
㉱ 분진 발생을 억제하기 위해서 습식 숏크리트 방식을 쓴다.

해설
- 굵은골재 최대치수 : 13mm 이하
- 잔골재율 : 55~75%
- 물-시멘트비 : 40~60%

답 01. ㉱ 02. ㉰ 03. ㉱ 04. ㉯

05 뿜어붙이기 콘크리트(Shotcrete)의 배합 결정 시 잘못된 것은?

㉮ 물-결합재비는 40~60% 정도가 적당하다.
㉯ 굵은골재 최대치수는 13mm 이하인 것을 사용한다.
㉰ 잔골재율은 55~75% 정도가 적당하다.
㉱ 혼화재료는 급결제로서 시멘트 질량의 10~15% 정도가 적당하다.

> **해설** • 혼화재료는 급결제로서 시멘트 질량의 5~8% 정도가 적당하다.
> • 단위 시멘트양은 콘크리트의 경우 300~400kg/m³, 모르타르의 경우 400~600kg/m³ 정도가 적당하다.

06 숏크리트 시공에 관한 설명 중 틀린 것은?

㉮ 숏크리트 두께는 검측핀에 의해 시험·검사한다.
㉯ 재료의 계량은 질량계량장치를 사용하는 것을 원칙으로 한다.
㉰ 절취면이 비교적 평활하고 넓은 법면에 대해서는 신축줄눈을 설치하지 않는다.
㉱ 숏크리트 기계는 소정의 배합재료를 연속적으로 반송하면서 뿜어붙일 수 있어야 한다.

> **해설** 절취면이 비교적 평활하고 넓은 법면에 대해서는 수축에 의한 균열발생이 많으므로 세로방향으로 적당한 간격으로 신축줄눈을 설치하여야 한다.

07 숏크리트 장기 설계기준 압축강도는 재령 28일에서 얼마 이상으로 하는가?

㉮ 10MPa ㉯ 15MPa
㉰ 18MPa ㉱ 21MPa

08 숏크리트 시공에 대한 내용 중 틀린 것은?

㉮ 리바운드율의 상한치는 20~30%로 한다.
㉯ 숏크리트는 단면적이 30m² 이하인 터널에 있어서는 인력에 의해 뿜어붙이기를 실시한다.
㉰ 베이스 콘크리트를 펌프로 압송할 경우 슬럼프는 120mm 이상을 표준한다.
㉱ 숏크리트의 재령 3시간 초기강도는 5~10MPa가 표준값이다.

> **해설** 숏크리트의 재령 3시간 초기강도는 1.0~3.0MPa로 표준한다.

09 뿜어붙이기 콘크리트의 작용효과를 설명한 것으로 틀린 것은?

㉮ 휨압축 또는 출력에 의한 저항을 주는 효과는 갈라진 틈이 많은 경암 등에 작용 효과가 크다.
㉯ 뿜어 붙이기 콘크리트의 작용효과 중에는 암반과의 부착력, 전단력에 의한 저항이 있다.
㉰ 뿜어 붙이기 콘크리트는 외력의 배분효과가 있다.
㉱ 뿜어 붙이기 콘크리트는 약층의 보강효과가 있다.

답 05. ㉱ 06. ㉰ 07. ㉱ 08. ㉱ 09. ㉮

해설 휨압축 또는 출력에 의한 저항을 주는 효과는 연암 또는 토사의 원지반 등에 작용효과가 크다.

10 다음은 숏크리트(Shotcrete)의 특징에 관한 사항이다. 옳지 않은 것은?
㉮ 임의 방향으로 시공 가능하나 리바운드 등의 재료의 손실이 많다.
㉯ 용수가 있는 곳에도 시공하기 쉽다.
㉰ 노즐맨의 기술에 의하여 품질, 시공성 등에 변동이 생긴다.
㉱ 수밀성이 적고 작업 시에 분진이 생긴다.

해설 용수가 있는 곳은 숏크리트 부착이 곤란하여 시공하기 어렵다.

답 10. ㉯

2-9 섬유보강 콘크리트

2-9-1 개 요

불연속의 단섬유를 콘크리트 중에 균일하게 분산시킴에 따라 인장강도, 휨강도, 균열에 대한 저항성, 인성, 전단강도 및 내충격성 등의 개선을 도모한 복합재료를 말한다.

2-9-2 재 료

(1) 강섬유는 길이가 20~60mm, 지름이 0.3~0.9mm로서 형상비(l/d)가 30~80 정도의 것을 표준한다.
(2) 콘크리트에 대한 강섬유 혼입률의 범위는 용적 백분율로 0.5~2.0%이며 단위량으로는 약 40~100kg/m^{3}에 상당한다.
(3) 인장강도, 휨강도, 전단강도 및 인성은 섬유 혼입률에 거의 비례하여 증대하지만 압축강도는 그다지 변화하지 않는다.
(4) 강섬유보강 콘크리트의 보강효과는 강섬유가 길수록 크며 섬유의 분산 등을 고려하면 굵은골재 최대치수의 1.5배 이상의 길이가 좋다.
(5) 섬유보강 콘크리트용 섬유로서 갖추어야 할 조건
    ① 섬유와 시멘트 결합재 사이의 부착성이 좋을 것
    ② 섬유의 인장강도가 충분히 클 것
    ③ 섬유의 탄성계수는 시멘트 결합재 탄성계수의 1/5 이상일 것
    ④ 형상비가 50 이상일 것
    ⑤ 내구성, 내열성 및 내후성이 우수할 것
    ⑥ 시공성에 문제가 없을 것
    ⑦ 가격이 저렴할 것
(6) 섬유의 형상은 단섬유와 연속섬유가 있다. 단섬유는 지름이 4μ~1.0mm, 길이는 3~65mm이다.

2-9-3 배 합

(1) 단위 수량은 강섬유의 혼입률에 거의 비례하여 증가하고 그 증가량은 강섬유의 용적 혼입률 1%에 대하여 약 20kg/m^3 정도이다. 따라서 소요의 품질을 만족하는 범위 내에서 단위 수량을 적게 한다.
(2) 비빌 때 믹서는 강제식 믹서를 이용한다.

제 2 장 실전문제 — 특수 콘크리트 ··· 섬유보강 콘크리트

01 섬유보강 콘크리트의 특성에 대한 설명 중 틀린 것은?
- ㉮ 균열에 대한 저항이 크다.
- ㉯ 철근 콘크리트와 병용하면 전단내력을 증대시킬 수 있다.
- ㉰ 내진성이 작은 것이 약점이다.
- ㉱ 섬유 혼입률을 증대할수록 포장의 두께나 터널 라이닝의 두께를 감소시킬 수 있다.

[해설] 인성이 우수하여 내진성이 요구되는 철근 콘크리트 구조물에 효과적이다.

02 섬유보강 콘크리트 시공에 관한 설명 중 틀린 것은?
- ㉮ 믹서는 강제식 믹서를 사용하는 것을 원칙으로 한다.
- ㉯ 타설하는 강섬유보강 콘크리트의 경우에는 길이가 30mm 이상인 강섬유를 이용하는 것이 좋다.
- ㉰ 강섬유가 길수록 강섬유보강 콘크리트의 보강효과는 커지고 굵은골재 최대치수의 1.5배 이상의 길이인 것이 좋다.
- ㉱ 섬유보강 콘크리트용 섬유의 탄성계수는 시멘트 결합재 탄성계수의 1/4 이상일 것

[해설] 섬유의 탄성계수는 시멘트 결합재 탄성계수의 1/5 이상일 것

03 섬유보강 콘크리트의 배합에 관한 설명 중 틀린 것은?
- ㉮ 소요 단위 수량은 강섬유의 혼입률에 거의 비례하여 증가한다.
- ㉯ 강섬유의 용적혼입률 1%에 대해 약 20kg/m³ 정도 단위 수량이 크다.
- ㉰ 섬유보강 콘크리트에서는 잔골재율을 작게 해야 한다.
- ㉱ 강섬유 혼입률 및 강섬유의 형상비를 증가시켜야 한다.

[해설]
- 잔골재율을 크게 할 필요가 있다.
- 강섬유의 혼입량은 콘크리트 용적의 0.5~2% 정도
- 섬유보강 콘크리트의 압축강도는 물–결합재비로 정해지고 강섬유 혼입률로는 결정이 되지 않는다.

04 다음 중 콘크리트의 인장강도와 균열에 대한 저항성을 높이고 인성을 대폭 개선시키는 것을 주목적으로 하는 특수 콘크리트는?
- ㉮ 중량 콘크리트
- ㉯ 고강도 콘크리트
- ㉰ 섬유보강 콘크리트
- ㉱ 경량골재 콘크리트

답 01. ㉰ 02. ㉱ 03. ㉰ 04. ㉰

05 섬유보강 콘크리트용 섬유로서 갖추어야 할 조건이 아닌 것은?
- ㉮ 섬유와 시멘트 결합재 사이의 부착성이 좋을 것
- ㉯ 섬유의 인장강도가 충분히 클 것
- ㉰ 섬유의 탄성계수는 시멘트 결합재 탄성계수의 1/5 이상일 것
- ㉱ 형상비(l/D)는 40 이상일 것

해설
- 형상비는 50 이상일 것
- 내구성, 내열성 및 내후성이 우수할 것
- 시공성에 문제가 없을 것
- 가격이 저렴할 것

06 시멘트계 복합 재료용 섬유로서 무기계 섬유에 속하지 않는 것은?
- ㉮ 강섬유
- ㉯ 유리섬유
- ㉰ 비닐론섬유
- ㉱ 탄소섬유

해설
- 유기계 섬유의 종류
  아라미드 섬유, 폴리프로필렌 섬유, 폴리비닐·알콜계(비닐론), 폴리아미드 섬유(나일론), 폴리에스테르 섬유(테트론), 셀룰로즈계(레이온)

답 05. ㉱ 06. ㉰

2-10 방사선 차폐용 콘크리트

2-10-1 개 요

(1) 생물체의 방호를 위하여 X선, γ선 및 중성자선 등의 방사선을 차폐할 목적으로 사용되는 콘크리트를 말한다.
(2) 소규모의 방사선 의료용, 방사선 연구용 시설, 원자력 발전소 시설, 핵연료 재처리, 저장시설 등에 필요하다.

2-10-2 배 합

(1) 중정석, 갈철광, 자철광, 적철광 등의 중량 골재를 사용한다.
(2) 감수제, 고성능 AE 감수제, 플라이 애시의 혼화재를 사용하며 이외 철분 등을 혼화재로 첨가한다.
(3) 콘크리트의 슬럼프는 150mm 이하로 한다.
(4) 물-결합재비는 50% 이하를 원칙으로 하며 실제로 사용되고 있는 차폐용 콘크리트의 물-결합재비는 대개 30~50% 범위이다.
(5) 밀도, 압축강도, 설계허용온도, 결합수량, 붕소량 등을 확보하여야 한다.

2-10-3 시 공

(1) 설계에 정해져 있지 않은 이음은 설치할 수 없다.
(2) 방사선 차폐용 콘크리트에 사용하는 굵은골재나 잔골재 등이 보통골재와 혼입되지 않도록 저장하거나 계량할 수 있는 장치를 갖추어야 한다.

제 2 장 실전문제 — 특수 콘크리트 ··· 방사선 차폐용 크리트

01 차폐용 콘크리트에서는 소요밀도를 확보하기 위해 일반구조용 콘크리트보다 슬럼프를 작게 하는데 몇 mm 이하로 규정하는가?
- ㉮ 80mm
- ㉯ 120mm
- ㉰ 150mm
- ㉱ 180mm

해설 물-결합재비는 50% 이하로 한다. (타설이 곤란한 경우 등을 고려하여 정한 값)

02 차폐용 콘크리트의 주요한 성능 항목이 아닌 것은?
- ㉮ 결합수량
- ㉯ 밀도
- ㉰ 콘크리트 두께
- ㉱ 설계허용온도

해설 차폐용 콘크리트의 주요한 성능 항목에는 밀도, 압축강도, 설계허용온도, 결합수량, 붕소량 등이 있다.

03 중량 콘크리트 재료로 사용되는 굵은골재가 아닌 것은?
- ㉮ 철편
- ㉯ 자철광
- ㉰ 중정석
- ㉱ 팽창혈암

해설 중량 콘크리트를 만들기 위해 갈철광, 동광재, 철골재 등이 사용되며 콘크리트 단위용적질량이 3~5 t/m^3 범위이다.

04 방사선 차폐용 콘크리트의 배합시 물-결합재비는 일반적으로 몇 % 이하가 바람직한가?
- ㉮ 40%
- ㉯ 45%
- ㉰ 50%
- ㉱ 55%

해설 실제로 사용되고 있는 차폐용 콘크리트의 물-결합재비는 거의 30~50% 범위이다.

답 01. ㉰ 02. ㉰ 03. ㉱ 04. ㉰

2-11 프리캐스트 콘크리트

2-11-1 개 요

(1) 제조공정이 일관되게 관리되어 있는 공장에서 연속적으로 제조되는 프리캐스트 콘크리트에 요구되는 품질, 또는 성능을 실현하기 위해 표준을 나타낸다.
(2) 무근 및 철근 콘크리트 외에 프리스트레스 콘크리트도 프리캐스트 콘크리트에 포함한다.

2-11-2 재 료

(1) 콘크리트의 강도
 ① 일반적인 프리캐스트 콘크리트는 재령 14일에서의 압축강도 시험값이다.
 ② 오토클레이브 양생 등의 특수한 촉진양생을 하는 프리캐스트 콘크리트는 14일 이전의 적절한 재령에서의 압축강도 시험값이다.
 ③ 촉진 양생을 하지 않은 프리캐스트 콘크리트나 비교적 두께가 큰 프리캐스트 콘크리트는 재령 28일에서의 압축강도 시험값이다.

(2) 골 재
 ① 굵은골재의 최대치수는 40mm 이하이고 프리캐스트 콘크리트 최소두께의 2/5 이하이며 또한 강재의 최소간격의 4/5를 넘어서는 안 된다.
 ② 프리스트레스트 콘크리트 제품의 경우 재생골재를 사용해서는 안 된다.

(3) 배 합
 ① 슬럼프가 20mm 이상인 콘크리트에 대하여는 슬럼프 시험을 원칙으로 한다.
 ② 슬럼프가 20mm 미만은 된반죽의 콘크리트는 다짐계수 시험, 관입 시험, 외압병용 VB 시험 등의 방법이 있지만 보통 실제의 프리캐스트 콘크리트의 비비기 방법을 그대로 사용해서 제품을 성형하고 이것에 의해 콘크리트의 반죽질기를 판단하여 정하는 경우가 많다.
 ③ 프리캐스트 콘크리트에서는 물-결합재비가 작은 된반죽의 콘크리트가 사용되며 이와 같은 콘크리트를 비빌 때에는 강제식 믹서가 적합하다.

2-11-3 시 공

(1) 강재의 조립
 ① 철근 교점의 중요한 곳은 풀림 철선 혹은 적절한 클립 등을 사용하여 긴결하거나 점용접하여 조립한다.

② PS 강재에는 스터럽 또는 가외철근 등을 용접하지 않는 것을 원칙으로 한다.

(2) 양 생

① 증기양생
- 보통 35°C 이상의 온도로 실시한다.
- 거푸집과 함께 증기양생실에 넣어 양생온도를 균등하게 올린다.
- 비빈 후 2~3시간 이상 경과된 후에 증기양생을 실시한다.
- 온도 상승속도는 1시간당 20°C 이하로 하고 최고온도는 65°C로 한다.
- 양생실의 온도는 서서히 내려 외기의 온도와 큰 차가 없도록 하고 나서 제품을 꺼낸다.

② 오토클레이브 양생
- 콘크리트를 고온고압의 증기에서 양생하면 시멘트중의 실리카와 칼슘이 결합하여 강고한 토베르모라이트 또는 준결정을 형성하는 수열반응이 일어난다.
- 증기압 0.5~1.8MPa(7~15기압), 온도 150~200°C(180°C 전후)가 필요하고 실리카분은 시멘트양의 30~40%를 치환할 필요가 있다.
- PSC 말뚝 등의 제조에 쓰인다.

③ 가압양생

성형된 콘크리트에 0.5~1.0MPa의 압력을 가한 상태에서 약 100°C의 고온으로 양생한다.

④ 증기양생 혹은 그 밖의 촉진양생을 실시한 후에 습윤양생을 하면 강도, 수밀성, 내구성 등이 향상된다.

실전문제

특수 콘크리트 … 프리캐스트 콘크리트

제 2 편 콘크리트 시공

01 일반적인 프리캐스트 콘크리트에 사용되는 콘크리트의 강도는 재령 며칠의 압축강도 시험값을 기준하는가?

㉮ 3일 ㉯ 7일
㉰ 14일 ㉱ 28일

해설 촉진양생을 하지 않은 프리캐스트 콘크리트나 비교적 부재 두께가 큰 프리캐스트 콘크리트에서는 재령 28일에서의 압축강도 시험값을 기준한다.

02 프리캐스트 콘크리트에 사용되는 굵은골재 최대치수의 규격에 해당되지 않는 것은?

㉮ 부재 최소치수의 3/4 이하
㉯ 40mm 이하
㉰ 프리캐스트 콘크리트 최소두께의 2/5 이하
㉱ 강재의 최소간격의 4/5 이하

03 증기양생 방법의 규정 중 틀린 것은?

㉮ 거푸집과 함께 증기양생에 넣어 양생실의 온도를 균등하게 올린다.
㉯ 비빈 후 4~5시간 경과된 이후부터 증기양생을 실시한다.
㉰ 온도상승 속도는 1시간당 20℃ 이하로 하고, 최고온도는 65℃로 한다.
㉱ 양생실의 온도는 서서히 내려 외기의 온도와 큰 차가 없을 정도로 하고 나서 제품을 꺼낸다.

해설
• 비빈 후 2~3시간 경과된 이후부터 증기양생을 실시한다.
• 오토클레이브 양생은 7~12기압의 고온고압의 증기솥에 의해 양생한다.
• 가압양생은 성형된 콘크리트에 0.5~1MPa을 가한 상태에서 약 100℃의 고온으로 양생한다.

04 프리캐스트 콘크리트의 양생에 관한 설명 중 틀린 것은?

㉮ 보통 프리캐스트 콘크리트에서는 촉진양생을 한 후에도 습윤양생을 한다.
㉯ 콘크리트의 경화 촉진을 목적으로 하는 상압증기 양생이 널리 사용되고 있다.
㉰ 콘크리트를 비빈 후 증기양생까지의 시간은 물-결합재비가 작으면 짧아져서 좋다.
㉱ 증기양생을 할 경우 성형 후 즉시 증기를 보내거나 온도를 급속히 상승시키면 수밀성 있는 품질을 얻을 수 있다.

해설 증기양생을 할 경우 성형 후 즉시 증기를 보내거나 온도를 급속히 상승시키거나 매우 높은 온도에서 양생하면 프리캐스트 콘크리트의 콘크리트에 나쁜 영향을 끼친다.

답 01. ㉱ 02. ㉮ 03. ㉯ 04. ㉱

05 프리캐스트 콘크리트의 품질에 관한 설명 중 틀린 것은?

㉮ 일반적인 프리캐스트 콘크리트는 재령 14일에서의 압축강도의 시험치를 기준으로 한다.
㉯ 굵은골재의 최대치수는 40mm 이하이고 프리캐스트 콘크리트의 최소두께의 2/5 및 강재의 최소수평순간격이 4/5를 넘어서는 안 된다.
㉰ 프리캐스트 콘크리트에는 된반죽이고 부배합인 콘크리트가 많이 사용된다.
㉱ 즉시 탈형제품의 경우 단위 수량이 매우 적으며 된반죽 콘크리트가 사용되므로 보통 콘크리트에 비교하여 잔골재율을 다소 적게 취한다.

해설
- 즉시 탈형제품의 경우 단위 수량이 매우 적으며 슬럼프 값이 0인 매우 된반죽 콘크리트가 사용되므로 보통 콘크리트에 비교하여 잔골재율을 다소 크게 취하는 것이 일반적이다.
- 즉시 탈형을 하더라도 해로운 영향을 받지 않는 프리캐스트 콘크리트에 대해서는 콘크리트가 경화되기 전에 거푸집의 일부 또는 전부를 해체해도 좋다.
- 촉진양생을 하지 않는 프리캐스트 콘크리트나 비교적 부재 두께가 큰 프리캐스트 콘크리트에서는 재령 28일에서는 압축강도의 시험치를 기준으로 한다.
- 오토클레이브 양생 등의 특수한 촉진양생을 하는 프리캐스트 콘크리트에서는 14일 이전의 적절한 재령의 압축강도 시험치를 기준으로 한다.

06 프리캐스트 콘크리트의 양생 방법에 대한 설명 중 틀린 것은?

㉮ 증기양생은 보통 35℃ 이상의 온도로 실시한다.
㉯ 오토클레이브 양생 시 증기압은 0.5~1.8MPa, 온도는 150~200℃가 필요하다.
㉰ 가압양생은 성형된 콘크리트에 2~5MPa의 압력을 가한 상태에서 약 100℃의 고온에서 양생하는 것이다.
㉱ PSC 말뚝 등의 제조에 오토클레이브 양생이 쓰인다.

해설 가압양생은 성형된 콘크리트에 0.5~1.0MPa의 압력을 가한 상태에서 약 100℃의 고온에서 양생한다.

답 05. ㉱ 06. ㉰

2-12 프리스트레스트 콘크리트

2-12-1 개요

(1) 콘크리트 부재 속에 배치된 긴장재에 기계적으로 인장력을 주어 그 반작용으로 프리스트레스를 주는 방법이다.

(2) PSC의 장점

① 강재의 부식 위험이 적고 내구성이 좋다.
② 탄력성과 복원성이 우수하다.
③ 콘크리트의 전단면을 유효하게 이용할 수 있다.
④ 철근 콘크리트보다 경간을 길게 할 수 있다.
⑤ 프리캐스트를 사용할 경우 시공성이 좋다.
⑥ PSC 구조물은 인장응력에 의한 균열이 방지되고 안전성이 높다.

(3) PSC의 단점

① 내화성에 있어 불리하다.
② 변형이 크고 진동하기 쉽다.
③ 공사비가 많이 든다.

(4) PSC의 기본 개념

① 응력 개념(균등질 보의 개념)
프리스트레스가 도입되면 콘크리트 부재가 탄성재료로 전환되어 이에 대한 해석이 탄성이론으로 가능하다.

② 강도 개념(내력 모멘트 개념)
RC와 같이 압축력은 콘크리트가 받고 인장력은 PS강재가 받는 것으로 하여 두 힘에 의한 내력 모멘트가 외력 모멘트에 저항한다.

③ 하중 평형 개념(등가하중 개념)
프리스트레싱에 의한 작용과 부재에 작용하는 하중을 평형이 되게 한다.

2-12-2 재료

(1) 골재

① 굵은골재 최대치수는 보통 25mm를 표준한다.
② 부재치수, 철근간격, 펌프압송 등의 사정에 따라 20mm를 사용할 수 있다.

(2) PS 강재

① 인장강도가 클 것
② 항복비가 클 것
③ 릴렉세이션이 작을 것
④ 부착강도가 클 것
⑤ 응력 부식에 대한 저항성이 클 것
⑥ 곧게 잘 펴지는 직선성이 좋을 것
⑦ 구조물의 파괴를 예측할 수 있게 어느 정도의 연신율이 있을 것

(3) 덕트 내의 충전

① 블리딩률은 0.3% 이하를 표준한다.
② 그라우트의 체적 변화율은 −1~5%로 한다.
③ PSC 그라우트의 물-시멘트비는 45% 이하로 한다.
④ 그라우트의 재령 7일 압축강도는 27MPa 이상, 28일 압축강도는 30MPa 이상으로 한다.
⑤ 염화물 함유량은 단위 시멘트양의 0.08% 이하로 한다.

(4) 마찰감소제

① 프리스트레싱을 실시할 때 마찰을 감소시키거나 부착시키지 않는 구조에 사용한다.
② 쉬스와 PS강재와의 마찰을 감소시키기 위하여 사용하는 마찰감소제는 긴장이 끝난 후 반드시 제거한다.

(5) 재료의 저장

① PS강재는 습기에 의한 녹이나 부식을 막고 기름, 먼지, 진흙 등의 부착에 의해 콘크리트와의 부착강도의 저하를 막기 위해 창고 내에 저장한다.
② 접착제는 6개월 이상 저장하지 않아야 한다.

2-13-3 시 공

(1) 쉬스, 보호관 및 긴장재의 배치

거푸집 내에서 허용되는 긴장재의 배치오차는 도심위치 변동의 경우 부재치수가 1m 미만일 때에는 5mm를 넘지 않아야 하며 1m 이상인 경우에는 부재치수의 1/200 이하로서 10mm를 넘지 않도록 한다. 어떤 경우라도 10mm를 넘는 경우에는 수정하여야 한다.

(2) PSC 그라우트 주입구, 배기구, 배출구의 배치

① 그라우트 캡은 충전을 확인할 수 있는 구조로 비철재가 좋다.

② 그라우트 호스는 보의 면보다 약 1m 정도 수직으로 유지하는 것이 좋다.
③ 그라우트 호스를 분산 배치한다.
④ 케이블의 길이가 50m 정도를 초과할 경우에는 중간에도 주입구를 설치하여 단계별로 주입하는 것이 좋다.
⑤ 그라우트 호스의 지름은 15mm, 19mm가 많이 사용하고 있다.

(3) 프리스트레싱

① 프리텐션 방식
  (가) 롱라인 공법(연속식)
  (나) 인디비주얼 몰드 공법(단독식)

② 포스트텐션 방식
  (가) 쐐기식 공법
   - 프레시네(Freyssinet) 공법
   - CLL 공법
   - 마그넬(Magnel) 공법
   - VSL 공법
  (나) 지압식 공법
   - BBRV 공법
   - 디비닥(Dywidaq) 공법
  (다) 루프식 공법
   - 바우어 레온하르트(Baur-Leonhart) 공법
   - 레오바(Leoba) 공법

③ 프리스트레스의 도입
  (가) 프리스트레싱을 할 때의 콘크리트 압축강도는 프리스트레스를 준 직후 콘크리트에 일어나는 최대 압축응력의 1.7배 이상일 것
  (나) 프리텐션 방식에 있어서의 콘크리트 압축강도는 30MPa 이상일 것
  (다) 프리스트레스 노입시 일어나는 손실
   - 콘크리트의 탄성변형(탄성수축)에 의한 손실
   - 강재와 쉬스의 마찰에 의한 손실
   - 정착단의 활동에 의한 손실
  (라) 프리스트레스 도입 후 손실
   - 콘크리트의 건조수축
   - 콘크리트의 크리프
   - 강재의 릴렉세이션

(4) 그라우트 시공

① PS강재를 부착시키는 포스트텐션 방식의 경우에는 그라우트에 의한 긴장재의 녹막이를 실시한다.
② 그라우트 시공은 프리스트레싱이 끝난 8시간이 경과한 다음 가능한 한 빨리 하며 어떤 경우에도 프리스트레싱이 끝난 후 7일 이내에 실시한다.
③ PSC 그라우트의 비비기는 그라우트 믹서로 한다. 그라우트 믹서는 5분 이내에 그라우트를 충분히 비빌 수 있어야 한다.
④ PSC 그라우트는 그라우트 펌프에 넣기 전에 1.2mm의 체로 걸러야 한다.
⑤ 그라우트 주입 시의 주입압력은 최소 0.3MPa 이상으로 한다. 압력을 높이고 나서 약 10분 후에 압력을 제거하고 블리딩에 의한 물이 자유로이 이동할 수 있게 한다.
⑥ 배기구 끝에는 1m 이상의 굵은 파이프를 연직으로 설치하여 블리딩에 의한 물이 상승하게 한다.
⑦ 그라우트 주입압은 2MPa 이하로 한다.
⑧ 한중에 시공 시 주입 전에 덕트 주변의 온도를 5°C 이상으로 한다. 또한 주입 시 그라우트의 온도는 10~25°C를 표준하며 그라우트의 온도는 주입 후 적어도 5일간은 5°C 이상을 유지한다.

제 2 장 실전문제 — 특수 콘크리트 … 프리스트레스트 콘크리트

01 프리스트레스트 콘크리트의 그라우트 품질 중 틀린 것은?

㉮ 팽창성 그라우트의 팽창률은 0~10%로 한다.
㉯ 블리딩률은 0.3% 이하를 표준한다.
㉰ 그라우트의 체적 변화율은 −1~5%를 표준으로 한다.
㉱ 팽창성 그라우트의 재령 28일 압축강도는 20MPa 이상이어야 한다.

해설 팽창성 그라우트의 재령 28일 압축강도는 30MPa 이상이어야 한다.

02 프리스트레스트 콘크리트의 그라우트는 반죽질기를 해치지 않는 범위에서 물−결합재비는 몇 % 이하로 하는가?

㉮ 43% ㉯ 45%
㉰ 46% ㉱ 48%

해설 그라우트의 물−결합재비는 45% 이하로 한다.

03 프리스트레스트 콘크리트의 굵은골재 최대치수는 보통의 경우 몇 mm를 표준으로 하는가?

㉮ 13mm ㉯ 20mm
㉰ 25mm ㉱ 40mm

해설 굵은골재 최대치수를 25mm 정도로 하는 것이 좋지만, 부재치수, 철근간격, 펌프압송 등의 사정에 따라서는 20mm를 사용하는 경우도 있다.

04 프리스트레스트 콘크리트에 사용되는 긴장재의 가공 및 조립에 대한 설명 중 틀린 것은?

㉮ PS 강봉의 나사로 이음하는 부분은 가열에 의해 절단을 한다.
㉯ 긴장재를 쐐기에 의해 정착장치에 고정하는 경우에는 기름, 뜬녹, 기타 이물질을 제거한다.
㉰ PS 강재의 휨가공은 필히 기계를 사용하여 냉간에서 원활한 곡선으로 가공한다.
㉱ 아주 심하게 구부러진 PS 강재는 다시 펴서 사용하지 않는다.

해설 PS 강봉의 나사로 이음이 되는 부분은 열의 영향에 의한 재질의 변화 및 시공이 불가능하게 되기 때문에 가열에 의한 절단을 해서는 안 된다.

답 01. ㉱ 02. ㉯ 03. ㉰ 04. ㉮

05. 프리스트레스트 콘크리트 시공 시 덕트, 쉬스, 긴장재 배치 등의 설명 중 틀린 것은?

㉮ 덕트는 콘크리트와 긴장재를 절연하기 위해 둔다.
㉯ 거푸집 내에서 허용되는 긴장재의 배치오차는 도심 위치 변동의 경우 부재치수가 1m 미만일 때는 5mm 이하로 한다.
㉰ 여러 개의 PS 강선 혹은 PS 스트랜드를 하나의 쉬스 안에 수용하는 경우 서로 잘 꼬이게 배치한다.
㉱ 긴장재 또는 쉬스 및 보호관의 배치오차는 PS 강재 중심과 부재 가장자리와의 거리가 1m 이상인 경우에는 10mm를 넘지 않게 한다.

해설 적당한 간격재를 사용하여 PS 강재가 쉬스 안에서 서로 꼬이지 않도록 배치한다.

06. 프리스트레스트 콘크리트 정착장치 및 접속장치의 조립과 배치에 대한 설명 중 틀린 것은?

㉮ 정착장치와 긴장재가 정확히 수직이 되게 한다.
㉯ 정착장치 부근의 긴장재에는 적당한 길이의 직선부를 두는 것이 좋다.
㉰ 정착장치 및 접속장치의 배치가 끝나면 반드시 검사하여 위치 변동이 생긴 것은 바로 잡는다.
㉱ 긴장재를 이을 경우 인장력을 줄 때 접속장치 이동량을 미리 산정하여 여유가 있는 공간을 압축측에 둔다.

해설 긴장재를 이어맬 경우 인장력을 줄 때의 접속장치의 이동량을 미리 산정하여 이에 대한 충분한 여유가 있는 공간을 인장측에 두어야 한다.

07. 프리스트레스트 콘크리트 시공 시 거푸집 및 동바리 작업에 관한 설명 중 옳지 않은 것은?

㉮ 프리스트레싱이 끝난 후 자중 등의 반력을 받는 부분의 거푸집 및 동바리는 떼어내는 것이 좋다.
㉯ 거푸집 및 동바리는 프리스트레싱할 때 콘크리트 부재가 자유롭게 수축할 수 있도록 거푸집의 일부를 긴장작업 전에 떼어내는 것이 좋다.
㉰ 프리스트레싱 후 동바리가 많이 떠오를 때는 프리스트레싱과 동시에 동바리를 침하시킨다.
㉱ 거푸집은 프리스트레싱에 의한 콘크리트 부재의 변형을 고려하여 적절한 솟음을 준다.

해설 프리스트레싱이 끝난 후에 자중 등이 반력을 받는 부분의 거푸집 및 동바리는 떼어내서는 안 된다.

08. 프리스트레스트 콘크리트 그라우트의 품질관리 및 검사 항목이 아닌 것은?

㉮ 유동성   ㉯ 블리딩률
㉰ 팽창률   ㉱ 인장강도

답 05. ㉰ 06. ㉱ 07. ㉮ 08. ㉱

09 PSC 프리스트레싱 작업 시 설명이 잘못된 것은?
㉮ 프리텐션 방식의 경우 긴장재에 주는 인장력은 고정장치의 활동에 의한 손실을 고려한다.
㉯ PS 강재에 소정의 인장력을 설곗값 이상으로 주었다가 다시 설계값으로 낮춘다.
㉰ 프리텐션 방식에 있어 미리 PS 강재를 고정하기 전에 각각의 PS 강재를 적당한 힘으로 인장해 둬야 한다.
㉱ 프리스트레스를 도입할 때 긴장재의 고정장치를 풀 때에는 천천히 해야 한다.

해설
- 긴장재로 동시에 인장할 경우 각 PS 강재에 균등한 인장력이 주어지도록 하는데 인장력을 설곗값 이상으로 주었다가 다시 설계값으로 낮추는 식의 시공을 해서는 안 된다.
- 프리스트레스를 도입할 때 긴장재의 고정장치를 급격히 풀면 콘크리트에 충격을 주어 긴장재와 콘크리트의 부착을 해칠 우려가 있어 고정장치를 풀 때에는 천천히 해야 한다.

10 프리스트레싱할 때 프리텐션 방식에 있어서 콘크리트의 압축강도는 얼마 이상인가?
㉮ 25MPa
㉯ 30MPa
㉰ 35MPa
㉱ 40MPa

해설
- 프리스트레싱을 할 때의 콘크리트의 압축강도는 프리스트레스를 준 직후 콘크리트에 일어나는 최대 압축응력의 1.7배 이상이어야 한다.
- 짧은 부재, 부재 끝부분에서 큰 휨모멘트 또는 전단력을 받는 부재 등에 있어서 프리스트레스를 줄 때의 콘크리트의 압축강도는 35MPa 이상으로 하는 것이 좋다.

11 프리스트레싱의 관리에 대한 설명 중 틀린 것은?
㉮ 긴장재에 주어지는 인장력 설계에서 고려한 긴장재의 인장력에 대해 2~3% 정도 큰 인장력이 되도록 한다.
㉯ 긴장재에 주는 인장력은 하중계가 나타내는 값과 긴장재의 늘음량 또는 빠짐량에 의하여 측정하여야 하며 두 가지 조건이 만족해야 한다.
㉰ 프리스트레싱 작업 중에는 인장력과 늘음량 또는 빠짐량 사이의 관계는 직선이 되어야 한다.
㉱ 마찰계수 및 긴장재의 겉보기 탄성계수는 공장제작 과정의 시험에 의하여 구한다.

해설 마찰계수 및 긴장재의 겉보기 탄성계수는 현장에서 시험을 실시하여 구하는 것을 원칙으로 한다.

12 프리스트레스트 콘크리트의 그라우트 시공에 대한 설명 중 틀린 것은?
㉮ 프리스트레싱이 끝난 후 될 수 있는 대로 신속히 PSC 그라우트를 주입한다.
㉯ 그라우트 펌프는 압축공기로 직접 그라우트 면에 압력을 가하는 방식을 사용한다.
㉰ 애지테이터는 그라우트를 천천히 휘저을 수 있을 것
㉱ 그라우트 믹서는 강력하며 5분 이내에 그라우트를 충분히 비빌 수 있는 용량일 것

답 09. ㉯ 10. ㉯ 11. ㉱ 12. ㉯

[해설] 그라우트 펌프는 PSC 그라우트를 천천히 주입할 수 있어야 하며 공기가 혼입되지 않게 주입할 수 있는 것을 사용한다.

13 프리스트레스트 콘크리트의 그라우트 주입압력은 최소 몇 MPa 이상으로 하는 것이 좋은가?

㉮ 0.1MPa
㉯ 0.2MPa
㉰ 0.3MPa
㉱ 0.5MPa

[해설] 그라우팅시 압력을 높이고 나서 약 10분 지난 후 이 압력을 제거하고 블리딩에 의한 물이 자유로이 이동할 수 있게 해야 한다.

14 PSC 그라우트 주입에 대한 설명 중 틀린 것은?

㉮ 그라우트 펌프로 주입을 천천히 하여야 한다.
㉯ 그라우트는 그라우트 펌프에 넣기 전에 1.2mm의 체로 걸러야 한다.
㉰ 낮은 곳에서 높은 곳을 향해 그라우트를 주입한다.
㉱ 한중에 사용하는 경우 주입 시 그라우트의 온도는 5~10℃를 표준으로 한다.

[해설]
- 한중 시공 시 주입하는 그라우트의 온도는 10~25℃를 표준으로 한다.
- 그라우트의 온도는 주입 후 적어도 5일간은 5℃ 이상을 유지한다.
- 한중 시공 시 주입 전에 덕트 주변의 온도를 5℃ 이상으로 유지한다.

15 프리스트레스 콘크리트 시공 시 정착장치 또는 접속장치를 긴장재와 조합시킬 때 긴장재의 길이는 몇 m를 표준으로 하는가?

㉮ 1m ㉯ 2m ㉰ 3m ㉱ 5m

[해설] 정착한 PS 강재의 길이가 불균일하거나 긴장 시 세트 때문에 극히 일부의 PS 강재에 인장력이 집중하여 먼저 파단되는 것을 방지하여 적절한 시험결과가 얻어지도록 긴장재의 길이를 3m로 한다.

16 프리스트레스 콘크리트의 원리에 대한 3가지 방법이 아닌 것은?

㉮ 응력 개념
㉯ 강도 개념
㉰ 하중 개념
㉱ 모멘트 분배 개념

[해설]
- 응력 개념(균등질 보의 개념)
RC는 취성재료이므로 인장측의 응력을 무시했으나 PSC는 탄성재료로 인장측 응력도 유효한 균등질 보로 본다.
- 강도 개념(내력 개념=내력 모멘트 개념)
압축력은 콘크리트가 받고 인장력은 PS 강재가 받아 두 힘의 우력이 외력 모멘트에 저항하도록 한다.
- 하중 개념(하중 평형 개념=등가 하중 개념)
긴장력과 외력(하중)이 같다는 개념이다. 부재에 작용하는 외력의 일부 또는 전부를 프리스트레스 힘으로 평형시킨다.

답 13. ㉰ 14. ㉱ 15. ㉰ 16. ㉱

17 PSC 부재의 프리스트레스 감소 원인 중 프리스트레스를 도입한 후 생기는 것은?
- ㉮ 정착장치의 활동
- ㉯ PS 강재와 덕트(시스)의 마찰
- ㉰ PS 강재의 릴렉세이션
- ㉱ 콘크리트의 탄성변형

해설
- 프리스트레스 도입 후 손실
  - 콘크리트의 크리프
  - 콘크리트의 건조수축
  - PS 강재의 릴렉세이션

18 콘크리트에 프리스트레스가 가해지면 콘크리트는 탄성체로 전환되고 따라서 프리스트레스트 콘크리트는 탄성이론에 의한 해석이 가능한 개념은?
- ㉮ 변형도 개념
- ㉯ 내력 개념
- ㉰ 응력 개념
- ㉱ 하중 평형 개념

해설
- 응력 개념(균등질 보의 개념)
  콘크리트에 프리스트레스가 가해지면 콘크리트는 탄성재료로 전환되고 따라서 프리스트레스 콘크리트는 탄성이론에 의한 해석이 가능하다는 개념.

19 프리스트레스 콘크리트에서 콘크리트에 프리스트레스 600,000N을 도입하는데 여러 가지 원인에 의해 120,000N의 프리스트레스 감소가 생겼다. 이때의 프리스트레스 유효율은?
- ㉮ 20%
- ㉯ 40%
- ㉰ 80%
- ㉱ 125%

해설
- 유효율 $= \dfrac{\text{유효 프리스트레스}}{\text{초기 프리스트레스}} \times 100 = \dfrac{P_i - \Delta P}{P_i} \times 100$

  $= \dfrac{600,000 - 120,000}{600,000} \times 100 ≒ 80\%$

- 감소율 $= \dfrac{120,000}{600,000} = 0.2 = 20\%$

20 PS 강재가 갖추어야 할 일반적인 성질 중 옳지 않은 것은?
- ㉮ 인장강도가 높아야 하고 항복비가 커야 한다.
- ㉯ 릴렉세이션이 커야 한다.
- ㉰ 파단시의 늘음이 커야 한다.
- ㉱ 직선성이 좋아야 한다.

해설
- 릴렉세이션이 작아야 한다.
  - 콘크리트와 부착력이 클 것
  - 응력 부식에 대한 저항성이 클 것
  - 피로 강도가 클 것

답 17. ㉱ 18. ㉰ 19. ㉰ 20. ㉯

21 PC 강선을 현장 작업장이나 운반 중 강선지름의 350배가 넘는 큰 드럼(drum)에 감아두는 이유와 가장 관계가 깊은 것은?
㉮ PS 강재와 콘크리트의 부착
㉯ 릴랙세이션(relaxation)
㉰ PS 강선의 신직성
㉱ PS 강선의 편심

해설 PS 강선에 요구되는 성질 중 직선성을 갖게 소정의 지름을 갖는 드럼에 감아 둔다.

22 다음 PSC 부재의 프리텐션 공법의 제작 과정으로 맞는 것은?

[보기]
① 콘크리트 치기 작업
② PS 강재와 콘크리트를 부착시키는 그라우팅 작업
③ PS 강재를 긴장하여 인장응력을 주는 작업
④ PS 강재를 준 인장응력을 콘크리트에 전달하는 작업

㉮ ③-①-④-②
㉯ ①-③-②-④
㉰ ①-③-④-②
㉱ ③-①-②-④

해설
• 프리텐션 공법 순서
 ① 거푸집 조립
 ② PS강재 배치, 긴장, 정착
 ③ 콘크리트 치기
 ④ PS 강재의 긴장해제
• 포스트텐션 공법 순서
 ① 거푸집 조립, 시스 배치
 ② 콘크리트 치기
 ③ 콘크리트 경화 후에 PS 강재 긴장, 정착
 ④ 그라우팅

23 PS 콘크리트에 대한 다음 사항 중 옳지 않은 것은?
㉮ 포스트텐션은 정착부의 정착에 의해 응력을 전달한다.
㉯ 프리텐션은 철근과 콘크리트의 부착에 의해 응력을 전달한다.
㉰ 시스는 프리텐션 공법에 사용한다.
㉱ 그라우팅시 압축공기로 시스관을 불어내는 것이 좋다.

해설 포스트텐션 공법에서 콘크리트중에 PS 강재를 배치할 구멍(duct)을 만들기 위해 시스를 사용한다.

24 PSC에서 롱라인 공법(long-line system)에 관한 설명 중 틀린 것은?
㉮ 프리텐션 방식에 속한다.
㉯ 여러 개의 부재를 동시에 제작할 수 있다.
㉰ 일반적으로 프리캐스트(precast) 콘크리트 부재에 사용되는 방법이다.
㉱ 거푸집 비용이 너무 많이 들기 때문에 많이 사용되지 않는다.

해설 거푸집 비용이 많이 소요되는 방식은 단독 거푸집 방식이다.

답 21.㉰ 22.㉮ 23.㉰ 24.㉱

25 프리텐션 공법상 주의할 점 중 옳지 않은 것은?

㉮ PS 강재에는 균일한 인장력을 주어야 한다.
㉯ PS 강재의 인장력은 한쪽에서 차례로 풀어서 충격이 일어나지 않도록 해야 한다.
㉰ 긴장력을 풀기 전에 측면의 거푸집을 떼어 가급적 마찰을 적게 한다.
㉱ PS를 준 부재를 운반할 때는 PS의 분포를 고려하여 지지점을 정한다.

해설 PS 강재의 인장력을 풀 때는 양쪽을 동시에 서서히 풀어 이상응력의 발생과 충격을 적게 해야 한다.

26 포스트텐션 공법에 대한 기술 중 틀린 것은?

㉮ 콘크리트가 경화된 후에 PS 강재에 인장력을 푼다.
㉯ PS 강재를 먼저 긴장한 후에 콘크리트를 타설한다.
㉰ 그라우트를 주입시켜 PS 강재와 콘크리트를 부착시킨다.
㉱ PS 강재 긴장이 완료됨과 동시에 프리스트레스 도입이 완료된다.

해설 PS 강재를 먼저 긴장한 후 콘크리트를 타설하는 공법이 프리텐션 공법이다.

27 그라우팅(grouting)에 관한 설명 중 옳지 않은 것은?

㉮ 프리텐션에서 사용한다.
㉯ 팽창제로서 알루미늄 분말을 소량 사용하면 좋다.
㉰ 콘크리트와의 부착과 PS 강재의 부식을 방지하기 위하여 사용한다.
㉱ W/C는 45% 이내의 범위에서 가급적 작은 것을 사용한다.

해설 그라우팅은 포스트텐션 공법에서 시스 내에 시멘트풀 또는 모르타르를 주입시켜 PS 강재의 부식 방지, 부착력 증진의 목적이 있다.

28 다음 중 PSC의 프리스트레스 손실량이 가장 큰 것은?

㉮ 콘크리트의 탄성수축   ㉯ 콘크리트의 크리프
㉰ 콘크리트의 건조수축   ㉱ 강선의 릴랙세이션

해설 • 프리스트레스의 손실 중 가장 큰 것은 건조수축이다.
• 콘크리트의 건조수축과 크리프에 의한 프리스트레스의 손실량은 프리텐션 방식의 경우가 포스트텐션 방식보다 일반적으로 크다.

29 시스(sheath)에 대한 다음 설명 중 틀린 것은?

㉮ 시스는 변형을 막고 탄성을 크게 하기 위해 파형으로 만든다.
㉯ 콘크리트를 칠 때 전동기와 시스를 충분히 접촉시켜 공극을 없애야 한다.
㉰ 이음부는 모르타르의 침입을 막기 위해 테이프 등으로 감는다.
㉱ 그라우팅(grouting)을 하기 직전 덕트(duct) 내부는 압축공기로 깨끗이 청소해야 한다.

답 25. ㉯ 26. ㉯ 27. ㉮ 28. ㉰ 29. ㉯

해설 진동기에 의해 콘크리트를 타설할 경우 충격으로 시스가 쉽게 변형되어서는 안 된다.

30 PS 강재의 탄성계수는 시험에 의하지 않을 때는 얼마로 보는가?
㉮ 1.96×10^5 MPa
㉯ 2.0×10^5 MPa
㉰ 2.1×10^5 MPa
㉱ 2.04×10^5 MPa

31 PS 강재의 종류가 아닌 것은 다음 중 어느 것인가?
㉮ 강선
㉯ 강봉
㉰ 강연선
㉱ 도관

32 PS 강재에 관한 사항 중 틀린 것은?
㉮ 프리텐션 공법에서는 PS 강봉은 사용치 않는다.
㉯ PS 강선이 PS 강연선보다 부착력이 강하다.
㉰ PS 강선의 표면에 약간 녹이 슬면 부착력이 향상된다.
㉱ 이형 PS 강선은 보통 PS 강선보다 부착력이 크다.

해설 PS 강연선은 여러 개의 강선을 꼬아 만든 것으로 PS 강선에 비해 부착력이 크다.

33 프리스트레스트 콘크리트에서 PS 강재의 배치에 관한 설명 중 틀린 것은?
㉮ 프리텐션 부재의 경우 부재 단부에서 긴장재의 순간격은 강선의 경우 $4d_b$ 이상, 강연선(strand)의 경우 $3d_b$ 이상이어야 한다.
㉯ 프리텐션 부재의 경우 경간의 중앙부에서는 긴장재의 수직간격이 부재의 단면부보다 좁아도 되며 또한 강선과 강연선을 다발로 사용해도 된다.
㉰ 포스트텐션 부재의 경우 콘크리트를 타설하는 데 지장이 없고 긴장 시에 긴장재가 덕트로부터 튀어나오지 않는다면 덕트를 다발로 사용해도 된다.
㉱ 포스트텐션 부재의 경우 일반적인 덕트의 순간격은 5cm 이상, 굵은골재 최대치수의 3/4배 이상이어야 한다.

해설 덕트(시스)의 순간격은 굵은골재 최대치수의 4/3배 이상, 또는 2.5cm 이상으로 한다.

34 그라우팅(grouting)용 혼화제로서 필요한 성질 중 옳지 않은 것은?
㉮ 단위 수량이 작고 블리딩이 작아야 한다.
㉯ 그라우트를 수축시키는 성질이 있어야 한다.
㉰ 재료의 분리가 생기지 않아야 한다.
㉱ 주입하기 쉬워야 하며 공기를 연행시켜야 한다.

해설 그라우팅용 혼화제는 적당한 팽창성이 있어야 충전성과 유동성이 확보된다.

답 30. ㉯ 31. ㉱ 32. ㉯ 33. ㉱ 34. ㉯

35 다음 PC 강재 중에서 프리텐션 부재에 사용하지 않는 것은?
  ㉮ 원형 PC 강선   ㉯ 이형 PC 강선
  ㉰ PC 스트랜드   ㉱ PC 강봉

  해설 PC 강봉은 마찰력이 문제가 있어 포스트텐션 방식에 사용한다.

36 PSC 구조의 장점에 해당되지 않는 것은 다음 중 어느 것인가?
  ㉮ 같은 하중에 대한 단면은 부재 자중이 경감되어 그 경간장을 증대시킬 수 있다.
  ㉯ 구조물은 가볍고 강하며 복원성이 우수하다.
  ㉰ 부재에는 확실한 강도와 안전율을 갖게 할 수 있다.
  ㉱ PSC판에는 화재시에 폭발할 염려가 없다.

  해설 내화성이 약하다.

37 프리스트레스트 콘크리트를 사용하는 가장 큰 이점은 다음 중 어느 것인가?
  ㉮ 고강도 콘크리트의 이용   ㉯ 고강도 강재의 이용
  ㉰ 콘크리트의 균열 감소   ㉱ 변형의 감소

  해설 복원성이 우수하여 균열을 최소화시킨다.

답 35. ㉱ 36. ㉱ 37. ㉰

제3편 콘크리트 재료시험

제1장 시멘트 시험
제2장 골재 시험
제3장 콘크리트 시험

제1장 시멘트 시험

1-1 시멘트 밀도 시험

1-1-1 목 적

(1) 시멘트의 밀도는 콘크리트 단위 용적질량의 계산과 배합설계 등에 필요하다.
(2) 시멘트의 밀도를 알게 되면, 클링커의 소성 상태, 풍화의 정도, 혼합재의 섞인 양, 시멘트의 품질 등을 대략 알 수 있다.
(3) 시멘트는 종류에 따라 밀도가 다르므로, 밀도 시험으로 시멘트의 종류를 알 수 있다.

1-1-2 재 료

(1) 각종 시멘트
(2) 광유(온도 (20±1)°C에서 밀도 $0.73g/cm^3$인 완전 탈수된 등유나 나프타)
(3) 마른 천 또는 탈지면

1-1-3 기계 및 기구

(1) 르샤틀리에(Le Chatelier) 병
(2) 저울
(3) 항온 수조(20±2°C의 온도를 일정하게 유지 가능한 것)
(4) 온도계
(5) 시료 숟가락
(6) 솔 및 붓
(7) 가는 철사

1-1-4 관련 지식

(1) 시멘트, 광유, 수조의 물, 르샤틀리에 병은 미리 실온과 같게 해 놓고 사용한다.
(2) 광유 표면의 눈금을 읽을 때, 액체면은 곡면(메니스커스)이 있으므로 가장 밑면의 눈금을 읽는다.
(3) 광유의 온도가 1℃씩 변하면 부피가 약 0.1ml 변화하고, 밀도는 약 0.02 정도 차이가 생기므로, 시멘트를 넣기 전후의 병 속의 광유의 온도차는 0.2℃를 넘어서는 안 된다.
(4) 시험이 끝나면 르샤틀리에 병에 완전히 탈수한 광유와 마른 모래를 넣고, 잘 흔들어 깨끗이 닦아 놓도록 한다. 이때, 물을 사용해서는 안 된다.

1-1-5 시험 순서 및 방법

(1) 시료의 준비

① 시료를 채취한다.
② 시료 약 100g을 준비한다.

(2) 밀도 시험

① 르샤틀리에 병의 눈금 0~1ml 사이에 광유를 넣고, 목 부분에 묻은 광유를 마른 천으로 닦아 낸다.
② 병을 수조 속에 가만히 넣어 두고, 광유의 온도차가 0.2℃ 이내로 되었을 때 광유 표면의 눈금을 읽는다.

③ 시멘트 약 64g을 0.05g의 감도로 단다.
④ 시멘트를 병의 목 부분에 묻지 않도록 조심하면서 넣는다.
⑤ 병을 알맞게 흔들어 시멘트 내부에 들어 있는 공기를 빼낸다. 이때, 광유가 휘발하지 않도록 병마개를 막아야 한다.

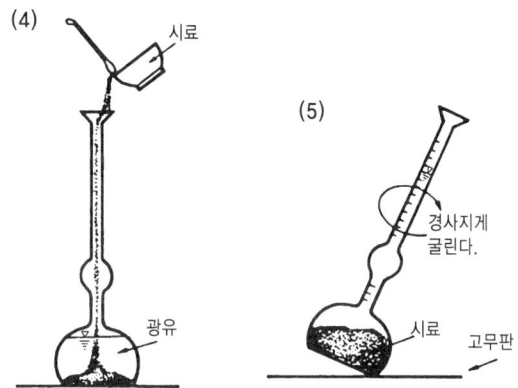

⑥ 병을 다시 수조에 가만히 넣은 다음, 광유의 온도차가 0.2℃ 되었을 때, 광유의 표면이 가리키는 눈금을 읽는다.

(3) 결과의 계산

① 시멘트의 밀도는 다음 식에 따라 구한다. 이때, 계산 값은 소수점 아래 셋째 자리를 반올림하여 구한다.

$$시멘트\ 밀도 = \frac{시멘트의\ 무게(g)}{비중\ 병의\ 눈금의\ 차(ml)}$$

② 시험을 두 번 이상하여, 측정값의 차이가 ±0.03g/cm³ 이내로 되면, 그 평균값을 취한다.

1-1-6 시멘트 밀도 시험의 예

측정번호	1	2	3	4
① 처음 광유의 눈금 읽음(ml)	0.2	0.4		
② 시료의 무게(g)	64.0	64.0		
③ 시료를 넣은 후 광유의 눈금 읽기(ml)	20.6	20.8		
④ 병의 눈금차 ③-①(ml)	20.4	20.4		
밀도 ②/④	3.137	3.137		
측정값의 차	0			
허용차	0.03			
평균값	3.14			

[비고] 2회 측정값의 차가 허용차 ±0.03g/cm³ 이내이므로, 이것을 밀도값으로 한다.

1-2 시멘트의 분말도 시험

1-2-1 목 적

(1) 시멘트 입자의 가는 정도를 알 수 있다.
(2) 시멘트의 입자가 가늘수록 분말도가 높다.
(3) 분말도가 높으면 시멘트의 표면적이 커서 수화 작용이 빠르고, 조기 강도가 커진다.

1-2-2 재 료

(1) 포틀랜드 시멘트
(2) 표준 시료
(3) 수은
(4) 거름종이
(5) 유리판

1-2-3 기계 및 기구

(1) 브레인 공기 투과 장치
  ① 투과 셀
  ② 다공 금속판
  ③ 플런저
  ④ 마노미터액체
(2) 초시계
(3) 저울(감도 0.001g의 정밀도)
(4) 시료병
(5) 시료 숟가락
(6) 붓
(7) 깔때기

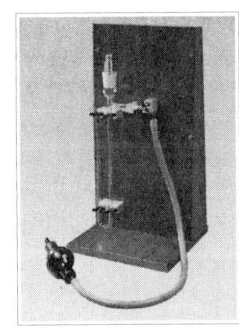

1-2-4 관련 지식

(1) 시멘트의 분말도는 비표면적으로 나타낸다.
(2) 시멘트의 비표면적(cm^2/g)이란, 1g의 시멘트가 가지고 있는 전체 입자의 총 표면적을 cm^2 단위로 나타낸 것이다.
(3) 블레인(Blanine) 공기투과장치에 의한 시멘트 분말도의 시험은 시멘트의 분말로 만든 베드(bed)에 공기를 투과시켜 그 투과속도로써 비표면적을 측정하는 것이다.

(4) 시멘트는 그 풍화의 상태에 따라 측정 결과에 매우 예민한 영향을 끼치므로, 시료의 보존에 주의한다.
(5) 시험할 때 시멘트와 장치는 미리 실온으로 맞추어 놓도록 하고, 표준시료의 시험일 때와 시험시료의 시험일 때의 온도차가 ±3℃ 이상이 되지 않도록 한다.
(6) 마노미터의 제2표선과 제3표선을 읽을 때에는 정확한 눈금의 위치를 읽도록 한다.
(7) 셀이 수은과 아말감 작용을 일으키는 재질로 되어 있으면, 수은을 넣기 전에 기름을 엷게 발라야 한다.
(8) 셀 주위의 온도를 시험 전후에 기록한다.

1-2-5 시험 순서 및 방법

(1) 시료의 준비

① 표준시료 약 10g을 100ml의 시료병에 넣고 밀봉하여 약 2분 동안 흔들어 덩어리를 푼다.
② 시료 약 20g을 준비한다.

(2) 분말도 시험

① 시멘트 베드의 부피 측정

㉮ 3투과 셀 안에 다공 금속판을 똑바로 놓고, 그 위에 거름종이 1장을 꺼낸다.
㉯ 셀 안에 수은을 가득 채우고, 셀 벽의 공기를 전부 없앤 다음 수은의 표면을 작은 유리판으로 눌러 수평이 되게 한다.
㉰ 셀 안의 수은의 질량(W_a)을 단다.
㉱ 수은을 모두 비운 다음 셀 안에 있는 거름종이 1장을 꺼낸다.
㉲ 시멘트 2.8g을 셀 안에 넣고, 셀의 측면을 가볍게 두들겨서 시료를 고르게 한다.
㉳ 시료 위에 거름종이 1장을 올려놓고, 플런저의 턱이 셀의 윗부분에 닿을 때까지 플런저를 가볍게 누른 다음 천천히 뺀다.
㉴ 셀 위에 남아 있는 공간에 수은을 가득 채우고 공기를 없앤 다음, 윗부분을 작은 유리판으로 눌러 수평이 되게 한다.
㉵ 수은을 쏟아 내어 질량(W_b)을 단다.
㉶ 시멘트 베드가 차지하는 부피를 다음 식에 따라 0.005cm³까지 계산한다.

$$V = \frac{W_a - W_b}{D}$$

V : 시멘트 베드의 부피(cm³)
W_a : 셀 안을 전부 채운 수은의 질량(g)
W_b : 셀 안에 시멘트 베드를 만들고 남은 공간을 채운 수은의 질량(g)
D : 시험하는 온도에서의 수은의 밀도(g/cm³)

(차) 시멘트 베드의 부피 측정은 2회 이상 한 다음, 계산값의 차이가 ±0.005cm³ 이 내로 되는 것의 평균값을 취한다.

② 표준시료의 투과 시험
(가) 표준시료의 질량을 다음 식에 따라 구하여 0.001g까지 정확하게 저울로 단다.

$$W = P_s V(1-e)$$

  W: 시료의 질량(g)
  P_s: 시료의 밀도(보통 포틀랜드 시멘트는 3.15를 사용한다.)
  V: 시멘트 베드의 부피(cm³)
  e: 시멘트 베드의 기공률(보통 포틀랜드 시멘트의 경우 0.500±0.005로 한다.)

(나) 투과 셀의 밑부분에 다공 금속판을 놓고, 그 위에 거름종이 1장을 바르게 놓는다.
(다) 투과 셀에 질량을 단 시료를 넣고, 다시 그 위에 거름종이를 덮는다.

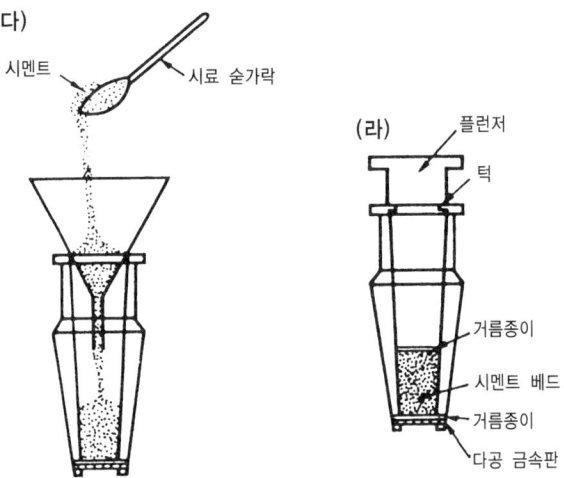

(라) 플런저의 턱이 셀의 윗부분에 닿을 때까지 플런저를 가볍게 누른 다음 천천히 뺀다.
(마) 투과 셀을 마노미터관에 밀착시켜 기밀하게 한다.
(바) 고무공으로 마노미터 U자관의 한쪽에 있는 공기를 빼내어 마노미터액을 제1표 선까지 올리고 콕을 닫는다.
(사) 마노미터액이 내려오기 시작하면, 제2표선으로부터 제3표선까지 내려오는 데 소요되는 시간을 초 단위로 측정하여 T_s로 한다.

③ 시험 시료의 투과 시험
(가) (1)의 (가)항과 같은 방법으로 시험 시료의 질량을 구한다.
(나) (2)의 (나)~(사)항과 같은 방법으로 시험한다.

(다) 마노미터액이 제2표선으로부터 제3표선까지 내려오는 데 소요되는 시간을 초 단위로 측정하여 T로 한다.

(3) 결과의 계산

포틀랜드 시멘트의 비표면적은 다음 식으로 구한다.

$$S = S_s \sqrt{\frac{T}{T_s}}$$

여기서, S: 시험시료의 비표면적(cm^2/g)
S_s: 표준시료의 비표면적(cm^2/g)
T: 시험시료에 대한 마노미터액의 제2표선에서 제3표선까지 내려오는 시간(초)
T_s: 표준시료에 대한 마노미터액의 제2표선에서 제3표선까지 내려오는 시간(초)

1-3 시멘트의 응결 시험

1-3-1 목 적

콘크리트 타설공사에 영향을 주는 응결시간을 알기 위해 실시한다.

1-3-2 재 료

(1) 각종 시멘트
(2) 젖은 천
(3) 유리판(10×10×0.5cm)

1-3-3 기계 및 기구

(1) 비카 장치

① 표준봉(무게 300±0.5g, 지름 10±0.05mm)

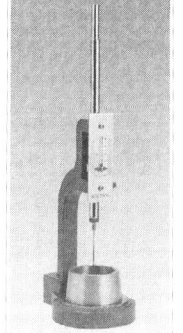

◐ 비카침 시험장치

② 표준침(지름 1±0.05mm)
③ 링(아랫부분 안지름 70±3mm, 윗부분 60±3mm, 높이 40±1mm)
④ 눈금자(전체의 길이에 50mm의 눈금이 매겨진 것)

(2) 길모어 장치
① 초결침(무게 113.4±0.5g, 지름 2.12±0.05mm)
② 종결침(무게 453.6±0.5g 지름 1.06±0.05mm)
③ 시료용 칼
④ 저울(용량 1kg, 감량 1g)
⑤ 메스 실린더(용량 200mℓ)
⑥ 시계
⑦ 고무 스크레이퍼
⑧ 흙 손
⑨ 습기함
⑩ 온도계
⑪ 혼합기

○ 길모아 침 시험장치

1-3-4 관련 지식

(1) 시멘트는 습도가 높고, 수량이 많고, 풍화하면 응결시간이 늦어지며, 온도가 높고, 분말도가 높으면 응결시간이 빨라진다.
(2) 시멘트의 응결시간 측정방법에는 비카(Vicat) 침에 의한 방법과 길모어(Gillmore) 침에 의한 방법이 있으며, 응결시간은 일정한 규격의 시멘트 반죽이 규정된 하중을 지지하는 시간으로 나타낸다.
(3) 비카 침에 의한 방법은 표준 반죽 질기 시험과 초결 시간측정에 사용하고, 길모어 침에 의한 방법은 초결 시간과 종결 시간 측정에 사용한다.
(4) 시험시료 및 시험기기의 주위 온도는 20~27.5℃를 유지한다.
(5) 혼합하는 물의 온도는 23±1.7℃의 범위에 있게 한다.
(6) 실험실의 상대 습도는 50% 이상이 되게 한다.
(7) 습기함이나 습기실의 상대 습도는 90% 이상이 되게 한다.
(8) 시험할 때, 침은 정확히 일직선이 되게 한다.
(9) 표준 반죽 질기를 얻기 위하여 실시한 시멘트 반죽은 다시 사용해서는 안되며 반드시 새로운 시멘트 반죽으로 한다.
(10) 응결시간을 측정할 때에는 모든 장치를 움직여서는 안 된다.
(11) 비카 침에 의한 시험은 이미 시험한 점으로부터 6mm, 링의 안쪽 면에서 9mm 이상 떨어진 점에서 한다.

(12) 표준 반죽 질기를 만들 때의 알맞은 수량은 시멘트의 종류와 풍화의 정도에 따라 다르나, 보통 시멘트에 대한 물의 양은 25~28% 정도이다.

1-3-5 시험 순서 및 방법

(1) 시료의 준비

① 시료를 채취한다.
② 시료 약 2,000g을 준비한다.

(2) 응결시간 측정

① 표준 반죽 질기 시험

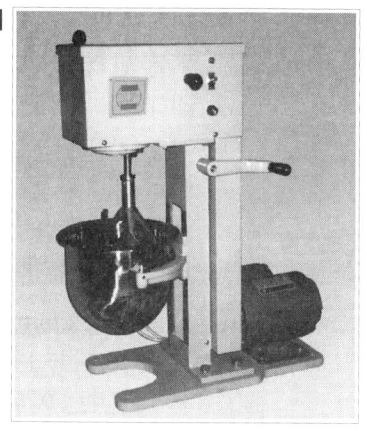
● 몰탈 혼합기

㈎ 시멘트 500g을 단다.
㈏ 표준 반죽 질기를 얻기에 알맞은 물의 양을 메스실린더로 재어 혼합 용기에 넣는다.
㈐ 시멘트를 물에 넣고 흡수하도록 30초 동안 둔다.
㈑ 혼합기를 제 1속도로 시동하여 30초 동안 혼합한다.
㈒ 혼합기를 정지하고 15초 동안에 반죽 전부를 긁어내려 모아 놓는다.
㈓ 혼합기를 제2속도로 시동하여 60초 동안 혼합한다.
㈔ 혼합한 시멘트 반죽을 고무장갑을 낀 손으로 공 모양으로 만든 다음, 두 손을 약 150mm 간격으로 벌리고 오른손과 왼손에 6번 정도 엇바꾸어 던진다.
㈕ 공 모양의 시멘트 반죽을 링의 넓은 쪽으로 밀어 넣어 채운다.
㈖ 링의 넓은 쪽을 밑으로 하여 유리판 위에 놓고, 좁은 쪽에 있는 시멘트 반죽의 표면을 편평하게 고른다.
㈗ 유리판 위에 올려놓은 링의 반죽을 미끄럼 막대 밑에 중심을 맞추고, 표준봉의 끝을 반죽 표면에 접촉시켜 멈춤 나사를 죈다.
㈘ 가동 지침을 눈금자의 0에 맞춘다.
㈙ 혼합이 끝난 30초 후에 미끄럼 막대를 풀어놓는다.
㈚ 미끄럼 막대를 풀어놓은 30초 뒤에 처음 면에서 표준봉이 10±1mm 들어갔을 때의 반죽상태를 표준 반죽질기로 삼는다.
㈛ 위와 같은 방법으로 표준 반죽 질기를 얻을 때까지 물의 양을 바꾸어 시험 반죽을 만든다.

② 비카 침에 의한 응결시간 측정
 ㈎ 시멘트 500g을 단다.
 ㈏ 표준 반죽 질기를 얻는 데 필요한 물의 양(m*l*)을 계량한다.
 ㈐ (1)의 ㈐~㈘항과 같은 방법으로 시험체를 만든다.
 ㈑ 시험체를 습기함에 넣어 둔다.
 ㈒ 비카 장치에 지름 1mm의 표준 침을 끼운다.
 ㈓ 시험체를 습기함에서 꺼내어 시험기에 놓는다.
 ㈔ 미끄럼 막대의 아래에 있는 표준침의 끝을 시멘트 반죽의 표면에 접촉시키고 멈춤 나사를 죈다.
 ㈕ 가동 지침을 눈금자의 0에 맞춘다.
 ㈖ 멈춤 나사를 풀어 미끄럼 막대를 풀어놓고, 30초 동안 표준침이 내려가도록 한다.
 ㈗ 지름 1mm의 표준침이 25mm 들어갔을 때의 시간을 초결 시간으로 한다.
 ㈎ 표준침이 25mm 깊이 이상 들어갈 때에는 습기함에 넣어 두고, 15분마다 꺼내어 위의 ㈓~㈗항과 같은 방법으로 시험한다.

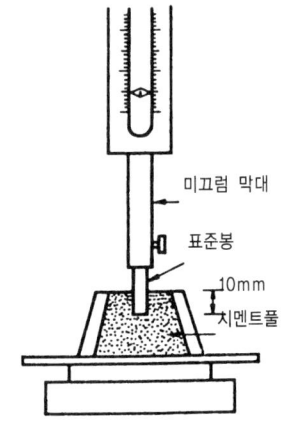

③ 길모어 침에 의한 응결시간 시험
 ㈎ 시멘트 500g을 단다.
 ㈏ 표준 반죽질기를 얻는데 필요한 물의 양(m*l*)을 계량한다.
 ㈐ 시멘트를 (1)의 ㈐~㈓항과 같은 방법으로 혼합한다.
 ㈑ 위에서 만든 시멘트 반죽을 한 변이 약 10cm 되는 정사각형의 유리판 위에 놓고, 밑면의 지름이 약 7.5cm, 윗면의 지름이 약 5cm, 가운데의 높이가 약 1.3cm인 시험체를 만든다.

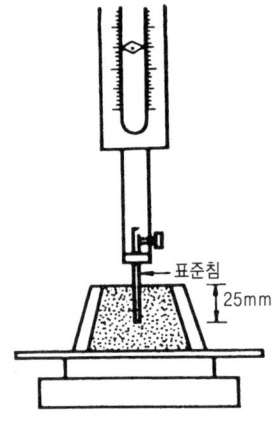

[비카 침에 의한 응결시간 측정]

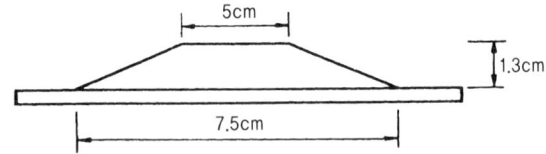

 ㈒ 시험체를 습기함에 넣어 둔다.
 ㈓ 초결침을 시험체 가운데 부분의 위치에 수직으로 놓고, 시험체의 표면에 자국이

나지 않도록 가볍게 댄다.
(사) 시험체가 흔적을 내지 않고 초결침을 받치고 있을 때, 이때의 시간을 초결 시간으로 한다.
(아) 종결침을 초결침과 같은 방법으로 시험체의 표면에 놓는다.
(자) 시험체가 흔적을 내지 않고 종결침을 받치고 있을 때, 이때의 시간을 종결 시간으로 한다.

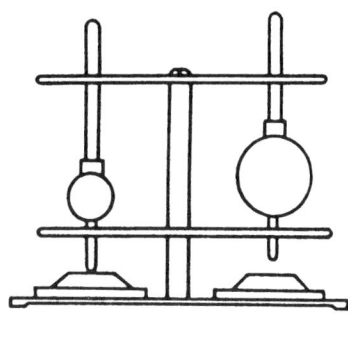

[길모어 침에 의한 응결시간 측정]

(3) 결과의 판정

① 비카침에 의한 초결 시간은 시멘트를 물과 혼합한 후부터 30초 동안에 표준침이 시험체에 25mm 들어갔을 때의 시간으로 한다.
② 길모어 침에 의한 응결시간은 시멘트를 물과 혼합한 후부터, 초결은 초결침, 종결은 종결침을 시험체가 표면에 흔적을 내지 않고 받치고 있을 때까지의 시간으로 한다.

1-4 시멘트의 오토클레이브 팽창도 시험

1-4-1 목 적

시멘트의 안정성을 알기 위해서 시험을 한다.

1-4-2 재 료

(1) 각종 시멘트
(2) 광유
(3) 고무 장갑

1-4-3 기계 및 기구

(1) 오토클레이브(사용 압력 $21 \pm 1 kg/cm^2$)
(2) 몰드(단면 25.4×25.4mm, 표점 거리 254mm의 시험체를 만들 수 있는 것)
(3) 콤퍼레이터(길이 측정용)
(4) 시험체 길이
(5) 저울(용량 1,000g, 감도 0.1g)
(6) 메스 실린더(150~200ml)

(7) 혼합기
(8) 습기함
(9) 온도계
(10) 흙 손

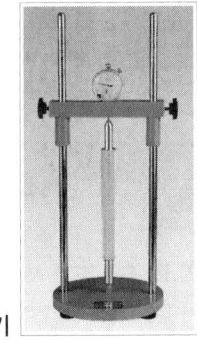
○ 시멘트 길이 변화 측정기

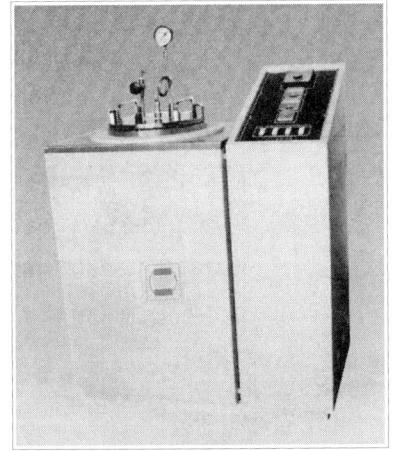
○ 프로그램 오토 클레이브

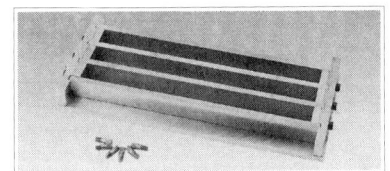
○ 시멘트 길이 측정용 몰드

1-4-4 관련 지식

(1) 시멘트가 불안정하면 굳는 도중에 부피가 팽창하여, 균열과 뒤틀림의 변형이 생겨 구조물의 내구성을 해치는 원인이 된다.
(2) 시멘트가 불안정하게 되는 원인은 시멘트 입자 안에 산화칼슘(CaO), 산화마그네슘(MgO), 삼산화황(SO_3) 등이 어느 정도 한도 이상으로 포함되어 있기 때문이다.
(3) 오토클레이브는 고온 고압 용기이므로 주의하여 다룬다.
(4) 실험실 내부와 건조 재료의 온도는 20~27.5℃로 유지한다.
(5) 혼합수와 습기함 또는 습기실의 온도는 23±1.7℃의 범위 안에 있게 한다.
(6) 실험실의 상대 습도는 50% 이상 유지한다.
(7) 습기함이나 습기실의 상대습도는 90% 이상 유지한다.
(8) 실험하는 동안 오토클레이브는 언제나 포화 수증기로 차 있도록 부피의 7~10%의 물을 넣어 둔다.

1-4-5 시험 순서 및 방법

(1) 시료의 준비

① 시료를 채취한다.

② 시료 500g을 준비한다.

(2) 팽창도 시험

① 시험체의 만들기
  - ㈎ 몰드에 광유를 엷게 바른다.
  - ㈏ 표점이 광유가 묻지 않도록 하여 몰드에 끼운다.
  - ㈐ 시멘트 500g을 단다.
  - ㈑ '시멘트 응결 시험의 표준 반죽 질기 시험' 방법에 따라 물의 양(%)을 정한다.
  - ㈒ 표준 반죽 질기에 필요한 물의 양(ml)을 계량한다.
  - ㈓ 시멘트를 물에 넣고 '시멘트 응결 시험의 표준 반죽 질기 시험'과 같은 방법으로 혼합한다.
  - ㈔ 혼합이 끝난 시멘트 반죽을 즉시 몰드에 2층으로 나누어 넣고, 각 층을 고무장갑을 낀 엄지손가락으로 고르게 다진다.
  - ㈕ 몰드의 윗면을 흙손으로 편평하게 고른다.
  - ㈖ 시험체를 몰드와 함께 습기함 또는 습기실에 20시간 이상 넣어 둔다.

② 팽창도 시험
  - ㈎ 성형 후 24시간±30분에 시험체를 습기실에서 꺼내서 몰드를 떼어 낸다.
  - ㈏ 즉시 콤퍼레이터로 시험체의 길이(l_1)를 측정한다.
  - ㈐ 시험체를 시험체 걸이에 끼워 실온 상태에서 오토클레이브에 넣는다.
  - ㈑ 오토클레이브를 가열한다. 이때, 배기 밸브는 수증기가 나올 때까지 열어 놓는다.
  - ㈒ 수증기가 나오면 밸브를 닫고 45~75분 동안에 증기압이 $21±1\text{kgf/cm}^2$가 되도록 하고, 압력을 3시간 동안 유지한다.
  - ㈓ 3시간이 지나면 가열을 멈추고 냉각시켜 1시간 30분 후에 압력이 1kgf/cm^2 이하가 되도록 한다.
  - ㈔ 배기 밸브를 열어 압력을 천천히 낮추고 대기압과 같게 한다.
  - ㈕ 오토클레이브를 열고 시험체를 꺼내어 90℃의 물속에 넣는다.

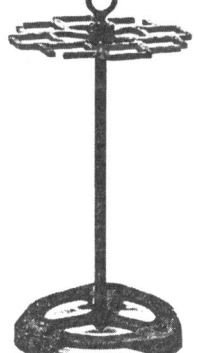

[시험체 걸이]

  - ㈖ 시험체 주위의 물에 골고루 찬물을 부어 15분 동안에 23℃가 되도록 냉각시킨다.
  - ㈗ 시험체를 23℃의 물 속에 15분 동안 더 넣어 둔다.
  - ㈘ 시험체를 꺼내어 표면이 건조하면, 다시 콤퍼레이터로 길이(l_2)를 측정한다.

(3) 결과의 계산

① 시험체의 팽창도는 다음 식에 따라 구한다. 이때, 수축인 경우는 (−) 부호를 붙인다.

$$팽창도(\%) = \frac{l_2 - l_1}{l_1} \times 100$$

l_1 : 시험 전의 길이(0.001mm까지 측정)
l_2 : 시험 후의 길이(0.001mm까지 측정)

② 길이의 차는 유표 표점 길이의 0.01%까지 계산하여 팽창도로 한다.
③ 보통 포틀랜드 시멘트는 팽창도가 0.8% 이하이다.

1-5 시멘트 모르타르의 압축 강도 시험

1-5-1 목 적

콘크리트 강도에 직접적인 관계가 있고 시멘트의 여러 성질 중에 가장 중요하여 시험을 실시한다.

1-5-2 재 료

(1) 각종 시멘트
(2) 표준 모래
(3) 그리스
(4) 유리판
(5) 고무장갑
(6) 마른 천

1-5-3 기계 및 기구

(1) 강도 시험기
(2) 혼합기
(3) 시험체 몰드 및 다짐대
(4) 흐름 시험기
  ① 흐름판(지름 254±2mm)
  ② 흐름 몰드(밑지름 102±1mm, 윗지름 70±1mm, 높이 50±1mm)
  ③ 다짐대(지름 20mm, 길이 200mm의 원형강 막대)
  ④ 캘리퍼스(300mm 정도)

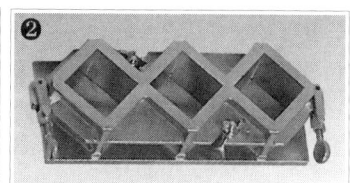

❶ 모르타르 압축 시험기
❷ 모르타르 강도 몰드
❸ 모르타르 흐름 측정기

(5) 저울(용량 2kg, 감도 1g)
(6) 메스 실린더(250ml, 500ml)
(7) 표준체(2, 1.6, 1, 0.5, 0.16, 0.08mm)
(8) 흙 손
(9) 온도계
(10) 습도계
(11) 고무 스크레이퍼
(12) 나무 망치
(13) 시료용 칼
(14) 양생 수조
(15) 습기함

1-5-4 관련 지식

(1) 모르타르의 압축 강도에 영향을 주는 요인은 다음과 같다.
  (가) 수량이 많으면 강도는 작아진다.
  (나) 시멘트의 분말도가 높으면 강도가 커진다.
  (다) 시멘트가 풍화하면 강도가 작아진다.
  (라) 양생 온도 30℃까지는 온도가 높을수록 강도가 커진다.
  (마) 재령 및 시험방법에 따라 강도가 달라진다.
(2) 모르타르의 압축 강도 시험체를 만들 때, 모래알의 차이에 따른 영향을 없애고, 시험 조건을 일정하게 하기 위하여 표준 모래를 사용한다.
(3) 시멘트 압축 강도용 모르타르 시험체의 배합비는 시멘트 1, W/C=0.5, 표준모래 3의

질량비로 한다.
(4) 시험실의 상대 습도는 50% 이상이 되게 한다.
(5) 습기함이나 습기실의 상대 습도는 90% 이상이 되게 한다.
(6) 반죽판, 건조 재료, 몰드 밑판 및 혼합용 용기 주위의 공기 온도는 20℃±2℃가 되게 한다.
(7) 혼합수, 습기함, 습기실 및 저장 수조 물의 온도는 20℃±1℃가 되게 한다.
(8) 압축 강도 시험을 할 때, 편심이 일어나지 않도록 한다.

1-5-5 시험 순서 및 방법

(1) **시료의 준비**
   ① 시료를 채취한다.
   ② 표준 모래(압축 강도 시험용)를 준비한다.

(2) **압축 강도 시험**
   ① 모르타르의 만들기
      ㈎ 시멘트와 표준 모래를 섞어 질량비가 1 : 3이 되게 한다. 이때 한 배치로 한 번에 반죽할 시험체 3개의 양인 시멘트 450g, 표준 모래 1350g을 단다.
      ㈏ 혼합수의 양(ml)을 계량한다. 이때, 포틀랜트 시멘트의 경우에는 혼합수의 양을 시멘트 무게의 0.5로 하며, 이 밖의 시멘트에 대해서는 (2)의 '흐름 시험'을 하여 흐름값이 110±5%가 될 만한 양으로 한다.
      ㈐ 혼합수 전량을 혼합용 그릇에 넣는다.
      ㈑ 시멘트를 물속에 넣고, 혼합기를 시동하여 제 1 속도로 30초 동안 혼합하면서 표준 모래 전량을 천천히 넣는다.
      ㈒ 혼합기를 정지하고, 제2속도로 바꾸어 30초 동안 혼합한다.
      ㈓ 혼합기를 정지하고 모르타르를 90초 동안 그냥 놓아둔다. 이때 15초 동안에 반죽을 긁어내린다.
      ㈔ 제2속도로 다시 1분 동안 혼합하여 모든 혼합을 끝낸다.

   ② 흐름 시험
      ㈎ 마른 헝겊으로 흐름 시험기의 흐름판을 깨끗이 닦고, 흐름 몰드를 가운데에 놓는다.
      ㈏ 흐름 몰드에 모르타르를 약 2.5cm 두께의 깊이로 채워 넣고, 다짐대로 20번 다진다.
      ㈐ 몰드의 나머지 빈 부분에 모르타르를 채우고, 다짐대로 20번 다진다.
      ㈑ 모르타르의 표면이 몰드의 윗면과 같도록 흙손으로 편평하게 고른다.
      ㈒ 반죽을 끝마친 다음 1분 후에 몰드를 모르타르로부터 천천히 들어올린다.

(ㅂ) 즉시 흐름판을 1.3cm의 높이로 15초 동안에 25번 낙하시킨다.

(ㅅ) 흐름값은 모르타르 평균 밑지름의 증가를 거의 같은 간격으로 4개를 측정하여 합한 값으로 한다.

③ 시험체 제작(40×40×160mm 각주)

(가) 모르타르의 조제가 끝난 직후 즉시 시험체를 제작한다.

(나) 모르타르의 층은 2층(1층 각각 300g)이 되도록 한다.

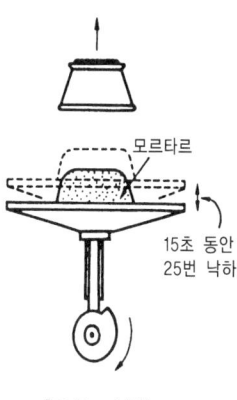

[흐름 시험]

④ 공시체의 양생

(가) 재령 24시간 시험을 위해서는 시험 20분전까지는 탈형하고 재령 24시간 이후의 시험을 위해서는 제조 후 20~24시간 사이에 탈형한다.

(나) 24시간 시험을 실시할 탈형 시험체는 시험이 실시될 때까지 습기가 있는 천으로 덮은 상태를 유지한다.

(다) 수온이 20℃±1℃로 유지된 양생 수조에 침수시킨다. 양생하는 동안 시험체 사이와 시험체 표면의 물 깊이 5mm 이상이 되도록 한다.

(3) 결과의 계산

① 시멘트의 압축 강도는 다음 식에 따라 구한다.

$$압축\ 강도(MPa) = \frac{최대하중(N)}{단면적(mm^2)}$$

여기서, 단면적 $= 40 \times 40 = 1600mm^2$

② 시멘트의 압축 강도는 3개를 한 조로 하여 측정하는 6개를 평균값으로 한다. 6개의 측정값 중에서 1개 결과가 평균값보다 ±10% 이상 벗어나면 그 결과는 버리고 5개 평균으로 계산한다. 이들 5개 측정값 중 또 다시 하나의 결과가 그 평균값보다 ±10% 이상 벗어나면 결과값 전체를 버린다.

③ 측정된 압축 강도 평균을 계산하고 $0.1N/mm^2$까지 계산한다.

④ 시멘트의 휨 강도는 다음 식에 따라 구한다.

$$휨강도(MPa) = \frac{1.5 F_f \cdot l}{b^3}$$

여기서, F_f : 파괴시에 각주의 중앙에 가한 하중(N)
l : 지지물 사이의 거리(mm)
b : 각 기둥의 직각을 이루는 절개면의 변(mm)

⑤ 휨강도 시험기

(가) 50N/S±10N/S의 속도로, 상한 하중의 1/5에서부터 상한까지의 범위에 있어서 ±1%의 정밀도를 갖고 10kN까지 하중을 걸 수 있을 것

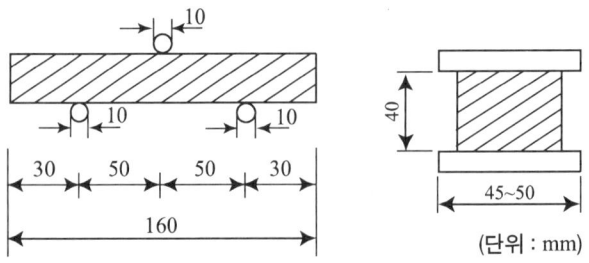

⑥ 압축강도 시험기
    선택하는 최대하중의 1/5에서부터 최대하중 범위에 있어서 ±1%의 정밀도를 갖고 2400N/S±200N/S의 재하가 가능한 것

1-6 시멘트 모르타르의 인장 강도 시험

1-6-1 목 적

시멘트 인장 강도로 콘크리트의 인장 강도를 추정할 수 있다.

1-6-2 재 료

(1) 각종 시멘트
(2) 표준모래
(3) 그리스
(4) 유리판
(5) 고무장갑
(6) 마른 천

1-6-3 기계 및 기구

(1) 인장 시험기
(2) 시험용 클립
(3) 인장 시험용 몰드
(4) 저울(용량 1,000g, 감도 0.1g)
(5) 표준체(0.8mm, 0.6mm, 0.3mm)
(6) 메스실린더(150~200ml)
(7) 혼합기
(8) 온도계

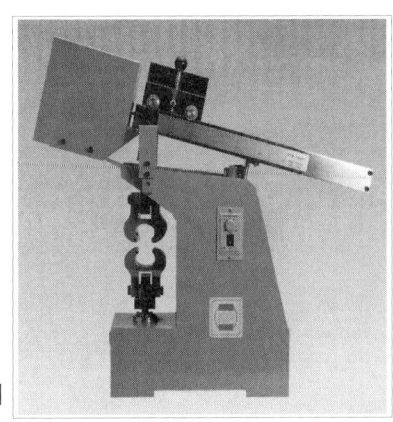

◯ 전동 브리켓 인장 시험기

(9) 습도계
(10) 고무 스크레이퍼
(11) 나무망치
(12) 습기함
(13) 양생 수조
(14) 흙 손

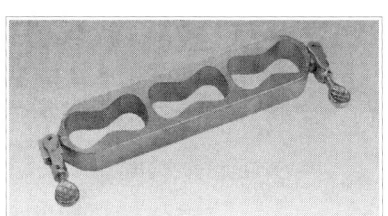
◐ 브리켓 몰드

1-6-4 관련 지식

(1) 콘크리트와 모르타르의 인장 강도는 시멘트의 인장 강도에 어느 정도 비례하므로, 시멘트 인장 강도로 콘크리트의 인장 강도를 추정할 수 있다.
(2) 시멘트의 인장 강도는 시멘트의 성분, 분말도, 사용수량, 풍화상태, 양생 조건, 재령 및 시험방법 등에 따라 달라진다.
(3) 시멘트 인장 강도용 시험체를 만들 때에는 모래알의 차이에 의한 영향을 없애고, 시험 조건을 일정하게 하기 위하여 표준 모래를 사용한다.
(4) 시멘트 인장 강도용 모르타르 시험체의 배합비는 시멘트 1 : 표준모래 2.7의 질량비로 한다.
(5) 실험실의 상대 습도는 50% 이상이 되게 한다.
(6) 혼합수, 습기함, 습기실 및 수조의 온도는 23±2℃가 되게 한다.
(7) 반죽판, 건조재료, 몰드 밑판 및 혼합용 용기 주위의 공기온도는 20~27.5℃로 유지한다.
(8) 습기함, 습기실의 상대 습도는 95% 이상 되게 한다.

1-6-5 시험 순서 및 방법

(1) 시료의 준비
  ① 시료를 채취한다.
  ② 표준 모래(인장 강도 시험용)를 준비한다.

(2) 인장 강도 시험
  ① 모르타르의 만들기
    (가) 시멘트와 표준 모래를 섞어 질량비가 1 : 2.7이 되게 한다. 이때, 한 배치로 한 번에 반죽할 시험체 9개의 양은 1,500~1,800g (6개의 양은 1,000~1,200g)이다.
    (나) 표준 반죽 질기를 얻는데 필요한 물의 양(%)을 정하고, [표 1]에 따라 모르타르에 대한 물의 양(%)을 구한다.

◐ [표 1] 표준 모르타르에 대한 물의 양(%)

표준 주도의 순 시멘트 반죽에 대한 물의 양	시멘트 1, 표준 모래 2.7의 모르타르에 대한 물의 양
15	9.2
16	9.4
17	9.6
18	9.7
19	9.9
20	10.1
21	10.3
22	10.5
23	10.6
24	10.8
25	11.0
26	11.2
27	11.4
28	11.5
29	11.7
30	11.9

(다) 혼합수의 양(mℓ)을 계량한다.
(라) 혼합수를 혼합한 재료에 넣고 30초 동안 흡수시킨다.
(마) 고무장갑을 낀 손으로 90초 동안 반죽한다.

② 시험체 만들기
  (가) 몰드에 광유를 엷게 바른다.
  (나) 반죽이 끝난 직후 유리판 위에 몰드를 놓고 모르타르를 채운다.
  (다) 두 손의 엄지손가락으로 78.4N~98N의 힘으로 12번씩 다진다.
  (라) 흙손으로 모르타르의 표면을 19.6N 정도의 힘을 주어 고른다.
  (마) 몰드 위에 광유를 바른 유리판을 놓고, 몰드를 뒤집는다.
  (바) 위판을 떼고 다시 모르타르를 쌓아 올린 다음 다지고, 흙손으로 표면 고르기를 반복한다.

③ 시험체의 양생
  (가) 몰드를 습기함에 20~24 시간 동안 넣어 둔다.
  (나) 시험체에서 몰드를 떼어 내고, 23±2℃의 양생 수조에 넣어둔다.

④ 인장 강도 시험
  (가) 시험체를 꺼내어 표면이 건조 상태가 되도록 물기를 닦는다.
  (나) 시험기의 클립과 접촉할 시험체의 면에 붙어 있는 모래알이나 다른 부착물을 없앤다.
  (다) 시험체를 클립의 중심에 오도록 넣은 다음, 2,700±100N/min의 속도로 계속 하중을 가한다.

(3) 결과의 계산

① 인장 강도(MPa) = $\dfrac{\text{최대 하중(N)}}{\text{시험체의 단면적(mm}^2)}$

② 평균보다 15% 이상의 강도차가 있는 시험체는 인장강도에 넣지 않는다. 단, 2개 이상이 있을 때는 재시험을 한다.

③ 시멘트와 모래의 비율이 1 : 2.7이 아닐 때의 혼합수 양은 다음 식에 따라 계산한다. [표 1]의 값은 이 식에 따라서 계산한 값이다.

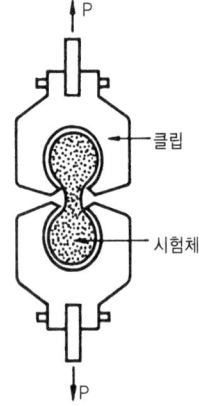

$$Y = \frac{2}{3} \times \frac{P}{N+1} + K$$

Y : 모르타르에 필요한 물의 양(%)
P : 표준 반죽 질기의 순 시멘트에 필요한 물의 양(%)
N : 시멘트 1에 대한 모래의 무게비(%)
K : 표준 모래에 대한 상수로서 6.5

1-6-6 시멘트 모르타르의 인장 강도 시험 예

(1) 시험용 모르타르의 만들기

표준 반죽 질기의 순 시멘트 반죽에 필요한 물의 양(%)			$P=24$
시멘트와 표준 모래의 질량비(1 : N)			$N=2.7$
표준 모래의 상수			$K=6.5$
표준 반죽 질기의 모르타르에 필요한 물의 양(%)			$Y=10.8$
배치 시료의 질량(g)	시멘트	표준 모래	물
	450	1,215	179.8

[비고] $Y = \dfrac{2}{3} \dfrac{P}{N+1} + K = \dfrac{2}{3} \times \dfrac{24}{2.7+1} + 6.5 = 10.8\%$

물의 질량 $= (450 + 1215) \times 0.108 = 179.8$g

(2) 인장 강도 시험

재 령(일)	3			7			28		
측정 번호	1	2	3	1	2	3	1	2	3
최대 하중 P(N)	845	826	858	1464	1484	1464	1819	1890	1896
단면적 A (mm^2)	645	645	645	645	645	645	645	645	645
인장 강도 $= \dfrac{P}{A}$(N/mm^2)	1.31	1.28	1.33	2.27	2.30	2.27	2.82	2.93	2.94
평균값(MPa)	3.92			2.28			2.90		

제 2 장 골재 시험

2-1 골재의 체가름 시험

2-1-1 목 적

골재의 입도분포 상태를 알기 위해서 시험을 한다.

2-1-2 재 료

   (1) 잔골재
   (2) 굵은골재

2-1-3 기계 및 기구

   (1) 표준체
       ① 잔골재용(0.15mm, 0.3mm, 0.6mm, 1.2mm, 2.5mm, 5mm, 10mm)
       ② 굵은골재용(1.2mm, 2.5mm, 5mm, 10mm, 15mm, 20mm, 25mm, 30mm, 40mm, 50mm, 65mm, 75mm, 100mm)
   (2) 체 접시
   (3) 체 뚜껑
   (4) 체 진동기
   (5) 저울(시료 무게의 0.1%까지 잴 수 있는 감도를 가진 것)
   (6) 건조기(105±5℃의 온도를 고르게 유지할 수 있는 것)
   (7) 시료 분취기
   (8) 시료 용기
   (9) 시료 삽

◐ 로탑 체가름 시험기

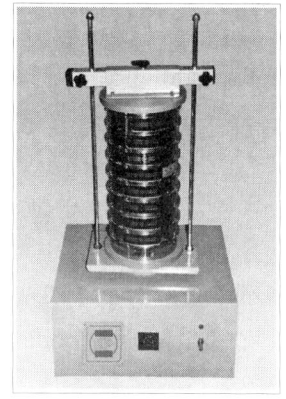
◐ 다이나믹 체가름 시험기

◐ 전동식 체가름 시험기

◐ 잔골재용 표준체

◐ 팬 커버

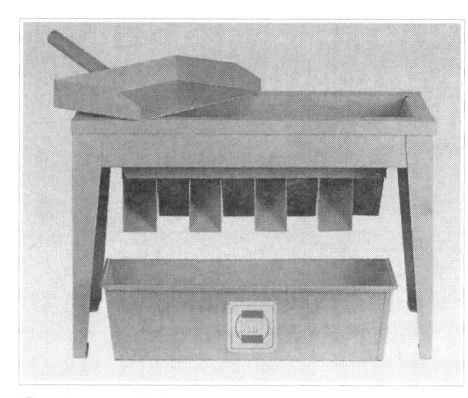
◐ 시료 분취기

2-1-4 관련지식

(1) 골재는 알의 크기에 따라 잔골재와 굵은골재로 나뉜다.
  ① 잔골재는 10mm 체를 전부 통과하고 5mm 체를 거의 다 통과하며, 0.08mm 체에 거의 다 남는 골재, 또는 5mm 체를 다 통과하고 0.08mm 체에 다 남는 골재이다.
  ② 굵은골재는 5mm 체에 거의 다 남는 골재, 또는 5mm 체에 다 남는 골재이다.
(2) 굵은골재 최대 치수는 질량비로 90% 이상을 통과하는 체들 중에서 가장 작은 치수의 체눈을 체의 호칭 치수로 나타낸 굵은골재의 치수이다.
(3) 골재의 입도란 골재의 크고 작은 알이 섞여 있는 정도를 말한다.
(4) 골재의 입도가 알맞으면 콘크리트의 단위 용적질량 시멘트풀이 줄어들어 경제적인 콘크리트를 만들 수 있다.

(5) 조립률이라 함은 0.15mm, 0.3mm, 0.6mm, 1.2mm, 2.5mm, 5mm, 10mm, 20mm, 40mm, 75mm의 10개의 체를 따로따로 사용하여 체가름 시험을 하였을 때, 각체에 남는 골재의 전체질량에 대한 질량비(%)의 합을 100으로 나눈 값을 말한다.

(6) 골재의 조립률은 골재알의 지름이 클수록 크며, 잔골재는 2.0~3.3, 굵은골재는 6~8 정도가 좋다.

(7) 체가름 시험의 결과가 입도표준에 맞지 않으면, 골재의 입도를 조정하여 사용하여야 한다.

(8) 체눈에 골재의 알이 끼어 있지 않도록 공기로 불어 낸다.

(9) 잔골재와 굵은골재가 섞여 섞을 때에는 5mm 체로 쳐서, 잔골재와 굵은골재의 시료를 따로따로 나눈다.

(10) 체가름할 때, 체눈에 끼인 골재알을 손으로 눌러 통과시켜서는 안 된다.

(11) 체눈에 끼인 골재알은 부서지지 않도록 빼내고, 체에 남는 시료로 간주한다.

(12) 체 진동기를 사용하여 체가름하는 경우에는 수동식 체가름 방법을 써서 체가름 작업의 정밀도로 시험하도록 한다.

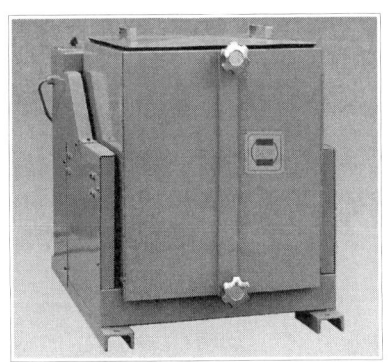
◐ 굵은골재 체가름 시험기

◐ 굵은골재 시험기용 체

2-1-5 시험순서 및 방법

(1) 시료의 준비

① 필요한 시료를 4분법 또는 시료 분취기로 채취한다.

② 시료를 건조기 안에 넣고, 105±5℃의 온도로 질량이 일정하게 될 때까지 건조시킨다.

③ 시료의 양은 시료의 표준량

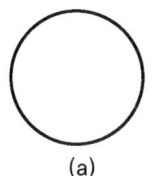 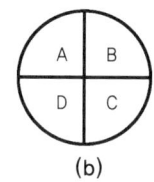 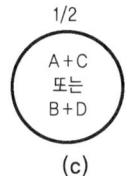 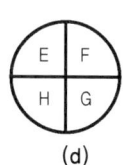 

(a) 고루 편다.
(b) 4등분한다.
(c) 앞의 (b) 중에서 대각선 쪽 2개를 합쳐 고루 편다.
(d) 4등분한다.
(e) 앞의 (d) 중에서 대각선 쪽의 2개를 합쳐 고루 펴고, 분량이 많으면 앞과 같이 되풀이한다.

[4분법]

○ 체가름 시험 시료의 표준량

골재의 종류	골재알의 크기	시료의 최소 질량(g)
잔골재	1.2mm 체를 95%(질량비) 이상 통과하는 것	100
	1.2mm 체에 5%(질량비) 이상 남는 것	500
굵은골재	최대치수 10mm 정도인 것	2,000
	최대치수 15mm 정도인 것	3,000
	최대치수 20mm 정도인 것	4,000
	최대치수 25mm 정도인 것	5,000
	최대치수 40mm 정도인 것	8,000
	최대치수 50mm 정도인 것	10,000
	최대치수 60mm 정도인 것	12,000
	최대치수 80mm 정도인 것	16,000
	최대치수 100mm 정도인 것	20,000

(2) 체가름 시험

① 체 밑판 위에 체가름용 표준체 한 벌을 체눈이 작은 것을 밑으로 하여 체 진동기에 건다.
② 시료를 체에 넣고 체 뚜껑을 닫는다.
③ 체를 위아래 및 수평으로 고루 흔들어 시료가 연속적으로 움직이도록 체질을 한다.
④ 1분간 각 체를 통과하는 것이 전 시료질량의 0.1% 이하가 될 때까지 작업을 계속한다.
⑤ 체 진동기에 체를 들어내어 각 체에 남는 시료의 질량을 단다.

체 뚜껑	체 뚜껑
10mm	75mm
5mm	40mm
2.5mm	20mm
1.2mm	10mm
0.6mm	5mm
0.3mm	2.5mm
0.15mm	1.2mm
접시	접시
잔골재용	굵은골재용

○ 체가름 시험용 표준체

(3) 결과의 계산

① 각 체에 남는 시료의 질량을 전체 질량에 대한 질량비(%)로 나타낸다. 질량비의 표시는 이것에 가까운 정수로 구한다.

② 골재의 최대 치수와 조립률을 구한다.
③ 가로축에 체눈의 크기를 나타내고, 세로축에 각 체에 남은 시료의 질량비(%)를 나타내어 입도 곡선을 그린다.
④ 잔골재의 조립률

체의 호칭(mm)	잔골재		
	체에 남는 양(%)	체에 남는 양의 누계(%)	통과율(%)
* 75			
65			
50			
* 40			
30			
25			
* 20			
15			
* 10	0	0	100
* 5	4	4	96
* 2.5	8	12	88
* 1.2	15	27	73
* 0.6	43	70	30
* 0.3	20	90	10
* 0.15	9	99	1
접시	1	100	
조립률(FM)	3.02		

$$\text{잔골재의 조립률(FM)} = \frac{4+12+27+70+90+99}{100} = 3.02$$

⑤ 굵은골재의 조립률 및 최대치수

체의 호칭(mm)	굵은골재		
	체에 남는 양(%)	체에 남는 양의 누계(%)	통과율(%)
50	0	0	
* 40	4	4	96
30	22	26	74
25	13	39	61
* 20	19	58	42
15	12	70	30
* 10	11	81	19
* 5	16	97	3
* 2.5	3	100	0
* 1.2	0	100	
* 0.6	0	100	
* 0.3	0	100	
* 0.15	0	100	
조립률(FM)	7.40		

(가) 골재의 조립률은 * 표가 있는 곳에서만 계산한다.
(나) 굵은골재의 조립률

$$FM = \frac{4+58+81+97+100+100+100+100+100}{100} = 7.40$$

(다) 굵은골재의 최대 치수=40mm(90% 이상 통과하는 체들 중에서 가장 작은 치수)

⑥ 잔골재의 입도 표준 및 467호 골재의 입도 표준
  (가) 굵은골재의 입도(467호)

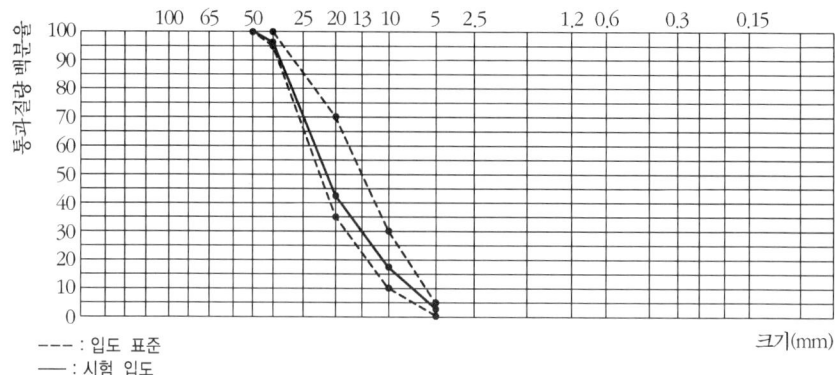

  (나) 잔골재의 입도

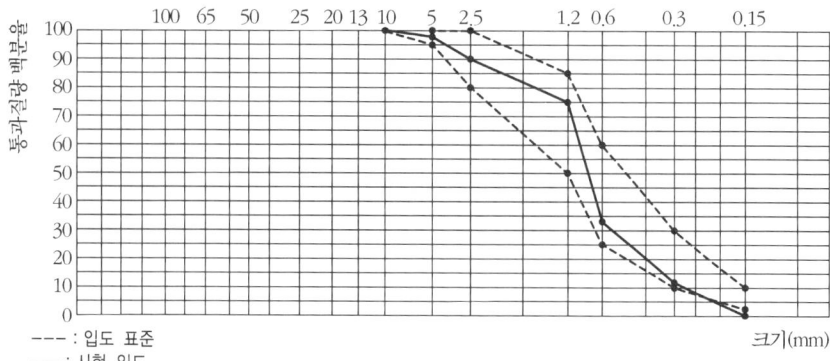

⑦ 잔골재의 입도 표준(일반 콘크리트, 포장 콘크리트) (콘크리트 표준 시방서)

체의 호칭(mm)	체를 통과하는 것의 질량(%)
10	100
5	95~100
2.5	80~100
1.2	50~85
0.6	25~60
0.3	10~30
0.15	2~10

⑧ 굵은골재의 입도 표준(일반 콘크리트, 포장 콘크리트, 콘크리트 표준 시방서)

골재 번호	체의 호칭 / 골재의 크기(mm)	각 체를 통과하는 것의 질량비(%)											
		100	90	80	65	50	40	25	20	13	10	5	2.5	1.2
1	90~40	100	90~100	–	20~60	–	0~15	–	0~5	–	–	–	–	–
2	65~40	–	–	100	90~10	35~70	0~15	–	0~5	–	–	–	–	–
3	50~25	–	–	–	100	90~100	35~70	0~15	–	0~5	–	–	–	–
357	50~5	–	–	–	100	95~100	–	35~70	–	10~30	–	0~5	–	–
4	40~20	–	–	–	–	100	90~100	20~25	0~15	–	0~5	–	–	–
467	40~5	–	–	–	–	100	95~100	–	35~70	–	10~30	0~5	–	–
57	25~5	–	–	–	–	–	100	95~100	–	25~60	–	0~10	0~5	–
67	20~5	–	–	–	–	–	–	100	90~100	–	20~55	0~10	0~5	–
7	13~5	–	–	–	–	–	–	–	100	90~100	40~70	0~15	0~5	0~5
8	10~25	–	–	–	–	–	–	–	–	100	80~100	10~30	0~10	–

2-1-6 체가름 시험 예

(1) 잔골재의 체가름 시험

체의 호칭(mm)	각 체에 남는 양의 누계		각 체에 남는 양		통과량
	(g)	(%)	(g)	(%)	(%)
10	0	0	0	0	0
5	15	2.6	15	2.6	97.4
2.5	57	9.8	42	7.2	90.2
1.2	146	25.0	89	15.2	75.0
0.6	396	67.7	250	42.7	32.3
0.3	516	88.2	120	20.5	11.8
0.15	580	99.1	64	10.9	0.9
접 시	585	100	5	0.9	0
계			585		
조 립 률	2.92				

체가름 곡선

[비고] (1) FM=(2.6+9.8+25.0+67.7+88.2+99.1)÷100=2.92
(2) 잔골재의 입도가 입도 범위(FM=2.3~3.1) 안에 드므로, 콘크리트용 잔골재로서 알맞다.

(2) 굵은골재의 체가름 시험

체의 호칭(mm)	각 체에 남는 양의 누계 (g)	(%)	각 체에 남는 양 (g)	(%)	통과량 (%)
100					
* 75					
65					
50	0	0	0	0	100
* 40	637	4.2	637	4.2	95.8
30	3882	25.7	3245	21.5	74.3
25	5835	38.6	1953	12.9	61.4
* 20	8725	57.7	2890	19.1	42.3
13	10589	70.0	1864	12.3	30.0
* 10	12289	81.3	1700	11.3	18.7
* 5	14654	97.0	2365	15.7	3.0
* 2.5	15104	100	450	3.0	0
접 시					
계			15104	100	
조립률	7.40		최대 치수 (mm)	40	

체가름 곡선

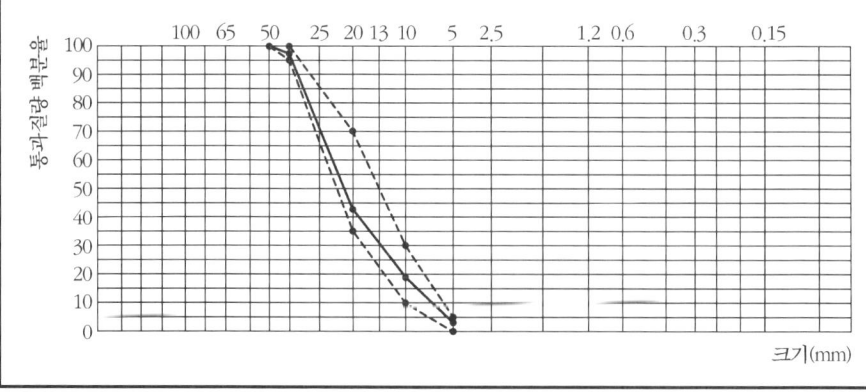

[비고] (1) FM=(4.2+57.7+81.3+97+100+100+100+100+100)÷100=7.40
(2) 굵은골재의 입도가 입도 범위(FM=6~8)안에 들므로, 콘크리트용 굵은골재로서 알맞다.
(3) 굵은골재의 입도 표준은 467호를 사용하였다.

2-2 굵은골재 밀도 및 흡수율 시험

2-2-1 목 적

콘크리트의 배합 설계를 할 때 골재의 부피와 빈틈 등의 계산을 하기 위해서 시험을 한다.

2-2-2 재 료

(1) 굵은골재
(2) 마른 천(흡수성)

2-2-3 기계 및 기구

(1) 시료 분취기
(2) 표준체(5mm, 13mm, 20mm, 25mm, 40mm, 50mm, 65mm, 80mm, 90mm, 100mm, 150mm)
(3) 저울(용량 5kg 이상, 감도 0.5g 이상)
(4) 철망태(골재의 최대치수가 40mm 이하일 경우에는 지름 약 200mm, 높이 약 200mm)
(5) 건조기(105±5℃의 온도를 고르게 유지 가능한 것)
(6) 물통(철망태를 담글 수 있는 크기)
(7) 데시케이터
(8) 시료 용기
(9) 시료 삽

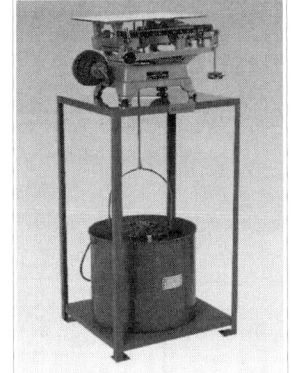
◯ 굵은골재 밀도 측정 장치

◯ 건조기

◯ 밀도 측정 망태

2-2-4 관계 지식

(1) 굵은골재의 밀도는 일반적으로 표면 건조 포화상태에 있는 골재알의 밀도를 말한다.
(2) 굵은골재의 밀도는 2.55~2.70g/cm³ 정도이다.
(3) 골재의 밀도가 클수록 조직이 치밀하여 강도가 크다.
(4) 골재의 밀도는 시료의 질량을 그 시료와 같은 부피의 물의 질량으로 나누어 구한다.
(5) 콘크리트의 배합 설계는 표면 건조 포화상태의 골재를 기준으로 하므로, 시방 배합을 현장 배합으로 고칠 때에는 현장 골재의 함수 상태에 따라 혼합 수량을 조정하여야 한다.
(6) 흡수율이란 표면 건조 포화상태일 때의 골재알에 들어 있는 모든 함수율을 말한다.
(7) 굵은골재의 흡수율은 보통 0.5~4% 정도이다.
(8) 밀도가 큰 골재는 조직이 치밀하여 흡수율이 적다.
(9) 골재의 함수상태는 다음과 같이 네 가지로 나눌 수 있다.
　㈎ 절대 건조상태 : 노건조(절건) 상태라고도 하며, 건조로에서 105±5℃의 온도로 무게가 일정하게 될 때까지 건조시킨 것으로서, 물기가 전혀 없는 상태이다.
　㈏ 공기 중 건조상태 : 기건상태라고도 하며, 습기가 없는 실내에서 건조시킨 것으로서, 골재알 속의 일부에만 물기가 있는 상태이다.
　㈐ 표면 건조 포화상태 : 표건상태라고도 하며, 골재알의 표면에는 물기가 없고, 골재알 속의 빈틈만 물로 차 있는 상태이다.
　㈑ 습윤상태 : 골재알의 속이 물로 차 있고, 표면에도 물기가 있는 상태이다.

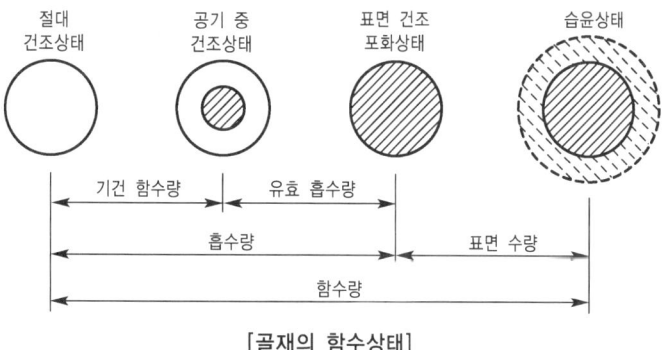

[골재의 함수상태]

(마) 골재의 함수상태 시험표준량

○ 시료의 종류와 채취량(2회 시험의 표준량)

시료의 종류		시료의 채취량	저울의 눈금량
잔 골 재		1kg	0.1g
굵은골재 최대치수(mm)	10~15	4kg	0.4g
	20~25	10kg	1g
	40~60	20kg	2g
	65 이상	40kg	4g

(10) 시료는 5mm 체를 통과하는 것은 모두 버리고 물로 깨끗이 씻어야 한다. 그렇지 않으면 시험 중에 철망태에서 빠져 오차가 생기기 쉽다.

(11) 시료의 표면 건조 포화상태의 작업을 하고 있는 동안에는 골재알 속의 빈틈에서 물이 마르지 않게 한다.

(12) 표면 건조 포화상태의 작업을 할 때, 시료의 알이 굵은 것은 한 개씩 닦는다.

(13) 물속에서 질량을 달기에 앞서 철망태를 흔들어 갇힌 공기를 빼낸다.

(14) 물속에서 질량을 달 때에는 물통의 수위를 일정하게 한다.

(15) 흡수율은 흡수 시간과 시료의 온도에 따라 달라지므로, 흡수율을 계산할 때 흡수 시간과 시료의 온도를 알아둔다.

(16) 일반적인 경우 굵은골재를 여러 개의 무더기로 나누어 시험하는 것이 좋으며, 시료가 40mm 체에 15% 이상 남을 때에는 40mm의 무더기 또는 그보다 작은 무더기에 합하여 시험한다.

2-2-5 시험 순서 및 방법

(1) 시료의 준비

① 시료를 시료 분취기 또는 4분법에 따라 채취한다.

② 시료를 여러 개의 무더기로 나누어 시험할 때, 시료의 최대 치수에 따라 표와 같이 시료의 최소 질량을 단다. 여기서, 시료의 최소 질량은 굵은골재 최대치수(mm 표시)의 0.1배를 kg으로 나타낸 양으로 한다.

③ 시료를 물에 깨끗이 씻는다.

④ 시료를 철망태에 넣고 수중에 진동을 주고 입자 표면과 입자간의 부착 공기를 제거한 후 20±5℃의 물속에 24시간 담근다.

(2) 밀도 및 흡수율 시험

① 20±5℃의 물속에서 시료의 수중질량(C)과 수온을 측정한다.

○ 표면 건조 포화 상태 작업

② 철망태와 시료를 수중에서 꺼내고 물기를 제거한 후 시료를 흡수천 위에 올리고 눈에 보이는 수막을 제거하여 표면 건조 포화상태의 질량(B)을 측정한다.
③ 105±5℃에서 일정 질량이 될 때까지 건조시키고 실온까지 냉각하여 절대 건조상태의 질량(A)을 측정한다.

(3) 결과의 계산

① 밀도는 다음 식에 따라 구한다.

$$\text{절대 건조상태의 밀도} = \frac{A}{B-C} \times \rho_w$$

여기서, A : 절대 건조상태 시료의 질량(g)
B : 공기 중에서의 표면 건조 포화상태 시료의 질량(g)
C : 시료의 수중질량(g)
ρ_w : 시험 온도에서의 물의 밀도(g/cm³)

> **참고**
> • 순수한 물의 밀도는 15℃에서 0.9991g/cm³, 20℃에서 0.9982g/cm³, 25℃에서 0.9970g/cm³이다.

$$\text{표면 건조 포화상태의 밀도(표건 밀도)} = \frac{B}{B-C} \times \rho_w$$

$$\text{겉보기 밀도} = \frac{A}{A-C} \times \rho_w$$

② 흡수량을 나타내는 흡수율은 다음 식에 따라 계산한다.

$$흡수율(\%) = \frac{B-A}{A} \times 100$$

③ 정밀도는 시험을 두번하여, 그 측정값의 평균값과 차가 밀도 시험의 경우에는 그 값의 0.01g/cm^3 이하, 흡수율 시험의 경우에는 0.03% 이하이어야 한다.

④ 시료를 여러 개의 무더기로 나누어 시험하였을 때 밀도, 표면 건조 포화상태의 밀도, 겉보기 밀도, 흡수율의 평균값은 각각 다음 식에 따라 구한다.

$$G = \frac{1}{\dfrac{P_1}{100 G_1} + \dfrac{P_2}{100 G_2} + \cdots\cdots + \dfrac{P_n}{100 G_n}}$$

여기서, G : 평균 밀도
$G_1, G_2, \cdots, G_n$: 각 무더기의 밀도
$P_1, P_2, \cdots, P_n$: 원시료에 대한 각 무더기의 질량비(%)

⑤ 흡수율의 평균값

$$A = \frac{P_1 A_1}{100} + \frac{P_2 A_2}{100} + \cdots\cdots + \frac{P_n A_n}{100}$$

여기서, A : 평균 흡수율(%)
$A_1, A_2, \cdots, A_n$: 각 무더기의 흡수율(%)
$P_1, P_2, \cdots, P_n$: 원시료에 대한 각 무더기의 질량비(%)

⑥ 평균 밀도 및 흡수율 계산

무더기의 크기 (mm)	원시료에 대한 질량비 (%)	시료의 질량 (g)	밀도 (g/cm³)	흡수율 (%)
5~13	44	2213.0	2.72	0.4
13~40	35	5462.5	2.56	2.5
40~65	21	12593.0	2.54	3.0

평균 밀도 $G = \dfrac{1}{\dfrac{0.44}{2.72} + \dfrac{0.35}{2.56} + \dfrac{0.21}{2.54}} = 2.62\text{g/cm}^3$

또는 $G = \dfrac{2.72 \times 44 + 2.56 \times 35 + 2.54 \times 21}{100} = 2.62\text{g/cm}^2$

평균 흡수율 $A = 0.44 \times 0.4 + 0.35 \times 2.5 + 0.21 \times 3.0 = 1.7\%$

2-2-6 굵은골재의 밀도 및 흡수율 시험 예

측 정 번 호	1	2
① 공기 중의 표건시료의 질량 B(g)	6755	6530
② 물속에서의 철망태와 표건 시료의 질량(g)	4841	4699
③ 물속에서의 철망태의 질량(g)	632	632
④ 물속에서의 표건 시료의 질량 C=②-③(g)	4209	4067
표면 건조 포화상태의 밀도 $\dfrac{①}{①-④} \times \rho_w$	2.648	2.646
측정값의 차	0.002	
허 용 차	0.01	
평 균 값(g/cm³)	2.65	
⑤ 노 건조 시료의 질량 A(g)	6658	6437
흡수율 $\dfrac{①-⑤}{⑤} \times 100$(%)	1.457	1.445
측정값의 차(%)	0.012	
허 용 값(%)	0.03	
평 균 값(%)	1.45	

[비고] (1) 2회의 밀도 평균값과 차가 허용차 0.01g/cm³ 이하이므로 2.65g/cm³를 밀도값으로 한다.
 (2) 2회의 흡수율 평균값과 차가 허용차 0.03% 이내이므로 1.45%를 흡수율로 한다.
 (3) ρ_w : 사용물의 온도가 20℃이므로 ρ_w =0.9982g/cm³을 적용한다.

2-3 잔골재의 밀도 및 흡수율 시험

2-3-1 목 적

콘크리트의 배합 설계를 할 때 잔골재의 부피 계산을 하기 위해서 시험을 한다.

2-3-2 재 료

(1) 잔골재 (2) 마른 천(흡수성)

2-3-3 기계 및 기구

(1) 시료 분취기
(2) 원뿔형 몰드
(3) 다짐대
(4) 저울(칭량 1kg 이상, 감도 0.1g 이상)

(5) 플라스크(용량 500ml)
(6) 건조기(105±5℃의 온도를 고르게 유지 가능한 것)
(7) 항온 수조
(8) 데시케이터
(9) 피펫
(10) 시료 용기
(11) 시료 삽

○ 원뿔형 몰드 및 다짐대

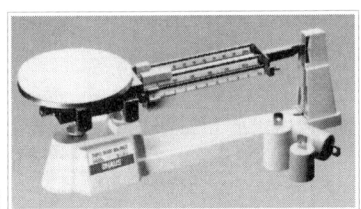
○ 저울

○ 플라스크

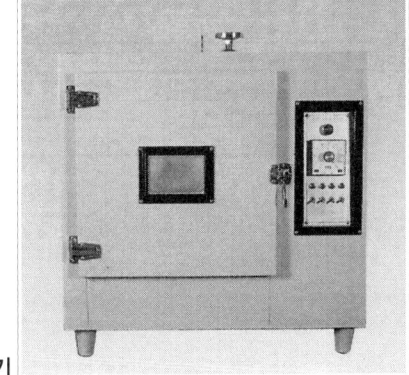
○ 건조기

2-3-4 관련 지식

(1) 잔골재의 밀도는 표면 건조 포화상태의 골재알의 밀도를 말한다.
(2) 잔골재의 밀도는 보통 2.50~2.65g/cm³ 정도이다.
(3) 밀도가 큰 골재는 빈틈이 적어서 흡수율이 적고, 강도와 내구성이 크다.
(4) 잔골재의 흡수율은 골재알 속의 빈틈이 많고 적음을 나타낸다.
(5) 잔골재의 흡수율은 콘크리트를 배합할 때, 혼합 수량을 조정하는 데 쓰인다.
(6) 잔골재의 흡수율은 1~6% 정도이다.
(7) 시험에 사용하는 유리제품은 깨어지기 쉬우므로 조심스럽게 다룬다.
(8) 플라스크는 반드시 용량을 검정한 후에 사용한다.
(9) 시료를 표면 건조 포화상태로 만들 때, 너무 빨리 건조시키면 시료의 일부가 공기 중 건조상태나 절대 건조상태가 되기 쉬우므로 주의해야 한다.
(10) 흡수율 시험을 할 때 건조작업 중에 작은 낱알이 날리지 않도록 한다.
(11) 시험의 정밀도는 각 골재의 표면 건조 포화상태를 정확하게 측정하는 데에 달려 있다.

2-3-5 시험 순서 및 방법

(1) 시료의 준비

① 시료를 시료 분취기 또는 4분법에 따라 채취한다.
② 시료를 약 1,000g을 준비한다.
③ 시료를 시료 용기에 담아 질량이 일정하게 될 때까지 105±5℃의 온도로 건조시킨다.
④ 시료를 24±4 시간 동안 물속에 담근다. 수온은 20±5℃에서 최소한 20시간 이상 유지하도록 한다.
⑤ 시료를 편평한 그릇에 펴놓고 따뜻한 공기로 천천히 건조시킨다.
⑥ 시료의 표면에 물기가 거의 없을 때, 시료를 원뿔형 몰드에 느슨하게 채워 넣는다.
⑦ 다짐대로 시료의 표면을 가볍게 25번 다진다.
⑧ 원뿔형 몰드를 수직으로 빼 올린다. 이때, 원뿔 모양이 흘러내리지 않고 그 상태를 그대로 유지하면 잔골재에 표면수가 있는 것이다.

⑨ 다시 잔골재를 펴서 건조시키고, 앞의 (6)~(8)항의 방법을 되풀이한다.
⑩ 원뿔형 몰드를 빼 올렸을 때, 잔골재의 원뿔 모양이 흘러내리기 시작하면 이것을 잔골재의 표면 건조 포화상태로 한다.

(2) 밀도 및 흡수율 시험

① 표면 건조 포화상태의 시료 500g 이상을 채취하고 그 질량(m)을 0.1g까지 측정한다.

② 플라스크에 물을 일부 넣고 500g 이상의 표면 건조 포화상태 시료를 넣는다.
③ 플라스크를 편평한 면에 굴리어 뒤흔들어서 공기를 모두 없앤다.
④ 플라스크, 시료, 물의 질량(C)을 0.1g까지 측정한다.
⑤ 플라스크에서 꺼낸 시료로부터 상부의 물을 천천히 따라 버리고 일정한 온도가 될 때까지 약 24시간 동안 105±5℃에서 건조시켜 그 질량(A)을 0.1g까지 측정한다.
⑥ 플라스크 속에 물을 검정 용량까지 다시 채워 그 질량(B)을 측정한다.

(3) 결과의 계산

① 밀도는 다음 식에 따라 구한다.

$$절대\ 건조밀도 = \frac{A}{B+m-C} \times \rho_w$$

$$표면\ 건조\ 포화상태의\ 밀도(표건\ 밀도) = \frac{m}{B+m-C} \times \rho_w$$

$$상대\ 겉보기\ 밀도 = \frac{A}{B+A-C} \times \rho_w$$

A : 공기 중에서의 노 건조 시료의 질량(g)
B : 물의 검정선까지 채운 플라스크의 질량(g)
C : 시료와 물을 검정선까지 채운 플라스크의 질량(g)
ρ_w : 사용한 물의 온도에 따른 물의 밀도(g/cm^3)

② 다음 식에 따라 흡수율을 계산한다.

$$흡수율(\%) = \frac{m-A}{A} \times 100$$

③ 시험 두 번 실시하여, 그 측정값의 평균값과 차가 밀도 시험의 경우 0.01g/cm^3 이하, 흡수율 시험의 경우에는 0.05% 이하이어야 한다.
④ 흡수율이 3% 이상 되는 잔골재는 콘크리트의 강도나 내구성에 나쁜 영향을 끼친다.
⑤ 잔골재의 밀도와 흡수량의 관계

밀도(g/cm^3)	흡수량(%)
2.50 이하	3.5 이상
2.50~2.65	1.5~3.5
2.65 이상	1.5 이하

2-3-6 잔골재의 밀도 및 흡수율 시험 예

측정번호	1	2
① 빈 플라스크의 질량(g)	177.5	177.5
② (플라스크+물)의 질량 B(g)	677.5	677.5
③ 표건 시료의 질량 m(g)	520	540
④ (플라스크+물+시료)의 질량 C(g)	999.3	1011
표면 건조 포화상태의 밀도 $\frac{③}{②+③-④} \times \rho_w$	2.623	2.615
측정값의 차	0.008	
허 용 차	0.01	
평 균 값	2.62	
⑤ 노건조 시료의 질량 A(g)	513.1	532.9
흡수율 $\frac{③-⑤}{⑤} \times 100$(%)	1.345	1.332
측정값의 차(%)	0.013	
허 용 차(%)	0.05	
평 균 값(%)	1.34	

[비고] (1) 2회의 밀도 평균값과 차가 허용차 0.01g/cm³ 이내이므로 2.62g/cm³을 밀도값으로 한다.
(2) 2회의 흡수율 평균값과 차가 허용차 0.05% 이내이므로 1.34%를 흡수율로 한다.
(3) ρ_w : 물의 온도가 15℃에서 시험하여 0.9991g/cm³을 적용한다.

2-4 잔골재의 표면수 시험

2-4-1 목 적

콘크리트 배합설계 시 골재는 표면 건조 포화상태를 기준한 것으로 골재에 표면수가 있으면 물-시멘트비가 달라지므로 혼합수량을 조정하기 위해서 시험을 한다.

2-4-2 재 료

잔골재

2-4-3 기계 및 기구

(1) 저울(칭량 2kg 이상, 감도 0.1g)
(2) 플라스크(용량 500ml)
(3) 메스실린더(1,000ml)

(4) 피펫
(5) 뷰렛
(6) 비커
(7) 시료 용기
(8) 시료 숟가락

2-4-4 관계 지식

(1) 잔골재의 표면수는 잔골재알의 표면에 묻어 있는 물이며, 잔골재가 가지고 있는 물에서 잔골재알 속에 들어 있는 물을 뺀 것이다 .
(2) 잔골재의 표면수율은 일반적으로 표면 건조 포화상태의 골재에 대한 질량비(%)로 나타낸다.
(3) 잔골재의 표면수 측정 방법에는 질량에 의한 측정법과 부피에 의한 측정법이 있으며, 또 현장에서 사용하는 메스실린더에 의한 간이 측정법이 있다.
(4) 시험에 사용하는 유리 제품은 깨어지지 않도록 조심하여 다룬다.
(5) 표면수는 시료의 채취 장소에 따라 달라지므로, 여러 곳에 있는 골재에 대해서 시험하여야 한다.
(6) 시험은 18~29℃의 온도 범위 안에서 하여야 한다.
(7) 시료는 채취 방법이나 계량 방법의 부정확 등에 따른 오차를 적게 하기 위해서는 주어진 시간 안에 취급할 수 있는 범위 내에서 될 수 있는 대로 많이 채취한다.
(8) 시험의 정밀도는 잔골재의 표면 건조 포화상태의 밀도를 정확하게 측정하는데 달려 있다.

2-4-5 시험 순서 및 방법

(1) 시료의 준비

① 표면수율을 측정할 잔골재를 대표할 수 있는 시료를 채취한다.
② 표면수가 있는 시료 400g 이상 준비한다.

(2) 표면수 측정

① 질량에 의한 측정법
㈎ 시료 200g 이상을 단다.
㈏ 플라스크에 표시선까지의 물을 채우고 질량을 단다.
㈐ 플라스크를 비운 다음, 다시 플라스크에 시료가 충분히 잠길 수 있도록 물을 넣는다.

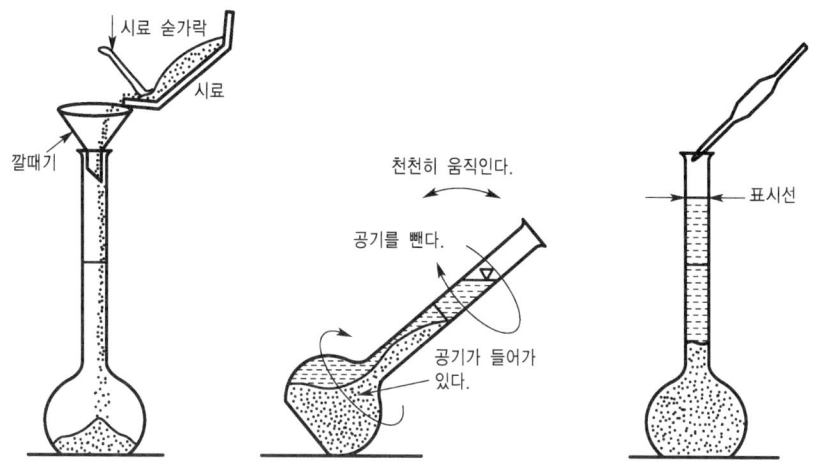

㈑ 플라스크 속에 시료를 넣고, 흔들어서 공기를 없앤다(그림 참조).

㈒ 플라스크에 표시선까지 물을 채우고, 플라스크, 시료, 물의 질량을 단다.

㈓ 시료가 밀어 낸 물의 질량을 다음 식에 따라 구한다.

$$m = m_1 + m_2 - m_3$$

여기서, m : 시료가 밀어 낸 물의 양(g)
m_2 : 표시선까지 물이 들어 있는 플라스크의 질량(g)
m_1 : 시료의 질량(g)
m_3 : 시료를 넣고 표시선까지 물을 채웠을 때의 플라스크의 질량(g)

② 용적에 의한 측정법

㈎ 시료 200g 이상을 단다.

㈏ 메스실린더에 시료가 충분히 잠길 수 있도록 물을 넣고, 물의 양을 ml로 측정한다.

㈐ 시료를 메스실린더 속에 넣고, 흔들어서 공기를 없앤다.

㈑ 시료와 물이 섞인 양을 눈금으로 읽는다.

㈒ 시료가 밀어 낸 물의 양을 다음 식에 따라 구한다.

$$V = V_2 - V_1$$

여기서, V : 시료가 밀어 낸 물의 양(ml)
V_2 : 시료와 물이 섞인 양(ml)
V_1 : 시료가 완전히 잠기는 데 필요한 물의 양(ml)

(3) 결과의 계산

① 표면수율은 다음 식에 따라 구한다.

$$H = \frac{m - m_s}{m_1 - m} \times 100$$

여기서, H : 표면 건조 포화상태의 잔골재를 기준으로 한 표면수율(%)
m : 시료가 밀어 낸 물의 질량(g)
m_s : 시료의 질량(m_1 의 값)을 잔골재의 밀도 및 흡수율 시험의 방법에 따라 측정한 표면 건조 포화상태일 때의 밀도로 나눈 값($m_s = \dfrac{m_1}{밀도}$)
m_1 : 시료의 질량(g)

② 시험은 같은 시료에 대하여 계속 두 번 시험하였을 때의 평균값과 각 시험 차가 0.3% 이하이어야 한다.

③ 모래 표면수의 간이 측정법(메스실린더법)은 다음과 같다.
㈎ 표면 수량 측정도의 만들기
- 표면 건조 포화상태의 모래를 400g을 취하여 물 400ml가 들어 있는 1,000ml의 메스실린더 속에 넣는다.

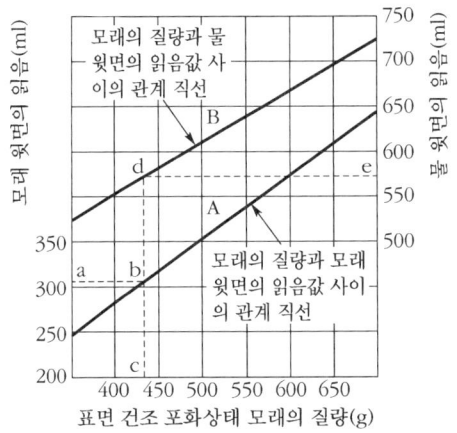

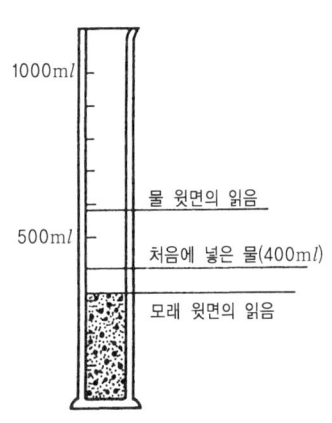

(a) 표면수율의 측정도   (b) 물 윗면 및 모래 윗면의 읽음

- 모래가 충분히 가라앉은 뒤 모래의 윗면의 읽음(ml)과 물 윗면의 읽음(ml)을 기록한다.
- 표면 건조 포화상태의 모래 450g, 500g, ……을 취하여 위와 같은 방법으로 하여 모래 윗면과 물 윗면의 읽음(ml)을 기록한다.
- 이와 같이 얻은 값으로 그림 (a)와 같이 A선과 B선을 그어서 표면수율 측정도를 만든다.

(나) 표면수율 측정의 보기
- 표면수율을 알고자 하는 임의 양의 젖은 모래를 취하여, 물 400mℓ를 넣은 1,000mℓ의 메스실린더에 이 모래를 넣는다.
- 이때, 모래 윗면의 읽음값이 307mℓ, 물 윗면의 읽음값이 583mℓ라고 하면, 그림 (a)의 왼쪽 세로축상에 307mℓ에 해당하는 a점을 취하여 화살표와 같이 a→b→c를 따라가면, 임의의 양을 취한 이 모래의 양은 c점의 위치에 의하여 표면 건조 포화상태로서 430g이라는 것을 알 수 있다.
- 한편, a→b→c→d→e 따라 e점의 읽음값 570mℓ를 얻는다.
- 그러면, 표면 건조 포화상태의 모래 430g에 대한 표면수량과 표면수율은 다음과 같이 된다.

면수량 = 583 - 570 = 13mℓ
표면수율 = $\frac{13}{430} \times 100 = 3\%$

(4) 골재의 표면수율의 대략의 값

골재의 상태	표면수율(%)
젖은 자갈 또는 부순 돌	1.5~2
조금 젖은 모래(손에 쥐면 모양이 바로 무너지고, 손바닥이 약간 젖은 것을 느낄 수 있다.)	0.5~2
보통 젖은 모래(손에 쥐면 모양이 쥐어지고, 손바닥에 물이 약간 묻는다.)	2~4
아주 젖은 모래(손에 쥐면 손바닥이 젖는다.)	5~8

2-4-6 잔골재의 표면수 시험 예

(1) 질량에 의한 측정법

측정번호	1	2
① (용기+표시선까지의 물)의 질량 m_2 (g)	952.5	952.7
② 시료의 질량 m_1 (g)	500.0	500.0
③ (용기+표시선까지의 물+시료)의 질량 m_3 (g)	1250.7	1251.4
④ 시료가 밀어 낸 물의 양 m = ①+②-③(g)	201.8	201.3
⑤ $m_s = \frac{②}{밀도}$	192.3	192.3
표면수율 $H = \frac{④-⑤}{②-④} \times 100(\%)$	3.2	3.0
측정값의 차(%)	0.2	
허용 차(%)	0.3	
평균 값(%)	3.1	

(2) 용적에 의한 측정법

측정번호	1	2
⑥ 시료가 완전히 잠기는데 필요한 물의 양 V_1 (ml)	200.0	200.0
⑦ (시료+물)의 양 V_2 (ml)	401.7	401.2
⑧ 시료가 밀어 낸 물의 양 $V=⑦-⑥$ (ml)	201.7	201.2
표면 수율 $H=\dfrac{⑧-⑤}{②-⑧}\times 100\%$	3.2	3.0
측정값의 차(%)	0.2	
허 용 차(%)	0.3	
평 균 값(%)	3.1	

※ 이 시료의 표면 건조 포화상태의 밀도는 2.60g/cm³이다.

2-5 골재의 용적질량 및 실적률 시험

2-5-1 목 적

골재의 빈틈률을 계산하거나 콘크리트 배합에서 골재의 부피를 나타낼 때 필요하기 때문에 시험한다.

2-5-2 재 료

(1) 잔골재
(2) 굵은골재

2-5-3 기계 및 기구

(1) 측정 용기(금속제의 원통으로서, 그 용량은 골재의 최대 치수에 따라 사용한다)
(2) 다짐대(지름 16mm, 길이 600mm 원형강 막대)
(3) 저울(시료 무게의 0.1%까지 잴 수 있는 감도를 가진 것)
(4) 표준체(13mm, 25mm, 40mm, 100mm 체)
(5) 건조기(105±5℃의 온도를 고르게 유지할 것)
(6) 시료 분취기
(7) 큰 삽
(8) 곧은 날
(9) 유리판

○ 단위 용적기

2-5-4 관련 지식

(1) 골재의 단위 용적 질량은 공기 중 건조상태에 있어서 $1m^3$의 골재의 질량을 말한다.
(2) 골재의 단위 용적질량은 다음과 같은 요인에 따라 달라진다.
　(가) 골재의 밀도가 크면 단위 용적질량이 커진다.
　(나) 잔골재는 표면수가 있으면, 부풀음이 생겨 건조상태에 비해 최대부피가 15~30% 정도 커진다.
　(다) 잔골재의 부풀음 현상은 골재알이 작을수록 커지며, 함수량 4~6%에서 최대가 된다.
　(라) 골재알의 모양과 입도, 용기의 모양과 크기 및 채우는 방법에 따라 달라진다.
(3) 골재의 단위 용적질량 시험방법에는 다음과 같은 종류가 있다.
　(가) 다짐대를 사용하는 방법 : 골재의 최대치수가 40mm 이상 80mm 이하인 것에 적용된다. 이 방법으로 구한 값은 다져진 골재의 단위 용적 질량이며, 골재의 빈틈을 계산할 때 사용한다.
　(나) 충격을 이용하는 방법 : 골재의 최대 치수가 40mm 이상 80mm 이하인 것에 적용한다. 이 방법으로 구한 값은 다져진 골재의 단위 용적질량이며, 골재의 빈틈을 계산할 때 사용한다.
(4) 골재의 최대치수에 따라 시험용기의 용량과 시험방법이 달라진다.
(5) 용기에 시료를 채울 때, 굵은 알과 잔 알이 분리되지 않도록 한다.
(6) 다짐대를 사용할 때에는 다짐대가 용기의 밑바닥에 닿지 않도록 한다.
(7) 용기의 다짐 횟수

굵은골재의 최대 치수(mm)	용량(l)	층별 다짐횟수
5 이하(잔골재)	1~2	20
10 이하	2~3	20
10 초과 40 이하	10	30
40 초과 80 이하	30	50

2-5-5 시험 순서 및 방법

(1) 시료의 준비 및 용기의 검정

① 시료의 준비
　(가) 대표적인 시료를 4분법 또는 시료 분취기로 채취한다.
　(나) 시료는 시험용기 용량의 2배 이상 준비한다.
　(다) 시료를 질량이 일정하게 될 때까지 105±5℃의 온도로 건조로에서 건조시킨 후, 충분히 섞어서 공기 중 건조상태로 만든다. 다만, 굵은골재의 경우는 기건상태여도 좋다.

(2) 단위 용적 질량 시험

① 다짐대를 사용하는 방법

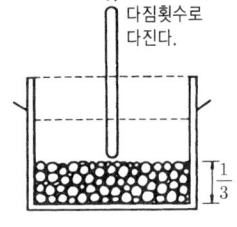

(가) 시료를 용기의 $\frac{1}{3}$ 정도 채우고 손가락으로 윗면을 고른다.

(나) 시료를 다짐대로 고르게 다진다.

(다) 시료를 용기의 $\frac{2}{3}$ 까지 채우고, (나)항과 같은 방법으로 다진다. 이때, 다짐대가 아래층을 뚫고 들어갈 수 있는 힘만 준다.

(라) 용기의 시료를 넘치도록 채우고, (나)항과 같은 방법으로 다진다.

(마) 용기의 윗면에서 골재의 튀어나온 부분이 빈틈과 거의 같도록 손가락이나 곧은 날로 고른다.

(바) 용기와 시료의 질량을 달고, 시료의 질량을 0.1%까지 기록한다.

② 충격을 이용하는 방법

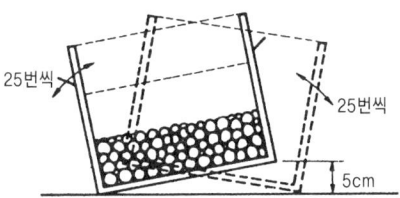

(가) 용기를 콘크리트 슬래브와 같은 단단한 기초 위에 놓고, 용기의 $\frac{1}{3}$ 까지 시료를 채운다.

(나) 용기의 한쪽을 약 5cm 가량 들어올렸다 떨어뜨리고, 반대쪽을 5cm 정도 들어올렸다 떨어뜨려 한쪽을 25번씩 모두 50번 떨어뜨려 다진다.

(다) 용기의 $\frac{2}{3}$ 까지 시료를 채우고, (나)항과 같은 방법으로 다진다.

(라) 용기에 넘치도록 시료를 채우고, (나)항과 같은 방법으로 다진다.

(마) 용기의 윗면에서 골재의 튀어나온 부분이 빈틈과 거의 같도록 손가락이나 곧은 날로 고른다.

(바) 용기와 시료의 질량을 달고, 시료의 질량을 0.1%까지 기록한다.

(3) 결과의 계산

① 골재의 단위 용적 질량은 다음 식에 의해 구한다.

$$\text{골재의 단위 용적질량(kg/m}^3\text{)} = \frac{\text{용기 안의 시료의 질량}}{\text{용기의 용적}}$$

② 같은 시료를 사용하여 같은 방법으로 시험한 결과의 차이는 평균값 0.01kg/l (10kg/m^3) 이하이어야 한다.

③ 골재 단위 용적질량의 대략값

골재의 종류	단위 용적 질량(kg/m³)	
	다지지 않은 경우	다진 경우
잔골재 (건조)	1,450~1,600	1,500~1,850
(습윤)	1,350~1,500	
굵은골재 (5~20mm)	1,450~1,550	1,550~1,700
(10~20mm)	1,450~1,500	1,500~1,600

④ 골재의 실적률(G)

$$G = \frac{T}{d_D} \times 100$$

여기서, T: 단위 용적 질량(kg/l)
d_D: 골재의 절건 밀도(kg/l)

2-6 골재 중의 함유되는 점토덩어리 양의 시험

2-6-1 목 적

콘크리트나 모르타르에 사용되는 골재 속의 점토 함유량이 어느 정도인지를 알기 위해 시험한다.

2-6-2 재 료

(1) 잔골재
(2) 굵은골재

2-6-3 기계 및 기구

(1) 표준체(0.6mm, 1.2mm, 2.5mm, 5mm 및 10mm, 15mm, 20mm, 25mm, 30mm, 40mm 체)
(2) 저울(시료 무게의 0.1%까지 잴 수 있는 감도를 가진 것)
(3) 용기
(4) 시료 분취기
(5) 건조기(105±5℃의 온도를 고르게 유지 가능한 것)

2-6-4 관련 지식

(1) 콘크리트나 모르타르에 사용하는 골재는 깨끗하고 점토덩어리가 들어 있지 않아야 한다.

(2) 점토가 골재의 표면에 붙어 있으면, 시멘트풀과 골재의 표면과의 부착력이 약해져서 콘크리트의 강도가 작아진다.
(3) 골재 속에 점토덩어리가 많이 들어 있으면, 콘크리트나 모르타르를 비빌 때 혼합수량이 많아져서 콘크리트의 강도와 내구성이 작아진다.
(4) 골재 속에 들어 있는 점토가 덩어리로 되어 있으면, 습윤과 건조, 동결과 융해로 인하여 점토덩어리 자신이 부서지거나 콘크리트의 표면을 손상시킨다.
(5) 점토덩어리 양은 점토덩어리를 제거한 시료의 원시료에 대한 질량비(%)로 나타낸다.
(6) 시료에 들어 있는 점토덩어리는 부서지지 않도록 다루어야 한다.
(7) 시료에 잔골재와 굵은골재가 섞여 있는 경우에는 5mm 체로 체가름하여 사용한다.
(8) 손가락으로 눌러서 부스러지는 것은 모두 점토덩어리로 취급한다.

2-6-5 시험 순서 및 방법

(1) 시료의 준비

① 대표적인 시료를 4분법 또는 시료 분취기로 채취한다.
② 시료를 상온에서 천천히 건조하여 공기 중 건조상태로 한다.
③ 잔골재의 시료는 1.2mm 체에 남는 것으로 1,000g 이상으로 하고, 이것을 2등분하여 각각 [표 1] 굵은골재의 시료 질량 1회의 시험 시료로 한다.
④ 굵은골재의 시료는 5mm 체에 남는 것으로 최대 치수에 따라 각각 [표 1]에 나타낸 양 이상으로 하고, 이것을 2등분하여 각각 1회의 시험 시료로 한다.

[표 1] 굵은골재의 시료 질량

굵은골재의 최대치수(mm)	시료의 질량(kg)
10 또는 15	2
20 또는 25	6
30 또는 40	10
40 이상	20

(2) 점토 덩어리량 시험

① 시료를 용기에 넣고 105±5℃에서 질량이 일정하게 될 때까지 건조한다.
② 건조한 시료의 질량을 0.1%까지 정확히 단다.
③ 시료를 용기의 밑면에 얇게 펴서 깐다.
④ 시료가 잠길 때까지 용기에 물을 붓는다.
⑤ 24시간 흡수시킨 후 남은 물을 버린다.
⑥ 시료를 손가락으로 누르면서 점토덩어리를 조사한다. 이때 손가락으로 눌러서 잘게 부서질 수 있는 것을 점토덩어리로 한다.
⑦ 모든 점토덩어리를 부수고 나서, 잔골재와 굵은골재를 각각 [표 2]의 체 위에서 물로 씻는다.
⑧ 체에 걸린 골재알을 105±5℃에서 질량이 일정하게 될 때까지 건조한다.
⑨ 건조한 골재알의 질량을 0.1%까지 정확히 단다.

[표 2] 씻기 체의 크기

골재의 종류	체의 크기(mm)
잔골재	0.6
굵은골재	2.5

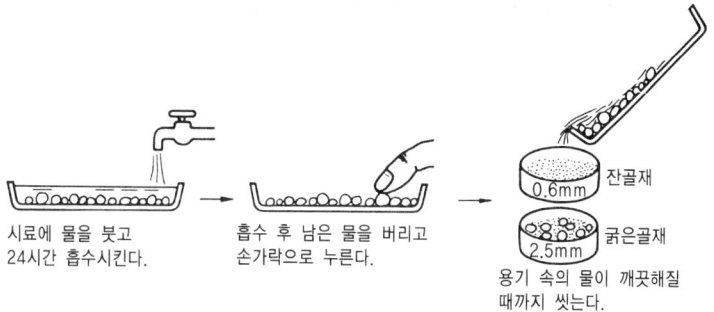

(3) 결과의 계산

① 점토 덩어리량을 다음 식에 따라 계산하고, 소수점 아래 첫째 자리까지 구한다.

$$L(\%) = \frac{W - W_o}{W} \times 100$$

여기서, L : 점토 덩어리량의 질량비(%)
W : 시험 전의 건조 시료의 질량(g)
W_o : 시험 후의 건조 시료의 질량(g)

② 시험은 두 번 하여 그 평균값으로 하며, 평균값과의 차는 0.2% 이하이어야 한다.
③ 콘크리트용 골재의 점토덩어리 함유량의 한도

골재의 종류	최댓값(질량비(%))
잔골재	1.0
굵은골재	0.25

2-6-6 골재 중의 점토 덩어리량의 시험 예

측 정 번 호	잔골재		굵은골재	
	1	2	1	2
① 시험 전의 건조 시료의 질량 W(g)	600	620	6350	6420
② 점토덩어리를 없앤 뒤의 건조시료의 질량 W_o(g)	595.6	615.4	6337.3	6406
③ 점토 덩어리량(%)= $\frac{①-②}{①} \times 100$	0.73	0.74	0.20	0.22
측정값의 차(%)	0.1		0.02	
허 용 차(%)	0.2		0.2	
평 균 값(%)	0.84		0.21	

[비고] (1) 잔골재
    (개) 2회 측정값의 차가 0.01%로서, 0.2% 이내이므로 평균값 0.74%를 점토 덩어리량(%)으로 한다.
    (내) 이 값은 점토덩어리 함유량의 한도 1.0% 이내이므로 콘크리트용 잔골재로서 알맞다.
(2) 굵은골재
    (개) 2회 측정값의 차가 0.02%로서 허용차 0.2% 이내이므로 평균값 0.21%를 점토 덩어리량(%)으로 한다.
    (내) 이 값은 점토덩어리 함유량의 한도 0.25% 이내이므로 콘크리트용 굵은골재로서 알맞다.

2-6-7 잔골재의 유해물 함유량의 한도 (질량백분율)

종 류	최대치
점토덩어리	1.0
0.08mm 체 통과량 1) 콘크리트의 표면이 마모작용을 받는 경우 2) 기타의 경우	3.0(5.0) 5.0(7.0)
석탄, 갈탄 등으로 밀도 2.0g/cm³의 액체에 뜨는 것 1) 콘크리트의 외관이 중요한 경우 2) 기타의 경우	0.5 1.0
염화물 이온양	0.02

여기서, • 부순 잔골재 및 고로 슬래그 잔골재의 경우 0.08mm 체를 통과하는 재료가 석분이며, 점토나 실드를 포함하지 않을 때에는 최대치를 각각 5% 및 7%로 해도 좋다.
• 염화물 이온양은 잔골재의 절대건조 질량에 대한 백분율이며, 염화나트륨으로 환산하면 약 0.04%에 상당한다.

◘ 부순 잔골재의 물리적 성질

시험 항목	품질 기준
절대건조 밀도(g/cm³)	2.50 이상
흡수율(%)	3.0 이하
안정성(%)	10 이하
0.08mm체 통과량(%)	7.0 이하

2-7 골재에 포함된 잔입자(0.08mm 체 통과하는) 시험

2-7-1 목 적

골재 속에 잔입자가 많이 들어 있으면 콘크리트의 혼합 수량이 많아지고 건조 수축에 의해 콘크리트가 균열이 생기기 쉬우므로 잔입자의 함유량을 알아보기 위해 시험한다.

2-7-2 재 료

(1) 잔골재
(2) 굵은골재
(3) 거름종이

2-7-3 기계 및 기구

(1) 표준체(0.08mm, 1.2mm, 2.5mm, 5mm 및 10mm, 20mm, 40mm 체)
(2) 저울(시료 무게의 0.1%까지 잴 수 있는 감도를 가진 것)

◘ 골재씻기 시험용체

◘ 골재씻기 용기

(3) 건조기(105±5℃의 온도 유지 가능한 것)
(4) 씻기용 용기
(5) 데시케이터
(6) 시료 분취기
(7) 시료 삽

2-7-4 관련 지식

(1) 골재에 들어 있는 잔입자는 점토, 실트, 운모질 등이다.
(2) 골재에 잔입자가 들어 있으면, 블리딩 현상으로 인하여 레이턴스(laitance)가 많이 생기게 된다.
(3) 골재알의 표면에 점토, 실트 등이 붙어 있으면, 시멘트풀과 골재와의 부착력이 약해져서 콘크리트의 강도와 내구성이 작아진다.
(4) 운모질이 많이 들어 있는 골재는 표면이 닳음 작용을 받는 콘크리트에 사용해서는 안 된다.
(5) 잔입자의 시험은 골재를 물로 씻어서 0.08mm 체를 통과하는 것을 잔 입자로 본다.
(6) 시료는 잘 혼입되게 한다.
(7) 시료는 재료가 분리되지 않을 정도로 충분히 물기가 있게 한다.
(8) 시료는 물속에서 잘 휘저어야 하고, 시료 속의 굵은 알은 될 수 있는 대로 씻은 물과 함께 흘러나가지 않게 한다.
(9) 물에 뜨게 한 잔입자는 씻은 물과 함께 흘러가게 한다.
(10) 골재를 씻은 물을 체에 부어 넣을 때나 시료를 다른 용기에 옮길 때 시료가 없어지지 않게 한다.
(11) 시료의 질량

골재의 최대 치수(mm)	시료의 최소 질량의 근사값(g)
2.5	100
5	500
10	1,000
20	2,500
40 및 그 이상	5,000

2-7-5 시험방법 및 순서

(1) 시료의 준비

① 대표적인 시료를 4분법 또는 시료 분취기로 채취한다.
② 시료의 질량은 건조하였을 때 골재의 최대치수에 따라 최소 질량값 이상으로 한다.

(2) 잔입자 시험

① 시료를 105±5℃의 온도에서 질량이 일정하게 될 때까지 건조시킨다.
② 시료를 실온까지 식힌 다음, 그 질량을 0.1%의 정밀도로 정확하게 단다.
③ 시료를 용기에 넣고, 시료가 완전히 잠기도록 물을 넣는다.
④ 시료를 휘저어 잔 입자와 굵은 입자를 분리시키고, 잔 입자를 물에 뜨게 한다.
⑤ 시료를 씻은 물을 0.08mm 체 위에 1.2mm 체를 얹은 한 벌로 된 체에 붓는다.

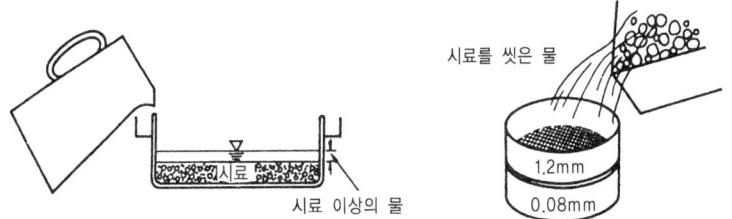

⑥ 한 벌의 체 위에 남은 모든 재료를 씻은 시료 속에 다시 넣는다.
⑦ 씻은 물이 맑아질 때까지 위의 작업을 계속한다.
⑧ 씻은 시료를 105±5℃의 온도에서 질량이 일정하게 될 때까지 건조시킨다.
⑨ 건조된 시료의 질량을 0.1%의 정밀도로 정확하게 단다.

(3) 결과의 계산

① 시험 결과는 다음 식으로 계산한다.

$$S(\%) = \frac{A-B}{A} \times 100$$

여기서, S : 0.08mm 체를 통과하는 잔 입자량의 질량비(%)
A : 씻기 전의 시료의 건조 질량(g)
B : 씻은 후의 시료의 건조 질량(g)

② 시험 결과에 대한 검산이 필요할 때에는 씻은 물을 증발시키거나 또는 거름종이로 거른 뒤, 찌꺼기를 충분히 건조시켜 질량을 달아서 다음 식으로 그 질량비를 계산한다.

$$S(\%) = \frac{R}{A \times 100}$$

여기서, R : 찌꺼기의 질량(g)

③ 0.08mm 체를 통과하는 골재의 잔입자 함유량의 한도

항 목	최댓값(질량비%)	
	잔골재	굵은골재
콘크리트의 표면이 마모작용을 받는 경우	3.0	1.0
기타의 경우	5.0	

2-7-6 골재에 포함된 잔입자(0.08mm 체 통과) 시험 예

측정 번호	잔골재		굵은골재	
	1	2	1	2
① 씻기 전의 시료의 건조 질량 A(g)	585		5,365	
② 씻은 후의 시료의 건조 질량 B(g)	571.5		5,332.8	
③ 남은 찌꺼기의 질량 R(g)	13.5		32.2	
0.08mm 체를 통과하는 잔입자의 질량비 $\frac{①-②}{①}\times100(\%)$	2.31		0.6	
검산 $\frac{③}{①}\times100(\%)$	2.31		0.6	

[비고] (1) 잔골재 : 잔입자의 양이 질량비로 2.31%로서, 허용 함유량의 한도 이내 이므로 콘크리트용 잔골재로서 적합하다.
 (2) 굵은골재(최대 치수 40mm) : 잔입자의 양이 질량비로 0.6%로서, 허용 함유량의 한도 이내 이므로 콘크리트용 굵은골재로서 적합하다.

2-7-7 굵은골재의 유해물 함유량의 한도(질량백분율)

종 류	최대치
점토덩어리	0.25
연한 석편	5.0
0.08mm 체 통과량	1.0
석탄, 갈탄 등으로 밀도 2.0g/cm³의 액체에 뜨는 것 1) 콘크리트의 외관이 중요한 경우 2) 기타의 경우	0.5 1.0

2-8 콘크리트용 모래에 포함되어 있는 유기 불순물 시험

2-8-1 목 적

모래에 포함되어 있는 유기 불순물이 있으면 콘크리트의 경화에 영향을 끼치며 콘크리트의 강도, 내구성 및 안정을 해치므로 모래 속의 유기불순물 여부를 판정하기 위하여 시험한다.

2-8-2 재 료

(1) 모래
(2) 수산화나트륨

(3) 타닌산
(4) 알코올

2-8-3 기계 및 기구

(1) 시험용 용기(마개가 있고, 눈금이 있는 용량 400ml의 무색 유리병 2개)
(2) 비커(용량 200ml의 것 2개, 400ml의 것 1개)
(3) 피펫(10ml 정도의 것)
(4) 화학 저울
(5) 저울(무게 1kg, 감량 0.1g 이상의 것)
(6) 메스실린더
(7) 칭량병
(8) 시료 숟가락
(9) 시료 분취기

2-8-4 관련 지식

(1) 천연 모래 속에는 보통 부식된 형태로 유기 불순물이 들어 있다.
(2) 모래의 유기 불순물 시험은 유기 불순물이 수산화나트륨에 의하여 갈색을 나타내므로, 타닌산으로 만든 표준색 용액과 색깔을 비교하여 판정한다.
(3) 시험 시약은 손이나 옷에 묻지 않도록 주의하여 다룬다.
(4) 시험 시약은 화학 저울로 정확하게 측정한다.
(5) 수산화나트륨을 질량으로 달 때, 칭량병을 사용하지 않고 공기 중에서 달면, 흡습성 때문에 오차가 크게 생기므로 주의한다.
(6) 표준색 용액은 시간이 경과함에 따라 색깔이 변하므로, 시험할 때마다 만들어 사용한다.
(7) 시료의 용액을 24시간 가만히 둘 때, 손을 대거나 흔들면 안 된다.

2-8-5 시험 순서 및 방법

(1) 시료 및 표준색 용액의 준비

① 시료의 준비
  ㈎ 대표적인 시료를 4분법 또는 시료 분취기로 채취한다.
  ㈏ 공기 중 건조상태에 시료 450ml을 준비한다.

② 표준색 용액 만들기
　㈎ 알코올 10g에 물 90g을 타서 10%의 알코올 용액을 만든다.

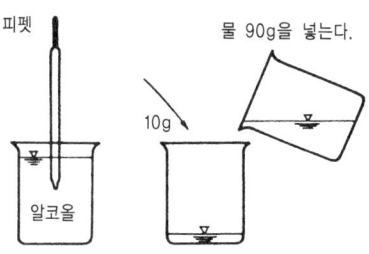

　㈏ 10%의 알코올 용액 9.8g에 타닌산 가루 0.2g을 넣어서 2% 타닌산 용액을 만든다.

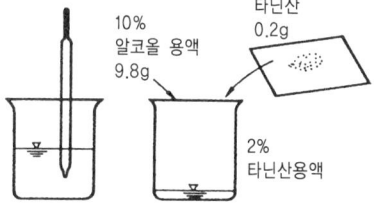

　㈐ 물 291g에 수산화나트륨 9g(무게비 97 : 3)을 섞어서 3%의 수산화나트륨 용액을 만든다.

　㈑ 2%의 타닌산 용액 2.5ml를 3%의 수산화나트륨 용액 97.5ml에 타서 식별용 표준색 용액을 만든다.
　㈒ 식별용 표준색 용액을 400ml의 시험용 무색 유리병에 넣어 마개를 막고 잘 흔든 다음, 24시간 동안 가만히 놓아둔다.

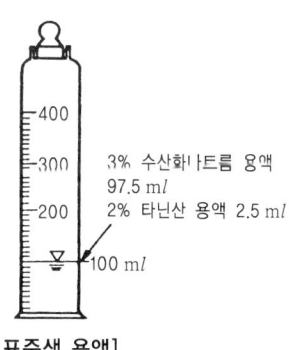

[표준색 용액]

(2) 유기 불순물 시험
① 시험 용액의 만들기
　㈎ 시료를 용량 400ml의 무색 유리병에 130ml의 눈금까지 넣는다.
　㈏ 이 유리병에 3%의 수산화나트륨 용액을 200ml의 눈금까지 넣는다.
　㈐ 병마개를 닫고 잘 흔든 다음, 24시간 동안 가만히 놓아둔다.

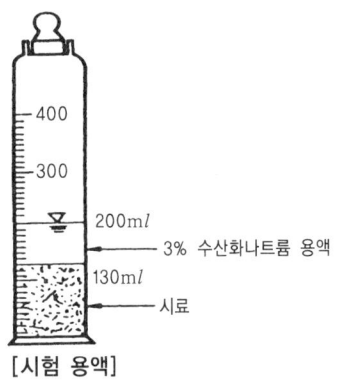

[시험 용액]

② 색도의 측정
  (가) 같은 색의 배경에서 두 병을 가까이 대고, 시료 윗부분의 투명한 용액의 색을 표준색 용액의 색과 비교한다.
  (나) 시료 윗부분의 용액이 표준색 용액보다 연한지 진한지 또는 같은지를 기록한다.

(3) 결과의 판정
  ① 시험 용액의 색깔이 표준색 용액보다 연할 때에는 그 모래는 합격으로 한다.
  ② 시험 용액의 색깔이 표준색 용액보다 진할 때에는 모르타르의 강도에 있어서 잔골재의 유기불순물의 영향 시험방법에 따라 시험할 필요가 있다.
  ③ 이 시험에 불합격한 모래는 콘크리트 또는 모르타르에 사용해서는 안 된다. 단정할 정도로 결정적인 결과를 주는 것은 아니지만, 이러한 모래를 사용할 때에는 강도, 그 밖의 시험을 할 필요가 있다는 것을 나타낸다.
  ④ 이 시험에 불합격한 모래라도 모르타르 강도에 있어서 잔골재의 유기 불순물의 영향 시험방법에 의한 강도 시험에 합격하면 사용해도 된다.

2-9 골재의 안정성 시험

2-9-1 목 적

골재의 내구성을 알기 위해서 황산나트륨 포화용액으로 인한 골재의 부서짐 작용에 대한 저항성을 시험한다.

2-9-2 재 료

(1) 잔골재
(2) 굵은골재

(3) 황산나트륨
(4) 염화바륨

2-9-3 기계 및 기구

(1) 시험용 용기
(2) 철망태
(3) 저울
   ① 잔골재용(용량 500g 이상, 감도 0.1g 이하)
   ② 굵은골재용(용량의 5,000g 이상, 감도 1g 이하)
(4) 표준체
   ① 가는체(0.15mm, 0.3mm, 0.6mm, 1.2mm, 2.5mm, 5mm)
   ② 굵은체(10mm, 15mm, 20mm, 25mm, 30mm, 40mm, 50mm, 65mm, 75mm)
(5) 온도 조절 장치(용액 중에 담근 시료를 소정의 온도로 유지할 것)
(6) 건조기(105±5℃의 온도로 가열 조정 가능한 것)
(7) 시료 용기

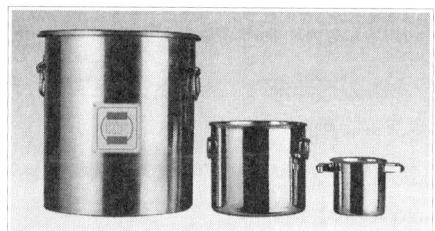

○ 골재 안정성 시험 용기

○ 건조기

2-9-4 관련 지식

(1) 콘크리트의 내구성은 구조물이 오랜 기간 동안 기상 작용에 저항하기 위한 것으로서, 대단히 중요한 성질이다.
(2) 내구성이 좋은 콘크리트를 만들려면 내구성이 있는 골재를 사용한다.
(3) 골재의 내구성은 그 골재를 사용한 과거의 경험으로부터 판단하는 것이 좋으나, 과거의 경험이 없는 경우에는 골재의 안정성 시험 또는 그 골재를 사용한 콘크리트로 동결 융해시험 또는 그 골재를 사용한 콘크리트로 동결 융해시험 등의 촉진 내구성 시험을 하여 그 결과로 판단한다.
(4) 시험에 사용하는 시약은 손이나 옷에 묻지 않도록 주의한다.

(5) 용액을 시험에 사용할 때 용액을 밑바닥에 결정이 생겨야 한다.
(6) 용액 속의 시료의 온도는 21±1℃를 유지한다.
(7) 시험에 사용하여 더러워진 용액은 거른 뒤에 비중검사를 해 보아 규정 범위 안에 들 때 다시 사용할 수 있으나, 10번 이상 되풀이하여 시험에 사용해서는 안 된다.
(8) 시료를 체가름할 때 체눈에 걸린 골재알을 시료에 넣어서는 안 된다.

2-9-5 시험 순서 및 방법

(1) 시료 및 시험 용액의 준비

① 시료의 준비

㈎ 잔골재의 시료는 다음과 같이 준비한다.

- 대표적인 시료 약 2kg을 채취한다.
- 시료의 일부를 사용하여 [표 1]에 나타난 골재 알 크기에 따른 무더기로 체가름하여 각 무더기의 질량비(%)를 구하고, 질량비가 5% 이상이 된 모래에 대해서만 안정성 시험을 한다.
- 시료를 0.3mm 체에 담은 뒤 물로 깨끗이 씻는다.
- 건조기에서 시료의 질량이 일정하게 될 때까지 105±5℃의 온도로 건조시킨다.
- 시료를 [표 1]에 나타낸 무더기로 체가름 한다.
- 각 무더기에 따라 시료 100g을 달아서 따로따로 다른 시료용기에 담아둔다.

○ [표 1] 각 무더기의 골재 알 크기의 범위

통과체(mm)	남는체(mm)
0.6	0.3
1.2	0.6
2.5	1.2
5	2.5
10	5

㈏ 굵은골재의 시료는 다음과 같이 준비한다.

- 대표적인 시료를 채취한다.
- 골재의 최대치수에 따라 [표 2]에 나타낸 시료의 질량을 단다.
- 시료를 5mm 체로 [표 3]에 나타낸 골재알의 크기에 따른 무더기로 나누어 각 무더기의 질량비(%)를 구하고, 질량비가 5% 이상이 된 무더기에 대해서만 안정성 시험을 한다.
- 시료를 물로 깨끗이 씻는다.
- 시료의 질량이 일정하게 될 때까지 105±5℃의 온도로 건조시킨다.
- [표 3]에 나타낸 무더기로 체가름을 한다.
- 각 무더기의 시료를 [표 3]에 나타낸 양만큼 달아서 따로따로 다른 시료 용기에 담아 둔다.

○ [표 2] 채취 시료의 질량

골재의 최대치수 (mm)	채취하는 시료의 질량(kg)
10	1
15	2.5
20	5
25	10
40	15
65	25
80	30

○ [표 3] 각 무더기의 시료 질량

각 무더기의 골재알 크기의 범위		최소의 질량(g)
통과 체(mm)	남는 체(mm)	
10	5	300
15	10	500
20	15	750
25	20	100
40	25	1,500
65	40	3,000
80	65	3,000

(2) 안정성 시험

① 시료의 담그기 및 건조

⑺ 시료를 철망태 속에 담는다.

⑷ 시료가 든 철망태를 황산나트륨 용액[25~30℃의 물 1*l*에 황산나트륨 약 250g 또는 황산나트륨(결정) 약 750g의 비율로 혼합, 48시간 이상 20±1℃ 온도 유지한 것] 속에 16~18시간 동안 담가 둔다. 이때, 용액이 시료의 표면보다 15mm 이상 올라오게 한다.

⑸ 시료를 용액에서 꺼내어 용액이 빠지게 한다.

⑹ 시료를 105±5℃의 건조기에서 4~6시간 동안 건조시킨다.

⑺ 일정한 질량이 된 시료를 실내 온도까지 식힌다.

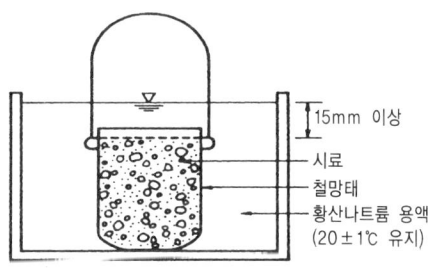

[용액 속에 시료 담그기]

⑻ 위와 같은 시험을 정해진 횟수(보통 5회)만큼 되풀이한다.

※ 용액은 10회 이상 반복하여 사용해서는 안 된다.

② 정량 시험

⑺ 정해진 횟수로 시험한 시료를 깨끗한 물로 씻는다.

⑷ 씻은 물에 염화바륨($BaCl_2$) 용액(농도는 5~10%)을 넣어 흰색으로 탁해지지 않게 될 때까지 씻는다.

(다) 완전히 씻은 시료를 105±5℃의 온도로 건조기에서 질량이 일정하게 될 때까지 건조한다.

(라) 잔골재는 각 무더기의 시료를 시험하기 전의 남는 체 [표 1]로 체가름하고, 체에 남는 시료의 질량을 단다.

(마) 굵은골재는 각 무더기의 시료를 시험하기 전의 남는 체 [표 2]로 체가름하고, 각 체에 남는 시료의 질량을 단다.

(3) 결과의 계산

① 골재의 손실 질량비는 다음 식에 따라 구한다.

각 무더기의 시료 손실 질량비(%)
$$= 1 - \frac{\text{시험 전에 시료가 남는 체에 남은 시험 후의 시료 질량(g)}}{\text{시험 전의 시료 질량(g)}} \times 100$$

골재의 손실 질량비(g)
$$= \frac{\left(\begin{array}{c}\text{각 무더기의}\\\text{질량비(\%)}\end{array}\right) \times \left(\begin{array}{c}\text{각 무더기의}\\\text{손실 질량비(\%)}\end{array}\right)}{100}$$

② 0.3mm 체를 통과하는 골재알의 손실 질량비는 0%로 가정하여 계산한다.

③ 질량비가 5% 미만인 골재알의 무더기의 손실 질량비는 그 앞 뒤 무더기의 평균값으로 취한 뒤, 어느 한쪽이 빠져 있을 때에는 나머지 한쪽의 시험 결과로 한다.

④ 시험 전 20mm보다 큰 골재일 경우에는 시험 전의 각 골재알의 수 및 부서짐, 쪼개짐, 벗겨짐, 터짐 등으로 나눈 낱알의 수를 구한다.

⑤ 안정성 시험을 5회 하였을 때 골재의 손실 질량비(%)의 한도

시험 용액	손실 질량비(%)	
	잔골재	굵은골재
황산나트륨	10 이하	12 이하

⑥ 굵은골재의 경우, 황산나트륨에 의한 안정성 시험의 손실 질량이 12~40% 정도라도 흡수율이 3% 이하이며, 급속 동결 융해에 대한 콘크리트 저항 시험방법에 의한 동결 융해 시험결과에서 내구성 지수(300 사이클)가 60 이상으로 될 때에는 안정성 있는 골재로 판단되므로 사용해도 좋다.

2-9-6 골재의 안정성 시험 예

(1) 잔골재의 안정성 시험

체의 호칭(mm)		각 무더기의 질량(g)	① 각 무더기의 질량비(%)	② 시험 전의 각 무더기의 질량(g)	③ 시험 후의 각 무더기의 질량(g)	④ 각 무더기의 손실질량비 $\left(1-\dfrac{③}{②}\right)\times 100\%$	⑤ 골재의 손실질량비 $\dfrac{①\times④}{100}\%$
통과체	남는 체						
0.15	–	28.7	5.0	–	–	*	–
0.3	0.15	64.9	11.3	–	–	–	–
0.6	0.3	145.4	25.3	100	95.3	4.7	1.2
1.2	0.6	150.0	26.1	100	95.6	4.4	1.1
2.5	1.2	94.3	16.4	100	97.2	2.8	0.5
5	2.5	65.0	11.3	100	88.5	11.5	1.3
10	5	28.7	4.6	–	–	11.5 **	0.5
합 계		577	100.0	400	–	–	4.1

[비고] * 0.3mm 보다 작은 골재알에서는 손실 질량비를 0으로 한다.
      ** 다음으로 작은 골재 알 무더기의 손실 질량비를 취한 것이다.

2) 굵은골재의 안정성 시험

체의 호칭(mm)		각 무더기의 질량(g)	① 각 무더기의 질량비(%)	② 시험 전의 각 무더기의 질량(g)	③ 시험 후의 각 무더기의 질량(g)	④ 각 무더기의 손실 질량비 $\left(1-\dfrac{③}{②}\right)\times 100\%$	⑤ 골재의 손실 질량비 $\dfrac{①\times④}{100}\%$
통과체	남는 체						
10	5	2,580	21.5	300	267	11.0	2.4
15	10	2,844	23.7	500	451	9.8	2.3
20	15	4,368	36.4	750	688	8.3	3.0
25	20	2,208	18.4	1,000	949	5.1	0.9
40	25	–	–	–	–	–	–
65	40	–	–	–	–	–	–
80	65	–	–	–	–	–	–
합 계		12,000	100	2,550	–	–	8.6
관찰(20mm 이상의 골재알)	시험 전 개수	115		파괴 상황	부서짐 7 조깨짐 40 벗겨짐 5 터짐 3 그 밖의 것		
	이상을 나타낸 개수	37					

[비고] (1) 잔골재의 손실 질량비는 4.1%로서, 허용 한도 10% 이내에 있다.
      (2) 굵은골재의 손실 질량비는 8.6%로서, 허용 한도 12% 이내에 있다.

2-10 로스앤젤레스 시험기에 의한 굵은골재의 마모시험

2-10-1 목 적

콘크리트용 굵은골재의 닳음 저항성을 측정한다.

2-10-2 재 료

굵은골재

2-10-3 기계 및 기구

(1) 로스앤젤레스 시험기
(2) 철구
(3) 표준체(1.7mm, 2.5mm, 5mm, 10mm, 15mm, 20mm, 25mm, 40mm, 50mm, 65mm, 80mm 체)
(4) 저울(칭량 10kg 이상)
(5) 건조기(105±5℃의 온도를 유지 가능한 것)
(6) 시료 용기

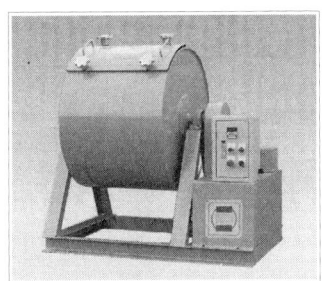

○ 로스앤젤레스 마모 시험기

2-10-4 관련 지식

(1) 굵은골재의 닳음율이 작을수록 콘크리트의 닳음 감량이 적다.
(2) 도로 포장 콘크리트용, 댐 콘크리트용 굵은골재는 닳음에 대한 저항성이 커야 한다.
(3) 특히, 슬래브용 콘크리트는 심한 닳음 작용을 받고 있으며, 경우에 따라서는 닳음 감량에 의해 주행성을 나쁘게 할 염려도 있다.
(4) 로스앤젤레스 시험기에 의한 닳음 시험은 철구를 사용하여 굵은골재의 닳음에 대한 저항을 측정하는 것이다.
(5) 시험기는 전동기에 의하여 큰 힘으로 회전하므로, 조심해서 다룬다.
(6) 시험기가 일정한 속도로 회전하도록 원통의 질량이 균일하게 한다.
(7) 시험기는 시료와 철구를 넣어 회전시키면, 소음이 많이 나므로, 방음이 잘된 곳에 설치하는 것이 좋다.

2-10-5 시험순서 및 방법

(1) 시료의 준비

① 시료를 [표 1]에 나타낸 각 체로 체가름한다.
② 시료를 체가름한 다음 [표 1]에 나타낸 입도의 구분 가운데서 가장 가까운 것을 고른다.
③ 시료를 깨끗이 씻는다.
④ 시료를 105±5℃의 온도로 질량이 일정하게 될 때까지 건조시킨다.
⑤ 건조한 시료를 선택한 입도에 맞도록 취하여 질량을 단다.

◎ [표 1] 시료의 질량

입도 구분	체의 호칭 치수로 나눈 골재알의 지름의 범위(mm)	시료의 질량(g)	시료의 전체 질량(g)
A	40~25 25~20 20~15 15~10	1,250±10 1,250±10 1,250±10 1,250±10	5,000±10
B	25~20 20~15	2,500±10 2,500±10	5,000±10
C	15~10 10~5	2,500±10 2,500±10	5,000±10
D	5~2.5	5,000±10	5,000±10
E	80~65 65~50 50~40	5,000±50 2,500±50 2,500±50	10,000±100
F	50~40 40~25	5,000±25 5,000±50	10,000±75
G	40~25 25~20	5,000±25 5,000±25	10,000±50
H	20~10	5,000±10	5,000±10

(2) 닳음 시험

① 시료의 입도 구분에 따라 [표 2]에서 필요한 철구 수를 사용한다.
② 시료를 철구와 함께 원통 속에 넣고 뚜껑을 닫은 다음, 볼트로 죈다.
③ 시험기를 매분 30~33회의 회전수로 A, B, C, D, H의 입도인 경우는 500번 회전시키고 E, F, G의 입도인 경우는 1000번 회전시킨다.

○ [표 2] 사용 철구의 수 및 전체 질량

입도 구분	철구의 수	철구의 전체 질량(g)
A	12	5,000±25
B	11	4,580±25
C	8	3,330±20
D	6	2,500±15
E	12	5,000±25
F	12	5,000±25
G	12	5,000±25
H	10	4,160±25

④ 시료를 시험기에서 꺼내어 1.7mm 체로 체가름한다.
⑤ 체에 남는 시료를 물로 씻는다.

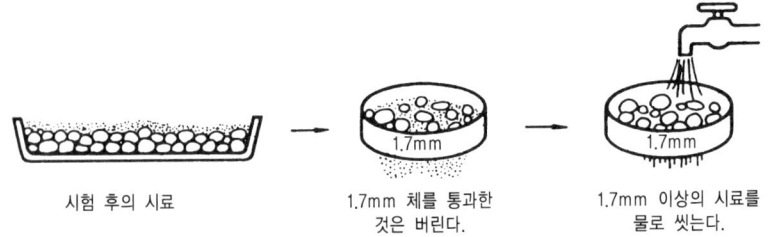

[시료의 체가름 및 씻기]

⑥ 시료를 105±5℃의 온도로 건조시킨다.
⑦ 시료의 질량을 1g까지 단다.

(3) 결과의 계산

① 골재의 닳음 감량은 다음 식에 따라 구한다.

$$닳음\ 감량(\%) = \frac{\binom{시험\ 전의}{시료의\ 질량(g)} - \binom{시험\ 후\ 1.7mm\ 체에\ 남는}{시료의\ 질량(g)}}{시험\ 전의\ 시료의\ 질량(g)} \times 100$$

② 콘크리트용 굵은골재의 닳음 감량의 한도

골재의 종류	닳음 감량의 한도(%)
보통 콘크리트용 골재	40
포장 콘크리트용 골재	35
댐 콘크리트용 골재	40

(6) 굵은골재의 마모시험 예

체의 호칭		각 무더기의 질량(g)	각 무더기의 질량비(%)	입도 구분	철구의 수 (개)	회전수 (회)	① 시험 전의 시료의 질량(g)
남는체(mm)	통과체(mm)						
	2.5						
2.5	5						
5	10						
10	15						
15	20	4,826	38		11	500	2,500
20	25	7,874	62				2,500
25	40						
40	50						
50	65						
65	80						
합 계		12,700	100				5,000
② 시험 후 1.7mm 체에 남는 시료의 질량(g)							4,250
③ 닳음 감량의 질량 ①-②(g)							750
④ 닳음 감량=$\frac{③}{①}×100\%$							15%

[비고] 이 골재의 닳음 감량은 15%로서, 닳음 감량의 한도 이내이므로 콘크리트 골재로서 사용 가능하다.

◐ 부순 잔골재의 물리적 성질

시험 항목	품질 기준
절대건조 밀도(g/cm^3)	2.50 이상
흡수율(%)	3.0 이하
안정성(%)	12 이하
마모율(%)	40 이하
0.08mm 체 통과량(%)	1.0 이하

제 3 장 콘크리트 시험

3-1 굳지 않은 콘크리트의 슬럼프 시험

3-1-1 목 적

굳지 않은 콘크리트의 반죽질기를 측정하는 것으로 워커빌리티를 판단하기 위해 시험한다.

3-1-2 재 료

굳지 않은 콘크리트(시멘트, 잔골재, 굵은골재, 혼화재료, 물)

3-1-3 기계 및 기구

(1) 슬럼프 시험 기구
  ① 슬럼프 콘(밑면의 안지름 200mm, 윗면의 안지름 100mm, 높이 300mm 및 두께 1.5mm 이상인 금속제)
  ② 다짐대(지름 16mm, 길이 500~600mm인 둥근강)
  ③ 수밀한 평판
  ④ 슬럼프 측정자
  ⑤ 작은 삽
(2) 혼합기
(3) 흙 손

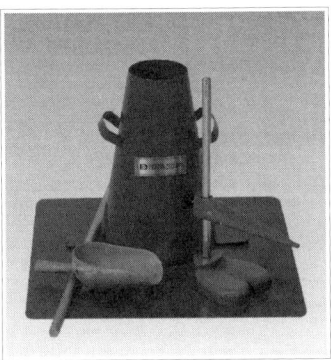

○ 슬럼프 시험기 셋트

3-1-4 관련 지식

(1) 콘크리트의 슬럼프 시험은 굳지 않은 콘크리트의 반죽 질기를 측정하는 것으로, 워커빌리티를 판단하는 하나의 수단으로 사용된다.
(2) 굳지 않은 콘크리트의 성질을 나타내는 데는 다음과 같은 용어를 사용한다.
  ① 반죽 질기(consistency) : 주로 물의 양이 많고 적음에 따르는 반죽이 되고 진 정도

를 나타내는 굳지 않은 콘크리트의 성질을 말하며, 콘크리트의 유동성을 나타내는 것이다.
② 워커빌리티(workability) : 반죽 질기가 어떤가에 따르는 작업의 어렵고 쉬운 정도 및 재료의 분리에 저항하는 정도를 나타내는 굳지 않은 콘크리트의 성질을 말한다.
③ 성형성(plasticity) : 거푸집에 쉽게 다져 넣을 수 있고, 거푸집을 떼어 내면 천천히 모양이 변하기는 하지만 허물어지거나 재료의 분리가 일어나는 일이 없는 굳지 않은 콘크리트의 성질을 말한다.
④ 피니셔빌리티(finishability) : 굵은골재의 최대치수, 잔골재율, 잔골재의 입도, 반죽질기 등에 따르는 표면 마무리하기 쉬운 정도를 나타내는 굳지 않은 콘크리트의 성질을 말한다.

(3) 슬럼프 시험에 의하여 콘크리트의 반죽 질기를 측정한 후, 콘크리트의 측면을 가볍게 두들겨서 그 변형을 관찰하면 성형성을 대체로 판단할 수 있다.
(4) 슬럼프 시험은 비소성이나 비점성인 콘크리트에는 적합하지 않으며, 굵은골재 최대치수가 40mm를 넘는 콘크리트의 경우에는 40mm를 넘는 굵은골재를 제거한다.
(5) 시험체를 만들 콘크리트의 시료는 그 배치를 대표할 수 있는 것이어야 한다.
(6) 시료를 슬럼프 콘에 넣고 다질 때, 같은 구멍을 다지는 것은 다짐 횟수에 넣지 않는다.
(7) 슬럼프 콘에 콘크리트를 채우기 시작하고 나서 슬럼프 콘의 들어올리기를 종료할 때까지의 시간은 3분 이내로 한다.
(8) 슬럼프 콘을 들어올리는 시간은 높이 300mm에서 2~5초로 한다.

3-1-5 시험 순서 및 방법

(1) 시료의 준비
① 비비기가 끝난 콘크리트에서 바로 시료를 채취한다.
② 시료의 양은 필요한 양보다 5l 이상으로 한다.

(2) 슬럼프 시험
① 슬럼프 콘의 속을 젖은 걸레로 닦아 수밀한 평판 위에 놓는다.
② 시료를 슬럼프 콘 부피의 약 $\frac{1}{3}$되게 넣고 다짐대로 전체 면에 걸쳐 25번 고르게 다진다.
③ 시료를 슬럼프 콘 부피의 $\frac{2}{3}$까지 넣고 다짐대로 25번 다진다. 이때, 다짐대가 콘크리트 속으로 들어가는 깊이는 그 앞 층에 거의 도달 할 정도로 한다.
④ 마지막으로, 슬럼프 콘에 시료를 넘칠 정도로 넣고 다짐대로 25번 고르게 다진다.
⑤ 시료의 표면을 슬럼프 콘의 윗면에 맞추어 편평하게 한다.
⑥ 슬럼프 콘을 위로 가만히 빼어 올린다.
⑦ 콘크리트의 중앙부에서 공시체 높이와의 차를 5mm 단위로 측정한다.

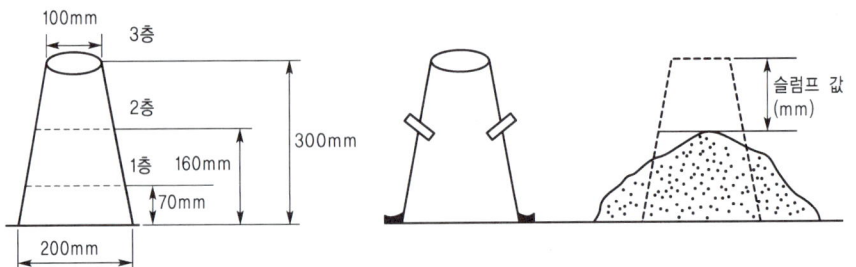

(3) 결과의 계산

① 콘크리트가 내려앉은 길이를 슬럼프 값(mm)으로 한다.
② 슬럼프 시험 결과 허용치를 벗어난 경우 1회에 한하여 재시험을 할 수 있다.
③ 일반 콘크리트의 슬럼프 표준

종 류		슬럼프 값(mm)
철근 콘크리트	일반적인 경우	80 ~ 150
	단면이 큰 경우	60 ~ 120
무근 콘크리트	일반적인 경우	50 ~ 150
	단면이 큰 경우	50 ~ 100

④ 슬럼프 시험을 끝낸 즉시 다짐대로 콘크리트 옆면을 가볍게 두들겨 그 모양을 보는 것은 워커빌리티를 판단하는데 참고가 된다.
⑤ 비비는 시간은 시험에 의해 정하는 것을 원칙으로 하고 비비는 시간에 대한 시험을 하지 않은 경우에 가경식 믹서는 1분 30초 이상, 강제식 믹서는 1분 이상 하는 것이 좋다.

3-2 압력법에 의한 굳지 않은 콘크리트의 공기량 시험

3-2-1 목 적

콘크리트의 워커빌리티, 강도, 내구성, 수밀성 및 단위용적질량 등에 공기량이 영향을 미치므로 콘크리트의 품질관리 및 적절한 배합설계에 이용하기 위해 시험한다.

3-2-2 재 료

(1) 굳지 않은 콘크리트(시멘트, 잔골재, 굵은골재, 혼화재료, 물)
(2) 그리스

3-2-3 기계 및 기구

(1) 공기량 측정기(워싱턴형)
   ① 용기(용량은 다음 표와 같다.)

   ◎ 용기의 최소 용량

시험방법	그릇의 최소치수(L)
주수법	5
무주수법	7

   ② 뚜껑
   ③ 공기실(뚜껑의 윗부분에 용기의 약 5%의 공기실이 있어야 한다.)
   ④ 압력계(용량 약 100kPa, 강도 1kPa 정도의 것)
   ⑤ 검정용 기구
(2) 목재 정규(크기 4.5cm×30cm, 두께 1.2cm)
(3) 다짐대(지름 16mm, 길이 약 600mm의 둥근강)
(4) 저울
(5) 메스실린더
(6) 혼합기
(7) 고무망치
(8) 작은 삽

3-2-4 관련 지식

(1) 콘크리트 속의 공기에는 갇힌 공기와 연행공기가 있다.
   ① 갇힌 공기는 혼화제를 쓰지 않아도 콘크리트 속에 자연적으로 생기는 기포이다.
   ② 연행공기는 AE제나 AE 감수제 등의 사용으로 콘크리트 속에 생긴 기포이며, 콘크리트 부피의 4~7% 정도일 때, 워커빌리티와 내구성이 좋은 콘크리트가 된다.
(2) 공기량은 콘크리트의 워커빌리티, 강도, 내구성, 수밀성 및 단위질량 등에 큰 영향을 끼치므로 콘크리트의 품질관리 및 적절한 배합 설계를 하기 위해 공기량을 알아야 한다.
(3) 공기량의 측정법에는 공기실 압력법, 질량법, 부피법 등이 있다.
(4) 장치의 검정은 규격에 맞추어 정기적으로 실시해야 한다.
(5) 용기의 뚜껑을 죌 때에는 반드시 대각선상으로 조금씩 죈다.
(6) 압력계는 고장이 나기 쉬우므로 주의하여야 한다.
(7) 압력계를 읽을 때에는 항상 압력계를 손가락으로 가볍게 두들긴 다음에 읽어야 한다.
(8) 최대 치수 40mm 이하의 보통 골재를 사용한 콘크리트에 적당하다.

3-2-5 시험 순서 및 방법

(1) 시료의 준비

① 비비기가 끝난 콘크리트에서 바로 시료를 채취한다.
② 시료의 양은 필요한 양보다 5*l* 이상으로 한다.

(2) 공기량 시험

① 용기의 결정
　㈎ 용기에 물을 채우고 그릇 위에 유리판을 얹어 남는 물을 없앤다.
　㈏ 용기와 물의 질량을 0.1% 이하의 감도로 측정한다.

② 초압력의 검정
　㈎ 용기에 물을 채우고 뚜껑을 덮는다. 이때, 뚜껑의 안쪽과 수면 사이에 공간이 있는 경우에는 공기가 다 빠질 때까지 물을 채운다.
　㈏ 모든 밸브를 잠그고, 공기펌프로 공기실의 압력을 초압력보다 약간 높게 한다.
　㈐ 약 5초 후에 조정 밸브를 천천히 열어서 압력계의 바늘을 초압력의 눈금과 일치시킨다.
　㈑ 공기실의 주밸브를 충분히 열어 공기실의 기압과 그릇 윗부분의 기압을 평형시킨다.
　㈒ 압력계를 읽고 그 값이 공기량의 0%의 눈금과 일치하는가를 조사한다.
　㈓ 위의 조작을 두세 번 되풀이한다. 이때, 압력계의 지침이 같은 점을 가리키거나 0점과 일치하지 않은 때에는 초압력 눈금의 위치를 바늘이 0점에 멈추도록 이동시킨다.
　㈔ 위의 조작을 되풀이하여 초압력 눈금의 위치이동이 적당하였는지를 확인한다.

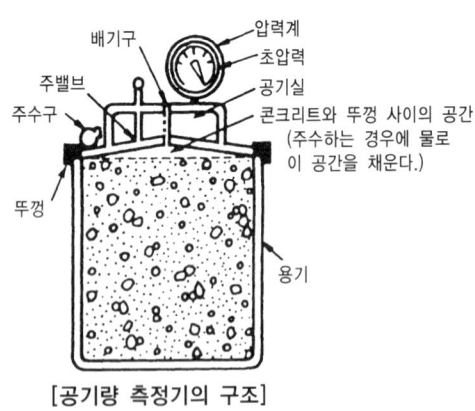

[공기량 측정기의 구조]

③ 공기량 눈금판의 검정
(가) 용기에 물을 채운다.
(나) 검정용 기구를 사용하여 알맞은 양의 물을 용기 속에서 빼내어 메스실린더에 넣고 용기의 용량에 대한 비로 나타낸다.
(다) 용기내의 압력을 대기압과 같게 하고 공기실 내의 기압을 초압력까지 높인다.
(라) 주밸브를 열어 공기를 용기 속으로 넣는다.
(마) 압력계의 지침이 안정되었을 때 공기량의 눈금을 읽는다.
(바) 다시 ②와 같은 방법으로 용기 속의 물을 빼내어, 빼낸 물의 중량을 용기의 부피에 대한 비로 나타낸다.
(사) 위의 (다)~(마) 같은 조작을 하여 공기량의 눈금을 읽는다.
(아) 위와 같은 방법을 여러 번 되풀이하여 빼낸 물의 비율로 공기량의 눈금을 비교한다. 이들의 값이 각각 일치되면 공기량의 눈금판은 정확하다.
(자) 일치되지 않을 때에는 그 관계를 그래프로 나타내어 이 그래프를 공기량 검정에 이용한다.

④ 겉보기 공기량의 측정
(가) 대표적인 시료를 용기에 3층으로 나눠 넣고 각 층을 다짐대로 25번씩 고르게 다진다.
(나) 용기의 옆면을 고무망치로 가볍게 두들겨 빈틈을 없앤다.
(다) 용기 윗부분의 남는 콘크리트를 목재 정규로 깎아내고, 뚜껑을 얹어 공기가 새지 않도록 잘 잠근다. 이때, 공기실의 주밸브는 잠그고, 배기구 밸브와 주수구 밸브를 열어 놓는다.
(라) 물을 넣을 경우에는 배기구에서 물이 나올 때까지 주수구에 물을 넣고, 배기구에서 기포가 나오지 않을 때까지 압력계를 두들긴 다음, 배기구와 주수구를 잠근다.
(마) 공기실 내의 압력을 초압력까지 올리고 약 5초 지난 뒤에 주밸브를 충분히 연다. (누름 손잡이를 손바닥으로 누른다.)
(바) 콘크리트의 각 부분에 압력이 잘 전달되도록 용기의 옆면을 고무망치로 두들긴 후 다시 주밸브를 연다.
(사) 지침이 안정되었을 때 압력계를 읽어 겉보기 공기량(A_1)을 구한다.

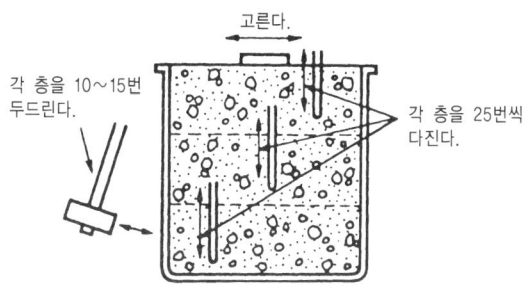

[시료의 넣기]

⑤ 골재 수정 계수의 결정

㈎ 사용하는 잔골재와 굵은골재의 질량은 다음 식으로 구한다.

$$F_s = \frac{S}{B} \times F_b \qquad C_s = \frac{S}{B} \times C_b$$

여기서, F_s : 사용하는 잔골재의 질량(kg)
C_s : 사용하는 굵은골재의 질량(kg)
S : 콘크리트 시료의 부피(l)(용기의 부피와 같다.)
B : 1배치의 콘크리트의 부피(l)
F_b : 1배치에 사용하는 잔골재의 질량(kg)
C_b : 1배치에 사용하는 굵은골재의 질량(kg)

㈏ 잔골재 및 굵은골재의 시료를 각각 ㈎항에서 구한 양만큼 채취한다.
㈐ 시료를 따로따로 약 5분간 물에 담가 둔다.
㈑ 용기에 물을 1/3정도 채운다.
㈒ 용기에 잔골재를 한 삽 넣고, 다짐대로 10번 정도 다진다.
㈓ 용기에 굵은골재를 두 삽 넣고, 골재가 완전히 물에 잠기도록 한다.
㈔ 용기의 옆면을 고무망치로 두들겨 공기를 뺀다.
㈕ 위의 ㈒~㈔항과 같은 방법으로 골재를 모두 넣은 다음 수면의 거품을 모두 없애고 용기에 뚜껑을 얹고 잠근다.
㈖ ④의 ㈑~㈔항과 같은 조작을 하여 압력계의 공기량 눈금을 읽고 이것을 골재의 수정 계수 (G)로 한다.

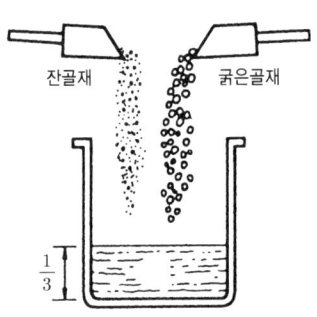

(3) 결과의 계산

① 콘크리트의 공기량은 다음 식에 따라 계산한다.

$$A(\%) = A_1 - G$$

여기서, A : 콘크리트의 공기량[콘크리트 부피에 대한 비(%)]
A_1 : 겉보기 공기량[콘크리트 부피에 대한 비(%)]
G : 골재의 수정 계수[콘크리트 부피에 대한 비(%)]

② 공기량 시험 결과 허용치를 벗어난 경우 1회에 한하여 재시험을 할 수 있다.

3-3 굳지 않은 콘크리트의 블리딩 시험

3-3-1 목 적

콘크리트의 재료 분리 경향을 알기 위해서 시험을 한다.

3-3-2 재 료

굳지 않은 콘크리트(시멘트, 잔골재, 굵은골재, 혼화재료, 물)

3-3-3 기계 및 기구

(1) 용기(안지름 25cm, 안높이 28.5cm)
(2) 저울(감도 10g)
(3) 다짐대(지름 16mm, 길이 약 600mm의 둥근강)
(4) 메스실린더(10ml, 50ml, 100ml)
(5) 피펫
(6) 시계
(7) 고무망치
(8) 온도계
(9) 흙 손
(10) 작은 삽

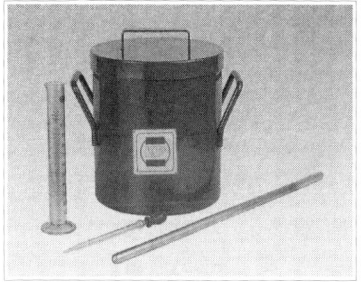

● 콘크리트 블리딩 측정 용기

3-3-4 관계 지식

(1) 블리딩(bleeding)이란, 굳지 않은 콘크리트 또는 모르타르에서 물이 분리되어 위로 올라오는 현상을 말한다.
(2) 블리딩에 의하여 콘크리트의 표면에 떠올라서 가라앉은 미세한 물질을 레이턴스(laitance)라 한다.
(3) 블리딩이 심하면 콘크리트의 윗부분이 다공질이 되며, 강도, 수밀성, 내구성 등이 작아진다.
(4) 블리딩이 크면 굵은골재가 모르타르로부터 분리되는 경향이 커진다.
(5) 블리딩 현상을 줄이려면 분말도가 높은 시멘트, 혼화재료, 응결 촉진제 등을 사용하고, 단위 수량을 적게 해야 한다.
(6) 이 시험방법은 굵은골재 최대 치수가 40mm 이하인 경우에 적용한다.
(7) 물의 증발을 막도록 항상 뚜껑을 덮어놓고, 물을 빨아 낼 때만 연다.

(8) 블리딩 물을 쉽게 빨아내기 위해서는 물을 모으기 위해 물을 빨아내기 약 2분 전에 50mm 두께의 나무 받침으로 용기 한쪽을 괴어서 용기를 조심스럽게 기울인다.

(9) 일반적으로 블리딩은 콘크리트를 친 후 처음 15~30분에 대부분 생기며 2~4시간에 거의 끝난다.

3-3-5 시험 순서 및 방법

(1) 시료의 준비

① 비비기가 끝난 콘크리트에서 바로 시료를 채취한다.
② 시료의 양은 필요한 양보다 5*l* 이상으로 한다.

(2) 블리딩 시험

① 콘크리트를 용기에 3층으로 나누어 넣고, 각 층을 다짐대로 25번씩 고르게 다진다.
② 용기 옆면을 고무망치를 10~15번 정도 두들긴다.
③ 콘크리트의 표면이 용기의 가장자리에서 30±3mm 낮아지도록 윗부분을 흙손으로 편평하게 고르고, 시간을 기록한다.
④ 용기와 콘크리트의 질량을 단다.
⑤ 시료와 용기를 수평한 시험대 위에 놓고 뚜껑을 덮는다.
⑥ 처음 60분 동안은 10분 간격으로, 그 후는 블리딩이 멈출 때까지 30분 간격으로 표면에 생긴 블리딩 물을 피펫으로 빨아낸다.
⑦ 각각 빨아 낸 물을 메스실린더에 옮긴 후 물의 양(m*l*)을 기록한다.

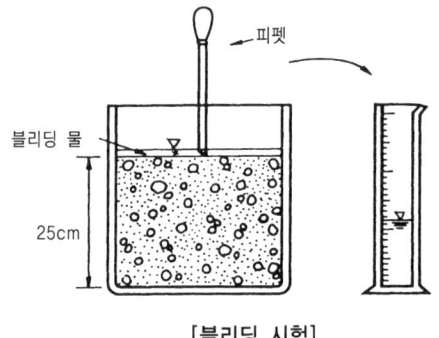

[블리딩 시험]

(2) 결과의 계산

① 단위 표면적의 블리딩 양

$$블리딩\ 양(ml/cm^2) = \frac{V}{A}$$

여기서, V : 규정된 측정 시간 동안에 생긴 블리딩 물의 양(m*l*)
A : 콘크리트의 윗면적(cm^2)

② 시료에 함유된 물의 총 질량에 대한 블리딩 물의 비를 나타내는 블리딩률

$$블리딩률(\%) = \frac{B}{C \times 1,000} \times 100$$

다만, C는 다음과 같이 구할 수 있다.

$$C = \frac{w}{W} \times S$$

여기서, B : 시료의 블리딩 물의 총량(ml)
C : 시료에 들어 있는 물의 총질량(kg)
W : 콘크리트 $1m^3$에 사용된 재료의 총질량(kg)
w : 콘크리트 $1m^3$에 사용된 물의 총질량(kg)
S : 시료의 질량(kg)

3-4 콘크리트의 압축강도 시험

3-4-1 목 적

(1) 필요한 성질을 가진 콘크리트를 가장 경제적으로 만들기 위한 재료를 선정한다.
(2) 공사 현장의 콘크리트가 필요한 성질을 가진 콘크리트인지 확인한다.
(3) 압축강도로 휨강도, 인장강도, 탄성계수 등의 대략 값을 추정한다.
(4) 콘크리트 품질관리를 한다.

3-4-2 재 료

(1) 콘크리트(시멘트, 잔골재, 굵은골재, 혼화재료, 물)
(2) 그리스
(3) 캐핑용 유리판 또는 캐핑용 자

3-4-3 기계 및 기구

(1) 시험체 몰드(지름 150mm, 높이 300mm 또는 지름 100mm, 높이 200mm의 원주형)
(2) 다짐대(지름 150mm, 길이 600mm의 둥근 강)
(3) 내부 진동기 또는 다짐대
(4) 콘크리트 혼합기(드럼 믹서, 가경식 믹서 또는 팬 믹서)
(5) 압축 강도 시험기(용량 100t)
(6) 저울(계량할 질량의 0.3% 이내의 정밀도를 가진 것)
(7) 양생 장치(20±2℃의 온도에서 습윤 상태로 유지할 수 있는 것)
(8) 캘리퍼스
(9) 흙손
(10) 비빔 용기
(11) 작은 삽

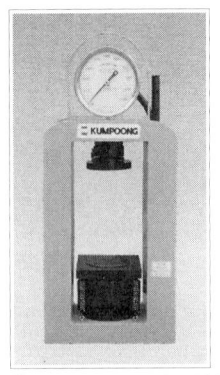
○ 압축강도 시험기(수동식)

○ 디지털 전동식 압축강도 시험기

○ 콘크리트 공시체 몰드

3-4-4 관련 지식

(1) 콘크리트의 강도는 보통 압축 강도를 말하며, 콘크리트의 품질을 나타내는 기준으로 널리 쓰이고 있다.

(2) 콘크리트의 압축강도 시험 목적은 다음과 같다.
   ① 필요한 성질을 가진 콘크리트를 가장 경제적으로 만들기 위한 재료를 선정한다.
   ② 재료 및 배합한 콘크리트의 압축 강도를 구한다.
   ③ 공사 현장의 콘크리트가 필요한 성질을 가진 콘크리트인지 확인한다.
   ④ 구조물에 대한 콘크리트의 압축강도를 구한다.
   ⑤ 압축강도 시험값으로부터 다른 여러 가지 성질(휨강도, 인장강도 및 탄성 계수 등)의 대략 값을 추정한다.
   ⑥ 콘크리트의 품질 관리에 이용한다.

(3) 콘크리트 비비기의 온도는 20±3℃, 실험실의 습도는 60% 이상으로 해야 한다.

(4) 지름의 2배 높이를 가진 원기둥형으로 지름은 굵은골재 최대 치수의 3배 이상이며, 또한 100mm 이상이어야 한다.

(5) 압축강도용 표준 시험체의 치수는 굵은골재 최대치수가 40mm를 넘는 경우는 40mm의 망체로 쳐서 지름 15cm의 공시체를 사용하여도 좋다.

(6) 몰드에 콘크리트를 채울 때에는 골재가 분리하지 않도록 해야 한다.
(7) 강도는 시험체의 건조 상태에 따라 달라지므로, 양생이 끝난 다음 바로 시험한다.
(8) 시험체의 가압면에는 0.05mm 이상의 홈이 있어서는 안 된다.
(9) 압축강도는 가압 속도에 따라 달라지므로 규정대로 하중을 가해야 한다.

3-4-5 시험순서 및 방법

(1) 시료 및 시험체의 준비

① 시료의 준비

㈎ 비비기가 끝난 콘크리트에서 바로 시료를 재취한다.

㈏ 시료의 양은 20ℓ 이상으로 한다.

② 시험체의 만들기(다짐봉을 사용하는 경우)

㈎ 몰드의 이음매에 그리스를 엷게 바르고 조립한다.

㈏ 콘크리트를 몰드에 2층 이상의 거의 같은 층으로 나누어 채운다.

㈐ 각 층의 두께는 75~100mm로 한다.

㈑ 각 층은 적어도 1,000mm^{2}에 1회의 비율로 다지고 아래층까지 다짐봉이 닿도록 한다.

㈒ 흙손으로 콘크리트의 표면을 고르고 유리판으로 덮는다.

㈓ 2~4시간 후 시멘트풀(W/C=27~30%)로 시험체의 표면을 캐핑하며 두께는 공시체 지름의 2%를 넘어서는 안 된다.

[시험체 만들기]   [시험체의 캐핑]

③ 시험체의 양생

㈎ 시험체를 만든 뒤 16시간 이상 3일 이내에 몰드를 떼어 낸다.

㈏ 시험체를 20±2℃에서 습윤 상태로 양생한다.

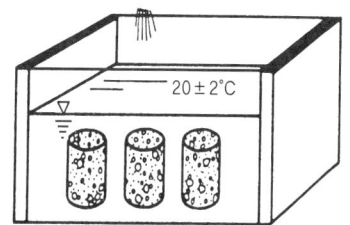

(2) 압축 강도 시험

① 시험체를 시험하기 직전에 양생실에서 꺼낸다.

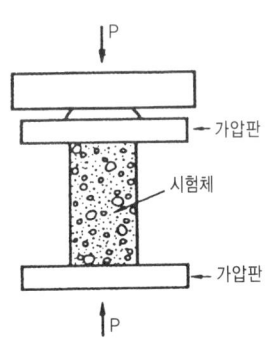

○ 공시체(φ150mm×300mm)(φ100mm×200mm)

② 시험체의 지름을 0.1mm까지 잰다. 높이는 1mm까지 측정한다.
③ 습윤 상태의 시험체를 시험기의 가운데에 놓는다.
④ 시험체에 충격을 주지 않고 일정한 속도(매초 0.6 ± 0.2 MPa)로 하중을 가한다.
⑤ 시험체가 파괴될 때의 최대 하중을 기록한다.

○ 공시체 파괴 샘플

○ 공시체 파괴 장면

(3) 결과의 계산

① 압축 강도는 다음 식에 따라 계산한다.

$$압축\ 강도(\text{MPa}) = \frac{최대\ 하중(\text{N})}{시험체의\ 단면적(\text{mm}^2)}$$

② 콘크리트의 압축 강도는 3개 이상의 시험체의 평균값으로 나타낸다.

3-4-6 콘크리트 압축강도 시험 예

시험체의 번호	1	2	3
재령(일)	28	28	28
평균 지름 d(mm)	151	150	152
단면적 A(mm^2)	17,898.7	17,662.5	18,136.6
평균 높이 h(mm)	300	301	301
파괴 하중 P(N)	458,000	457,800	457,000
압축 강도 $f_{cu} = \dfrac{P}{A}$(N/mm^2)	25.5	25.9	25.1
평균 압축 강도(MPa)	25.5		
양생 방법	수중 양생		
양생 온도(℃)	20±2		
시험체의 파괴 양상	3개의 시험체가 모두 원뿔형으로 파괴되었음		

3-5 콘크리트의 인장강도 시험

3-5-1 목 적

콘크리트 포장 슬래브, 물탱크 등과 같이 인장력을 받는 구조물에서 인장강도가 중요하므로 시험을 한다.

3-5-2 재 료

(1) 콘크리트(시멘트, 잔골재, 굵은골재, 혼화재료, 물)
(2) 그리스
(3) 유리판(두께 6mm 이상인 것)

3-5-3 기계 및 기구

(1) 시험체 몰드(지름 150mm, 높이 300mm 또는 지름 100mm, 높이 200mm의 원주형)
(2) 다짐대(지름 16mm, 길이 600mm의 둥근 강)
(3) 가압판
(4) 지지판(시험기의 가압면이나 지지 블록의 크기가 시험체보다 작을 경우에 사용)
(5) 저울(계량할 질량의 3% 이내의 정밀도를 가진 것)
(6) 콘크리트 혼합기(드럼 믹서, 가경식 믹서 또는 팬 믹서)

(7) 진동기(내부 진동기, 외부 진동기)
(8) 양생 장치(20±2℃의 온도에서 습윤 상태로 유지할 수 있는 것)
(9) 압축강도 시험기(용량 20~30tf)
(10) 캘리퍼스
(11) 비빔 용기
(12) 흙손
(13) 작은 삽

3-5-4 관련 지식

(1) 콘크리트의 인장 강도는 콘크리트 포장 슬래브, 물탱크 등과 같이 인장력을 받는 구조물에서 중요하다.
(2) 콘크리트의 인장강도 시험방법에는 직접 인장 시험방법과 할렬 시험방법이 있는데, 직접 인장 시험방법은 시험체의 모양, 시험 장치 등에 어려움이 있어 할렬 시험방법을 표준으로 한다.
(3) 할렬 시험은 콘크리트의 압축강도용 원주형 시험체를 옆으로 뉘어 놓고, 위 아래 방향으로 압력을 가해서 파괴된 때의 하중으로 계산하여 얻으며, 보통 인장 강도 시험과 같은 값으로 본다.
(4) 콘크리트 비비기의 온도는 20±3℃, 실험실의 습도는 60% 이상으로 한다.
(5) 시험체의 지름은 골재 최대치수의 4배 이상이어야 하며, 또한 150mm이상으로 한다.
(6) 시험하기 전의 재료 온도는 20~25℃로 일정하게 유지한다.
(7) 몰드에 콘크리트를 채울 때, 골재가 분리하지 않도록 한다.
(8) 시험체는 양생이 끝난 뒤, 즉시 젖은 상태에서 시험한다.
(9) 시험기 위 아래의 가압판은 평행이 되게 한다.
(10) 지지막대 또는 지지판을 사용할 때에는 시험체의 중심과 구면좌 블록의 중심과 일치시킨다.
(11) 하중을 가하는 속도는 인장 응력도의 증가율이 매초 0.06 ± 0.04 MPa로 유지한다.

3-5-5 시험순서 및 방법

(1) 시료 및 시험체의 준비

① 시료의 준비
　㈎ 비비기가 끝난 콘크리트에서 바로 시료를 채취한다.
　㈏ 시료의 양은 20ℓ 이상으로 한다.
② 시험체 만들기
　㈎ 몰드의 이음매에 그리스를 엷게 바르고 조립한다.

㈏ 콘크리트를 몰드에 2층 이상의 거의 같은 층으로 나누어 채운다.
㈐ 각 층의 두께는 75~100mm로 한다.
㈑ 각 층은 적어도 1000mm²에 1회의 비율로 다지고 아래층까지 다짐봉이 닿도록 한다.
㈒ 흙손으로 콘크리트의 표면을 고르고 유리판으로 덮는다.
③ 시험체의 양생
㈎ 시험체를 만든 뒤 16시간 이상 3일 이내에 몰드를 떼어 낸다.
㈏ 시험체를 20±2℃에서 습윤 상태로 양생한다.

(2) 인장 강도 시험

① 시험체를 정해진 일수까지 양생한 뒤, 시험하기 직전에 양생실에서 꺼낸다.
② 시험체의 지름을 0.1mm까지 2개소 이상을 재어서 평균값을 구한다.
③ 시험체의 길이를 1mm까지 2개소 이상을 재어서 평균값을 구한다.
④ 시험체를 시험기의 가압판 위에 중심선과 일치되도록 옆으로 뉘어 놓는다.
⑤ 시험체에 인장 강도가 매초 0.06±0.04 MPa의 일정한 비율로 증가하도록 하중을 가한다.
⑥ 시험체가 파괴될 때, 시험기에 나타난 최대 하중을 기록한다.

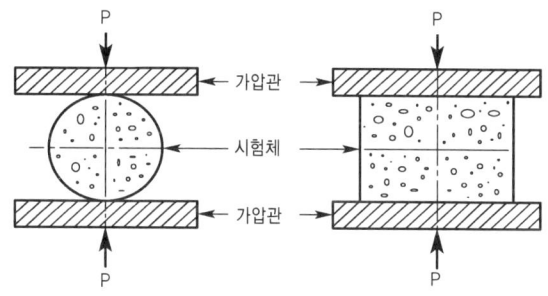

[인장강도 시험]

(3) 결과의 계산

① 인장강도(f_{sp}, MPa) = $\dfrac{2P}{\pi dl}$

여기서, P : 공시체가 파괴될 때 최대 하중(N)
d : 공시체의 지름(mm)
l : 공시체의 길이(mm)

② 3개 이상의 공시체의 평균값으로 나타낸다.

3-6 콘크리트의 휨강도 시험

3-6-1 목 적

(1) 도로, 공항 등 콘크리트 포장 두께의 설계나 배합설계를 위한 자료로 이용한다.
(2) 콘크리트 포장 슬래브, 콘크리트 관, 콘크리트 말뚝 등의 품질관리를 한다.
(3) 콘크리트 휨에 의해 균열이 생기는 것을 미리 알아낼 수 있다.

3-6-2 재 료

(1) 콘크리트(시멘트, 잔골재, 굵은골재, 혼화재료, 물)
(2) 그리스
(3) 비흡수성 판(유리판 또는 플라스틱판)

3-6-3 기계 및 기구

(1) 시험체 몰드[150×150×530mm(550mm)의 각주형과 100×100×380mm의 각주형]
(2) 콘크리트 혼합기(드럼 믹서, 가경식 믹서 또는 팬 믹서)
(3) 휨강도 시험 장치
(4) 다짐대(지름 16mm, 길이 600mm인 둥근강)
(5) 진동기(내부 진동기, 외부 진동기)
(6) 양생 장치(20±2℃의 온도에서 습윤상태로 유지할 수 있는 것)
(7) 저울(계량할 질량의 3% 이내의 정밀도를 가진 것)
(8) 압축 강도 시험기(용량10t)
(9) 캘리퍼스   (10) 비빔 용기
(11) 흙손   (12) 작은 삽

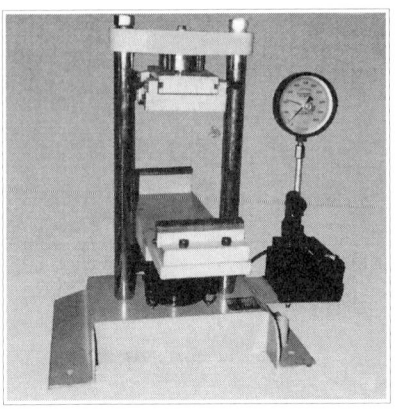   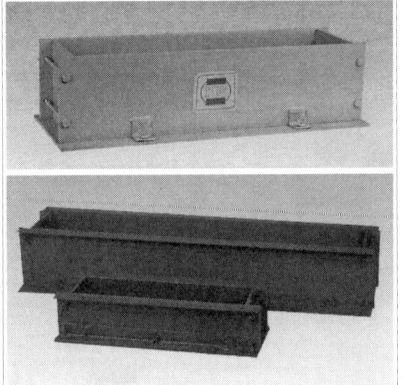

◎ 콘크리트 휨강도 시험기(벤딩용)   ◎ 휨강도 몰드

3-6-4 관련 지식

(1) 콘크리트 비비기의 온도는 20±3℃, 실험실의 습도는 60% 이상으로 한다.
(2) 시험체의 한 변의 길이는 골재 최대치수의 4배 이상이며 100mm 이상으로 한다.
(3) 시험체의 길이는 단면 한 변 길이의 3배보다 80mm 더 커야 한다.
(4) 굵은골재의 최대치수가 40mm인 경우 한 변의 길이는 150mm로 한다.
(5) 시험하기 전의 재료 온도는 20~25℃로 고르게 유지한다.
(6) 시험체는 양생이 끝난 뒤 즉시 젖은 상태에서 시험한다.
(7) 시험체의 표면이 블록에 충분히 닿지 않을 때에는 캐핑을 한다.
(8) 휨강도는 가압 속도에 따라 달라지므로, 규정된 하중 속도로 시험한다.
(9) 지간은 공시체 높이의 3배로 한다.

3-6-5 시험순서 및 방법

(1) 시료 및 시험체의 준비

① 시료의 준비

  ㈎ 비비기가 끝난 콘크리트에서 바로 시료를 채취한다.
  ㈏ 시료의 양은 $20l$ 이상으로 한다.

② 시험체의 만들기

  ㈎ 몰드의 이음매에 그리스를 엷게 바르고 조립한다.
  ㈏ 콘크리트를 몰드의 $\frac{1}{2}$까지 채우고 윗면을 고른다.
  ㈐ 몰드 속의 콘크리트를 다짐대로 윗면적 약 1000mm²에 대하여 1회 비율로 다진다. (150×150×530mm의 시험체일 경우에는 80번, 100×100×380mm의 시험체일 경우에는 38번 다진다.)
  ㈑ 몰드의 윗면까지 콘크리트를 채우고, 위의 (3)항과 같은 방법으로 다진다.
  ㈒ 표면에 남은 콘크리트를 곧은 막대로 밀어 내고 표면을 흙손으로 고른다.
  ㈓ 콘크리트의 표면을 유리판이나 플라스틱으로 덮는다.

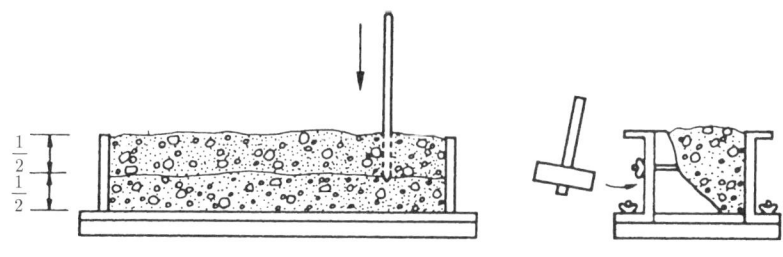

[휨강도 시험체 만들기]

③ 시험체의 양생
　㈎ 시험체를 만든 뒤 16시간 이상 3일 이내에 몰드를 떼어 낸다.
　㈏ 시험체를 20±2℃에서 습윤 상태로 양생한다.

(2) 휨강도 시험

① 시험체를 정해진 일수까지 양생한 뒤, 시험하기 직전에 양생실에서 꺼낸다.

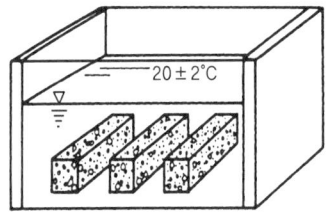

◯ 휨강도 시험체

② 시험기의 위와 아래에 지지 블록과 가압 블록을 장치한다.
③ 시험체를 콘크리트 몰드에 넣었을 때의 옆면을 위, 아래의 면으로 하여 지지 블록의 중심에 시험체의 중심이 오도록 놓는다.
④ 하중을 줄 때 시험체의 위쪽을 지간의 4점에 상부 재하장치를 접촉시킨다.

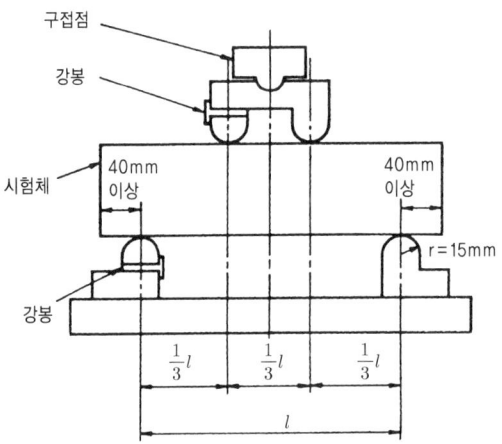

⑤ 하중을 가하는 속도는 가장자리 응력도의 증가율이 매초 0.06±0.04 MPa이 되도록 조정하고 최대하중이 될 때까지 그 증가율을 유지하도록 한다.
⑥ 시험체가 파괴되었을 때의 최대 하중을 기록한다.
⑦ 파괴 단면에서의 평균 나비와 두께를 0.1mm 정도까지 측정한다.

(3) 결과의 계산

① 공시체가 인장쪽 표면 지간 방향 중심선의 4점 사이에서 파괴되는 경우

$$휨강도(f_b,\ \mathrm{MPa}) = \frac{P\,l}{b\,d^2}$$

여기서, P : 시험기에 나타난 최대 하중(N)
l : 지간의 길이(mm)
b : 평균 나비(mm)
d : 평균 두께(mm)

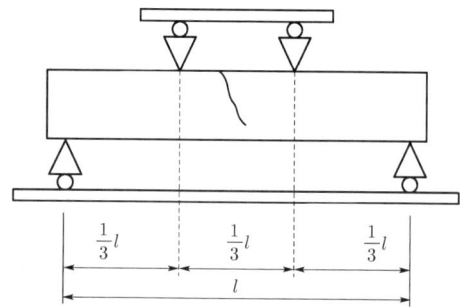

② 공시체가 인장쪽 표면의 지간 방향 중심선의 4점의 바깥쪽에 파괴된 경우는 그 시험 결과를 무효로 한다.

3-7 슈미트 해머에 의한 콘크리트 강도의 비파괴 시험

3-7-1 목 적

구조물을 파괴하지 않고 슈미트 해머로 콘크리트 표면을 타격하여 해머의 반발 정도로 콘크리트 압축강도를 추정하여 콘크리트 품질관리를 한다.

3-7-2 재 료

(1) 콘크리트 시험체
(2) 콘크리트 구조물

3-7-3 기계 및 기구

(1) 슈미트 해머(Schmidt hammer)
(2) 거리 측정자
(3) 연삭숫돌
(4) 분필

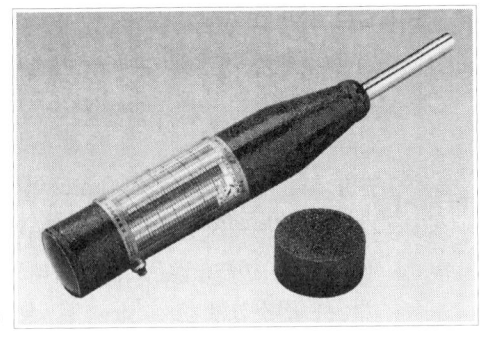

◑ 콘크리트 테스트 해머(일반식)

◑ 디지털 콘크리트 테스트 해머

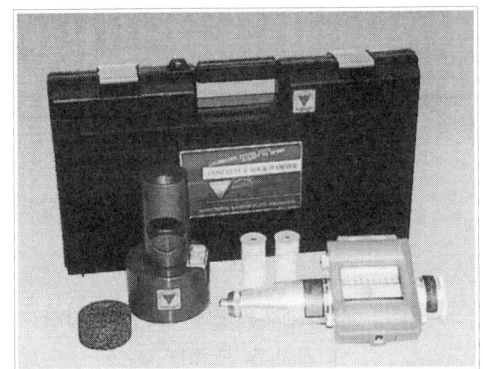

◑ 콘크리트 테스트 해머

3-7-4 관련 지식

(1) 콘크리트 강도의 비파괴 시험은 구조물을 파괴하지 않고, 원래의 모양 그대로에서 간단하게 그 강도를 구할 수 있다.
(2) 콘크리트 강도의 비파괴 시험에는 다음과 같은 방법이 있다.
    ① 표면 경도법
        (가) 반발 경도에 의한 방법(테스트 해머)
        (나) 오목 부분 지름 측정에 의한 방법(수동식 해머, 낙하식 해머, 회전식 해머)
    ② 음향적 방법
        (가) 공진법(진동수 측정)
        (나) 파동법(종파의 속도 측정)
        (다) 초음파법(음파의 속도 측정)
    ③ 슈미트 해머의 종류
        (가) N형(보통 콘크리트용)
        (나) M형(매스 콘크리트용)

㈎ L형(경량 콘크리트용)
　　　㈏ P형(저강도 콘크리트용)
(3) 슈미트 해머는 스프링의 힘으로 타격봉이 콘크리트 표면을 때렸을 때, 그 반발 거리로 콘크리트 표면의 경도를 측정하여 압축 강도를 추정하는 것이다.
(4) 반발도의 측정은 두께 100mm 이하의 슬래브나 벽체, 한 변이 150mm 이하인 단면의 기둥 등 작은 치수, 지간이 긴 부재를 피한다.
(5) 배후에 지지하지 않은 얇은 슬래브 및 벽체에는 되도록 고정변이나 지지변에 가까운 개소를 선정한다.
(6) 보에서는 그 측면 또는 바닥면에서 한다.
(7) 측정면은 되도록 거푸집 판에 접해 있었던 면으로서 표면 조직이 균일하고 평활한 평면부를 선정한다.
(8) 측정면에 있는 곰보, 공극, 노출되어 있는 자갈 등의 부분은 피한다.
(9) 측정면에 있는 요철이나 부착물은 숫돌 등으로 평활하게 갈아내고 분말이나 그 밖의 부착물을 닦아낸다.
(10) 마무리 층이나 도장을 한 경우는 이것을 제거하여 콘크리트 면을 노출시킨 후 평활하게 갈아내고 실시한다.
(11) 타격은 늘 측정면에 수직방향으로 실시한다.

3-7-5 시험순서 및 방법

(1) 시료 및 시험체의 준비

① 측정할 콘크리트 구조물의 표면을 연삭재로 갈아서 기포나 부착물을 없앤다.
② 측정할 곳을 그림과 같이 가로, 세로 3cm의 간격으로 표시한다.

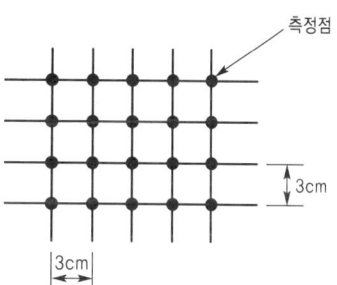

(2) 반발 경도의 측정

① 해머의 타격봉 끝을 콘크리트 표면의 측점에 대고 눌러 타격한다.
② 멈춤 단추를 눌러 눈금 지침을 멈추게 한다.
③ 지침이 가리키는 눈금을 읽는다.
④ 위와 같은 방법으로 20점 이상 측정하여 평균한 값을 그 곳의 반발경도 R로 한다. 이 때, 차이가 평균값의 20% 이상이 되는 값이 있으면, 계산에서 빼 버린다.

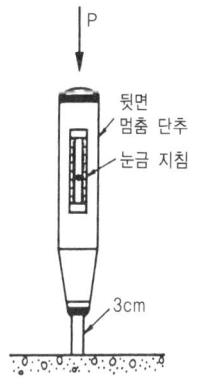

(3) 결과의 계산

① 반발 경도는 다음 식에 따라 보정한다.

$$R_o = R + \Delta R$$

여기서, R_o: 수정 반발 경도
R: 측정 반발 경도
ΔR: 보정값

위의 식에서 보정값 ΔR는 다음과 같이 구한다.

(개) 타격 방향이 수평이 아닐 경우에는 그 경사각에 따라 ΔR을 구한다.

(내) 콘크리트가 타격 방향에 직각으로 압축응력을 받을 때에는 그 압축응력에 따라 ΔR을 구한다.

(대) 수중 양생을 한 콘크리트를 건조시키지 않고 측정한 때에는 $\Delta R = +5$로 한다.

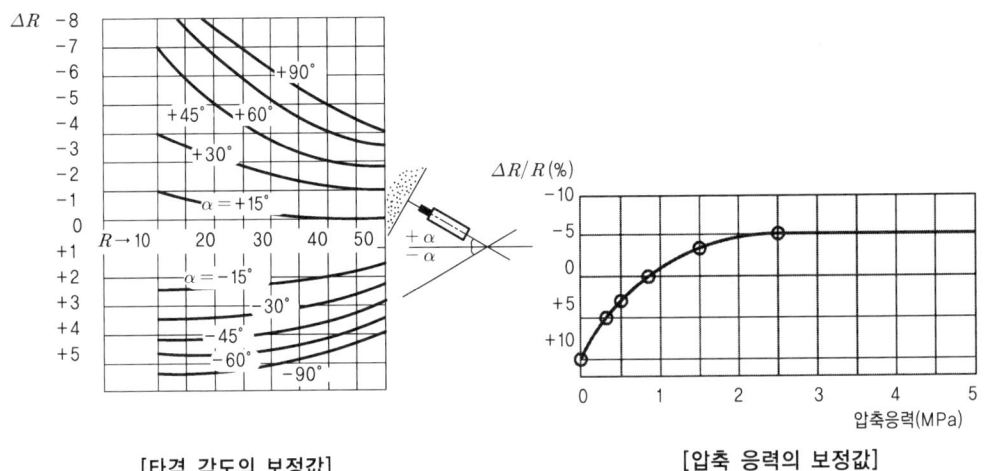

[타격 각도의 보정값]   [압축 응력의 보정값]

② 수정 반발 경도로부터 표준 원추 시험체의 압축 강도는 다음 식으로 추정한다.

$$F(\text{MPa}) = 1.3R_o - 18.4$$

여기서, F: 압축강도(MPa)
R_o: 수정 반발 경도

(6) 콘크리트 강도의 비파괴 시험 예

측정	측정치					측정 경도 R	보정치 ΔR	보정경도 R_o	압축강도 추정치 F	비 고
1	37	35	36	40	32	35.95	0	35.95	28.34MPa	타격 방향이 수평인 경우
	36	41	38	31	40					
	38	36	34	39	41					
	30	36	33	30	36					

3-8 콘크리트 배합 설계

3-8-1 목 적

소요의 강도, 내구성, 균일성, 수밀성, 작업에 알맞은 워커빌리티 등을 가진 콘크리트가 가장 경제적으로 얻어지도록 시멘트, 잔골재, 굵은골재 및 혼화재료의 비율을 정한다.

3-8-2 재 료

    (1) 시멘트
    (2) 잔골재
    (3) 굵은골재
    (4) 혼화재료
    (5) 물

3-8-3 기계 및 기구

    (1) 표준체
    (2) 저울
    (3) 메스실린더
    (4) 콘크리트 혼합기
    (5) 슬럼프 시험 기구
    (6) 공기량 측정 기구
    (7) 시험체 몰드 및 다짐대
    (8) 원뿔형 몰드 및 다짐대
    (9) 양생 장치
    (10) 강도 시험 장치
    (11) 강도 시험기
    (12) 그 밖의 시험 기구

 콘크리트 믹서기
 압축강도 몰드
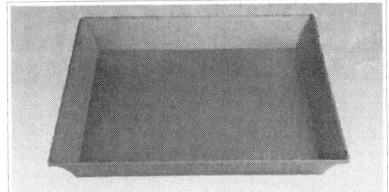 시료 팬(철강재)
 저울

3-8-4 관련 지식

(1) 콘크리트의 배합 설계란 콘크리트를 만들 때에 필요한 시멘트, 골재, 혼화재료, 물의 혼합 비율을 정하는 것을 말한다.
(2) 콘크리트의 배합은 필요한 강도, 내구성, 수밀성 및 작업에 알맞은 워커빌리티를 가지는 범위 안에서 단위 수량이 적게 되도록 정해야 한다.
(3) 콘크리트의 배합 설계 방법에는 배합표에 의한 방법, 계산에 의한 방법, 시험배합에 의한 방법 등이 있으나, 공사 재료를 사용해서 시험을 하여 정하는 시험 배합에 의한 방법이 가장 합리적이다.
(4) 설계 시공상 허용되는 범위 안에서 굵은골재 최대치수가 큰 것을 사용한다.
(5) 배합은 충분한 내구성과 강도를 가지도록 해야 한다.
(6) 시방 배합에서 사용하는 골재는 표면 건조 포화상태의 것으로 한다.
(7) 혼화재료의 사용량에 대해서는 기존 자료를 참고로 하여 구한다.
(8) 재료 계량의 허용 오차는 물과 시멘트에서는 1%, 혼화재에서는 2%, 골재 및 혼화제 용액에서는 3% 이하라야 한다.
(9) 콘크리트 배합 설계에 사용되는 용어는 다음과 같다.
   (가) 물-시멘트비(W/C) : 콘크리트 또는 모르타르에서 골재가 표면 건조 포화상태에 있을 때, 시멘트풀 속에 있는 물과 시멘트의 질량비를 말하며, 이것의 역수를 시멘트-물비(C/W)라 한다.

(나) 설계 기준 강도(f_{ck}) : 콘크리트 부재의 설계에서 기준으로 한 압축 강도를 말하며, 일반적으로 재령 28일의 압축강도를 기준으로 한다. 포장 콘크리트에서는 재령 28일의 휨강도를 기준으로 한다.

(다) 배합 강도(f_{cr}) : 콘크리트 배합을 정하는 경우에 목표로 하는 압축강도를 말하며, 일반적으로 재령 28일의 압축 강도를 기준으로 한다. 포장 콘크리트에서는 재령 28일의 휨강도를 기준으로 한다.

(라) 단위량(kg/m^3) : 콘크리트 1m^{3}를 만드는데 쓰이는 각 재료량을 말한다.

(마) 잔골재율(S/a) : 골재에서 5mm 체를 통과한 것을 잔골재, 5mm 체에 남는 것을 굵은골재로 하여 구한 잔골재량의 전체 골재에 대한 절대 부피비(%)를 말한다.

(바) 단위 굵은골재의 부피(m^3) 단위 굵은골재량을 그 굵은골재의 단위 용적질량으로 나눈 값을 말한다.

(10) 콘크리트의 배합에는 시방 배합과 현장 배합이 있다.

    (가) 시방 배합 : 시방서 또는 책임 기술자가 지시한 배합으로서, 이때 골재는 표면 건조 포화상태에 있고, 잔골재는 5mm 체를 통과하고, 굵은골재는 5mm 체에 다 남는 것으로 한다.

    (나) 현장 배합 : 현장에서 사용하는 골재의 함수 상태와 잔골재 속의 5mm 체에 남는 양, 굵은골재 속의 5mm 체를 통과하는 양을 고려하여 현장에서 시방배합을 고친 것이다.

(11) 콘크리트 시험배합을 정하는 순서는 다음과 같다.

    (가) 사용 재료를 시험한다.
    (나) 배합강도를 정한다.
    (다) 물-결합재비를 정한다.
    (라) 굵은골재 최대 치수를 정한다.
    (마) 슬럼프 값을 정한다.
    (바) AE 공기량을 정한다.
    (사) 단위 수량을 정한다.
    (아) 단위 시멘트양을 정한다.
    (자) 단위 잔골재량을 구한다.
    (차) 단위 굵은골재량을 구한다.
    (카) 단위 혼화재량을 구한다.
    (타) 시험 배치에 사용할 필요한 재료량을 구한다.
    (파) 시방배합을 현장배합으로 보정한다.

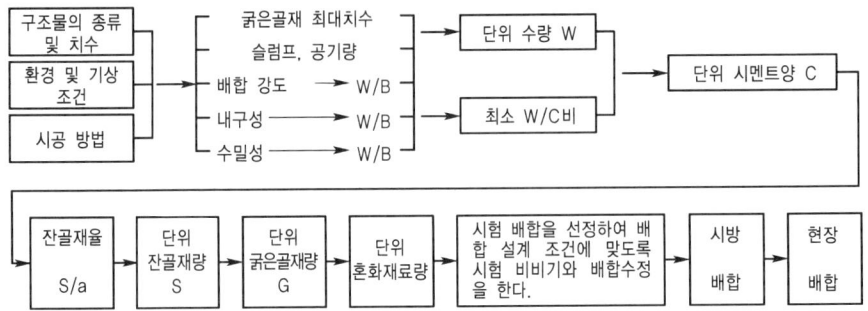

3-8-5 시험 순서 및 방법

(1) 시료의 준비

① 시멘트의 밀도 시험을 한다.

② 잔골재의 시료는 다음과 같이 준비한다.
  ㈎ 체가름 시험, 밀도 및 흡수율 시험, 표면수율 시험, 단위 용적질량 시험을 한다.
  ㈏ 5mm 체에 남는 것을 버리고, 표면수를 1% 정도 건조시킨다.

③ 굵은골재의 시료는 다음과 같이 준비한다.
  ㈎ 체가름 시험, 밀도 및 흡수율 시험, 단위 용적질량 시험을 한다.
  ㈏ 골재를 물로 씻으면서 체가름하고 충분히 흡수시킨 다음, 마른 걸레로 닦아서 표면 건조 포화상태로 한다.

④ AE제 및 감수제는 각각 1% 및 10%의 수용액으로 하여 사용한다.

(2) 콘크리트의 배합 설계

① 시험 배합 설계

  ㈎ 물-결합재비를 정한다.
  - 콘크리트의 압축 강도(포장 콘크리트일 경우에는 휨강도)를 기준으로 하여 물-결합재비를 정할 경우에는 다음과 같이 한다.
    시험에 의하여 정하는 경우 : 알맞은 3종류 이상의 서로 다른 물-결합재비를 가진 콘크리트 시험체를 2개 이상 만들고 28일 압축강도(f_{28}) 시험을 하여 시멘트-물비(C/W)와 f_{28}과의 선도를 만든다. 이것으로부터 필요한 배합 강도(f_{cr})에 해당하는 C/W를 구하고, 그 역수로 W/C를 구한다. 이때, 배합 강도(f_{cr})는 $f_{cn} \leq 35\mathrm{MPa}$인 경우 보통 콘크리트에서 다음 두 식에 의한 값 중에서 큰 값을 적용한다.

· $f_{cr} = f_{cn} + 1.34s (\text{MPa})$

· $f_{cr} = (f_{cn} - 3.5) + 2.33s (\text{MPa})$

· $f_{cn} > 35\text{MPa}$인 경우에는 $f_{cr} = f_{cn} + 1.34s$ ·············· ①

$\qquad\qquad\qquad\qquad f_{cr} = 0.9f_{cn} + 2.33s$ ·············· ②

계산된 두 값 중 큰 값을 적용한다. 여기서, s = 압축강도의 표준편차(MPa)

· 콘크리트 압축강도의 표준편차
 - 실제 사용한 콘크리트의 30회 이상의 시험 실적으로부터 결정하는 것을 원칙으로 한다.
 - 압축강도의 시험횟수가 29회 이하이고, 15회 이상인 경우는 계산한 표준편차에 보정계수를 곱한 값을 표준편차로 사용한다.

○ 시험횟수가 29회 이하일 때 표준편차의 보정계수

시험 횟수	표준편차의 보정계수
15	1.16
20	1.08
25	1.03
30 이상	1.00

· 콘크리트 압축강도의 표준편차를 알지 못할 때 또는 압축강도의 시험횟수가 14회 이하인 경우 콘크리트 배합강도

호칭강도(MPa)	배합강도(MPa)
21 미만	$f_{cn} + 7$
21 이상 35 이하	$f_{cn} + 8.5$
35 초과	$1.1f_{cn} + 5.0$

일반적으로, 시멘트-물비와 콘크리트의 28일 압축 강도는 다음 식으로 나타낸다.

$$f_{28} = a + b \cdot \left(\frac{C}{W}\right)$$

여기서, f_{28} : 재령 28일 콘크리트의 압축 강도(N)
a, b : 시험에 의하여 정하는 상수
$\frac{C}{W}$: 시멘트-물비

• 노출범주가 일반인 경우(등급 : E0)
 · 물리적, 화학적 작용에 의한 콘크리트 손상의 우려가 없는 경우
 · 철근이나 내부 금속의 부식 위험이 없는 경우
 · 내구성 기준 압축강도 : 21MPa

- 노출범주가 EC(탄산화)에 의한 철근 부식이 우려되는 노출환경
  - EC1 등급 : 건조하거나 수분으로부터 보호되는 또는 영구적으로 습윤한 콘크리트
    - 공기 중 습도가 낮은 건물 내부의 콘크리트
    - 물에 계속 침지되어 있는 콘크리트
    - 내구성 기준 압축강도 : 21MPa
    - 최대 물-결합재비 : 0.60
  - EC2 등급 : 습윤하고 드물게 건조되는 콘크리트로 탄산화의 위험이 보통인 경우
    - 장기간 물과 접하는 콘크리트 표면
    - 기초
    - 내구성 기준 압축강도 : 24MPa
    - 최대 물-결합재비 : 0.55
  - EC3 등급 : 보통 정도의 습도에 노출되는 콘크리트로 탄산화 위험이 비교적 높은 경우
    - 공기 중 습도가 보통 이상으로 높은 건물 내부의 콘크리트
    - 비를 맞지 않는 외부 콘크리트
    - 내구성 기준 압축강도 : 27MPa
    - 최대 물-결합재비 : 0.50
  - EC4 등급 : 건습이 반복되는 콘크리트로 매우 높은 탄산화 위험에 노출되는 경우
    - EC2 등급에 해당하지 않고, 물과 접하는 콘크리트
      (예를 들어 비를 맞는 콘크리트 외벽, 난간 등)
    - 내구성 기준 압축강도 : 30MPa
    - 최대 물-결합재비 : 0.45

- 노출범주가 ES(해양환경, 제설염 등 염화물)로 염화물에 의한 철근 부식을 방지하기 위해 추가적인 방식이 요구되는 철근 콘크리트와 프리스트레스트 콘크리트
  - ES1 등급 : 보통 정도의 습도에서 대기 중의 염화물에 노출되지만 해수 또는 염화물을 함유한 물에 직접 접하지 않는 콘크리트
    - 해안가 또는 해안 근처에 있는 구조물
    - 도로 주변에 위치하여 공기 중의 제빙화학제에 노출되는 콘크리트
    - 내구성 기준 압축강도 : 30MPa
    - 최대 물-결합재비 : 0.45

- ES2 등급 : 습윤하고 드물게 건조되며 염화물에 노출되는 콘크리트
  - 수영장
  - 염화물을 함유한 공업용수에 노출되는 콘크리트
  - 내구성 기준 압축강도 : 30MPa
  - 최대 물-결합재비 : 0.45
- ES3 등급 : 항상 해수에 침지되는 콘크리트
  - 해상 교각의 해수 중에 침지되는 부분
  - 내구성 기준 압축강도 : 35MPa
  - 최대 물-결합재비 : 0.40
- ES4 등급 : 건습이 반복되면서 해수 또는 염화물에 노출되는 콘크리트
  - 해상 환경의 물보라 지역(비말대) 및 간만대에 위치한 콘크리트
  - 염화물을 함유한 물보라에 직접 노출되는 교량 부위
  - 도로 포장
  - 주차장
  - 내구성 기준 압축강도 : 35MPa
  - 최대 물-결합재비 : 0.40

• 노출범주가 EF(동결융해)에 의한 경우로 제빙화학제가 사용되거나 혹은 사용되지 않으며 수분에 접촉되면서 동결융해의 반복작용에 노출된 외부 콘크리트
  - EF1 등급 : 간혹 수분과 접촉하나 염화물에 노출되지 않고 동결융해의 반복작용에 노출되는 콘크리트
    - 비와 동결에 노출되는 수직 콘크리트 표면
    - 내구성 기준 압축강도 : 24MPa
    - 최대 물-결합재비 : 0.55
  - EF2 등급 : 간혹 수분과 접촉하고 염화물에 노출되며 동결융해의 반복작용에 노출되는 콘크리트
    - 공기 중 제빙화학제와 동결에 노출되는 도로 구조물의 수직 콘크리트 표면
    - 내구성 기준 압축강도 : 27MPa
    - 최대 물-결합재비 : 0.50
  - EF3 등급 : 지속적으로 수분과 접촉하나 염화물에 노출되지 않고 동결융해의 반복작용에 노출되는 콘크리트
    - 비와 동결에 노출되는 수평 콘크리트 표면
    - 내구성 기준 압축강도 : 30MPa
    - 최대 물-결합재비 : 0.45

- EF4 등급 : 지속적으로 수분과 접촉하고 염화물에 노출되며 동결융해의 반복작용에 노출되는 콘크리트
  - 제빙화학제에 노출되는 도로와 교량 바닥판
  - 제빙화학제가 포함된 물과 동결에 노출되는 콘크리트 표면
  - 동결에 노출되는 물보라 지역(비말대) 및 간만대에 위치한 해양 콘크리트
  - 내구성 기준 압축강도 : 30MPa
  - 최대 물-결합재비 : 0.45

• 노출범주가 EA(황산염)로 수용성 황산염 이온을 유해한 정도로 포함한 물 또는 흙과 접촉하고 있는 콘크리트
  - EA1 등급 : 보통 수준의 황산염 이온에 노출되는 콘크리트
    - 토양과 지하수에 노출되는 콘크리트
    - 해수에 노출되는 콘크리트
    - 내구성 기준 압축강도 : 27MPa
    - 최대 물-결합재비 : 0.50
  - EA2 등급 : 유해한 수준의 황산염 이온에 노출되는 콘크리트
    - 토양과 지하수에 노출되는 콘크리트
    - 내구성 기준 압축강도 : 30MPa
    - 최대 물-결합재비 : 0.45
  - EA3 등급 : 매우 유해한 수준의 황산염 이온에 노출되는 콘크리트
    - 토양과 지하수에 노출되는 콘크리트
    - 하수, 오폐수에 노출되는 콘크리트
    - 내구성 기준 압축강도 : 30MPa
    - 최대 물-결합재비 : 0.45

(나) 굵은골재 최대치수를 정한다.
- 부재 최소치수의 1/5, 철근피복 및 철근의 최소 순간격의 3/4을 초과해서는 안 된다.
- 굵은골재의 최대치수 표준

구조물의 종류	굵은골재의 최대치수(mm)
일반적인 경우	20 또는 25
단면이 큰 경우	40
무근 콘크리트	40 부재 최소 치수의 1/4 이하

(다) 슬럼프 값을 정한다.
- 운반, 타설, 다지기 등의 작업에 알맞은 범위 내에서 될 수 있는 대로 작은 값으로 정한다.
- 슬럼프의 표준값

종 류		슬럼프 값(mm)
철근 콘크리트	일반적인 경우	80~150
	단면이 큰 경우	60~120
무근 콘크리트	일반적인 경우	50~150
	단면이 큰 경우	50~100

(라) AE제에 의해 공기량을 정한다.
- AE 콘크리트 공기량의 표준

굵은골재의 최대치수 (mm)	공기량(%)	
	심한 노출	일반 노출
10	7.5	6.0
15	7.0	5.5
20	6.0	5.0
25	6.0	4.5
40	5.5	4.5

- 운반 후 공기량은 AE 콘크리트 공기량의 표준값에서 ±1.5% 이내이어야 한다.

(마) 잔골재율을 정한다.
- 소요의 워커빌리티를 얻을 수 있는 범위 내에서 단위 수량이 최소가 되도록 시험에 의해 정한다.
- 콘크리트 배합을 정할 때 가정한 잔골재의 조립률에 비하여 조립률이 ±0.2 이상의 변화를 나타내었을 때는 배합을 변경하여야 한다.
- 콘크리트 펌프 시공의 경우에는 콘크리트 펌프의 성능, 배관, 압송거리 따라 결정한다.
- 유동화 콘크리트의 경우 유동화 후 콘크리트의 워커빌리티를 고려하여 잔골재율을 결정할 필요가 있다.
- 고성능 AE 감수제를 사용한 콘크리트의 경우로서 물-결합재비 및 슬럼프가 같으면 일반적인 AE 감수제를 사용한 콘크리트와 비교하여 잔골재율을 1~2% 정도 크게 하는 것이 좋다.
- 공기량이 3% 이상이고 단위 시멘트양이 $250kg/m^3$ 이상인 AE 콘크리트나 단위 시멘트양이 $300kg/m^3$ 이상인 콘크리트 또는 0.3mm 체와 0.15mm 체를 통과한 골재의 부족량을 양질의 광물질 미분말로 보충한 콘크리트에서는 0.3mm 체와 0.15mm 체 질량 백분의 최소량을 각각 5% 및 0%로 감소시켜도 좋다.

◎ 콘크리트의 단위골재용적, 잔골재율 및 단위 수량의 대략값

굵은골재의 최대치수 (mm)	단위 굵은골재 용적(%)	AE제를 사용하지 않은 콘크리트			AE 콘크리트				
		갇힌 공기 (%)	잔골재율 S/a(%)	단위 수량 W(kg)	공기량 (%)	양질의 AE제를 사용한 경우		양질의 AE 감수제를 사용한 경우	
						잔골재율 S/a(%)	단위 수량 W(kg)	잔골재율 S/a(%)	단위 수량 W(%)
13	58	2.5	53	202	7.0	47	180	48	170
20	62	2.0	49	197	6.0	44	175	45	165
25	67	1.5	45	187	5.0	42	170	43	160
40	72	1.2	40	177	4.5	39	165	40	155

※ 1) 이 표의 값은 보통의 입도를 가진 천연 잔골재(조립률 2.8 정도)와 부순 굵은골재를 사용한 물-결합재비 55% 정도, 슬럼프 80mm 정도의 콘크리트에 대한 것이다.
2) 사용재료 또는 콘크리트의 품질이 1)의 조건과 다를 경우에는 위의 표에 따라 보정한다.

◎ 잔골재율(S/a)과 물(W)의 보정법

구 분	S/a의 보정(%)	W의 보정
잔골재의 조립률이 0.1만큼 클(작을) 때마다	0.5만큼 크게(작게) 한다.	보정하지 않는다.
슬럼프 값이 10mm만큼 클(작을) 때마다	보정하지 않는다.	1.2%만큼 크게(작게) 한다.
공기량이 1%만큼 클(작을) 때마다	0.5~1.0만큼 작게(크게) 한다.	3%만큼 작게(크게) 한다.
물-결합재비가 0.05 클(작을) 때마다	1만큼 크게(작게) 한다.	보정하지 않는다.
S/a가 1% 클(작을) 때마다	보정하지 않는다.	1.5kg만큼 크게(작게) 한다.
천연 굵은골재를 사용할 경우	3~5만큼 작게 한다.	9~15kg만큼 작게 한다.
부순 잔골재를 사용할 경우	2~3만큼 크게 한다.	6~9kg만큼 크게 한다.

※ 단위 굵은골재 용적에 의하는 경우에는 잔골재의 조립률이 0.1만큼 커질(작아질) 때마다 단위 굵은골재 용적을 1%만큼 작게(크게) 한다.

(ㅂ) 단위 수량을 정한다.
- 단위 수량은 작업할 수 있는 범위 안에서 될 수 있는 대로 적게 되도록 시험을 해서 정한다.
- 포장 콘크리트에서는 150kg, 댐 콘크리트에서는 120kg 이하로 하고 있다.

(사) 단위 시멘트양을 정한다.

단위 시멘트양은 단위 수량과 물-결합재비로부터 다음 식에 따라 구한다.

- 단위 시멘트양(kg) = $\dfrac{\text{단위 수량}}{\text{물} - \text{결합재비}}$

일반적으로 철근 콘크리트에서는 300kg 이상, 포장 콘크리트에서는 280~350kg, 콘크리트 댐의 내부에서는 최소 140kg으로 하고 있다.

(아) 단위 잔골재량 및 단위 굵은골재량은 다음 식에 따라 구한다.

단위 골재량의 절대 부피(m^3) = $1 - \left(\dfrac{\text{단위 수량}}{\text{물의 밀도} \times 1,000} + \dfrac{\text{단위 시멘트양}}{\text{시멘트의 밀도} \times 1,000} + \dfrac{\text{단위 혼화재량}}{\text{혼화재의 밀도} \times 1,000} + \dfrac{\text{공기량}}{100} \right)$

단위 잔골재량의 절대 부피(m^3) = (단위 골재량의 절대부피) × (잔골재율)

단위 잔골재량(kg) = (단위 잔골재량의 절대부피) × (잔골재의 밀도) × 1,000

단위 굵은골재량의 절대부피(m^3)
  = (단위 골재량의 절대 부피) - (단위 잔골재량의 절대부피)

단위 굵은골재량(kg) = (단위 굵은골재량의 절대부피) × (굵은골재의 밀도) × 1,000

② 시험 비비기
  (가) 1배치의 양을 정하여 각 재료를 계량한다. AE제 또는 감수제를 사용한 때에는 수용액 속의 수량을 비비기에 사용하는 수량에서 뺀다.
  (나) 모든 재료를 콘크리트 혼합기에 넣고 비빈다.
  (다) 비비기를 한 콘크리트의 슬럼프와 공기량을 측정한다.
  (라) 슬럼프와 공기량이 정해져 있지 않을 경우 일반 콘크리트에서는 보정해서 다시 시험 비비기를 하여 필요한 슬럼프와 공기량의 콘크리트를 만든다.
  (마) 슬럼프와 공기량을 일정하게 하고 잔골재율을 조금씩 변화시켜, 정해진 워커빌리티가 얻어지는 범위 안에서 단위 수량이 적게 되는 배합을 정하여 이 배합을 시방 배합으로 한다.

③ 배합의 결정
  (가) 압축강도 시험을 하여 물-결합재비와 압축 강도의 관계를 다음과 같은 식으로 나타낸다.

  $$f_{28} = a + b \cdot \left(\dfrac{C}{W} \right)$$

  (나) (C/W) - f_{28}의 관계식에서 배합 강도(f_{cr})를 얻기 위한 W/C를 결정한다.
  (다) 단위 수량, 잔골재율은 시험한 3종류 이상의 W/C를 콘크리트 배합에서 정하고, 콘크리트 재료의 단위량을 결정한다.

④ 현장 배합

㈎ 골재의 입도에 대한 조정은 다음 식에 따라 한다.

$$x = \frac{100S - b(S+G)}{100 - (a+b)} \qquad y = \frac{100G - a(S+G)}{100 - (a+b)}$$

여기서, x : 계량해야 할 현장의 잔골재량(kg)
y : 계량해야 할 현장의 굵은골재량(kg)
S : 시방 배합의 잔골재량(kg)
G : 시방 배합의 굵은골재량(kg)
a : 잔골재 속의 5mm 체에 남는 양(%)
b : 굵은골재 속의 5mm 체를 통과하는 양(%)

㈏ 골재의 표면수율에 대한 조정은 다음 식에 따라 한다.

$$S' = x\left(1 + \frac{c}{100}\right) \quad G' = y\left(1 + \frac{d}{100}\right)$$

$$W' = W - x \cdot \frac{c}{100} - y \cdot \frac{d}{100}$$

여기서, S' : 계량해야 할 현장의 잔골재량(kg)
G' : 계량해야 할 현장의 굵은골재량(kg)
W' : 계량해야 할 현장의 물의 양(kg)
c : 현장의 잔골재의 표면수율(%)
d : 현장의 굵은골재의 표면수율(%)
W : 시방 배합의 물의 양(kg)

(3) 배합 결과 표시

굵은골재의 최대치수 (mm)	슬럼프 범위 (mm)	공기량 범위 (%)	물-결합재비 W/B(%)	잔골재율 S/a(%)	단위량(kg/m³)					
					물 W	시멘트 C	잔골재 S	굵은골재 G		혼화재료	
								mm~mm	mm~mm	혼화재	혼화제

3-8-6 콘크리트 배합 설계 예

(1) 설계기준 및 재료 시험결과는 다음과 같다.

① 설계기준

호칭강도 : $f_{cn} = 27\text{MPa}$
슬럼프 값 : 75mm
공기량 : 5.5%
압축강도의 표준 편차 : $S = 3.6\text{MPa}$

② 재료 시험결과
  ㈎ 시멘트 : 보통 포틀랜트 시멘트, 밀도 3.15g/cm³
  ㈏ 잔골재 : 밀도 2.60g/cm³, 조립률(FM) 3.02인 모래
  ㈐ 굵은골재 : 밀도 2.65g/cm³, 최대치수 25mm인 자갈
  ㈑ 혼화제 : 양질 AE제, 사용량은 시멘트 질량의 0.04%

(2) 배합의 계산은 다음과 같이 된다.
  ① 배합강도
  다음 두 식으로 구한 값 중에서 큰 것을 적용한다.
  $f_{cr} = f_{cn} + 1.34S = 27 + 1.34 \times 3.6 = 31.8 \text{MPa}$
  $f_{cr} = (f_{cn} - 3.5) + 2.33S = (27 - 3.5) + 2.33 \times 3.6 = 31.9 \text{MPa}$
  $\therefore f_{cr} = 31.9 \text{MPa}$

  ② 물-결합재비
  필요한 강도와 내구성으로부터 구한다.
  ㈎ 강도를 기준으로 하여 정하는 경우 : 위의 재료를 사용하여 3종류의 다른 물-결합재비로 압축 강도 시험을 한 결과 다음과 같은 실험식을 얻었다.
  $$f_{28} = -13.8 + 21.6 C/W$$
  따라서 위의 식을 사용하여 $f_{cr} = 31.9 \text{MPa}$에 해당하는 W/C를 구하면 다음과 같이 된다.
  $$f_{cr} = f_{28} = 31.9 = -13.8 + 21.6 C/W$$
  $$\therefore \frac{W}{C} = \frac{21.6}{31.9 + 13.8} = 47\%$$
  ㈏ 내동해성을 기준으로 하여 정하는 경우 : 물에 노출되었을 때 낮은 투수성이 요구되는 콘크리트라고 생각하여 50%로 한다. 따라서, 물-결합재비는 작은 값을 택하여 압축 강도로부터 정한 47%로 한다.
  ㈐ 슬럼프 값 : 주어진 75mm로 한다.
  ㈑ 굵은골재의 최대 치수 : 주어진 굵은골재의 최대 치수 25mm를 사용한다.
  ㈒ 잔골재율 및 단위 수량 : 굵은골재의 최대 치수 25mm에 대하여 기준을 참고로 하여 계산한다.

○ 단위 수량 및 잔골재율 계산

보정항목	기준조건	배합조건	S/a=42% 잔골재율(S/a)의 보정	W=170 사용 수량(W)의 보정
잔골재의 조립률(FM)	2.80	3.02	$\frac{3.02-2.80}{0.1} \times 0.5 = 1.1\%$	보정하지 않는다.
슬럼프(mm)	80	75	보정하지 않는다.	$170 \times \left[1 - \left(\frac{80-75}{10}\right) \times 0.012\right]$ $= 169\text{kg}$
공기량(%)	5.0	5.5	$\frac{5.0-5.5}{1} \times 0.75 = -0.375\%$	$169 \times \left[1 - \left(\frac{5.5-5.0}{1}\right) \times 0.03\right]$ $= 166\text{kg}$
물-결합재비 (%)	55	47	$\frac{0.47-0.55}{0.05} \times 1 = -1.6\%$	보정하지 않는다.
보 정 값			$S/a = 42 + (1.1 - 0.375 - 1.6)$ $= 41.1\%$	$W = 166\text{kg}$

(바) 각 재료의 단위량

단위 시멘트양, 단위 잔골재량, 단위 굵은골재량, 단위 AE제량을 구한다.

- 단위 시멘트양 $= 166 \div 0.47 = 353\text{kg}$
- 단위 골재량의 절대 부피 $= 1 - \left(\frac{166}{1 \times 1,000} + \frac{353}{3.15 \times 1,000} + \frac{5.5}{100}\right) = 0.667\text{m}^3$
- 단위 잔골재량의 절대 부피 $= 0.667 \times 0.411 = 0.274\text{m}^3$
- 단위 굵은골재량의 절대 부피 $= 0.667 - 0.274 = 0.393\text{m}^3$
- 단위 잔골재량 $= 0.274 \times 2.60 \times 1,000 = 712\text{kg}$
- 단위 굵은골재량 $= 0.393 \times 2.65 \times 1,000 = 1,041\text{kg}$
- 단위 AE제량 $= 353 \times 0.0004 = 0.1412\text{kg}$

(사) 시방 배합

위에서 계산한 값을 시험 비비기에 사용하는 시방 배합으로 한다.

③ 시험 비비기를 하면 다음과 같다.

(가) 시험의 준비

잔골재와 굵은골재를 표면 건조 포화상태로 만든다.

(나) 시험 배치의 양

1배치의 양을 30l로 하면 각 재료의 양은 다음과 같이 된다.

- 물의 양 $= 166 \times \frac{30}{1,000} = 4.98\text{kg}$
- 시멘트양 $= 353 \times \frac{30}{1,000} = 10.59\text{kg}$
- 잔골재량 $= 712 \times \frac{30}{1,000} = 21.36\text{kg}$
- 굵은골재량 $= 1041 \times \frac{30}{1,000} = 31.23\text{kg}$

- AE제량= $0.1412 \times \dfrac{30}{1,000} = 0.0042$kg

(다) 제 1 배치

시험 비비기를 한 결과 슬럼프 값은 80mm, 공기량은 6%가 되었다. 주어진 슬럼프 값 75mm, 공기량 5.5%가 되기 위해서는 기준에 따라 보정한다. 물의 양은 슬럼프에 대한 보정과 공기량에 대한 보정을 하면 다음과 같다.

- 슬럼프의 보정= $166 \times \left[1 - \left(\dfrac{80-75}{10}\right) \times 0.012\right] = 165$kg
- 공기량의 보정= $165 \times \left[1 + \left(\dfrac{6-5.5}{1}\right) \times 0.03\right] = 167$kg

그러므로, 물의 양(W)=167kg으로 한다.

잔골재율을 공기량에 대한 보정을 하면 다음과 같다.

- 공기량의 보정= $\dfrac{6-5.5}{1} \times 0.75 = 0.375\%$
- 잔골재율(S/a)= $41.1 + 0.375 = 41.5\%$

공기량 5.5%에 대해서는 AE제량을 비례 조정하여 단위 시멘트양의 0.037% $\left(=\dfrac{5 \times 0.04}{5.5}\right)$로 한다.

위의 값을 사용하여 각 재료의 단위량을 구한다.

- 단위 시멘트양= $167 \div 0.47 = 355$kg
- 단위 골재량의 절대 부피= $1 - \left(\dfrac{167}{1 \times 1,000} + \dfrac{355}{3.15 \times 1,000} + \dfrac{5.5}{100}\right) = 0.665$m^3
- 단위 잔골재량의 절대 부피= $0.665 \times 0.415 = 0.276$m^3
- 단위 굵은골재량의 절대 부피= $0.665 - 0.276 = 0.389$m^3
- 단위 잔골재량= $0.276 \times 2.60 \times 1,000 = 718$kg
- 단위 굵은골재량= $0.389 \times 2.65 \times 1,000 = 1,031$kg
- 단위 AE제량= $355 \times 0.00037 = 0.1314$kg

◯ 시방 배합표

굵은골재의 최대치수 (mm)	슬럼프의 범위 (mm)	공기량의 범위 (%)	물-결합재 비(%)	잔골재율 (%)	단위량(kg/m³)				
					물	시멘트	잔골재	굵은골재	혼화제
25	75	5.5	47	41.5	167	355	718	1031	0.1314

(라) 제2배치

제1배치의 시방 배합표의 단위 재료량 30l를 사용하여 다시 시험 비비기를 한 결과, 슬럼프 값 75mm, 공기량 5.5%가 되어 설계 조건을 만족하고 워커빌리티도 좋았다. 따라서, 제1배치의 값을 시방 배합으로 결정한다.

④ 제1배치에 나타낸 시방 배합을 현장 배합으로 고치면 다음과 같다.
　㈎ 현장 골재의 상태
　　• 잔골재 속의 5mm 체에 남는 양(a) : 5%
　　• 굵은골재 속의 5mm 체를 통과하는 양(b) : 3%
　　• 잔골재의 표면수율(c) : 3.1%
　　• 굵은골재의 표면수율(d) : 1%
　㈏ 입도에 대한 조정
　　입도 조정된 잔골재량을 x(kg), 입도 조정된 굵은골재량을 y(kg)라 하면 다음 식이 성립된다.
　　• $x+y=718+1,031,\ 0.05x+(1-0.03)y=1,031$
　　∴ $x=723$kg, $y=1,026$kg
　　또, 식으로 풀면 다음과 같다.
　　• $x=\dfrac{100S-b(S+G)}{100-(a+b)}=\dfrac{100\times 718-3(718+1,031)}{100-(5+3)}=723$kg
　　• $y=\dfrac{100G-a(S+G)}{100-(a+b)}=\dfrac{100\times 1031-5(718+1,031)}{100-(5+3)}=1,026$kg
　　따라서, 표면 건조 포화상태의 잔골재량 $x=723$kg
　　표면 건조 포화상태의 굵은골재량 $y=1,026$kg
　㈐ 표면 수량에 대한 조정
　　• 잔골재의 표면 수량= $723\times 0.031=22$kg
　　• 굵은골재의 표면 수량= $1,026\times 0.01=10$kg
　　따라서, 표면 수량에 대해서 조정한 각 재료의 양은 아래 현장 배합표와 같게 된다. 또 식으로 풀면 다음과 같이 된다.
　　• 계량할 잔골재량(S')= $x\left(1+\dfrac{c}{100}\right)=723\left(1+\dfrac{3.1}{100}\right)=745$kg
　　• 계량할 굵은골재량(G')= $y\left(1+\dfrac{d}{100}\right)=1026\left(1+\dfrac{1}{100}\right)=1,036$kg
　　• 계량할 물의 양(W')= $W-x\cdot\dfrac{c}{100}-y\cdot\dfrac{d}{100}$
　　　　　　　　　　　$=167-723\times\dfrac{3.1}{100}-1026\times\dfrac{1}{100}=135$kg

◯ 현장배합표

재 료	시방 배합 (kg)	입도에 의한 조정(kg)	표면수에 의한 조정(kg)	현장 배합 (kg)
물	167	—	−(22+10)	135
시멘트	355	—	—	355
잔골재	718	723	+22	745
굵은골재	1,031	1,026	+10	1,036

제3장 실전문제 — 콘크리트 시험

01 굵은골재의 최대치수란 질량으로 전체 골재 질량의 몇 % 이상을 통과시키는 체눈의 최소 공칭치수를 의미하는가?
  ㉮ 75%   ㉯ 85%   ㉰ 80%   ㉱ 90%

02 보기와 같은 골재 체가름 성과표에 의하면 굵은골재 최대치수는 어느 것으로 보아야 가장 적당한가?

[보기]

체크기	40mm	25mm	19mm	10mm	5mm	2.5mm
가적통과율	100%	100%	91%	80%	30%	10%

  ㉮ 40mm   ㉯ 25mm   ㉰ 19mm   ㉱ 10mm

[해설] 통과율 90% 이상 중 체 눈의 최소공칭치수를 선택한다.

03 다음은 골재의 입도(粒度)에 대한 설명이다. 적당하지 못한 것은 어느 것인가?
  ㉮ 입도시험을 위한 골재는 4분법이나 시료분취기에 의하여 필요한 양을 채취한다.
  ㉯ 입도란 크고 작은 골재알이 혼합되어 있는 정도를 말하며 체가름시험에 의하여 구할 수 있다.
  ㉰ 입도가 좋은 골재를 사용한 콘크리트는 간극이 커지기 때문에 강도가 저하된다.
  ㉱ 입도곡선이란 골재의 체가름시험 결과를 곡선으로 표시한 것이며, 입도곡선이 표준 입도곡선 내에 들어가야 한다.

[해설] 입도가 좋은 골재를 사용한 콘크리트는 간극이 적어 시멘트가 적게 소요되므로 경제적이며 강도가 증대된다.

04 다음 골재의 입도에 대한 설명 중 옳지 않은 것은?
  ㉮ 골재의 입도는 콘크리트를 경제적으로 만드는데 중요한 성질로서 시멘트, 물의 양과 관계가 있다.
  ㉯ 골재의 입도시험 결과는 보통 입도곡선이나 표로서 나타낸다.
  ㉰ 골재의 입경이 클수록 조립률은 작아진다.
  ㉱ 굵은골재의 조립률은 6~8의 범위에 들면 양호하다.

[해설]
• 골재의 입경이 클수록 조립률이 커진다.
• 잔골재의 조립률은 2.0~3.3 범위이다.

답 01. ㉱ 02. ㉰ 03. ㉰ 04. ㉰

05 굵은골재의 입도시험에서 저울의 감도로 맞는 것은?

㉮ 시료질량의 0.001% 이상의 정도를 가져야 한다.
㉯ 시료질량의 0.01% 이상의 정도를 가져야 한다.
㉰ 시료질량의 0.1% 이상의 정도를 가져야 한다.
㉱ 시료질량의 1% 이상의 정도를 가져야 한다.

06 콘크리트용 굵은골재의 마모율을 구할 때 사용하는 체로 맞는 것은?

㉮ 2.0mm ㉯ 5mm
㉰ 1.7mm ㉱ 0.6mm

07 로스앤젤레스 마모 시험기에 의한 골재의 마모저항 시험에서 사용시료의 등급 A에 의한 사용 철구수와 철구의 총 질량(g)의 조합이 맞는 것은?

㉮ 8개, 5000±25g   ㉯ 12개, 5000±25g
㉰ 15개, 10000±25g ㉱ 12개, 10000±25g

08 다음은 아래 조건시의 굵은골재의 마모 시험 결괏값이다. 이 중 맞는 것은?

[조건] (1) 시험 전 시료질량 : 10,000g
       (2) 시험 후 1.7mm 체에 남은 질량 : 6,700g

㉮ 마모율 : 33%   ㉯ 마모율 : 49%
㉰ 마모율 : 25%   ㉱ 마모율 : 32%

해설 $\dfrac{10,000-6,700}{10,000}\times 100 = 33\%$

09 일반 무근 및 철근 콘크리트용 굵은골재가 몇 mm 이상인 경우에는 두 종류로 분리 저장하는가?

㉮ 55mm   ㉯ 65mm
㉰ 75mm   ㉱ 85mm

10 밀도가 큰 골재를 사용했을 때의 일반적인 특성과 관계가 없는 것은 다음 어느 것인가?

㉮ 내구성이 좋아진다.   ㉯ 흡수성이 증대된다.
㉰ 동결에 의한 손실이 줄어든다.   ㉱ 강도가 증가한다.

해설 밀도가 큰 골재는 흡수율이 적다.

답 05. ㉰ 06. ㉰ 07. ㉯ 08. ㉮ 09. ㉯ 10. ㉯

11 굵은골재의 밀도 및 흡수율시험에 사용되는 철망태의 규격은?

㉮ 5mm 체눈으로 된 지름 약 20cm, 높이 약 20cm
㉯ 5mm 체눈으로 된 지름 약 30cm, 높이 약 30cm
㉰ 2.5mm 체눈으로 된 지름 약 20cm, 높이 약 20cm
㉱ 2.5mm 체눈으로 된 지름 약 30cm, 높이 약 30cm

12 골재의 표면 건조 포화상태에 관한 설명 중 옳은 것은?

㉮ 건조로(oven) 내에서 일정중량이 될 때까지 완전히 건조시킨 상태
㉯ 골재의 표면은 건조하고 골재내부에는 포화하는 데 필요한 수량보다 적은 양의 물을 포화한 상태
㉰ 골재 내부는 물로 포화하고 표면이 건조된 상태
㉱ 골재 내부가 완전히 수분으로 포화되고 표면에 여분의 물을 포함하고 있는 상태

13 단위용적질량이 1.65kg/L인 골재의 밀도가 2.65kg/L일 때 이 골재의 간극률은 얼마인가?

㉮ 37.7%   ㉯ 34.3%   ㉰ 37.1%   ㉱ 33.1%

해설 간극률 $= \left(1 - \dfrac{\omega}{\rho}\right) \times 100 = \left(1 - \dfrac{1.65}{2.65}\right) \times 100 = 37.7\%$

14 골재의 단위 용적질량이 1.6kg/L이고 밀도가 2.60kg/L일 때 이 골재의 실적률은 얼마인가?

㉮ 51.6%   ㉯ 61.5%   ㉰ 72.3%   ㉱ 82.9%

해설 실적률 $= \dfrac{\omega}{\rho} \times 100 = \dfrac{1.6}{2.60} \times 100 = 61.5\%$

15 다음 중 골재시험과 관계없는 것은?

㉮ 팽창도 시험   ㉯ 로스엔젤스 마모 시험
㉰ 0.08mm 체 통과량 시험   ㉱ 유기불순물 시험

해설 팽창도시험은 시멘트의 안정성 시험에 해당된다.

16 굵은골재의 체가름 시험 시 골재의 최대 공칭치수가 25mm일 때 시료의 최소 질량은?

㉮ 1,000g   ㉯ 2,500g
㉰ 5,000g   ㉱ 10,000g

해설 40mm의 경우 8,000g이다.

답 11. ㉮ 12. ㉰ 13. ㉮ 14. ㉯ 15. ㉮ 16. ㉰

17 모래 및 자갈을 각각 체가름하여 잔류량(%)에 대한 누계를 구한 값은 250% 및 750%이었다. 이 모래와 자갈을 1:1.5의 비율로 혼합한 혼합골재의 조립률은? (단, 조립률을 구하는 표준 10개의 체를 사용한 결과임.)

㉮ 5.5　　㉯ 5.0　　㉰ 4.0　　㉱ 3.0

해설
- 모래의 조립률 2.5, 자갈의 조립률 7.5
- 혼합골재의 조립률 $= \dfrac{2.5 \times 1 + 7.5 \times 1.5}{1 + 1.5} = 5.5$

18 골재의 체분석 시험에 사용되는 10개의 체에 해당되지 않는 것은?

㉮ 75mm　　㉯ 10mm　　㉰ 5mm　　㉱ 0.42mm

해설 조립률에 이용되는 체는 75mm, 40mm, 20mm, 10mm, 5mm, 2.5mm, 1.2mm, 0.6mm, 0.3mm, 0.15mm 10개를 이용한다.

19 잔골재에 대한 체가름 시험을 실시한 결과 각 체의 잔류량은 다음과 같다. 조립률은 얼마인가? (단, 10mm 이상 체의 잔류량은 0이다.)

체구분	5mm	2.5mm	1.2mm	0.6mm	0.3mm	0.15mm	PAN
각 체의 잔류율(%)	2	11	20	22	24	16	5

㉮ 2.60　　㉯ 2.75　　㉰ 2.77　　㉱ 3.77

해설
- 각체의 가적 잔유율 : 2%, 13%, 33%, 55%, 79%, 95%
- 조립률 $= \dfrac{2 + 13 + 33 + 55 + 79 + 95}{100} = 2.77$

20 잔골재의 밀도 시험 시 저울의 감도는 얼마 이상이면 되는가?

㉮ 1g　　㉯ 0.01g　　㉰ 0.1g　　㉱ 0.001g

해설 저울의 감도는 0.1g 이상으로 시료 중량의 0.1% 이내의 정밀도가 요구된다.

21 굵은골재의 밀도 시험 결과 2회 평균한 값의 측정범위의 한계는 얼마인가?

㉮ $0.2g/cm^3$　　㉯ $0.01g/cm^3$　　㉰ $0.5g/cm^3$　　㉱ $0.05g/cm^3$

해설 밀도값은 $0.01g/cm^3$, 흡수율은 0.03% 이하일 것

22 다음 시험용 기구 중 잔골재의 밀도 및 흡수율 시험과 관계없는 것은?

㉮ 플라스크　　㉯ 철망태
㉰ 원추형 몰드와 다짐막대　　㉱ 데시케이터

해설 철망태는 굵은골재 밀도 및 흡수율 시험에 이용된다.

답 17. ㉮　18. ㉱　19. ㉰　20. ㉰　21. ㉯　22. ㉯

23 잔골재의 밀도 및 흡수율 시험에서 끝이 잘린 원뿔형의 몰드(mold)를 빼 올렸을 때에 잔골재가 흘러내리기 시작하면 어떤 상태라고 보는가?
  ㉮ 포화상태
  ㉯ 표면 건조 포화상태
  ㉰ 건조상태
  ㉱ 습윤상태

24 다음 설명 중 골재의 내구성이 가장 뛰어난 것은?
  ㉮ 밀도가 크고 흡수율이 큰 골재
  ㉯ 밀도가 크고 흡수율이 작은 골재
  ㉰ 밀도가 작고 흡수율이 큰 골재
  ㉱ 밀도가 작고 흡수율이 작은 골재

  해설 밀도가 크고 흡수율이 작은 골재는 골재 속의 조직이 치밀하다는 뜻이다.

25 다음은 굵은골재 밀도 및 흡수율 시험의 결과이다. 겉보기 밀도와 흡수율은?

  A. 공기 중에서의 노 건조 시료의 질량 : 5,432g
  B. 공기 중에서의 표면 건조 포화상태 시료의 질량 : 5,625g
  C. 물속에서의 표면 건조 포화상태 시료의 질량 : 3,465g
  단, $\rho_w = 1\text{g/cm}^3$

  ㉮ 겉보기 밀도 2.51g/cm^3, 흡수율 3.43%
  ㉯ 겉보기 밀도 2.56g/cm^3, 흡수율 3.43%
  ㉰ 겉보기 밀도 2.60g/cm^3, 흡수율 3.55%
  ㉱ 겉보기 밀도 2.76g/cm^3, 흡수율 3.55%

  해설
  - 겉보기 밀도 $= \dfrac{A}{A-C} \times \rho_w = \dfrac{5,432}{5,432-3,465} \times 1 = 2.76\text{g/cm}^3$
  - 흡수율(%) $= \dfrac{B-A}{A} \times 100 = \dfrac{5,625-5,432}{5,432} \times 100 = 3.55\%$
  - 표면 건조 포화상태의 밀도 $= \dfrac{B}{B-C} \times \rho_w = \dfrac{5,625}{5,625-3,465} \times 1 = 2.60\text{g/cm}^3$

26 다음은 잔골재의 조립률에 대한 사항이다. 설명 중에서 틀린 것은?
  ㉮ 조립률은 10을 넘을 수 없다.
  ㉯ 골재의 크기가 클수록 조립률은 크다.
  ㉰ 혼합골재의 조립률은 가중평균을 이용하여 구한다.
  ㉱ 0.08mm 체에 상당한 양이 남아 있을 경우에는 그 값도 고려해야 한다.

  해설
  - 조립률은 10개 체를 이용하여 각 체의 잔류율을 누계로 하여 100으로 나눠 10을 넘을 수 없다.
  - 0.08mm 체는 조립률 구하는 체와 관계없다.

답 23. ㉯ 24. ㉯ 25. ㉱ 26. ㉱

27 콘크리트용 골재에 요구되는 성질 중 옳지 않은 것은?
㉮ 물리적으로 안정하고 내구성이 클 것
㉯ 화학적으로 안정할 것
㉰ 시멘트풀과의 부착력이 큰 표면조직을 가질 것
㉱ 낱알의 크기가 균일할 것

해설 크고 작은 낱알이 골고루 분포되어야 좋다.

28 골재의 취급 저장에 대한 설명 중 옳지 않은 것은?
㉮ 표면수가 균등하게 되도록 저장하여야 한다.
㉯ 굵은골재를 취급할 때에는 대소알을 분리하여 저장한다.
㉰ 여름철에는 직사광선을 피할 수 있는 시설을 갖춘다.
㉱ 각종 골재는 따로 따로 저장하여야 한다.

해설 굵은골재의 크기가 65mm 이상인 경우 대소알을 분리하여 저장한다.

29 다음은 골재의 함수상태를 설명한 것이다. 이 중 틀린 설명은?
㉮ 노건조상태 : 골재를 건조로에 넣어 105 ± 5℃의 온도로 건조기 내에서 항량이 될 때까지 건조한 상태
㉯ 기건상태 : 공기 중에서 질량이 일정할 때까지 건조시킨 상태로 골재알의 표면은 물론 내부도 일부 건조한 상태
㉰ 표면 건조 포화상태 : 골재알의 표면은 수분이 부착하고 내부의 공극이 수분으로 포화되어 있는 상태
㉱ 습윤상태 : 골재 내부의 공극은 수분으로 포화되고 표면에도 수분이 부착하고 있는 상태

해설 • 표면 건조 포화상태 : 골재의 표면에는 물이 없고 내부는 물로 포화된 상태

30 다음은 알칼리 골재 반응에 대한 말이다. 잘못된 것은 어느 것인가?
㉮ 알칼리 골재 반응이 일어날 경우 콘크리트는 서서히 수축하고 약 1년 경과 후 방향성이 없는 균열이 생기게 된다.
㉯ 알칼리 골재 반응이 생겼을 때 콘크리트를 절단해 보면 특수한 골재는 겔상태의 물질로 덮여져 있다.
㉰ 알칼리 골재 반응은 포틀랜드 시멘트 중의 알칼리 성분과 골재 중의 어떤 종류의 광물이 유해한 반응작용을 일으키는 것이다.
㉱ 알칼리분이 많은 시멘트와 특수한 골재를 사용했을 때에 콘크리트에 생기는 팽창으로 인한 균열 붕괴를 알칼리 골재반응이라 한다.

해설 콘크리트 타설 후 1년 이내에 불규칙한 팽창성 균열이 생긴다.

답 27. ㉱ 28. ㉯ 29. ㉰ 30. ㉮

31 알칼리 골재 반응에 대한 설명 중 잘못된 것은?

㉮ 포틀랜드 시멘트 속의 알칼리 성분이 골재 속의 실리카질 광물과 화학반응을 일으키는 것을 말한다.
㉯ 알칼리 골재반응을 일으키는 시멘트는 팽창하므로 콘크리트 표면에 많은 균열이 발생하게 한다.
㉰ 알칼리 골재반응을 일으키는 골재로는 이백석, 규산질, 또는 고로질 석회암, 응회암 등을 모암으로 하는 골재로 알려져 있다.
㉱ 우리나라 골재는 알칼리 골재반응이 자주 발생하므로 시멘트 내의 알칼리양을 0.6g 이하로 하는 것이 좋다.

해설 알칼리 골재 반응을 억제하기 위해 알칼리양을 0.6% 이하로 하는 것이 좋다.

32 굵은골재의 특성을 시험할 시료를 채취할 때 고려할 사항은 다음 중 어느 것인가?

㉮ 골재의 밀도
㉯ 골재의 최대 입경
㉰ 조립률
㉱ 골재의 단위 용적질량

해설 골재의 최대치수를 고려하여 적정한 골재를 채취한다.

33 골재의 봉다짐 시험방법 중 옳은 것은?

㉮ 골재의 최대치수가 100mm 이하인 것에 사용한다.
㉯ 용기에 굵은골재 최대치수가 10mm 초과 40mm 이하 시료를 3층으로 나누어 넣고 각 층을 다짐대로 30회 다진다.
㉰ 골재의 최대치수가 50mm 이상 100mm 이하인 것에 사용한다.
㉱ 시료를 용기에 3층으로 나누어 넣고 각층을 용기의 한쪽을 5cm 가량 들어올려 한쪽에 25번씩 양쪽 50번을 교대로 단단한 바닥에 떨어뜨려 다진다.

해설 봉다짐 시험방법은 골재의 최대치수가 40~80mm 이하 것을 사용한다.

34 골재가 필요로 하는 성질 중 틀린 것은?

㉮ 물리적으로 안정하고 내구성이 클 것
㉯ 모양이 입방체 또는 공모양에 가깝고 시멘트풀과의 부착력이 큰 약간 거친 표면을 가질 것
㉰ 크고 작은 낱알의 크기가 차이 없이 균등할 것
㉱ 소요의 중량을 가질 것

해설 크고 작은 낱알이 골고루 분포한 입도가 양호할 것

답 31. ㉱ 32. ㉯ 33. ㉱ 34. ㉰

35 25~30℃의 깨끗한 물 1ℓ당, 순도 99.5%의 무수황산나트륨(Na_2SO_4)을 350g의 비율로 가하여 잘 휘저으면서 용해시킨 후 21℃의 온도로 48시간 이상 보존한 후 시험골재를 16~18시간 담가 손실량을 계량하는 시험은?
㉮ 골재의 유기불순물 시험   ㉯ 골재의 마모 시험
㉰ 골재의 안정성 시험   ㉱ 골재의 수밀성 시험

36 잔골재의 안정성 시험에서 황산나트륨을 사용할 경우 손실 질량 백분율은 몇 % 이하이어야 하는가?
㉮ 8%   ㉯ 10%   ㉰ 12%   ㉱ 15%

해설 잔골재는 10% 이하, 굵은골재는 12% 이하이다.

37 기상작용에 대한 골재의 저항성을 평가하기 위한 시험은 다음 중 어느 것인가?
㉮ 유해물 함량 시험   ㉯ 안정성 시험
㉰ 밀도 및 흡수율 시험   ㉱ 로스앤젤레스 마모 시험

38 습윤상태의 굵은골재 5,035g이 있다. 굵은골재의 함수 상태별 질량을 측정한 결과 표면건조 포화상태일 때 4,956g, 절대 건조상태(노건조상태)일 때 4,885g이었다. 이때 표면수율과 흡수율은 얼마인가?
㉮ 표면수율 : 3.1%, 흡수율 : 1.4%   ㉯ 표면수율 : 3.1%, 흡수량 : 1.5%
㉰ 표면수율 : 1.6%, 흡수율 : 1.5%   ㉱ 표면수율 : 1.6%, 흡수율 : 1.4%

해설
- 표면수율 $= \dfrac{5,035-4,956}{4,956} \times 100 \fallingdotseq 1.6\%$
- 흡수율 $= \dfrac{4,956-4,885}{4,885} \times 100 \fallingdotseq 1.5\%$

39 습윤상태의 질량이 625g인 모래를 절건시킨 결과 598g이 되었다. 전함수율은 얼마인가?
㉮ 4.5%   ㉯ 4.3%
㉰ 3.5%   ㉱ 3.4%

해설 전함수율 $= \dfrac{625-598}{598} \times 100 = 4.5\%$

40 골재의 유효 흡수율에 대한 다음 설명 중 옳은 것은?
㉮ 골재의 표면에 묻어 있는 물의 양
㉯ 골재의 안과 바깥에 들어 있는 물의 양
㉰ 공기 중 건조상태에서 골재의 알이 표면 건조 포화상태로 되기까지 흡수된 물의 양
㉱ 노건조상태에서 표면 건조 포화상태로 되기까지 흡수된 물의 양

답 35. ㉰   36. ㉯   37. ㉯   38. ㉰   39. ㉮   40. ㉰

41 습윤상태의 모래 1,000g을 노건조할 때 절대건조질량이 950g으로 되었다. 이 모래의 흡수율이 2.0%이라면, 표면 건조 포화상태를 기준으로 한 표면수율의 값은?

㉮ 2.3%　　㉯ 3.2%　　㉰ 4.3%　　㉱ 5.3%

해설
- 흡수율 = $\dfrac{\text{표건상태} - \text{노건상태}}{\text{노건상태}} \times 100$

  $2 = \dfrac{x - 950}{950} \times 100$　　∴ $x = 969g$

- 표면수율 = $\dfrac{\text{습윤상태} - \text{표건상태}}{\text{표건상태}} \times 100 = \dfrac{1,000 - 969}{969} \times 100 ≒ 3.2\%$

42 모래 A의 조립률이 3.43이고, 모래 B의 조립률이 2.36인 모래를 혼합하여 조립률 2.80의 모래 C를 만들려면 모래 A와 B는 얼마를 섞어야 하는가? (단, A : B의 질량비)

	A B		A B
㉮	41% : 59%	㉯	59% : 41%
㉰	38% : 62%	㉱	62% : 38%

해설
$A + B = 100$ ················· ① 식

$\dfrac{3.43A + 2.36B}{A + B} = 2.80$ ············ ② 식

$(A + B)2.80 = 3.43A + 2.36B$
$2.8A + 2.8B = 3.43A + 2.36B$
$(2.8 - 2.36)B = (3.43 - 2.8)A$
$0.44B = 0.63A$
$A = 0.698B$

∴ $A = \dfrac{0.698}{1.698} \times 100 = 41.1\% ≒ 41\%$　　$B = \dfrac{1}{1.698} \times 100 = 58.9\% ≒ 59\%$

43 잔골재의 밀도 및 흡수량 시험결과 표면 건조 포화시료의 질량 500g, 시료의 노건조질량 490g, 플라스크에 물을 채운 질량은 660g, 플라스크에 시료와 물을 채운 질량은 970g이었다. 표면 건조 포화상태 밀도 및 흡수율은 얼마인가? (단, $\rho_w = 1g/cm^3$)

㉮ $2.58g/cm^3$, 2.0%　　㉯ $2.63g/cm^3$, 2.04%
㉰ $2.65g/cm^3$, 2.0%　　㉱ $2.72g/cm^3$, 2.04%

해설
- 표면 건조 포화상태 밀도 = $\dfrac{500}{660 + 500 - 970} \times 1 = 2.63g/cm^3$
- 흡수율 = $\dfrac{500 - 490}{490} \times 100 = 2.04\%$

44 다음 중 잔골재의 밀도는 얼마인가?

㉮ $2.0 \sim 2.50g/cm^3$　　㉯ $2.50 \sim 2.65g/cm^3$
㉰ $2.55 \sim 2.70g/cm^3$　　㉱ $2.0 \sim 3.0g/cm^3$

해설 굵은골재의 밀도는 $2.55 \sim 2.70g/cm^3$ 범위이다.

답 41. ㉯　42. ㉮　43. ㉯　44. ㉰

45 콘크리트용 굵은골재 마모율의 한도는 보통 콘크리트 경우 몇 % 이하인가?
㉮ 35% ㉯ 40% ㉰ 50% ㉱ 60%

해설
- 포장 콘크리트 : 35% 이하
- 댐 콘크리트 : 40% 이하

46 다음 중 모래의 유기불순물 시험에 사용되는 시약은?
㉮ 염화나트륨   ㉯ 규산나트륨
㉰ 수산화나트륨 ㉱ 황산나트륨

해설 유기불순물 시험에는 알코올, 타닌산, 수산화나트륨이 사용된다.

47 굵은골재의 유해물 함유량 한도는 0.08mm 체 통과량 시험의 경우 몇 % 이하인가?
㉮ 0.25% ㉯ 1.0% ㉰ 3.0% ㉱ 5.0%

해설
- 잔골재의 유해물 함유량의 한도
  1) 점토덩어리 : 1.0%
  2) 0.08mm 체 통과
     ① 콘크리트의 표면이 마모작용을 받는 경우 : 3.0%
     ② 기타의 경우 : 5.0%
  3) 석탄, 갈탄 등으로 밀도 2.0의 액체에 뜨는 것
     ① 콘크리트의 외관이 중요한 경우 : 0.5%
     ② 기타의 경우 : 1.0%
  4) 염화물(염화물 이온양) : 0.02%
- 굵은골재의 유해물 함유량의 한도
  1) 점토덩어리 : 0.25%
  2) 연한 석편 : 5.0%
  3) 0.08mm 체 통과량 : 1.0%
  4) 석탄, 갈탄 등으로 밀도 2.0의 액체에 뜨는 것
     ① 콘크리트의 외관이 중요한 경우 : 0.5%
     ② 기타의 경우 : 1.0%

48 콘크리트에 사용되는 잔골재의 조립률로서 적합한 것은?
㉮ 2.0~3.3 ㉯ 3.3~4.1 ㉰ 6~8 ㉱ 8~9

해설 굵은골재의 조립률 : 6~8

49 잔골재 밀도 시험 시 표면 건조 포화상태의 시료의 양은 얼마인가?
㉮ 250g 이상   ㉯ 350g 이상
㉰ 500g 이상   ㉱ 650g 이상

답 45.㉯ 46.㉰ 47.㉯ 48.㉮ 49.㉰

50 골재의 안정성 시험에 대한 설명 중 옳은 것은?
- ㉮ 시료를 금속제 망태에 넣고 시험용 용액에 24시간 담가둔다.
- ㉯ 백분율이 10% 이상인 무더기에 대해서만 시험을 한다.
- ㉰ 용액은 자주 휘저으면서 21±1.0°C의 온도로 24시간 이상 보존 후 시험에 사용한다.
- ㉱ 황산나트륨 포화용액의 붕괴 작용에 대한 골재의 저항성을 알기 위해서 시험한다.

해설 시험 골재를 16~18시간 정도 황산나트륨 수침 후 꺼내 24시간 노건조 시키는 반복을 5회 실시하여 손실량을 구한다.

51 골재의 안정성 시험을 할 경우 사용하지 않는 것은?
- ㉮ 황산나트륨
- ㉯ 염화바륨
- ㉰ 물 1ℓ
- ㉱ 수산화나트륨

해설 수산화나트륨은 유기불순물 시험 시 이용된다.

52 골재의 단위 용적질량 시험을 할 때 시료의 상태는?
- ㉮ 노건조 상태
- ㉯ 표면 건조 포화상태
- ㉰ 공기 중 건조상태
- ㉱ 습윤상태

해설 골재의 단위용적질량은 기건상태의 1m³당 질량이다.

53 다음 중 골재의 체가름 시험 시 필요하지 않은 것은?
- ㉮ 시료 분취기
- ㉯ 건조기
- ㉰ 체 진동기
- ㉱ 곧은 날

해설 곧은 날은 주로 캐핑 및 흙의 다짐 시험 시 이용된다.

54 골재의 안정성 시험을 할 경우 황산나트륨 용액을 이용하여 실시한 후 흰 앙금이 없도록 물로 씻는데 어떤 용액으로 확인하는가?
- ㉮ 알코올
- ㉯ 타닌산
- ㉰ 염화바륨
- ㉱ 수산화나트륨

55 굵은골재 중의 점토덩어리 함유량의 최댓값은 얼마인가?
- ㉮ 0.25%
- ㉯ 1%
- ㉰ 3%
- ㉱ 5%

56 콘크리트용 굵은골재의 마모율을 구할 때 마모 시험 후 몇 mm 체로 치는가?
- ㉮ 10mm
- ㉯ 5mm
- ㉰ 1.7mm
- ㉱ 0.6mm

해설 마모 시험 후 1.7mm 체를 사용하여 체를 친다.

답 50. ㉱ 51. ㉱ 52. ㉰ 53. ㉱ 54. ㉰ 55. ㉮ 56. ㉰

57. 콘크리트용 골재 시험과 관계없는 것은?

㉮ 0.08mm 체 통과량, 굵은골재의 밀도
㉯ 잔골재의 밀도, 마모감량
㉰ 체가름, 유기불순물
㉱ 단위 용적질량, 마샬 안정도

해설 마샬 안정도 시험은 아스팔트시험이다.

58. 콘크리트 압축강도 시험방법에 대한 설명 중 틀린 것은?

㉮ 몰드 높이가 300mm의 경우 2층 이상으로 나누어 채우고 각 층을 다짐봉으로 18회씩 다져 만든다.
㉯ 공시체의 수는 재령에 따라 3개 이상씩 만든다.
㉰ 공시체의 지름을 최소 0.1mm까지 측정한다.
㉱ 공시체의 지름은 굵은골재 최대치수의 2배 이상이어야 한다.

해설
• 시험체의 지름은 굵은골재 최대치수의 3배 이상이어야 한다.
• 시험체의 높이는 지름의 2배인 원주형 몰드를 표준한다.

59. 콘크리트의 워커빌리티(workability)를 측정하는 방법 중 옳지 않은 것은?

㉮ 흐름 시험
㉯ 케리볼 시험
㉰ 리몰딩 시험
㉱ 봉다짐 시험

해설 봉다짐 시험은 골재의 단위용적질량 시험에 속한다.

60. 콘크리트 구조물의 압축강도 측정을 슈미트 해머로 시험한 결과 측정치를 환산하는 데 관련 없는 것은?

㉮ 타격 방향에 따른 보정
㉯ 재령에 따른 보정
㉰ 콘크리트 종류에 따른 보정
㉱ 콘크리트 표면 상태에 따른 보정

61. 콘크리트 블리딩 시험에서 단위 표면적의 블리딩양 계산식은? (단, 콘크리트의 노출 면적 (A)에 규정된 측정시간 동안에 생긴 블리딩 물의 총량(V)이다.)

㉮ $B = \dfrac{A}{V}$
㉯ $B = A + V$
㉰ $B = A - V$
㉱ $B = \dfrac{V}{A}$

해설 블리딩 물을 처음 60분 동안은 10분 간격으로, 그 후는 30분 간격으로 피펫을 이용하여 채취한다.

62. 구조체가 경량골재 콘크리트인 경우 비파괴 압축강도 시험에 사용되는 슈미트 해머는?

㉮ N형
㉯ L형
㉰ P형
㉱ M형

해설
• N형 : 보통 콘크리트
• P형 : 저강도 콘크리트
• M형 : 매스 콘크리트

답 57. ㉱ 58. ㉱ 59. ㉱ 60. ㉰ 61. ㉱ 62. ㉯

63 콘크리트 비파괴 시험인 슈미트 해머에 의한 표면 경도 측정 방법에 대한 설명 중 틀린 것은?

㉮ 1개소의 측정은 가로, 세로 3cm 간격으로 20점 이상 실시한다.
㉯ 측정은 거푸집에 접한 콘크리트면에 직각 방향으로 실시한다.
㉰ 슬래브에서는 가능한 한 지지변에 가까운 곳을 선정하여 측정한다.
㉱ 보에서는 그 아랫면에 실시하는 것을 원칙으로 한다.

해설
- 보에서는 단부, 중앙부 등의 양쪽면을 측정한다.
- 기둥의 경우 두부, 중앙부, 각부 등을 측정한다.
- 벽의 경우 기둥, 보, 슬래브 부근과 중앙부 등에서 측정한다.

64 콘크리트의 압축강도 시험 결과 최대하중이 195,000N에서 공시체가 파괴되었다. 이 공시체의 압축강도는 얼마인가? (단, 공시체 지름은 100mm이다.)

㉮ 19.5 MPa ㉯ 22.5 MPa ㉰ 24.8 MPa ㉱ 34.8 MPa

해설 $f_c = \dfrac{P}{A} = \dfrac{195,000}{3.14 \times \dfrac{100^2}{4}} = 24.8 \text{MPa}$

65 콘크리트 수중양생을 한 콘크리트를 건조시키지 않고 슈미트 해머에 의한 콘크리트 강도의 비파괴 시험결과 반발경도 값이 32이다. 수정반발경도를 구하여 압축강도를 구하면 얼마인가?

㉮ 29MPa ㉯ 30MPa ㉰ 31MPa ㉱ 32MPa

해설 $R_o = R + \Delta R = 32 + 5 = 37$
∴ $F = -18.0 + 1.27 R_o = -18.0 + 1.27 \times 37 = 29 \text{MPa}$

66 굳지 않은 콘크리트의 슬럼프 시험에 관한 설명 중 틀린 것은?

㉮ 전 작업시간을 3분 이내에 끝낸다.
㉯ 슬럼프 콘 규격은 윗면의 안지름 100mm, 밑면의 안지름은 200mm, 높이는 300mm이다.
㉰ 슬럼프 측정은 콘의 높이에서 주저앉은 높이를 5mm 정밀도로 측정한다.
㉱ 철근 콘크리트에서 단면이 큰 경우 슬럼프 표준값은 60~180mm이다.

해설 철근 콘크리트에서 일반적인 경우 80~150mm, 단면이 큰 경우는 60~120mm이다.

67 다음 중 콘크리트 비파괴 시험방법이 아닌 것은?

㉮ 반발 경도법 ㉯ 충격 공진법
㉰ 초음파 탐사법 ㉱ 리몰딩 시험

해설 리몰딩 시험은 굳지 않은 콘크리트의 워커빌리티 측정 시험이다.

답 63. ㉯ 64. ㉰ 65. ㉮ 66. ㉱ 67. ㉱

68 워싱턴형 에어 미터를 사용해 공기량을 측정하는 방법은?
- ㉮ 진동 방법
- ㉯ 질량 방법
- ㉰ 압력 방법
- ㉱ 체적 방법

69 콘크리트 강도 시험용 공시체의 양생에 적합한 온도는?
- ㉮ 10~15℃
- ㉯ 18~22℃
- ㉰ 26~28℃
- ㉱ 30~32℃

해설 수중양생(표준양생) : 20±2℃

70 콘크리트 압축강도 시험용 공시체 제작 시 캐핑(capping)이란 무엇을 말하는가?
- ㉮ 공시체 표면의 레이턴스를 제거하는 것
- ㉯ 공시체 표면을 긁어내는 것
- ㉰ 공시체 표면을 수평이 되게 다듬는 것
- ㉱ 공시체 표면을 물로 씻어 내는 것

해설 공시체 표면을 바르게 캐핑하므로 압축강도 시험 시 편심을 방지하기 위해 시멘트 등을 이용하여 실시한다.

71 콘크리트의 슬럼프 시험은 배합 후 얼마 이내에 완료하여야 하는가?
- ㉮ 1분
- ㉯ 2분
- ㉰ 3분
- ㉱ 4분

해설 콘 벗기는 시간 2~5초를 포함하여 전 과정을 3분 이내에 할 것

72 콘크리트 인장강도 시험결과 최대 파괴하중이 152,000N이었다면 이 공시체의 인장강도는 얼마인가? (단, 공시체의 지름 : 150mm, 높이 : 300mm)
- ㉮ 1.08MPa
- ㉯ 2.15MPa
- ㉰ 4.3MPa
- ㉱ 8.6MPa

해설 인장강도 $= \dfrac{2P}{\pi dl} = \dfrac{2 \times 152,000}{3.14 \times 150 \times 300} = 2.15$ MPa

73 다음 중 콘크리트 압축강도 시험 시 공시체 캐핑 재료로 사용하지 않는 것은?
- ㉮ 석회
- ㉯ 캐핑 콤파운드
- ㉰ 시멘트 페이스트
- ㉱ 유황

74 콘크리트 압축강도 시험용 공시체 파괴 시험에서 공시체에 하중을 가하는 속도는 매초 얼마를 표준하는가?
- ㉮ 0.6±0.2MPa
- ㉯ 0.8±0.2MPa
- ㉰ 0.05±0.01MPa
- ㉱ 1±0.05MPa

답 68. ㉰ 69. ㉯ 70. ㉰ 71. ㉰ 72. ㉯ 73. ㉮ 74. ㉮

75 공시체를 4점 재하법에 의해 휨강도 시험을 하였더니 최대하중이 30,000N이었다. 지간 450mm의 가운데 부분에서 파괴되었다. 이때 휨강도는 얼마인가?

㉮ 4MPa ㉯ 4.4MPa ㉰ 4.6MPa ㉱ 4.7MPa

해설 휨강도 $= \dfrac{Pl}{bd^2} = \dfrac{30,000 \times 450}{150 \times 150^2} = 4\text{MPa}$

휨강도 시험용 공시체의 치수는 150×150×530mm이다.

76 콘크리트 압축강도 시험 시 고려할 사항 중 틀린 것은?

㉮ 공시체의 지름에 따라 다짐 횟수가 달라진다.
㉯ 시험체는 양생이 끝난 뒤 건조 상태에서 시험한다.
㉰ 시험체의 가압면에 0.05mm 이상 흠집이 있어서는 안 된다.
㉱ 시험체의 크기에 따라 다짐대의 선택과 다짐 층수는 다르다.

해설
- 강도 시험은 시험체의 양생이 끝난 뒤 특히 젖은 상태에서 시험한다.
- 캐핑은 가능한 한 얇게 하고 완성된 면의 평면도는 0.05mm 이내이어야 한다.
- 시험체의 지름은 굵은골재 최대치수의 3배 이상이어야 한다.

77 콘크리트의 유동성을 측정하기 위하여 흐름 시험을 한 결과 시험 후의 지름이 53cm가 되었다. 흐름값은 몇 %인가?

㉮ 100.5% ㉯ 108.7% ㉰ 110.0% ㉱ 112.5%

해설 흐름값(%) $= \dfrac{\text{시험 후 지름} - 25.4}{25.4} \times 100 = \dfrac{53 - 25.4}{25.4} \times 100 = 108.7\%$

78 휨강도 공시체 150mm×150mm×530mm의 몰드를 제작할 때 각 층은 몇 회씩 다지는가?

㉮ 25회 ㉯ 50회 ㉰ 80회 ㉱ 92회

해설 2층 80회씩 다진다. (150×530)÷1,000≒80회

79 규격이 150mm×150mm×530mm로 지간길이가 450mm인 공시체로 휨강도 시험을 한 결과 중심선의 4점 사이에서 최대하중이 24,500N일 때 파괴가 되었다. 이 공시체의 휨강도는?

㉮ 2.5MPa ㉯ 3.3MPa ㉰ 5.5MPa ㉱ 5.9MPa

해설 휨강도 $= \dfrac{Pl}{bd^2} = \dfrac{24,500 \times 450}{150 \times 150^2} = 3.3\text{MPa}$

80 다음 중 슬럼프 테스트(slump test)의 목적은?

㉮ 콘크리트의 압축 시험 ㉯ 콘크리트의 공기량 측정
㉰ 콘크리트의 시공연도(施工軟度) ㉱ 모르타르의 팽창 시험

해설 굳지 않은 콘크리트의 반죽질기를 측정하여 워커빌리티를 판단할 수 있다.

정답 75.㉮ 76.㉯ 77.㉯ 78.㉰ 79.㉯ 80.㉰

81 콘크리트 슬럼프 시험할 경우 시료를 두 번째로 콘 부피의 2/3까지 넣고 다짐봉으로 25회 다지는데 이때 다짐봉이 콘크리트 속에 들어가는 깊이는?

㉮ 50mm ㉯ 70mm
㉰ 90mm ㉱ 100mm

해설 콘크리트 슬럼프 시험 시 시료를 1/3 넣을 때 콘에 넣은 시료의 높이는 바닥에서 70mm이다.

82 콘크리트 압축강도 시험용 공시체의 탈형 시간은?

㉮ 5~10시간 ㉯ 10~20시간
㉰ 16~72시간 ㉱ 48~72시간

83 콘크리트 압축강도 시험용 공시체의 표면을 캐핑하기 위한 시멘트풀의 물-시멘트비는 어느 정도가 적합한가?

㉮ 17~26% ㉯ 27~30%
㉰ 31~36% ㉱ 37~40%

해설 공시체가 압축강도 시험 시 편심을 받지 않도록 캐핑을 하는데, 콘크리트를 채운 뒤 2~4시간 지나서 실시한다.

84 콘크리트 구관입 시험을 할 때 먼저 시험한 곳에서 몇 cm 이상 떨어진 곳에서 시험을 하는가?

㉮ 10cm ㉯ 20cm ㉰ 30cm ㉱ 50cm

해설 구관입 깊이는 cm 단위로 나타내며 30cm 이상 떨어진 곳에서 세 번 시험한다.

85 슈미트 해머에 의한 콘크리트 강도의 비파괴 시험결과 반발경도 값이 30이다. 타격방향이 수평일 때 수정반발경도를 구하여 압축강도를 구하면 얼마인가?

㉮ 20.6MPa ㉯ 23.2MPa
㉰ 24.5MPa ㉱ 25.8MPa

해설
- $F = 1.3R_0 - 18.4 = 1.3 \times 30 - 18.4 = 20.6$MPa
- 수정반발경도 $R_0 = R + \Delta R = 30 + 0 = 30$

86 콘크리트의 슬럼프 시험의 슬럼프 값과 kelly ball의 관입 값과의 관계는?

㉮ 관입 값의 1.5~3.0배가 슬럼프 값이 된다.
㉯ 관입 값의 $\frac{3}{10} \sim \frac{1}{4}$배가 슬럼프 값이 된다.
㉰ 관입 값의 1.5~2.0배가 슬럼프 값이 된다.
㉱ 관입 값과 슬럼프 값은 같다.

답 81. ㉯ 82. ㉰ 83. ㉮ 84. ㉰ 85. ㉮ 86. ㉰

87 시방 배합 시 단위 잔골재량 705kg/m³, 단위 굵은골재량 1,101kg/m³이다. 현장의 입도에 대한 골재 상태는 5mm 체에 남는 잔골재량은 4%이고 5mm 체를 통과하는 굵은골재량은 3%이다. 현장 배합의 잔골재량(X(kg))과 굵은골재량(Y(kg))은?

㉮ X=740kg, Y=1,066kg ㉯ X=720kg, Y=1,086kg
㉰ X=700kg, Y=1,106kg ㉱ X=680kg, Y=1,126kg

해설 $X = \dfrac{100S - b(S+G)}{100 - (a+b)} = \dfrac{100 \times 705 - 3(705 + 1,101)}{100 - (4+3)} = 700\text{kg}$

$Y = \dfrac{100G - a(S+G)}{100 - (a+b)} = \dfrac{100 \times 1,101 - 4(705 + 1,101)}{100 - (4+3)} = 1,106\text{kg}$

88 시방 배합 결과 물 170kg/m³, 시멘트 350kg/m³, 굵은골재 1,000kg/m³, 잔골재 700kg/m³이다. 잔골재 및 굵은골재의 표면수가 3%와 1%일 경우 현장 배합 시 단위 수량은 얼마인가?

㉮ 139kg/m³ ㉯ 145kg/m³
㉰ 163.2kg/m³ ㉱ 165kg/m³

해설 단위 수량(W) = 170 − (700×0.03 + 1,000×0.01) = 139kg

89 시험 결과 시멘트-물비(C/W)와 f_{28} 관계에서 $f_{28} = -13.8 + 21.6\, C/W$(MPa) 얻은 값이다. 물-시멘트비는 얼마인가? (단, 배합강도는 36MPa이다.)

㉮ 41.3% ㉯ 43.3%
㉰ 44.3% ㉱ 45.3%

해설 $f_{28} = -13.8 + 21.6\, C/W$
$36 = -13.8 + 21.6\, C/W$
$\therefore \dfrac{W}{C} = \dfrac{21.6}{36 + 13.8} = 0.433 = 43.3\%$

90 콘크리트의 배합 설계에서 단위 수량이 156kg, 단위 시멘트양이 300kg일 때 물-결합재비는 얼마인가?

㉮ 50% ㉯ 52% ㉰ 54% ㉱ 56%

해설 $\dfrac{W}{C} = \dfrac{156}{300} = 0.52 = 52\%$

91 시방서의 배합 기준표에서 표준 잔골재율 $S/a = 42\%$은 조립률이 2.8일 때를 기준으로 한다. 실제로 사용하는 모래의 조립률이 2.99일 경우의 S/a 값은 얼마인가?

㉮ 40.25% ㉯ 41.05%
㉰ 42.04% ㉱ 42.95%

달 87. ㉰ 88. ㉮ 89. ㉯ 90. ㉯ 91. ㉱

해설 $\dfrac{2.99-2.8}{0.1}\times 0.5 = 0.95\%$

∴ $S/a = 42 + 0.95 = 42.95\%$

92 콘크리트 배합에 관하여 다음 설명 중에서 틀린 것은?
- ㉮ 현장 배합은 현장 골재의 조립률에 따라서 시방 배합을 환산하여 배합한다.
- ㉯ 콘크리트 배합은 질량 배합을 사용하는 것이 원칙이다.
- ㉰ 콘크리트 배합 강도는 품질기준강도보다 충분히 크게 정한다.
- ㉱ 시방 배합에서는 잔·굵은골재는 모두 표면 건조 포화상태로 한다.

해설 현장배합은 입도 및 표면수를 고려하여 환산한다.

93 콘크리트 $1m^3$을 만드는 데 필요한 골재의 절대용적이 $0.689m^3$이라면 단위 굵은골재량은? (단, 잔골재율은 41%. 굵은골재의 밀도는 $2.65g/cm^3$이다.)
- ㉮ 749kg
- ㉯ 1,077kg
- ㉰ 1,120kg
- ㉱ 1,156kg

해설
- 단위 굵은골재의 용적 = $0.689 \times 0.59 = 0.40651 m^3$
- 단위 굵은골재량 = $0.40651 \times 2.65 \times 1,000 = 1,077 kg$

94 품질기준강도 $f_{cq} = 24MPa$를 갖는 콘크리트를 만들 때 배합강도는? (단, 표준편차는 3.6MPa이다.)
- ㉮ 24.5MPa
- ㉯ 25MPa
- ㉰ 28.9MPa
- ㉱ 30MPa

해설
① $f_{cr} = f_{cq} + 1.34S = 24 + 1.34 \times 3.6 = 28.8 MPa$
② $f_{cr} = (f_{cq} - 3.5) + 2.33S = (24 - 3.5) + 2.33 \times 3.6 = 28.9 MPa$
①, ② 중 큰 값을 적용한다.
∴ 28.9MPa

95 콘크리트 배합에 관한 설명 중 옳은 것은?
- ㉮ 단위 수량은 작업이 가능한 범위에서 되도록 크게 정한다.
- ㉯ 잔골재율은 소요의 워커빌리티를 얻는 범위에서 단위 수량이 최대가 되게 정한다.
- ㉰ 시방 배합을 현장 배합으로 고칠 때 혼화제를 희석시킨 희석수량은 고려하지 않는다.
- ㉱ 기상 작용이 심하지 않는 곳에서 AE 콘크리트를 사용하는 경우 소요의 워커빌리티를 얻는 범위에서 될 수 있는 대로 적은 공기량으로 한다.

해설
- 단위 수량 작업이 가능한 범위에서 적게 한다.
- 잔골재율은 워커빌리티 범위에서 단위 수량이 최소가 되도록 한다.
- 혼화제를 희석시킨 희석수량은 고려해야 한다.

답 92. ㉮ 93. ㉯ 94. ㉰ 95. ㉱

96 콘크리트 배합설계 시 굵은골재의 최대치수를 선정하는 기준 중 잘못된 것은?

㉮ 철근 콘크리트용 굵은골재의 최대치수는 부재 최소치수의 1/5을 초과해서는 안 된다.
㉯ 철근 콘크리트의 일반적인 구조물의 경우 굵은골재의 최대치수는 40mm로 한다.
㉰ 무근 콘크리트의 굵은골재의 최대치수는 부재 최소치수의 1/4을 초과해서는 안 된다.
㉱ 철근 콘크리트의 굵은골재의 최대치수는 피복 및 철근의 최소 순간격의 3/4을 초과해서는 안 된다.

해설 철근 콘크리트의 일반적인 구조물의 경우는 굵은골재의 최대치수가 20mm 또는 25mm이며 단면이 큰 경우에는 40mm이다.

97 잔골재의 조립률(FM)이 시방 배합 기준표의 값보다 얼마만큼 차이가 있을 때 잔골재율을 보정하는가?

㉮ 0.1
㉯ 0.2
㉰ 0.3
㉱ 0.4

해설 잔골재율의 조립률이 기준값(2.80)보다 0.1만큼 크면 잔골재율(S/a)을 0.5% 크게 하고 적으면 적게 한다.

98 단위 수량 W=175kg, 단위 굵은골재량, G=1,150kg, S/a=35%, 물-결합재비 W/C=60%로 할 때 단위 잔골재량 S는? (단, 각 재료의 밀도는 물 : 1g/cm³, 골재 : 2.65g/cm³, 시멘트 밀도 : 3.15g/cm³이다. 공기량은 무시함.)

㉮ 750kg
㉯ 810kg
㉰ 633kg
㉱ 791kg

해설 $\dfrac{W}{C}=0.6$

∴ $C=\dfrac{175}{0.6}=291.7$kg

잔골재의 부피 = 1 - (굵은골재 + 시멘트 + 물)
$= 1 - \left(\dfrac{1,150}{2.65 \times 1,000} + \dfrac{291.7}{3.15 \times 1,000} + \dfrac{175}{1 \times 1,000}\right) = 0.2985 \text{m}^3$

∴ 단위 잔골재량 = $2.65 \times 0.2985 \times 1,000 = 791$kg

99 공사 중에 잔골재의 조립률이 콘크리트 배합을 정할 때 가정한 조립률에 비하여 얼마 이상의 변화를 나타내었을 때 배합을 변경해야 하는가?

㉮ ±0.1
㉯ ±0.2
㉰ ±0.3
㉱ ±0.4

해설 공사 중에 잔골재의 입도가 변화하여 조립률이 ±0.2 이상 차이가 있을 경우 소요의 워커빌리티를 가지는 콘크리트를 얻을 수 있도록 잔골재율이나 단위 수량을 변경해야 한다.

답 96. ㉯ 97. ㉮ 98. ㉱ 99. ㉯

100 콘크리트 배합 결정 시 잔골재율에 관한 설명 중 틀린 것은?

㉮ 잔골재율은 콘크리트 속의 골재 전체 중량에 대한 잔골재 전체 질량 백분율이다.
㉯ 잔골재율은 소요의 워커빌리티를 얻을 수 있는 범위 내에서 단위 수량이 최소가 되도록 정해야 한다.
㉰ 공사 중 잔골재의 입도가 변화하여 조립률이 ±0.2 이상 차이가 나면 잔골재율을 변경한다.
㉱ 잔골재율을 어느 정도 작게 하면 콘크리트는 거칠어지고 재료 분리가 일어난다.

해설 잔골재율$(S/a) = \dfrac{S}{G+S} \times 100$
여기서, S : 잔골재의 부피, G : 굵은골재의 부피, a : 전체 골재의 부피

101 다음 중 사용량이 많아 콘크리트의 배합설계에 고려하여야 하는 혼화재료는?

㉮ 슬래그   ㉯ 감수제   ㉰ 지연제   ㉱ AE제

해설 포졸란, 플라이 애시, 고로 슬래그 등의 혼화재는 사용량이 시멘트 질량의 5% 이상 되므로 그 자체의 부피를 고려해야 한다.

102 콘크리트 배합설계에서 슬럼프 값이 10mm만큼 클 경우 단위 수량은 몇 % 크게 조정하는가?

㉮ 0.5%   ㉯ 1.0%   ㉰ 1.2%   ㉱ 1.5%

해설 슬럼프 값이 10mm만큼 클(작을) 때마다 1.2%만큼 크게(작게) 한다.

103 콘크리트 배합에서 굵은골재의 최대치수를 증가시켰을 때 발생되는 다음 설명 중 틀린 것은?

㉮ 단위 시멘트양이 증가될 수 있다.   ㉯ 단위 수량을 줄일 수 있다.
㉰ 잔골재율이 작아진다.   ㉱ 공기량이 작아진다.

해설
- 콘크리트를 경제적으로 제조한다는 관점에서 될 수 있는 대로 최대치수가 큰 굵은골재를 사용하는 것이 좋다.
- 굵은골재의 최대치수를 증가시키면 단위 시멘트양을 줄일 수 있다.

104 콘크리트의 배합설계의 순서로서 적합한 것은 어느 것인가?

A : 잔골재율(S/a)의 결정   B : 단위 수량(W)의 결정
C : 슬럼프(slump) 값의 결정   D : 물-결합재비의 결정
E : 현장 배합으로 수정   F : 굵은골재의 최대치수 결정
G : 시방 배합 산출 및 조정

㉮ D-B-A-F-C-E-G   ㉯ B-D-C-A-F-G-E
㉰ B-D-C-F-E-A-G   ㉱ D-F-C-A-B-G-E

답 100. ㉮ 101. ㉮ 102. ㉰ 103. ㉮ 104. ㉱

해설 • 콘크리트 배합 설계 순서
① 물-결합재비 결정 ② 굵은골재의 최대치수 결정
③ 슬럼프 값의 결정 ④ 잔골재율(S/a) 결정
⑤ 단위 수량(W) 결정 ⑥ 시방 배합 산출 및 조정
⑦ 현장 배합 수정

105 콘크리트의 배합 결과 물-결합재비 50%, 잔골재율 35%, 단위 수량 160kg을 얻었다. 단위 시멘트양은 얼마인가?

㉮ 295kg ㉯ 300kg ㉰ 320kg ㉱ 457kg

해설 $\dfrac{W}{C}=50\%$이므로 $\dfrac{160}{C}=0.5$ ∴ $C=\dfrac{160}{0.5}=320$kg

106 콘크리트의 배합설계에 관한 다음 설명 중 틀린 것은?

㉮ 모래의 조립률이 0.1만큼 클 때마다 잔골재율은 0.5%만큼 크게 보정한다.
㉯ 슬럼프 값이 10mm만큼 증가시키기 위해서는 단위 수량을 1.2%만큼 크게 보정한다.
㉰ 공기량을 1% 증가하는 경우에는 잔골재율은 1% 정도 증가시킨다.
㉱ 물-결합재비가 0.05만큼 클 때마다 잔골재율은 1% 정도 증가시킨다.

해설 공기량을 1% 증가시키는 경우에는 잔골재율을 0.5~1% 정도 감소시킨다.

107 단위 수량 W=175kg, 단위 굵은골재량 G=1,120kg, S/a=34%, 물-결합재비 W/C=55%로 할 때 단위 잔골재량은 얼마인가? (단, 굵은골재의 밀도는 2.62 g/cm^3, 잔골재의 밀도는 2.60g/cm^3, 시멘트의 밀도는 3.14g/cm^3, 공기량은 무시한다.)

㉮ 760kg ㉯ 766kg
㉰ 770kg ㉱ 776kg

해설 • 잔골재의 부피=1m^3−(굵은골재+시멘트+물)부피
$$= 1-\left(\dfrac{1,120}{2.62\times1,000}+\dfrac{318}{3.14\times1,000}+\dfrac{175}{1\times1,000}\right)=0.2962\text{m}^3$$
여기서, 시멘트 질량을 구하면 $\dfrac{W}{C}=0.55$
∴ $C=\dfrac{175}{0.55}=318$kg
• 단위 잔골재량=잔골재의 부피×잔골재 밀도×1,000=0.2962×2.60×1,000=770kg

108 콘크리트를 배합할 때 잔골재 275*l*, 굵은골재를 480*l*를 투입하여 혼합한다면 이때 잔골재율(S/a)은 얼마인가?

㉮ 27.5% ㉯ 36.4%
㉰ 48.0% ㉱ 63.5%

해설 $S/a=\dfrac{275}{275+480}=0.364$

답 105. ㉰ 106. ㉰ 107. ㉰ 108. ㉯

109 콘크리트의 배합에 관한 설명 중 틀린 것은?
㉮ 질량 배합이 원칙이다.
㉯ 시방 배합에서는 표면 건조 포화상태의 골재를 기준한다.
㉰ 현장 배합은 현장 골재의 조립률에 따라 시방 배합을 환산한 것이다.
㉱ 콘크리트 배합 강도는 품질기준강도보다 큰 강도여야 한다.

해설 현장 배합은 시방 배합을 현장 골재의 입도 및 표면수를 고려하여 수정한 것이다.

110 콘크리트 배합 설계에서 잔골재율(S/a)을 작게 하였을 때 나타나는 현상 중 옳지 않은 것은?
㉮ 소요의 워커빌리티를 얻기 위해서 필요한 단위 시멘트양이 증가한다.
㉯ 소요의 워커빌리티를 얻기 위해서 필요한 단위 수량이 감소한다.
㉰ 재료 분리가 발생되기 쉽다.
㉱ 워커빌리티가 나빠진다.

해설 잔골재율을 작게 하면 소요의 워커빌리티를 얻기 위해 필요한 단위 수량은 적게 되어 단위 시멘트양이 적어지므로 경제적이다.

111 콘크리트 배합 시 단위 수량이 감소되므로 얻는 이점이 아닌 것은?
㉮ 압축강도와 휨강도를 증진시킨다.
㉯ 철근과 다른 층의 콘크리트 간의 접착력을 증가시킨다.
㉰ 투수율을 증가시킨다.
㉱ 건조수축이 줄어든다.

해설 투수율이 감소된다.

112 콘크리트의 시방 배합을 현장 배합으로 수정할 때 고려해야 할 것은?
㉮ 골재의 입도 및 표면수　　㉯ 조립률
㉰ 단위 시멘트양　　㉱ 굵은골재의 최대치수

해설 시방 배합은 골재의 상태가 표면 건조 포화상태이며 굵은골재와 잔골재가 5mm 체로 구분되어 적용되므로 현장의 골재 표면수와 입도를 고려하여 수정한다.

113 시방 배합에서 사용되는 골재는 어떤 상태인가?
㉮ 습윤 상태　　㉯ 공기 중 건조상태
㉰ 표면 건조 포화상태　　㉱ 절대건조상태

해설 시방 배합에 사용되는 골재는 표면 건조 포화상태이며 5mm 체 통과 또는 남는 골재를 사용한다.

답 109. ㉰　110. ㉮　111. ㉰　112. ㉮　113. ㉰

114 콘크리트 시방 배합의 각 재료량의 설명 중 옳은 것은?
- ㉮ 질량 배합으로 계산된 각 재료의 1m³의 단위질량을 말한다.
- ㉯ 질량 배합으로 콘크리트 1m³를 만드는 데 필요한 각 재료의 질량을 말한다.
- ㉰ 용적 배합으로 계산된 각 재료의 1m³의 단위용적질량을 말한다.
- ㉱ 용적 배합으로 콘크리트 1m³를 만드는 데 필요한 각 재료의 질량을 말한다.

115 굵은골재의 최대치수가 크면 콘크리트에 어떤 영향을 미치는지 다음 설명 중 틀린 것은?
- ㉮ 소요수량이 적게 된다.
- ㉯ 물-결합재비가 적어진다.
- ㉰ 빈배합의 경우 강도가 감소된다.
- ㉱ 경제성이 향상된다.

해설 • 부배합의 경우 : 강도가 감소한다.
• 빈배합의 경우 : 강도가 증가한다.

116 콘크리트 배합시 물-결합재비를 적게 할 수 있는 대책에 관한 설명 중 틀린 것은?
- ㉮ 굵은골재의 최대치수를 크게 한다.
- ㉯ 잔골재율을 크게 한다.
- ㉰ 실리카 흄을 사용한다.
- ㉱ 양호한 입도의 골재를 사용한다.

해설 • 잔골재율을 적게 한다.
• 골재는 흡수율이 적은 것을 사용한다.
• 고성능 감수제를 사용한다.

117 콘크리트 배합시 사용 수량을 증가시키지 않고 슬럼프를 증가시키는 방법이 아닌 것은?
- ㉮ AE제를 사용해서 공기량을 증가시킨다.
- ㉯ 감수제를 사용한다.
- ㉰ 잔골재율(S/a)을 작게 한다.
- ㉱ 유동화제를 사용한다.

해설 잔골재율(S/a)을 증가시킨다.

118 콘크리트 배합 시 단위 수량이 적을 때 효과라고 볼 수 없는 것은?
- ㉮ 콘크리트의 재료분리가 적다.
- ㉯ 내구성, 수밀성이 커진다.
- ㉰ 건조수축이 커진다.
- ㉱ 수화열에 의한 균열 발생이 적어진다.

해설 건조수축이 적고 경제적이다.

답 114. ㉯ 115. ㉰ 116. ㉯ 117. ㉰ 118. ㉰

119 시방 배합에 따른 일반적인 콘크리트 배합설계 순서 중 제일 먼저 실시해야 할 것은?
㉮ 구조물의 종류와 용도를 고려하여 물-결합재비를 결정한다.
㉯ 굵은골재의 최대치수를 결정한다.
㉰ 사용할 재료의 품질시험을 실시한다.
㉱ 잔골재율을 결정한다.

해설 시멘트 및 골재의 밀도, 골재의 입도 분석, 흡수율, 단위용적질량 및 마모율 등 사용 재료의 품질시험을 먼저 실시한다.

120 콘크리트 강도 판정 시에 호칭강도가 35MPa를 초과한 경우에는 각각의 시험값이 호칭강도 몇 % 이상이어야 하는가?
㉮ 65%   ㉯ 85%
㉰ 90%   ㉱ 100%

해설 콘크리트 강도 판정 시에 호칭강도가 35MPa 이하인 경우에는 각각의 시험값이 (호칭강도 -3.5MPa) 이상이어야 한다.

121 현장으로 운반된 레미콘을 인수한 즉시 인수자가 해야 할 굳지 않은 콘크리트의 품질 시험이 아닌 것은?
㉮ 슬럼프 시험   ㉯ 공기량 시험
㉰ 염화물 함유량 시험   ㉱ 압축강도 시험

해설 압축강도 시험을 하기 위해 소정의 압축강도 몰드에 공시체를 제작한다.

122 콘크리트의 배합에 관한 다음 설명 중 옳지 않은 것은?
㉮ 콘크리트의 단위 수량은 작업할 수 있는 범위 내에서 적은 것이 좋다.
㉯ 단위 시멘트양은 단위 수량과 물-결합재비에서 정한다.
㉰ 콘크리트 배합강도는 설계기준강도보다 적은 강도로 하여야 한다.
㉱ 슬럼프는 기온이 높을 때 특히 저하된다.

해설 배합 강도는 품질기준강도보다 크게 하여야 한다.

123 콘크리트 배합 선정의 기본 방침으로 옳지 않은 것은?
㉮ 균일한 콘크리트를 만들기 위해서는 최소 슬럼프의 콘크리트로 한다.
㉯ 경제적인 배합설계를 위해서는 시공상 허용되는 최소치수의 잔골재를 사용한다.
㉰ 소요의 강도를 가지도록 한다.
㉱ 기상작용, 화학적 작용 등에 저항할 수 있는 내구성을 가지도록 한다.

해설 시공이 가능한 굵은골재의 크기는 큰 것으로 사용해야 경제적이다.

정답 119. ㉰ 120. ㉰ 121. ㉱ 122. ㉰ 123. ㉯

124 시방 배합에서 규정된 배합의 표시법에 포함되지 않는 것은 어느 것인가?
- ㉮ 물-결합재비
- ㉯ slump의 범위
- ㉰ 잔골재의 최대치수
- ㉱ 물, 시멘트, 골재의 단위량

해설 굵은골재의 최대치수를 표시한다.

125 콘크리트 배합설계에 대한 다음 설명 중 틀린 것은?
- ㉮ 굵은골재의 최대치수가 적을수록 워커빌리티가 좋고 단위 수량이 적어진다.
- ㉯ 단위 수량은 공사가 허용하는 한 가급적 적게 한다.
- ㉰ 배합설계에서 쓰여지는 슬럼프 값을 표준시방서에서는 규정하고 있다.
- ㉱ 포장 콘크리트인 경우에는 댐 콘크리트보다 슬럼프 값을 적게 한다.

해설 굵은골재의 최대치수가 클수록 워커빌리티가 좋고 단위 수량이 적어진다.

126 콘크리트의 배합에서 허용되는 범위 내에서 굵은골재의 최대치수를 증가시켰을 때 발생되는 다음 사항 중 잘못된 것은?
- ㉮ 단위 시멘트양이 증가될 수 있다.
- ㉯ 단위 수량을 줄일 수 있다.
- ㉰ 잔골재율이 작아진다.
- ㉱ 공기량이 작아진다.

해설 단위 시멘트양의 사용량이 작다.

127 일반적인 철근 콘크리트 공사에 있어서 입도가 적당한 골재를 사용한 경우, 워커빌리티가 좋은 콘크리트 배합의 일반적 경향에 관한 설명 중 잘못된 것은 어느 것인가?
- ㉮ 동일 슬럼프 값이면 물-결합재비가 클수록 시멘트 사용량은 작다.
- ㉯ 물-결합재비가 같으면, 슬럼프 값이 작을수록 시멘트 사용량은 작다.
- ㉰ 모래알이 작을수록 시멘트 사용량은 작다.
- ㉱ 자갈이 클수록 시멘트 사용량은 작다.

해설 모래알이 작을수록 공극량이 많아 시멘트양이 많이 사용된다.

128 모래의 조립률 2.8, AE 콘크리트에 있어서 굵은골재의 최대치수를 25mm라고 했을 때 잔골재율 $S/a = 38\%$이며, S/a의 수정 값이 다음에서 옳은 것은? (단, 체가름 시험에서 조립률(FM)=2.75이다.)
- ㉮ 38.50%
- ㉯ 28.30%
- ㉰ 37.75%
- ㉱ 35.32%

해설 $S/a = 38 + \left(\dfrac{2.75 - 2.8}{0.1}\right) \times 0.5 = 37.75\%$

답 124. ㉯ 125. ㉮ 126. ㉮ 127. ㉰ 128. ㉰

효율적으로 정답을 선택합시다!

(정답을 모르는 문제는 이렇게 골라보심이 어떨까요?)

1. 우선 본인이 공부를 하시고 50% 정답을 맞힐 수 있는 능력을 갖도록 해야 합니다.
2. 60점(36문항)이 안 되시는 분을 위해 적용하는 것입니다.
3. 확실히 아는 문제의 답만 답안지에 표시합니다.
4. 확실히 정답을 모르는 문제 중 정답이 아닌 지문 2개를 선택합니다.
   예) 가, 나, 다̸, 라̸
5. 다시 모르는 문제의 지문 2개를 연구하여 선택합니다. 이때 확신이 없으면 정답으로 선택해서는 안 됩니다. (절대 추측은 금물입니다.)
6. 답안지에 확실히 정답을 표시한 문제 10개의 정답 분포를 나열합니다.
   예) 가 나 다 라
       3   0   2   5
7. 나머지 정답을 모르는 문제 10개를 나열해 봅니다.

   1번 가 나 다̸ 라̸   14번   가̸ 나̸ 다 라
   ⋮   ⋮
   5번 가 나̸ 다̸ 라   15번   가 나 다̸ 라̸
   ⋮   ⋮
   7번 가̸ 나 다 라̸   17번   가̸ 나 다̸ 라
   ⋮   ⋮
   10번 가̸ 나̸ 다 라   19번   가 나̸ 다̸ 라
   ⋮   ⋮
   12번 가 나̸ 다 라̸   20번   가̸ 나 다̸ 라

8. 위와 같이 정답을 모르는 문제들 중에 2개 지문이 정답이 아닌 것을 사전에 알 정도로 공부가 되어 있어야 합니다.
9. 이제 정답을 모르는 문제의 답을 확실한 정답 분포와 비교하여 선택해 봅니다.
   1번 나, 5번 가, 7번 나, 10번 다, 12번 다, 14번 다, 15번 나, 17번 나, 19번 가, 20번 나
10. 공부를 하시고 이 방법으로 적용하여야 합니다.

제4편 기출문제

국가기술자격검정 필기시험문제

2013년 1월 27일(제1회)	2016년 1월 24일(제1회)
2013년 4월 14일(제2회)	2016년 4월 2일(제2회)
2013년 7월 21일(제4회)	2016년 7월 10일(제4회)
2014년 1월 26일(제1회)	제1회 CBT 모의고사
2014년 4월 6일(제2회)	제2회 CBT 모의고사
2014년 7월 20일(제4회)	제3회 CBT 모의고사
2015년 1월 25일(제1회)	제4회 CBT 모의고사
2015년 4월 4일(제2회)	제5회 CBT 모의고사
2015년 7월 19일(제4회)	제6회 CBT 모의고사

국가기술자격검정 필기시험문제

콘크리트기능사

문제 01 콘크리트용 잔골재로 적합한 조립률의 범위는?
- ㉮ 1.1~1.7
- ㉯ 1.7~2.2
- ㉰ 2.0~3.3
- ㉱ 3.7~4.6

해설
- 굵은골재 조립률 : 6~8
- 골재의 입자가 크면 클수록 조립률이 크다.

문제 02 해수, 산, 염류 등의 작용에 대한 저항성이 커서 해수공사에 알맞고 수화열이 많아서 한중 콘크리트에 알맞은 특수 시멘트는?
- ㉮ 팽창성 시멘트
- ㉯ 알루미나 시멘트
- ㉰ 초조강 시멘트
- ㉱ 석면 단열 시멘트

해설 1일 강도가 보통 포틀랜드 시멘트의 28일 강도와 같다.

문제 03 콘크리트를 친 후 시멘트와 골재알이 가라앉으면서 물이 올라와 콘크리트의 표면에 떠오른다. 이러한 현상을 무엇이라 하는가?
- ㉮ 응결 현상
- ㉯ 블리딩(bleeding) 현상
- ㉰ 레이턴스(laitance)
- ㉱ 유동성

해설
- 블리딩에 의해 콘크리트의 표면에 떠올라서 가라앉은 미세한 물질을 레이턴스라 한다.
- 일반적으로 블리딩은 콘크리트를 친 후 처음 15~30분에 대부분 생기며 2~4시간에 거의 끝난다.

문제 04 가루 석탄을 연소시킬 때 굴뚝에서 집진기로 모은 아주 작은 입자의 재이며, 실리카질 혼화재로 입자가 둥글고 매끄럽기 때문에 콘크리트의 워커빌리티를 좋게 하고 수화열이 적으며, 장기 강도를 크게 하는 것은?
- ㉮ 실리카 흄
- ㉯ 플라이 애시
- ㉰ 고로 슬래그 미분말
- ㉱ AE제

해설 수화열이 적어 단면이 큰 콘크리트 구조물에 적합하다.

정답 01.㉰ 02.㉯ 03.㉯ 04.㉯

문제 05
콘크리트가 경화되는 중에 부피를 늘어나게 하여 콘크리트의 건조수축에 의한 균열을 억제하는 데 사용하는 혼화재료는?
- ㉮ 포졸란
- ㉯ 팽창재
- ㉰ AE제
- ㉱ 경화촉진제

해설 교량의 지승을 설치할 때나 기계를 앉힐 때 기초부위 등의 그라우트에 사용한다.

문제 06
고로 슬래그 시멘트에 대한 설명으로 틀린 것은?
- ㉮ 내화학성이 좋으므로 해수, 하수, 공장폐수와 닿는 콘크리트 공사에 적합하다.
- ㉯ 수화열이 적어서 매스 콘크리트에 사용된다.
- ㉰ 응결시간이 빠르고 장기 강도가 작으나 조기 강도가 크다.
- ㉱ 제철소의 용광로에서 선철을 만들 때 부산물로 얻는 슬래그를 이용한다.

해설 조기 강도가 작고 장기 강도가 크다.

문제 07
기상작용에 대한 골재의 내구성을 알기 위한 시험은 다음 중 어느 것인가?
- ㉮ 골재의 밀도 시험
- ㉯ 골재의 빈틈률 시험
- ㉰ 골재의 안정성 시험
- ㉱ 골재에 포함된 유기불순물 시험

해설
- 잔골재 : 10% 이하
- 굵은골재 : 12% 이하

문제 08
다음 표준체 중에서 골재의 조립률을 구할 때 사용하는 체가 아닌 것은?
- ㉮ 65mm
- ㉯ 40mm
- ㉰ 2.5mm
- ㉱ 0.6mm

해설 75, 40, 20, 10, 5, 2.5, 1.2, 0.6, 0.3, 0.15mm 체를 사용한다.

문제 09
혼화재와 혼화제의 분류에서 혼화재에 대한 설명으로 알맞은 것은?
- ㉮ 사용량이 비교적 많으나 그 자체의 부피가 콘크리트 등의 비비기 용적에 계산되지 않는 것
- ㉯ 사용량이 비교적 많아서 그 자체의 부피가 콘크리트 등의 비비기 용적에 계산되는 것
- ㉰ 사용량이 비교적 적으나 그 자체의 부피가 콘크리트 등의 비비기 용적에 계산되는 것
- ㉱ 사용량이 비교적 적어서 그 자체의 부피가 콘크리트 등의 비비기 용적에 계산되지 않는 것

해설 혼화제는 사용량이 비교적 적어 그 자체의 부피가 콘크리트의 배합계산에서 무시된다.

정답 05.㉯ 06.㉰ 07.㉰ 08.㉮ 09.㉯

문제 10 잔골재의 정의에 대한 아래 표의 ( )에 알맞은 것은?

10mm 체를 통과하고, 5mm 체를 거의 다 통과하며, ( )mm 체에 거의 다 남는 골재

㉮ 2.5 ㉯ 1.2
㉰ 0.5 ㉱ 0.08

해설 굵은골재는 5mm 체에 거의 남는 골재

문제 11 다음 중 천연골재에 속하지 않는 것은?

㉮ 강모래, 강자갈 ㉯ 산모래, 산자갈
㉰ 바닷모래, 바닷자갈 ㉱ 부순모래, 슬래그

해설 인공골재 : 부순돌(쇄석), 부순모래, 고로 슬래그, 인공경량 및 중량골재 등

문제 12 조강 포틀랜드 시멘트의 며칠 강도가 보통 포틀랜드 시멘트의 28일 강도와 비슷한가?

㉮ 3일 ㉯ 7일
㉰ 14일 ㉱ 28일

해설 조강 포틀랜드 시멘트는 수화속도가 빠르고 수화열이 커 한중공사, 긴급공사에 적합하다.

문제 13 시멘트와 물을 반죽한 것을 무엇이라 하는가?

㉮ 모르타르 ㉯ 시멘트 풀
㉰ 콘크리트 ㉱ 반죽질기

해설 모르타르 : 시멘트+물+잔골재

문제 14 일반적으로 콘크리트를 구성하는 재료 중에서 부피가 가장 큰 것부터 작은 순으로 나열한 것은?

㉮ 골재 > 공기 > 물 > 시멘트
㉯ 골재 > 물 > 시멘트 > 공기
㉰ 물 > 시멘트 > 골재 > 공기
㉱ 물 > 골재 > 시멘트 > 공기

해설 굵은골재 > 잔골재 > 물 > 시멘트 > 공극

정답 10.㉱ 11.㉱ 12.㉯ 13.㉯ 14.㉯

문제 15
다음 중 시멘트의 제조과정에서 응결지연제로 석고를 클링커 질량이 약 몇 % 정도 넣고 분쇄하는가?
- ㉮ 3%
- ㉯ 6%
- ㉰ 10%
- ㉱ 16%

해설 응결시간을 조절할 목적으로 3% 정도 첨가한다.

문제 16
굵은골재의 밀도 시험에서 5mm 체를 통과하는 시료는 어떻게 처리해야 하는가?
- ㉮ 모두 버린다.
- ㉯ 다시 체가름한다.
- ㉰ 전부 포함시킨다.
- ㉱ 5mm 체를 통과하는 시료만 별도로 시험한다.

해설 철망태에 넣고 시험하므로 5mm 체 눈금 이상 되는 크기만 사용한다.

문제 17
시멘트 모르타르의 압축강도 시험에서 표준모래를 사용하는 이유로 가장 타당한 것은?
- ㉮ 가격이 저렴하여
- ㉯ 구하기가 쉬우니까
- ㉰ 건설현장에서도 표준모래를 사용하므로
- ㉱ 시험조건을 일정하게 하기 위해

해설 모래알의 차이에 따른 영향을 없애고 시험조건을 일정하게 하기 위하여 표준모래를 사용한다.

문제 18
잔골재 체가름 시험에서 조립률의 기호는?
- ㉮ AM
- ㉯ AF
- ㉰ FM
- ㉱ OMC

해설 조립률(FM)은 골재의 입도를 수량적으로 나타내는 방법이다.

문제 19
잔골재의 절대건조상태의 무게가 100g, 표면 건조 포화상태의 무게가 110g, 습윤상태의 무게가 120g이었다면 이 잔골재의 흡수율은?
- ㉮ 5%
- ㉯ 10%
- ㉰ 15%
- ㉱ 20%

해설
- 잔골재 흡수율 = $\frac{110-100}{100} \times 100 = 10\%$
- 전 함수율 = $\frac{120-100}{100} \times 100 = 20\%$
- 표면수율 = $\frac{120-110}{110} \times 100 = 9.1\%$

정답 15.㉮ 16.㉮ 17.㉱ 18.㉰ 19.㉯

문제 20

시멘트가 응결할 때 화학적 반응에 의하여 수소가스를 발생시켜 모르타르 또는 콘크리트 속에 아주 작은 기포를 생기게 하는 혼화제로 알루미늄가루 등을 사용하며 프리플레이스트 콘크리트용 그라우트나 PC용 그라우트에 사용하면 부착을 좋게 하는 것은?

㉮ 발포제 ㉯ 방수제
㉰ 촉진제 ㉱ 급결제

해설 알루미늄 또는 아연 등의 분말을 혼합하면 시멘트의 응결과정에 있어서 수산화물과 반응하여 수소가스를 발생한다.

문제 21

가경식 믹서를 사용하여 콘크리트 비비기를 할 경우 비비기 시간은 믹서 안에 재료를 투입한 후 얼마 이상을 표준으로 하는가?

㉮ 1분 ㉯ 30초
㉰ 1분 30초 ㉱ 2분

해설 강제식 : 1분

문제 22

수중 콘크리트의 타설에 대한 설명으로 옳지 않은 것은?

㉮ 콘크리트를 수중에 낙하시키지 말아야 한다.
㉯ 수중의 물이 속도가 30cm/sec 이내일 때에 한하여 시공한다.
㉰ 콘크리트 면을 가능한 한 수평하게 유지하면서 소정의 높이 또는 수면상에 이를 때까지 연속해서 타설해야 한다.
㉱ 한 구획의 콘크리트 타설을 완료한 후 레이턴스를 모두 제거하고 다시 타설하여야 한다.

해설 수중의 물이 속도가 5cm/sec 이하일 때에 한하여 시공한다.

문제 23

콘크리트 배합에 있어서 단위 수량 160kg/m³, 단위 시멘트양 310kg/m³, 공기량 3%로 할 때 단위골재량의 절대부피는? (단, 시멘트의 비중은 3.15이다.)

㉮ 0.71m³ ㉯ 0.74m³
㉰ 0.61m³ ㉱ 0.64m³

해설 $V = 1 - \left(\dfrac{160}{1 \times 1,000} + \dfrac{310}{3.15 \times 1,000} + \dfrac{3}{100} \right) = 0.71\text{m}^3$

문제 24

콘크리트 배합설계에서 물-결합재비 48%, 잔골재율 35%, 단위 수량 170kg/m³을 얻었다면 단위 시멘트양은 약 얼마인가?

㉮ 485kg/m³ ㉯ 413kg/m³
㉰ 354kg/m³ ㉱ 327kg/m³

정답 20.㉮ 21.㉯ 22.㉯ 23.㉮ 24.㉰

해설 $\dfrac{W}{C} = 0.48$

∴ $C = \dfrac{170}{0.48} = 354\,\text{kg/m}^3$

문제 25
콘크리트의 다지기에 있어서 내부진동기를 사용할 경우 아래층의 콘크리트 속에 몇 cm 정도 찔러 넣어야 하는가?

㉮ 5cm ㉯ 10cm
㉰ 15cm ㉱ 20cm

해설 연직으로 찔러 다지며 삽입간격은 50cm 이하로, 1개소당 진동시간 5~15초로 한다.

문제 26
콘크리트 치기에 앞서 거푸집에 충분히 물을 뿌려야 하는 이유로 가장 중요한 것은?

㉮ 거푸집의 먼지를 청소한다.
㉯ 콘크리트 치기의 작업이 용이하다.
㉰ 거푸집을 재사용함이 편리하다.
㉱ 거푸집이 시멘트의 경화에 필요한 수분을 흡수하는 것을 방지한다.

해설 거푸집 면이 건조하면 콘크리트 속의 물기를 흡수하므로 거푸집 해체 시 콘크리트가 묻게 된다.

문제 27
공장에 있는 고정 믹서에서 어느 정도 콘크리트를 비빈 다음, 트럭, 믹서에 싣고 비비면서 현장에 운반하는 레디믹스트 콘크리트는?

㉮ 벌크 믹스트 콘크리트 ㉯ 센트럴 믹스트 콘크리트
㉰ 트랜싯 믹스트 콘크리트 ㉱ 슈링크 믹스트 콘크리트

해설
- 센트럴 믹스트 콘크리트 공장에서 완전히 비빈 후 운반 중에 비비면서 현장까지 운반
- 트랜싯 믹스트 콘크리트 공장에서 트럭 믹서에 재료만 넣고 운반 동안에 물을 가하여 혼합하여 현장까지 운반

문제 28
다음 중 콘크리트 운반기계에 포함되지 않는 것은?

㉮ 버킷 ㉯ 배처 플랜트
㉰ 슈트 ㉱ 트럭 애지데이터

해설 배처 플랜트는 콘크리트를 혼합하는 공장시설이다.

문제 29
콘크리트를 타설한 후 다지기를 할 때 내부 진동기를 찔러 넣는 간격은 어느 정도가 적당한가?

㉮ 25cm 이하 ㉯ 50cm 이하
㉰ 75cm 이하 ㉱ 100cm 이하

정답 25.㉯ 26.㉱ 27.㉯ 28.㉯ 29.㉯

해설 다질 때 진동기를 천천히 빼 구멍이 생기지 않게 한다.

문제 30 콘크리트 배합에 대한 설명 중 옳은 것은?
㉮ 시방배합에서 골재량은 공기 중 건조상태에 있는 것을 기준으로 한다.
㉯ 설계기준강도는 배합강도보다 충분히 크게 정하여야 한다.
㉰ 무근 콘크리트의 굵은골재 최대치수는 150mm 이하가 표준이다.
㉱ 단위결합재량은 원칙적으로 단위 수량과 물-결합재비로부터 정한다.

해설
- 골재는 표면 건조 포화상태를 기준한다.
- 배합강도는 설계기준강도보다 크게 한다.
- 무근 콘크리트의 굵은골재 최대치수는 40mm, 부재 최소치수의 1/4 이하가 표준이다.

문제 31 한중 콘크리트는 양생 중에 온도를 최소 얼마 이상으로 유지해야 하는가?
㉮ 0℃   ㉯ 5℃
㉰ 15℃   ㉱ 20℃

해설 일 평균기온이 4℃ 이하가 될 경우 한중 콘크리트로 시공한다.

문제 32 수중 콘크리트를 타설할 때 사용되는 기계 및 기구와 관계가 먼 것은?
㉮ 트레미   ㉯ 슬립폼 페이버
㉰ 밑열림 상자   ㉱ 콘크리트 펌프

해설 트레미, 콘크리트 펌프, 밑열림 상자, 밑열림 포대 등으로 타설한다.

문제 33 콘크리트 양생에 관한 다음 설명 중 틀린 것은?
㉮ 타설 후 건조 및 급격한 온도변화를 주어서는 안 된다.
㉯ 경화 중에 진동, 충격 및 하중을 가해서는 안 된다.
㉰ 콘크리트 표면은 물로 적신 가마니 포대 등으로 덮어 놓는다.
㉱ 조강 포틀랜드 시멘트를 사용할 경우 적어도 1일간 습윤양생 한다.

해설 조강 포틀랜드 시멘트를 사용할 경우 일 평균기온이 15℃ 이상이면 3일 이상 습윤양생 한다.

문제 34 시방서 또는 책임기술자가 지시한 배합을 무엇이라 하는가?
㉮ 현장배합   ㉯ 시방배합
㉰ 복합배합   ㉱ 용적배합

해설 현장배합은 골재의 입도와 표면수를 보정한다.

정답 30.㉱ 31.㉯ 32.㉯ 33.㉱ 34.㉯

문제 35 콘크리트의 배합을 정하는 경우에 목표로 하는 강도를 배합강도라고 한다. 배합강도는 일반적인 경우 재령 며칠의 압축강도를 기준으로 하는가?
㉮ 14일
㉯ 18일
㉰ 28일
㉱ 32일

해설 일반적으로 재령 28일의 압축강도를 기준하며 포장 콘크리트에서는 재령 28일의 휨강도를 기준한다.

문제 36 수송관 속의 콘크리트를 압축공기로써 압송하며 터널 등의 좁은 곳에 콘크리트를 운반하는 데 편리한 콘크리트 운반장비는?
㉮ 운반차
㉯ 콘크리트 플레이서
㉰ 슈트
㉱ 버킷

해설 수송관의 배치는 굴곡을 적게 하고 수평 또는 상향으로 설치하며 하향경사로 설치하여 사용해서는 안 된다.

문제 37 모르타르 또는 콘크리트를 압축공기에 의해 뿜어 붙여서 만든 콘크리트로 비탈면의 보호, 교량의 보수 등에 쓰이는 콘크리트는?
㉮ 진공 콘크리트
㉯ 프리플레이스트 콘크리트
㉰ 숏크리트
㉱ 수밀 콘크리트

해설 프리플레이스트 콘크리트는 특정한 입도를 가진 굵은골재를 거푸집에 채워놓고 그 공극 속에 특수한 모르타르를 주입하여 만든다.

문제 38 콘크리트의 경화나 강도발현을 촉진하기 위해 실시하는 촉진양생의 종류에 속하지 않는 것은?
㉮ 습윤양생
㉯ 증기양생
㉰ 오토클레이브 양생
㉱ 전기양생

해설 습윤양생은 콘크리트 노출면을 양생용 매트, 모포 등을 적셔서 덮거나 또는 살수를 하여 습윤상태로 보호한다.

문제 39 잔골재의 절대부피가 0.324m³이고 골재의 절대부피는 0.684m³일 때 잔골재율을 구하면?
㉮ 16%
㉯ 17.1%
㉰ 24.5%
㉱ 47.4%

해설 $S/a = \dfrac{0.324}{0.684} \times 100 = 47.4\%$

정답 35.㉰ 36.㉯ 37.㉰ 38.㉮ 39.㉱

문제 40 콘크리트의 압축강도 f_{ck}와 물-결합재비에 관한 설명으로 옳지 않은 것은?

㉮ 시멘트 사용량이 일정할 때 물의 사용량이 적을수록 압축강도 f_{ck}는 크다.
㉯ 물-결합재비가 작을수록 압축강도 f_{ck}는 작아진다.
㉰ 물의 양이 일정하면 시멘트 양이 클수록 압축강도 f_{ck}는 커진다.
㉱ 압축강도 f_{ck}는 물-결합재비와 밀접한 관계가 있다.

해설 물·결합재비가 작을수록 압축강도 f_{ck}는 커진다.

문제 41 콘크리트 슬럼프 시험은 굵은골재 최대치수가 몇 mm 이상인 경우에는 적용할 수 없는가?

㉮ 40mm   ㉯ 30mm
㉰ 25mm   ㉱ 20mm

해설 40mm 이상인 굵은골재가 포함되지 않은 시료로 시험한다.

문제 42 콘크리트 인장강도 시험을 실시하였다. 공시체의 크기는 $\phi 150 \times 300\,mm$이며, 시험 최대하중은 106kN이었다. 이때 인장강도는 얼마인가?

㉮ 1MPa   ㉯ 1.5MPa
㉰ 2MPa   ㉱ 2.5MPa

해설 인장강도 $= \dfrac{2P}{\pi dl} = \dfrac{2 \times 106,000}{3.14 \times 150 \times 300} = 1.5\,N/mm^2$

문제 43 굳지 않은 콘크리트의 압력법에 의한 공기함유량 시험에서 골재의 수정계수 결정 시 필요하지 않은 것은?

㉮ 시료 중의 잔골재의 무게
㉯ 시료 중의 굵은골재의 무게
㉰ 용기의 1/3까지의 채운 물의 무게
㉱ 콘크리트 시료의 부피

해설 공기량 $A = A_1 - G$
여기서, A_1 : 겉보기 공기량
G : 골재의 수정계수

정답 40.㉯ 41.㉮ 42.㉯ 43.㉰

문제 44
콘크리트의 휨강도 시험용 공시체의 길이와 높이에 대한 설명으로 옳은 것은?
- ㉮ 길이는 높이의 2배보다 100mm 이상 더 커야 한다.
- ㉯ 길이는 높이의 3배보다 80mm 이상 더 커야 한다.
- ㉰ 길이는 높이의 4배 이상이어야 한다.
- ㉱ 길이는 높이의 5배 이상이어야 한다.

해설 휨몰드 크기 : 150mm×150mm×530mm

문제 45
굵은골재의 최대치수가 40mm 이하인 콘크리트의 압축강도 시험용 원주형 공시체의 직경과 높이로 가장 적합한 것은?
- ㉮ $\phi 150 \times 100\,mm$
- ㉯ $\phi 100 \times 100\,mm$
- ㉰ $\phi 150 \times 200\,mm$
- ㉱ $\phi 150 \times 300\,mm$

해설 굵은골재 최대치수가 25mm 이하인 경우는 $\phi 100 \times 200\,mm$ 공시체를 이용한다.

문제 46
콘크리트 압축강도 시험에 사용하는 시료의 양생 온도범위로 가장 적합한 것은?
- ㉮ 0~4℃
- ㉯ 6~10℃
- ㉰ 11~15℃
- ㉱ 18~22℃

해설 공시체는 20±2℃에서 습윤상태로 양생한다.

문제 47
콘크리트 배합설계 순서 중 가장 마지막에 하는 작업은?
- ㉮ 굵은골재의 최대치수 결정
- ㉯ 물-결합재비 결정
- ㉰ 골재량 산정
- ㉱ 시방배합을 현장배합으로 수정

해설 W/B - G_{max} - Slump - S/a - W - 시방배합 산출 - 현장배합으로 수정

문제 48
잔골재의 밀도 및 흡수율 시험을 1회 수행하기 위한 표면 건조 포화상태의 시료량은 최소 몇 g 이상이 필요한가?
- ㉮ 100g
- ㉯ 500g
- ㉰ 1,500g
- ㉱ 5,000g

해설 표건밀도 $= \dfrac{m}{B+m-C} \times \rho_w$

여기서, m : 표건시료 500g 이상
B : (플라스크+물) 질량
C : (플라스크+시료+물) 질량

정답 44.㉯ 45.㉱ 46.㉱ 47.㉱ 48.㉯

문제 49 콘크리트 압축강도 시험체의 지름은 골재 최대치수의 몇 배 이상이어야 하는가?
- ㉮ 3배
- ㉯ 4배
- ㉰ 5배
- ㉱ 6배

해설 지름은 굵은골재 최대치수의 3배 이상, 100mm 이상이어야 한다.

문제 50 콘크리트의 휨강도 시험에서 공시체가 지간의 4점 사이에서 파괴되었을 때의 휨강도를 구하는 공식으로 옳은 것은? (단, P : 시험기에 나타난 최대하중(kN), l : 지간길이(mm), b : 파괴단면의 나비(mm), h : 파괴단면의 높이(mm))

- ㉮ $\dfrac{Pl}{bh^2}$
- ㉯ $\dfrac{Pl}{b^2h}$
- ㉰ $\dfrac{P}{bh^2l}$
- ㉱ $\dfrac{P}{b^2hl}$

해설 휨강도 = $\dfrac{Pl}{bh^2}$

문제 51 빈틈이 적은 골재를 사용한 콘크리트에 나타나는 현상으로 잘못된 것은?
- ㉮ 강도가 큰 콘크리트를 만들 수 있다.
- ㉯ 경제적인 콘크리트를 만들 수 있다.
- ㉰ 건조수축이 큰 콘크리트를 만들 수 있다.
- ㉱ 마멸 저항이 큰 콘크리트를 만들 수 있다.

해설 건조수축이 작은 콘크리트를 만들 수 있다.

문제 52 콘크리트의 슬럼프 시험에 대한 설명으로 옳은 것은?
- ㉮ 콘크리트가 내려앉은 길이를 5mm의 정밀도로 측정한다.
- ㉯ 시료는 슬럼프 콘의 높이를 3등분하여 3층으로 나누어 넣고 가운데층만 25회 다진다.
- ㉰ 슬럼프 콘에 시료를 채우고 벗길 때까지의 전작업 시간은 3분 30초 이내로 한다.
- ㉱ 슬럼프 콘 벗기는 작업은 10초 정도로 천천히 해야 한다.

해설
- 시료는 슬럼프 콘의 높이를 3등분하여 3층으로 나누어 넣고 각층을 25회씩 다진다.
- 슬럼프 전 작업시간은 3분 이내로 한다.
- 슬럼프 콘을 벗기는 작업은 2~5초 이내로 한다. (전 작업시간에 포함)

정답 49.㉮ 50.㉮ 51.㉰ 52.㉮

문제 53
콘크리트 압축강도 시험용 공시체의 표면을 캐핑하기 위한 시멘트 풀의 물–시멘트비 (W/C)는 어느 정도가 적당한가?
- ㉮ 30~35%
- ㉯ 37~40%
- ㉰ 17~20%
- ㉱ 27~30%

해설 캐핑을 하면 압축강도 시험을 할 때 편심을 받지 않는다.

문제 54
다음 중 워커빌리티(workability)를 판정하는 시험방법은?
- ㉮ 압축강도 시험
- ㉯ 슬럼프 시험
- ㉰ 블리딩 시험
- ㉱ 단위무게 시험

해설 슬럼프 시험은 굳지 않은 콘크리트의 반죽질기를 측정하는 것으로서 워커빌리티를 판단한다.

문제 55
골재알이 공기 중 건조상태에서 표면 건조 포화상태로 되기까지 흡수된 물의 양을 나타내는 것은?
- ㉮ 함수량
- ㉯ 흡수량
- ㉰ 유효 흡수량
- ㉱ 표면수량

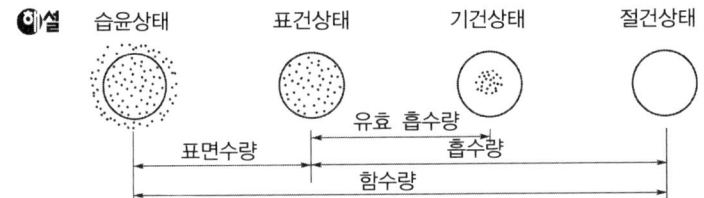

문제 56
굳지 않은 콘크리트의 공기 함유량 시험방법 중에서 보일(Boyle)의 법칙을 이용하여 공기량을 구하는 것은?
- ㉮ 주수압력법
- ㉯ 공기실 압력법
- ㉰ 무게법
- ㉱ 체적법

해설 압력법에 의한 워싱턴형 공기량 측정기를 이용한다.

문제 57
실내에서 건조시킨 상태로 골재의 알 속의 일부에만 물기가 있는 상태를 무엇이라 하는가?
- ㉮ 절대건조상태
- ㉯ 표면 건조 포화상태
- ㉰ 습윤상태
- ㉱ 공기 중 건조상태

해설 공기 중 건조상태(기건상태)
골재표면은 건조하고 내부 일부분은 건조한 상태

정답 53.㉱ 54.㉯ 55.㉰ 56.㉯ 57.㉱

문제 58 표면 건조 포화상태 시료의 질량이 4,000g이고, 물속에서 철망태와 시료의 질량이 3,070g이며, 물속에서 철망태의 질량이 580g, 절대건조상태 시료의 질량이 3,930g일 때 이 굵은골재의 절대건조상태의 밀도를 구하면? (단, 시험온도에서의 물의 밀도는 1g/cm³이다.)

㉮ 2.30 g/cm³
㉯ 2.40 g/cm³
㉰ 2.50 g/cm³
㉱ 2.60 g/cm³

해설
- 절대건조밀도 $= \dfrac{A}{B-C} \times \rho_w = \dfrac{3,930}{4,000-2,490} \times 1 = 2.6 \text{g/cm}^3$
- 표건밀도 $= \dfrac{B}{B-C} \times \rho_w = \dfrac{4,000}{4,000-2,490} \times 1 = 2.65 \text{g/cm}^3$
- 겉보기 밀도 $= \dfrac{A}{A-C} \times \rho_w = \dfrac{3,930}{3,930-2,490} \times 1 = 2.73 \text{g/cm}^3$

문제 59 다음 중 콘크리트의 블리딩 시험에 필요한 시험기구는?

㉮ 슬럼프 콘
㉯ 메스실린더
㉰ 강도 시험기
㉱ 데시케이터

해설 처음 60분 동안 10분 간격으로 그 후는 블리딩이 멈출 때까지 30분 간격으로 표면에 생긴 블리딩 물을 피펫으로 빨아내 메스실린더에 넣어 물의 양을 기록한다.

문제 60 콘크리트의 블리딩양을 계산하는 식으로 옳은 것은?

㉮ $\dfrac{\text{블리딩 물의 양}(\text{cm}^3)}{\text{콘크리트의 윗면적}(\text{cm}^2)}$

㉯ $\dfrac{\text{시료에 들어 있는 물의 총무게}(\text{kg})}{\text{콘크리트 1m}^3\text{에 사용된 재료의 총무게}(\text{kg})}$

㉰ $\dfrac{\text{시료의 무게}(\text{kg})}{\text{콘크리트 1m}^3\text{에 사용된 물의 총무게}(\text{kg})}$

㉱ $\dfrac{\text{콘크리트 1m}^3\text{에 사용된 물의 총무게}(\text{kg})}{\text{콘크리트 1m}^3\text{에 사용된 재료의 총무게}(\text{kg})}$

해설
- 블리딩 양 $= \dfrac{V}{A}(\text{cm}^3/\text{cm}^2)$
- 블리딩 시험은 굵은골재 최대치수가 40mm 이하인 경우에 적용한다.

문제 61 다음 중에서 시멘트의 분말도 시험법은?

㉮ 블레인법
㉯ 길모어 침에 의한 법
㉰ 르샤틀리에 병 사용법
㉱ 오토클레이브 팽창도 시험법

해설
- 길모어 침 : 시멘트 응결 시험
- 르샤틀리에 병 : 시멘트 밀도 시험

정답 58.㉱ 59.㉯ 60.㉮ 61.㉮

문제 62
시멘트와 물을 반죽한 것을 무엇이라 하는가?
- ㉮ 모르타르
- ㉯ 시멘트 풀
- ㉰ 콘크리트
- ㉱ 반죽질기

해설 모르타르 : 시멘트 풀 + 잔골재

문제 63
다음 중 시멘트의 응결시간 측정법으로 맞는 것은?
- ㉮ 길모어 침에 의한 방법
- ㉯ 오토클레이브 시험법
- ㉰ 르샤틀리에 시험법
- ㉱ 블레인법

해설 오토클레이브 : 시멘트 팽창도 시험

문제 64
콘크리트 시공에서 시멘트 사용량을 절약하려면 골재로서 다음 중 어느 것에 가장 유의해야 하는가?
- ㉮ 시멘트 풀과 부착성
- ㉯ 골재 입도
- ㉰ 골재 중량
- ㉱ 골재 밀도

해설 입도가 양호하면 빈틈이 적어 시멘트가 적게 들어간다.

문제 65
시멘트 모르타르 압축강도 시험에서 시멘트 사용을 450g 사용했을 때 표준모래의 양은 약 얼마나 되는가?
- ㉮ 약 510g
- ㉯ 약 638g
- ㉰ 약 1,020kg
- ㉱ 약 1,350g

해설 1 : 3 질량비이므로 450×3=1,350g

문제 66
콘크리트 블리딩 시험에서 블리딩은 콘크리트를 친 후 처음 얼마 동안 대부분 생기는가?
- ㉮ 4~6시간
- ㉯ 2~4시간
- ㉰ 1~2시간
- ㉱ 15~30분

해설 2~4시간에 거의 끝난다.

문제 67
경량 골재 콘크리트에 대한 설명 중 옳은 것은?
- ㉮ 내구성이 보통 콘크리트보다 크다.
- ㉯ 열전도율은 보통 콘크리트보다 작다.
- ㉰ 탄성계수는 보통 콘크리트의 2배 정도이다.
- ㉱ 건조수축에 의한 변형이 생기지 않는다.

정답 62.㉯ 63.㉮ 64.㉯ 65.㉱ 66.㉯ 67.㉯

해설
- 탄성계수는 보통 콘크리트의 40~80% 정도이다.
- 내구성은 보통 콘크리트보다 작다.
- 건조수축에 의한 변형이 생기기 쉽다.

문제 68
굳지 않은 수경성 시멘트 페이스트 및 모르타르의 기계적 혼합방법에서 실온은 얼마로 유지하여야 하는가?

㉮ $(20 \pm 2)℃$ ㉯ $(21 \pm 1)℃$
㉰ $(22 \pm 2)℃$ ㉱ $(23 \pm 1)℃$

문제 69
시멘트에 물을 넣으면, 시멘트 페이스트가 시간이 지남에 따라 유동성과 점성을 잃고 차츰 굳어지는데 이러한 상태를 무엇이라 하는가?

㉮ 응결   ㉯ 경화
㉰ 수화   ㉱ 풍화

해설 콘크리트 타설 후 수분이 증발하면서 결합하는 과정에 굳어가는 초기현상을 응결이라 한다.

문제 70
시멘트의 분말도가 높을 경우에 관한 설명 중 옳지 않은 것은?

㉮ 콘크리트에 틈이 생길 가능성이 많다.
㉯ 콘크리트 작업이 쉽다.
㉰ 콘크리트 내구성이 좋다.
㉱ 콘크리트의 조기 강도가 높다.

해설 분말도가 높으면 수화열이 많으므로 건주수축이 커져서 균열이 발생하기 쉽다.

문제 71
서중 콘크리트의 시공이나 레미콘에서 운반거리가 먼 경우 연속 콘크리트를 칠 때 작업이음이 생기지 않도록 할 경우 사용하면 효과가 있는 혼화제는 어느 것인가?

㉮ 분산제   ㉯ 지연제
㉰ 증진제   ㉱ 응결·경화촉진제

해설 지연제(완결제)를 사용하여 응결, 경화를 늦춘다.

문제 72
다음 중 워커빌리티에 영향을 끼치는 요소 중 가장 중요한 것은?

㉮ 단위 시멘트양   ㉯ 단위 수량
㉰ 단위 잔골재량   ㉱ 단위 혼화재량

해설 물이 많고 적음에 따라 질거나 된 상태가 되므로 작업의 난이도에 영향을 준다.

정답 68.㉮ 69.㉮ 70.㉯ 71.㉯ 72.㉯

문제 73 물 2kg을 넣어 배합한 콘크리트 30kg의 시료 전체를 사용하여 콘크리트의 블리딩 시험을 실시한 결과 블리딩양이 440g이었다. 이 콘크리트의 블리딩률은 얼마인가?

㉮ 20%　　㉯ 22%
㉰ 24%　　㉱ 26%

해설 블리딩률(%) = $\dfrac{B}{C \times 1,000} \times 100 = \dfrac{440}{2 \times 1,000} \times 100 = 22\%$

문제 74 다음 중 포틀랜드 시멘트의 주요구성 화합물은 어느 것인가?

㉮ 규산 3석회(C_3S)　　㉯ 클링커
㉰ 무수황산(SO_3)　　㉱ 석고

해설 ① 규산 3석회(C_3S)　② 규산 2석회(C_2S)
③ 알루민산 3석회(C_3A)　④ 알루민산철 4석회(C_4AF)

문제 75 경사슈트에 의한 콘크리트 운반을 하는 경우 기울기는 연직 1에 대하여 수평을 얼마 정도 하는가?

㉮ 1　　㉯ 2
㉰ 3　　㉱ 4

해설
- 경사슈트는 재료분리를 일으키기 쉬워 가능한 한 사용하지 않는 것이 좋다.
- 부득이 사용할 경우에는 수평 2에 연직 1 정도의 경사가 적당하다.

문제 76 단위 골재량의 절대 체적이 0.75m³이고 잔골재율이 30%일 때의 단위 잔골재량은 얼마인가? (단, 잔골재의 밀도는 2.6 g/cm³이다.)

㉮ 585kg　　㉯ 595kg
㉰ 605kg　　㉱ 615kg

해설 단위 잔골재량 = 단위 잔골재의 부피 × 잔골재의 밀도 × 1,000
= (0.75 × 0.3) × 2.6 × 1,000 = 585kg

문제 77 경화촉진제로서 염화칼슘 사용에 관한 설명 중 옳은 것은?

㉮ 우리나라 표준시방서에서 한중 콘크리트의 염화칼슘 사용량은 2% 이상이다.
㉯ 염화칼슘을 사용하면 슬럼프가 증가되고 건조수축이 적어진다.
㉰ 프리스트레스트 콘크리트 및 황산염의 작용을 받는 곳에서는 사용을 금한다.
㉱ 콘크리트의 워커빌리티는 감소하며 조기 강도가 작아진다.

해설
- 염화칼슘 사용량은 1~2% 정도이다.
- 조기 강도가 커진다.
- 슬럼프가 감소되고 건조수축이 커진다.

정답 73.㉯ 74.㉮ 75.㉯ 76.㉮ 77.㉰

문제 78 시멘트의 제조공정 중 순서대로 나열된 것은?

㉮ 소성 – 클링커 분쇄 – 원료 혼합 – 포장
㉯ 클링커 분쇄 – 소성 – 원료 혼합 – 포장
㉰ 원료 혼합 – 클링커 분쇄 – 소성 – 포장
㉱ 원료 혼합 – 소성 – 클링커 분쇄 – 포장

해설
- 원료혼합(석회석 분쇄, 혼합+점토, 산화철 원료 조합·건조·미분쇄)
- 소성(1,400~1,500℃ 고온에서 소성, 1cm 덩어리 클링커 생성)
- 클링커 분쇄(클링커 중량의 2~3% 석고혼입, 미분말되게 분쇄)

문제 79 골재의 함수상태를 설명한 것으로 옳지 않은 것은?

㉮ 함수량이란 골재 안팎에 들어있는 모든 물의 양을 말한다.
㉯ 흡수량이란 노건조상태에서 표면 건조 포화상태로 되기까지 흡수된 물의 양을 말한다.
㉰ 유효 흡수량은 기건상태에서 습윤상태로 되기까지 흡수된 물의 양을 말한다.
㉱ 표면수량은 골재알의 표면에 있는 물의 양을 말한다.

해설 유효 흡수량은 기건상태에서 표면 건조 포화상태로 되기까지 흡수된 물의 양을 말한다.

문제 80 공기단축을 할 수 있고 한중 콘크리트와 수중 콘크리트를 시공하기에 적합한 시멘트는?

㉮ 흰색 포틀랜드 시멘트
㉯ 슬래그 시멘트
㉰ 조강 포틀랜드 시멘트
㉱ 중용열 포틀랜드 시멘트

해설 조강 포틀랜드 시멘트는 수화열이 크므로 매스 콘크리트에서는 균열원인이 되므로 사용하지 않는다.

문제 81 콘크리트의 블리딩 시험은 굵은골재의 최대치수 다음 중 몇 mm 이하인 굳지 않은 콘크리트에 대하여 적용하는가?

㉮ 25mm
㉯ 40mm
㉰ 60mm
㉱ 80mm

해설 굵은골재 최대치수가 40mm 이하인 경우에 적용한다.

문제 82 시멘트 밀도 시험에서 처음 광유표면 읽은 값이 0.50ml이고 마지막 읽은 눈금값이 20.8ml이다. 밀도값은? (단, 시멘트 시료무게는 64g이다.)

㉮ $3.12g/cm^3$ ㉯ $3.14g/cm^3$ ㉰ $3.15g/cm^3$ ㉱ $3.17g/cm^3$

해설 밀도 = $\dfrac{\text{시료무게}}{\text{눈금차}} = \dfrac{64}{20.8-0.5} = 3.15g/cm^3$

정답 78.㉱ 79.㉰ 80.㉰ 81.㉯ 82.㉰

문제 83
댐 콘크리트의 최대 슬럼프 값은 얼마인가?
- ㉮ 50mm
- ㉯ 80mm
- ㉰ 110mm
- ㉱ 140mm

해설
- 굵은골재의 최대치수 : 150mm
- 슬럼프 : 30~50mm

문제 84
혼화재료를 저장할 때의 주의사항 중 옳지 않은 것은?
- ㉮ 혼화재는 방습이 잘 된 창고에 저장하여야 한다.
- ㉯ 혼화재는 입하 순으로 사용하여야 한다.
- ㉰ 포졸란은 비중이 크기 때문에 높이 쌓아야 한다.
- ㉱ 혼화제 중 분말은 습기에 주의하고 액체상태는 분리되지 않도록 한다.

해설 혼화재는 일반적으로 미분말로 되어 있고 비중이 작기 때문에 높게 쌓지 않는다.

문제 85
시멘트의 제조과정에서 소성된 원료는 지름 1cm 정도의 검은 덩어리가 되어 아래로 떨어지는데 이 덩어리를 무엇이라 하는가?
- ㉮ 슬러리
- ㉯ 포틀랜드
- ㉰ 클링커
- ㉱ 포졸란

해설 덩어리가 된 클링커를 분쇄하여 시멘트를 제조한다.

문제 86
시멘트 제조 시에 석고를 첨가하는 목적은?
- ㉮ 알칼리 골재반응을 막기 위해
- ㉯ 수화작용을 조절하기 위해
- ㉰ 수축성과 발열성을 조절하기 위해
- ㉱ 시멘트의 응결시간을 조절하기 위해

해설 응결 지연제인 석고를 2~3% 정도 넣는다.

문제 87
한중 콘크리트는 일 평균기온이 몇 이하의 온도일 때 치는 콘크리트를 말하는가?
- ㉮ -4℃
- ㉯ 4℃
- ㉰ 0℃
- ㉱ -2℃

해설 한중 콘크리트는 AE 콘크리트를 사용하는 것을 원칙으로 한다.

정답 83.㉮ 84.㉰ 85.㉰ 86.㉱ 87.㉯

문제 88 다음 중 특수 시멘트는 어느 것인가?
㉮ 중용열 시멘트 ㉯ 포졸란 시멘트
㉰ 고로 시멘트 ㉱ 알루미나 시멘트

해설 특수 시멘트에는 알루미나 시멘트, 석면 단열 시멘트, 팽창성 수경 시멘트 등이 있다.

문제 89 다음 골재에 대한 설명 중 옳지 않은 것은?
㉮ 골재는 천연골재와 인공골재로 구분한다.
㉯ 강모래는 하류에서 생산되는 것일수록 입자가 크다.
㉰ 경량골재는 화산자갈, 화산모래, 슬래그 부순물 등이 있다.
㉱ 바다 자갈을 쓸 때에는 염분을 깨끗이 씻어 없애야 한다.

해설 강모래는 상류로 갈수록 입자가 크다.

문제 90 최소치수의 규격이 200mm인 어떤 부재를 만들기 위한 무근 콘크리트에 사용할 굵은 골재의 최대치수는 얼마인가?
㉮ 25mm ㉯ 40mm
㉰ 50mm ㉱ 100mm

해설 무근 콘크리트에서 굵은골재의 최대치수는 40mm 이하, 부재 최소치수의 $\frac{1}{4}$ 이하이므로, 최소치수 $200\text{mm} \times \frac{1}{4} = 50\text{mm}$ 이하이다.

문제 91 굳지 않은 콘크리트의 공기함유량 시험에 사용하는 공기량 측정기의 뚜껑 윗부분에 있는 용기의 몇 % 공기실이 있어야 하는가?
㉮ 5% ㉯ 10%
㉰ 15% ㉱ 20%

해설 공기량 측정기(워싱턴형) 뚜껑의 윗부분에 용기의 약 5%의 공기실이 있어야 한다.

문제 92 경화촉진제의 사용목적 중 옳지 않은 것은?
㉮ 구조물의 사용개시가 늦다.
㉯ 거푸집 제거가 빠르다.
㉰ 양생기간이 단축된다.
㉱ 한중 콘크리트에서 저온으로 늦어지는 경화를 촉진한다.

해설 구조물의 사용개시가 빨라진다.

정답 88.㉱ 89.㉯ 90.㉰ 91.㉮ 92.㉮

문제 93
시멘트는 저장 중에 공기 중의 수분을 흡수하여 경미한 수화작용을 일으키는데, 이러한 현상을 무엇이라 하는가?
- ㉮ 응결
- ㉯ 경화
- ㉰ 풍화
- ㉱ 산화

해설 풍화가 되면 응결이 늦어지고 비중도 작아진다.

문제 94
다음 중 시멘트의 밀도 시험할 때 사용되는 기구는?
- ㉮ 르샤틀리에 병
- ㉯ 블레인 투과장치
- ㉰ 길모어 침
- ㉱ 비카 침

해설 시멘트 밀도 시험에는 시멘트 64g, 광유 등이 사용된다.

문제 95
알루민산 3석회(C_3A)와 규산 3석회(C_3S)는 수화속도가 빠르고 수화열도 높은데, 중용열 포틀랜드 시멘트에서는 이들을 각각 얼마 이하로 규정하고 있나?
- ㉮ C_3A : 8% 이하, C_3S : 50% 이하
- ㉯ C_3A : 5% 이하, C_3S : 40% 이하
- ㉰ C_3A : 50% 이하, C_3S : 8% 이하
- ㉱ C_3A : 40% 이하, C_3S : 5% 이하

해설 중용열 포틀랜드 시멘트는 건조수축이 포틀랜드 시멘트 중에서 가장 작다.

문제 96
콘크리트 펌프로 콘크리트를 수송할 수 있는 최대 수평거리는 어느 정도인가?
- ㉮ 200m
- ㉯ 400m
- ㉰ 600m
- ㉱ 800m

해설
- 압송능력은 배합, 기종 등에 따라 다르나 수평거리는 80~600m, 수직거리는 20~140m, 압송량은 20~90 m^3/hr의 범위이다.
- 한 구획 내의 콘크리트는 연속적으로 넣어야 하는데 1층 높이는 내부 진동기의 성능을 고려할 때 40~50cm 이하 정도가 적당하다.

문제 97
잔골재의 조립률이 콘크리트 배합을 정할 때 가정한 잔골재의 조립률에 비하여 얼마 이상의 변화를 나타내었을 때는 배합을 변경해야 하는가?
- ㉮ 0.1
- ㉯ 0.2
- ㉰ 0.3
- ㉱ 0.4

해설 조립률이 ±0.2 이상의 변화가 있으면 배합을 변경해야 한다.

정답 93.㉰ 94.㉮ 95.㉮ 96.㉰ 97.㉯

문제 98 굳지 않은 콘크리트의 공기량 시험에서 굵은골재의 최대치수가 40mm 이하일 때 용기의 최소용량은?

㉮ 5ℓ　　㉯ 12ℓ　　㉰ 30ℓ　　㉱ 70ℓ

해설 기체의 압력과 용적에 관한 보일(Boyle)의 법칙을 응용하여 압력의 감소에 의하여 시험방법인 공기실 압력방법(워싱턴형)이 많이 쓰인다.

문제 99 콘크리트 댐을 축조할 때 굵은골재의 닳음률은 몇 % 이하이어야 하는가?

㉮ 40%　　㉯ 50%　　㉰ 60%　　㉱ 70%

해설 • 콘크리트용 골재의 마멸 감량 한도
① 보통 콘크리트용 골재 : 40% 이하
② 포장 콘크리트용 골재 : 35% 이하
③ 댐 콘크리트용 골재 : 40% 이하

문제 100 시멘트의 경화촉진제로 염화칼슘을 많이 사용하는데, 보통 시멘트 질량의 몇 % 정도를 사용하는가?

㉮ 1~2%　　㉯ 2~3%
㉰ 3~4%　　㉱ 4~5%

해설 • 2% 이상 사용하면 오히려 강도가 저하된다.
• 한중 콘크리트의 경우 시멘트 질량의 1% 정도의 염화칼슘을 섞은 AE 콘크리트가 좋다.

문제 101 풍화된 시멘트에 관한 사항 중 옳은 것은?

㉮ 시멘트의 장기간 저장으로 공기 중의 수분을 흡수하므로 비중이 커진다.
㉯ 시멘트 무게의 감소량으로 측정한 풍화의 정도에서 감소량이 많으면 풍화가 많이 된 시멘트이다.
㉰ 온도가 높고 습도가 많은 여름에는 풍화가 잘되지 않으므로 강도가 증가한다.
㉱ 약한 수화작용을 일으키므로 응결, 경화가 빨라진다.

해설 • 장기간 저장 시 비중이 작아진다.
• 온도가 높고 습도가 많은 여름에는 풍화가 잘되어 강도가 감소한다.
• 수화작용이 일어나서 덩어리가 생겨 응결, 경화가 늦어진다.

문제 102 일반수중 콘크리트에서 물-결합재비는 얼마 이하이어야 하는가?

㉮ 50%　　㉯ 55%
㉰ 60%　　㉱ 65%

해설 C : 370kg/m³ 이상

정답 98.㉮ 99.㉮ 100.㉮ 101.㉯ 102.㉮

문제 103
골재의 성질에 관한 사항 중 옳지 않는 것은?
- ㉮ 골재는 일반적으로 밀도가 큰 것이 치밀하고, 흡수율이 적으며 내구성이 크다.
- ㉯ 골재의 흡수량은 석질에 따라 다르나, 굵은골재는 잔골재보다 흡수율이 크다.
- ㉰ 골재의 빈틈률이 작으면 콘크리트의 건조수축이 적으므로, 균열이 줄어든다.
- ㉱ 골재에는 빈틈이 많은데, 실체적률은 (1−빈틈률)로써 구한다.

해설 굵은골재는 잔골재보다 흡수율이 작다.

문제 104
콘크리트 제품은 양생을 어느 방법으로 하는 것이 가장 이상적인가?
- ㉮ 습윤양생
- ㉯ 수중양생
- ㉰ 피막양생
- ㉱ 증기양생

해설 증기양생, 오토클레이브 양생(고온고압 양생), 가압양생 등의 촉진양생을 한다.

문제 105
굵은골재의 최대치수 얼마 이상인 경우에 2종 이상으로 체가름하여 따로 저장해야 하는가?
- ㉮ 25mm
- ㉯ 40mm
- ㉰ 65mm
- ㉱ 100mm

해설 잔골재, 굵은골재 및 종류와 입도가 다른 골재는 각각 구분하여 따로따로 저장한다.

문제 106
안지름 25cm, 안높이 28cm인 그릇에 콘크리트를 25cm의 높이까지 일정한 방법으로 채운 후 규정된 시간 동안에 생긴 블리딩 물의 양이 1,375ml이었다. 블리딩양은 얼마인가?
- ㉮ $0.1 ml/cm^2$
- ㉯ $1.2 ml/cm^2$
- ㉰ $2.8 ml/cm^2$
- ㉱ $3.6 ml/cm^2$

해설 블리딩양$(ml/cm^2) = \dfrac{V}{A} = \dfrac{1,375}{\dfrac{\pi \times 25^2}{4}} = 2.8 ml/cm^2$

문제 107
혼화재료에 대한 설명 중 옳은 것은?
- ㉮ 포졸란을 사용하면 시멘트가 절약되고, 콘크리트의 장기 강도 및 수밀성이 커진다.
- ㉯ 감수제는 시멘트의 입자를 분산시켜 시멘트 풀의 유동성을 감소시키나, 워커빌리티를 좋게 한다.
- ㉰ 지연제는 분자가 상당히 작아 시멘트 입자표면에 흡착되어 물과 시멘트와의 접촉을 차단하여, 조기 수화작용을 빠르게 한다.
- ㉱ 경화촉진제는 순도가 높은 염화칼슘을 사용하며, 시멘트 무게의 4~6% 정도 넣어 사용하면 강도가 증가한다.

정답 103.㉯ 104.㉱ 105.㉰ 106.㉰ 107.㉮

해설
- 감수제는 시멘트 입자를 분산시켜 시멘트 풀의 유동성을 증가시켜서 워커빌리티를 좋게 한다.
- 지연제는 수화작용을 늦추어 응결시간을 길게 한다.
- 경화촉진제는 시멘트 질량의 1~2% 정도 사용한다.

문제 108
다음에서 끝손질의 난이의 정도를 말하는 아직 굳지 않은 콘크리트의 성질은?

㉮ 성형성 ㉯ 시공연도
㉰ 반죽질기 ㉱ 피니셔빌리티

해설
- 반죽질기 : 물의 양이 많고 적음에 따라 반죽이 되고 진 정도를 나타내는 성질
- 성형성 : 거푸집 제거 시 허물어지거나 재료가 분리하지 않는 성질

문제 109
일반적으로 골재의 밀도라 함은 어느 상태의 골재알의 상태를 말하는가?

㉮ 절대건조상태 ㉯ 기건상태
㉰ 표면 건조 포화상태 ㉱ 습윤상태

해설
- 잔골재 밀도 : 2.5~2.65g/cm^3
- 굵골재 밀도 : 2.55~2.70g/cm^3

문제 110
수중 콘크리트에 대한 설명 중 옳지 않은 것은?

㉮ 콘크리트를 수중에 낙하시키지 말아야 한다.
㉯ 수중에 물의 속도가 50mm/sec 이상일 때에 한하여 시공한다.
㉰ 트레미나 포대를 사용한다.
㉱ 정수 중에 치면 더욱 좋다.

해설
- 수중에 물의 속도가 50mm/sec 이하를 유지해야 시공 가능하다.
- 콘크리트를 연속해서 타설한다.
- 콘크리트는 수중에 낙하시키지 않는다.

문제 111
콘크리트 인장강도 시험용 공시체는 성형 후 몇 시간 내에 몰드를 떼어 내는가?

㉮ 12~24시간 ㉯ 24~48시간
㉰ 16~72시간 ㉱ 60~84시간

해설 시험체를 만든 후 16시간 이상 3일 이내에 몰드를 해체한다.

문제 112
잔골재의 유해물 중 시방서에 규정된 점토 덩어리의 함유량의 한도(중량 백분율)는 얼마인가?

㉮ 0.5% ㉯ 1% ㉰ 3% ㉱ 5%

해설 굵은골재 : 0.25% 이하

정답 108.㉱ 109.㉰ 110.㉯ 111.㉰ 112.㉯

문제 113
그림은 콘크리트 공기량을 구하는 기구이다. 어떤 공기량 측정법인가?
- ㉮ 무게에 의한 방법
- ㉯ 수주 압력법
- ㉰ 체적에 의한 방법
- ㉱ 공기실 압력법

해설 그림은 공기실 압력법(워싱턴형) 공기량 측정기이다.

문제 114
감수제에 대한 설명 중 틀린 것은?
- ㉮ 단위 수량을 줄이는 효과가 있다.
- ㉯ 블리딩이나 골재 분리가 적어진다.
- ㉰ 강도, 수밀성, 내구성을 증대시킬 수 있다.
- ㉱ 감수제에는 빈졸레신, 다렉스, 스프마 등이 있다.

해설 AE제에는 빈졸레신, 다렉스, 스프마 등이 있다.

문제 115
외기온도가 25℃ 이상일 때 콘크리트의 비비기로부터 치기가 끝날 때까지의 시간은?
- ㉮ 30분 이내
- ㉯ 1.5시간 이내
- ㉰ 3시간 이내
- ㉱ 5시간 이내

해설 외기온도가 25℃ 미만일 때 : 2시간 이내

문제 116
방수제에 대한 설명 중 틀린 것은?
- ㉮ 콘크리트의 흡수성 또는 투수성을 감소시킨다.
- ㉯ 도료를 사용하여 콘크리트가 물에 접촉하는 것을 방지하는 방법도 있다.
- ㉰ 방수제는 콘크리트의 성질에 영향을 미치지 않는다.
- ㉱ 방수제에는 염화칼슘, 지방산 비누

해설 방수제는 콘크리트의 성질을 해치는 경우가 있다.

문제 117
시멘트를 저장할 때 몇 포 이상 쌓아올려서는 안 되는가?
- ㉮ 10포
- ㉯ 13포
- ㉰ 15포
- ㉱ 20포

해설 시멘트의 저장 시 지상에서 30cm 이상 바닥판이 있는 곳에 저장하고 13포 이상 쌓아 올려서는 안 되며, 장기간 저장 시는 7포 이상 쌓지 않도록 한다.

정답 113.㉱ 114.㉱ 115.㉯ 116.㉰ 117.㉯

문제 118 콘크리트의 반죽질기의 측정법에서 콘크리트의 두께가 골재 최대치수의 3배 이상이고, 또 20cm 이상일 때 사용하는 시험법은?

㉮ 슬럼프 시험 ㉯ 지깅 시험법
㉰ 켈리볼 관입 시험 ㉱ 진동대에 의한 반죽질기 시험

해설 관입값의 1.5~2배가 슬럼프 값과 거의 비슷하다.

문제 119 시멘트가 풍화된 정도를 나타내는 척도로써 시멘트의 강열감량을 측정하는데, 포틀랜드 시멘트에서는 이 값을 얼마 이하로 규정하고 있는가?

㉮ 1% ㉯ 3% ㉰ 5% ㉱ 7%

해설 풍화한 시멘트는 강열감량이 증가된다.

문제 120 골재에 함유된 밀도 2.0g/cm³의 액체에 뜨는 석탄이나 갈탄 등이 유해한 이유로 옳지 못한 것은?

㉮ 시멘트 풀과의 부착을 방해한다. ㉯ 강도가 작아진다.
㉰ 워커빌리티가 좋아진다. ㉱ 동결 및 온도변화에 의하여 수축한다.

문제 121 백색 포틀랜드 시멘트의 제조방법 중 옳지 않은 것은?

㉮ 원료인 점토 중에서 산화철을 제거한다.
㉯ 백색점토를 사용한다.
㉰ 굽기연료로 석탄 대신 중유를 사용한다.
㉱ 굽기온도를 높여 분말도를 높게 한다.

해설
- 산화철을 0.3% 이하가 되게 소량을 넣어 회록색을 가진 순백의 시멘트를 만든다.
- 수경성이며 강도가 높고 내구성이 우수하며 박리나 침식에 강하다.

문제 122 골재가 차지하는 콘크리트의 체적은?

㉮ 약 50% ㉯ 약 40%
㉰ 약 70% ㉱ 약 60%

해설 골재가 70%, 나머지 결합재 30%로 구성되어 있다.

문제 123 AE제는 다음 사항 중 어느 것이 주목적인가?

㉮ 워커빌리티의 증대 ㉯ 강도의 증대
㉰ 용적의 증대 ㉱ 시멘트의 절약

해설 공기량 1% 증가함에 따라 압축강도는 약 4~6% 감소한다.

정답 118.㉰ 119.㉰ 120.㉰ 121.㉱ 122.㉰ 123.㉮

문제 124
입자가 둥글고 매끄러워서 콘크리트의 워커빌리티가 개선되고 단위 수량을 줄일 수 있는 혼화제는?
- ㉮ AE제
- ㉯ 감수제
- ㉰ 분산제
- ㉱ 경화촉진제

해설 연행기포가 시멘트, 골재입자 주위에서 볼 베어링과 같은 작용을 하여 워커빌리티를 개선시킨다.

문제 125
다음 중 콘크리트의 강도와 해수에 대한 화학적 저항성, 수밀성 등의 성질을 개선할 목적으로 사용되는 혼화재료는?
- ㉮ 완결제
- ㉯ 촉진제
- ㉰ 중량제
- ㉱ 포졸란

해설 포졸란은 발열량이 적으므로 강도의 증진이 늦고 장기 강도가 커 댐 등 단면이 큰 콘크리트에 사용된다.

문제 126
시멘트의 응결·경화촉진제로만 짝지어진 것은?
- ㉮ 염화칼슘, 규산나트륨
- ㉯ 염화칼슘, 포촐리드
- ㉰ 니그린 술폰산, 규산나트륨
- ㉱ 니그린 술폰산, 포촐리드

해설 경화촉진제는 한중 콘크리트에 사용한다.

문제 127
AE제의 종류에 해당하지 않는 것은?
- ㉮ 다렉스(darex)
- ㉯ 포촐리드(pozzolith)
- ㉰ 시메졸(cemesol)
- ㉱ 빈졸레신(vinsol resin)

해설 AE제에는 빈졸레신, 빈졸 NVX, 다렉스, 포촐리드 등이 있으며 이중 포촐리드는 감수제에 속한다.

문제 128
콘크리트의 블리딩 시험에 사용하는 용기의 안지름과 안높이는 각각 몇 cm인가?
- ㉮ 안지름 35±0.5cm, 안높이 38±0.5cm
- ㉯ 안지름 30±0.5cm, 안높이 35±0.5cm
- ㉰ 안지름 25±0.5cm, 안높이 28±0.5cm
- ㉱ 안지름 20±0.5cm, 안높이 25±0.5cm

해설 용기는 안지름 25cm, 안높이 28.5cm이고 수밀하고 견고한 원통형의 금속제이다.

문제 129
시멘트의 화합물 중 수화열을 가장 작게 발생시키는 것은?
- ㉮ C_3A
- ㉯ C_2S
- ㉰ C_3S
- ㉱ C_4AF

정답 124.㉮ 125.㉱ 126.㉮ 127.㉯ 128.㉰ 129.㉯

해설 수화속도가 빠른 순서 : C_3A, C_3S, C_4AF, C_2S

문제 130
콘크리트의 압축강도 시험에 대한 설명으로 잘못된 것은?
㉮ 공시체의 지름은 굵은골재 최대치수의 3배 이상이어야 한다.
㉯ 공시체의 지름을 0.25mm까지 측정해야 한다.
㉰ 습윤상태의 공시체를 시험기의 가운데 놓고 하중을 가한다.
㉱ 압축강도는 3개 이상의 공시체의 평균값으로 구한다.

해설 공시체의 지름을 0.1mm까지 측정한다.

문제 131
콘크리트의 흡수성 또는 투수성을 감소시키는 방수제의 주성분이 아닌 것은?
㉮ 염화칼슘 ㉯ 포촐리드
㉰ 규산나트륨 ㉱ 지방산 비누

해설 포촐리드는 감수제에 속한다.

문제 132
슬래그 시멘트의 설명 중 맞는 것은?
㉮ 보통 포틀랜드 시멘트에 비하여 조기 강도가 높다.
㉯ 보통 포틀랜드 시멘트에 비하여 발열량이 적어 균열발생이 적다.
㉰ 보통 포틀랜드 시멘트에 비하여 응결이 빠르다.
㉱ 해수공사나 한중공사의 콘크리트에 적당하다.

해설
• 조기 강도가 늦다, 응결이 늦다.
• 한중공사에 부적당하다.

문제 133
시멘트가 매우 빨리 응결하도록 하기 위해 사용하는 혼화제로서, 콘크리트 뿜어 올리기 공법, 그라우트에 의한 지수 공법 등에 사용하는 혼화재료는?
㉮ 경화촉진제 ㉯ 급결제
㉰ 지연제 ㉱ 발포제

해설 시멘트의 응결시간을 빨리하기 위해 급결제를 사용한다.

문제 134
화력발전소에서 미분탄을 완전연소시켰을 때 전기집진기로 잡은 작은 미립자로서 냉각되면 구형이 되고, 표면이 미끄러워져서 이를 콘크리트에 혼입하면 반죽질기가 좋아지는 것은 무엇인가?
㉮ 슬래그 ㉯ 실리카
㉰ 플라이 애시 ㉱ 염화칼슘

해설 플라이 애시를 사용하면 장기 강도가 증가하며 온도가 높을수록 강도증진 효과가 크다.

정답 130.㉯ 131.㉯ 132.㉯ 133.㉯ 134.㉰

문제 135 철근 콘크리트에서 철근이 녹슬지 않도록 사용하는 혼화제는?
㉮ 슬래그
㉯ 경화촉진제
㉰ 감수제
㉱ 방청제

해설 방청제는 콘크리트 중의 염분(염화물)에 의한 철근의 부식을 억제할 목적으로 사용되는 혼화제이다.

문제 136 KS에 의해 규정되어 있는 시멘트의 응결시간은 1시간 이상에서 10시간 이하로 되어 있는데, 현재 시판되는 시멘트의 초결시간과 종결시간은 어느 정도인가?
㉮ 초결 1~2시간, 종결 3~4시간
㉯ 초결 1시간 30분~3시간, 종결 2시간 30분~5시간
㉰ 초결 2~4시간, 종결 3~6시간
㉱ 초결 2시간 30분~5시간, 종결 3시간 30분~8시간

해설 시멘트에 물을 혼합하면 수화작용에 의해 시멘트 풀이 시간이 지남에 따라 유동성과 점성을 잃고 차츰 굳어지는 현상

문제 137 콘크리트의 단점을 설명한 것이다. 이 중 잘못된 것은?
㉮ 철근 콘크리트를 만들 때 철근과의 부착력이 크다.
㉯ 압축강도에 비해서 인장강도 및 휨강도가 작다.
㉰ 설계변경 시 파괴나 개조가 곤란하다.
㉱ 균열이 생기기 쉽고 이로 인하여 철근이 부식한다.

해설 ㉮는 장점에 해당한다.

문제 138 시멘트에 관한 설명 중 옳은 것은?
㉮ 조강 포틀랜드 시멘트는 건축물의 표면 마무리 도장에 사용된다.
㉯ 중용열 포틀랜드 시멘트는 해수의 작용을 받는 곳이나 하수의 수로에 적당하다.
㉰ 슬래그 시멘트는 응결이 빨라 한중 콘크리트에 적당하다.
㉱ 플라이 애시 시멘트는 댐 공사 등에 많이 사용된다.

해설
• 백색 포틀랜드 시멘트는 건축물이 표면 마무리 도장에 사용된다.
• 중용열 포틀랜드 시멘트는 댐이나 방사선 차폐용, 매시브한 콘크리트 등 단면이 큰 콘크리트용으로 적합하다.
• 슬래그 시멘트는 해수 및 공장폐수·하수 등에 대한 내화학적 저항성이 크다.

문제 139 보통 포틀랜드 시멘트의 주성분이 아닌 것은?
㉮ 석회
㉯ 알루미나
㉰ 염화칼슘
㉱ 실리카

정답 135.㉱ 136.㉯ 137.㉮ 138.㉱ 139.㉰

해설 시멘트 주성분 중에 석회가 가장 많이 차지한다.

문제 140 철근 콘크리트용 골재의 최대치수는 철근의 최소 수평, 수직 순간격의 얼마 이하이어야 하는가?
㉮ 1/3   ㉯ 2/3   ㉰ 3/4   ㉱ 3/5

해설 무근 콘크리트의 경우 40mm 이하, 부재 최소치수의 1/4 이하이다.

문제 141 시멘트의 저장 시 지상에서 몇 cm 이상 바닥판이 있는 곳에 저장하면 좋은가?
㉮ 10cm   ㉯ 20cm
㉰ 30cm   ㉱ 40cm

해설 저장 중에 약간이라도 굳은 시멘트는 공사에 사용해서는 안 된다.

문제 142 댐 콘크리트의 압축강도는 재령 며칠의 강도를 기준으로 하는가?
㉮ 7일   ㉯ 28일   ㉰ 60일   ㉱ 91일

해설 포장용 콘크리트에서는 재령 28일의 휨강도를 기준한다.

문제 143 콘크리트 양생에서 상압 증기양생의 최고온도는 얼마인가?
㉮ 65℃   ㉯ 80℃
㉰ 100℃   ㉱ 150℃

해설 온도 상승속도는 1시간당 20℃ 이하로 하고 최고 양생온도는 65℃로 한다.

문제 144 콘크리트의 인장강도 시험에 사용할 공시체는 시험 직전에 공시체의 지름을 몇 mm까지 2개소 이상을 측정하여 평균값을 구하는가?
㉮ 0.1mm   ㉯ 0.5mm
㉰ 1mm   ㉱ 2mm

해설 공시체의 길이는 1mm까지 2개소 이상을 재서 평균값을 구한다.

문제 145 고로 슬래그 시멘트에 대한 설명 중 틀린 것은?
㉮ 응결시간이 느리고 조기 강도가 작다.
㉯ 내화학성이 좋으므로 하수, 공장폐수와 닿는 콘크리트에 적당하다.
㉰ 수화열이 적어서 댐 콘크리트에 사용된다.
㉱ 응결시간이 느려 수중 콘크리트에 적당하다.

해설 댐, 하천, 항만 등의 공사에 사용된다.

정답 140.㉰   141.㉰   142.㉱   143.㉮   144.㉮   145.㉱

문제 146 실리카 시멘트에 관한 설명이다. 이 중 옳지 않은 것은?

㉮ 실리카질 물질로서는 화산재 규조토, 규산백토 등이 있다.
㉯ 조기 강도가 작으며 수화열이 적다.
㉰ 응결 및 경화가 늦다.
㉱ 화학작용에 대한 저항성 및 수밀성이 작다.

해설
- 화학작용에 대한 저항성 및 수밀성이 크다.
- 장기 강도는 크다.

문제 147 굵은골재의 최대치수는 40mm 이하를 표준으로 하고 부재 최소치수의 1/4 이하라고 규정된 것은?

㉮ 무근 콘크리트   ㉯ 포장 콘크리트
㉰ 댐 콘크리트   ㉱ 철근 콘크리트

해설
- 댐 콘크리트 : 150mm 이하
- 포장 콘크리트 : 40mm 이하

문제 148 시멘트가 풍화하면 그 성질이 달라진다. 맞는 것은?

㉮ 밀도가 커진다.   ㉯ 수화열이 커진다.
㉰ 응결, 경화가 늦어진다. ㉱ 강도가 증진된다.

해설
- 밀도가 작아진다.
- 수화열이 작아진다.
- 강도가 감소된다.

문제 149 휨강도 공시체의 길이는 높이의 3배보다 몇 mm 더 커야 하나?

㉮ 30mm   ㉯ 40mm
㉰ 80mm   ㉱ 60mm

해설 휨강도 공시체 몰드규격 : 150×150×530mm(길이 530=150×3+80)

문제 150 잔골재의 밀도 및 흡수율 시험결과 물을 채운 플라스크의 무게가 692g, 시료와 물을 검정점까지 채운 플라스크의 무게가 1,001.8g이었다. 이 시료의 표면 건조 포화상태의 밀도는 얼마인가? (단, 플라스크에 채운 표면 건조 포화상태의 시료무게는 500g, $\rho_w = 1\,\text{g/cm}^3$이다.)

㉮ $2.57\,\text{g/cm}^3$ ㉯ $2.59\,\text{g/cm}^3$
㉰ $2.61\,\text{g/cm}^3$ ㉱ $2.63\,\text{g/cm}^3$

해설 잔골재의 표면 건조 포화상태의 밀도

$$\frac{m}{B+m-C} \times \rho_w = \frac{500}{692+500-1,001.8} \times 1 = 2.63\,\text{g/cm}^3$$

정답 146.㉱ 147.㉮ 148.㉰ 149.㉰ 150.㉱

문제 151 습윤양생에서 가장 효과적인 양생방법은?
  ㉮ 수중양생   ㉯ 습사양생
  ㉰ 살수양생   ㉱ 피막양생

> 해설
> • 콘크리트의 수분증발을 막기 위해서는 수중양생이 가장 효과적이다.
> • 콘크리트 친 후 표면의 수분이 없어지면 시멘트의 수화반응이 충분하지 못하고 균열발생의 원인이 된다.

문제 152 콘크리트의 운반기구 중 재료의 분리가 없고 연속적으로 칠 수 있어 터널, 댐, 항만 등의 공사에 널리 쓰이는 것은?
  ㉮ 콘크리트 펌프   ㉯ 벨트 컨베이어
  ㉰ 경사슈트   ㉱ 버킷

> 해설 콘크리트 펌프는 터널 등의 좁은 곳에 운반하기 편리하다. (수송 최대거리는 약 400m 정도이다.)

문제 153 AE제를 사용한 콘크리트에서 물-결합재비가 일정한 경우 공기량이 1% 커지면 슬럼프는 어떻게 되나?
  ㉮ 약 10mm 커진다.   ㉯ 약 15mm 커진다.
  ㉰ 약 10mm 작아진다.   ㉱ 약 15mm 작아진다.

> 해설 AE제는 콘크리트 속에 작은 기포를 고르게 분포시키는 혼화제로 AE제에 의한 공기는 콘크리트의 워커빌리티를 좋게 한다.

문제 154 다음 중 플라이 애시 시멘트에 관한 사항으로 옳지 않은 것은?
  ㉮ 수화열이 적고 장기 강도는 낮으나, 조기 강도는 커진다.
  ㉯ 플라이 애시를 무게로 15~40%를 시멘트 클링커에 혼합하여 분쇄한 것이다.
  ㉰ 단위 수량을 감소시킬 수 있어 댐 공사에 많이 이용된다.
  ㉱ 워커빌리티가 좋고 수밀성이 크다.

> 해설 장기 강도가 크다.

문제 155 철근 콘크리트에서 사용할 굵은골재의 최대치수는?
  ㉮ 단면이 큰 경우 40mm 이하를 표준으로 한다.
  ㉯ 부재 최대치수의 1/4 이하로 한다.
  ㉰ 철근 최소 순간격의 4/5 이하로 한다.
  ㉱ 일반적인 경우 30mm를 표준으로 한다.

> 해설
> • 일반적인 경우 20mm 또는 25mm 이하
> • 부재 최소치수의 1/5 이하, 피복두께 및 철근의 최소 수평·수직 순간격의 3/4 이하

정답 151.㉮ 152.㉮ 153.㉯ 154.㉮ 155.㉮

문제 156
반죽질기 여하에 따르고 반죽이 되고 진 정도를 나타내는 굳지 않은 콘크리트의 성질을 무엇이라 하는가?
- ㉮ 반죽질기
- ㉯ 워커빌리티
- ㉰ 성형성
- ㉱ 피니셔빌리티

해설 반죽질기는 보통 슬럼프 값으로 표시한다.

문제 157
콘크리트의 건조를 방지하기 위해 방수제를 표면에 바르든지 또는 이것을 뿜어 붙이기를 하여 습윤양생을 하는 것을 무엇이라 하는가?
- ㉮ 습윤양생
- ㉯ 방수양생
- ㉰ 증기양생
- ㉱ 피막양생

해설 피막양생은 표면 마무리 후 혹은 탈형 후에 보출면에 뿌려서 콘크리트의 습도를 유지하는 방법이다.

문제 158
높은 곳에서 낮은 곳으로 콘크리트를 칠 경우 운반기계 중 가장 적당한 기계는?
- ㉮ 벨트 컨베이어
- ㉯ 슈트
- ㉰ 손수레
- ㉱ 콘크리트 펌프

해설 높은 곳에서 작은 곳으로 콘크리트를 칠 경우 연직슈트를 사용하는 것을 원칙으로 한다.

문제 159
잔골재의 밀도 및 흡수율 시험을 하기 위하여 표면 건조 포화상태의 시료를 준비한 다음 밀도 시험용 플라스크에 넣기 위한 시료는 몇 g 이상을 계량하는가?
- ㉮ 100g
- ㉯ 200g
- ㉰ 400g
- ㉱ 500g

해설 표건 밀도 $= \dfrac{m}{B+m-C} \times \rho_w$

문제 160
시멘트 분류할 때 혼합 시멘트에 해당하지 않는 것은?
- ㉮ 고로 슬래그 시멘트
- ㉯ 플라이 애시 시멘트
- ㉰ 포졸란 시멘트
- ㉱ 내화물용 알루미나 시멘트

해설 알루미나 시멘트는 특수 시멘트에 속한다.

문제 161
1g의 시멘트가 가지고 있는 전체 입자의 총 겉넓이를 무엇이라 하는가?
- ㉮ 비표면적
- ㉯ 총표면적
- ㉰ 단위 표면적
- ㉱ 유효 표면적

정답 156.㉮ 157.㉱ 158.㉯ 159.㉱ 160.㉱ 161.㉮

해설 비표면적의 단위는 cm^2/g이다.
보통 포틀랜드 시멘트의 분말도는 $2,800cm^2/g$ 이상이다.

문제 162

골재의 체가름 시험 결과가 다음과 같다. 조립률은 얼마인가?

체번호	잔류율(%)	누적잔류율(%)
75mm	0	0
40mm	4	4
30mm	16	20
25mm	18	38
20mm	32	70
10mm	26	96
5mm	4	100
2.5mm	0	100
합계	100	

㉮ 6.7 ㉯ 7.7
㉰ 8.7 ㉱ 9.7

해설 조립률은 75mm, 40mm, 20mm, 10mm, 5mm, 2.5mm, 1.2mm, 0.6mm, 0.3mm, 0.15mm에 대한 누적 잔류율의 합을 구하여 100으로 나눈다.

$$\therefore 조립률 = \frac{0+4+70+96+100+100+100 \times 4}{100} = 7.7$$

문제 163

시멘트의 응결에 관한 설명이다. 다음 중 틀린 것은?

㉮ 수량이 많으면 응결이 늦다.
㉯ 온도가 높으면 응결이 빠르다.
㉰ 풍화되었을 경우에는 응결이 늦다.
㉱ 분말도가 낮을 때는 응결이 빠르다.

해설 분말도가 낮으면 응결이 늦다.

문제 164

다음 중 잔골재 밀도 측정시험에 사용되는 기계기구가 아닌 것은?

㉮ 원뿔형 몰드 ㉯ 플라스크($m\ell$)
㉰ 항온 수조   ㉱ 철망태

해설 철망태($\phi 20 \times 20$cm, 5mm 체망)는 굵은골재 밀도 측정시 사용된다.

문제 165

잘 다져진 경우 잔골재의 공극률은 어느 정도인가?

㉮ 15~30%   ㉯ 30~45%
㉰ 45~60%   ㉱ 60~75%

해설 굵은골재의 공극률 : 35~40%

정답 162.㉯ 163.㉱ 164.㉱ 165.㉯

문제 166
운반 및 치기 도중에 심한 재료분리가 일어나고 엉기기 시작한 콘크리트의 처리는?
㉮ 되비비기를 하여 사용한다.
㉯ 물을 넣지 않고 거듭비비기를 하여 사용한다.
㉰ 사용하여서는 안 된다.
㉱ 물을 사용하며 거듭 비빈 후 사용한다.

해설
- 비비기 시간은 시험에 의하여 정하는 것이 원칙이다.
- 비비기는 미리 정해둔 비비기 시간의 3배 이상 계속해서는 안 된다.

문제 167
모래의 유기불순물 시험에서 필요 없는 것은?
㉮ 수산화나트륨 ㉯ 탄닌산
㉰ 표준색 용액 ㉱ 황산나트륨

해설 황산나트륨은 골재의 안정성 시험에 이용된다.

문제 168
혼화재료에 대한 설명 중 잘못된 것은?
㉮ 콘크리트의 성질의 개선이나 공사비를 절약할 목적으로 사용한다.
㉯ 필요에 따라 콘크리트의 한 성분으로 가해진 재료이다.
㉰ 콘크리트의 배합계산에 관계되는 것을 혼화제, 무시되는 것을 혼화재라 한다.
㉱ 혼화재료를 사용하면 콘크리트의 배합시공이 복잡해진다.

해설 콘크리트의 배합계산에 관계되는 것을 혼화재, 질량을 무시하는 것을 혼화제라 한다.

문제 169
다음 설명 중 옳지 않는 것은?
㉮ 알루미나 시멘트는 해수공사나 한중공사에 적합하다.
㉯ 풍화된 시멘트는 밀도가 작아지며 강도도 감소된다.
㉰ 시멘트의 응결시간 측정시험 시 혼합하여 주는 물의 온도는 15℃로 규정되어 있다.
㉱ 시멘트의 안정성 시험법에는 오토클레이브 팽창도 시험법과 침수법이 있다.

해설 시멘트의 응결시간 측정시험 시 습기함의 습도는 90% 이상, 혼합수의 온도는 23±1.7℃로 한다.

문제 170
굵은골재의 최대치수를 중량으로 ( )% 이상을 통과하는 여러 체 중에서 최소치수체의 눈이 공칭치수로 나타낸 굵은골재의 치수를 말한다. ( ) 안에 적당한 것은?
㉮ 100% ㉯ 90%
㉰ 80%   ㉱ 70%

정답 166.㉯ 167.㉱ 168.㉰ 169.㉰ 170.㉯

해설 굵은골재의 최대치수는 허용하는 범위 내에서 큰 것을 사용할수록 간극률이 적어서 단위 수량과 단위 시멘트양이 적어지고 잔골재율이 적어져서 경제적인 콘크리트가 된다.

문제 171 반죽질기를 측정하는 시험방법이 아닌 것은?

㉮ 다짐계수 시험 ㉯ 리몰딩 시험
㉰ 플로 시험 ㉱ 비커스 시험

해설 반죽질기 측정방법으로는 슬럼프 시험이 가장 많이 사용되고 있다.

문제 172 슈트(shute) 구배는 재료의 분리를 막기 위한 보통 경사도는 어느 것이 적합한가?

㉮ 15~20° ㉯ 27~35°
㉰ 36~45° ㉱ 46~55°

해설 슈트를 사용하는 경우에는 원칙적으로 연직슈트를 사용한다.

문제 173 슬럼프(slump) 시험 설명 중 옳지 않은 것은?

㉮ 반죽질기를 측정하는 방법으로서 오래 전부터 여러 나라에서 많이 사용하여 왔다.
㉯ 슬럼프 콘이 규격은 밑면 20cm, 윗면 10cm, 높이 30cm이다.
㉰ 슬럼프 값을 측정할 때 콘을 벗기는 작업은 1분 30초 정도로 끝낸다.
㉱ 3층으로 나누어 넣고 각 층마다 지름 16mm의 다짐대로 25회 다진다.

해설 슬럼프 콘을 벗기는 2~5초를 포함하여 전 작업시간은 3분 이내로 한다.

문제 174 콘크리트 재료 중 용적으로 계량하여도 좋은 것은?

㉮ 물 ㉯ 시멘트
㉰ 잔골재 ㉱ 굵은골재

해설 재료는 1회분씩 비비기의 양을 무게로 계량하지만 물과 혼화제 용액은 부피로 계량하여도 좋다.

문제 175 콘크리트용 모래에 포함되어 있는 유기불순물 시험의 주의사항 중 잘못된 것은?

㉮ 시료의 용액을 24시간 놓아둘 때는 4시간마다 흔들어서 보관한다.
㉯ 표준색 용액은 시간이 경과함에 따라 색깔이 변화하므로 시험할 때마다 만들어야 한다.
㉰ 3%의 수산화나트륨 용액은 표준색 용액, 시험용 용액을 합한 양보다 조금 많이 만들면 편리하다.
㉱ 공기 중에서 시약을 측정하면 수산화나트륨은 흡수성 때문에 오차가 크게 생기므로 주의해야 한다.

정답 171.㉱ 172.㉯ 173.㉰ 174.㉮ 175.㉮

해설 표준색 용액을 잘 흔들어 24시간 가만히 둔다.

문제 176 다음 중 포졸란 작용이 있는 혼화재가 아닌 것은?
㉮ 고로 슬래그 ㉯ 화산재
㉰ 포리마 ㉱ 소성 점토

해설 포졸란 ┌ 천연산(화산재, 규조토)
└ 인공산(점토, 고로 슬래그, 플라이 애시)

문제 177 다음 중 조기강도가 가장 큰 시멘트는 어느 것인가?
㉮ 알루미나 시멘트 ㉯ 고로 시멘트
㉰ 조강 포틀랜드 시멘트 ㉱ 실리카 시멘트

해설 알루미나 시멘트는 발열량이 커서 한중공사, 긴급공사에 적합하다.

문제 178 워커빌리티에 영향을 끼치는 요소 설명 중 옳은 것은?
㉮ 비표면적이 2,800cm^2/g 이하인 시멘트를 사용하면 워커빌리티가 좋아지고 블리딩이 적어진다.
㉯ 일반적으로 단위 수량 1.2% 증감에 따라 슬럼프는 10mm 정도 증감한다.
㉰ 골재의 모양이 모가 나거나 편평하면 워커빌리티가 좋아진다.
㉱ 감수제 또는 플라이 애시를 사용하면 워커빌리티가 나빠진다.

해설
- 분말도가 높은 시멘트는 블리딩이 적고 워커빌리티가 좋아진다.
- 골재가 모나거나 편평하면 워커빌리티가 나빠진다.
- 감수제 또는 플라이 애시를 사용하면 워커빌리티가 좋아진다.

문제 179 프리플레이스트 콘크리트에 사용하는 잔골재의 조립률은 어느 범위가 적당한가?
㉮ 0.5~0.8 ㉯ 0.8~1.2
㉰ 1.4~2.2 ㉱ 2.2~3.2

해설 굵은골재의 최대치수는 최소치수의 2~4배 정도가 좋다.

문제 180 콘크리트를 양생하는 목적에 해당하지 않는 것은?
㉮ 응결, 경화가 완전히 이루어지도록 하려고
㉯ 콘크리트를 하중이나 진동, 충격으로부터 보호하려고
㉰ 수분의 증발을 촉진하기 위해서
㉱ 건조수축에 의한 균열을 줄이려고

해설 콘크리트를 친 후에 고온 또는 저온, 급격한 온도변화, 건조, 하중, 충격 등의 유해한 영향을 받지 않도록 하기 위함이다.

정답 176.㉱ 177.㉮ 178.㉯ 179.㉰ 180.㉰

문제 181
무근 및 철근 콘크리트에서 사용되는 단위 시멘트양은 일반적으로 얼마 이상인가?
- ㉮ 300kg
- ㉯ 370kg
- ㉰ 160kg
- ㉱ 250kg

해설 콘크리트가 수밀하기 위해서는 일반적으로 단위 시멘트양이 300 kg/m³ 이상으로 하는 것이 좋다.

문제 182
서중 콘크리트에서 콘크리트를 넣을 때의 콘크리트 온도는 몇 ℃ 이하여야 하는가?
- ㉮ 20℃
- ㉯ 25℃
- ㉰ 15℃
- ㉱ 35℃

해설 하루 평균기온이 25℃를 초과할 경우에 서중 콘크리트로 시공한다.

문제 183
혼화재의 사용목적 중 옳지 않은 것은?
- ㉮ 규조토, 규조백토를 사용하면 시멘트의 양이 줄어든다.
- ㉯ 다렉스, 빈졸레신, 포촐리드 등은 워커빌리티를 좋게 한다.
- ㉰ 규산나트륨은 방수성을 크게 하기 위해 사용한다.
- ㉱ 염화칼슘은 조기 수화작용을 늦춘다.

해설 염화칼슘은 조기 수화작용을 촉진시킨다.

문제 184
중용열 포틀랜드 시멘트를 필요로 하는 공사는?
- ㉮ 한중 콘크리트
- ㉯ 댐 콘크리트
- ㉰ 수중 콘크리트
- ㉱ 일반 소규모 구조물 콘크리트

해설 수화열이 적어 댐 콘크리트에 적합하다.

문제 185
응결 지연제를 혼입해서 사용해야 할 콘크리트는?
- ㉮ 한중 콘크리트
- ㉯ 서중 콘크리트
- ㉰ 수중 콘크리트
- ㉱ 진공 콘크리트

해설 여름철 및 레디믹스트 콘크리트의 운반거리가 멀어 운반시간이 장시간 소요될 경우 시연제를 사용하면 좋다.

문제 186
켈리볼 관입시험을 실시한 결과 2.4cm의 관입치를 얻었다면 다음 중 적당한 슬럼프값은?
- ㉮ 2.30~3.45cm
- ㉯ 3.60~4.80cm
- ㉰ 4.60~5.75cm
- ㉱ 5.70~6.90cm

정답 181.㉮ 182.㉱ 183.㉱ 184.㉯ 185.㉯ 186.㉰

해설 구입관시험에서 구한 값의 1.5~2배가 슬럼프 값이므로
2.4×1.5~2.4×2=3.6~4.8cm

문제 187
다음은 슬럼프 시험에 관한 설명이다. 옳지 않은 것은?

㉮ 슬럼프 값은 우측 그림에서 C이다.
㉯ 반죽질기를 측정하는 시험이다.
㉰ 굳은 반죽 콘크리트에는 잘 맞지 않는다.
㉱ 같은 슬럼프라도 같은 워커빌리티는 되지 않는다.

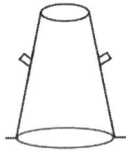
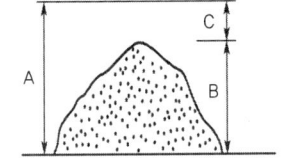

해설 같은 슬럼프라면 같은 워커빌리티가 된다.

문제 188
시멘트 응결시간 시험방법에서 길모어침에 의해 표준 주도의 시멘트를 제조 시 혼합수의 온도로서 적당한 것은?

㉮ 20±1.7℃   ㉯ 21±1.5℃
㉰ 20±1℃   ㉱ 25±1.5℃

해설 실온은 (20±2)℃를 유지한다.

문제 189
콘크리트 배합설계에서 단위 시멘트양이 380kg, 물은 180kg, 갇힌 공기량은 2%이었다. 단위 골재량의 절대 체적은? (단, 시멘트 밀도는 3.14g/cm³이다.)

㉮ 0.542m³   ㉯ 0.480m³
㉰ 0.679m³   ㉱ 0.854m³

해설 단위 골재량의 절대 체적 = $1 - \left(\dfrac{180}{1\times1,000} + \dfrac{380}{3.14\times1,000} + \dfrac{2}{100}\right) = 0.679\text{m}^3$

문제 190
서중 콘크리트에 관한 다음 내용 중 잘못된 것은?

㉮ 고온의 시멘트는 사용하면 안 된다.
㉯ 고온의 물은 서중 콘크리트에 매우 효과적이다.
㉰ 장기간 염열에 노출된 골재는 사용하면 안 된다.
㉱ 콘크리트를 친 후 즉시 표면을 보호해야 한다.

해설 저온의 물은 서중 콘크리트에 매우 효과적이다.

정답 187.㉱ 188.㉯ 189.㉰ 190.㉯

문제 191 시멘트 밀도 시험을 하는 이유로서 맞는 것은?

㉮ 밀도를 알아야 응결시간을 알 수 있으므로
㉯ 시멘트의 압축강도를 알 수 있으므로
㉰ 시멘트의 분말도를 알 수 있으므로
㉱ 콘크리트 배합설계 시 시멘트가 차지하는 부피를 계산하기 위하여

해설
- 시멘트의 밀도는 $3.14 \sim 3.16 \text{g/cm}^3$ 정도이다.
- 석고 함유량이 많으면 밀도가 작아진다.

문제 192 혼화재료를 사용한 콘크리트의 설명 중 옳은 것은 어느 것인가?

㉮ 포졸란을 사용하면 수밀성이 커지고 발열량이 많아진다.
㉯ AE제에 의한 공기는 지름이 $0.025 \sim 0.25 \text{mm}$ 정도의 공모양의 기포이다.
㉰ 감수제를 사용하면 단위 수량이 줄어드나 워커빌리티가 나빠진다.
㉱ 응결·경화촉진제는 많이 사용할수록 장기강도가 커진다.

해설 AE제는 콘크리트의 동결 융해에 대한 내구성을 크게 증가시킨다.

문제 193 건축물의 미장, 장식용, 인조대리석 제조용으로 사용되는 시멘트는?

㉮ 보통 포틀랜드 시멘트   ㉯ 중용열 포틀랜드 시멘트
㉰ 조강 포틀랜드 시멘트   ㉱ 백색 포틀랜드 시멘트

해설
- KSL 5201 규격 포틀랜드 시멘트 : 보통, 중용열, 조강, 저열, 내황산염 포틀랜드 시멘트
- KSL 5204 규격 포틀랜드 시멘트 : 백색 포틀랜드 시멘트

문제 194 콘크리트의 비파괴 시험에서 일정한 에너지의 타격을 콘크리트 표면에 주어 그 타격으로 생기는 반발력으로 콘크리트의 강도를 판정하는 방법은?

㉮ 볼트를 잡아당기는 방법   ㉯ 코어 채취 방법
㉰ 음파측정 방법   ㉱ 표면 경도 방법

해설
- $f = -184 + 13\,R_0 \text{ (kg/cm}^2\text{)}$
- 또는 $F(\text{MPa}) = -18.0 + 1.27\,R_0$
  여기서, $R_0 = R + \Delta R$

문제 195 PC콘크리트의 단점으로 옳지 않은 것은?

㉮ 제작에 손이 많이 간다.   ㉯ 열피해를 받기 쉽다.
㉰ 변형이 복구되지 않는다.   ㉱ 콘크리트 단면변화의 허용범위가 좁다.

해설
- 탄련성과 복원성이 우수하다. (장점)
- 공사비가 많이 든다. (단점)

정답 191.㉱ 192.㉯ 193.㉱ 194.㉱ 195.㉰

문제 196
프리플레이스트 콘크리트에서 굵은골재 공극중에 모르타르를 주입할 때 굵은골재의 최소치수는 얼마 이상을 기준으로 하는가?

㉮ 15mm ㉯ 25mm ㉰ 40mm ㉱ 60mm

해설 굵은골재의 최소치수는 15mm 이상, 굵은골재의 최대치수는 부재 단면 최소치수의 1/4 이하, 철근 콘크리트의 경우 철근 순간격의 2/3 이하로 한다.

문제 197
골재의 체가름 시험 때 잔골재의 표준 시료량은 어느 것인가?

㉮ 50g ㉯ 500g
㉰ 2,000g ㉱ 5,000g

해설
- 1.2mm 체를 95% 이상 통과하는 잔골재 : 100g 이상
- 1.2mm 체를 5% 이상 남는 잔골재 : 500g 이상

문제 198
다음 중 방수제로서 적당하지 않은 것은?

㉮ 지방산 비누 ㉯ 염화칼슘
㉰ 파라핀 유제 ㉱ 리그닌 설폰산

해설 지연제로 리그닌 설폰산, 인산염, 당류, 옥시카본산염 등이 있다.

문제 199
다음 중 댐 콘크리트에 적합하지 않은 시멘트는?

㉮ 중용열 포틀랜드 시멘트 ㉯ 고로 슬래그 시멘트
㉰ 조강 포틀랜드 시멘트 ㉱ 플라이 애시 시멘트

해설 조강 포틀랜드 시멘트는 수화열이 많으므로 댐 콘크리트에 사용 시 균열이 생기기 쉽다.

문제 200
시멘트의 분말도를 표시하는 방법으로 옳은 것은?

㉮ 표준체 No.170의 잔분
㉯ 표준체 No.325의 잔분
㉰ 비표면적 또는 표준체 No.200의 잔분
㉱ 비표면적 또는 표준체 No.325의 잔분

해설 분말도 시험방법에는 블레인 방법과 표준체를 이용하는 방법이 있다.

문제 201
워커빌리티에 영향을 미치는 요소 중 틀린 것은?

㉮ 단위 수량이 적으면 유동성이 작아진다.
㉯ AE제를 알맞게 섞으면 워커빌리티가 좋아진다.
㉰ 골재의 알이 모가 나고 편평하면 워커빌리티가 좋아진다.
㉱ 시간이 지날수록, 온도가 높아질수록 워커빌리티는 나빠진다.

정답 196.㉮ 197.㉯ 198.㉱ 199.㉰ 200.㉱ 201.㉰

해설
- 모양은 구 또는 입방체에 가까우면 워커빌리티가 좋아진다.
- 부순돌(쇄석)은 강자갈에 비해 워커빌리티는 나쁘나 강도는 더 크다.

문제 202
잔골재의 밀도 시험은 두 번 실시하여 밀도 측정값의 평균값과 차가 얼마 이하이어야 하는가?
- ㉮ 0.01g/cm^3
- ㉯ 0.1g/cm^3
- ㉰ 0.02g/cm^3
- ㉱ 0.5g/cm^3

해설 흡수율 시험의 경우 : 0.05% 이하

문제 203
한중 콘크리트의 양생 시 콘크리트의 온도는 몇 ℃ 정도를 유지하면 좋은가?
- ㉮ -4℃
- ㉯ 4℃
- ㉰ 10℃
- ㉱ 15℃

해설 시멘트 종류에 따라 5℃ 및 10℃에서 양생할 경우 표준 양생일수 이상으로 한다.

문제 204
다음은 배처 플랜트(batcher plant)에 대한 설명들이다. 적당하지 않는 것은?
- ㉮ 재료의 계량장치와 믹서(mixer)가 연결되어 있다.
- ㉯ 소량의 콘크리트를 만드는 데 적당하다.
- ㉰ 계량이 정확하여 일관성이 있다.
- ㉱ 비비기가 정확하여 콘크리트 품질이 좋다.

해설 배처 플랜트는 많은 양의 콘크리트를 만드는 데 적당하다.

문제 205
골재의 체가름 시험 시 시험용 기구가 아닌 것은?
- ㉮ 저울
- ㉯ 체
- ㉰ 건조기
- ㉱ 물통

해설 물통은 굵은골재 밀도 시험 시 이용 가능하다.

문제 206
다음 혼화재료 중에서 사용량이 비교적 많아 그 자체의 부피를 콘크리트의 배합설계 시 고려해야 할 혼화재료는 어느 것인가?
- ㉮ 감수제
- ㉯ AE제
- ㉰ 분산제
- ㉱ 플라이 애시

해설 혼화재는 사용량이 비교적 많아 콘크리트 배합 때 그 부피를 고려한다.

정답 202.㉮ 203.㉰ 204.㉯ 205.㉱ 206.㉱

문제 207
콘크리트 강도에 대한 설명 중 옳지 않은 것은?
㉮ 압축강도는 재령 28이면 장기강도의 약 90% 정도에 도달한다.
㉯ 인장강도는 압축강도의 약 1/10 정도이다.
㉰ 인장강도는 철근 콘크리트의 부재설계에서 항상 계산하여야 한다.
㉱ 압축강도는 최대하중을 공시체의 단면적으로 나눈 값이다.

해설 철근 콘크리트는 주로 압축강도를 기준한다.

문제 208
콘크리트의 압축강도는 재령 며칠의 강도를 설계의 표준으로 하는가?
㉮ 7일   ㉯ 28일
㉰ 3개월   ㉱ 6개월

해설
- 재령 28일 압축강도를 표준으로 한다.
- 콘크리트 배합강도를 설계기준 압축강도보다 크게 정한다.

문제 209
한중 콘크리트에 대한 설명 중 잘못된 것은?
㉮ 4℃ 이하의 추운 날씨에 치는 콘크리트를 말한다.
㉯ 시멘트 무게의 3% 정도의 염화칼슘을 섞으면 좋다.
㉰ 양생 중의 콘크리트 온도는 10℃ 정도를 유지한다.
㉱ 급격한 온도의 변화를 피한다.

해설 시멘트 무게의 1% 정도의 염화칼슘을 섞으면 좋다.

문제 210
다음 기구 중 콘크리트의 탄성계수 및 푸아송의 비를 구하는 데 관련이 없는 것은?
㉮ 슈미트 해머   ㉯ 스트레인 게이지
㉰ 엑스텐소 미터   ㉱ 컴프레소 미터

해설
- 엑스텐소 미터 : 가로 변형율 측정(횡방향 변형 측정)
- 컴프레소 미터 : 세로 변형율 측정(종방향 변형 측정)
- 스트레인 게이지 : 재하시 변형 측정
- 슈미트 해머 : 반발 경도 측정(강도추정)

문제 211
콘크리트의 휨강도는 압축강도의 얼마 정도인가?
㉮ 5~10%   ㉯ 10~15%
㉰ 15~20%   ㉱ 20~25%

해설
- 인장강도는 압축강도의 1/10~1/13 정도이다.
- 휨강도는 압축강도의 1/5~1/8 정도이다.

정답 207.㉰ 208.㉯ 209.㉯ 210.㉮ 211.㉰

문제 212
반죽질기 측정방법으로 보통 슬럼프 시험으로 측정이 불가능한 된비빔(포장 콘크리트와 같음)은 콘크리트 반죽질기 측정에 사용되는 시험법은?

㉮ 케리 보올 관입시험 ㉯ 비이-비이 반죽질기 시험
㉰ 다짐 계수 시험 ㉱ 컨시스턴시 미터

해설 Vee-Bee 시험(진동대식 시험)으로 측정한다.

문제 213
다음 혼화재 중 감수제가 아닌 것은 어느 것인가?

㉮ 리그닌 설폰산염 ㉯ 알칼아릴 설폰산염
㉰ 에스테르 ㉱ 탄산 소오다

해설
- 감수제의 종류 : 시메졸, 포촐리드, 리그널 등
- 리그닌 설폰산염 : 지연제

문제 214
AE제를 사용한 콘크리트의 성질 중 옳지 않는 것은?

㉮ 콘크리트의 강도가 증가되며 수축과 흡수율은 약간 작아진다.
㉯ 콘크리트의 워커빌리티가 개선되고 단위 수량을 줄일 수 있다.
㉰ 공기량은 콘크리트 체적의 3~6%가 적당하다.
㉱ 콘크리트의 수밀성과 내구성이 커진다.

해설 공기량 1% 증가함에 따라 압축강도는 4~6% 감소한다.

문제 215
입경에 의해 골재를 분리한다면 잔골재란 어느 것인가?

㉮ 10mm 체를 전부 통과하고 5mm 체를 거의 다 통과하며 0.08mm 체에 다 남는 골재
㉯ 10mm 체를 전부 통과하고 5mm 체를 90% 이상 통과하며 0.08mm 체에 거의 다 남는 골재
㉰ 5mm 체를 다 통과하고 0.15mm 체에 다 남는 골재
㉱ 5mm 체를 거의 다 남는 골재

해설 굵은골재 : 5mm 체에 거의 남는 골재

문제 216
서중 콘크리트에 대한 설명 중 잘못된 것은?

㉮ 시멘트는 중용열 시멘트, 슬래그 시멘트를 쓰는 것이 좋다.
㉯ 지연제, 포졸란 등을 쓰면 더욱 효과적이다.
㉰ 콘크리트는 2시간 이내에 빨리 치도록 한다.
㉱ 거푸집, 철근, 기초지반을 충분히 적신다.

해설 서중 콘크리트의 시공 시 거푸집, 철근, 기초지반을 충분히 적시고, 콘크리트는 1.5시간 이내에 빨리 치도록 한다.

정답 212.㉯ 213.㉮ 214.㉮ 215.㉮ 216.㉰

문제 217
콘크리트의 반죽질기를 측정하는 대표적인 방법으로 이 시험을 정밀하게 하면 반죽질기의 변화와 성형성을 상당히 정확하게 측정할 수 있는 시험법은?
㉮ 슬럼프 시험
㉯ 구관입 시험
㉰ 진동대에 의한 방법
㉱ 리몰딩 시험

해설 슬럼프 시험은 콘 벗기는 시간 2~3초를 포함하여 총 3분 이내로 한다.

문제 218
콘크리트의 비비기 방법은 일반적으로 어느 것을 사용하도록 규정되어 있는가?
㉮ 연속식 믹서
㉯ 배치 믹서
㉰ 손비빔
㉱ 콘티뉴어스 믹서

해설
- 비비기는 대부분 배치식 믹서를 사용한다.
- 비벼놓아 굳기 시작한 콘크리트는 되비벼서 사용하지 않는 것을 원칙으로 한다.

문제 219
콘크리트 슬럼프 시험을 위한 기구로 된 것은?
㉮ 피펫과 슬럼프 측정기
㉯ 다짐봉 및 슬럼프 콘
㉰ 플로우 테이블과 시료팬
㉱ 콘크리트 믹서와 철구

해설 슬럼프 측정자, 흙손, 작은 삽 등이 필요하다.

문제 220
콘크리트의 압축강도 시험에서 시험용 공시체는 시험 전까지 일정한 온도에서 습윤양생을 해야 한다. 다음 중 옳은 양생온도는?
㉮ $21 \pm 2\,^{\circ}\text{C}$
㉯ $22 \pm 2\,^{\circ}\text{C}$
㉰ $20 \pm 2\,^{\circ}\text{C}$
㉱ $24 \pm 2\,^{\circ}\text{C}$

해설 공시체를 $20 \pm 2\,^{\circ}\text{C}$에서 습윤상태로 양생한다.

문제 221
콘크리트의 수밀성을 고려하는 경우 물-결합재비는 얼마 이하가 적당한가?
㉮ 50%
㉯ 55%
㉰ 60%
㉱ 65%

해설 수밀콘크리트에서도 물-결합재비를 50% 이하를 표준한다.

문제 222
AE제 사용 시 물-결합재비가 일정한 경우 공기량이 1% 증가할 때 압축강도는?
㉮ 2~4% 증가한다.
㉯ 2~4% 감소한다.
㉰ 4~6% 증가한다.
㉱ 4~6% 감소한다.

해설 AE제에는 빈졸레진, 빈졸NVX, 다렉스 등이 있다.

정답 217.㉮ 218.㉯ 219.㉯ 220.㉰ 221.㉮ 222.㉱

2013년 1월 27일 (제1회) 콘크리트기능사

문제 01 다음 중 혼화제가 아닌 것은?
㉮ 급결제
㉯ 지연제
㉰ 팽창재
㉱ AE제(공기 연행제)

해설 팽창재는 혼화재로 콘크리트가 굳어 가는 도중에 부피를 늘어나게 하여 콘크리트의 건조 수축에 의한 균열을 막아주는 역할을 한다.

문제 02 시멘트 입자를 분산시킴으로써 콘크리트의 소요의 워커빌리티를 얻는 데 필요한 단위 수량을 줄이기 위해 사용되는 혼화제는?
㉮ 감수제
㉯ AE제(공기 연행제)
㉰ 촉진제
㉱ 급결제

해설 감수제의 효과
- 시멘트 풀의 유동성을 증대시킨다.
- 워커빌리티를 좋게 한다.
- 단위 수량을 감소시킨다.
- 수화작용을 촉진시킨다.

문제 03 AE제(공기 연행제)를 사용한 콘크리트의 장점에 대한 설명으로 틀린 것은?
㉮ 알칼리 골재 반응이 적다.
㉯ 단위 수량이 적게 된다.
㉰ 수밀성 및 동결융해에 대한 저항성이 작아진다.
㉱ 워커빌리티가 좋고 블리딩이 적어진다.

해설 수밀성 및 동결융해에 대한 저항성이 커진다.

문제 04 재료에 일정 하중이 작용하면 시간의 경과와 함께 변형이 증가하는데 이러한 현상을 무엇이라 하는가?
㉮ 푸아송비
㉯ 크리프
㉰ 연성
㉱ 취성

해설 콘크리트 강도 및 재령이 클수록 크리프는 적게 발생하며 응력이 클수록 크리프는 증가한다.

정답 01.㉰ 02.㉮ 03.㉰ 04.㉯

문제 05 급속공사나 한중 콘크리트 공사에 주로 쓰이는 시멘트는?
㉮ 중용열 포틀랜드 시멘트 ㉯ 실리카 시멘트
㉰ 플라이 애시 시멘트 ㉱ 조강 포틀랜드 시멘트

[해설] 조강 포틀랜드 시멘트는 재령 7일 정도에서 보통 포틀랜드 시멘트의 28일 강도를 낸다.

문제 06 조립률이 3.0인 잔골재 2kg과 조립률이 7.0인 3kg의 굵은골재를 혼합한 경우 조립률은?
㉮ 4.2 ㉯ 4.6
㉰ 5.0 ㉱ 5.4

[해설] $FM = \dfrac{3.0 \times 2 + 7.0 \times 3}{2+3} = 5.4$

문제 07 경량골재에 대한 설명으로 틀린 것은?
㉮ 경량골재는 천연경량골재와 인공경량골재로 나눌 수 있다.
㉯ 인공경량골재는 흡수량이 크지 않으므로 콘크리트 제조 전에 골재를 흡수시키는 작업을 하지 않는 것을 원칙으로 한다.
㉰ 천연경량골재에는 경석, 화산자갈, 응회암, 용암 등이 있다.
㉱ 동결융해에 대한 내구성은 보통골재와 비교해서 상당히 약한 편이다.

[해설] 인공경량골재는 흡수량이 크므로 콘크리트 제조 전에 골재를 흡수시키는 작업을 하는 것을 원칙으로 한다.

문제 08 천연산의 것과 인공산의 것이 있으며 콘크리트의 워커빌리티를 좋게 하고 수밀성과 내구성 등을 크게 할 목적으로 사용되는 혼화재료는?
㉮ 완결제 ㉯ 포졸란
㉰ 촉진제 ㉱ 증량제

[해설] 포졸란의 종류에는 화산재, 규조토, 규산백토, 고로 슬래그, 소성점토, 혈암, 플라이 애시 등이 있다.

문제 09 굵은골재의 최대치수가 클수록 콘크리트에 미치는 영향을 설명한 것으로 가장 적합한 것은?
㉮ 재료분리가 일어나기 쉽고 시공이 어렵다.
㉯ 시멘트 풀의 양이 많아져서 경제적이다.
㉰ 콘크리트의 마모 저항성이 커진다.
㉱ 골재의 입도가 커져서 골재 손실이 발생한다.

정답 05.㉱ 06.㉱ 07.㉯ 08.㉯ 09.㉮

해설 허용범위 내에서 큰 굵은골재를 사용하면 단위 수량, 단위 시멘트양이 감소하여 유리하지만 클수록 재료분리 및 시공이 어렵다.

문제 10 골재의 실적률이 80%이고 함수비가 76%일 때 공극률은 얼마인가?
㉮ 24% ㉯ 20%
㉰ 10% ㉱ 4%

해설 공극률 = 100 − 실적률 = 100 − 80 = 20%

문제 11 혼화재료인 플라이 애시의 특성에 대한 설명 중 틀린 것은?
㉮ 가루 석탄재로서 실리카질 혼화재이다.
㉯ 입자가 둥글고 매끄럽다.
㉰ 콘크리트에 넣으면 워커빌리티가 좋아진다.
㉱ 플라이 애시를 사용한 콘크리트는 반죽시에 사용수량을 증가시켜야 한다.

해설 플라이 애시 성분 중의 미연소 탄소는 AE제를 흡착하는 특성이 있어서 AE제의 사용량을 증가시켜야 한다.

문제 12 콘크리트용 굵은골재 유해물의 한도 중 연한 석편은 질량 백분율로 최대 몇 % 이하이어야 하는가?
㉮ 0.25% ㉯ 0.5%
㉰ 2.5%   ㉱ 5%

해설 연한 석편은 5% 이내, 점토 덩어리는 0.25% 이내이어야 한다.

문제 13 혼화재료의 저장 및 사용에 대해 옳지 않은 것은?
㉮ 혼화재는 종류별로 나누어 저장하고 저장한 순서대로 사용해야 한다.
㉯ 변질이 예상되는 혼화재는 사용하기에 앞서 시험하여 품질을 확인해야 한다.
㉰ 저장기간이 오래된 혼화재는 눈으로 판단하여 사용 여부를 판단한다.
㉱ 혼화재는 날리지 않도록 주의해서 다룬다.

해설 저장기간이 오래된 혼화재는 사용하기 전에 시험하여 품질을 확인해야 한다.

문제 14 잔골재와 굵은골재를 구분하여 기준이 되는 체로 옳은 것은?
㉮ 5mm 체   ㉯ 2.5mm 체
㉰ 10mm 체   ㉱ 1.2mm 체

해설 굵은골재는 5mm 체에 거의 다 남는 골재 또는 5mm 체에 다 남는 골재로 정의한다.

정답 10.㉯ 11.㉱ 12.㉱ 13.㉰ 14.㉮

문제 15 다음 중 경량골재의 주원료가 아닌 것은?
- ㉮ 팽창성 혈암
- ㉯ 팽창성 점토
- ㉰ 플라이 애시
- ㉱ 철분계 팽창재

해설 팽창 혈암, 연질 화산암 등이 주원료가 된다.

문제 16 고로 슬래그 시멘트에 대한 설명으로 틀린 것은?
- ㉮ 보통 포틀랜드 시멘트에 비하여 수화열이 적고 장기 강도가 작다.
- ㉯ 건조수축은 약간 큰 편이다.
- ㉰ 내화학약품성이 좋으므로 해수, 공장폐수, 하수 등에 접하는 콘크리트에 적당하다.
- ㉱ 콘크리트의 블리딩이 적어진다.

해설 보통 포틀랜드 시멘트에 비하여 수화열이 적고 장기 강도가 크다.

문제 17 포틀랜드 시멘트 제조 시 클링커를 만든 다음 석고를 3% 첨가하는 이유로 가장 적합한 것은?
- ㉮ 강도를 작게 하기 위하여
- ㉯ 강도를 크게 하기 위하여
- ㉰ 응결을 촉진시키기 위하여
- ㉱ 응결을 지연시키기 위하여

해설 클링커 분쇄 과정에 석고를 첨가한다.

문제 18 시멘트 중의 알칼리 성분이 골재 중의 여러 가지 조암광물과 반응을 일으키는 것을 알칼리 골재 반응이라 하는데 이것이 콘크리트에 미치는 영향은?
- ㉮ 수화열을 증가시킨다.
- ㉯ 내구성을 증가시킨다.
- ㉰ 균열을 발생시킨다.
- ㉱ 수밀성을 좋게 한다.

해설 알칼리 골재 반응이 발생하면 콘크리트의 내구성이 현저하게 저하된다.

문제 19 아래의 〈보기〉는 혼화재료를 설명한 것이다. A, B의 내용이 알맞게 짝지어진 것은?

〈보기〉
사용량이 시멘트 무게의 (A) 정도 이상이 되어 그 자체의 부피가 콘크리트 배합 계산에 관계되는 것을 혼화재라 하고, 사용량이 (B) 정도 이하의 것으로서 콘크리트 배합 계산에서 무시되는 것을 혼화제라 한다.

- ㉮ A : 5%, B : 1%
- ㉯ A : 4%, B : 2%
- ㉰ A : 2%, B : 4%
- ㉱ A : 1%, B : 5%

해설
- 혼화재의 계량오차 : ±2%
- 혼화제의 계량오차 : ±3%

정답 15.㉱ 16.㉮ 17.㉱ 18.㉰ 19.㉮

문제 20
분말도가 높은 시멘트에 대한 설명으로 옳은 것은?
- ㉮ 풍화하기 쉽다.
- ㉯ 수화작용이 늦다.
- ㉰ 조기 강도가 작다.
- ㉱ 발열이 작아 균열 발생이 적다.

해설
- 수화작용이 빠르다.
- 조기 강도가 크다.
- 발열이 커 균열 발생이 크다.

문제 21
콘크리트의 제조 설비가 잘 된 공장에서 수요자가 지정한 배합의 콘크리트를 만들어서 현장까지 운반해 주는 굳지 않은 콘크리트는?
- ㉮ 레디믹스트 콘크리트
- ㉯ 한중 콘크리트
- ㉰ 서중 콘크리트
- ㉱ 프리플레이스트 콘크리트

해설 레디믹스트 콘크리트의 운반 차량으로 에지테이터 트럭이 가장 많이 사용된다.

문제 22
콘크리트의 배합에서 단위 골재량의 절대부피를 구하는 데 관계가 없는 것은?
- ㉮ 공기량
- ㉯ 단위 수량
- ㉰ 잔골재율
- ㉱ 시멘트의 비중

해설 잔골재율 = $\dfrac{\text{잔골재의 절대용적}}{\text{골재 전체의 절대용적}} \times 100$

문제 23
콘크리트의 재료는 시방배합을 현장배합으로 고친 다음, 현장배합표에 따라 각 재료의 양을 질량으로 계량한다. 이때 계량할 재료가 아닌 것은?
- ㉮ 거푸집
- ㉯ 시멘트
- ㉰ 잔골재
- ㉱ 굵은골재

해설 계량오차 : 시멘트 -1%, +2%, 골재 ±3%

문제 24
한중 콘크리트에 대한 설명으로 틀린 것은?
- ㉮ 하루의 평균기온이 4℃ 이하가 예상되는 조건일 때는 한중 콘크리트로 시공하여야 한다.
- ㉯ 양생 중에는 콘크리트의 온도를 5℃ 이상으로 유지하여야 한다.
- ㉰ 재료를 가열하여 사용할 경우 시멘트를 직접 가열하여야 한다.
- ㉱ AE 콘크리트를 사용하는 것을 원칙으로 한다.

해설 어떠한 경우에라도 시멘트를 직접 가열하여서는 안 된다.

정답 20.㉮ 21.㉮ 22.㉯ 23.㉮ 24.㉰

문제 25
보통 포틀랜드 시멘트를 사용하고 일평균기온이 15℃ 이상일 때 습윤양생 기간의 표준으로 옳은 것은?

㉮ 1일 ㉯ 5일
㉰ 10일 ㉱ 15일

해설 조강 포틀랜드 시멘트를 사용하고 일평균기온이 15℃ 이상일 때 습윤양생 기간의 표준은 3일이다.

문제 26
콘크리트의 표면에 아스팔트 유제나 비닐유제 등으로 불투수층을 만들어 수분의 증발을 막는 양생방법을 무엇이라 하는가?

㉮ 증기양생 ㉯ 전기양생
㉰ 습윤양생 ㉱ 피복양생

해설 피복양생(막양생)은 습윤양생이 곤란한 경우에 사용하는 것으로 막양생제의 도포시기는 콘크리트 표면의 물빛이 없어진 직후에 얼룩이 생기지 않도록 살포해야 한다.

문제 27
수중 콘크리트 타설의 원칙에 대한 설명으로 틀린 것은?

㉮ 콘크리트는 물을 정지시킨 정수 중에서 타설하여야 한다.
㉯ 콘크리트 트레미(tremie)나 콘크리트 펌프를 사용해서 타설하여야 한다.
㉰ 콘크리트는 물속으로 직접 낙하시킨다.
㉱ 완전한 물막이가 어려울 경우에는 유속을 1초당 50mm 이하로 하여야 한다.

해설 콘크리트는 물속으로 직접 낙하시켜서는 안 된다.

문제 28
일반적으로 콘크리트 비비기 시간에 대한 시험을 실시하지 않고 강제식 믹서를 사용할 때 최소 비비기 시간은 몇 초 이상인가?

㉮ 30초 ㉯ 60초
㉰ 90초 ㉱ 120초

해설 가경식 믹서의 비비기 시간은 1분 30초 이상이다.

문제 29
일반 수중 콘크리트의 단위 시멘트양의 표준으로 옳은 것은?

㉮ 300kg/m³ 이상 ㉯ 320kg/m³ 이상
㉰ 350kg/m³ 이상 ㉱ 370kg/m³ 이상

해설 일반 수중 콘크리트의 물-결합재비는 50% 이하, 단위 시멘트양은 370kg/m³ 이상을 표준한다.

정답 25.㉯ 26.㉱ 27.㉰ 28.㉰ 29.㉱

문제 30 콘크리트 공사에서 거푸집 떼어내기에 관한 설명으로 틀린 것은?

㉮ 거푸집은 콘크리트가 자중 및 시공 중에 가해지는 하중에 충분히 견딜 만한 강도를 가질 때까지 해체해서는 안 된다.
㉯ 거푸집을 떼어내는 순서는 비교적 하중을 받지 않는 부분을 먼저 떼어낸다.
㉰ 연직 부재의 거푸집은 수평부재의 거푸집보다 먼저 떼어낸다.
㉱ 보의 밑판의 거푸집은 보의 양 측면의 거푸집보다 먼저 떼어낸다.

해설
- 보의 밑판의 거푸집은 보의 양 측면의 거푸집보다 나중에 떼어낸다.
- 슬래브 및 보의 밑면, 아치 내면의 콘크리트 압축강도가 14MPa 이상, 설계기준 압축강도의 2/3 이상이면 거푸집을 떼어낼 수 있다.

문제 31 일반적인 경량골재 콘크리트란 콘크리트의 기건단위질량이 얼마 정도인 것을 말하는가?

㉮ $0.5 \sim 1.0 \text{t/m}^3$ ㉯ $1.4 \sim 2.1 \text{t/m}^3$
㉰ $2.1 \sim 2.7 \text{t/m}^3$ ㉱ $2.8 \sim 3.5 \text{t/m}^3$

해설 일반적인 경량골재 콘크리트란 설계기준 압축강도가 15MPa 이상, 기건단위질량이 $1.4 \sim 2.1 \text{t/m}^3$의 범위에 들어가는 것으로 한다.

문제 32 콘크리트 타설 후 침하 균열이 발생되었을 때, 다짐(tamping)은 언제 하는 것이 효과가 가장 크게 되는가?

㉮ 발생 직후 ㉯ 발생 2~3시간 경과 후
㉰ 발생 1일 후 ㉱ 발생 7일 후

해설 콘크리트가 굳기 전에 침하 균열이 발생한 경우는 즉시 다짐(tamping)을 하여 균열을 제거해야 한다.

문제 33 콘크리트 시공 장비에 대한 설명으로 틀린 것은?

㉮ 콘크리트 펌프의 형식은 피스톤식 또는 스퀴즈식을 표준으로 한다.
㉯ 콘크리트 플레이서 수송관의 배치는 굴곡을 적게 하고 수평 또는 상향으로 설치하여야 한다.
㉰ 슈트를 사용하는 경우에는 원칙적으로 경사슈트를 사용하여야 한다.
㉱ 벨트 컨베이어의 경사는 콘크리트의 운반 도중 재료 분리가 발생하지 않도록 결정하여야 한다.

해설 슈트를 사용하는 경우에는 원칙적으로 연직슈트를 사용하여야 한다.

정답 30.㉱ 31.㉯ 32.㉮ 33.㉰

문제 34
콘크리트 비비기에 대한 설명으로 틀린 것은?

㉮ 연속믹서를 사용할 경우 비비기 시작 후 최초에 배출되는 콘크리트는 사용할 수 있다.
㉯ 미리 정해 둔 비비기 시간의 3배 이상 계속하지 않아야 한다.
㉰ 반죽된 콘크리트가 균질하게 될 때까지 충분히 비벼야 한다.
㉱ 배치믹서를 사용하는 경우 비비기를 시작하기 전에 미리 믹서 내부를 모르타르로 부착시켜야 한다.

해설 연속믹서를 사용할 경우 비비기 시작 후 최초에 배출되는 콘크리트는 사용해서는 안 된다.

문제 35
특정한 입도를 가진 굵은골재를 거푸집에 채워 넣고, 그 공극 속에 특수한 모르타르를 적당한 압력으로 주입하여 제조하는 콘크리트를 무엇이라 하는가?

㉮ 레디믹스트 콘크리트
㉯ 프리스트레스트 콘크리트
㉰ 레진 콘크리트
㉱ 프리플레이스트 콘크리트

해설 프리플레이스트 콘크리트는 수중 콘크리트 및 구조물 보수공사에 이용하고 동결융해에 대한 저항성이 크며 수축률은 보통 콘크리트의 1/2 이하이다.

문제 36
비빈 콘크리트를 수송관을 통해 압력으로 치기 할 장소까지 연속적으로 보내는 기계는?

㉮ 콘크리트 펌프
㉯ 콘크리트 믹서
㉰ 트럭 믹서
㉱ 콘크리트 플랜트

해설 콘크리트 펌프는 대부분 유압식이며 대용량 토출, 고토출 압력을 얻는 데 적합하다.

문제 37
콘크리트 칠 때 슈트, 버킷, 호퍼 등의 배출구로부터 치기면까지의 높이는 최대 얼마 이하를 원칙으로 하는가?

㉮ 0.5m
㉯ 1.0m
㉰ 1.5m
㉱ 2.0m

해설 콘크리트 칠 때 거푸집의 높이가 높을 경우 재료분리를 방지하기 위해 슈트, 펌프배관, 버킷, 호퍼 등의 배출구와 타설면까지의 높이는 1.5m 이하를 원칙으로 한다.

문제 38
콘크리트 슬럼프 값이 몇 mm 이하인 경우 덤프트럭을 사용하여 콘크리트를 운반할 수 있는가?

㉮ 25mm
㉯ 50mm
㉰ 75mm
㉱ 100mm

정답 34.㉮ 35.㉱ 36.㉮ 37.㉰ 38.㉮

> **해설** 덤프트럭은 일부 포장용 콘크리트의 운반에 사용되고 있으며 재료분리의 가능성이 높기 때문에 주의가 필요하다.

문제 39 비교적 두께가 얇고, 넓은 콘크리트의 표면에 진동을 주어 고르게 다지는 기계로서, 주로 도로 포장, 활주로 포장 등의 표면 다지기에 사용되는 것은?

㉮ 거푸집 진동기 ㉯ 내부 진동기
㉰ 콘크리트 피니셔 ㉱ 표면 진동기

> **해설**
> - 표면 진동기(평면식 진동기)는 콘크리트 포장과 같이 두께가 얇은 평면구조물에 사용되고 있다.
> - 거푸집 진동기는 벽이나 기둥의 밑부분, 프리캐스트 부재와 같이 내부 진동기의 사용이 곤란한 경우에 사용된다.
> - 내부 진동기는 가장 널리 사용되며 특히 슬럼프가 작은 된반죽 콘크리트에 대하여 충전성이 좋고 콜드 조인트를 방지하는 효과가 우수하다.

문제 40 콘크리트 재료를 계량할 때 플라이 애시의 계량에 대한 허용오차로 옳은 것은?

㉮ ±1% ㉯ ±2%
㉰ ±3% ㉱ ±4%

> **해설** 플라이 애시는 혼화재에 속하므로 계량오차는 ±2%이다.

문제 41 잔골재의 밀도 및 흡수율 시험에서 시료의 질량을 측정한 후 플라스크에 넣고 물을 용량의 몇 %까지 채우는가?

㉮ 70% ㉯ 80%
㉰ 90% ㉱ 100%

> **해설** 플라스크에 표면건조 포화상태의 잔골재 500g 이상을 넣고 물을 90% 정도 채우고 기울여 기포를 제거한다.

문제 42 콘크리트 압축강도 시험에서 몰드 지름 150mm인 공시체의 파괴하중이 441.786kN일 때 압축강도는 약 얼마인가?

㉮ 22 MPa ㉯ 25 MPa
㉰ 28 MPa ㉱ 32 MPa

> **해설** $f_c = \dfrac{P}{A} = \dfrac{441,786}{\dfrac{\pi \times 150^2}{4}} = 25 \text{MPa}$

정답 39.㉱ 40.㉯ 41.㉰ 42.㉯

문제 43 콘크리트 압축강도 시험을 위한 공시체를 제작할 때 콘크리트를 채우고 나서 캐핑을 실시하는 시기로서 가장 적합한 것은? (단, 된반죽 콘크리트의 경우)

㉮ 1~2시간 이후
㉯ 2~6시간 이후
㉰ 6~12시간 이후
㉱ 12~24시간 이후

해설 된반죽 콘크리트의 경우 2~6시간 이후, 묽은 반죽 콘크리트의 경우 6~12시간 이후이다.

문제 44 콘크리트의 배합설계에서 골재의 절대부피가 0.95m³이고, 잔골재율이 39%, 잔골재의 표건밀도가 2.60g/cm³일 때 단위 잔골재량은?

㉮ 852 kg
㉯ 916 kg
㉰ 954 kg
㉱ 963 kg

해설 단위 잔골재량 = 잔골재의 표건밀도 × 잔골재의 절대부피 × 1,000
= 2.60 × 0.95 × 0.39 × 1,000 = 963kg

문제 45 시멘트 밀도 시험 결과 시멘트의 질량은 64g, 처음 광유 눈금을 읽은 값은 0.4mL, 시료를 넣은 후 광유 눈금을 읽은 값은 20.9mL였다. 이 시멘트의 밀도는 얼마인가?

㉮ 3.09g/cm³
㉯ 3.12g/cm³
㉰ 3.15g/cm³
㉱ 3.18g/cm³

해설 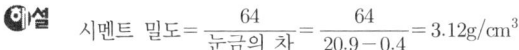 시멘트 밀도 = $\dfrac{64}{눈금의\ 차} = \dfrac{64}{20.9 - 0.4} = 3.12\text{g/cm}^3$

문제 46 콘크리트 압축강도 시험용 공시체 제작 시 몰드 내부에 그리스를 발라 주는 가장 주된 이유는?

㉮ 탈형을 쉽게 하고 이음새로 콘크리트가 새는 것을 방지하기 위해
㉯ 편심하중을 방지하고 경제적인 공시체 제작을 위해
㉰ 공시체 속의 공기를 제거하고 강도를 높이기 위해
㉱ 몰드에 콘크리트를 채울 때 골재 분리를 막기 위해

해설 콘크리트 공시체 제작을 위해 강재 몰드를 제작할 때 몰드의 접촉부에 그리스 등을 엷게 발라주는 이유는 누수의 방지를 위한 것이다.

문제 47 골재의 내구성을 알기 위한 안정성 시험에 사용하는 시험용 용액은?

㉮ 황산나트륨
㉯ 수산화나트륨
㉰ 염화나트륨
㉱ 규산나트륨

해설 골재의 안정성 시험의 결과 손실질량 백분율의 한도는 잔골재의 경우 10% 이하, 굵은골재의 경우 12% 이하이다.

정답 43.㉯ 44.㉱ 45.㉯ 46.㉮ 47.㉮

문제 48
콘크리트의 슬럼프 시험에 대한 설명으로 틀린 것은?
- ㉮ 콘크리트 슬럼프 시험은 반죽질기를 측정하는 것이다.
- ㉯ 콘크리트 슬럼프 시험은 워커빌리티를 판단하는 수단으로 사용된다.
- ㉰ 슬럼프 콘에 시료를 채우고 벗길 때까지의 전 작업시간은 3분 이내로 한다.
- ㉱ 시료를 슬럼프 콘에 넣고 다짐봉으로 3층으로 15회씩 다진다.

해설 시료를 슬럼프 콘에 넣고 다짐봉으로 3층으로 25회씩 다진다.

문제 49
워커빌리티(workability) 판정 기준이 되는 반죽질기 측정시험 방법이 아닌 것은?
- ㉮ 켈리볼 관입 시험
- ㉯ 리몰딩 시험
- ㉰ 슈미트 해머 시험
- ㉱ 슬럼프 시험

해설 슈미트 시험은 콘크리트의 강도를 반발경도법에 의해 측정한다.

문제 50
표면건조 포화상태인 굵은골재의 질량이 4,000g이고, 이 시료의 절대건조상태일 때의 질량이 3,940g이었다면, 흡수율은?
- ㉮ 1.25%
- ㉯ 1.32%
- ㉰ 1.45%
- ㉱ 1.52%

해설 흡수율 = $\dfrac{4,000 - 3,940}{3,940} \times 100 = 1.52\%$

문제 51
잔골재의 표면수 시험에 대한 설명으로 틀린 것은?
- ㉮ 시험방법으로 질량법과 용적법이 있다.
- ㉯ 시료의 양이 많을수록 정확한 결과가 얻어진다.
- ㉰ 시료는 200g을 채취하고, 채취한 시료는 가능한 한 함수율의 변화가 없도록 주의하여 2분하고 각각을 1회의 시험의 시료로 한다.
- ㉱ 2회째의 시험에 사용하는 시료는 특히 시험을 할 때까지의 사이에 함수량이 변화하지 않도록 주의한다.

해설 시료는 400g 이상을 채취하고, 채취한 시료는 가능한 한 함수율의 변화가 없도록 주의하여 2분하고 각각을 1회의 시험의 시료로 한다.

문제 52
콘크리트의 공기량 시험 결과 겉보기 공기량 $A_1(\%) = 6.70$, 골재의 수정계수 $G(\%) = 1.23$일 때 콘크리트의 공기량 $A(\%)$은?
- ㉮ 4.58%
- ㉯ 5.47%
- ㉰ 7.93%
- ㉱ 8.24%

해설 공기량 = $6.70 - 1.23 = 5.47\%$

정답 48.㉱ 49.㉰ 50.㉱ 51.㉰ 52.㉯

문제 53
굵은골재의 마모시험에 사용되는 기계·기구로 옳은 것은?
- ㉮ 로스앤젤레스 시험기
- ㉯ 비카트 침
- ㉰ 침입도계
- ㉱ 비비 미터

해설 보통 콘크리트의 경우 굵은골재 마모감량의 한도는 40% 이하로 한다.

문제 54
굵은골재 마모시험(KS F 2508)에서 골재를 시험기에 넣고 회전시킨 뒤 몇 mm 체를 통과하는 것을 마모감량으로 하는가?
- ㉮ 0.6mm
- ㉯ 1.0mm
- ㉰ 1.5mm
- ㉱ 1.7mm

해설 마모감량(%) = $\dfrac{\text{시험 전의 시료 질량} - \text{시험 후 1.7mm 체에 남은 시료 질량}}{\text{시험 전의 시료 질량}} \times 100$

문제 55
콘크리트의 블리딩 시험을 위하여 안지름 25cm인 용기에 콘크리트를 채운 후 블리딩 된 물을 수집한 결과 395cm³이었다. 블리딩양은 몇 cm³/cm²인가?
- ㉮ 0.6
- ㉯ 0.8
- ㉰ 1.2
- ㉱ 1.6

해설 블리딩양 = $\dfrac{V}{A} = \dfrac{395}{\dfrac{\pi \times 25^2}{4}} = 0.8\text{cm}^3/\text{cm}^2$

문제 56
골재의 체가름 시험에 사용하는 저울은 어느 정도의 정밀도를 가진 것이 필요한가?
- ㉮ 최소 측정 값이 1g인 정밀도를 가진 것
- ㉯ 최소 측정 값이 0.1g인 정밀도를 가진 것
- ㉰ 시료 질량의 1% 이상인 눈금량 또는 감량을 가진 것
- ㉱ 시료 질량의 0.1% 이하의 눈금량 또는 감량을 가진 것

해설 시료 질량의 0.1% 이하의 눈금량 또는 감량을 가진 것으로 하며 현장에서 시험을 하는 경우에는 저울의 정밀도를 시료 질량의 0.5%까지 측정할 수 있는 것으로 한다.

문제 57
시멘트의 강도시험(KS L ISO 679)에서 모르타르를 조제할 때 시멘트와 표준모래의 질량에 의한 비율로 옳은 것은?
- ㉮ 1 : 2
- ㉯ 1 : 2.5
- ㉰ 1 : 3
- ㉱ 1 : 3.5

해설 모르타르는 시멘트와 표준모래를 1 : 3의 질량비로 한다. (시멘트 450g, 표준사 1,350g, 물 225g, W/C=0.5)

정답 53.㉮ 54.㉱ 55.㉯ 56.㉱ 57.㉰

문제 58 콘크리트의 인장강도를 측정하기 위하여 현재 세계 각국에서 직접 인장시험 방법 대신 쪼갬 인장시험 방법을 표준으로 규격화하는 이유로 가장 적당한 것은?

㉮ 시험체의 모양, 시험 장치 등에 어려움이 없이 간단하게 측정할 수 있기 때문에
㉯ 정확한 측정값을 얻을 수 있기 때문에
㉰ 압축강도에 비해 인장강도가 크기 때문에
㉱ 건조수축이나 온도 변화에 따른 균열의 경감을 측정할 수 있기 때문에

해설 인장강도 시험 시 재하속도는 0.06±0.04MPa/초의 일정한 비율로 인장응력도를 증가하도록 한다.

문제 59 콘크리트의 호칭강도가 25MPa일 때 이 콘크리트의 배합강도는? (단, 압축강도 시험의 기록이 없는 현장인 경우)

㉮ 25 MPa
㉯ 32 MPa
㉰ 33.5 MPa
㉱ 35 MPa

해설 호칭강도가 21~35MPa이므로 $f_{cr}=f_{cn}+8.5=25+8.5=33.5$MPa이다.

문제 60 콘크리트 배합설계에서 물-시멘트비가 50%, 단위 시멘트양이 354kg/m³일 때 단위 수량은?

㉮ 157kg/m³
㉯ 167kg/m³
㉰ 177kg/m³
㉱ 187kg/m³

해설 $W/C=0.5$, $W=C\times0.5=354\times0.5=177$kg/m³

정답 58.㉮ 59.㉰ 60.㉰

콘크리트기능사 2013년 4월 14일(제2회)

문제 01 골재의 단위용적질량이 1.6 kg/L이고 밀도가 2.60 kg/L일 때 이 골재의 실적률은?
㉮ 61.5%
㉯ 53.9%
㉰ 38.5%
㉱ 16.3%

해설
• 실적률 $= \dfrac{w}{\rho} \times 100 = \dfrac{1.6}{2.60} \times 100 = 61.5\%$
• 공극률 = 100 − 실적률

문제 02 AE제를 사용한 콘크리트의 특성에 대한 설명으로 옳지 않은 것은?
㉮ 워커빌리티가 증가한다.
㉯ 단위 수량이 증가한다.
㉰ 블리딩이 감소된다.
㉱ 동결융해 저항성이 커진다.

해설
• AE제를 사용할 경우 동일한 슬럼프에서는 단위 수량을 줄일 수 있고, 공기량과 거의 같은 용적의 모래양도 줄일 수 있다.
• 블리딩은 콘크리트를 친 뒤 물이 위로 올라오는 현상을 말한다.

문제 03 시멘트 분말도가 높을 때 나타나는 효과가 아닌 것은?
㉮ 풍화가 늦다.
㉯ 발열량이 높다.
㉰ 조기강도가 높다.
㉱ 수화작용이 빠르다.

해설 분말도가 높을수록 풍화되기 쉽고 수화열이 많이 발생하며 수축으로 인하여 콘크리트에 균열이 발생할 우려가 있다.

문제 04 콘크리트용 잔골재의 유해물 함유량의 한도(질량백분율) 중 점토덩어리 함유량의 최댓 값은 몇 % 이하이어야 하는가?
㉮ 0.5%
㉯ 1%
㉰ 3%
㉱ 5%

해설 콘크리트용 굵은골재의 유해물 함유량의 한도(질량백분율) 중 점토덩어리 함유량의 최댓값은 0.25% 이하이어야 한다.

문제 05 혼화재에 속하지 않는 것은?
㉮ 플라이 애시
㉯ 팽창재
㉰ 고로 슬래그 미분말
㉱ AE 감수제

해설 혼화제 : AE 감수제

정답 01.㉮ 02.㉯ 03.㉮ 04.㉯ 05.㉱

문제 06 시멘트는 저장 중에 공기와 접촉하면 공기 중의 수분 및 이산화탄소를 흡수하여 가벼운 수화반응을 일으키는데 이러한 반응을 무엇이라고 하는가?
㉮ 응결
㉯ 경화
㉰ 풍화
㉱ 균열

해설 풍화한 시멘트는 강열감량이 증가되고 밀도는 감소되며 응결도 지연되어 강도의 발현이 저하된다.

문제 07 골재 흡수량의 계산식으로 옳은 것은?

- 절대건조상태의 무게 : A
- 공기 중 건조상태의 무게 : B
- 표면건조 포화상태의 무게 : C
- 습윤상태의 무게 : D

㉮ A-B
㉯ D-A
㉰ C-A
㉱ B-A

해설
- 골재의 함수량 : D-A
- 골재의 표면수량 : D-C
- 골재의 유효흡수량 : C-B

문제 08 시멘트의 응결속도에 영향을 주는 요소에 대한 설명으로 틀린 것은?
㉮ 분말도가 크면 응결은 빨라진다.
㉯ 석고의 첨가량이 많을수록 응결은 지연된다.
㉰ 온도가 낮을수록 응결은 빨라진다.
㉱ 풍화된 시멘트는 일반적으로 응결이 지연된다.

해설
- 온도가 높을수록 응결은 빨라진다.
- 물-시멘트비가 클수록 지연된다.
- 공기 중의 습도가 낮으면 빨라진다.

문제 09 주로 원자로 등에서 방사선 차폐 콘크리트를 만드는 데 사용되는 골재는?
㉮ 중량골재
㉯ 경량골재
㉰ 보통골재
㉱ 부순골재

해설 중량골재에는 자철광, 갈철광, 적철광, 중정석, 철광석 등이 있다.

문제 10 골재의 습윤상태에서 표면건조 포화상태의 수분을 뺀 물의 양은?
㉮ 함수량
㉯ 흡수량
㉰ 표면수량
㉱ 유효흡수량

정답 06.㉰ 07.㉰ 08.㉰ 09.㉮ 10.㉰

해설
- 표면수율 = $\dfrac{\text{습윤상태 무게} - \text{표면건조 포화상태 무게}}{\text{표면건조 포화상태 무게}} \times 100$
- 함수율 = $\dfrac{\text{습윤상태 무게} - \text{절대건조상태 무게}}{\text{절대건조상태 무게}} \times 100$
- 흡수율 = $\dfrac{\text{표면건조 포화상태 무게} - \text{절대건조상태 무게}}{\text{절대건조상태 무게}} \times 100$
- 유효흡수율 = $\dfrac{\text{표면건조 포화상태 무게} - \text{공기 중 건조상태 무게}}{\text{공기 중 건조상태 무게}} \times 100$

문제 11
다음은 혼화재를 사용목적에 따라 분류한 것이다. 옳게 짝지어진 것은?

㉮ 팽창을 일으키는 것 - 착색재
㉯ 포졸란 작용이 있는 것 - 폴리머
㉰ 오토클레이브 양생으로 고강도를 내는 것 - 규산질 미분말
㉱ 주로 잠재수경성이 있는 것 - 증량재

해설
- 팽창을 일으키는 것 - 팽창재
- 포졸란 작용이 있는 것 - 플라이 애시, 고로 슬래그, 점토나 혈암을 열처리한 것 등
- 주로 잠재수경성이 있는 것 - 고로 슬래그 분말

문제 12
굵은골재의 최대치수는 질량비로 약 몇 % 이상 통과시킨 체 중에서 체눈의 크기가 가장 작은 체눈의 호칭값인가?

㉮ 80% ㉯ 85%
㉰ 90% ㉱ 95%

해설 철근 콘크리트에서 굵은골재의 최대치수는 부재 최소치수의 1/5, 피복두께 및 철근의 최소수평, 수직순간격의 3/4을 초과해서는 안 된다.

문제 13
골재의 빈틈이 적을 경우 콘크리트에 미치는 영향을 옳게 설명한 것은?

㉮ 혼합수량이 증가한다.
㉯ 투수성 및 흡수성이 증가한다.
㉰ 내구성이 큰 콘크리트를 얻을 수 있다.
㉱ 콘크리트의 강도가 커지고 건조수축도 커진다.

해설
- 혼합수량이 감소한다.
- 투수성 및 흡수성이 감소한다.
- 콘크리트의 강도가 커지고 건조수축이 적어진다.
- 단위 시멘트양을 적게 할 수 있어 온도에 의한 균열이 생길 염려가 적다.

문제 14
다음 중 혼합시멘트에 속하는 것은?
- ㉮ 중용열 포틀랜드 시멘트
- ㉯ 알루미나 시멘트
- ㉰ 초속경 시멘트
- ㉱ 고로 슬래그 시멘트

해설
- 특수 시멘트 : 알루미나 시멘트, 초속경 시멘트, 팽창성 시멘트 등
- 혼합 시멘트 : 고로 슬래그 시멘트, 실리카 시멘트, 플라이 애시 시멘트 등

문제 15
풍화된 시멘트에 대한 설명으로 틀린 것은?
- ㉮ 경화가 늦어진다.
- ㉯ 강도가 감소된다.
- ㉰ 응결이 늦어진다.
- ㉱ 밀도가 커진다.

해설 풍화된 시멘트는 밀도가 작아진다.

문제 16
서중 콘크리트의 시공이나 레디믹스트 콘크리트에서 운반거리가 먼 경우, 또는 연속 콘크리트를 칠 때 작업이음이 생기지 않도록 할 경우에 사용하면 효과가 있는 혼화제는?
- ㉮ 분산제
- ㉯ 지연제
- ㉰ 증진제
- ㉱ 응결경화 촉진제

해설 서중 콘크리트는 비빈 후 되도록 빨리 타설한다. 지연제를 사용한 경우라도 1.5시간 이내에 타설한다.

문제 17
골재의 함수상태 네 가지 중 습기가 없는 실내에서 자연건조시킨 것으로서 골재알 속의 빈틈 일부가 물로 차 있는 상태는?
- ㉮ 습윤상태
- ㉯ 절대건조상태
- ㉰ 표면건조 포화상태
- ㉱ 공기 중 건조상태

해설
- 습윤상태 : 골재 내부의 공극이 물로 가득 차 있고 표면까지 물이 부착되어 있는 상태
- 절대건조상태 : 골재 표면 및 내부가 물이 완전히 제거된 상태
- 표면건조 포화상태 : 골재 표면은 건조되어 있고 골재 내부의 공극은 물로 가득 차 있는 상태

문제 18
골재의 저장 방법에 대한 설명으로 틀린 것은?
- ㉮ 잔골재, 굵은골재 및 종류와 입도가 다른 골재는 서로 섞어 균질한 골재가 되도록 하여 저장한다.
- ㉯ 먼지나 잡물 등이 섞이지 않도록 한다.
- ㉰ 골재의 저장 설비에는 알맞은 배수시설을 한다.
- ㉱ 골재는 직사광선을 막을 수 있는 적당한 시설을 갖추어야 한다.

해설 잔골재, 굵은골재 및 종류와 입도가 다른 골재는 서로 분리하여 저장한다.

정답 14.㉱ 15.㉱ 16.㉯ 17.㉱ 18.㉮

문제 19
콘크리트가 경화되는 중에 부피를 늘어나게 하여 콘크리트의 건조수축에 의한 균열을 억제하는 데 사용하는 혼화재료는?
- ㉮ 포졸란
- ㉯ 팽창재
- ㉰ AE제
- ㉱ 경화촉진제

해설 팽창재는 균열 방지, 충전효과를 높이고 경화 후 수축이 적게 되는 성질을 이용한다.

문제 20
플라이 애시를 혼합한 콘크리트의 특징으로 틀린 것은?
- ㉮ 콘크리트의 워커빌리티가 좋아진다.
- ㉯ 콘크리트의 조기강도가 증가한다.
- ㉰ 콘크리트의 수밀성이 좋아진다.
- ㉱ 콘크리트의 건조수축이 감소된다.

해설
- 콘크리트의 조기강도가 감소된다.
- 단면이 큰 콘크리트 구조물의 경우 콘크리트 내부온도 상승에 의한 균열 발생 등을 억제하는 데 유효하다.
- 콘크리트의 건조, 습윤에 따른 체적 변화와 동결융해에 대한 저항성이 향상된다.

문제 21
다음 콘크리트 다짐기계 중에서 비교적 두께가 얇고, 넓은 콘크리트의 표면을 고르게 다짐질할 때 사용되며, 주로 도로 포장, 활주로 포장 등의 다짐에 쓰이는 것은?
- ㉮ 거푸집 진동기
- ㉯ 내부 진동기
- ㉰ 롤러 진동기
- ㉱ 표면 진동기

해설
- **거푸집 진동기** : 벽이나 기둥의 밑부분, 프리캐스트 부재와 같이 내부 진동기의 사용이 곤란한 경우에 사용한다.
- **내부 진동기** : 전동기 또는 공기모터를 동력으로 하여 봉형의 진동체를 콘크리트 속에 삽입시켜 사용되며 특히 슬럼프가 작은 된반죽 콘크리트에 대하여 충전성이 좋고 콜드 조인트를 방지하는 효과가 우수하다.
- **평면식 진동기** : 콘크리트 포장과 같이 두께가 얇은 평면구조물에 사용된다.

문제 22
벨트 컨베이어를 사용하여 콘크리트를 운반할 때 벨트 컨베이어의 끝부분에 조절판 및 깔때기를 설치하는 이유로 가장 적당한 것은?
- ㉮ 콘크리트의 건조를 방지하기 위하여
- ㉯ 콘크리트의 운반거리를 단축하기 위하여
- ㉰ 콘크리트의 반죽질기 변화를 방지하기 위하여
- ㉱ 콘크리트의 재료분리를 방지하기 위하여

해설 벨트 컨베이어는 된반죽의 콘크리트를 수평에 가까운 방향으로 연속적으로 운반하는 데 편리하다. 조절판 및 깔때기를 설치하는 것은 재료분리를 방지하는 데 효과가 있다.

정답 19.㉯ 20.㉯ 21.㉱ 22.㉱

문제 23 용량(q)이 0.75m³인 믹서기, 4대로 구성된 콘크리트 플랜트의 단위시간당 생산량(Q)은 몇 m³/h인가? (단, 작업효율(E)=0.8, 사이클 시간(C_m)=4분이다.)

㉮ 9 m³/h
㉯ 18 m³/h
㉰ 36 m³/h
㉱ 72 m³/h

해설 $Q = \dfrac{60 \times 0.75 \times 0.8 \times 4}{4} = 36 \text{m}^3/\text{h}$

문제 24 조강 포틀랜드 시멘트의 경우 습윤상태의 보호기간은 며칠 이상을 표준으로 하는가? (단, 일평균기온이 15℃ 이상일 때)

㉮ 3일
㉯ 4일
㉰ 5일
㉱ 7일

해설 습윤양생 기간의 표준

일평균기온	보통 포틀랜드 시멘트	고로 슬래그 시멘트	조강 포틀랜드 시멘트
15℃ 이상	5일	7일	3일
10℃ 이상	7일	9일	4일
5℃ 이상	9일	12일	5일

문제 25 콘크리트를 높은 곳에서 낮은 곳으로 미끄러져 내려갈 수 있게 만든 홈통이나 관 모양의 것으로 만들어진 것은?

㉮ 슈트
㉯ 콘크리트 플레이서
㉰ 버킷
㉱ 벨트 컨베이어

해설 연직슈트는 깔때기 등을 이어서 만들고 높은 곳에서부터 콘크리트를 칠 때 이용하며 원칙적으로 연직슈트를 사용해야 하며 경사슈트는 사용하지 않는 것이 좋으며 부득이 경사슈트를 사용할 경우에는 수평 2에 수직 1 정도의 경사가 적당하다.

문제 26 콘크리트 타설에 대한 설명으로 틀린 것은?

㉮ 콘크리트 치기 도중 발생한 블리딩 수가 있을 경우 표면에 도랑을 만들어 물을 흐르게 한다.
㉯ 거푸집의 높이가 높을 경우 거푸집에 투입구를 설치하거나 연직슈트를 타설면 가까이 내려서 타설한다.
㉰ 콘크리트를 2층 이상으로 나누어 타설할 경우, 상층의 콘크리트는 하층의 콘크리트가 굳기 전에 타설해야 한다.
㉱ 콘크리트는 그 표면이 한 구획 내에서는 거의 수평이 되도록 타설하는 것을 원칙으로 한다.

정답 23.㉰ 24.㉮ 25.㉮ 26.㉮

> **해설** 콘크리트 치기 도중 발생한 블리딩 수가 있을 경우에는 적당한 방법으로 제거한 후 그 위에 콘크리트를 친다. 단, 고인 물을 제거하기 위해 표면에 홈을 만들어 물을 흐르게 하면 안 된다.

문제 27 해양 콘크리트 구조물에 쓰이는 콘크리트의 설계기준 압축강도는 몇 MPa 이상으로 하여야 하는가?
㉮ 10 MPa ㉯ 20 MPa
㉰ 30 MPa ㉱ 40 MPa

> **해설** 해양 콘크리트 구조물에서는 시공 이음부를 피해야 한다. 특히 만조위로부터 위로 0.6m, 간조위로부터 아래로 0.6m 사이의 감조부분에는 시공이음이 생기지 않게 한다.

문제 28 콘크리트 재료를 계량할 때 혼화재의 계량 허용오차로 옳은 것은?
㉮ ±1% ㉯ ±2%
㉰ ±3% ㉱ ±4%

> **해설**
> • 시멘트 : −1%, +2%
> • 물 : −2%, +1%
> • 골재, 혼화제 : ±3%

문제 29 프리플레이스트 콘크리트에 있어서 연직 주입관의 수평간격은 얼마 정도를 표준으로 하는가?
㉮ 1m ㉯ 2m
㉰ 3m ㉱ 4m

> **해설**
> • 연직 주입관의 수평간격 : 2m
> • 수평 주입관의 수평간격 : 2m

문제 30 수송관 속의 콘크리트를 압축공기로써 압송하여 터널 등의 좁은 곳에 콘크리트를 운반하는 데 편리한 콘크리트 운반장비는?
㉮ 운반차 ㉯ 콘크리트 플레이서
㉰ 슈트 ㉱ 버킷

> **해설** 콘크리트 플레이서의 수송관의 배치는 굴곡을 적게 하고 수평 또는 상향으로 설치하며 하향 경사로 설치 운용해서는 안 된다.

문제 31 비빔통 속에 달린 날개를 회전시켜 콘크리트를 비비는 것이며 주로 콘크리트 플랜트에 사용되는 믹서는?
㉮ 중력식 믹서 ㉯ 강제식 믹서
㉰ 가경식 믹서 ㉱ 연속식 믹서

정답 27.㉰ 28.㉰ 29.㉯ 30.㉯ 31.㉯

해설 강제식 믹서는 혼합조 속에서 날개가 회전하여 콘크리트를 비빔으로써 비빔 성능이 좋고 큰 용량이 가능하여 레디믹스트 콘크리트 플랜트를 중심으로 널리 사용된다.

문제 32 콘크리트의 양생법 중 막양생에 대한 설명으로 옳은 것은?

㉮ 거푸집판에 물을 뿌리는 방법
㉯ 가마니 또는 포대 등에 물을 적셔서 덮는 방법
㉰ 비닐로 덮는 방법
㉱ 양생제를 뿌려 물의 증발을 막는 방법

해설 막양생은 습윤양생이 곤란한 경우에 사용하는 것으로 막양생제를 표면마무리 후 혹은 탈형 후에 노출면에 뿌려서 콘크리트의 습도를 유지하는 방법이다.

문제 33 콘크리트 비비기에 대한 설명으로 옳은 것은?

㉮ 비비기를 시작하기 전에 믹서 내부를 모르타르로 부착시켜야 한다.
㉯ 비비기 최소시간은 가경식 믹서일 경우 3분 이상으로 한다.
㉰ 비비기는 오래 할수록 콘크리트 강도가 좋아진다.
㉱ 콘크리트 비비기가 잘되면 워커빌리티가 좋아지고 강도는 작아진다.

해설
• 비비기 최소시간은 가경식 믹서일 경우 1분 30초 이상으로 한다.
• 비비기는 미리 정해 둔 비비기 시간의 3배 이상 계속해서는 안 된다.
• 콘크리트 비비기가 잘되면 워커빌리티가 좋아지고 강도는 커진다.
• 콘크리트 비비기는 오래 하면 할수록 재료가 분리되며, 강도가 작아진다.
• AE 콘크리트 비비기는 오래 하면 할수록 공기량이 감소한다.
• 비비기 시간에 대한 시험을 실시하지 않은 경우 그 최소 시간은 강제식 믹서의 경우 1분 이상을 표준으로 한다.

문제 34 내부 진동기의 사용 방법으로 옳지 않은 것은?

㉮ 진동기는 연직으로 찔러 넣는다.
㉯ 진동기 삽입간격은 50cm 이하로 한다.
㉰ 진동기를 빨리 빼내어 구멍이 남지 않도록 한다.
㉱ 진동기를 하층의 콘크리트 속으로 10cm 정도 찔러 넣는다.

해설 내부 진동기 사용 방법
• 내부 진동기를 하층 콘크리트 속으로 10cm 정도 찔러 다진다.
• 연직으로 찔러 다지며 삽입간격은 50cm 이하로 한다.
• 1개소당 진동시간은 5~15초로 한다.
• 콘크리트 속에서 진동기를 천천히 빼 구멍이 생기지 않게 한다.
• 콘크리트 재료분리의 원인 때문에 내부 진동기는 콘크리트를 횡방향 이동에 사용해서는 안 된다.

정답 32.㉱ 33.㉮ 34.㉰

문제 35
수중 콘크리트의 타설은 물을 정지시킨 정수 중에서 타설하는 것을 원칙으로 하나, 완전히 물막이를 할 수 없는 경우 물의 속도가 얼마 이내에서 시공해야 하는가?

㉮ 50mm/sec   ㉯ 100mm/sec
㉰ 150mm/sec   ㉱ 200mm/sec

해설 일반 수중 콘크리트 시공 시 콘크리트는 연속해서 타설하며 수중에 낙하시키지 않는다.

문제 36
외기 온도가 25℃ 이상일 경우 콘크리트의 비비기로부터 치기가 끝날 때까지의 시간은 얼마를 넘지 않아야 하는가?

㉮ 50분   ㉯ 90분
㉰ 120분   ㉱ 150분

해설
- 외기 온도가 25℃ 이상일 경우 : 1.5시간(90분)
- 외기 온도가 25℃ 미만일 경우 : 2시간(120분)

문제 37
숏크리트 작업에서 주의할 사항으로 옳지 않은 것은?

㉮ 리바운드된 재료가 다시 혼입되지 않게 한다.
㉯ 숏크리트는 빠르게 운반하고, 급결제를 첨가한 후에 바로 뿜어 붙이기 작업을 실시하여야 한다.
㉰ 노즐은 항상 뿜어 붙일 면에 45° 경사지게 유지한다.
㉱ 뿜어 붙이는 거리와 뿜는 압력을 일정하게 유지한다.

해설
- 노즐은 항상 뿜어 붙일 면에 직각(90°)을 유지한다.
- 펌프 등을 이용하여 노즐 위치까지 호스 속으로 운반한 콘크리트를 압축공기에 의해 시공면에 뿜어서 만든 콘크리트를 숏크리트라 한다.

문제 38
벽이나 기둥과 같이 높이가 높은 콘크리트를 연속해서 칠 경우 치는 속도가 너무 빠르면 재료분리가 일어나기 쉬우므로 일반적으로 30분에 어느 정도가 적당한가?

㉮ 4~5m   ㉯ 3~4m
㉰ 2~3m   ㉱ 1~1.5m

해설 콘크리트의 쳐 올라가는 속도를 너무 빨리 하면 재료분리가 일어나기 쉽고 블리딩에 의해 나쁜 영향을 일으키기 쉬우며 상부의 콘크리트 품질이 떨어지고 수평 철근의 부착강도가 현저하게 저하될 수 있다.

문제 39
한중 콘크리트 시공 시 콘크리트의 동결 온도를 낮추기 위해 사용하는 방법으로 가장 적합하지 않은 것은?

㉮ 물을 가열하고 사용   ㉯ 잔골재를 가열하고 사용
㉰ 시멘트를 가열하고 사용   ㉱ 굵은골재를 가열하고 사용

해설 시멘트는 어떠한 경우라도 직접 가열해서는 안 된다.

정답 35.㉮ 36.㉯ 37.㉰ 38.㉱ 39.㉰

문제 40
한중 콘크리트로 양생 중인 콘크리트는 온도를 최소 몇 ℃ 이상으로 유지하는 것을 표준으로 하는가?

㉮ 0℃ ㉯ 4℃
㉰ 5℃ ㉱ 20℃

해설 심한 기상작용을 받는 콘크리트는 압축강도가 얻어질 때까지 콘크리트 온도를 5℃ 이상으로 유지한다.

문제 41
골재의 안정성 시험에 사용되는 시험용 용액은?

㉮ 황산나트륨 ㉯ 가성소다
㉰ 염화칼슘 ㉱ 탄닌산

해설 골재의 안정성 시험은 골재가 기상작용에 대한 저항성을 알기 위해 실시하며 황산나트륨, 염화바륨이 사용된다.

문제 42
콘크리트의 블리딩 시험에서 시험 중 온도로 적합한 것은?

㉮ 17±3℃ ㉯ 20±3℃
㉰ 23±3℃ ㉱ 25±3℃

해설
- 시험하는 동안 온도를 20±3℃로 유지해야 한다.
- 처음 60분 동안 10분 간격으로, 그 후는 블리딩이 정지할 때까지 30분 간격으로 표면에 생긴 물을 피펫으로 빨아낸다.

문제 43
아래의 그림 및 표의 설명은 어떤 시험에 대한 내용인가?

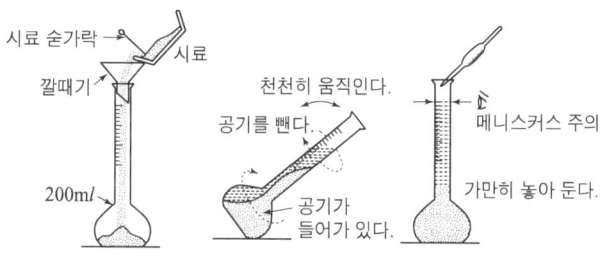

① 시료의 질량은 0.1g까지 측정한다.
② 플라스크의 표시선까지 물을 채우고 질량을 측정한다.
③ 물을 일정량 비우고 시료를 넣고 흔들어서 공기를 제거한다.
④ 플라스크 표시선까지 물을 채운 상태에서 질량을 측정한다.

㉮ 잔골재의 밀도 시험 ㉯ 잔골재의 표면수 시험
㉰ 콘크리트 슬럼프 시험 ㉱ 콘크리트 인장강도 시험

해설 잔골재의 표면수 시험은 질량법과 용적법이 있다.

정답 40.㉰ 41.㉮ 42.㉯ 43.㉮

문제 44
150mm×150mm×530mm 콘크리트 공시체로 지간 길이가 450mm인 경우 4점 재하장치로 휨강도 시험을 실시한 결과 시험기에 나타난 최대 하중이 34.5kN일 때 공시체가 지간의 중앙에서 파괴되었다. 이 공시체의 휨강도는?

㉮ 4.6MPa ㉯ 4.2MPa
㉰ 3.8MPa ㉱ 3.4MPa

해설 휨강도 $= \dfrac{Pl}{bd^2} = \dfrac{34,500 \times 450}{150 \times 150^2} = 4.6\text{MPa}$

문제 45
골재의 조립률을 구하기 위한 체의 호칭치수로 적당하지 않은 것은?

㉮ 40mm ㉯ 25mm
㉰ 5mm   ㉱ 2.5mm

해설 골재의 조립률을 구하기 위해 75, 40, 20, 10, 5, 2.5, 1.2, 0.6, 0.3, 0.15mm 체가 사용된다.

문제 46
콘크리트 휨강도 시험에서 100×100×380mm의 몰드를 사용하여 공시체를 제작할 때 콘크리트 채우기에서 각 층의 다짐횟수는?

㉮ 38회 ㉯ 58회
㉰ 76회 ㉱ 96회

해설 다짐횟수 $= \dfrac{100 \times 380}{1,000} = 38\text{회}$

문제 47
콘크리트 압축강도 시험 기록이 없는 현장에서 호칭강도가 22MPa인 경우 배합강도는?

㉮ 29MPa   ㉯ 30.5MPa
㉰ 32MPa   ㉱ 33.5MPa

해설
- 호칭강도가 21~35MPa인 경우
  $f_{cr} = f_{cn} + 8.5 = 22 + 8.5 = 30.5\text{MPa}$
- 호칭강도가 35MPa 초과인 경우
  $f_{cr} = 1.1f_{cn} + 5.0$
- 호칭강도가 21MPa 미만인 경우
  $f_{cr} = f_{cn} + 7$

문제 48
블레인 공기투과장치에 의한 비표면적 시험은 무엇을 얻기 위한 시험인가?

㉮ 시멘트의 분말도   ㉯ 시멘트의 팽창도
㉰ 시멘트의 인장강도 ㉱ 시멘트의 표준주도

정답 44.㉮ 45.㉱ 46.㉮ 47.㉯ 48.㉮

해설
- 분말도란 시멘트 입자의 고운 정도를 나타내는 것이다.
- 분말도는 비표면적으로 나타낸다.
- 비표면적(cm^2/g)은 1g의 시멘트가 가지고 있는 전체 입자의 총 표면적(cm^2)이다.

문제 49
콘크리트의 압축강도 시험을 위한 공시체에 대한 설명으로 옳지 않은 것은?
㉮ 공시체는 지름의 2배 높이를 가진 원기둥형으로 한다.
㉯ 몰드에 콘크리트를 채울 때 콘크리트는 2층 이상의 거의 동일한 두께로 나눠서 채운다.
㉰ 캐핑층의 두께는 공시체 지름의 2%를 넘어서는 안 된다.
㉱ 공시체의 지름은 골재의 최대치수의 4배 이하로 한다.

해설 공시체의 지름은 골재의 최대치수의 3배 이상으로 한다.

문제 50
굳지 않은 콘크리트의 워커빌리티를 측정하는 시험법이 아닌 것은?
㉮ 슬럼프 시험
㉯ 플로(flow) 시험
㉰ 공기 함유량 시험
㉱ 구관입 시험

해설 공기 함유량 시험은 콘크리트의 품질관리 및 적절한 배합설계를 위해 측정한다.

문제 51
단위용적질량이 1.69kg/L, 밀도가 2.60kg/L인 굵은골재의 공극률은 얼마인가?
㉮ 25%
㉯ 30%
㉰ 35%
㉱ 40%

해설 공극률 = $100 - $ 실적률 $= 100 - \left(\dfrac{w}{\rho} \times 100\right) = 100 - \left(\dfrac{1.69}{2.6} \times 100\right) = 35\%$

문제 52
콘크리트용 모래에 포함되어 있는 유기 불순물 시험에 대한 설명으로 옳은 것은?
㉮ 사용하는 수산화나트륨 용액은 물 50에 수산화나트륨 50의 질량비로 용해시킨 것이다.
㉯ 시료는 대표적인 것을 취하고 절대건조상태로 건조시켜 4분법을 사용하여 약 5kg을 준비한다.
㉰ 시험에 사용할 유리병은 노란색으로 된 유리병을 사용하여야 한다.
㉱ 시험의 결과 24시간 정치한 잔골재 상부의 용액색이 표준용액보다 연할 경우 이 모래는 콘크리트용으로 사용할 수 있다.

해설
- 수산화나트륨 3%는 물 97에 수산화나트륨 3의 질량비로 용해시킨다.
- 시료는 대표적인 것을 취하고 공기 중 건조상태로 건조시켜 4분법을 사용하여 약 450g을 준비한다.
- 시험에 사용할 유리병은 무색 투명 유리병을 사용하여야 한다.

정답 49.㉱ 50.㉰ 51.㉰ 52.㉱

문제 53
지름이 150mm, 길이가 300mm인 공시체를 사용하여 콘크리트 쪼갬 인장강도 시험을 하니 시험기에 나타난 최대 하중이 150kN이었다. 이 공시체의 인장강도는?

㉮ 1.5MPa   ㉯ 1.7MPa
㉰ 1.9MPa   ㉱ 2.1MPa

해설 인장강도 $= \dfrac{2P}{\pi dl} = \dfrac{2 \times 150,000}{3.14 \times 150 \times 300} = 2.1\text{MPa}$

문제 54
골재의 단위용적질량 시험방법 중 충격을 이용하는 방법에서 용기를 떨어뜨리는 높이로 가장 적당한 것은?

㉮ 20cm   ㉯ 15cm
㉰ 10cm   ㉱ 5cm

해설 시료를 거의 같은 3층으로 나눠 채우고 각 층마다 용기의 한쪽을 약 5cm 들어올려서 바닥에 낙하시키고 다른 한쪽도 같은 방법으로 낙하시킨다.

문제 55
갇힌 공기량 2%, 단위 수량 180kg, 단위 시멘트양 315kg인 콘크리트의 단위 골재량의 절대부피는 얼마인가? (단, 시멘트의 밀도는 3.15g/cm^3임)

㉮ 650 l ㉯ 680 l
㉰ 700 l ㉱ 730 l

해설 $V = 1 - \left(\dfrac{180}{1 \times 1,000} + \dfrac{315}{3.15 \times 1,000} + \dfrac{2}{100} \right) = 0.7\text{m}^3 \times 1,000 = 700 l$

문제 56
압력법에 의한 공기량 시험에서 겉보기 공기량이 6.75%이고, 골재의 수정계수가 1.25%인 경우 이 콘크리트의 공기량은?

㉮ 4.25%   ㉯ 5.5%
㉰ 8.0%   ㉱ 9.25%

해설 콘크리트의 공기량 = 겉보기 공기량 − 골재의 수정계수 = $6.75 - 1.25 = 5.5\%$

문제 57
잔골재의 조립률이 2.5이고 굵은골재의 조립률이 7.5일 때에 잔골재와 굵은골재를 질량비 2:3으로 혼합한 골재의 조립률은?

㉮ 3.5   ㉯ 4.5
㉰ 5.5   ㉱ 6.5

해설 조립률 $\text{FM} = \dfrac{2.5 \times 2 + 7.5 \times 3}{2+3} = 5.5$

정답 53.㉱ 54.㉱ 55.㉰ 56.㉯ 57.㉰

문제 58 콘크리트의 슬럼프 시험 방법에 대한 설명으로 틀린 것은?

㉮ 슬럼프 콘을 벗기는 작업은 높이 300mm에서 2~5초 정도로 끝내야 한다.
㉯ 슬럼프 콘에 콘크리트를 채우기 시작하고 나서 슬럼프 콘의 들어올리기를 종료할 때까지의 시간은 3분 이내로 한다.
㉰ 3층으로 나누어 각 층을 25회씩 다지고 난 후에는 콘크리트가 슬럼프 콘보다 낮아졌어도 다시 콘크리트를 추가하여 넣어서는 안 된다.
㉱ 콘크리트가 내려앉은 길이를 5mm 단위로 측정한다.

해설
- 3층으로 나누어 각 층을 25회씩 다짐을 한다. 이 과정에서 마지막에 25회 다짐 도중에 콘크리트가 슬럼프 콘보다 낮아진 경우에는 콘크리트를 추가하여 넣고 다진다.
- 슬럼프 콘의 규격은 윗면의 안지름이 100mm, 밑면의 안지름이 200mm, 높이 300mm 이다.

문제 59 안지름 25cm, 높이 28cm의 용기를 사용하여 블리딩 시험을 한 결과 피펫으로 빨아낸 물의 양이 508cm³였다. 블리딩양(cm³/cm²)을 구하면?

㉮ 0.009   ㉯ 9.58
㉰ 1.03   ㉱ 5.08

해설 블리딩양 $= \dfrac{V}{A} = \dfrac{508}{\dfrac{3.14 \times 25^2}{4}} = 1.03 \text{cm}^3/\text{cm}^2$

문제 60 로스앤젤레스 시험기를 사용하는 골재의 시험법은 무엇인가?

㉮ 마모 시험   ㉯ 안정성 시험
㉰ 밀도 시험   ㉱ 단위용적 질량 시험

해설 보통 콘크리트에 사용되는 굵은골재의 마모율은 40% 이하이다.

정답 58.㉰ 59.㉰ 60.㉮

콘크리트기능사 — 2013년 7월 21일(제4회)

알려 드립니다

한국산업인력공단의 저작권법 저촉에 대한 언급이 있어 과거에 출제된 동일한 문제나 그 유형의 문제로 재구성하였습니다.

문제 01 토목재료가 갖추어야 할 성질에 대한 설명으로 옳지 않은 것은?
- ㉮ 사용 목적에 알맞은 공학적 성질을 가져야 한다.
- ㉯ 사용 환경에 알맞게 내구성이 커야 한다.
- ㉰ 생산량이 적고 경제적이어야 한다.
- ㉱ 환경오염을 최소화하여야 한다.

해설 생산량이 많고 경제적이어야 한다.

문제 02 다음 중 콘크리트 워커빌리티에 가장 큰 영향을 주는 것은?
- ㉮ 단위 수량
- ㉯ 시멘트
- ㉰ 골재의 밀도
- ㉱ 혼화재료

해설
- 단위 수량은 작업이 가능한 범위에서 적게 한다.
- 단위 수량을 적게 하므로 콘크리트의 재료분리가 적고 내구성, 수밀성이 커진다.

문제 03 굵은골재의 흡수율은 보통 몇 % 정도인가?
- ㉮ 0.5~4%
- ㉯ 1~6%
- ㉰ 5~10%
- ㉱ 10~12%

해설 잔골재의 흡수율은 보통 1~6% 정도이다.

문제 04 부순 굵은골재를 사용한 콘크리트에 대한 설명으로 옳지 않은 것은?
- ㉮ 워커빌리티가 좋지 않다.
- ㉯ 강자갈보다 표면적이 작아 압축강도가 작다.
- ㉰ 단위 수량이 많이 소요된다.
- ㉱ 강자갈을 사용한 콘크리트에 비해 수밀성이 약간 저하된다.

해설 강자갈보다 표면적이 커 부착강도가 크므로 압축강도가 크다.

정답 01.㉰ 02.㉮ 03.㉮ 04.㉯

문제 05 감수제에 대한 설명으로 옳지 않은 것은?
- ㉮ 동결융해에 대한 저항성이 커진다.
- ㉯ 단위 시멘트양을 증가시킨다.
- ㉰ 수밀성이 향상된다.
- ㉱ 시멘트 입자를 분산시키므로 콘크리트 워커빌리티를 좋게 한다.

해설 단위 시멘트양을 감소시킨다.

문제 06 혼화재료의 저장에 대한 설명으로 옳지 않은 것은?
- ㉮ 장기간 저장한 혼화재는 사용하기 전에 시험하여 품질을 확인한다.
- ㉯ 혼화재는 방습적인 사일로 또는 창고 등에 품종별로 구분하여 저장한다.
- ㉰ 액상의 혼화제는 분리하거나 변질하지 않는 특성이 있어 저장에 유리하다.
- ㉱ 혼화재는 날리지 않도록 취급에 주의해야 한다.

해설 액상의 혼화제는 분리하거나 변질하지 않도록 저장해야 한다.

문제 07 콘크리트용 골재의 성질에 대한 설명으로 옳지 않은 것은?
- ㉮ 크고 작은 입경의 혼입이 적당해야 한다.
- ㉯ 깨끗하고 모양이 편평하거나 가늘어야 한다.
- ㉰ 강하고 내구성과 내화성이 있어야 한다.
- ㉱ 점토와 유해물을 함유하지 않아야 한다.

해설 골재는 깨끗하고 모양이 입방체 또는 구형에 가까워야 한다.

문제 08 다음 중 긴급공사나 한중 콘크리트에 적당한 시멘트는?
- ㉮ 알루미나 시멘트
- ㉯ 보통 포틀랜드 시멘트
- ㉰ 고로 시멘트
- ㉱ 중용열 포틀랜드 시멘트

해설
- 긴급공사나 한중 콘크리트에는 알루미나 시멘트나 조강 포틀랜드 시멘트가 적합하다.
- 알루미나 시멘트는 발열량이 커 한중공사, 긴급공사에 적합하다.
- 알루미나 시멘트는 1일 강도가 보통 포틀랜드 시멘트의 28일 강도와 같다.

문제 09 혼화재료에 대한 설명으로 틀린 것은?
- ㉮ 지연제는 시멘트의 수화반응을 늦추어 응결시간을 길게 할 목적으로 사용한다.
- ㉯ 감수제는 시멘트의 입자를 분산시켜 콘크리트의 단위 수량을 감소시키는 혼화제이다.
- ㉰ 촉진제는 시멘트의 수화작용을 촉진하여 보통 시멘트 중량의 2% 이하를 사용한다.
- ㉱ 포졸란을 사용하면 콘크리트의 조기강도 및 수밀성이 커진다.

정답 05.㉯ 06.㉰ 07.㉯ 08.㉮ 09.㉱

해설
- 포졸란을 사용하면 콘크리트의 장기강도 및 수밀성이 커진다.
- **인공 포졸란** : 플라이 애시, 고로 슬래그, 점토나 혈암을 열처리한 것 등
- **천연 포졸란** : 화산재, 규산백토, 규조토, 응회암 등
- 자체로는 수경성이 없으나 콘크리트 속에 녹아 있는 수산화칼슘과 상온에서 천천히 화합하여 불용성 물질을 만드는 포졸란 반응을 하는 플라이 애시는 수화열이 적어 단면이 큰 콘크리트 구조물에 적합하다.
- 플라이 애시는 장기강도가 크다.

문제 10 굵은골재 최대치수가 크면 어떤 효과가 있는가?
㉮ 시멘트 풀의 양이 적어져 경제적이다.
㉯ 재료분리가 잘 일어나지 않는다.
㉰ 시공하기가 쉽다.
㉱ 배합 시 단위 수량이 증가된다.

해설 배합 시 단위 수량이 적게 소요되며 재료분리가 일어나기 쉽고 시공하기 어렵다.

문제 11 고로 슬래그 시멘트에 대한 설명으로 옳은 것은?
㉮ 수화열이 크다.
㉯ 장기강도가 작다.
㉰ 주로 댐, 하천, 항만 등의 구조물에 사용된다.
㉱ 조기에 강도를 필요로 하는 공사에 사용된다.

해설
- 수화열이 작다.
- 장기강도가 크다.

문제 12 골재의 조립률에 대한 설명으로 옳지 않은 것은?
㉮ 골재의 입도 상태를 수치적으로 나타내는 방법이다.
㉯ 골재 알의 지름이 클수록 조립률이 크다.
㉰ 잔골재의 조립률은 6~8이다.
㉱ 콘크리트 배합결정에 조립률을 보정한다.

해설 잔골재의 조립률은 2.0~3.3, 굵은골재의 조립률은 6~8이다.

문제 13 수화열이 적어 댐과 같은 단면이 큰 콘크리트 공사에 적합한 시멘트는?
㉮ 보통 포틀랜드 시멘트   ㉯ 중용열 포틀랜드 시멘트
㉰ 조강 포틀랜드 시멘트   ㉱ 알루미나 시멘트

해설 중용열 포틀랜드 시멘트는 건조수축이 작고 장기강도가 크다.

정답 10.㉮ 11.㉰ 12.㉰ 13.㉯

문제 14 다음 혼화재료 중 콘크리트의 워커빌리티를 좋게 하고 동결융해에 대한 내구성과 수밀성을 크게 하는 것은?
㉮ 급결제   ㉯ 지연제
㉰ AE제   ㉱ 발포제

해설 AE제는 시멘트 질량의 1% 이하를 사용하므로 배합 계산에서 그 양을 무시한다.

문제 15 AE 콘크리트 특징에 대한 설명으로 옳지 않은 것은?
㉮ 동결융해에 대한 저항성이 크다.
㉯ 공기량에 비례하여 압축강도가 커진다.
㉰ 철근과의 부착강도가 떨어진다.
㉱ 워커빌리티와 내구성, 수밀성이 좋아진다.

해설 공기량에 비례하여 압축강도가 작아진다.

문제 16 시멘트의 밀도는 종류에 따라 다르며 일반적으로 어느 정도인가?
㉮ $2.50 \sim 2.65 g/cm^3$ ㉯ $2.55 \sim 2.70 g/cm^3$
㉰ $2.90 \sim 3.10 g/cm^3$ ㉱ $3.14 \sim 3.20 g/cm^3$

해설 시멘트 밀도 값으로 시멘트의 풍화 정도를 판별한다.

문제 17 골재의 굵고 잔 알이 섞여 있는 정도를 무엇이라고 하는가?
㉮ 입도   ㉯ 밀도
㉰ 단위용적질량 ㉱ 유해물 함량

해설 입도가 알맞은 골재는 빈틈이 적어서 단위용적질량이 커지고 콘크리트를 만들 때 시멘트 풀의 양을 줄일 수 있다.

문제 18 시멘트의 응결에 대한 설명이다. 틀린 것은?
㉮ 온도가 낮으면 응결이 늦어진다.   ㉯ 물의 양이 많으면 응결이 늦어진다.
㉰ 분말도가 낮으면 응결이 빠르다.   ㉱ 습도가 낮으면 응결이 빠르다.

해설 분말도가 낮으면 응결이 늦어진다.

문제 19 굵은골재의 정의로 옳은 것은?
㉮ 10mm 체에 거의 다 남는 골재   ㉯ 5mm 체에 거의 다 남는 골재
㉰ 2.5mm 체에 거의 다 남는 골재   ㉱ 1.2mm 체에 거의 다 남는 골재

해설 굵은골재란 5mm 체에 거의 다 남는 골재, 5mm 체에 다 남는 골재를 말한다.

정답 14.㉰ 15.㉯ 16.㉱ 17.㉮ 18.㉰ 19.㉯

문제 20
굵은골재 밀도 시험의 결과 공기 중의 표건시료의 질량 6,755g, 물속에서의 시료 질량 4,209g, 노건조 시료의 질량 6,658g이다. 이때 절대건조상태의 밀도는? (단, $\rho_w = 1\text{g/cm}^3$)

㉮ 2.61g/cm^3
㉯ 2.65g/cm^3
㉰ 2.68g/cm^3
㉱ 2.72g/cm^3

해설
- 절대건조상태의 밀도 $= \dfrac{A}{B-C} \times \rho_w = \dfrac{6,658}{6,755-4,209} \times 1 = 2.62\text{g/cm}^3$
- 겉보기 밀도 $= \dfrac{A}{A-C} \times \rho_w = \dfrac{6,658}{6,658-4,209} \times 1 = 2.72\text{g/cm}^3$
- 표건밀도 $= \dfrac{B}{B-C} \times \rho_w = \dfrac{6,755}{6,755-4,209} \times 1 = 2.65\text{g/cm}^3$

문제 21
서중 콘크리트를 칠 때의 콘크리트 온도는 몇 ℃ 이하여야 하는가?

㉮ 25℃
㉯ 30℃
㉰ 35℃
㉱ 40℃

해설 서중 콘크리트는 일반적인 대책을 강구한 경우라도 비빈 후 1.5시간 이내에 쳐야 한다.

문제 22
벽 또는 기둥과 같은 콘크리트를 연속해서 타설할 경우 쳐 올라가는 속도는 일반적으로 30분에 어느 정도로 하는 것이 적당한가?

㉮ 1.5~1.0m
㉯ 1~1.5m
㉰ 1.5~2.0m
㉱ 2.5~3.0m

해설 콘크리트의 쳐 올라가는 속도를 너무 빨리 하면 재료분리가 일어나기 쉽고 블리딩에 의한 나쁜 영향을 일으키기 쉽다.

문제 23
콘크리트의 운반 작업을 할 경우 고려할 사항으로 먼 것은?

㉮ 재료분리 방지
㉯ 운반시간 준수
㉰ 슬럼프 감소 방지
㉱ 양생 방법

해설 콘크리트 타설 순서, 방법, 운반 경로 등을 검토한다.

문제 24
콘크리트 포장 공법에서 보통 포틀랜드 시멘트를 사용한 도로의 경우 최소 며칠 이상 양생이 필요한가?

㉮ 10일
㉯ 14일
㉰ 24일
㉱ 28일

해설 조강 포틀랜드 시멘트를 사용한 차도는 7일 이상 양생이 필요하다.

정답 20.㉮ 21.㉰ 22.㉯ 23.㉱ 24.㉯

문제 25 콘크리트의 시간당 생산량은 얼마인가? (단, 믹서의 용량 $0.15m^3$, 작업효율 0.7, 사이클 시간 5분, 믹서기 2대 가동)

㉮ $1.05m^3/hr$ ㉯ $2.52m^3/hr$
㉰ $3.2m^3/hr$ ㉱ $4.5m^3/hr$

해설
• 믹서 1대의 시간당 생산량
$$Q = \frac{60qE}{C_m} = \frac{60 \times 0.15 \times 0.7}{5} = 1.26$$
• 믹서 2대의 시간당 생산량
$$Q = 1.26 \times 2 = 2.52 m^3/hr$$

문제 26 재료의 저장 및 계량, 혼합장치 등 일체를 갖추고 다량의 콘크리트를 일괄 작업으로 제조하는 기계설비는?

㉮ 콘크리트 플레이서 ㉯ 콘크리트 피니셔
㉰ 콘크리트 플랜트 ㉱ 레미콘

문제 27 배치 믹서(batch mixer)에 대한 설명으로 옳은 것은?

㉮ 콘크리트 $1m^3$씩 혼합하는 믹서
㉯ 콘크리트 재료를 1회분씩 운반하는 장치
㉰ 콘크리트 재료를 1회분씩 혼합하는 믹서
㉱ 콘크리트 $1m^3$씩 운반하는 장치

문제 28 굳지 않은 콘크리트를 손수레를 이용하여 운반하는 경우 다음 설명 중 옳은 것은?

㉮ 운반거리가 50m 미만의 평탄한 운반로에 경우 사용 가능하다.
㉯ 운반거리가 50~100m 이하의 평탄한 운반로의 경우 사용해도 좋다.
㉰ 운반거리가 300m 이하가 되며 하향구배 10% 이내에서 사용 가능하다.
㉱ 운반거리가 500m 이하가 되며 하향구배 10% 이내에서 사용 가능하다.

문제 29 콘크리트 포장에서 도로 중심선 빛 차선을 구분하는 위치에 설치하며 설치간격은 5m를 넘지 않으며 슬래브 두께의 1/3 깊이까지 6mm 폭으로 절단하고 백업재 삽입 후 줄눈재를 최소 10mm 깊이까지 주입하는 줄눈은?

㉮ 가로 팽창줄눈 ㉯ 가로 수축줄눈
㉰ 세로줄눈 ㉱ 시공줄눈

정답 25.㉯ 26.㉰ 27.㉰ 28.㉯ 29.㉰

문제 30
서중 콘크리트는 비빈 후 얼마 이내에 타설해야 하는가?
- ㉮ 1시간
- ㉯ 1.5시간
- ㉰ 2시간
- ㉱ 2.5시간

해설 서중 콘크리트는 적어도 5일 이상 양생을 실시한다.

문제 31
콘크리트 치기에 대한 설명 중 틀린 것은?
- ㉮ 철근 및 매설물의 변형이 없도록 한다.
- ㉯ 한 구획 내의 콘크리트는 타설이 완료될 때까지 연속해서 타설한다.
- ㉰ 타설한 콘크리트를 거푸집 안에서 횡방향으로 이동시켜서는 안 된다.
- ㉱ 콘크리트 타설 중 재료분리가 생긴 경우에는 다시 잘 혼합하여 사용하여야 한다.

해설 콘크리트 타설 중 재료분리가 생긴 경우에는 사용하지 않는다.

문제 32
물-결합재비가 50%, 단위 수량이 165kg/m³일 때 단위 시멘트양은?
- ㉮ 82.5kg/m³
- ㉯ 165kg/m³
- ㉰ 330kg/m³
- ㉱ 345kg/m³

해설 $W/C = 50\%$
∴ $C = \dfrac{165}{0.5} = 330 \text{kg/m}^3$

문제 33
콘크리트 시공 과정을 옳게 표현한 것은?
- ㉮ 계량 → 혼합 → 운반 → 치기 → 양생
- ㉯ 계량 → 운반 → 혼합 → 치기 → 양생
- ㉰ 계량 → 운반 → 치기 → 혼합 → 양생
- ㉱ 계량 → 혼합 → 치기 → 운반 → 양생

문제 34
굵은골재 최대치수 40mm, 슬럼프 100~180mm인 콘크리트를 운반하는 데 가장 적합한 것은?
- ㉮ 슈트
- ㉯ 콘크리트 펌프
- ㉰ 콘크리트 플레이서
- ㉱ 벨트 컨베이어

정답 30.㉯ 31.㉱ 32.㉰ 33.㉮ 34.㉯

문제 35
한중 콘크리트에 대한 설명으로 옳지 않은 것은?
- ㉮ 하루 평균기온이 4℃ 이하에서는 한중 콘크리트로 시공한다.
- ㉯ AE 콘크리트를 사용하는 것을 원칙으로 한다.
- ㉰ 골재가 동결되어 있거나 골재에 빙설이 혼입되어 있는 골재는 사용하지 않는다.
- ㉱ 물-결합재비는 50% 이하로 한다.

해설 물-결합재비는 60% 이하로 한다.

문제 36
콘크리트 비비기 시간에 대한 시험을 하지 않은 경우 강제식 믹서는 몇 분 이상 비비기를 하는가?
- ㉮ 1분
- ㉯ 1분 30초
- ㉰ 2분
- ㉱ 3분

해설 • 가경식 믹서 : 1분 30초 이상

문제 37
콘크리트 다지기에 대한 설명으로 옳지 않은 것은?
- ㉮ 내부 진동기의 사용을 원칙으로 한다.
- ㉯ 재진동은 초결이 일어난 후에 실시한다.
- ㉰ 내부 진동기의 1개소당 진동시간은 5~15초로 한다.
- ㉱ 얇은 벽의 경우에는 거푸집 진동기를 사용해도 좋다.

해설 재진동은 초결이 일어나기 전에 실시한다.

문제 38
골재의 절대부피가 $0.672m^3$이고 잔골재의 절대부피는 $0.317m^3$일 경우 잔골재율 (S/a)은?
- ㉮ 31.7%
- ㉯ 40.7%
- ㉰ 47.1%
- ㉱ 52.9%

해설 $S/a = \dfrac{0.317}{0.672} \times 100 = 47.1\%$

문제 39
온도 180℃ 전후로 증기압 7~15기압의 고온고압 처리방법의 양생은?
- ㉮ 상압증기양생
- ㉯ 전기양생
- ㉰ 피막양생
- ㉱ 오토클레이브 양생

정답 35.㉱ 36.㉮ 37.㉯ 38.㉰ 39.㉱

문제 40
물 적신 가마니나 양생포 등으로 콘크리트 표면을 덮는 양생은?
- ㉮ 수중양생
- ㉯ 습사양생
- ㉰ 습포양생
- ㉱ 피막양생

문제 41
골재의 조립률(FM)을 알기 위해 사용되는 체가 아닌 것은?
- ㉮ 25mm
- ㉯ 5mm
- ㉰ 2.5mm
- ㉱ 1.2mm

해설 75, 40, 20, 10, 5, 2.5, 1.2, 0.6, 0.3, 0.15mm 체가 사용된다.

문제 42
시멘트의 응결시간을 측정하는 시험방법은?
- ㉮ 브레인 공기투과장치
- ㉯ 비카장치, 길모어장치
- ㉰ 시멘트 밀도 시험
- ㉱ 오토클레이브 장치

해설
- 분말도 시험 : 브레인 공기투과장치
- 시멘트 밀도 시험 : 르샤틀리에 병
- 시멘트 안정성 시험 : 오토클레이브 장치

문제 43
휨강도 시험에서 시험체에 하중을 가하는 속도는 가장자리 응력도의 증가율이 매 초 어느 정도 조정하고 최대 하중이 될 때까지 그 증가율을 유지하는가?
- ㉮ 0.06±0.04MPa
- ㉯ 0.25±0.04MPa
- ㉰ 0.6±0.4MPa
- ㉱ 0.025±0.04MPa

해설
- 인장강도, 휨강도 : 0.06±0.04MPa
- 압축강도 : 0.6±0.2MPa

문제 44
골재의 안정성 시험에 사용되는 시약은?
- ㉮ 수산화나트륨
- ㉯ 알코올
- ㉰ 탄닌산
- ㉱ 황산나트륨

해설 잔골재 유기 불순물 시험에는 알코올, 수산화나트륨, 탄닌산이 사용된다.

문제 45
잔골재의 유기 불순물 영향 시험과 관계되는 모르타르 시험은?
- ㉮ 압축강도 시험
- ㉯ 인장강도 시험
- ㉰ 휨강도 시험
- ㉱ 흐름 시험

해설 시험 용액의 색깔이 표준색 용액보다 진할 때에는 모르타르의 강도에 있어서 잔골재의 유기 불순물의 영향 시험방법에 따라 시험할 필요가 있다.

정답 40.㉰ 41.㉮ 42.㉯ 43.㉮ 44.㉱ 45.㉮

문제 46
잔골재의 입도가 2.62g/cm³이고, 잔골재의 절대부피가 0.305m³인 경우 단위 잔골재량은?

㉮ 201kg
㉯ 658kg
㉰ 799kg
㉱ 1,821kg

해설 $S = 2.62 \times 0.305 \times 1,000 = 799kg$

문제 47
골재 알의 표면에는 물기가 없고 골재 알 속의 빈틈만 물로 차 있는 골재의 함수상태는?

㉮ 절대건조상태
㉯ 공기중 건조상태
㉰ 표건상태
㉱ 습윤상태

해설 콘크리트 시방배합은 골재의 표건상태를 기준으로 한다.

문제 48
굳지 않은 콘크리트의 슬럼프 시험에 대한 설명 중 틀린 것은?

㉮ 콘크리트가 슬럼프 콘의 중심축에 대하여 치우친 경우라도 재시험은 하지 않는다.
㉯ 굵은골재 최대치수가 40mm를 넘는 콘크리트의 경우에는 40mm를 넘는 굵은 골재를 제거한다.
㉰ 슬럼프 콘에 시료를 3층으로 채운 후 각 층을 25회 다짐봉으로 다지고 위로 가만히 빼어 올린다.
㉱ 시험은 3분 이내로 한다.

해설
- 콘크리트가 슬럼프 콘의 중심축에 대하여 치우치거나 무너지거나 해서 모양이 불균형이 된 경우에는 다른 시료에 의해 재시험을 실시한다.
- 슬럼프 콘을 벗기는 작업은 2~5초 이내로 한다.

문제 49
콘크리트 배합설계 방법에 속하지 않는 것은?

㉮ 배합표에 의한 방법
㉯ 계산에 의한 방법
㉰ 시험배합에 의한 방법
㉱ 경험에 의한 방법

해설 공사 재료를 사용해서 시험을 하여 정하는 시험배합에 의한 방법이 가장 합리적이다.

문제 50
콘크리트가 내려앉은 길이의 슬럼프 값은 몇 mm 단위로 측정하는가?

㉮ 0.5mm
㉯ 5mm
㉰ 10mm
㉱ 20mm

해설 슬럼프 콘 규격은 위 안지름 100mm, 아래 안지름 200mm, 높이 300mm이다.

정답 46.㉰ 47.㉰ 48.㉮ 49.㉱ 50.㉯

문제 51
콘크리트의 압축강도 시험 결과 최대하중이 386,000N에서 공시체가 파괴되었다. 이 공시체의 압축강도는? (단, 공시체는 $\phi 150 \times 300$mm이다.)

㉮ 2.7 MPa ㉯ 5.5 MPa
㉰ 21.8 MPa ㉱ 25.5 MPa

해설 $f_c = \dfrac{P}{A} = \dfrac{386,000}{3.14 \times \dfrac{150^2}{4}} = 21.8\text{MPa}$

문제 52
콘크리트의 인장강도 시험 결과 파괴 최대하중이 164,000N이었다. 이 공시체의 인장강도는? (단, 공시체는 $\phi 150 \times 300$mm이다.)

㉮ 2.32MPa ㉯ 9.29MPa
㉰ 10.93MPa ㉱ 15.25MPa

해설 인장강도 $= \dfrac{2P}{\pi dl} = \dfrac{2 \times 164,000}{3.14 \times 150 \times 300} = 2.32\text{MPa}$

문제 53
다음 중 콘크리트 인장강도를 구하는 관계식은? (단, P : 공시체가 파괴될 때 최대 하중, d : 공시체의 지름, l : 공시체의 길이)

㉮ $\dfrac{2P}{\pi dl}$ ㉯ $\dfrac{P}{2\pi dl}$
㉰ $\dfrac{2P}{dl}$ ㉱ $\dfrac{P}{A}$

해설 압축강도 :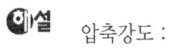

문제 54
휨강도 공시체 150mm×150mm×530mm의 몰드를 제작할 때 몇 층 몇 회씩 다짐을 하는가?

㉮ 3층 25회씩 ㉯ 3층 50회씩
㉰ 2층 80회씩 ㉱ 2층 92회씩

해설 다짐횟수 $= (150 \times 530) \div 1,000 ≒ 80$회

문제 55
잔골재의 표면수 시험에 대한 설명 중 틀린 것은?

㉮ 시험방법에는 질량법과 용적법이 있다.
㉯ 시험은 같은 시료에 대하여 계속 두 번 시험을 한다.
㉰ 시험은 잔골재의 표면건조 포화상태의 밀도와 관계가 있다.
㉱ 두 번 시험을 하였을 때의 평균값과 각 시험 차가 0.1% 이하이어야 한다.

해설 두 번 시험을 하였을 때의 평균값과 각 시험 차가 0.3% 이하이어야 한다.

정답 51.㉰ 52.㉮ 53.㉮ 54.㉰ 55.㉱

문제 56
콘크리트의 블리딩 시험 결과 시료에 함유된 물의 총 질량이 165kg이고 시료의 블리딩 물의 총 질량이 285g이었다. 이때 블리딩률은?
㉮ 0.17%　　㉯ 1.73%
㉰ 0.58%　　㉱ 5.79%

해설 블리딩률 = $\dfrac{285}{165,000} \times 100 = 0.17\%$

문제 57
굳지 않은 콘크리트의 공기량 시험 측정법이 아닌 것은?
㉮ 공기실 압력법　　㉯ 질량법(무게법)
㉰ 부피법　　㉱ 간이법

해설
- 콘크리트의 공기량 = 겉보기 공기량 − 골재의 수정계수
- 공기량 1% 증가에 콘크리트 압축강도가 4~6% 정도 감소한다.

문제 58
콘크리트 압축강도 시험용 공시체는 원기둥형으로 지름의 몇 배의 높이를 가지는가?
㉮ 1배　　㉯ 2배
㉰ 3배　　㉱ 4배

해설 공시체의 지름은 굵은골재 최대치수의 3배 이상이며 또한 100mm 이상이어야 한다.

문제 59
시멘트 밀도 시험에 사용되는 것이 아닌 것은?
㉮ 가는 철사　　㉯ 광유
㉰ 원뿔형 몰드　　㉱ 르샤틀리에 병

해설 원뿔형 몰드는 잔골재의 밀도 및 흡수율 시험을 할 경우에 사용된다.

문제 60
잔골재의 밀도 및 흡수율 시험에서 1회 시험을 할 때 표면건조 포화상태 시료 몇 g 이상이 필요한가?
㉮ 100g　　㉯ 200g
㉰ 400g　　㉱ 500g

해설 시험은 두 번 실시하여 그 측정값의 평균값과 차가 밀도 시험의 경우 0.01g/cm^3 이하, 흡수율 시험의 경우에는 0.05% 이하이어야 한다.

정답 56.㉮　57.㉱　58.㉯　59.㉰　60.㉱

2014년 1월 26일(제1회) 콘크리트기능사

▮알려 드립니다▮
한국산업인력공단의 저작권법 저촉에 대한 언급이 있어 과거에 출제된 동일한 문제나 그 유형의 문제로 재구성하였습니다.

문제 01
굵은골재의 최대치수가 40mm 이하인 콘크리트의 압축강도 시험용 원주형 공시체의 직경과 높이로 가장 적합한 것은?

- ㉮ 150×100mm
- ㉯ 100×100mm
- ㉰ 150×200mm
- ㉱ 150×300mm

해설 굵은골재 최대치수가 25mm 이하인 경우는 100×200mm 공시체를 이용한다.

문제 02
콘크리트 시공에서 시멘트 사용량을 절약하려면 골재로서 다음 중 어느 것에 가장 유의해야 하는가?

- ㉮ 시멘트 풀과 부착성
- ㉯ 골재 입도
- ㉰ 골재 중량
- ㉱ 골재 밀도

해설 입도가 양호하면 빈틈이 적어 시멘트가 적게 들어간다.

문제 03
모래의 유기불순물 시험에서 필요 없는 것은?

- ㉮ 수산화나트륨
- ㉯ 탄닌산
- ㉰ 표준색 용액
- ㉱ 황산나트륨

해설 황산나트륨은 골재의 안정성 시험에 이용된다.

문제 04
프리플레이스트 콘크리트의 특징이 아닌 것은?

- ㉮ 블리딩 및 레이턴스가 없다.
- ㉯ 수중 콘크리트에 적합하다.
- ㉰ 장기강도는 보통 콘크리트보다 크다.
- ㉱ 초기강도는 보통 콘크리트보다 크다.

해설
- 초기 강도는 보통 콘크리트보다 작다.
- 굵은골재의 최소치수는 15mm 이상으로 하여야 한다.

정답 01.㉱ 02.㉯ 03.㉱ 04.㉱

문제 05

잔골재 A의 조립률은 3.26이고 잔골재 B의 조립률은 2.44이다. 이 골재의 조립률이 적당하지 않아 조립률이 2.8이 되는 잔골재 C를 만들고자 할 때 잔골재 A와 B의 혼합비는?

　　A　　B　　　　　　　　　　A　　B
㉮ 0.75 : 0.65　　　　　　㉯ 0.36 : 0.46
㉰ 0.46 : 0.36　　　　　　㉱ 0.25 : 0.95

해설
- A+B=100% ············· ① 식
- $\dfrac{3.26A+2.44B}{A+B}=2.8$ ············· ② 식

(A+B)2.8 = 3.26 A+2.44 B
2.8 A+2.8 B = 3.26 A+2.44 B
(2.8−2.44) B = (3.26−2.8) A
0.36 B = 0.46 A
∴ B = 1.278 A

- ① 식에 대입하면
A+1.278 A = 100%
∴ A = 44%, B = 56%
혼합비로 환산하면 1 : 1.27이 되므로 A : 0.36, B : 0.46이 된다.

문제 06

벽이나 기둥과 같이 높이가 높은 콘크리트를 연속해서 타설할 경우 콘크리트의 쳐 올라가는 속도는 일반적으로 30분에 얼마 정도로 하는가?

㉮ 1m 이하　　　　　　㉯ 1~1.5m
㉰ 2~3m　　　　　　　㉱ 3~4m

해설 재료분리가 가능한 한 적게 되도록 콘크리트의 반죽질기 및 타설 속도를 조정해야 한다.

문제 07

다음 중 콘크리트의 배합설계 방법에 속하지 않는 것은?

㉮ 겉보기 배합에 의한 방법　　　㉯ 계산 배합에 의한 방법
㉰ 시험 배합에 의한 방법　　　　㉱ 배합표에 의한 방법

해설 콘크리트 배합설계에는 계산에 의한 방법, 배합표에 의한 방법, 시험배합에 의한 방법이 있으나 일반적으로 시험배합에 의한 방법이 가장 실용적이고 합리적인 방법이다.

문제 08

다음 중 알루미나 시멘트의 용도로서 옳은 것은?

㉮ 댐 축조 또는 큰 구조물의 콘크리트공사
㉯ 구조물의 중량을 줄이기 위한 콘크리트공사
㉰ 해수공사나 한중공사
㉱ 수중 콘크리트나 서중공사

정답 05.㉯　06.㉯　07.㉮　08.㉰

해설 알루미나 시멘트는 산, 염류, 해수 등의 화학적 침식에 대한 저항성이 크며 긴급을 요하는 공사나 한중공사 시공에 적합하다.

문제 09

AE제(AE제)를 사용할 때의 특성을 설명한 것으로 옳지 않은 것은?
㉮ 철근과의 부착 강도가 커진다.
㉯ 동결 융해에 대한 저항이 커진다.
㉰ 워커빌리티가 좋아지고 단위 수량이 줄어든다.
㉱ 수밀성은 커지나 강도가 작아진다.

해설
- 철근과의 부착강도가 작아지는 경향이 있다.
- 압축강도는 약 4~6% 감소한다.

문제 10

서중 콘크리트의 시공이나 레디믹스트 콘크리트에서 운반거리가 먼 경우, 또는 연속 콘크리트를 칠 때 작업이음이 생기지 않도록 할 경우에 사용하면 효과가 있는 혼화제는?
㉮ 분산제   ㉯ 지연제
㉰ 증진제   ㉱ 응결경화 촉진제

해설 지연제는 시멘트의 수화반응을 늦추어 응결시간을 길게 할 목적으로 사용하는 혼화제이다.

문제 11

다음 중 콘크리트의 운반 기구 및 기계가 아닌 것은?
㉮ 버킷   ㉯ 콘크리트 펌프
㉰ 콘크리트 플랜트   ㉱ 벨트 컨베이어

해설 콘크리트 플랜트(배치 플랜트)는 혼합하는 설비에 속한다.

문제 12

내부 진동기를 사용하여 콘크리트를 다지기할 때 주의해야 할 사항으로 잘못된 것은?
㉮ 진동다지기를 할 때에는 내부 진동기를 하층의 콘크리트 속으로 10cm 정도 찔러 넣는다.
㉯ 내부 진동기는 콘크리트로부터 천천히 빼내어 구멍이 남지 않도록 한다.
㉰ 내부 진동기의 삽입간격은 1.5m 이하로 하여야 한다.
㉱ 내부 진동기는 연직으로 찔러 넣어야 한다.

해설
- 내부 진동기의 삽입간격은 50cm 이하로 하여야 한다.
- 내부 진동기는 콘크리트를 횡방향으로 이동시킬 목적으로 사용하지 않아야 한다.

정답 09.㉮ 10.㉯ 11.㉰ 12.㉰

문제 13
외기 온도가 25℃ 미만일 때 콘크리트는 비비기로부터 타설이 끝날 때까지의 시간은 원칙적으로 몇 시간 이내로 하는가?

㉮ 1시간　　　　　　　　㉯ 2시간
㉰ 3시간　　　　　　　　㉱ 4시간

해설 외기 온도가 25℃ 이상일 때는 1.5시간을 넘어서는 안 된다.

문제 14
서중 콘크리트를 타설할 때의 콘크리트 온도는 최대 몇 ℃ 이하이어야 하는가?

㉮ 20℃　　　　　　　　㉯ 25℃
㉰ 30℃　　　　　　　　㉱ 35℃

해설 하루 평균기온이 25℃를 초과하는 경우 서중 콘크리트로 시공한다.

문제 15
콘크리트는 타설한 후 습윤상태로 노출면이 마르지 않도록 하여야 한다. 조강 포틀랜드 시멘트를 사용한 콘크리트의 경우 습윤양생 기간의 표준으로 옳은 것은? (단, 일평균기온이 15℃ 이상인 경우)

㉮ 3일　　㉯ 5일　　㉰ 7일　　㉱ 9일

해설 일평균기온이 15℃ 이상인 경우 보통 포틀랜드 시멘트를 사용한 콘크리트는 5일간 습윤양생을 한다.

문제 16
지름 150mm, 높이 300mm인 공시체를 사용하여 콘크리트 쪼갬인장강도 시험을 하여 시험기에 나타난 최대하중이 147.9kN이었다. 인장강도는 얼마인가?

㉮ 1.5 MPa　　　　　　　㉯ 1.7 MPa
㉰ 1.9 MPa　　　　　　　㉱ 2.1 MPa

해설 인장강도 $= \dfrac{2P}{\pi dl} = \dfrac{2 \times 147,900}{3.14 \times 150 \times 300} = 2.1 \text{N/mm}^2 = 2.1 \text{MPa}$

문제 17
콘크리트 압축강도 시험에 사용하는 시료의 양생 온도 범위로 가장 적합한 것은?

㉮ 0~4℃　　　　　　　　㉯ 6~10℃
㉰ 11~15℃　　　　　　　㉱ 18~22℃

해설 공시체는 20±2℃ 수조에서 습윤 양생을 한다.

정답 13.㉯　14.㉱　15.㉮　16.㉱　17.㉱

문제 18
풍화된 시멘트에 대한 설명으로 잘못된 것은?
- ㉮ 입상·괴상으로 굳어지고 이상응결을 일으키는 원인이 된다.
- ㉯ 시멘트의 밀도가 떨어진다.
- ㉰ 시멘트의 응결이 지연된다.
- ㉱ 시멘트의 강열감량이 저하된다.

해설 풍화한 시멘트는 일반적으로 강열감량이 증가하고 밀도가 저하되며 응결이 지연된다.

문제 19
프리플레이스트 콘크리트용 그라우트, 프리스트레스트(PS) 콘크리트 등에 사용되며 골재나 PS 강재의 빈틈을 잘 채워지게 하여 부착을 좋게 하는 혼화제는?
- ㉮ 급결제
- ㉯ 지연제
- ㉰ 발포제
- ㉱ AE제

해설 발포제는 알루미늄이나 아연분말을 혼합하여 시멘트의 알칼리성분과 반응해서 수소가스를 발생시켜 모르타르나 콘크리트 속에 미세한 기포를 발생시키는 혼화제이다.

문제 20
굵은골재의 최대치수에 대한 설명 중 틀린 것은?
- ㉮ 무근 콘크리트의 굵은골재 최대치수는 40mm이고, 이때 부재 최소치수의 1/4을 초과해서는 안 된다.
- ㉯ 철근 콘크리트의 굵은골재 최대치수는 거푸집 양 측면 사이의 최소 거리의 1/5을 초과하지 않아야 한다.
- ㉰ 일반적인 철근콘크리트 구조물인 경우 굵은골재 최대치수는 15mm를 표준으로 한다.
- ㉱ 단면이 큰 철근콘크리트 구조물인 경우 굵은골재 최대치수는 40mm를 표준으로 한다.

해설
- 일반적인 철근 콘크리트 구조물인 경우 굵은골재의 최대치수는 20 또는 25mm이다.
- 슬래브 두께의 1/3을 초과하지 않아야 한다.
- 개별 철근, 다발 철근, 긴장재 또는 덕트 사이 최소 순간격의 3/4을 초과하지 않아야 한다.

문제 21
150mm×150mm×530mm 크기의 콘크리트 시험체를 450mm 지간이 되도록 고정한 후 4점 재하법으로 휨강도를 측정하였다. 35kN의 최대하중에서 중앙부분이 파괴되었다면 휨강도는 얼마인가?
- ㉮ 4.7MPa
- ㉯ 5.3MPa
- ㉰ 5.6MPa
- ㉱ 5.9MPa

해설 휨강도 $= \dfrac{Pl}{bd^2} = \dfrac{35,000 \times 450}{150 \times 150^2} = 4.7 \text{ N/mm}^2 = 4.7 \text{MPa}$

정답 18.㉱ 19.㉰ 20.㉰ 21.㉮

문제 22

단위 골재량의 절대부피가 0.75m³인 콘크리트에서 절대 잔골재율이 38%이고 잔골재의 밀도 2.6g/cm³, 굵은골재의 밀도가 2.65g/cm³라면 단위 굵은골재량은 몇 kg/m³인가?

㉮ 741
㉯ 865
㉰ 1,021
㉱ 1,232

해설
- 잔골재의 절대부피 : $V_s = 0.75 \times 0.38 = 0.285 \text{m}^3$
- 굵은골재의 절대부피 : $V_G = 0.75 - 0.285 = 0.465 \text{m}^3$
  또는 $0.75 \times 0.62 = 0.465 \text{m}^3$
- 단위 잔골재량 : $2.6 \times 0.285 \times 1,000 = 741 \text{ kg/m}^3$
- 단위 굵은골재량 : $2.65 \times 0.465 \times 1,000 = 1,232 \text{ kg/m}^3$

문제 23

다음 시멘트 중 특수 시멘트에 속하는 것은?

㉮ 백색 포틀랜드 시멘트
㉯ 팽창 시멘트
㉰ 실리카 시멘트
㉱ 플라이 애시 시멘트

해설
- 혼합시멘트 : 고로 슬래그 시멘트, 플라이 애시 시멘트, 실리카 시멘트
- 특수시멘트 : 알루미나 시멘트, 초속경 시멘트, 팽창 시멘트

문제 24

공극률이 25%인 골재의 실적률은?

㉮ 12.5%
㉯ 25%
㉰ 50%
㉱ 75%

해설
- 실적률 : 100 − 공극률 = 100 − 25 = 75%

문제 25

한중 콘크리트에 관한 설명으로 틀린 것은?

㉮ 하루의 평균기온이 4℃ 이하가 예상되는 조건일 때는 한중 콘크리트로 시공하여야 한다.
㉯ 한중 콘크리트는 AE 콘크리트를 사용하는 것을 원칙으로 한다.
㉰ 콘크리트를 타설할 때에는 철근이나 거푸집 등에 빙설이 부착되어 있지 않아야 한다.
㉱ 초기 동해를 적게 하기 위하여 단위 수량은 크게 하는 것이 좋다.

해설 초기 동해를 적게 하기 위하여 단위 수량을 작게 하는 것이 좋다.

문제 26

일반 콘크리트의 수밀성을 기준으로 물-결합재 비를 정할 경우 그 값의 기준으로 옳은 것은?

㉮ 40% 이하
㉯ 50% 이하
㉰ 65% 이하
㉱ 75% 이하

정답 22.㉱ 23.㉯ 24.㉱ 25.㉱ 26.㉰

해설   콘크리트의 탄산화 저항성을 고려할 경우 물-결합재 비는 55% 이하로 한다.

문제 27

한중 콘크리트에 있어서 양생 중 콘크리트의 온도는 최저 몇 ℃ 이상으로 유지하는 것을 표준으로 하는가?

㉮ 5℃   ㉯ 10℃
㉰ 15℃   ㉱ 20℃

해설   타설할 때 콘크리트 온도는 5~20℃의 범위에서 한다.

문제 28

분말도가 큰 시멘트에 대한 설명으로 틀린 것은?

㉮ 수밀한 콘크리트를 얻을 수 있으며 균열의 발생이 없다.
㉯ 풍화되기 쉽고 수화열이 많이 발생한다.
㉰ 수화반응이 빨라지고 조기강도가 크다.
㉱ 블리딩양이 적고 워커블한 콘크리트를 얻을 수 있다.

해설
- 분말도가 높을수록 수화열이 많이 발생하며 수축으로 인하여 콘크리트에 균열이 발생할 우려가 있다.
- 분말도는 비표면적으로 나타내며 비표면적(cm^2/g)이란 1g의 시멘트가 가지고 있는 전체 입자의 총 표면적(cm^2)이다.

문제 29

잔골재의 단위 무게가 1.65 kg/L이고 밀도가 2.65 kg/L일 때 이 골재의 공극률은 얼마인가?

㉮ 32.7%   ㉯ 34.7%
㉰ 37.7%   ㉱ 39.1%

해설
- 실적률 $= \dfrac{1.65}{2.65} \times 100 = 62.3\%$
- 공극률 $= 100 - $ 실적률 $= 100 - 62.3 = 37.7\%$

문제 30

콘크리트의 건조를 방지하기 위하여 방수제를 표면에 바르든지 또는 이것을 뿜어 붙이기를 하여 습윤양생을 하는 것은?

㉮ 전기양생   ㉯ 방수양생
㉰ 증기양생   ㉱ 피막양생

해설   피막양생제는 콘크리트 표면의 물빛이 없어진 직후에 실시하면 부득이 살포가 지연되는 경우에는 피막양생제를 살포할 때까지 콘크리트 표면을 습윤상태로 보호하여 한다.

정답   27.㉮ 28.㉮ 29.㉰ 30.㉱

문제 31 콘크리트 슬럼프 시험에 대한 설명으로 틀린 것은?

㉮ 슬럼프 값은 5mm의 정밀도로 측정한다.
㉯ 슬럼프 콘에 시료를 채우고 벗길 때까지의 전 작업시간은 3분 이내로 한다.
㉰ 슬럼프 콘을 벗기는 작업은 20초 정도로 한다.
㉱ 굵은 골재의 최대치수가 40mm를 넘는 콘크리트의 경우에는 40mm를 넘는 굵은 골재를 제거한다.

해설 슬럼프 콘을 벗기는 시간은 높이 300mm에서 2~5초로 한다.

문제 32 휨강도 시험을 위한 공시체의 길이에 대한 설명으로 옳은 것은?

㉮ 단면의 한 변의 길이의 2배보다 50mm 이상 긴 것으로 한다.
㉯ 단면의 한 변의 길이의 2배보다 80mm 이상 긴 것으로 한다.
㉰ 단면의 한 변의 길이의 3배보다 50mm 이상 긴 것으로 한다.
㉱ 단면의 한 변의 길이의 3배보다 80mm 이상 긴 것으로 한다.

해설 단면 한 변의 길이의 3배보다 80mm 이상 긴 것으로 한다.

문제 33 콘크리트용 모래에 포함되어 있는 유기불순물 시험에 사용되는 시약은?

㉮ 무수황산나트륨
㉯ 염화칼슘 용액
㉰ 실리카 겔
㉱ 수산화나트륨 용액

해설 유기불순물시험에 사용되는 시약은 10% 알코올, 2% 탄닌산, 3% 수산화나트륨이다.

문제 34 프리플레이스트 콘크리트에서 굵은 골재의 최소 치수는 몇 mm 이상이어야 하는가?

㉮ 15mm
㉯ 25mm
㉰ 40mm
㉱ 60mm

해설
- 굵은 골재 최소 치수 : 15mm
- 굵은 골재 최대 치수 : 최소치수의 2~4배 정도

문제 35 콘크리트의 블리딩 시험에 있어서 표면에 올라온 물의 수집을 처음 60분간은 10분 간격으로 하고 그후 블리딩이 정지할 때까지는 몇 분 간격으로 하는가?

㉮ 15분
㉯ 20분
㉰ 30분
㉱ 60분

해설 블리딩이 크면 상부의 콘크리트가 다공질이 되며 강도, 수밀성, 내구성이 감소된다.

정답 31.㉰ 32.㉱ 33.㉱ 34.㉮ 35.㉰

문제 36 아래의 표에서 설명하는 혼화재료는?

석탄을 원료로 하는 화력발전소에서 미분탄을 고온으로 연소시켰을 때 회분이 용융되어 고온의 연소가스와 더불어 굴뚝에 이르는 도중에 급격히 냉각되어 구형으로 생성되는 미세한 분말로서 전기식 또는 기계식 집진장치를 사용하여 모은 것이다.

㉮ 포졸란　　　　　　　　　㉯ 플라이 애시
㉰ 실리카 품　　　　　　　　㉱ AE제(AE제)

해설 플라이 애시를 혼화재로 사용한 콘크리트는 조기강도는 작으나 장기강도는 증가한다.

문제 37 슬럼프 콘의 규격으로 옳은 것은?

㉮ 윗면의 안지름이 150mm, 밑면의 안지름이 300mm, 높이 300mm
㉯ 윗면의 안지름이 150mm, 밑면의 안지름이 200mm, 높이 300mm
㉰ 윗면의 안지름이 100mm, 밑면의 안지름이 300mm, 높이 300mm
㉱ 윗면의 안지름이 100mm, 밑면의 안지름이 200mm, 높이 300mm

해설 슬럼프 시험에 소요되는 총 시간은 3분 이내로 한다.

문제 38 콘크리트를 제조할 때 각 재료의 계량에 대한 허용오차 중 골재의 허용오차로 옳은 것은?

㉮ ±1%　　　　　　　　　　㉯ ±2%
㉰ ±3%　　　　　　　　　　㉱ ±4%

해설
- 시멘트 : -1%, +2%
- 물 : -2%, +1%
- 혼화재 : ±2%
- 골재, 혼화제 : ±3%

문제 39 콘크리트 타설에 대한 설명으로 틀린 것은?

㉮ 한 구획 내의 콘크리트는 타설이 완료될 때까지 연속해서 타설해야 한다.
㉯ 콘크리트는 그 표면이 한 구획 내에서는 거의 수평이 되도록 타설하는 것을 원칙으로 한다.
㉰ 콘크리트 타설의 1층 높이는 다짐능력을 고려하여 이를 결정하여야 한다.
㉱ 타설한 콘크리트는 그 수평을 맞추기 위하여 거푸집 안에서 횡방향으로 이동시키면서 작업하여야 한다.

해설 타설한 콘크리트는 거푸집 안에서 횡방향으로 이동시키면서 작업해서는 안 된다.

정답 36.㉯ 37.㉱ 38.㉰ 39.㉱

문제 40
콘크리트의 슬럼프 시험을 통하여 알 수 있는 것은?
- ㉮ 반죽질기
- ㉯ 내진성
- ㉰ 압축강도
- ㉱ 탄성계수

해설 반죽질기 : 물의 양이 많고 적음에 따르는 반죽이 되고 진 정도를 나타내는 굳지 않은 콘크리트의 성질을 말하며 콘크리트의 유동성을 나타내는 것이다.

문제 41
콘크리트용 굵은골재의 안정성은 황산나트륨으로 5회 시험을 하여 평가한다. 이때 손실 질량은 몇 % 이하를 표준으로 하는가?
- ㉮ 12%
- ㉯ 10%
- ㉰ 5%
- ㉱ 3%

해설 잔골재의 경우 10% 이하를 표준으로 한다.

문제 42
시멘트 입자를 분산시킴으로써 콘크리트의 소요의 워커빌리티를 얻는 데 필요한 단위 수량을 줄이기 위해 사용되는 혼화제는?
- ㉮ 감수제
- ㉯ AE제(공기 연행제)
- ㉰ 촉진제
- ㉱ 급결제

해설 감수제의 효과
- 시멘트 풀의 유동성을 증대시킨다.
- 워커빌리티를 좋게 한다.
- 단위 수량을 감소시킨다.
- 수화작용을 촉진시킨다.

문제 43
시멘트 밀도 시험 결과 시멘트의 질량은 64g, 처음 광유 눈금을 읽은 값은 0.4mL, 시료를 넣은 후 광유 눈금을 읽은 값은 20.9mL였다. 이 시멘트의 밀도는 얼마인가?
- ㉮ 3.09g/cm³
- ㉯ 3.12g/cm³
- ㉰ 3.15g/cm³
- ㉱ 3.18g/cm³

해설 시멘트 밀도 $= \dfrac{64}{\text{눈금의 차}} = \dfrac{64}{20.9-0.4} = 3.12 \text{g/cm}^3$

문제 44
표면건조 포화상태인 굵은골재의 질량이 4,000g이고, 이 시료의 절대건조상태일 때의 질량이 3,940g이었다면, 흡수율은?
- ㉮ 1.25%
- ㉯ 1.32%
- ㉰ 1.45%
- ㉱ 1.52%

해설 흡수율 $= \dfrac{4,000-3,940}{3,940} \times 100 = 1.52\%$

정답 40.㉮ 41.㉮ 42.㉮ 43.㉯ 44.㉱

문제 45
콘크리트 1m³를 배합할 때 재료의 양을 무엇이라고 하는가?
- ㉮ 시방배합
- ㉯ 배합 강도
- ㉰ 단위량
- ㉱ 현장배합

해설
- 시방배합 : 시방서 또는 책임기술자가 지시한 배합
- 현장배합 : 골재의 입도, 함수상태를 고려한 배합

문제 46
콘크리트 타설 후 콘크리트 표면에 떠올라 침전한 미세한 물질은?
- ㉮ 블리딩
- ㉯ 레이턴스
- ㉰ 성형성
- ㉱ 슬럼프

해설 레이턴스는 시멘트나 모래 속의 미립자의 혼합물로써 굳어져도 강도가 거의 없다.

문제 47
콘크리트 운반 계획에 대한 사항이 아닌 것은?
- ㉮ 운반로를 선정한다.
- ㉯ 운반 방법은 한 방법으로 실시하게 한다.
- ㉰ 1일 타설량을 고려하여 설비 및 인원을 배치한다.
- ㉱ 재료 분리가 최소가 되는 방법을 고려한다.

해설 운반 방법은 작업 장소를 고려하여 여러 방법을 선정한다.

문제 48
다음 콘크리트 믹서 중에서 중력식 믹서는?
- ㉮ 1축 믹서
- ㉯ 가경식 믹서
- ㉰ 2축 믹서
- ㉱ 팬형 믹서

해설
- 중력식 믹서 : 회전식 드럼형
- 강제식 믹서 : 고정 드럼형(1축 믹서, 2축 믹서, 팬형 믹서)

문제 49
골재의 체가름 시험에 사용되는 시료에 대한 설명 중 틀린 것은?
- ㉮ 굵은골재 최대 치수가 25mm일 때 시료의 최소 질량은 5kg으로 한다.
- ㉯ 시험할 대표 시료를 4분법이나 시료 분취기를 이용하여 채취한다.
- ㉰ 채취한 시료는 표면건조포화상태에서 시험을 한다.
- ㉱ 잔골재는 1.2mm 체에 5%(질량비) 이상 남는 시료의 최소 질량은 500g으로 한다.

해설 채취한 시료는 건조기 안에서 건조한 후 시험을 한다.

정답 45.㉰ 46.㉯ 47.㉯ 48.㉯ 49.㉰

문제 50 굳지 않은 콘크리트 블리딩 시험으로 알 수 있는 것은?
- ㉮ 워커빌리티
- ㉯ 재료 분리
- ㉰ 응결 시간
- ㉱ 단위 수량

해설 블리딩 시험으로 콘크리트의 재료 분리 경향을 알 수 있다.

문제 51 잔골재 밀도 시험에서 원뿔형 몰드에 시료를 넣고 다짐대로 몇 회 다져 잔골재의 흘러 내리는 상태를 관찰하는가?
- ㉮ 15회
- ㉯ 20회
- ㉰ 25회
- ㉱ 50회

해설 원뿔형 몰드를 이용하여 표면건조 포화상태 시료를 확인한다.

문제 52 혼화재료 중 혼화재에 속하지 않는 것은?
- ㉮ 촉진제
- ㉯ 팽창재
- ㉰ 플라이 애시
- ㉱ 고로 슬래그 미분말

해설 혼화제 : 촉진제, AE 감수제 등

문제 53 콘크리트 양생 시 유해한 영향을 주는 요인이 아닌 것은?
- ㉮ 습도
- ㉯ 직사광선
- ㉰ 바람
- ㉱ 진동

해설 직사광선, 바람, 진동, 하중, 충격 등은 유해하다.

문제 54 일반적으로 된반죽의 콘크리트를 다질 때 가장 많이 사용하는 진동기는?
- ㉮ 거푸집 진동기
- ㉯ 내부 진동기
- ㉰ 공기식 진동기
- ㉱ 평면식 진동기

해설
- 된반죽 콘크리트의 다지기는 내부 진동기가 유효하다.
- 얇은 벽 등 내부 진동기의 사용이 곤란한 장소에서는 거푸집 진동기를 사용해도 좋다.

문제 55 골재의 표면수량에 대한 설명 중 옳지 않은 것은?
- ㉮ 골재의 습윤상태에서 표면건조 포화상태의 수분을 뺀 물의 양이다.
- ㉯ 시방배합을 현장배합으로 보정할 경우 표면수량을 고려한다.
- ㉰ 절대건조상태에서 표면건조 포화상태로 되기까지 흡수된 물의 양이다.
- ㉱ 골재의 표면에 묻어 있는 물의 양이다.

해설 절대건조상태에서 표면건조 포화상태로 되기까지 흡수된 물은 흡수량이다.

정답 50.㉯ 51.㉰ 52.㉮ 53.㉮ 54.㉯ 55.㉰

문제 56
콘크리트에 사용되는 혼화재료 중 워커빌리티 개선에 효과가 없는 것은?
- ㉮ AE제
- ㉯ 유동화제
- ㉰ 응결경화촉진제
- ㉱ 플라이 애시

해설 응결경화촉진제는 경화 속도를 촉진시키므로 워커빌리티가 감소된다.

문제 57
골재의 저장에 대한 설명으로 틀린 것은?
- ㉮ 직사광선을 피하기 위한 시설이 필요하다.
- ㉯ 빙설의 혼입이나 동결을 막기 위한 시설이 필요하다.
- ㉰ 입도에 맞게 여러 종류의 골재를 한 장소에 저장한다.
- ㉱ 표면수가 일정하도록 저장한다.

해설 골재의 종류와 입도가 다른 골재는 각각 구분하여 별도로 저장한다.

문제 58
콘크리트에 사용되는 굵은골재의 설명으로 틀린 것은?
- ㉮ 골재의 입자가 크고 작은 것이 골고루 섞여 있는 것이 좋다.
- ㉯ 골재의 모양은 둥근 것이 좋다.
- ㉰ 굵은골재는 5mm 체에 거의 남는 골재이다.
- ㉱ 유기물이 일정량 함유되어야 한다.

해설 골재는 깨끗하고 유해물을 함유하지 않아야 하며, 모양은 구 또는 입방체에 가까운 것이 좋으며 강도와 내구성이 커야 한다.

문제 59
콘크리트 인장강도 시험에 대한 설명 중 틀린 것은?
- ㉮ 시험체를 매초 0.06±0.04MPa의 일정한 비율로 증가하도록 하중을 가한다.
- ㉯ 시험체의 지름은 150mm 이상으로 한다.
- ㉰ 시험체의 지름은 굵은골재 최대치수의 3배 이상이어야 한다.
- ㉱ 시험체는 습윤상태에서 시험을 한다.

해설 시험체의 지름은 굵은골재 최대치수의 4배 이상이어야 한다.

문제 60
굵은골재 전체 질량 10,000g을 가지고 체가름 시험한 결과 다음 표와 같다. 이 골재의 최대치수는?

체	75mm	40mm	25mm	20mm
통과량	10,000g	9,400g	9,200g	8,700g

- ㉮ 75mm
- ㉯ 40mm
- ㉰ 25mm
- ㉱ 20mm

해설
- 통과율 90% 이상 중 체눈의 최소 공칭치수를 선택한다.
- 통과율 = $\dfrac{통과량}{전체질량} \times 100$

정답 56.㉰ 57.㉰ 58.㉱ 59.㉰ 60.㉰

콘크리트기능사 2014년 4월 6일(제2회)

알려 드립니다

한국산업인력공단의 저작권법 저촉에 대한 언급이 있어 과거에 출제된 동일한 문제나 그 유형의 문제로 재구성하였습니다.

문제 01 콘크리트의 압축강도 시험에 사용할 공시체의 표준지름에 해당되지 않는 것은?
- ㉮ 100mm
- ㉯ 125mm
- ㉰ 150mm
- ㉱ 200mm

해설 공시체의 지름은 굵은골재 최대치수의 3배 이상이어야 한다.

문제 02 콘크리트의 휨강도 시험에 대한 설명으로 옳지 않은 것은?
- ㉮ 공시체의 길이는 높이의 3배보다 80mm 이상 더 커야 한다.
- ㉯ 공시체는 성형 후 16시간 이상 3일 이내에 몰드를 해체한다.
- ㉰ 공시체의 한 변의 길이는 굵은골재 최대치수의 3배 이상으로 한다.
- ㉱ 공시체가 지간 중심 3등분점의 바깥쪽에서 파괴시 그 시험 결과는 무효로 한다.

해설 공시체의 한 변의 길이는 굵은골재 최대치수의 4배 이상으로 한다.

문제 03 잔골재의 유해물 중 염화물 한도(질량 백분율)는 얼마인가?
- ㉮ 0.04%
- ㉯ 0.2%
- ㉰ 0.5%
- ㉱ 3%

해설 • 점토덩어리 : 1%

문제 04 매스콘크리트 시공 방법 중 파이프 내부에 냉수 또는 공기를 보내 콘크리트의 온도를 제어하는 방법은?
- ㉮ 프리쿨링
- ㉯ 파이프쿨링
- ㉰ 온도균열제어
- ㉱ 열전도

해설 파이프는 지름 25mm 정도의 얇은 관을 사용한다.

정답 01.㉱ 02.㉰ 03.㉮ 04.㉯

문제 05
골재의 입도에 대한 설명으로 옳지 않은 것은?
- ㉮ 골재의 입도란 골재의 크고 작은 알이 섞여 있는 정도를 말한다.
- ㉯ 골재의 체가름 시험 결과 굵은골재 최대치수, 조립률, 입도 분포를 알 수 있다.
- ㉰ 골재의 입도가 양호하면 수밀성이 큰 콘크리트를 얻을 수 있다.
- ㉱ 골재의 입자가 균일하면 양질의 콘크리트를 얻을 수 있다.

해설 골재의 입자가 균일하면 시멘트풀이 많이 들어 비경제적인 콘크리트가 된다.

문제 06
골재가 가진 물의 전량에서 골재알 속에 흡수된 수량을 뺀 수량은?
- ㉮ 표면수율
- ㉯ 흡수율
- ㉰ 함수율
- ㉱ 유효흡수율

해설 표면수는 골재알의 표면에 묻어 있는 수량이며, 표면수율은 표면건조포화상태에 대한 시료질량의 백분율로 나타낸다.

문제 07
오토클레이브 양생에 의해 고강도를 나타내는 혼화재로 적합한 것은?
- ㉮ AE제
- ㉯ 기포제
- ㉰ 폴리머
- ㉱ 규산질 미분말

해설 규산질 미분말은 오토클레이브 양생에 의하여 고강도를 나타나게 한다.

문제 08
콘크리트 압축강도 시험에 대한 설명 중 옳지 않은 것은?
- ㉮ 공시체는 몰드를 떼어낸 후, 습윤상태에서 강도시험을 할 때까지 양생한다.
- ㉯ 재령에 따라 강도가 감소한다.
- ㉰ 습윤상태에서 양생하면 장기강도가 커진다.
- ㉱ 공시체의 높이와 지름의 비가 작을수록 압축강도가 커진다.

해설
- 재령에 따라 강도가 증가한다.
- 4~40℃ 양생 온도에서는 온도가 높을수록 압축강도가 커진다.

문제 09
골재의 체가름 시험에 사용되는 시료는 건조기 안에 넣어 몇 ℃의 온도로 질량이 일정하게 될 때까지 건조시키는가?
- ㉮ 25 ± 5℃
- ㉯ 65 ± 5℃
- ㉰ 85 ± 5℃
- ㉱ 105 ± 5℃

해설 필요한 시료는 4분법 또는 시료 분취기로 채취하고 105 ± 5℃의 온도로 질량이 일정하게 되게 건조한다.

정답 05.㉱ 06.㉮ 07.㉱ 08.㉯ 09.㉱

문제 10 콘크리트의 압축강도 시험 결과 최대하중이 195,000N에서 공시체가 파괴되었다. 이 공시체의 압축강도는 얼마인가? (단, 공시체 지름은 100mm이다.)

㉮ 19.5MPa
㉯ 22.5MPa
㉰ 24.8MPa
㉱ 34.8MPa

해설 $f_c = \dfrac{P}{A} = \dfrac{195,000}{3.14 \times \dfrac{100^2}{4}} = 24.8 \text{MPa}$

문제 11 굳지 않은 콘크리트의 슬럼프 시험에 관한 설명 중 틀린 것은?

㉮ 전 작업시간을 3분 이내에 끝낸다.
㉯ 슬럼프 콘 규격은 윗면의 안지름 100mm, 밑면의 안지름은 200mm, 높이는 300mm이다.
㉰ 슬럼프 측정은 콘의 높이에서 주저앉은 높이를 5mm 정밀도로 측정한다.
㉱ 철근 콘크리트에서 단면이 큰 경우 슬럼프 표준값은 60~180mm이다.

해설 철근 콘크리트에서 일반적인 경우 80~150mm, 단면이 큰 경우는 60~120mm이다.

문제 12 가루 석탄을 연소시킬 때 굴뚝에서 집진기로 모은 아주 작은 입자의 재이며, 실리카질 혼화재로 입자가 둥글고 매끄럽기 때문에 콘크리트의 워커빌리티를 좋게 하고 수화열이 적으며, 장기 강도를 크게 하는 것은?

㉮ 실리카 퓸
㉯ 플라이 애시
㉰ 고로 슬래그 미분말
㉱ AE제

해설 수화열이 적어 단면이 큰 콘크리트 구조물에 적합하다.

문제 13 다음 중 천연골재에 속하지 않는 것은?

㉮ 강모래, 강자갈
㉯ 산모래, 산자갈
㉰ 바닷모래, 바닷자갈
㉱ 부순모래, 슬래그

해설 • 인공골재 : 부순돌(쇄석), 부순모래, 고로 슬래그, 인공경량 및 중량골재 등

문제 14 가경식 믹서를 사용하여 콘크리트 비비기를 할 경우 비비기 시간은 믹서 안에 재료를 투입한 후 얼마 이상을 표준으로 하는가?

㉮ 1분
㉯ 30초
㉰ 1분 30초
㉱ 2분

해설 • 강제식 : 1분

정답 10.㉰ 11.㉱ 12.㉯ 13.㉱ 14.㉰

문제 15 콘크리트를 타설한 후 다지기를 할 때 내부 진동기를 찔러 넣는 간격은 어느 정도가 적당한가?
- ㉮ 25cm 이하
- ㉯ 50cm 이하
- ㉰ 75cm 이하
- ㉱ 100cm 이하

해설 다질 때 진동기를 천천히 빼 구멍이 생기지 않게 한다.

문제 16 모르타르 또는 콘크리트를 압축공기에 의해 뿜어 붙여서 만든 콘크리트로 비탈면의 보호, 교량의 보수 등에 쓰이는 콘크리트는?
- ㉮ 진공 콘크리트
- ㉯ 프리플레이스트 콘크리트
- ㉰ 숏크리트
- ㉱ 수밀 콘크리트

해설 프리플레이스트 콘크리트는 특정한 입도를 가진 굵은골재를 거푸집에 채워놓고 그 공극 속에 특수한 모르타르를 주입하여 만든다.

문제 17 콘크리트의 슬럼프 시험에 대한 설명으로 옳은 것은?
- ㉮ 콘크리트가 내려앉은 길이를 5mm의 정밀도로 측정한다.
- ㉯ 시료는 슬럼프 콘의 높이를 3등분하여 3층으로 나누어 넣고 가운데층만 25회 다진다.
- ㉰ 슬럼프 콘에 시료를 채우고 벗길 때까지의 전 작업시간은 3분 30초 이내로 한다.
- ㉱ 슬럼프 콘 벗기는 작업은 10초 정도로 천천히 해야 한다.

해설
- 시료는 슬럼프 콘의 높이를 3등분하여 3층으로 나누어 넣고 각층을 25회씩 다진다.
- 슬럼프 전 작업시간은 3분 이내로 한다.
- 슬럼프 콘을 벗기는 작업은 2~5초 이내로 한다. (전 작업시간에 포함)

문제 18 시멘트 밀도 시험에서 처음 광유표면 읽은 값이 0.50ml이고 마지막 읽은 눈금값이 20.8ml이다. 밀도값은? (단, 시멘트 시료무게는 64g이다.)
- ㉮ 3.12g/cm³
- ㉯ 3.14g/cm³
- ㉰ 3.15g/cm³
- ㉱ 3.17g/cm³

해설 시멘트 밀도 $= \dfrac{시료무게}{눈금차} = \dfrac{64}{20.8-0.5} = 3.15 \text{g/cm}^3$

문제 19 수중 콘크리트에 대한 설명 중 옳지 않은 것은?
- ㉮ 콘크리트를 수중에 낙하시키지 말아야 한다.
- ㉯ 수중에 물의 속도가 5cm/sec 이상일 때에 한하여 시공한다.
- ㉰ 트레미나 포대를 사용한다.
- ㉱ 정수중에 치면 더욱 좋다.

정답 15.㉯ 16.㉰ 17.㉮ 18.㉰ 19.㉯

해설
- 수중에 물의 속도가 5cm/sec 이하를 유지해야 시공 가능하다.
- 콘크리트를 연속해서 타설한다.
- 콘크리트는 수중에 낙하시키지 않는다.

문제 20 잔골재의 밀도 및 흡수율 시험결과 물을 채운 플라스크의 무게가 692g, 시료와 물을 검정점까지 채운 플라스크의 무게가 1,001.8g이었다. 이 시료의 표면 건조 포화상태의 밀도는 얼마인가? (단, 플라스크에 채운 표면 건조 포화상태의 시료무게는 500g, $\rho_w = 1\,\mathrm{g/cm^3}$이다.)

㉮ $2.57\,\mathrm{g/cm^3}$ ㉯ $2.59\,\mathrm{g/cm^3}$
㉰ $2.61\,\mathrm{g/cm^3}$ ㉱ $2.63\,\mathrm{g/cm^3}$

해설 잔골재의 표면 건조 포화상태의 밀도

$$\frac{m}{B+m-C}\times \rho_w = \frac{500}{692+500-1,001.8}\times 1 = 2.63\,\mathrm{g/cm^3}$$

문제 21 다음 중 잔골재 밀도 측정시험에 사용되는 기계기구가 아닌 것은?

㉮ 원뿔형 몰드 ㉯ 플라스크(ml)
㉰ 항온 수조 ㉱ 철망태

해설 철망태($\phi 20\times 20\mathrm{cm}$, 5mm 체망)는 굵은골재 밀도측정시 사용된다.

문제 22 콘크리트의 비파괴 시험에서 일정한 에너지의 타격을 콘크리트 표면에 주어 그 타격으로 생기는 반발력으로 콘크리트의 강도를 판정하는 방법은?

㉮ 보올트를 잡아당기는 방법 ㉯ 코어 채취 방법
㉰ 음파측정 방법 ㉱ 표면 경도 방법

해설
- $f = -184 + 13\,R_0\,(\mathrm{kg/cm^2})$
- 또는 $F(\mathrm{MPa}) = -18.0 + 1.27\,R_0$
  여기서, $R_0 = R + \triangle R$

문제 23 잔골재의 밀도 시험은 두 번 실시하여 밀도 측정값의 평균값과 차가 얼마 이하이어야 하는가?

㉮ $0.01\,\mathrm{g/cm^3}$ ㉯ $0.1\,\mathrm{g/cm^3}$
㉰ $0.02\,\mathrm{g/cm^3}$ ㉱ $0.5\,\mathrm{g/cm^3}$

해설 흡수율 시험의 경우 : 0.05% 이하

정답 20.㉱ 21.㉱ 22.㉱ 23.㉮

문제 24 AE제를 사용한 콘크리트의 성질 중 옳지 않는 것은?
   ㉮ 콘크리트의 강도가 증가되며 수축과 흡수율은 약간 작아진다.
   ㉯ 콘크리트의 워커빌리티가 개선되고 단위 수량을 줄일 수 있다.
   ㉰ 공기량은 콘크리트 체적의 3~6%가 적당하다.
   ㉱ 콘크리트의 수밀성과 내구성이 커진다.

   해설 공기량 1% 증가함에 따라 압축강도는 4~6% 감소한다.

문제 25 콘크리트의 수밀성을 고려하는 경우 물-결합재비는 얼마 이하가 적당한가?
   ㉮ 50%   ㉯ 55%
   ㉰ 60%   ㉱ 65%

   해설 수밀콘크리트에서도 물-결합재비를 50% 이하를 표준한다.

문제 26 감수제의 특징을 설명한 것 중 옳지 않은 것은?
   ㉮ 시멘트 풀의 유동성을 증가시킨다.
   ㉯ 워커빌리티를 좋게 하고 단위 수량을 줄일 수 있다.
   ㉰ 콘크리트가 굳은 뒤에는 내구성이 커진다.
   ㉱ 수화작용이 느리고 강도가 감소된다.

   해설 수화작용이 효율적으로 진행되고 강도가 증가된다.

문제 27 다음 중 조기강도가 큰 순으로 열거된 것은?
   ㉮ 알루미나 시멘트 – 조강 포틀랜드 시멘트 – 고로 시멘트
   ㉯ 알루미나 시멘트 – 고로 시멘트 – 조강 포틀랜드 시멘트
   ㉰ 조강 포틀랜드 시멘트 – 알루미나 시멘트 – 고로 시멘트
   ㉱ 조강 포틀랜드 시멘트 – 고로 시멘트 – 알루미나 시멘트

   해설 알루미나 시멘트는 재령 1일에서 조강 포틀랜드 시멘트는 재령 7일에서 보통 포틀랜드 시멘트의 재령 28일 강도를 낸다.

문제 28 포틀랜드 시멘트의 성분 중 많이 함유하고 있는 것부터 순서대로 나열한 것은?
   ㉮ 실리카 – 알루미나 – 석회 – 산화철
   ㉯ 알루미나 – 석회 – 산화철 – 실리카
   ㉰ 석회 – 실리카 – 알루미나 – 산화철
   ㉱ 석회 – 알루미나 – 실리카 – 산화철

   해설 석회(64%), 실리카(22%), 알루미나(5%), 산화철(3%), 기타

정답 24.㉮ 25.㉮ 26.㉱ 27.㉮ 28.㉰

문제 29 콘크리트 표면을 물에 적신 가마니, 마포 등으로 덮는 양생방법은 어느 것인가?
- ㉮ 습포양생
- ㉯ 수중양생
- ㉰ 습사양생
- ㉱ 피막양생

[해설] 콘크리트 습윤양생에는 습포양생, 습사양생, 수중양생, 피막양생 등이 있다.

문제 30 콘크리트가 경화되는 도중에 부피가 늘어나게 하여 콘크리트의 건조수축에 의한 균열을 막는데 사용하는 혼화재는?
- ㉮ AE제
- ㉯ 플라이 애시
- ㉰ 팽창성 혼화재
- ㉱ 포졸란

[해설] 팽창재는 콘크리트 부재의 건조수축을 줄여 균열의 발생을 방지할 목적으로 사용한다.

문제 31 포졸란의 종류에 해당하지 않는 것은?
- ㉮ 규조토
- ㉯ 규산백토
- ㉰ 고로 슬래그
- ㉱ 포졸리스

[해설]
- 천연산 : 화산재, 규조토, 규산백토 등
- 인공산 : 고로 슬래그, 소성점토, 혈암, 플라이 애시 등

문제 32 잔골재의 밀도 및 흡수율 시험을 하면서 시료와 물이 들어있는 플라스크를 편평한 면에 굴리는 이유 중 가장 옳은 것은?
- ㉮ 먼지를 제거하기 위하여
- ㉯ 온도차에 의한 물의 단위질량을 고려하기 위하여
- ㉰ 공기를 제거하기 위하여
- ㉱ 플라스크 용량 검정을 위하여

[해설]
- 표건시료를 판단할 경우 잔골재를 원추형 몰드에 넣고 다짐대의 중량만으로 다지도록 한다.
- 시료를 플라스크에 넣기 전에 소량의 물을 넣어 두면 플라스크가 깨질 염려가 없다.
- 산적된 골재로부터 대표적인 시험용 골재를 채취하는 경우에는 여러 곳에서 채취하는 것이 좋다

문제 33 콘크리트에서 부순 돌을 굵은골재로 사용했을 때의 설명이다. 잘못된 것은?
- ㉮ 단위 수량이 많아진다.
- ㉯ 잔골재율이 작아진다.
- ㉰ 부착력이 좋아서 압축강도가 커진다.
- ㉱ 포장 콘크리트에 사용하면 좋다.

정답 29.㉮ 30.㉰ 31.㉱ 32.㉰ 33.㉯

문제 34 시멘트는 저장중에 공기와 닿으면 수화작용을 일으킨다. 이때 생긴 수산화칼슘이 공기 중의 이산화탄소와 작용하여 탄산칼슘과 물이 생기게 되는데 이러한 작용을 무엇이라 하는가?

㉮ 응결작용
㉯ 산화작용
㉰ 풍화작용
㉱ 탄화작용

[해설]
- 시멘트가 저장중에 공기와 접하면 공기중의 수분을 흡수하여 수화작용을 일으켜 굳어지는 현상을 풍화라고 한다.
- 풍화된 시멘트는 강열감량이 증대된다. 즉 시멘트의 풍화정도를 나타내는 척도로 3% 이하로 규정하고 있다.

문제 35 콘크리트 양생에 관한 설명 중 옳지 않은 것은?

㉮ 해수, 알칼리, 산성 흙의 영향을 받을 경우도 양생기간은 보통 콘크리트의 경우와 같다.
㉯ 양생기간 중에 예상되는 진동, 충격, 하중 등의 유해한 작용으로부터 보호해야 한다.
㉰ 콘크리트 노출면을 덮은 후 살수하며 일 평균기온이 15℃ 이상일 때 보통 포틀랜드 시멘트의 경우 5일간 같은 상태로 보호한다.
㉱ 콘크리트 노출면을 덮은 후 살수하며 일 평균기온이 15℃ 이상일 때 조강 포틀랜드 시멘트의 경우 3일간 같은 상태로 보호한다.

[해설] 해수, 알칼리, 산성 흙의 영향을 받을 경우에 양생기간은 보통 콘크리트의 경우보다 더 소요된다.

문제 36 잔골재와 굵은골재를 구분하는 체는?

㉮ 1mm 체
㉯ 2mm 체
㉰ 3mm 체
㉱ 5mm 체

[해설] 굵은골재는 5mm 체에 거의 다 남는 골재 또는 5mm 체에 다 남는 골재이다.

문제 37 다음 시멘트 중 혼합시멘트에 속하지 않는 것은?

㉮ 고로 시멘트
㉯ 플라이 애시 시멘트
㉰ 알루미나 시멘트
㉱ 포틀랜드 포졸란 시멘트

[해설] 특수시멘트 : 알루미나 시멘트, 초속경 시멘트, 팽창시멘트 등

정답 34.㉰ 35.㉮ 36.㉱ 37.㉰

문제 38
일반적으로 염화칼슘($CaCl_2$), 또는 염화칼슘이 들어 있는 감수제를 사용하는 혼화제는?
- ㉮ 발포제
- ㉯ 급결제
- ㉰ 촉진제
- ㉱ 지연제

해설 촉진제는 시멘트의 수화작용을 촉진하는 혼화제로 보통 시멘트 중량의 2% 이하의 염화칼슘을 사용한다.

문제 39
콘크리트 비비기에 대한 설명으로 잘못된 것은?
- ㉮ 비비기 시간에 대한 시험을 실시하지 않은 경우 가경식 믹서일 때에는 1분 30초 이상을 표준으로 한다.
- ㉯ 비비기 시간에 대한 시험을 실시하지 않은 경우 강제식 믹서일 때에는 2분 이상을 표준으로 한다.
- ㉰ 비비기는 미리 정해둔 비비기 시간의 3배 이상 계속하지 않아야 한다.
- ㉱ 비비기를 시작하기 전에 미리 믹서 내부를 모르타르로 부착시켜야 한다.

해설
- 강제식 믹서 : 1분 이상
- 연속믹서를 사용할 경우에는 비비기 시작 후 최초에 배출되는 콘크리트는 사용하지 않아야 한다.

문제 40
거푸집의 높이가 높을 경우, 재료분리를 막기 위해 거푸집에 투입구를 설치하거나 연직슈트 또는 펌프배관의 배출구를 타설면 가까운 곳까지 내려서 콘크리트를 타설하여야 한다. 이 경우 슈트, 펌프배관, 버킷 등의 배출구와 타설면까지의 높이로 가장 적합한 것은?
- ㉮ 1.5m 이하
- ㉯ 2.0m 이하
- ㉰ 2.5m 이하
- ㉱ 3.0m 이하

해설 콘크리트 타설 도중 표면에 떠올라 고인 블리딩 수가 있을 경우에는 적당한 방법으로 물을 제거한 후 그 위에 콘크리트를 친다. 고인물을 제거하기 위해 콘크리트 표면에 홈을 만들어 흐르게 해서는 안 된다.

문제 41
굳지 않은 콘크리트 또는 모르타르(mortar)에 있어서 골재 및 시멘트 입자의 침강으로 물이 분리하여 상승하는 현상으로 인하여 콘크리트나 모르타르의 표면에 떠올라서 가라앉은 물질을 무엇이라 하는가?
- ㉮ 워커빌리티
- ㉯ 레이턴스
- ㉰ 피니셔빌리티
- ㉱ 블리딩

해설
- 골재 및 시멘트 입자의 침강으로 물이 상승하는 현상을 블리딩이라 한다.
- 블리딩 현상 후 콘크리트나 모르타르의 표면에 떠올라 가라앉은 물질을 레이턴스라 한다.

정답 38.㉰ 39.㉯ 40.㉮ 41.㉯

문제 42
굵은골재의 최대치수에 대한 설명 중 틀린 것은?

㉮ 무근 콘크리트의 굵은골재 최대치수는 40mm이고, 이때 부재 최소치수의 1/4을 초과해서는 안 된다.
㉯ 철근 콘크리트의 굵은골재 최대치수는 거푸집 양 측면 사이의 최소 거리의 1/5을 초과하지 않아야 한다.
㉰ 일반적인 철근콘크리트 구조물인 경우 굵은골재 최대치수는 15mm를 표준으로 한다.
㉱ 단면이 큰 철근콘크리트 구조물인 경우 굵은골재 최대치수는 40mm를 표준으로 한다.

해설
- 일반적인 철근 콘크리트 구조물인 경우 굵은골재의 최대치수는 20 또는 25mm이다.
- 슬래브 두께의 1/3을 초과하지 않아야 한다.
- 개별 철근, 다발 철근, 긴장재 또는 덕트 사이 최소 순간격의 3/4을 초과하지 않아야 한다.

문제 43
벽이나 기둥과 같은 높은 구조물에 연속해서 콘크리트를 칠 경우 알맞은 치기속도는?

㉮ 30분에 0.5~1m
㉯ 60분에 0.5~1m
㉰ 30분에 1~1.5m
㉱ 60분에 1~1.5m

해설 쳐 올라가는 속도가 너무 빠르면 재료분리, 블리딩에 의한 나쁜 영향을 주며 철근과 부착강도가 떨어진다.

문제 44
철근 콘크리트 구조물에 있어서 확대기초, 기둥, 벽 등의 측벽 거푸집을 떼어 내어도 좋은 시기의 콘크리트 압축강도는 얼마인가?

㉮ 3.5MPa 이상
㉯ 5MPa 이상
㉰ 14MPa 이상
㉱ 28MPa 이상

해설
① 확대기초, 보, 기둥 등의 측면 : 5MPa 이상
② 슬래브 및 보의 밑면, 아치 내면 설계기준 압축강도의 2/3배 이상, 또한 최소 14MPa 이상

문제 45
워싱턴형 공기량 측정기를 사용하여 콘크리트의 공기량을 측정하고자 한다. 콘크리트의 공기량은 어떻게 표시되는가?

㉮ 콘크리트 부피에 대한 백분율
㉯ 용기의 무게에 대한 백분율
㉰ 골재량에 대한 백분율
㉱ 공기량 측정기의 무게에 대한 백분율

해설
- 콘크리트의 공기량은 콘크리트 부피에 대한 비(%)이다.
- $A = A_1 - G$

정답 42.㉰ 43.㉰ 44.㉯ 45.㉮

문제 46
150mm×150mm×530mm 크기의 콘크리트 시험체를 450mm 지간이 되도록 고정한 후 4점 재하법으로 휨강도를 측정하였다. 35kN의 최대하중에서 중앙부분이 파괴되었다면 휨강도는 얼마인가?

㉮ 4.7MPa
㉯ 5.3MPa
㉰ 5.6MPa
㉱ 5.9MPa

해설 $f_b = \dfrac{Pl}{bd^2} = \dfrac{35,000 \times 450}{150 \times 150^2} = 4.7 \text{ N/mm}^2 = 4.7 \text{MPa}$

문제 47
중용열 포틀랜드 시멘트에 대한 설명으로 틀린 것은?

㉮ 건조수축이 작다.
㉯ 조기강도는 보통 시멘트에 비해 작다.
㉰ 댐 콘크리트, 방사선차폐용 콘크리트 등 단면이 큰 콘크리트용으로 적합하다.
㉱ 수화속도가 빠르고, 수화열이 커서 동절기 공사에 유리하다.

해설
- 수화속도가 늦고 수화열이 작아서 댐이나 방사선 차폐용, 매시브한 콘크리트 등에 유리하다.
- 장기강도는 보통시멘트와 같거나 약간 크다.
- 화학적 저항성이 크다.

문제 48
콘크리트용 모래에 포함되어 있는 유기 불순물 시험에 사용하는 식별용 표준색 용액의 제조방법으로 옳은 것은?

㉮ 10%의 수산화나트륨 용액으로 2% 탄닌산 용액을 만들고, 그 2.5mL를 3%의 알코올 용액 97.5ml에 가하여 유리병에 넣어 마개를 닫고 잘 흔든다.
㉯ 10%의 알코올 용액으로 2% 탄닌산 용액을 만들고, 그 2.5mL를 3%의 수산화나트륨 용액 97.5mL에 가하여 유리병에 넣어 마개를 닫고 잘 흔든다.
㉰ 3%의 알코올 용액으로 10% 탄닌산 용액을 만들고, 그 2.5mL를 2%의 황산나트륨 용액 97.5mL에 가하여 유리병에 넣어 마개를 닫고 잘 흔든다.
㉱ 3%의 황산나트륨 용액으로 10% 탄닌산 용액을 만들고, 그 2.5mL를 2%의 알코올 용액 97.5mL에 가하여 유리병에 넣어 마개를 닫고 잘 흔든다.

해설 시험용액의 색깔이 표준색 용액보다 연할 때에는 그 모래는 사용 가능하다.

문제 49
콘크리트의 블리딩 시험에 대한 설명으로 틀린 것은?

㉮ 시험하는 동안 30±3℃의 온도를 유지한다.
㉯ 콘크리트를 용기에 3층으로 넣고, 각 층을 다짐대로 25번씩 다진다.
㉰ 용기에 채워 넣을 때 콘크리트의 표면이 용기의 가장자리에서 (30±3)mm 낮아지도록 고른다.
㉱ 콘크리트의 재료 분리 정도를 알기 위한 시험이다.

해설 시험하는 동안 20±3℃의 온도를 유지한다.

정답 46.㉮ 47.㉱ 48.㉯ 49.㉮

문제 50
외기온도가 25℃ 이상일 때 콘크리트의 비비기로부터 타설이 끝날 때까지의 시간은 얼마를 넘어서는 안 되는가?

㉮ 1시간 ㉯ 1.5시간
㉰ 2시간 ㉱ 2.5시간

해설 외기 온도가 25℃ 미만일 때 : 2시간 이내이다.

문제 51
콘크리트를 일관 작업으로 대량 생산하는 장치로서, 재료 저장부, 계량 장치, 비비기 장치, 배출 장치로 되어 있는 것은?

㉮ 레미콘 ㉯ 콘크리트 플랜트
㉰ 콘크리트 피니셔 ㉱ 콘크리트 디스트리뷰터

해설 콘크리트 플랜트 시설에서 일률적으로 대량 공급을 한다.

문제 52
프리플레이스트 콘크리트에서 굵은 골재의 최소 치수는 몇 mm 이상이어야 하는가?

㉮ 15mm ㉯ 25mm
㉰ 40mm ㉱ 60mm

해설
• 굵은 골재 최소 치수 : 15mm
• 굵은 골재 최대 치수 : 최소 치수의 2~4배 정도

문제 53
일반적으로 잔골재의 표건밀도는 어느 정도의 범위를 가지는가?

㉮ 2.0g/cm³ 이하 ㉯ 2.50~2.65g/cm³
㉰ 2.75~2.90g/cm³ ㉱ 3.10~3.15g/cm³

해설 표면건조포화상태의 잔골재 밀도는 보통 2.50~2.65g/cm³, 굵은골재 밀도는 2.55~2.70g/cm³ 범위에 있다.

문제 54
다음 중 콘크리트 펌프에 관한 설명으로 틀린 것은?

㉮ 일반적으로 지름 100~150mm의 수송관을 사용한다.
㉯ 일반 콘크리트를 펌프로 압송할 경우, 굵은 골재의 최대 치수 40mm 이하를 표준으로 한다.
㉰ 일반 콘크리트를 펌프로 압송할 경우, 슬럼프는 100~180mm의 범위가 적절하다.
㉱ 수송관의 배치는 굴곡을 많이 하고, 하향으로 해서 압송 중에 콘크리트가 막히지 않도록 해야 한다.

해설 수송관의 배치는 굴곡이 적고 수평이나 상향으로 해서 압송 중에 콘크리트가 막히지 않게 한다.

정답 50.㉰ 51.㉯ 52.㉮ 53.㉯ 54.㉱

문제 55

콘크리트 재료의 계량에 대한 설명으로 틀린 것은?

㉮ 골재의 계량오차는 ±3%이다.
㉯ 혼화제를 묽게 하는 데 사용하는 물은 단위 수량으로 포함하여서는 안 된다.
㉰ 혼화재의 계량오차는 ±2%이다.
㉱ 각 재료는 1배치씩 질량으로 계량하여야 하며, 물과 혼화제 용액은 용적으로 계량해도 좋다.

해설 혼화제를 녹이는 데 사용하는 물이나 혼화제를 묽게 하는 데 사용하는 물은 단위 수량의 일부로 본다.

문제 56

한중 콘크리트 시공 시 동결 온도를 낮추기 위한 방법으로 옳지 않은 것은?

㉮ 적당한 보온장치를 한다.   ㉯ 시멘트를 가열한다.
㉰ 골재를 가열한다.   ㉱ 물을 가열한다.

해설 시멘트는 어떠한 경우라도 직접 가열해서는 안 된다.

문제 57

콘크리트 타설에 대한 설명으로 틀린 것은?

㉮ 한 구획 내의 콘크리트는 타설이 완료될 때까지 연속해서 타설해야 한다.
㉯ 콘크리트는 그 표면이 한 구획 내에서는 거의 수평이 되도록 타설하는 것을 원칙으로 한다.
㉰ 콘크리트 타설의 1층 높이는 다짐능력을 고려하여 이를 결정하여야 한다.
㉱ 타설한 콘크리트는 그 수평을 맞추기 위하여 거푸집 안에서 횡방향으로 이동시키면서 작업하여야 한다.

해설
- 타설한 콘크리트는 거푸집 안에서 횡방향으로 이동시키면서 작업해서는 안 된다.
- 시공이음은 부재 압축력의 작용 방향과 직각이 되도록 한다.
- 시공이음은 될 수 있는 대로 인장력이 작은 위치에 설치한다.

문제 58

콘크리트 재료 중 혼화재의 1회 계량분에 대한 계량오차(허용오차)로 옳은 것은?

㉮ ±1%   ㉯ ±2%
㉰ ±3%   ㉱ ±4%

해설 골재, 혼화제 : ±3%

문제 59

잔골재 체가름 시험에 필요한 시료를 준비할 때 1.2mm 체를 95%(질량비) 이상 통과하는 시료의 최소 건조질량은?

㉮ 100g   ㉯ 300g
㉰ 500g   ㉱ 1,000g

해설 1.2mm 체를 5%(질량비) 이상 남는 시료의 최소 건조질량은 500g이다.

정답 55.㉯ 56.㉯ 57.㉱ 58.㉯ 59.㉮

문제 60 콘크리트용 모래에 포함되어 있는 유기 불순물 시험에 대한 설명으로 옳은 것은?

㉮ 사용하는 수산화나트륨 용액은 물 50에 수산화나트륨 50의 질량비로 용해시킨 것이다.
㉯ 시료는 대표적인 것을 취하고 절대건조상태로 건조시켜 4분법을 사용하여 약 5kg을 준비한다.
㉰ 시험에 사용할 유리병은 노란색으로 된 유리병을 사용하여야 한다.
㉱ 시험의 결과 24시간 정치한 잔골재 상부의 용액색이 표준용액보다 연할 경우 이 모래는 콘크리트용으로 사용할 수 있다.

해설
- 수산화나트륨 3%는 물 97에 수산화나트륨 3의 질량비로 용해시킨다.
- 시료는 대표적인 것을 취하고 공기 중 건조상태로 건조시켜 4분법을 사용하여 약 450g을 준비한다.
- 시험에 사용할 유리병은 무색 투명 유리병을 사용하여야 한다.

정답 60.㉱

콘크리트기능사 2014년 7월 20일(제4회)

> **알려 드립니다**
>
> 한국산업인력공단의 저작권법 저촉에 대한 언급이 있어 과거에 출제된 동일한 문제나 그 유형의 문제로 재구성하였습니다.

문제 01 콘크리트 펌프를 이용하여 압송시 다음 설명 중 틀린 것은?

㉮ 압송을 수월하게 하기 위해 유동화 콘크리트를 사용하며 슬럼프 값을 아주 높게 한다.
㉯ 보통 콘크리트를 펌프로 압송할 경우 굵은골재의 최대치수는 40mm 이하, 슬럼프는 100~180mm의 범위가 적절하다.
㉰ 펌프의 호퍼(hopper)에 콘크리트 투입시의 슬럼프를 120mm 이상으로 할 경우에는 유동화 콘크리트를 원칙으로 한다.
㉱ 일반적으로 안정하게 압송할 수 있는 최초의 슬럼프 값은 굵은골재의 최대입경이 20~40mm이며 사용할 관의 지름이 150mm 이하의 경우 80mm 정도이다.

해설
- 압송을 수월하게 고성능 AE 감수제 또는 유동화 콘크리트를 사용한다.
- 유동화 콘크리트라도 슬럼프 값을 너무 높게 해서는 안 된다.
- 수송관의 배치는 가능한 한 굴곡을 적게 하고 수평 또는 상향으로 압송한다.

문제 02 하루 평균기온 ( )℃를 초과하는 시기에 시공할 경우에는 서중 콘크리트로 시공한다. ( ) 안에 들어갈 온도는?

㉮ 20
㉯ 25
㉰ 30
㉱ 35

문제 03 잔골재의 안정성 시험에서 황산나트륨을 사용할 경우 손실 질량 백분율은 몇 % 이하이어야 하는가?

㉮ 8%
㉯ 10%
㉰ 12%
㉱ 15%

해설 잔골재는 10% 이하, 굵은골재는 12% 이하이다.

정답 01.㉮ 02.㉯ 03.㉯

문제 04
휨강도 공시체 150mm×150mm×530mm의 몰드를 제작할 때 각 층은 몇 회씩 다지는가?
- ㉮ 25회
- ㉯ 50회
- ㉰ 80회
- ㉱ 92회

해설 2층 80회씩 다진다. (150×530)÷1,000≒80회

문제 05
콘크리트를 타설한 후 다지기를 할 때 내부 진동기를 찔러 넣는 간격은 어느 정도가 적당한가?
- ㉮ 25cm 이하
- ㉯ 50cm 이하
- ㉰ 75cm 이하
- ㉱ 100cm 이하

해설 다질 때 진동기를 천천히 빼 구멍이 생기지 않게 한다.

문제 06
한중 콘크리트는 양생 중에 온도를 최소 얼마 이상으로 유지해야 하는가?
- ㉮ 0℃
- ㉯ 5℃
- ㉰ 15℃
- ㉱ 20℃

해설 일 평균기온이 4℃ 이하가 될 경우 한중 콘크리트로 시공한다.

문제 07
경사슈트에 의한 콘크리트 운반을 하는 경우 기울기는 연직 1에 대하여 수평을 얼마 정도 하는가?
- ㉮ 1
- ㉯ 2
- ㉰ 3
- ㉱ 4

해설
- 경사슈트는 재료분리를 일으키기 쉬워 가능한 한 사용하지 않는 것이 좋다.
- 부득이 사용할 경우에는 수평 2에 연직 1 정도의 경사가 적당하다.

문제 08
수중 콘크리트에 대한 설명 중 옳지 않은 것은?
- ㉮ 콘크리트를 수중에 낙하시키지 말아야 한다.
- ㉯ 수중에 물의 속도가 50mm/sec 이상일 때에 한하여 시공한다.
- ㉰ 트레미나 포대를 사용한다.
- ㉱ 정수중에 치면 더욱 좋다.

해설
- 수중에 물의 속도가 50mm/sec 이하를 유지해야 시공 가능하다.
- 콘크리트를 연속해서 타설한다.
- 콘크리트는 수중에 낙하시키지 않는다.

정답 04.㉰ 05.㉯ 06.㉯ 07.㉯ 08.㉯

문제 09
콘크리트의 인장강도 시험에 사용할 공시체는 시험 직전에 공시체의 지름을 몇 mm까지 2개소 이상을 측정하여 평균값을 구하는가?

㉮ 0.1mm ㉯ 0.5mm
㉰ 1mm ㉱ 2mm

해설 공시체의 길이는 1mm까지 2개소 이상을 재어서 평균값을 구한다.

문제 10
슬럼프(slump) 시험 설명 중 옳지 않은 것은?

㉮ 반죽질기를 측정하는 방법으로서 오래전부터 여러 나라에서 많이 사용하여 왔다.
㉯ 슬럼프 콘이 규격은 밑면 20cm, 윗면 10cm, 높이 30cm이다.
㉰ 슬럼프 값을 측정할 때 콘을 벗기는 작업은 1분 30초 정도로 끝낸다.
㉱ 3층으로 나누어 넣고 각 층마다 지름 16mm의 다짐대로 25회 다진다.

해설 슬럼프 콘을 벗기는 2~5초를 포함하여 전 작업시간은 3분 이내로 한다.

문제 11
응결 지연제를 혼입해서 사용해야 할 콘크리트는?

㉮ 한중 콘크리트 ㉯ 서중 콘크리트
㉰ 수중 콘크리트 ㉱ 진공 콘크리트

해설 여름철 및 레디믹스트 콘크리트의 운반거리가 멀어 운반시간이 장시간 소요될 경우 지연제를 사용하면 좋다.

문제 12
골재를 체가름 시험 후 조립률의 계산 시 필요하지 않은 체는?

㉮ 40mm ㉯ 25mm
㉰ 5mm ㉱ 1.2mm

해설 조립률에는 75, 40, 20, 10, 5, 2.5, 1.2, 0.6, 0.3, 0.15mm 체가 이용된다.

문제 13
미리 거푸집 안에 굵은골재를 채우고, 그 틈에 특수 모르타르를 펌프로 주입한 콘크리트는?

㉮ 프리플레이스트 콘크리트 ㉯ 중량 콘크리트
㉰ PC콘크리트 ㉱ 진공 콘크리트

해설 굵은골재의 치수를 크게 하고 주입 모르타르를 부배합으로 하여 시공한다.

문제 14
시멘트의 밀도는 보통 어느 정도인가?

㉮ $2.51 \sim 2.60 \text{g/cm}^3$ ㉯ $3.04 \sim 3.15 \text{g/cm}^3$
㉰ $3.14 \sim 3.16 \text{g/cm}^3$ ㉱ $3.23 \sim 3.25 \text{g/cm}^3$

정답 09.㉮ 10.㉰ 11.㉯ 12.㉯ 13.㉮ 14.㉰

해설
- 중용열 포틀랜드 시멘트 밀도가 가장 크다.
- 석회나 알루미나가 많이 혼합되어 있으면 밀도가 작아진다.

문제 15 콘크리트가 경화되는 도중에 부피가 늘어나게 하여 콘크리트의 건조수축에 의한 균열을 막는 데 사용하는 혼화재는?

㉮ AE제 ㉯ 플라이 애시
㉰ 팽창성 혼화재 ㉱ 포졸란

해설 팽창재는 콘크리트 부재의 건조수축을 줄여 균열의 발생을 방지할 목적으로 사용한다.

문제 16 벽이나 기둥과 같이 높이가 높은 콘크리트를 연속해서 타설할 경우 콘크리트의 쳐 올라가는 속도는 일반적으로 30분에 얼마 정도로 하는가?

㉮ 1m 이하 ㉯ 1~1.5m
㉰ 2~3m ㉱ 3~4m

해설 재료분리가 가능한 한 적게 되도록 콘크리트의 반죽질기 및 타설 속도를 조정해야 한다.

문제 17 포졸란의 종류에 해당하지 않는 것은?

㉮ 규조토 ㉯ 규산백토
㉰ 고로 슬래그 ㉱ 포졸리스

해설
- 천연산 : 화산재, 규조토, 규산백토 등
- 인공산 : 고로 슬래그, 소성점토, 혈암, 플라이 애시 등

문제 18 콘크리트에서 부순 돌을 굵은골재로 사용했을 때의 설명이다. 잘못된 것은?

㉮ 단위 수량이 많아진다.
㉯ 잔골재율이 작아진다.
㉰ 부착력이 좋아서 압축강도가 커진다.
㉱ 포장 콘크리트에 사용하면 좋다.

해설
- 부순 자갈을 사용할 경우 워커빌리티가 나빠지므로 잔골재율과 단위 수량을 크게 하여 워커빌리티를 개량할 필요가 있다.
- 둥근 강자갈은 워커빌리티가 좋으나 강도는 부순돌보다 작다.

문제 19 콘크리트의 슬럼프 시험에 사용하는 다짐대의 지름은 몇 mm인가?

㉮ 10mm ㉯ 13mm ㉰ 16mm ㉱ 19mm

해설
- 다짐대는 지름 16mm, 길이 500~600mm이다.
- 슬럼프 시험을 끝낸 즉시 다짐대로 콘크리트 옆면을 가볍게 두들겨 그 모양을 보는 것은 워커빌리티를 판단하는 데 참고가 된다.

정답 15.㉰ 16.㉯ 17.㉱ 18.㉯ 19.㉰

문제 20
잔골재와 굵은골재를 구분하는 체는?
- ㉮ 1mm 체
- ㉯ 2mm 체
- ㉰ 3mm 체
- ㉱ 5mm 체

해설 굵은골재는 5mm 체에 거의 다 남는 골재 또는 5mm 체에 다 남는 골재이다.

문제 21
공극률이 적은 골재를 사용한 콘크리트의 특징으로 잘못된 것은?
- ㉮ 시멘트 풀의 양이 적게 들어 경제적이다.
- ㉯ 콘크리트의 수밀성이 증대된다.
- ㉰ 콘크리트의 건조수축이 적어진다.
- ㉱ 블리딩의 발생이 증대된다.

해설 블리딩의 발생이 감소된다.

문제 22
AE제를 사용할 때의 특성을 설명한 것으로 옳지 않은 것은?
- ㉮ 철근과의 부착 강도가 커진다.
- ㉯ 동결 융해에 대한 저항이 커진다.
- ㉰ 워커빌리티가 좋아지고 단위 수량이 줄어든다.
- ㉱ 수밀성은 커지나 강도가 작아진다.

해설
- 철근과의 부착강도가 작아지는 경향이 있다.
- 압축강도는 약 4~6% 감소한다.

문제 23
외기 온도가 25℃ 미만일 때 콘크리트는 비비기로부터 타설이 끝날 때까지의 시간은 원칙적으로 몇 시간 이내로 하는가?
- ㉮ 1시간
- ㉯ 2시간
- ㉰ 3시간
- ㉱ 4시간

해설 외기 온도가 25℃ 이상일 때는 1.5시간을 넘어서는 안 된다.

문제 24
콘크리트 비비기에 대한 설명으로 잘못된 것은?
- ㉮ 비비기 시간에 대한 시험을 실시하지 않은 경우 가경식 믹서일 때에는 1분 30초 이상을 표준으로 한다.
- ㉯ 비비기 시간에 대한 시험을 실시하지 않은 경우 강제식 믹서일 때에는 2분 이상을 표준으로 한다.
- ㉰ 비비기는 미리 정해둔 비비기 시간의 3배 이상 계속하지 않아야 한다.
- ㉱ 비비기를 시작하기 전에 미리 믹서 내부를 모르타르로 부착시켜야 한다.

정답 20.㉱ 21.㉱ 22.㉮ 23.㉯ 24.㉯

해설
- 강제식 믹서 : 1분 이상
- 연속믹서를 사용할 경우에는 비비기 시작 후 최초에 배출되는 콘크리트는 사용하지 않아야 한다.

문제 25 콘크리트 재료 배합 시 재료의 계량 오차가 −2%, +1% 이내인 것은?
㉮ 물 ㉯ 혼화제 ㉰ 잔골재 ㉱ 굵은골재

해설 계량 오차
- 시멘트 : −1%, +2%
- 혼화재 : ±2%
- 골재, 혼화제 : ±3%

문제 26 거푸집의 높이가 높을 경우, 재료분리를 막기 위해 거푸집에 투입구를 설치하거나 연직 슈트 또는 펌프배관의 배출구를 타설면 가까운 곳까지 내려서 콘크리트를 타설하여야 한다. 이 경우 슈트, 펌프배관, 버킷 등의 배출구와 타설면까지의 높이로 가장 적합한 것은?
㉮ 1.5m 이하 ㉯ 2.0m 이하
㉰ 2.5m 이하 ㉱ 3.0m 이하

해설 콘크리트 타설 도중 표면에 떠올라 고인 블리딩 수가 있을 경우에는 적당한 방법으로 물을 제거한 후 그 위에 콘크리트를 친다. 고인물을 제거하기 위해 콘크리트 표면에 홈을 만들어 흐르게 해서는 안 된다.

문제 27 굵은골재의 마모시험에 관한 설명으로 옳지 않은 것은?
㉮ 로스앤젤레스 시험기를 사용한다.
㉯ 마모에 대한 저항성을 측정하는 시험이다.
㉰ 일반 콘크리트용 굵은골재의 마모율 한도는 40% 이하이다.
㉱ 시료를 시험기에서 꺼내서 5mm의 망 체로 친다. 이때, 습식으로 쳐도 된다.

해설 시료를 시험기에서 꺼내어 1.7mm의 망 체로 친다.

문제 28 굵은골재의 유해물 함유량의 한도 중 연한 석편은 질량백분율로 최대 몇 % 이하로 규정하고 있는가?
㉮ 0.25% 이하 ㉯ 1.0% 이하
㉰ 5.0% 이하 ㉱ 7.0% 이하

정답 25.㉮ 26.㉮ 27.㉱ 28.㉰

해설 굵은골재의 유해물 함유량의 한도(질량백분율)

종 류	최대치
점토덩어리	0.25
연한 석편	5.0
0.08mm 체 통과량	1.0
석탄, 갈탄 등으로 밀도 2.0 g/cm³의 액체에 뜨는 것 1) 콘크리트의 외관이 중요한 경우 2) 기타의 경우	0.5 1.0

문제 29 좋은 콘크리트를 만들기 위해 골재가 갖추어야 할 일반적인 성질이 아닌 것은?

㉮ 단단하고 내구적일 것
㉯ 무게가 가벼울 것
㉰ 알맞은 입도를 가질 것
㉱ 연한 석편, 가느다란 석편을 함유하지 않을 것

해설
• 소요의 중량을 가질 것
• 마모에 대한 저항성이 클 것
• 물리적, 화학적으로 안정하고 내구성이 클 것
• 깨끗하고 유해물을 함유하지 않을 것

문제 30 굵은골재의 최대치수를 옳게 설명한 것은?

㉮ 부피비로 90% 이상을 통과시키는 체 중에서 최소 치수인 체의 호칭치수로 나타낸 굵은골재의 치수
㉯ 질량비로 90% 이상을 통과시키는 체 중에서 최소 치수인 체의 호칭치수로 나타낸 굵은골재의 치수
㉰ 질량비로 95% 이상을 통과시키는 체 중에서 최소 치수인 체의 호칭치수로 나타낸 굵은골재의 치수
㉱ 부피비로 95% 이상을 통과시키는 체 중에서 최소 치수인 체의 호칭치수로 나타낸 굵은골재의 치수

해설 질량으로 90% 이상 통과시키는 체중에서 최소치수의 체 눈을 공칭치수로 나타낸 굵은골재의 치수를 굵은골재의 최대치수라 한다.

문제 31 굳지 않은 콘크리드 또는 모르타르(mortar)에 있어서 골재 및 시멘트 입자의 침강으로 물이 분리하여 상승하는 현상으로 인하여 콘크리트나 모르타르의 표면에 떠올라서 가라앉은 물질을 무엇이라 하는가?

㉮ 워커빌리티 ㉯ 레이턴스
㉰ 피니셔빌리티 ㉱ 블리딩

해설
• 골재 및 시멘트 입자의 침강으로 물이 상승하는 현상을 블리딩이라 한다.
• 블리딩 현상 후 콘크리트나 모르타르의 표면에 떠올라 가라앉은 물질을 레이턴스라 한다.

정답 29.㉯ 30.㉯ 31.㉯

문제 32

보통 포틀랜드 시멘트를 사용한 일반 콘크리트에서 습윤양생은 며칠 이상 실시해야 하는가? (단, 일 평균 기온이 15℃ 이상인 경우)

㉮ 1일 ㉯ 3일
㉰ 5일 ㉱ 7일

해설 일 평균 기온이 15℃ 이상이면 5일, 10℃ 이상이면 7일, 5℃ 이상이면 9일 이상 습윤 양생을 한다.

문제 33

콘크리트용 모래에 포함되어 있는 유기 불순물 시험에 사용되는 시약으로 옳은 것은?

㉮ 무수황산나트륨 용액 ㉯ 염화칼슘 용액
㉰ 실리카 겔 ㉱ 수산화나트륨 용액

해설 유기 불순물 시험에 사용되는 시약은 수산화나트륨, 알콜, 타닌산이 필요하다.

문제 34

150mm×150mm×530mm 크기의 콘크리트 시험체를 450mm 지간이 되도록 고정한 후 4점 재하법으로 휨강도를 측정하였다. 35kN의 최대하중에서 중앙부분이 파괴되었다면 휨강도는 얼마인가?

㉮ 4.7MPa ㉯ 5.3MPa
㉰ 5.6MPa ㉱ 5.9MPa

해설 $f_b = \dfrac{Pl}{bd^2} = \dfrac{35,000 \times 450}{150 \times 150^2} = 4.7 \text{ N/mm}^2 = 4.7 \text{MPa}$

문제 35

콘크리트의 혼화제에 대한 설명으로 가장 적합한 것은?

㉮ 사용량이 시멘트 질량의 5% 정도 이상이 되어 그 자체의 부피가 콘크리트의 배합 계산에 관계된다.
㉯ 사용량이 콘크리트 질량의 1% 정도 이상이 되어 그 자체의 부피가 콘크리트의 배합계산에 관계된다.
㉰ 사용량이 콘크리트 질량의 5% 정도 이하의 것으로서 그 자체의 부피는 콘크리트의 배합계산에서 무시된다.
㉱ 사용량이 시멘트 질량의 1% 정도 이하의 것으로서 그 자체의 부피는 콘크리트의 배합계산에서 무시된다.

해설 혼화재는 사용량이 시멘트 질량의 5% 정도 이상이 되어 그 자체의 부피가 콘크리트의 배합계산에 관계된다.

정답 32.㉰ 33.㉱ 34.㉮ 35.㉱

문제 36
공극률이 25%인 골재의 실적률은?
- ㉮ 12.5%
- ㉯ 25%
- ㉰ 50%
- ㉱ 75%

해설 실적률 : 100 - 공극률 = 100 - 25 = 75%

문제 37
골재를 함수상태에 따라 분류할 때 골재입자의 내부에 물이 채워져 있고, 표면에도 물이 부착되어 있는 상태는?
- ㉮ 습윤상태
- ㉯ 표면건조 포화상태
- ㉰ 공기 중 건조상태
- ㉱ 절대건조상태

해설
- 표면건조 포화상태(표건상태) : 표면은 건조되고 내부가 물로 채워진 상태
- 공기 중 건조상태(기건상태) : 골재 내부의 일부에 물기가 있는 상태
- 절대건조상태(절건상태) : 골재 내부와 표면에 물기가 전혀 없는 상태

문제 38
타설한 콘크리트의 수분 증발을 막기 위해서 콘크리트의 표면에 양생용 매트, 가마니 등을 물에 적셔서 덮거나 살수하는 등의 조치를 하는 양생방법은?
- ㉮ 습윤양생
- ㉯ 온도제어양생
- ㉰ 촉진양생
- ㉱ 증기양생

해설 콘크리트는 양생기간 중에 예상되는 진동, 충격, 하중 등의 유해한 작용으로부터 보호해야 한다.

문제 39
콘크리트를 수송관을 통하여 압력으로 비빈 콘크리트를 치기 장소까지 연속적으로 보내는 기계는?
- ㉮ 롤러
- ㉯ 덤프트럭
- ㉰ 콘크리트 펌프
- ㉱ 트럭믹서

해설 수송관의 배치는 될 수 있는 대로 굴곡을 적게 하고 수평, 상향으로 해서 압송 중에 콘크리트가 막히지 않게 한다.

문제 40
블리딩(bleeding) 시험에서 물을 피펫으로 빨아내는 방법은 처음 60분 동안은 몇 분 간격으로 표면의 물을 빨아내는가?
- ㉮ 10분
- ㉯ 20분
- ㉰ 30분
- ㉱ 40분

해설 처음 60분 동안은 10분 간격으로, 그 후는 블리딩이 멈출 때까지 30분 간격으로 표면의 물을 빨아낸다.

정답 36.㉱ 37.㉮ 38.㉮ 39.㉰ 40.㉮

문제 41
콘크리트의 인장 강도 시험에서 시험체의 지름은 굵은 골재 최대치수의 몇 배 이상이고 또한 몇 mm 이상이어야 하는가?

㉮ 2배, 80mm
㉯ 3배, 100mm
㉰ 4배, 150mm
㉱ 5배, 100mm

해설 콘크리트의 압축강도 시험에서 시험체의 지름은 굵은 골재 최대치수의 3배 이상이며 또한 100mm 이상이다.

문제 42
콘크리트의 블리딩 시험에서 시험온도로 옳은 것은?

㉮ 17±3℃
㉯ 20±3℃
㉰ 23±3℃
㉱ 25±3℃

해설 블리딩 물은 처음 60분 동안 10분 간격으로, 그 후는 블리딩이 멈출 때까지 30분 간격으로 피펫으로 빨아낸다.

문제 43
우리나라에서는 일반적으로 가장 많이 사용되는 시멘트는?

㉮ 고로 시멘트
㉯ 조강 포틀랜드 시멘트
㉰ 보통 포틀랜드 시멘트
㉱ 중용열 포틀랜드 시멘트

해설 포틀랜드 시멘트는 보통, 중용열, 조강, 저열, 내황산염, 백색 포틀랜드 시멘트 등이 있다.

문제 44
콘크리트의 조기 강도를 얻기 위한 양생으로 한중 콘크리트 등에 사용되는 양생법은?

㉮ 수중양생
㉯ 습사양생
㉰ 피막양생
㉱ 증기양생

해설 한중 콘크리트의 보온 양생 방법은 급열양생, 단열양생, 피복양생 등이 있다.

문제 45
콘크리트 재료의 계량에 대한 설명으로 틀린 것은?

㉮ 골재의 계량오차는 ±3%이다.
㉯ 혼화제를 묽게 하는 데 사용하는 물은 단위 수량으로 포함하여서는 안 된다.
㉰ 혼화재의 계량오차는 ±2%이다.
㉱ 각 재료는 1배치씩 질량으로 계량하여야 하며, 물과 혼화제 용액은 용적으로 계량해도 좋다.

해설 혼화제를 녹이는 데 사용하는 물이나 혼화제를 묽게 하는 데 사용하는 물은 단위 수량의 일부로 본다.

정답 41.㉯ 42.㉰ 43.㉰ 44.㉱ 45.㉯

문제 46

매우 된 반죽의 빈배합 콘크리트를 불도저로 깔고 진동롤러로 다져서 시공하는 콘크리트는?

㉮ 매스 콘크리트
㉯ 프리플레이스트 콘크리트
㉰ 강섬유 콘크리트
㉱ 진동 롤러 다짐 콘크리트

해설 빈배합, 초경반죽의 콘크리트를 덤프트럭 등으로 운반하여 불도저로 깔고 진동롤러로 다지는 공법을 RCD 공법(진동 롤러 다짐 콘크리트)이라 한다.

문제 47

1.2mm 체를 95%(질량비) 이상 통과하는 잔골재 시료로 골재의 체가름 시험을 하고자 할 때 준비하여야 할 시료의 최소 건조 질량은?

㉮ 100g
㉯ 500g
㉰ 1,000g
㉱ 2,000g

해설 잔골재 시료로 5mm 체를 90% 이상 통과하고 2.5mm 체에 5% 이상 남는 것은 최소 500g이다.

문제 48

아래의 표에서 설명하는 혼화재료는?

> 석탄을 원료로 하는 화력발전소에서 미분탄을 고온으로 연소시켰을 때 회분이 용융되어 고온의 연소가스와 더불어 굴뚝에 이르는 도중에 급격히 냉각되어 구형으로 생성되는 미세한 분말로서 전기식 또는 기계식 집진장치를 사용하여 모은 것이다.

㉮ 포졸란
㉯ 플라이 애시
㉰ 실리카 퓸
㉱ AE제(AE제)

해설 플라이 애시를 혼화재로 사용한 콘크리트는 조기강도는 작으나 장기강도는 증가한다.

문제 49

분말도가 높은 시멘트에 관한 설명으로 옳은 것은?

㉮ 콘크리트에 균열이 생기기 쉽다.
㉯ 수화열 발생이 적다.
㉰ 시멘트 풍화속도가 느리다.
㉱ 콘크리트의 수화작용 속도가 느리다.

해설
- 수화열 발생이 많다.
- 시멘트 풍화속도가 빠르다.
- 콘크리트의 수화작용 속도가 빠르다.

정답 46.㉱ 47.㉯ 48.㉯ 49.㉮

문제 50

아래의 그림은 잔골재의 밀도 및 흡수율 시험에서 잔골재를 원뿔형 몰드에 넣어 다지고 난 후 빼 올렸을 때의 형태를 나타낸 것이다. 함수량이 많은 순서로 나열하면?

㉮ A > C > B
㉯ C > A > B
㉰ B > A > C
㉱ A > B > C

해설
- A : 습윤상태
- B : 표건상태(1회 시험 시 500g 이상을 채취하여 실시한다.)
- C : 건조상태

문제 51

시멘트 모르타르의 강도 시험에 표준모래를 사용하는 이유로서 가장 적합한 것은?

㉮ 경제적인 모르타르를 제조하여 시험하기 위함이다.
㉯ 표준모래는 양생이 쉽고 온도에 영향을 적게 받기 때문이다.
㉰ 표준모래는 품질이 좋고 강도가 크기 때문이다.
㉱ 모래알의 차이에 의한 영향을 없애고 시험조건을 일정하게 하기 위함이다.

해설
- 모르타르의 압축강도 시험체를 만들 때, 모래알의 차이에 의한 영향을 없애고 시험조건을 일정하게 하기 위함이다.
- 시멘트 압축강도용 모르타르 시험체의 배합비는 시멘트 1, W/C=0.5, 표준모래 3의 질량비로 한다.

문제 52

물-시멘트비가 50%이고 단위 수량이 180kg/m³일 때 단위 시멘트양은 얼마인가?

㉮ 90kg/m³
㉯ 180kg/m³
㉰ 270kg/m³
㉱ 360kg/m³

해설 $\dfrac{W}{C}=0.5$ ∴ $C=\dfrac{W}{0.5}=\dfrac{180}{0.5}=360\text{kg/m}^3$

문제 53

단위골재량의 절대부피가 650 l 이고 잔골재율이 38%인 경우 단위 굵은골재량의 절대부피는?

㉮ 247 l
㉯ 403 l
㉰ 494 l
㉱ 508 l

해설 $V_G = 650 \times (1-0.38) = 403l$
$V_S = 650 \times 0.38 = 247l$

정답 50.㉱ 51.㉱ 52.㉱ 53.㉯

문제 54 시멘트와 물이 혼합하면 화학반응을 일으켜 수화물을 생성하는 반응은?

㉮ 풍화 ㉯ 수화
㉰ 응결 ㉱ 경화

해설 수화작용은 시멘트의 분말도, 수량, 온도, 혼화재료의 사용 유무 등 여러 가지 요인에 따라 영향을 받는다.

문제 55 콘크리트 내부에 독립된 미세한 기포를 발생시켜 시멘트, 골재 주위에서 볼 베어링 작용을 하여 콘크리트의 워커빌리티를 개선하는 혼화제는?

㉮ AE제 ㉯ 촉진제
㉰ 지연제 ㉱ 발포제

해설 AE제(AE제)를 사용하면 단위 수량이 감소되며 콘크리트의 동결융해 저항성이 증대된다.

문제 56 다음 중 잔골재에 대한 설명 중 틀린 것은?

㉮ 흡수량이 3% 이상이면 콘크리트 강도나 내구성에 좋은 영향을 끼친다.
㉯ 표건밀도는 보통 2.50~2.65g/cm³ 정도이다.
㉰ 밀도가 큰 골재는 강도와 내구성이 크다.
㉱ 흡수량은 골재 알 속의 빈틈이 많고 적음을 나타낸다.

해설 흡수량이 3% 이상이면 콘크리트 강도나 내구성에 나쁜 영향을 끼친다.

문제 57 다음 중 골재의 조립률(FM)에 대한 설명 중 틀린 것은?

㉮ 잔골재의 조립률은 2.0~3.3이다.
㉯ 굵은골재의 조립률은 6~8이다.
㉰ 골재의 조립률은 골재 알의 지름이 클수록 크다.
㉱ 조립률이란 굵은골재 및 잔골재의 치수를 나타내는 것이다.

해설 조립률이란 골재의 입도를 개략적으로 나타내는 방법이다.

문제 58 골재의 체가름 시험 과정에서 골재가 체눈에 끼인 경우 올바른 조치는?

㉮ 체눈에 끼인 골재는 손으로 밀어 체를 통과시킨다.
㉯ 체눈에 끼인 골재 알은 부서지지 않도록 빼내고 체에 남는 시료로 간주한다.
㉰ 체눈에 끼인 골재는 통과된 시료로 간주한다.
㉱ 체눈에 끼인 골재는 부서지지 않도록 빼내고 전체 시료량에서 제외한다.

해설 체가름할 때 체눈에 끼인 골재 알을 손으로 눌러 통과시켜서는 안 된다.

정답 54.㉯ 55.㉮ 56.㉮ 57.㉱ 58.㉯

문제 59 콘크리트 슬래브의 포설기계의 일종으로 펴고, 다지며 표면 마무리 등의 기능을 하며 연속적으로 포설할 수 있는 장비는?

㉮ 콘크리트 배처 플랜트
㉯ 벨트 컨베이어
㉰ 콘크리트 펌프
㉱ 콘크리트 슬립 폼 페이버

해설 콘크리트 슬립 폼 페이버는 거푸집을 설치하지 않고 콘크리트 슬래브를 연속적으로 포설, 다짐, 표면 마무리를 한다.

문제 60 콘크리트 압축강도 시험에 대한 설명 중 틀린 것은?

㉮ 공시체의 검사는 지름을 0.1mm, 높이를 1mm까지 측정한다.
㉯ 공시체 지름은 높이의 중앙에서 서로 직교하는 2방향에 대하여 측정한다.
㉰ 압축 시험기의 상하 가압판의 크기는 공시체 지름 이상으로 하고 두께는 25mm 이상으로 한다.
㉱ 공시체를 공시체 지름의 3% 이내의 오차에서 그 중심축이 가압판의 중심과 일치하도록 놓는다.

해설 공시체를 공시체 지름의 1% 이내의 오차에서 그 중심축이 가압판의 중심과 일치하도록 놓는다.

정답 59.㉱ 60.㉱

콘크리트기능사 — 2015년 1월 25일 (제1회)

알려 드립니다

한국산업인력공단의 저작권법 저촉에 대한 언급이 있어 과거에 출제된 동일한 문제나 그 유형의 문제로 재구성하였습니다.

문제 01
시멘트의 밀도 시험은 (a)회 이상 실시하여 그 차가 (b) 이내일 때의 평균값으로 밀도를 취한다. 이때 (a)와 (b)의 값은 각각 얼마인가?

㉮ (a) 2 (b) ±0.03g/cm³
㉯ (a) 2 (b) ±0.02g/cm³
㉰ (a) 3 (b) ±0.01g/cm³
㉱ (a) 3 (b) ±0.02g/cm³

해설 시멘트 밀도는 시멘트 성분에 따라 다르며 풍화된 시멘트 밀도는 작아진다.

문제 02
콘크리트 압축강도 시험용 공시체 파괴 시험에서 공시체에 하중을 가하는 속도는 매초 얼마를 표준하는가?

㉮ 0.6 ± 0.2 MPa
㉯ 0.8 ± 0.2 MPa
㉰ 0.05 ± 0.01 MPa
㉱ 1 ± 0.05 MPa

해설 인장강도 및 휨강도의 경우에는 매초 (0.06 ± 0.04) MPa가 되도록 한다.

문제 03
다음 중 시멘트의 제조과정에서 응결지연제로 석고를 클링커 질량이 약 몇 % 정도 넣고 분쇄하는가?

㉮ 3%
㉯ 6%
㉰ 10%
㉱ 16%

해설 응결시간을 조절할 목적으로 3% 정도 첨가한다.

문제 04
경량 골재 콘크리트에 대하 설명 중 옳은 것은?

㉮ 내구성이 보통 콘크리트보다 크다.
㉯ 열전도율은 보통 콘크리트보다 작다.
㉰ 탄성계수는 보통 콘크리트의 2배 정도이다.
㉱ 건조수축에 의한 변형이 생기지 않는다.

해설
- 탄성계수는 보통 콘크리트의 40~80% 정도이다.
- 내구성은 보통 콘크리트보다 작다.
- 건조수축에 의한 변형이 생기기 쉽다.

정답 01.㉮ 02.㉮ 03.㉮ 04.㉯

문제 05 한중 콘크리트라 함은 일 평균기온이 몇 이하의 온도에서 치는 콘크리트를 말하는가?
㉮ -4℃ ㉯ 4℃
㉰ 0℃ ㉱ -2℃

해설 한중 콘크리트는 AE 콘크리트를 사용하는 것을 원칙으로 한다.

문제 06 골재의 체가름 시험 결과가 다음과 같다. 조립률은 얼마인가?

체번호	잔류율(%)	누적잔류율(%)
75mm	0	0
40mm	4	4
30mm	16	20
25mm	18	38
20mm	32	70
10mm	26	96
5mm	4	100
2.5mm	0	100
합계	100	

㉮ 6.7 ㉯ 7.7
㉰ 8.7 ㉱ 9.7

해설 조립률은 75mm, 40mm, 20mm, 10mm, 5mm, 2.5mm, 1.2mm, 0.6mm, 0.3mm, 0.15mm에 대한 누적 잔류율의 합을 구하여 100으로 나눈다.

$$\therefore \text{조립률} = \frac{0+4+70+96+100+100+100\times4}{100} = 7.7$$

문제 07 슬럼프(slump) 시험 설명 중 옳지 않은 것은?
㉮ 반죽질기를 측정하는 방법으로서 오래 전부터 여러 나라에서 많이 사용하여 왔다.
㉯ 슬럼프 콘 규격은 밑면 200mm, 윗면 100mm, 높이 300mm이다.
㉰ 슬럼프 값을 측정할 때 콘을 벗기는 작업은 1분 30초 정도로 끝낸다.
㉱ 3층으로 나누어 넣고 각 층마다 지름 16mm의 다짐대로 25회 다진다.

해설 슬럼프 콘을 벗기는 2~5초를 포함하여 전 작업시간은 3분 이내로 한다.

문제 08 다음 중 포졸란 작용이 있는 혼화재가 아닌 것은?
㉮ 고로 슬래그 ㉯ 화산재
㉰ 포리마 ㉱ 소성 점토

정답 05.㉯ 06.㉯ 07.㉰ 08.㉰

해설 포졸란 ┌ 천연산(화산재, 규조토)
　　　　　└ 인공산(점토, 고로 슬래그, 플라이 애시)

문제 09 감수제의 특징을 설명한 것 중 옳지 않은 것은?
㉮ 시멘트 풀의 유동성을 증가시킨다.
㉯ 워커빌리티를 좋게 하고 단위 수량을 줄일 수 있다.
㉰ 콘크리트가 굳은 뒤에는 내구성이 커진다.
㉱ 수화작용이 느리고 강도가 감소된다.

해설 수화작용이 효율적으로 진행되고 강도가 증가된다.

문제 10 콘크리트의 배합설계에서 재료의 계량 허용오차는 물에서는 얼마 정도인가?
㉮ 1%
㉯ 2%
㉰ 3%
㉱ 4%

해설 재료계량의 허용오차 물, 시멘트 : 1%, 혼화재 : 2%, 골재 및 혼화제 용액 : 3%

문제 11 골재를 체가름 시험 후 조립률의 계산 시 필요하지 않는 체는?
㉮ 40mm
㉯ 25mm
㉰ 5mm
㉱ 1.2mm

해설 조립률에는 75, 40, 20, 10, 5, 2.5, 1.2, 0.6, 0.3, 0.15mm 체가 이용된다.

문제 12 다음 콘크리트 다짐 기계 중에서 비교적 두께가 얇고 넓은 콘크리트의 표면을 고르게 다듬질할 때 사용되며 주로 도로 포장, 활주로 포장 등의 다짐에 쓰이는 것은?
㉮ 거푸집 진동기
㉯ 내부 진동기
㉰ 표면 진동기
㉱ 롤러 진동기

해설
• 도로 포장에서 다지기는 피니셔를 이용하는데 우선 전면 스크리드로 슬래브 두께에 더돋기를 더한 높이로 고르고 진동판의 진동으로 콘크리트 표면에서 다진 후 좌우로 움직이는 마무리 스크리드로 초벌 마무리를 한다.
• 콘크리트 포장의 슬럼프는 2.5cm를 표준으로 한다.

문제 13 가루 석탄을 연소시킬 때 굴뚝에서 집진기로 모은 아주 작은 입자의 재료로 워커빌리티가 좋아지게 만드는 혼화재료는?
㉮ 포졸란
㉯ 플라이 애시
㉰ AE제
㉱ 분산제

정답 09.㉱ 10.㉮ 11.㉯ 12.㉰ 13.㉯

해설 포졸란은 천연산의 것과 인공산의 것이 있으며 콘크리트의 워커빌리티를 좋게 하고 수밀성과 내구성 등을 크게 할 목적으로 사용된다.

문제 14 콘크리트 치기에 있어 먼저 친 콘크리트와 새로 친 콘크리트 사이에 이음이 생기는데 이 이음을 무엇이라고 하는가?
㉮ 공사이음
㉯ 시공이음
㉰ 치기이음
㉱ 압축이음

해설
- 시공이음은 가능한 한 전단력이 작은 위치에 하며 부재의 압축력이 작용하는 방향과 직각이 되게 한다.
- 부득이 전단이 큰 위치에 시공이음을 할 경우에 장부 또는 홈을 두거나 적절한 강재를 배치하여 보강한다.
- 이음부의 시공에 있어 설계에 정해져 있는 이음의 위치와 구조는 지켜야 한다.

문제 15 시멘트의 종류에서 특수 시멘트에 속하는 것은?
㉮ 고로 슬래그 시멘트
㉯ 팽창 시멘트
㉰ 플라이 애시 시멘트
㉱ 백색 포틀랜드 시멘트

해설 혼합 시멘트
- 고로 슬래그 시멘트
- 플라이 애시 시멘트
- 포틀랜드 포졸란 시멘트

문제 16 중량 골재에 속하지 않는 것은?
㉮ 중정석
㉯ 화산암
㉰ 자철광
㉱ 갈철광

해설 중량골재 : 철편, 자철광, 중정석, 갈철광 등

문제 17 기상작용에 대한 골재의 내구성을 알기 위한 시험은 다음 중 어느 것인가?
㉮ 골재의 밀도 시험
㉯ 골재의 빈틈률 시험
㉰ 골재의 안정성 시험
㉱ 골재에 포함된 유기불순물 시험

해설 골재의 안정성 시험에 황산나트륨 시험 용액을 사용한다.

문제 18 분말도가 큰 시멘트에 대한 설명으로 틀린 것은?
㉮ 수밀한 콘크리트를 얻을 수 있으며 균열의 발생이 없다.
㉯ 풍화되기 쉽고 수화열이 많이 발생한다.
㉰ 수화반응이 빨라지고 조기강도가 크다.
㉱ 블리딩양이 적고 워커블한 콘크리트를 얻을 수 있다.

정답 14.㉯ 15.㉯ 16.㉯ 17.㉰ 18.㉮

해설
- 분말도가 높을수록 수화열이 많이 발생하며 수축으로 인하여 콘크리트에 균열이 발생할 우려가 있다.
- 분말도는 비표면적으로 나타내며 비표면적(cm^2/g)이란 1g의 시멘트가 가지고 있는 전체 입자의 총 표면적(cm^2)이다.

문제 19 콘크리트의 비비기에 대한 설명으로 틀린 것은?

㉮ 비비기가 잘 되면 강도와 내구성이 커진다.
㉯ 오래 비비면 비빌수록 워커빌리티가 좋아진다.
㉰ 비비기는 미리 정해 둔 비비기 시간의 3배 이상 계속해서는 안 된다.
㉱ 비비기를 시작하기 전에 미리 믹서 내부를 모르타르로 부착시켜야 한다.

해설 비빔시간이 과도하게 길면 시멘트의 수화를 촉진하여 워커빌리티가 나빠진다.

문제 20 특정한 입도를 가진 굵은 골재를 거푸집에 채워 넣고, 그 공극 속에 특수한 모르타르를 적당한 압력으로 주입하여 제조한 콘크리트를 무엇이라 하는가?

㉮ 프리스트레스트 콘크리트   ㉯ 숏크리트
㉰ 트레미 콘크리트   ㉱ 프리플레이스트 콘크리트

해설 프리플레이스트 콘크리트에 사용되는 굵은 골재 최소치수는 15mm 이상이다.

문제 21 콘크리트용 모래에 포함되어 있는 유기 불순물 시험에 사용하는 식별용 표준색 용액의 제조방법으로 옳은 것은?

㉮ 10%의 수산화나트륨 용액으로 2% 탄닌산 용액을 만들고, 그 2.5mL를 3%의 알코올 용액 97.5mL에 가하여 유리병에 넣어 마개를 닫고 잘 흔든다.
㉯ 10%의 알코올 용액으로 2% 탄닌산 용액을 만들고, 그 2.5mL를 3%의 수산화나트륨 용액 97.5mL에 가하여 유리병에 넣어 마개를 닫고 잘 흔든다.
㉰ 3%의 알코올 용액으로 10% 탄닌산 용액을 만들고, 그 2.5mL를 2%의 황산나트륨 용액 97.5mL에 가하여 유리병에 넣어 마개를 닫고 잘 흔든다.
㉱ 3%의 황산나트륨 용액으로 10% 탄닌산 용액을 만들고, 그 2.5mL를 2%의 알코올 용액 97.5mL에 가하여 유리병에 넣어 마개를 닫고 잘 흔든다.

해설 시험용액의 색깔이 표준색 용액보다 연할 때에는 그 모래는 사용 가능하다.

문제 22 콘크리트 슬럼프 시험에서 슬럼프 값은 얼마의 정밀도로 측정하는가?

㉮ 5mm   ㉯ 1mm
㉰ 10mm   ㉱ 0.5mm

해설 5mm 단위로 측정한다.

정답 19.㉯ 20.㉱ 21.㉮ 22.㉮

문제 23
잔골재의 밀도 및 흡수율시험에 사용되는 시험기구가 아닌 것은?

㉮ 플라스크 ㉯ 원뿔형몰드
㉰ 저울 ㉱ 원심분리기

해설 잔골재의 표면건조포화상태의 밀도 시험을 할 때 표건시료 500g 이상을 채취한다.

문제 24
거푸집의 높이가 높을 경우 재료 분리를 막기 위하여 거푸집에 투입구를 만들거나, 슈트, 깔때기를 사용한다. 깔때기와 슈트 등의 배출구와 치기면과의 높이는 얼마 이하를 원칙으로 하는가?

㉮ 0.5m 이하 ㉯ 1.0m 이하
㉰ 1.5m 이하 ㉱ 2.0m 이하

해설
- 부득이 경사슈트를 사용할 경우 수평2에 연직1 정도의 경사가 적당하다.
- 경사 슈트의 출구에는 조절판 및 깔때기를 설치해서 재료분리를 방지하는 것이 좋다.

문제 25
레디믹스트 콘크리트를 제조와 운반 방법에 따라 분류할 때 아래 표의 설명이 해당하는 것은?

> 콘크리트 플랜트에서 재료를 계량하여 트럭믹서에 싣고 운반 중에 물을 넣어 비비는 방법이다.

㉮ 센트럴 믹스트 콘크리트 ㉯ 슈링크 믹스트 콘크리트
㉰ 가경식 믹스트 콘크리트 ㉱ 트랜싯 믹스트 콘크리트

해설
- 센트럴 믹스트 콘크리트(Central mixed concrete)
  완전히 비벼진 콘크리트를 운반
- 쉬링크 믹스트 콘크리트(Shrink mixed concrete)
  어느 정도 비빈 콘크리트를 운반

문제 26
콘크리트의 건조를 방지하기 위하여 방수제를 표면에 바르든지 또는 이것을 뿜어 붙이기를 하여 습윤양생을 하는 것은?

㉮ 전기양생 ㉯ 방수양생
㉰ 증기양생 ㉱ 피막양생

해설 피막양생제는 콘크리트 표면의 물빛이 없어진 직후에 실시하면 부득이 살포가 지연되는 경우에는 피막양생제를 살포할 때까지 콘크리트 표면을 습윤상태로 보호하여 한다.

문제 27
일반적인 수중콘크리트의 단위 시멘트양 표준은 얼마 이상인가?

㉮ 370 kg/m³ ㉯ 300 kg/m³
㉰ 250 kg/m³ ㉱ 200 kg/m³

정답 23.㉱ 24.㉰ 25.㉱ 26.㉱ 27.㉮

해설 현장타설 말뚝 및 지하연속벽에 사용하는 수중콘크리트의 단위 시멘트양은 350 kg/m³ 이상이다.

문제 28
일반콘크리트에서 수밀성을 기준으로 물-결합재비를 정할 경우 그 값은 얼마를 기준으로 하는가?
㉮ 30% 이하
㉯ 45% 이하
㉰ 50% 이하
㉱ 60% 이하

해설 수밀 콘크리트의 배합은 단위 수량 및 물-결합재비는 되도록 적게 하고 단위 굵은 골재량을 되도록 크게 한다.

문제 29
겉보기 공기량이 6.80%이고 골재의 수정계수가 1.20% 일 때 콘크리트의 공기량은 얼마인가?
㉮ 5.60%
㉯ 4.40%
㉰ 3.20%
㉱ 2.0%

해설 $A = A_1 - G = 6.8 - 1.2 = 5.6\%$

문제 30
콘크리트의 인장강도 시험을 하여 아래 표와 같은 결과를 얻었다. 이 공시체의 쪼갬 인장강도는 얼마인가?

- 시험기에 나타난 최대하중 : 167.4kN
- 공시체의 길이 : 300mm
- 공시체의 지름 : 150mm

㉮ 1.7MPa
㉯ 2.0MPa
㉰ 2.4MPa
㉱ 2.7MPa

해설 $f_{sp} = \dfrac{2p}{\pi dl} = \dfrac{2 \times 167,400}{3.14 \times 150 \times 300} = 2.4\text{MPa}$

문제 31
단위 골재량의 절대부피가 0.70m³이고 잔골재율이 35%일 때 단위 굵은 골재량은? (단, 굵은 골재의 밀도는 2.6g/cm³임)
㉮ 1,183kg
㉯ 1,198kg
㉰ 1,213kg
㉱ 1,228kg

해설 단위 굵은 골재량 : $0.7 \times (1-0.35) \times 2.6 \times 1,000 = 1,183\text{kg}$

정답 28.㉰ 29.㉮ 30.㉰ 31.㉮

문제 32 콘크리트의 블리딩 시험에서 시험온도로 옳은 것은?
- ㉮ 17±3℃
- ㉯ 20±3℃
- ㉰ 23±3℃
- ㉱ 25±3℃

해설 블리딩 물은 처음 60분 동안 10분 간격으로 그 후는 블리딩이 멈출 때까지 30분 간격으로 피벳으로 빨아낸다.

문제 33 콘크리트에 사용하는 촉진제에 대한 설명으로 옳지 않은 것은?
- ㉮ 프리플레이스트 콘크리트용 그라우트에 사용하여 부착을 좋게 한다.
- ㉯ 시멘트의 수화작용을 빠르게 하여 응결이 빠르므로 숏크리트에 사용한다.
- ㉰ 일반적으로 시멘트 무게의 1~2%의 염화칼슘을 사용하여 조기강도가 커지게 한다.
- ㉱ 염화칼슘을 시멘트 무게의 4% 이상 사용하면 급속히 굳어질 염려가 있고 장기강도가 작아진다.

해설 프리플레이스트 콘크리트용 그라우트에 사용하는 발포제(기포제)는 모르타르나 시멘트풀을 팽창시켜 굵은 골재의 간극이나 PC 강재의 주위에 충분히 잘 채워지도록 함으로써 부착을 좋게 한다.

문제 34 아래의 표에서 설명하는 시멘트의 성질은?

시멘트가 굳는 도중에 체적팽창을 일으켜 균열이 생기거나 뒤틀림 등의 변형을 일으키지 않는 성질

- ㉮ 응결
- ㉯ 풍화
- ㉰ 비표면적
- ㉱ 안정성

해설 시멘트의 오토클레이브 팽창도 시험으로 시멘트의 안정성을 알 수 있다.

문제 35 콘크리트에 사용되는 굵은골재 및 잔골재를 구분하는데 기준이 되는 체의 호칭치수는?
- ㉮ 5mm
- ㉯ 10mm
- ㉰ 2.5mm
- ㉱ 1.2mm

해설
- 굵은골재 : 5mm 체에 거의 다 남는 골재 또는 5mm 체에 다 남는 골재
- 잔골재 : 10mm 체를 전부 통과하고 5mm 체에 거의 다 통과하며 0.08mm 체에 거의 다 남는 골재 또는 5mm 체를 다 통과하고 0.08mm 체에 다 남는 골재

정답 32.㉯ 33.㉮ 34.㉱ 35.㉮

문제 36
보통 포틀랜드의 시멘트 분말도 규격에서 비표면적은 얼마 이상이어야 하는가?
- ㉮ 2,800cm²/g 이상
- ㉯ 3,100cm²/g 이상
- ㉰ 3,300cm²/g 이상
- ㉱ 3,500cm²/g 이상

해설 시멘트입자의 크기 정도를 분말도 또는 비표면적으로 나타내며 시멘트 입자가 미세할수록 분말도가 크다.

문제 37
골재의 절대건조상태에 대한 정의로 옳은 것은?
- ㉮ 골재를 80~90℃의 온도에서 3시간 이상 건조하여 골재알의 내부에 포함되어 있는 자유수가 완전히 제거된 상태
- ㉯ 골재를 90~100℃의 온도에서 6시간 이상 건조하여 골재알의 내부에 포함되어 있는 자유수가 완전히 제거된 상태
- ㉰ 골재를 110~120℃의 온도에서 24시간 이상 건조하여 골재알의 내부에 포함되어 있는 자유수가 완전히 제거된 상태
- ㉱ 골재를 100~110℃의 온도에서 일정한 질량이 될 때까지 건조하여 골재알의 내부에 포함되어 있는 자유수가 완전히 제거된 상태

해설 절대건조상태(로 건조상태) : 110℃ 정도의 온도에서 24시간 이상 골재를 건조시킨 상태이다.

문제 38
한중 콘크리트의 시공에서 타설할 때의 콘크리트 온도는 어느 정도의 범위로 하여야 하는가?
- ㉮ 0~5℃
- ㉯ 5~20℃
- ㉰ 20~30℃
- ㉱ 30~35℃

해설 기상조건이 가혹한 경우나 부재 두께가 얇을 경우에는 칠 때의 콘크리트의 최저 온도는 10℃ 정도를 확보해야 한다.

문제 39
콘크리트의 압축강도를 시험할 경우 기둥의 측면 거푸집널의 해체시기로 옳은 것은?
- ㉮ 콘크리트의 압축강도가 5MPa 이상
- ㉯ 콘크리트의 압축강도가 4MPa 이상
- ㉰ 콘크리트의 압축강도가 3MPa 이상
- ㉱ 콘크리트의 압축강도가 2MPa 이상

해설
- 확대기초, 보, 기둥 등의 측면 거푸집 널 해체시기 콘크리트 압축강도 5MPa 이상
- 슬래브 및 보의 밑면, 아치내면 거푸집 널 해체시기 설계기준 압축강도의 2/3배 이상 또한 최소 14MPa 이상

정답 36.㉮ 37.㉱ 38.㉯ 39.㉮

문제 40 수송관 내의 콘크리트를 압축공기의 압력으로 보내는 것으로서, 주로 터널의 둘레 콘크리트에 사용되는 것은?
- ㉮ 벨트 컨베이어
- ㉯ 운반차
- ㉰ 버킷
- ㉱ 콘크리트 플레이서

해설 콘크리트 플레이서는 콘크리트 펌프와 같이 터널 등의 좁은 곳에 콘크리트를 운반하는데 적합하다.

문제 41 콘크리트 치기의 진동 다지기에 있어서 내부 진동기로 똑바로 찔러 넣어 진동기의 끝이 아래층 콘크리트 속으로 어느 정도 들어가야 하는가?
- ㉮ 0.1m
- ㉯ 0.2m
- ㉰ 0.3m
- ㉱ 0.4m

해설 내부진동기의 삽입간격은 0.5m 이하로 한다.

문제 42 AE(AE) 콘크리트의 알맞은 공기량은 굵은 골재의 최대치수에 따라 다르며 보통 콘크리트 부피의 몇 %를 표준으로 하는가?
- ㉮ 1~3%
- ㉯ 4~7%
- ㉰ 7~12%
- ㉱ 12~17%

해설 AE 콘크리트는 동결융해에 대한 저항성이 크다.

문제 43 콘크리트 휨강도 시험용 공시체의 한 변의 길이는 콘크리트에 사용될 굵은 골재 최대치수의 몇 배 이상이며 또한 몇 mm 이상이어야 하는가?
- ㉮ 2배, 50mm
- ㉯ 3배, 80mm
- ㉰ 4배, 100mm
- ㉱ 5배, 150mm

해설 콘크리트 인장강도 시험용 공시체의 지름은 굵은 골재 최대치수의 4배 이상이며 150mm 이상으로 한다.

문제 44 콘크리트의 블리딩 시험에 대한 아래 표의 설명에서 ( )에 들어갈 시간(분)으로 옳은 것은?

> 기록한 처음 시각에서 60분 동안 (a)분마다 콘크리트 표면에 스며나온 물을 빨아낸다. 그후는 블리딩이 정지할 때까지 (b)분마다 물을 빨아낸다.

- ㉮ a=40분, b=10분
- ㉯ a=30분, b=10분
- ㉰ a=10분, b=30분
- ㉱ a=10분, b=60분

해설 일반적으로 블리딩은 콘크리트를 친 후 처음 15~30분에 대부분 생기며 2~4시간에 거의 끝난다.

정답 40.㉱ 41.㉮ 42.㉯ 43.㉰ 44.㉰

문제 45
콘크리트를 2층 이상으로 나누어 타설할 경우 외기온도 25℃ 이하에서 이어치기 허용시간의 표준으로 옳은 것은?

㉮ 1.0시간 ㉯ 1.5시간
㉰ 2.0시간 ㉱ 2.5시간

해설 외기온도 25℃ 이상에서 이어치기 허용시간의 표준은 2.0시간이다.

문제 46
시멘트의 강도시험(KS L ISO 679)에서 모르타르를 조제할 때 시멘트와 표준모래의 질량에 의한 비율로 옳은 것은?

㉮ 1 : 2 ㉯ 1 : 2.5
㉰ 1 : 3 ㉱ 1 : 3.5

해설 모르타르는 시멘트와 표준모래를 1 : 3의 질량비로 한다. (시멘트 450g, 표준사 1,350g, 물 225g, W/C=0.5)

문제 47
굵은골재의 최대치수에 대한 설명 중 틀린 것은?

㉮ 무근 콘크리트의 굵은골재 최대치수는 40mm이고, 이때 부재 최소치수의 1/4을 초과해서는 안 된다.
㉯ 철근 콘크리트의 굵은골재 최대치수는 거푸집 양 측면 사이의 최소 거리의 1/5을 초과하지 않아야 한다.
㉰ 일반적인 철근콘크리트 구조물인 경우 굵은골재 최대치수는 15mm를 표준으로 한다.
㉱ 단면이 큰 철근콘크리트 구조물인 경우 굵은골재 최대치수는 40mm를 표준으로 한다.

해설
• 일반적인 철근 콘크리트 구조물인 경우 굵은골재의 최대치수는 20 또는 25mm이다.
• 슬래브 두께의 1/3을 초과하지 않아야 한다.
• 개별 철근, 다발 철근, 긴장재 또는 덕트 사이 최소 순간격의 3/4을 초과하지 않아야 한다.

문제 48
콘크리트 타설에 대한 설명으로 틀린 것은?

㉮ 한 구획 내의 콘크리트는 타설이 완료될 때까지 연속해서 타설해야 한다.
㉯ 콘크리트는 그 표면이 한 구획 내에서는 거의 수평이 되도록 타설하는 것을 원칙으로 한다.
㉰ 콘크리트 타설의 1층 높이는 다짐능력을 고려하여 이를 결정하여야 한다.
㉱ 타설한 콘크리트는 그 수평을 맞추기 위하여 거푸집 안에서 횡방향으로 이동시키면서 작업하여야 한다.

해설 타설한 콘크리트는 거푸집 안에서 횡방향으로 이동시키면서 작업해서는 안 된다.

정답 45.㉱ 46.㉰ 47.㉰ 48.㉱

문제 49
콘크리트의 혼화제에 대한 설명으로 가장 적합한 것은?
- ㉮ 사용량이 시멘트 질량의 5% 정도 이상이 되어 그 자체의 부피가 콘크리트의 배합계산에 관계된다.
- ㉯ 사용량이 콘크리트 질량의 1% 정도 이상이 되어 그 자체의 부피가 콘크리트의 배합계산에 관계된다.
- ㉰ 사용량이 콘크리트 질량의 5% 정도 이하의 것으로서 그 자체의 부피는 콘크리트의 배합계산에서 무시된다.
- ㉱ 사용량이 시멘트 질량의 1% 정도 이하의 것으로서 그 자체의 부피는 콘크리트의 배합계산에서 무시된다.

해설 혼화재는 사용량이 시멘트 질량의 5% 정도 이상이 되어 그 자체의 부피가 콘크리트의 배합계산에 관계된다.

문제 50
공극률이 25%인 골재의 실적률은?
- ㉮ 12.5%
- ㉯ 25%
- ㉰ 50%
- ㉱ 75%

해설 실적률 : 100 − 공극률 = 100 − 25 = 75%

문제 51
시멘트 밀도 시험에서 광유 표면의 눈금을 읽을 때에 눈높이를 수평으로 하여 곡면(메니스커스)의 어디를 읽어야 하는가?
- ㉮ 가장 윗면
- ㉯ 중간면
- ㉰ 가장 밑면
- ㉱ 가장 윗면과 가장 밑면을 읽어 평균값을 취한다.

해설 곡면의 메니스커스 가장 밑면을 읽는다.

문제 52
한중콘크리트에 적합하고 조기강도가 필요한 공사나 긴급공사에 사용되는 시멘트는?
- ㉮ 백색 포틀랜드 시멘트
- ㉯ 조강 포틀랜드 시멘트
- ㉰ 내황산염 포틀랜드 시멘트
- ㉱ 중용열 포틀랜드 시멘트

해설 알루미나 시멘트 및 조강 포틀랜드 시멘트는 한중콘크리트에 적합하고 조기강도가 필요한 공사나 긴급공사에 적합하다.

문제 53
잔골재의 흡수율은 몇 % 이하를 기준으로 하는가?
- ㉮ 2%
- ㉯ 3%
- ㉰ 5%
- ㉱ 7%

정답 49.㉱ 50.㉱ 51.㉰ 52.㉯ 53.㉰

해설   흡수율이 3%를 넘는 잔골재는 콘크리트의 강도나 내구성에 나쁜 영향을 끼친다.

문제 54 운반거리가 먼 경우나 슬럼프가 큰 콘크리트의 경우에 사용하는 애지테이터를 붙인 운반기계는?
㉮ 덤프트럭
㉯ 트럭 믹서
㉰ 콘크리트 펌프
㉱ 콘크리트 플레이서

해설   • 운반거리가 먼 경우나 슬러프가 큰 콘크리트의 경우에는 애지테이터를 붙인 트럭 믹서를 사용하여 운반해야 한다.
• 1시간 이내에 운반 가능한 경우 재료분리가 심하지 않으면 덤프트럭에 의해 운반해도 좋다.

문제 55 콘크리트 운반시공에 관한 설명 중 틀린 것은?
㉮ 연직 슈트는 재료분리를 일으키기 쉬워 가능한 한 사용하지 않는 것이 좋다.
㉯ 콘크리트 플레이서는 수송관을 수평 또는 상향으로 설치하고 압축공기로 콘크리트를 압송한다.
㉰ 벨트 컨베이어는 운반거리가 길거나 경사가 있어서는 안 된다.
㉱ 버킷은 믹서로부터 받아 즉시 콘크리트 칠 장소로 운반하기에 가장 좋은 방법이다.

해설   경사 슈트는 재료분리를 일으키기 쉬워 가능한 한 사용하지 않는 것이 좋다.

문제 56 다음 중 콘크리트 압축강도 시험과 관련이 없는 것은?
㉮ 캘리퍼스
㉯ 다짐대
㉰ 공시체 몰드
㉱ 플라스크

해설   플라스크는 잔골재 밀도 및 흡수율 시험에 사용된다.

문제 57 다음 중 골재의 실적률 계산에 이용되지 않는 것은?
㉮ 골재의 밀도
㉯ 골재의 단위용적질량
㉰ 골재의 조립률
㉱ 골재의 빈틈율

해설   골재의 조립률은 입도 상태를 판정한다.

문제 58 굵은골재의 밀도 시험 결과 2회 평균한 값의 측정범위의 한계는 $0.01g/cm^3$ 이하이며 흡수율의 정밀도는?
㉮ 0.01%
㉯ 0.02%
㉰ 0.03%
㉱ 0.05%

정답   54.㉯ 55.㉮ 56.㉱ 57.㉰ 58.㉰

해설 굵은골재의 밀도 및 흡수율 시험에서 시험값은 평균값과의 차이가 밀도는 $0.01g/cm^3$ 이하, 흡수율은 0.03% 이하이어야 한다.

문제 59

터널 내부에 라이닝 콘크리트를 타설하기 위하여 설치하는 이동식 철제 대형 거푸집은?

㉮ 콘크리트 플레이서
㉯ 슬립 폼
㉰ 터널 지보재
㉱ SCW(Soil Cemet Wall)

해설 슬립 폼(Slip Form)
콘크리트 치기 작업시 단계적으로 거푸집을 이동시키면서 이음부분 없이 연속적으로 콘크리트 벽면을 완성시키는 거푸집이다.

문제 60

공기가 전혀 없는 것으로 계산한 시방배합의 콘크리트이론 단위무게와 실제 측정한 단위무게의 차이로 공기량을 측정하는 방법은?

㉮ 면적법
㉯ 부피법
㉰ 질량법
㉱ 공기실 압력법

해설 $A = \dfrac{T-M}{T} \times 100$

여기서, M : 콘크리트의 단위용적질량
T : 공기가 전혀 없는 것으로 계산한 콘크리트의 단위용적질량

정답 59.㉯ 60.㉰

콘크리트기능사 2015년 4월 4일(제2회)

알려 드립니다

한국산업인력공단의 저작권법 저촉에 대한 언급이 있어 과거에 출제된 동일한 문제나 그 유형의 문제로 재구성하였습니다.

문제 01
다음은 아래 조건시의 굵은골재의 마모시험 결과 값이다. 이 중 맞는 것은?

[조건] (1) 시험 전 시료질량 : 10,000g
(2) 시험 후 1.7mm 체에 남은 질량 : 6,700g

㉮ 마모율 : 33%   ㉯ 마모율 : 49%
㉰ 마모율 : 25%   ㉱ 마모율 : 32%

해설 $\dfrac{10,000-6,700}{10,000} \times 100 = 33\%$

문제 02
일반적으로 콘크리트를 구성하는 재료 중에서 부피가 가장 큰 것부터 작은 순으로 나열한 것은?

㉮ 골재 > 공기 > 물 > 시멘트
㉯ 골재 > 물 > 시멘트 > 공기
㉰ 물 > 시멘트 > 골재 > 공기
㉱ 물 > 골재 > 시멘트 > 공기

해설 굵은골재 > 잔골재 > 물 > 시멘트 > 공극

문제 03
잔골재의 절대건조상태의 무게가 100g, 표면 건조 포화상태의 무게가 110g, 습윤상태의 무게가 120g이었다면 이 잔골재의 흡수율은?

㉮ 5%   ㉯ 10%
㉰ 15%   ㉱ 20%

해설
- 잔골재 흡수율 $= \dfrac{110-100}{100} \times 100 = 10\%$
- 전 함수율 $= \dfrac{120-100}{100} \times 100 = 20\%$
- 표면수율 $= \dfrac{120-110}{110} \times 100 = 9.1\%$

정답 01.㉮ 02.㉯ 03.㉯

문제 04
가경식 믹서를 사용하여 콘크리트 비비기를 할 경우 비비기 시간은 믹서 안에 재료를 투입한 후 얼마 이상을 표준으로 하는가?
- ㉮ 1분
- ㉯ 30초
- ㉰ 1분 30초
- ㉱ 2분

해설 강제식 : 1분

문제 05
모르타르 또는 콘크리트를 압축공기에 의해 뿜어 붙여서 만든 콘크리트로 비탈면의 보호, 교량의 보수 등에 쓰이는 콘크리트는?
- ㉮ 진공 콘크리트
- ㉯ 프리플레이스트 콘크리트
- ㉰ 숏크리트
- ㉱ 수밀 콘크리트

해설 프리플레이스트 콘크리트는 특정한 입도를 가진 굵은골재를 거푸집에 채워놓고 그 공극 속에 특수한 모르타르를 주입하여 만든다.

문제 06
콘크리트의 슬럼프 시험에 대한 설명으로 옳은 것은?
- ㉮ 콘크리트가 내려앉은 길이를 5mm의 정밀도로 측정한다.
- ㉯ 시료는 슬럼프 콘의 높이를 3등분하여 3층으로 나누어 넣고 가운데층만 25회 다진다.
- ㉰ 슬럼프 콘에 시료를 채우고 벗길 때까지의 전작업 시간은 3분 30초 이내로 한다.
- ㉱ 슬럼프 콘 벗기는 작업은 10초 정도로 천천히 해야 한다.

해설
- 시료는 슬럼프 콘의 높이를 3등분 하여 3층으로 나누어 넣고 각 층을 25회씩 다진다.
- 슬럼프 전 작업시간은 3분 이내로 한다.
- 슬럼프 콘을 벗기는 작업은 2~5초 이내로 한다. (전 작업시간에 포함)

문제 07
굳지 않은 콘크리트의 공기 함유량 시험방법 중에서 보일(Boyle)의 법칙을 이용하여 공기량을 구하는 것은?
- ㉮ 주수압력법
- ㉯ 공기실 압력법
- ㉰ 무게법
- ㉱ 체적법

해설 압력법에 의한 워싱턴형 공기량 측정기를 이용한다.

정답 04.㉰ 05.㉰ 06.㉮ 07.㉯

문제 08

표면 건조 포화상태 시료의 질량이 4,000g이고, 물속에서 철망태와 시료의 질량이 3,070g이며 물속에서 철망태의 질량이 580g, 절대건조상태 시료의 질량이 3,930g일 때 이 굵은골재의 절대건조상태의 밀도를 구하면? (단, 시험온도에서의 물의 밀도는 1g/cm³이다.)

㉮ 2.30 g/cm³ ㉯ 2.40 g/cm³
㉰ 2.50 g/cm³ ㉱ 2.60 g/cm³

해설
- 절대건조밀도 $= \dfrac{A}{B-C} \times \rho_w = \dfrac{3,930}{4,000-2,490} \times 1 = 2.6 \text{g/cm}^3$
- 표건밀도 $= \dfrac{B}{B-C} \times \rho_w = \dfrac{4,000}{4,000-2,490} \times 1 = 2.65 \text{g/cm}^3$
- 겉보기 밀도 $= \dfrac{A}{A-C} \times \rho_w = \dfrac{3,930}{3,930-2,490} \times 1 = 2.73 \text{g/cm}^3$

문제 09

다음 중 시멘트의 밀도 시험할 때 사용되는 기구는?

㉮ 르샤틀리에 병 ㉯ 블레인 투과장치
㉰ 길모어 침   ㉱ 비카 침

해설 시멘트 밀도 시험에는 시멘트 64g, 광유 등이 사용된다.

문제 10

수중 콘크리트에 대한 설명 중 옳지 않은 것은?

㉮ 콘크리트를 수중에 낙하시키지 말아야 한다.
㉯ 수중에 물의 속도가 5 cm/sec 이상일 때에 한하여 시공한다.
㉰ 트레미나 포대를 사용한다.
㉱ 정수중에 치면 더욱 좋다.

해설
- 수중에 물의 속도가 5 cm/sec 이하를 유지해야 시공 가능하다.
- 콘크리트를 연속해서 타설한다.
- 콘크리트는 수중에 낙하시키지 않는다.
- 한 구획의 콘크리트 타설을 완료한 후 레이턴스를 모두 제거하고 다시 타설한다.

문제 11

시멘트를 저장할 때 몇 포 이상 쌓아올려서는 안 되는가?

㉮ 10포 ㉯ 13포
㉰ 15포 ㉱ 20포

해설 시멘트의 저장시 지상에서 30cm 이상 바닥판이 있는 곳에 저장하고 13포 이상 쌓아 올려서는 안 되며, 장기간 저장시는 7포 이상 쌓지 않도록 한다.

정답 08.㉱ 09.㉮ 10.㉯ 11.㉯

문제 12
시멘트가 풍화하면 그 성질이 달라진다. 맞는 것은?
- ㉮ 비중이 커진다.
- ㉯ 수화열이 커진다.
- ㉰ 응결, 경화가 늦어진다.
- ㉱ 강도가 증진된다.

해설
- 비중이 작아진다.
- 수화열이 작아진다.
- 강도가 감소된다.

문제 13
시멘트 분류할 때 혼합 시멘트에 해당하지 않는 것은?
- ㉮ 고로 슬래그 시멘트
- ㉯ 플라이 애시 시멘트
- ㉰ 포졸란 시멘트
- ㉱ 내화물용 알루미나 시멘트

해설 알루미나 시멘트는 특수 시멘트에 속한다.

문제 14
1g의 시멘트가 가지고 있는 전체 입자의 총 겉넓이를 무엇이라 하는가?
- ㉮ 비표면적
- ㉯ 총표면적
- ㉰ 단위 표면적
- ㉱ 유효 표면적

해설 비표면적의 단위는 cm^2/g이다.
보통 포틀랜드 시멘트의 분말도는 $2,800 cm^2/g$ 이상이다.

문제 15
분말도가 높은 시멘트에 관한 설명 중 옳지 않은 것은 어떤 것인가?
- ㉮ 발열량이 커서 균열이 쉽다.
- ㉯ 수화작용이 빠르다.
- ㉰ 풍화하기 쉽다.
- ㉱ 조기강도가 작다.

해설 조기강도가 크다.

문제 16
잔골재 표면수 측정시험에서 동일 시료에 계속 두 번 시험하였을 때 허용측정 오차는?
- ㉮ 0.1%
- ㉯ 0.2%
- ㉰ 0.3%
- ㉱ 0.4%

해설 동일 시료에 대하여 두 번 시험하였을 때의 차가 0.3% 이하이어야 한다.

정답 12.㉰ 13.㉱ 14.㉮ 15.㉱ 16.㉰

문제 17 골재의 안정성 시험에 대한 설명 중 옳지 않은 것은?
- ㉮ 시료를 금속제 망태에 넣고 시험용 용액을 24시간 담가 둔다.
- ㉯ 무게비가 5% 이상인 무더기에 대해서만 시험을 한다.
- ㉰ 용액은 자주 휘저으면서 21±1.0℃의 온도로 48시간 이상 보존 후 시험에 사용한다.
- ㉱ 황산나트륨 포화용액으로 인한 골재의 부서짐 작용에 대한 저항성을 시험한다.

해설
- 시료를 용액에 담가두는 시간은 16~18시간으로 한다.
- 시료를 금속제 망태에 넣고 시험용 용액 안에 담그는데 이때 용액의 표면은 시료의 윗면에서 15mm 이상 높아지도록 한다.

문제 18 잔골재의 실체적률이 75%이고, 밀도가 2.65 g/cm³일 때 빈틈률은?
- ㉮ 28%   ㉯ 25%   ㉰ 66%   ㉱ 3%

해설 실적률=100−공극률(빈틈률)
∴ 빈틈률=100−75=25%

문제 19 조립률 3.0의 모래와 7.0의 자갈을 중량비 1:3비율로 혼합할 때의 조립률을 구한 것 중 옳은 것은?
- ㉮ 4.0   ㉯ 5.0   ㉰ 6.0   ㉱ 7.0

해설 $FM = \frac{1}{1+3} \times 3.0 + \frac{3}{1+3} \times 7.0 = 6$

문제 20 레디믹스트 콘크리트를 사용했을 때의 특징 중 옳지 않은 것은?
- ㉮ 균등질의 좋은 콘크리트를 얻을 수 있다.
- ㉯ 대량 콘크리트의 연속치기가 가능하다.
- ㉰ 경비가 많이 든다.
- ㉱ 공사기간이 단축된다.

해설
- 공장시설과 재료운반 등의 소요비용이 별도로 소요되지 않아 경비가 적게 든다.
- 현장에서 콘크리트 치기와 양생에만 전념할 수 있다.

문제 21 벨트 컨베이어에 의한 콘크리트를 운반할 경우 재료의 분리를 방지하기 위해 설치하는 깔대기의 길이는 최소 얼마 이상이어야 하는가?
- ㉮ 40cm 이상   ㉯ 50cm 이상
- ㉰ 60cm 이상   ㉱ 70cm 이상

정답 17.㉮ 18.㉯ 19.㉰ 20.㉰ 21.㉰

해설

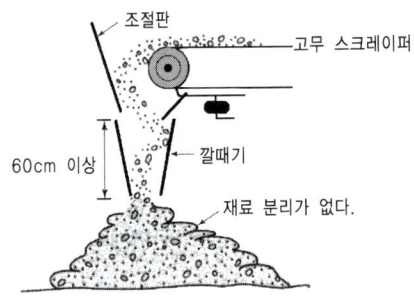

- 벨트 컨베이어로부터 거푸집 내의 1개소에만 콘크리트를 부리면 콘크리트를 횡방향으로 이동시키지 않으면 안 되어 재료분리가 크게 되므로 컨베이어의 끝을 적당히 이동시킬 필요가 있다.
- 슈트, 펌프 수송관, 버킷, 호퍼 등의 배출구와 치기면까지의 높이는 1.5m 이하를 원칙으로 한다.

문제 22

콘크리트의 양생에 대한 설명으로 틀린 것은?

㉮ 기온이 상당히 낮은 경우에는 일정한 기간 동안 열을 주거나 보온에 의해 온도 제어를 한다.
㉯ 콘크리트 양생기간 중에는 진동, 충격의 작용을 무시해도 된다.
㉰ 촉진 양생을 할 때는 콘크리트에 나쁜 영향이 없도록 해야 한다.
㉱ 콘크리트의 수분 증발을 막기 위해서는 콘크리트의 표면에 매트, 가마니 등을 물에 적셔서 덮는 등의 습윤상태로 보호해야 한다.

해설
- 콘크리트 양생기간 중에는 진동, 충격의 작용이 있어서는 안 된다.
- 양생을 하는 목적은 건조수축에 의한 균열을 줄이고, 수화작용에 의해 충분한 강도를 내기 위하여 실시한다.

문제 23

거푸집의 외부에 진동을 주어 내부 콘크리트를 다지는 기계로서 터널의 둘레 콘크리트나 높은 벽 등에 사용되는 것은?

㉮ 거푸집 진동기 ㉯ 내부 진동기
㉰ 콘크리트 피니셔 ㉱ 표면 진동기

해설
- 거푸집 진동기(외부 진동기)는 벽이나 기둥의 밑부분, 프리캐스트 부재와 같이 내부 진동기의 사용이 곤란한 경우에 사용한다.
- 진동기는 내부 진동기(봉형 진동기)를 사용함을 원칙으로 한다.
- 콘크리트 다짐기계 중 막대 모양의 진동부를 콘크리트 속에 넣어서 진동을 주는 기계는 내부 진동기이다.

정답 22.㉯ 23.㉮

문제 24
콘크리트 속의 공기량에 대한 설명이다. 잘못된 것은?
- ㉮ AE제에 의하여 콘크리트 속에 생긴 공기를 연행공기라 하고 이 밖의 공기를 갇힌 공기라 한다.
- ㉯ AE 콘크리트에서 공기량이 많아지면 압축강도가 커진다.
- ㉰ AE 콘크리트의 알맞은 공기량은 콘크리트 부피의 4~7%를 표준으로 한다
- ㉱ AE 공기량은 시멘트의 양, 물의 양, 비비기 시간 등에 따라 달라진다.

해설
- 공기량 1% 증가에 압축강도는 4~6% 감소한다.
- 슬럼프가 작을수록 공기량은 증대한다.
- 시멘트 분말도가 크고 단위 시멘트양이 증가할수록 공기량은 감소한다.
- 콘크리트의 온도가 낮을수록 공기량은 증가한다.
- 콘크리트가 응결, 경화되면 공기량은 감소한다.
- 진동기로 콘크리트를 다지면 공기량이 감소한다.
- 믹싱시간이 너무 짧거나 너무 길어지면 공기량은 적어지지만 3~5분 정도 믹싱을 할 때 공기량이 최대가 된다.

문제 25
AE 감수제 사용한 콘크리트의 특징으로 틀린 것은?
- ㉮ 동결융해에 대한 저항성이 증대된다.
- ㉯ 굳지 않은 콘크리트의 워커빌리티를 개선하고 재료의 분리를 방지한다.
- ㉰ 건조수축을 감소시킨다.
- ㉱ 수밀성이 감소하고 투수성이 증가한다.

해설 수밀성이 증가하고 투수성이 감소한다.

문제 26
철근 콘크리트에서 구조물의 단면이 큰 경우 굵은 골재의 최대치수는 다음 중 어느 것을 표준으로 하는가?
- ㉮ 25mm
- ㉯ 40mm
- ㉰ 50mm
- ㉱ 100mm

해설
- 포장 콘크리트 : 40mm 이하
- 철근 콘크리트에서 일반적인 경우에는 20mm 또는 25mm 이하이다.

문제 27
일 평균기온이 15℃ 이상일 때, 보통 포틀랜드 시멘트를 사용한 콘크리트의 습윤 양생 기간의 표준은?
- ㉮ 3일
- ㉯ 5일
- ㉰ 7일
- ㉱ 14일

해설 일 평균기온이 15℃이상일 때 조강 포틀랜드 시멘트를 사용한 콘크리트의 습윤 양생기간은 3일이다.

정답 24.㉯ 25.㉱ 26.㉯ 27.㉯

문제 28

콘크리트의 블리딩 시험에 대한 설명으로 틀린 것은?

㉮ 시험하는 동안 30±3℃의 온도를 유지한다.
㉯ 콘크리트를 용기에 3층으로 넣고, 각 층을 다짐대로 25번씩 다진다.
㉰ 용기에 채워 넣을 때 콘크리트의 표면이 용기의 가장자리에서 3±0.3cm 낮아지도록 고른다.
㉱ 콘크리트의 재료 분리 정도를 알기 위한 시험이다.

해설 시험하는 동안 실온 및 콘크리트 온도는 (20±3)℃를 유지한다.

문제 29

레디믹스트 콘크리트를 제조와 운반 방법에 따라 분류할 때 아래 표의 설명이 해당하는 것은?

> 콘크리트 플랜트에서 재료를 계량하여 트럭믹서에 싣고 운반 중에 물을 넣어 비비는 방법이다.

㉮ 센트럴 믹스트 콘크리트
㉯ 슈링크 믹스트 콘크리트
㉰ 가경식 믹스트 콘크리트
㉱ 트랜싯 믹스트 콘크리트

해설
• 센트럴 믹스트 콘크리트(Central mixed concrete)
  완전히 비벼진 콘크리트를 운반
• 쉬링크 믹스트 콘크리트(Shrink mixed concrete)
  어느 정도 비빈 콘크리트를 운반

문제 30

콘크리트의 시방배합으로 각 재료의 양과 현장골재의 상태가 아래와 같을 때 현장배합에서 굵은 골재의 양은 얼마로 하여야 하는가? (단, 현장골재는 표면건조 포화상태임)

【시방배합】
• 시멘트 : 300kg/m³
• 물 : 160kg/m³
• 잔골재 : 666kg/m³
• 굵은 골재 : 1,178kg/m³

【현장 골재】
• 5mm 체에 남는 잔골재량 : 0%
• 5mm 체에 통과하는 굵은 골재량 : 5%

㉮ 1,116kg/m³
㉯ 1,178kg/m³
㉰ 1,240kg/m³
㉱ 1,258kg/m³

해설
• 굵은 골재량
$$\frac{100G - a(S+G)}{100-(a+b)} = \frac{100 \times 1178 - 0 \times (666+1,178)}{100-(0+5)} = 1,240 \text{kg/m}^3$$
• 잔골재량
$$\frac{100S - b(S+G)}{100-(a+b)} = \frac{100 \times 666 - 5 \times (666+1,178)}{100-(0+5)} = 604 \text{kg/m}^3$$

정답 28.㉮ 29.㉱ 30.㉰

문제 31 콘크리트 치기의 진동 다지기에 있어서 내부 진동기로 똑바로 찔러 넣어 진동기의 끝이 아래층 콘크리트 속으로 어느 정도 들어가야 하는가?

㉮ 10cm
㉯ 20cm
㉰ 30cm
㉱ 40cm

해설 내부진동기의 삽입간격은 50cm 이하로 한다.

문제 32 지름 100mm, 높이 200mm인 콘크리트 공시체로 압축강도 시험을 실시한 결과 공시체 파괴시 최대하중이 231kN이었다. 이 공시체의 압축강도는?

㉮ 29.4MPa
㉯ 27.4MPa
㉰ 25.4MPa
㉱ 23.4MPa

해설 $f_c = \dfrac{P}{A} = \dfrac{231,000}{7,850} = 29.4\text{MPa}$

여기서, $A = \dfrac{\pi d^2}{4} = \dfrac{3.14 \times 100^2}{4} = 7,850\text{mm}^2$

문제 33 규격이 150mm×150mm×530mm이고 지간이 450mm인 공시체를 4점 재하법으로 휨강도 시험을 실시한 결과, 공시체가 지간의 중앙에서 파괴되면서 시험기에 나타난 최대하중은 36kN 이었다. 이 공시체의 휨강도는?

㉮ 4.8MPa
㉯ 4.2MPa
㉰ 3.6MPa
㉱ 3.0MPa

해설 $f_b = \dfrac{Pl}{bd^2} = \dfrac{36,000 \times 450}{150 \times 150^2} = 4.8\text{MPa}$

문제 34 포졸란을 사용한 콘크리트의 특징으로 틀린 것은?

㉮ 워커빌리티가 좋아진다.
㉯ 조기강도는 크나, 장기강도가 작아진다.
㉰ 블리딩이 감소한다.
㉱ 수밀성 및 화학 저항성이 크다.

해설 조기강도는 작으나, 장기강도는 크다.

문제 35 슬럼프 콘의 규격으로 옳은 것은?

㉮ 윗면의 안지름이 150mm, 밑면의 안지름이 300mm, 높이 300mm
㉯ 윗면의 안지름이 150mm, 밑면의 안지름이 200mm, 높이 300mm
㉰ 윗면의 안지름이 100mm, 밑면의 안지름이 300mm, 높이 300mm
㉱ 윗면의 안지름이 100mm, 밑면의 안지름이 200mm, 높이 300mm

정답 31.㉰ 32.㉮ 33.㉮ 34.㉯ 35.㉱

해설 슬럼프 시험에 소요되는 총 시간은 3분 이내로 한다.

문제 36
콘크리트를 제조할 때 각 재료의 계량에 대한 허용오차 중 골재의 허용오차로 옳은 것은?

㉮ ±1% ㉯ ±2%
㉰ ±3% ㉱ ±4%

해설
- 시멘트 : −1%, +2%
- 물 : −2%, +1%
- 혼화재 : ±2%
- 골재, 혼화제 : ±3%

문제 37
일반 수중 콘크리트에 대한 설명으로 틀린 것은?

㉮ 트레미, 콘크리트 펌프 등에 의해 타설한다.
㉯ 물-결합재비는 50% 이하라야 한다.
㉰ 단위 시멘트양은 300kg/m³ 이상으로 한다.
㉱ 콘크리트는 수중에 낙하시키지 않아야 한다.

해설 단위 시멘트양은 370kg/m³ 이상으로 한다.

문제 38
수송관 속의 콘크리트를 압축 공기에 의해 압송하는 것으로서 콘크리트 펌프와 같이 터널 등의 좁은 곳에 콘크리트를 운반하는 데에 편리한 콘크리트 운반기계는?

㉮ 벨트 컨베이어 ㉯ 버킷
㉰ 콘크리트 플레이서 ㉱ 슈트

해설
- 벨트 컨베이어는 된 반죽 콘크리트 운반에 적합하다.
- 버킷은 믹서로부터 받아 즉시 콘크리트 타설할 장소로 운반하기에 가장 좋은 방법이다.
- 경사슈트는 재료분리를 일으키기 쉬워 될 수 있는 한 사용하지 않는 것이 좋고 부득이 경사슈트를 사용할 경우 수평 2에 연직 1정도의 경사가 적당하다.

문제 39
시멘트 밀도 시험 결과 시멘트의 질량은 64g, 처음 광유 눈금을 읽은 값은 0.4mL, 시료를 넣은 후 광유 눈금을 읽은 값은 20.9mL였다. 이 시멘트의 밀도는 얼마인가?

㉮ 3.09g/cm³ ㉯ 3.12g/cm³
㉰ 3.15g/cm³ ㉱ 3.18g/cm³

해설 시멘트 밀도 $= \dfrac{64}{눈금의\ 차} = \dfrac{64}{20.9-0.4} = 3.12 \text{g/cm}^3$

정답 36.㉰ 37.㉰ 38.㉰ 39.㉯

문제 40
시멘트의 응결속도에 영향을 주는 요소에 대한 설명으로 틀린 것은?
- ㉮ 분말도가 크면 응결은 빨라진다.
- ㉯ 석고의 첨가량이 많을수록 응결은 지연된다.
- ㉰ 온도가 낮을수록 응결은 빨라진다.
- ㉱ 풍화된 시멘트는 일반적으로 응결이 지연된다.

해설
- 온도가 높을수록 응결은 빨라진다.
- 물-시멘트비가 클수록 지연된다.
- 공기 중의 습도가 낮으면 빨라진다.

문제 41
주로 원자로 등에서 방사선 차폐 콘크리트를 만드는 데 사용되는 골재는?
- ㉮ 중량골재
- ㉯ 경량골재
- ㉰ 보통골재
- ㉱ 부순골재

해설 중량골재에는 자철광, 갈철광, 적철광, 중정석, 철광석 등이 있다.

문제 42
콘크리트용 모래에 포함되어 있는 유기 불순물 시험에 대한 설명으로 옳은 것은?
- ㉮ 사용하는 수산화나트륨 용액은 물 50에 수산화나트륨 50의 질량비로 용해시킨 것이다.
- ㉯ 시료는 대표적인 것을 취하고 절대건조상태로 건조시켜 4분법을 사용하여 약 5kg을 준비한다.
- ㉰ 시험에 사용할 유리병은 노란색으로 된 유리병을 사용하여야 한다.
- ㉱ 시험의 결과 24시간 정치한 잔골재 상부의 용액색이 표준용액보다 연할 경우 이 모래는 콘크리트용으로 사용할 수 있다.

해설
- 수산화나트륨 3%는 물 97에 수산화나트륨 3의 질량비로 용해시킨다.
- 시료는 대표적인 것을 취하고 공기 중 건조상태로 건조시켜 4분법을 사용하여 약 450g을 준비한다.
- 시험에 사용할 유리병은 무색 투명 유리병을 사용하여야 한다.

문제 43
서중 콘크리트를 칠 때의 콘크리트 온도는 몇 ℃ 이하이어야 하는가?
- ㉮ 25℃
- ㉯ 30℃
- ㉰ 35℃
- ㉱ 40℃

해설 서중 콘크리트는 일반적인 대책을 강구한 경우라도 비빈 후 1.5시간 이내에 쳐야 한다.

정답 40.㉰ 41.㉮ 42.㉱ 43.㉰

문제 44
시멘트의 응결시간을 측정하는 시험방법은?

㉮ 브레인 공기투과장치
㉯ 비카장치, 길모어장치
㉰ 시멘트 밀도 시험
㉱ 오토클레이브 장치

해설
- 분말도 시험 : 브레인 공기투과장치
- 시멘트 밀도 시험 : 르샤틀리에 병
- 시멘트 안정성 시험 : 오토클레이브 장치

문제 45
골재의 표면수량에 대한 설명 중 옳지 않은 것은?

㉮ 골재의 습윤상태에서 표면건조 포화상태의 수분을 뺀 물의 양이다.
㉯ 시방배합을 현장배합으로 보정할 경우 표면수량을 고려한다.
㉰ 절대건조상태에서 표면건조 포화상태로 되기까지 흡수된 물의 양이다.
㉱ 골재의 표면에 묻어 있는 물의 양이다.

해설 절대건조상태에서 표면건조 포화상태로 되기까지 흡수된 물은 흡수량이다.

문제 46
콘크리트 인장강도 시험에 대한 설명 중 틀린 것은?

㉮ 시험체를 매초 0.06±0.04MPa의 일정한 비율로 증가하도록 하중을 가한다.
㉯ 시험체의 지름은 150mm 이상으로 한다.
㉰ 시험체의 지름은 굵은골재 최대치수의 3배 이상이어야 한다.
㉱ 시험체는 습윤상태에서 시험을 한다.

해설 시험체의 지름은 굵은골재 최대치수의 4배 이상이어야 한다.

문제 47
콘크리트의 휨강도 시험에 대한 설명으로 옳지 않은 것은?

㉮ 공시체의 길이는 높이의 3배보다 80mm 이상 더 커야 한다.
㉯ 공시체는 성형 후 16시간 이상 3일 이내에 몰드를 해체한다.
㉰ 공시체의 한 변의 길이는 굵은골재 최대치수의 3배 이상으로 한다.
㉱ 공시체가 인장쪽 표면의 지간 방향 중심선의 4점의 바깥쪽에서 파괴된 경우는 그 시험결과를 무효로 한다.

해설
- 공시체의 한 변의 길이는 굵은골재 최대치수의 4배 이상으로 한다.
- 휨강도 시험은 4점 재하 장치에 의해 시험을 한다.
- 공시체는 20±2℃ 양생온도에서 실시한다.

문제 48
다음 중 잔골재 밀도 측정시험에 사용되는 기계기구가 아닌 것은?

㉮ 원뿔형 몰드
㉯ 플라스크
㉰ 항온 수조
㉱ 철망태

해설 철망태($\phi 20 \times 20$cm, 5mm 체망)는 굵은골재 밀도 측정 시 사용된다.

정답 44.㉯ 45.㉰ 46.㉰ 47.㉰ 48.㉱

문제 49 콘크리트를 타설한 후 다지기를 할 때 내부 진동기를 찔러 넣는 간격은 어느 정도가 적당한가?

㉮ 25cm 이하
㉯ 50cm 이하
㉰ 75cm 이하
㉱ 100cm 이하

해설 다질 때 진동기를 천천히 빼 구멍이 생기지 않게 한다.

문제 50 콘크리트의 혼화제에 대한 설명으로 가장 적합한 것은?

㉮ 사용량이 시멘트 질량의 5% 정도 이상이 되어 그 자체의 부피가 콘크리트의 배합계산에 관계된다.
㉯ 사용량이 콘크리트 질량의 1% 정도 이상이 되어 그 자체의 부피가 콘크리트의 배합계산에 관계된다.
㉰ 사용량이 콘크리트 질량의 5% 정도 이하의 것으로서 그 자체의 부피는 콘크리트의 배합계산에서 무시된다.
㉱ 사용량이 시멘트 질량의 1% 정도 이하의 것으로서 그 자체의 부피는 콘크리트의 배합계산에서 무시된다.

해설 혼화재는 사용량이 시멘트 질량의 5% 정도 이상이 되어 그 자체의 부피가 콘크리트의 배합계산에 관계된다.

문제 51 골재의 체가름 시험 과정에서 골재가 체눈에 끼인 경우 올바른 조치는?

㉮ 체눈에 끼인 골재는 손으로 밀어 체를 통과시킨다.
㉯ 체눈에 끼인 골재 알은 부서지지 않도록 빼내고 체에 남는 시료로 간주한다.
㉰ 체눈에 끼인 골재는 통과된 시료로 간주한다.
㉱ 체눈에 끼인 골재는 부서지지 않도록 빼내고 전체 시료량에서 제외한다.

해설
• 체가름할 때 체눈에 끼인 골재 알을 손으로 눌러 통과시켜서는 안 된다.
• 골재의 체가름 시험은 골재의 입도분포를 알기 위해 실시한다.
• 체를 1분간 진동시켜 각 체를 통과하는 것이 전 시료 질량의 0.1% 이하로 될 때까지 작업을 실시한다.

문제 52 싣기 용량이 6m³인 트럭믹서의 1시간당 작업량은 얼마인가? (단, 작업효율 0.85, 사이클 타임 1시간이다.)

㉮ 3.1m³/h
㉯ 4.5m³/h
㉰ 5.1m³/h
㉱ 5.5m³/h

해설 $Q = \dfrac{60qE}{C_m} = \dfrac{60 \times 6 \times 0.85}{60} = 5.1 \mathrm{m^3/h}$

정답 49.㉰ 50.㉮ 51.㉯ 52.㉰

문제 53
다음 중 프리스트레스트 콘크리트에 대한 설명으로 옳지 않은 것은?
- ㉮ 프리텐션 방식은 쉬스와 PS 강재의 간격을 특수한 모르타르로 채워야 한다.
- ㉯ PS 강재에는 PS 강봉, PS 강선, PS 스트랜드 등이 사용된다.
- ㉰ PS 강재가 원래의 상태로 돌아가려는 힘으로 콘크리트의 압축응력이 생기게 된다.
- ㉱ 프리텐션 방식의 경우 프리스트레이싱을 할 때의 콘크리트 압축강도는 30MPa 이상이어야 한다.

해설 포스트텐션 방식에서 콘크리트 중에 PS 강재를 배치할 구멍을 만들기 위해 쉬스를 사용한다.

문제 54
콘크리트 양생방법 중 촉진 양생방법에 해당하지 않는 것은?
- ㉮ 고주파양생
- ㉯ 증기양생
- ㉰ 오토클레이브 양생
- ㉱ 막양생

해설 막양생(피막양생)은 표면에 피막제를 뿌려 수분증발을 방지하는 것으로 포장 콘크리트 등에 사용한다.

문제 55
다음의 포졸란 종류 중 인공산에 해당하는 것은?
- ㉮ 화산재
- ㉯ 플라이 애시
- ㉰ 규조토
- ㉱ 규산백토

해설
- 천연산 : 화산재, 규조토, 규산백토 등
- 인공산 : 고로 슬래그, 소성점토, 혈암, 플라이 애시 등

문제 56
콘크리트 속에 많은 거품을 일으켜 부재의 경량화나 단열성을 목적으로 사용하는 혼화제는?
- ㉮ 기포제
- ㉯ 지연제
- ㉰ 경화촉진제
- ㉱ 감수제

해설 기포제는 콘크리트 속에 많은 거품을 일으켜 부재의 경량화나 단열성을 목적으로 사용하는 혼화제이다.

문제 57
콘크리트 운반에 사용되는 슈트에 대한 설명으로 틀린 것은?
- ㉮ 경사슈트를 사용할 경우에는 수평 2에 대해 연직 1의 경사로 한다.
- ㉯ 슈트를 사용할 경우에는 원칙적으로 경사슈트를 사용하여야 한다.
- ㉰ 연직슈트를 사용할 경우에 추가 슈트의 설치를 생략하기 위해 한 개의 슈트로 넓은 장소에 공급해서는 안 된다.
- ㉱ 연직슈트를 사용할 경우에는 콘크리트의 투입구 간격, 투입 순서 등으로 검토하여 콘크리트가 한 곳에 모이지 않도록 한다.

정답 53.㉮ 54.㉱ 55.㉯ 56.㉮ 57.㉯

해설 슈트를 사용할 경우에는 원칙적으로 연직슈트를 사용하여야 한다.

문제 58 콘크리트의 인장강도에 대한 설명으로 옳지 않은 것은?

㉮ 인장강도는 도로포장이나 수로 등에 중요시된다.
㉯ 압축강도와 달리 인장강도는 물-결합재비에 비례한다.
㉰ 인장강도는 압축강도의 1/10~1/13배 정도로 작다.
㉱ 인장강도는 철근 콘크리트 휨부재 설계 시 무시한다.

해설 압축강도는 물-결합재비에 비례한다.

문제 59 습윤상태의 굵은골재 질량이 5,600g이고 이 시료의 표면건조 포화상태 질량이 5,400g, 공기중 건조상태 질량이 5,100g이었다. 이 골재의 표면수율은?

㉮ 3.7%
㉯ 5.9%
㉰ 6.3%
㉱ 9.8%

해설 표면수량 = $\dfrac{5,600 - 5,400}{5,400} \times 100 = 3.7\%$

문제 60 콘크리트에 공기량이 미치는 영향에 대한 설명으로 옳지 않은 것은?

㉮ 콘크리트의 온도가 높을수록 공기량은 감소한다.
㉯ 부배합일수록 공기량은 감소한다.
㉰ AE제의 첨가량이 많을수록 공기량은 증가한다.
㉱ 단위 잔골재량이 많을수록 공기량은 감소한다.

해설 단위 잔골재량이 많을수록 공기량은 증가한다.

정답 58.㉯ 59.㉮ 60.㉱

콘크리트기능사 2015년 7월 19일(제4회)

알려 드립니다

한국산업인력공단의 저작권법 저촉에 대한 언급이 있어 과거에 출제된 동일한 문제나 그 유형의 문제로 재구성하였습니다.

문제 01
콘크리트 재료의 계량에 관한 설명 중 틀린 것은?
- ㉮ 혼화제를 녹이는 데 사용하는 물은 단위 수량과 별도로 고려한다.
- ㉯ 재료는 시방 배합을 현장 배합으로 고친 후 현장 배합에 의해 계량한다.
- ㉰ 각 재료는 1회의 비비기 양마다 질량으로 계량한다.
- ㉱ 시멘트의 1회 계량오차는 −1%, +2% 이내가 되도록 한다.

해설
- 혼화제를 녹이는 데 사용하는 물은 단위 수량 일부로 본다.
- 물과 혼화제 용액은 용적으로 계량해도 좋다.
- 혼화재의 1회 계량분에 대한 계량오차는 ±2%이다.
- 골재 및 혼화제의 1회 계량분에 대한 계량오차는 ±3%이다.

문제 02
콘크리트 플레이서를 사용할 경우 다음의 설명 중 틀린 것은?
- ㉮ 콘크리트를 압축공기로서 압송하는 것으로 터널 등의 좁은 곳에 운반하는 데는 불편하다.
- ㉯ 수송관의 배치는 굴곡을 적게 하고 수평 또는 상향으로 설치한다.
- ㉰ 수송관의 배치는 하향경사로 설치하여 사용해서는 안 된다.
- ㉱ 잔골재율을 크게 한 콘크리트를 사용하는 것이 좋다.

해설
- 콘크리트를 압축공기로서 압송하는 것으로 콘크리트 펌프와 같이 터널 등의 좁은 곳에 콘크리트를 운반하는 데 편리하다.
- 콘크리트 플레이서를 사용하면 콘크리트의 재료분리가 매우 심한 경우가 발생하므로 점성이 풍부한 콘크리트가 되게 잔골재율을 크게 한 단위 모르타르양이 많은 콘크리트를 사용하는 것이 좋다.
- 수송거리는 공기압, 공기소비량 등에 따라 다르다.
- 관에서 배출하는 과정에 재료분리가 발생하는 경우는 관 끝에 달린 삼베 등에 닿게 배출하게 하여 배출 충격을 줄게 한다.

문제 03
시방 배합에서 사용되는 골재는 어떤 상태인가?
- ㉮ 습윤 상태
- ㉯ 공기 중 건조상태
- ㉰ 표면 건조 포화상태
- ㉱ 절대건조상태

정답 01.㉮ 02.㉮ 03.㉰

해설 시방 배합에 사용되는 골재는 표면 건조 포화상태이며 5mm 체 통과 또는 남는 골재를 사용한다.

문제 04 콘크리트가 경화되는 중에 부피를 늘어나게 하여 콘크리트의 건조수축에 의한 균열을 억제하는데 사용하는 혼화재료는?
㉮ 포졸란
㉯ 팽창재
㉰ AE제
㉱ 경화촉진제

해설 교량의 지승을 설치할 때나 기계를 앉힐 때 기초부위 등의 그라우트에 사용한다.

문제 05 시멘트와 물을 반죽한 것을 무엇이라 하는가?
㉮ 모르타르
㉯ 시멘트 풀
㉰ 콘크리트
㉱ 반죽질기

해설 모르타르 : 시멘트+물+잔골재

문제 06 콘크리트의 인장강도 시험에 사용할 공시체는 시험 직전에 공시체의 지름을 몇 mm까지 2개소 이상을 측정하여 평균값을 구하는가?
㉮ 0.1mm
㉯ 0.5mm
㉰ 1mm
㉱ 2mm

해설 공시체의 길이는 1mm까지 2개소 이상을 재어서 평균값을 구한다.

문제 07 콘크리트를 양생하는 목적에 해당하지 않는 것은?
㉮ 응결, 경화가 완전히 이루어지도록 하려고
㉯ 콘크리트를 하중이나 진동, 충격으로부터 보호하려고
㉰ 수분의 증발을 촉진하기 위해서
㉱ 건조수축에 의한 균열을 줄이려고

해설 콘크리트를 친 후에 고온 또는 저온, 급격한 온도변화, 건조, 하중, 충격 등의 유해한 영향을 받지 않도록 하기 위함이다.

문제 08 일명 고온고압 양생이라고 하며 증기압 7~15기압, 온도 180℃ 정도의 고온, 고압으로 양생하는 방법은?
㉮ 오토클레이브 양생
㉯ 상압 증기양생
㉰ 전기양생
㉱ 가압양생

해설 고온고압 양생(오토클레이브 양생)으로 고강도 콘크리트 제품을 만들 수 있다.

정답 04.㉯ 05.㉯ 06.㉮ 07.㉰ 08.㉮

문제 09
다음 중에서 뿜어 붙이기 콘크리트의 시공에 적합하지 않은 것은?
- ㉮ 콘크리트 표면공사
- ㉯ 콘크리트 보수공사
- ㉰ 터널 공사
- ㉱ 수중 콘크리트 공사

해설
- 뿜어 붙이기 콘크리트(숏크리트)는 터널이나 대공동 구조물의 복공, 철골 구조물의 피복, 비탈면 혹은 벽면의 풍화나 박리, 박낙의 방지, 교량의 보수 보강 공사 등에 쓰인다.
- 숏크리트는 급결제의 첨가에 의하여 조기에 강도를 얻을 수 있고 거푸집이 필요치 않으며 급속 시공이 가능하다. 또한 비교적 소규모, 운반 가능한 기계설비로 시공이 가능하다.

문제 10
콘크리트를 비비는 시간은 시험에 의해 정하는 것을 원칙으로 하나 시험을 실시하지 않는 경우 가경식 믹서에서 비비기 시간은 최소 얼마 이상을 표준으로 하는가?
- ㉮ 1분 30초
- ㉯ 2분
- ㉰ 3분
- ㉱ 3분 30초

해설 강제식 믹서 : 1분 이상

문제 11
콘크리트의 습윤양생 방법의 종류가 아닌 것은?
- ㉮ 수중양생
- ㉯ 습포양생
- ㉰ 습사양생
- ㉱ 촉진양생

해설 습윤양생(급습양생) : 콘크리트 노출면에 살수, 젖은 모래, 양생용 매트, 젖은 가마니 등으로 덮는다.

문제 12
콘크리트의 블리딩 시험에 대한 설명으로 틀린 것은?
- ㉮ 시험하는 동안 30±3℃의 온도를 유지한다.
- ㉯ 콘크리트를 용기에 3층으로 넣고, 각 층을 다짐대로 25번씩 다진다.
- ㉰ 용기에 채워넣을 때 콘크리트의 표면이 용기의 가장자리에서 (30±3)mm 낮아지도록 고른다.
- ㉱ 콘크리트의 재료 분리 정도를 알기 위한 시험이다.

해설 시험하는 동안 실온 및 콘크리트 온도는 (20±3)℃를 유지한다.

문제 13
시방배합으로 잔골재 600kg/m³, 굵은 골재 1,250kg/m³일 때 현장배합으로 고친 잔골재량은? (단, 5mm 체에 남는 잔골재량 3%, 5mm 체를 통과하는 굵은 골재량 2%이며 표면수량에 대한 조정은 무시한다.)
- ㉮ 593kg/m³
- ㉯ 600kg/m³
- ㉰ 607kg/m³
- ㉱ 627kg/m³

정답 09.㉱ 10.㉮ 11.㉱ 12.㉮ 13.㉮

해설 잔골재량
$$\frac{100S-b(S+G)}{100-(a+b)}=\frac{100\times600-2(600+1,250)}{100-(3+2)}=593\text{kg/m}^3$$

문제 14
잔골재의 밀도 및 흡수율시험에 사용되는 시험기구가 아닌 것은?

㉮ 플라스크
㉯ 원뿔형몰드
㉰ 저울
㉱ 원심분리기

해설 잔골재의 표면건조포화상태의 밀도 시험을 할 때 표건시료 500g 이상을 채취한다.

문제 15
포장용 콘크리트의 배합기준 중 굵은 골재의 최대치수는 몇 mm 이하이어야 하는가?

㉮ 25mm
㉯ 40mm
㉰ 100mm
㉱ 150mm

해설
- 댐 콘크리트의 경우 : 150mm 이하
- 무근 콘크리트의 경우 : 40mm 이하, 부재최소치수의 1/4 이하
- 철근 콘크리트의 단면이 큰 경우 : 40mm 이하

문제 16
서중 콘크리트에 대한 설명으로 틀린 것은?

㉮ 하루 평균기온이 15℃를 초과하는 것이 예상되는 경우 서중 콘크리트로 시공하여야 한다.
㉯ 서중 콘크리트의 배합온도는 낮게 관리하여야 한다.
㉰ 콘크리트를 타설할 때의 콘크리트 온도는 35℃ 이하이어야 한다.
㉱ 타설하기 전에 지반, 거푸집 등 콘크리트로부터 물을 흡수할 우려가 있는 부분을 습윤상태로 유지하여야 한다.

해설
- 하루 평균기온이 25℃를 초과하는 것이 예상되는 경우 서중 콘크리트로 시공하여야 한다.
- 지연형 감수제를 사용한 경우라도 1.5시간 이내에 타설한다.
- 콘크리트 배합은 단위 수량을 적게 하고 단위 시멘트양이 많아지지 않도록 한다.

문제 17
콘크리트 압축강도 시험용 공시체의 표면을 캐핑하기 위한 시멘트 풀의 물-시멘트비 (W/C)는 어느 정도가 적당한가?

㉮ 30~35%
㉯ 37~40%
㉰ 17~20%
㉱ 27~30%

해설
- 공시체 표면의 요철을 평면이 되도록 캐핑을 실시한다.
- 캐핑의 두께는 가능한 한 얇은 것이 좋으나 2~3mm 정도가 적당하며 6mm를 넘으면 강도의 저하가 커진다.

정답 14.㉱ 15.㉯ 16.㉮ 17.㉱

문제 18
단위 골재량의 절대부피가 0.70m³이고 잔골재율이 35%일 때 단위 굵은 골재량은?
(단, 굵은 골재의 밀도는 2.6g/cm³)

㉮ 1,183kg ㉯ 1,198kg
㉰ 1,213kg ㉱ 1,228kg

해설 단위 굵은 골재량 : $0.7 \times (1-0.35) \times 2.6 \times 1,000 = 1,183$kg

문제 19
굵은 골재의 최대치수는 질량비로 몇 % 이상을 통과시키는 체 중에서 최소치수인 체의 호칭치수로 나타낸 것인가?

㉮ 60% 이상 ㉯ 70% 이상
㉰ 80% 이상 ㉱ 90% 이상

해설 굵은 골재의 최대치수가 클수록 소요의 품질의 콘크리트를 얻기 위한 단위 수량 및 시멘트양이 일반적으로 감소하여 경제적이다.

문제 20
감수제를 사용하면 여러 가지 효과가 나타난다. 그 효과에 대한 설명으로 틀린 것은?

㉮ 콘크리트의 워커빌리티가 좋아진다.
㉯ 단위 시멘트의 사용량이 늘어난다.
㉰ 내구성이 좋아진다.
㉱ 강도가 커진다.

해설
- 감수제는 단위 수량을 감소시킬 목적으로 사용되는 혼화제이다.
- 감수제는 동일 워커빌리티 및 강도의 콘크리트를 얻기 위하여 필요한 단위 시멘트양을 감소시킨다.

문제 21
시멘트의 제조 시 응결시간을 조절하기 위해 첨가하는 것은?

㉮ 석고 ㉯ 점토
㉰ 철분 ㉱ 광재

해설 석고의 첨가량이 많을수록 응결은 지연된다.

문제 22
일반 수중 콘크리트 타설에 대한 설명으로 잘못된 것은?

㉮ 콘크리트는 흐르지 않는 물속에 쳐야 한다. 정수중에 칠 수 없을 경우에도 유속은 1초에 50mm 이하로 하여야 한다.
㉯ 콘크리트는 수중에 낙하시켜서는 안 된다.
㉰ 수중 콘크리트의 타설에서 중요한 구조물의 경우는 밑열림 상자나 밑열림 포대를 사용하여 연속해서 타설하는 것을 원칙으로 한다.
㉱ 한 구획의 콘크리트 타설을 완료한 후 레이턴스를 모두 제거하고 다시 타설하여야 한다.

정답 18.㉮ 19.㉱ 20.㉯ 21.㉮ 22.㉰

해설 밑열림 상자나 밑열림 포대는 콘크리트를 연속해서 타설하는 것이 불가능하며 소규모 공사나 중요하지 않은 구조물 이외에는 사용하지 않는 것이 좋다.

문제 23
알루미나 시멘트의 최대 특징은?
- ㉮ 원료가 풍부하다.
- ㉯ 조기강도가 크다.
- ㉰ 값이 싸다.
- ㉱ 타 시멘트와 혼합이 용이하다.

해설 알루미나 시멘트는 재령 1일 강도가 보통 포틀랜드 시멘트의 28일 강도와 같다.

문제 24
아래의 표에서 설명하는 혼화재료는?

석탄을 원료로 하는 화력발전소에서 미분탄을 고온으로 연소시켰을 때 회분이 용융되어 고온의 연소가스와 더불어 굴뚝에 이르는 도중에 급격히 냉각되어 구형으로 생성되는 미세한 분말로서 전기식 또는 기계식 집진장치를 사용하여 모은 것이다.

- ㉮ 포졸란
- ㉯ 플라이 애시
- ㉰ 실리카 품
- ㉱ AE제(AE제)

해설 플라이 애시를 혼화재로 사용한 콘크리트는 조기강도는 작으나 장기강도는 증가한다.

문제 25
골재의 절대건조상태에 대한 설명으로 옳은 것은?
- ㉮ 골재를 90±5℃의 온도에서 무게가 일정하게 될 때까지 건조시킨 것
- ㉯ 골재를 105±5℃의 온도에서 무게가 일정하게 될 때까지 건조시킨 것
- ㉰ 골재를 115±5℃의 온도에서 무게가 일정하게 될 때까지 건조시킨 것
- ㉱ 골재를 125±5℃의 온도에서 무게가 일정하게 될 때까지 건조시킨 것

해설 골재를 105±5℃의 온도에서 무게가 일정하게(건조로에서 보통 24시간)될 때까지 건조시킨 것을 절대건조상태라 한다.

문제 26
그림과 같이 거푸집에 골재를 먼저 채워 넣고 모르타르(mortar)를 나중에 주입하는 콘크리트 시공법은?
- ㉮ 숏크리트(shotcrete)
- ㉯ 시멘트 풀(cement paste)
- ㉰ 매스 콘크리트(mass concrete)
- ㉱ 프리플레이스트 콘크리트(preplaced concrete)

해설 프리플레이스트 콘크리트는 수중 콘크리트 시공에 적합하다.

문제 27
압축강도 시험용 공시체의 양생 온도로 가장 적당한 것은?
- ㉮ 13±2℃
- ㉯ 15±2℃
- ㉰ 20±2℃
- ㉱ 25±2℃

정답 23.㉯ 24.㉯ 25.㉯ 26.㉱ 27.㉰

해설 양생한 공시체는 습윤상태로 압축강도 시험을 한다.

문제 28
콘크리트 또는 모르터가 엉기기 시작하지는 않았지만 비빈 후 상당히 시간이 지났거나 또 재료가 분리된 경우에 다시 비비는 작업을 무엇이라고 하는가?
- ㉮ 되비비기
- ㉯ 거듭비비기
- ㉰ 믹서
- ㉱ 슈트(chute)

해설 되비비기 : 콘크리트 또는 모르터가 엉기기 시작한 경우 다시 비비는 작업

문제 29
콘크리트 다지기에 내부진동기를 사용할 경우 삽입간격은 일반적으로 얼마 이하로 하는 것이 좋은가?
- ㉮ 50cm 이하
- ㉯ 100cm 이하
- ㉰ 150cm 이하
- ㉱ 200cm 이하

해설 내부 진동기 사용 방법
- 내부 진동기를 하층 콘크리트 속으로 10cm 정도 찔러 다진다.
- 연직으로 찔러 다지며 삽입 간격으로 50cm 이하로 한다.
- 1개소당 진동시간은 5~15초로 한다.
- 콘크리트 속에서 진동기를 천천히 빼 구멍이 생기지 않게 한다.
- 콘크리트 재료분리의 원인 때문에 내부 진동기는 콘크리트를 횡방향 이동에 사용해서는 안 된다.

문제 30
블리딩 시험에서 처음 60분 동안은 몇 분 간격으로 표면에 생긴 블리딩의 물을 빨아내는가?
- ㉮ 5분 간격으로
- ㉯ 10분 간격으로
- ㉰ 20분 간격으로
- ㉱ 30분 간격으로

해설 처음 60분 동안은 10분 간격으로, 그 후는 블리딩이 멈출 때까지 30분 간격으로 표면에 생긴 블리딩 물을 피펫으로 빨아낸다.

문제 31
콘크리트용 모래에 포함되어 있는 유기불순물 시험에 사용되는 시약은?
- ㉮ 수산화나트륨
- ㉯ 염화칼슘
- ㉰ 페놀프탈레인
- ㉱ 규산나트륨

해설 유기불순물 시험에는 알코올, 수산화나트륨, 탄닌산의 시약이 사용된다.

문제 32
골재의 단위용적 질량시험 방법 중 충격에 의한 경우는 용기에 시료를 3층으로 나누어 채우고 각 층마다 용기의 한 쪽을 몇 cm 정도 들어올려서 낙하시켜야 하는가?
- ㉮ 5cm
- ㉯ 10cm
- ㉰ 15cm
- ㉱ 20cm

정답 28.㉮ 29.㉮ 30.㉯ 31.㉮ 32.㉮

해설 골재의 단위용적 질량 시험은 다짐대를 사용하는 방법과 충격을 이용하는 방법이 있다.

문제 33 시방배합에서 규정된 배합의 표시법에 포함되지 않는 것은?
㉮ 슬럼프의 범위 ㉯ 잔골재의 최대치수
㉰ 물-결합재비 ㉱ 시멘트의 단위량

해설 굵은골재의 최대치수, 잔골재의 단위량, 굵은골재의 단위량 등을 표시한다.

문제 34 시멘트 밀도 시험의 목적이 아닌 것은?
㉮ 시멘트의 종류를 어느 정도 추정할 수 있다.
㉯ 시멘트의 품질을 판정할 수 있다.
㉰ 시멘트 입자 사이의 공기량을 알 수 있다.
㉱ 콘크리트 배합 설계를 할 때 시멘트의 절대 용적을 구할 수 있다.

해설 시멘트의 풍화상태를 알 수 있다.

문제 35 30회 이상의 시험실적으로부터 구한 압축강도의 표준편차가 2MPa이고 품질기준강도 (f_{cq})가 30MPa인 경우 배합강도는?
㉮ 30MPa ㉯ 31.2MPa
㉰ 32.7MPa ㉱ 33.9MPa

해설
• $f_{cr} = f_{cq} + 1.34s = 30 + 1.34 \times 2 = 32.7$MPa
• $f_{cr} = (f_{cq} - 3.5) + 2.33s = (30 - 3.5) + 2.33 \times 2 = 31.2$MPa
∴ 큰 값인 32.7MPa이다.

문제 36 굵은골재 마모시험(KS F 2508)에서 골재를 시험기에 넣고 회전시킨 뒤 몇 mm 체를 통과하는 것을 마모감량으로 하는가?
㉮ 0.6mm ㉯ 1.0mm
㉰ 1.5mm ㉱ 1.7mm

해설 마모감량(%) = $\dfrac{\text{시험 전의 시료 질량} - \text{시험 후 1.7mm 체에 남은 시료 질량}}{\text{시험 전의 시료 실량}} \times 100$

문제 37 골재의 안정성 시험에 사용되는 시험용 용액은?
㉮ 황산나트륨 ㉯ 가성소다
㉰ 염화칼슘 ㉱ 탄닌산

해설 골재의 안정성 시험은 골재가 기상작용에 대한 저항성을 알기 위해 실시하며 황산나트륨, 염화바륨이 사용된다.

정답 33.㉯ 34.㉰ 35.㉰ 36.㉱ 37.㉮

문제 38
단위용적질량이 1,690kg/m³, 밀도가 2.60g/cm³인 굵은골재의 공극률은 얼마인가?

㉮ 25% ㉯ 30%
㉰ 35% ㉱ 40%

해설 공극률 $= 100 - $ 실적률 $= 100 - \left(\dfrac{w}{\rho} \times 100\right) = 100 - \left(\dfrac{1.69}{2.6} \times 100\right) = 35\%$

문제 39
고로 슬래그 시멘트에 대한 설명으로 옳은 것은?

㉮ 수화열이 크다.
㉯ 장기강도가 작다.
㉰ 주로 댐, 하천, 항만 등의 구조물에 사용된다.
㉱ 조기에 강도를 필요로 하는 공사에 사용된다.

해설
- 수화열이 작다.
- 장기강도가 크다.

문제 40
다음 혼화재료 중 콘크리트의 워커빌리티를 좋게 하고 동결융해에 대한 내구성과 수밀성을 크게 하는 것은?

㉮ 급결제 ㉯ 지연제
㉰ AE제 ㉱ 발포제

해설 AE제는 시멘트 질량의 1% 이하를 사용하므로 배합 계산에서 그 양을 무시한다.

문제 41
굵은골재 밀도 시험의 결과 공기 중의 표건시료의 질량 6,755g, 물속에서의 시료 질량 4,209g, 노건조 시료의 질량 6,658g이다. 이때 절대건조상태의 밀도는? (단, $\rho_w = 1\text{g/cm}^3$)

㉮ 2.61 g/cm³ ㉯ 2.65 g/cm³
㉰ 2.68 g/cm³ ㉱ 2.72 g/cm³

해설
- 절대건조상태의 밀도 $= \dfrac{A}{B-C} \times \rho_w = \dfrac{6,658}{6,755-4,209} \times 1 = 2.62\text{g/cm}^3$
- 겉보기 밀도 $= \dfrac{A}{A-C} \times \rho_w = \dfrac{6,658}{6,658-4,209} \times 1 = 2.72\text{g/cm}^3$
- 표건밀도 $= \dfrac{B}{B-C} \times \rho_w = \dfrac{6,755}{6,755-4,209} \times 1 = 2.65\text{g/cm}^3$

문제 42
물-결합재비가 50%, 단위 수량이 165kg/m³일 때 단위 시멘트양은?

㉮ 82.5kg/m³ ㉯ 165kg/m³
㉰ 330kg/m³ ㉱ 345kg/m³

정답 38.㉰ 39.㉰ 40.㉰ 41.㉮ 42.㉰

해설 $W/C = 50\%$

∴ $C = \dfrac{165}{0.5} = 330\text{kg/m}^3$

문제 43

벽이나 기둥과 같이 높이가 높은 콘크리트를 연속해서 타설할 경우 콘크리트의 쳐 올라가는 속도는 일반적으로 30분에 얼마 정도로 하는가?

㉮ 1m 이하
㉯ 1~1.5m
㉰ 2~3m
㉱ 3~4m

해설 재료분리가 가능한 한 적게 되도록 콘크리트의 반죽질기 및 타설 속도를 조정해야 한다.

문제 44

지름 150mm, 높이 300mm인 공시체를 사용하여 콘크리트 쪼갬인장강도 시험을 하여 시험기에 나타난 최대하중이 147.9kN이었다. 인장강도는 얼마인가?

㉮ 1.5MPa
㉯ 1.7MPa
㉰ 1.9MPa
㉱ 2.1MPa

해설 $f_{sp} = \dfrac{2P}{\pi dl} = \dfrac{2 \times 147,900}{3.14 \times 150 \times 300} = 2.1\text{N/mm}^2 = 2.1\text{MPa}$

문제 45

150mm×150mm×530mm 크기의 콘크리트 시험체를 450mm 지간이 되도록 고정한 후 4점 재하법으로 휨강도를 측정하였다. 35kN의 최대하중에서 중앙부분이 파괴되었다면 휨강도는 얼마인가?

㉮ 4.7MPa
㉯ 5.3MPa
㉰ 5.6MPa
㉱ 5.9MPa

해설 $f_b = \dfrac{Pl}{bd^2} = \dfrac{35,000 \times 450}{150 \times 150^2} = 4.7\text{N/mm}^2 = 4.7\text{MPa}$

문제 46

분말도가 큰 시멘트에 대한 설명으로 틀린 것은?

㉮ 수밀한 콘크리트를 얻을 수 있으며 균열의 발생이 없다.
㉯ 풍화되기 쉽고 수화열이 많이 발생한다.
㉰ 수화반응이 빨라지고 조기강도가 크다.
㉱ 블리딩양이 적고 워커블한 콘크리트를 얻을 수 있다.

해설
- 분말도가 높을수록 수화열이 많이 발생하며 수축으로 인하여 콘크리트에 균열이 발생할 우려가 있다.
- 분말도는 비표면적으로 나타내며 비표면적(cm^2/g)이란 1g의 시멘트가 가지고 있는 전체 입자의 총 표면적(cm^2)이다.

정답 43.㉯ 44.㉱ 45.㉮ 46.㉮

문제 47
잔골재와 굵은골재를 구분하는 체는?
- ㉮ 1mm 체
- ㉯ 2mm 체
- ㉰ 3mm 체
- ㉱ 5mm 체

해설 굵은골재는 5mm 체에 거의 다 남는 골재 또는 5mm 체에 다 남는 골재이다.

문제 48
거푸집의 높이가 높을 경우, 재료분리를 막기 위해 거푸집에 투입구를 설치하거나 연직슈트 또는 펌프배관의 배출구를 타설면 가까운 곳까지 내려서 콘크리트를 타설하여야 한다. 이 경우 슈트, 펌프배관, 버킷 등의 배출구와 타설면까지의 높이로 가장 적합한 것은?
- ㉮ 1.5m 이하
- ㉯ 2.0m 이하
- ㉰ 2.5m 이하
- ㉱ 3.0m 이하

해설 콘크리트 타설 도중 표면에 떠올라 고인 블리딩 수가 있을 경우에는 적당한 방법으로 물을 제거한 후 그 위에 콘크리트를 친다. 고인물을 제거하기 위해 콘크리트 표면에 홈을 만들어 흐르게 해서는 안 된다.

문제 49
중용열 포틀랜드 시멘트에 대한 설명으로 틀린 것은?
- ㉮ 건조수축이 작다.
- ㉯ 조기강도는 보통 시멘트에 비해 작다.
- ㉰ 댐 콘크리트, 방사선차폐용 콘크리트 등 단면이 큰 콘크리트용으로 적합하다.
- ㉱ 수화속도가 빠르고, 수화열이 커서 동절기 공사에 유리하다.

해설
- 수화속도가 늦고 수화열이 작아서 댐이나 방사선 차폐용, 매시브한 콘크리트 등에 유리하다.
- 장기강도는 보통시멘트와 같거나 약간 크다.
- 화학적 저항성이 크다.

문제 50
잔골재의 안정성 시험에서 황산나트륨을 사용할 경우 손실 질량 백분율은 몇 % 이하이어야 하는가?
- ㉮ 8%
- ㉯ 10%
- ㉰ 12%
- ㉱ 15%

해설 잔골재는 10% 이하, 굵은골재는 12% 이하이다.

문제 51
콘크리트 슬럼프 시험의 목적으로 가장 옳은 표현은?
- ㉮ 반죽질기를 측정하는 시험이다.
- ㉯ 공기량을 측정하는 시험이다.
- ㉰ 피니셔빌리티를 측정하는 시험이다.
- ㉱ 블리딩양을 측정하는 시험이다.

정답 47.㉱ 48.㉮ 49.㉱ 50.㉯ 51.㉮

해설 굳지 않은 콘크리트의 반죽질기를 측정하는 것으로 워커빌리티를 판단하기 위해 시험한다.

문제 52
다음의 골재 수분함량를 나타내는 용어 중 가장 수분이 많은 것은?
- ㉮ 함수량
- ㉯ 흡수량
- ㉰ 표면수량
- ㉱ 유효흡수량

해설 함수량은 습윤상태에서 절대건조상태를 뺀 값으로 수분이 가장 많다.

문제 53
다음 중 시멘트의 분말도에 대한 설명으로 가장 적합한 것은?
- ㉮ 시멘트가 굳으면서 부피가 팽창하는 정도를 나타낸 것
- ㉯ 시멘트의 강도를 의미하는 것
- ㉰ 시멘트의 입자의 가는 정도를 나타낸 것
- ㉱ 여러 입자의 비율을 나타낸 것

해설 분말도는 비표면적으로 나타내며 1g의 시멘트가 가지고 있는 전체 입자의 총 표면적이다.

문제 54
일반 콘크리트용으로 사용되는 굵은골재의 절대건조밀도 표준은 얼마 이상인가?
- ㉮ $2.5g/cm^3$
- ㉯ $2.6g/cm^3$
- ㉰ $2.7g/cm^3$
- ㉱ $2.8g/cm^3$

해설 굵은골재의 절대건조밀도 표준은 $2.5g/cm^3$ 이상이어야 한다.

문제 55
다음의 혼화재료 중에서 사용량이 많아서 콘크리트 배합 용적계산에 포함되는 것은?
- ㉮ AE제
- ㉯ 경화촉진제
- ㉰ 실리카 품
- ㉱ 감수제

해설 실리카 품은 혼화재로서 사용량이 많다.

문제 56
다음 중 골재의 조립률을 구하기 위해 사용되는 표준체에서 호칭 치수가 가장 큰 것은?
- ㉮ 100mm
- ㉯ 90mm
- ㉰ 75mm
- ㉱ 40mm

해설 조립률을 구하기 위해 사용되는 표준체는 75, 40, 20, 10, 5, 2.5, 1.2, 0.6, 0.3mm 체 10가지이다.

정답 52.㉮ 53.㉰ 54.㉮ 55.㉰ 56.㉰

문제 57 다음의 해양 콘크리트에 대한 설명 중 틀린 것은?
- ㉮ 재령 5일까지는 콘크리트가 바닷물에 씻기지 않게 한다.
- ㉯ 콘크리트의 시공이음이 가능한 한 발생하지 않게 한다.
- ㉰ 항만, 해안 또는 해양에 위치하여 해수 또는 바닷바람의 작용을 받는 구조물에 사용되는 콘크리트를 해양 콘크리트라고 한다.
- ㉱ 콘크리트는 바닷물에 대한 내구성, 강도, 수밀성이 작도록 한다.

해설 콘크리트는 바닷물에 대한 내구성, 강도, 수밀성이 크도록 해야 한다.

문제 58 콘크리트의 시공이음에 관한 설명 중 틀린 것은?
- ㉮ 시공이음은 부재의 압축력이 작용하는 방향과 직각되게 한다.
- ㉯ 시공이음은 전단력이 작은 위치에 설치한다.
- ㉰ 신축이음은 구조물이 서로 접하는 양쪽부분을 절연시켜야 한다.
- ㉱ 아치의 시공이음은 아치축에 직각방향으로 설치해서는 안 된다.

해설 아치의 시공이음은 아치축에 직각방향으로 설치해야 한다.

문제 59 다음 중 콘크리트 플랜트에 대한 설명으로 틀린 것은?
- ㉮ 비비기 장치가 있다.
- ㉯ 비연속적으로 작업하여 콘크리트를 제조하는 설비이다.
- ㉰ 재료의 저장 및 계량 장치가 있다.
- ㉱ 고정식과 이동식 구조가 있다.

해설 연속적으로 작업하여 콘크리트를 제조하는 설비이다.

문제 60 콘크리트 압축강도 시험에 사용되는 공시체 지름에 해당되지 않는 것은?
- ㉮ 200mm
- ㉯ 150mm
- ㉰ 125mm
- ㉱ 100mm

해설 콘크리트 압축강도 시험용 공시체 지름은 100mm, 125mm, 150mm가 사용된다.

정답 57.㉱ 58.㉱ 59.㉯ 60.㉮

콘크리트기능사 2016년 1월 24일(제1회)

> **■ 알려 드립니다 ■**
> 한국산업인력공단의 저작권법 저촉에 대한 언급이 있어 과거에 출제된 동일한 문제나 그 유형의 문제로 재구성하였습니다.

문제 01 콘크리트의 블리딩에 관한 설명 중 틀린 것은?

㉮ 블리딩이 심하면 투수성과 투기성이 커져서 콘크리트의 중성화(탄산화)가 촉진된다.
㉯ 블리딩이 심하면 철근과 부착력 감소로 강도 및 내구성의 감소가 현저해진다.
㉰ 시멘트의 분말도가 작을수록, 잔골재 중의 미립분이 작을수록 블리딩 현상이 적어진다.
㉱ 블리딩은 보통 2~4시간에 끝나며 그 연속시간은 콘크리트 높이가 낮고 온도가 높으면 빨리 끝난다.

해설 시멘트의 분말도가 커지면 블리딩 현상이 적어진다.

문제 02 혼화재의 계량오차는 몇 % 이내인가?

㉮ ±1% ㉯ ±2%
㉰ ±3% ㉱ ±4%

해설
- 시멘트 : -1%, +2%
- 물 : -2%, +1%
- 혼화재 : ±2%
- 골재, 혼화제 : ±3%

문제 03 골재의 표면 건조 포화상태에 관한 설명 중 옳은 것은?

㉮ 건조로(oven) 내에서 일정중량이 될 때까지 완전히 건조시킨 상태
㉯ 골재의 표면은 건조하고 골재내부에는 포화하는 데 필요한 수량보다 적은 양의 물을 포화한 상태
㉰ 골재 내부는 물로 포화하고 표면이 건조된 상태
㉱ 골재 내부가 완전히 수분으로 포화되고 표면에 여분의 물을 포함하고 있는 상태

해설 골재의 표면수는 없고 골재알 속의 빈틈이 물로 차있는 상태는 표면건조 포화상태이다.

정답 01.㉰ 02.㉯ 03.㉰

문제 04
다음 중 잔골재의 밀도는 얼마인가?
- ㉮ 2.0~2.50g/cm³
- ㉯ 2.50~2.65g/cm³
- ㉰ 2.55~2.70g/cm³
- ㉱ 2.0~3.0g/cm³

해설 굵은골재의 밀도는 2.55~2.70g/cm³ 범위이다.

문제 05
콘크리트를 배합할 때 잔골재 275l, 굵은골재를 480l를 투입하여 혼합한다면 이때 잔골재율(S/a)은 얼마인가?
- ㉮ 27.5%
- ㉯ 36.4%
- ㉰ 48.0%
- ㉱ 63.5%

해설 $S/a = \dfrac{275}{275+480} = 0.364$

문제 06
시방 배합에서 사용되는 골재는 어떤 상태인가?
- ㉮ 습윤 상태
- ㉯ 공기 중 건조상태
- ㉰ 표면 건조 포화상태
- ㉱ 절대건조상태

해설 시방 배합에 사용되는 골재는 표면 건조 포화상태이며 5mm 체 통과 또는 남는 골재를 사용한다.

문제 07
기상작용에 대한 골재의 내구성을 알기 위한 시험은 다음 중 어느 것인가?
- ㉮ 골재의 밀도 시험
- ㉯ 골재의 빈틈율 시험
- ㉰ 골재의 안정성 시험
- ㉱ 골재에 포함된 유기불순물 시험

해설
- 잔골재 : 10% 이하
- 굵은골재 : 12% 이하

문제 08
혼화재와 혼화제의 분류에서 혼화재에 대한 설명으로 알맞은 것은?
- ㉮ 사용량이 비교적 많으나 그 자체의 부피가 콘크리트 등의 비비기 용적에 계산되지 않는 것
- ㉯ 사용량이 비교적 많아서 그 자체의 부피가 콘크리트 등의 비비기 용적에 계산되는 것
- ㉰ 사용량이 비교적 적으나 그 자체의 부피가 콘크리트 등의 비비기 용적에 계산되는 것
- ㉱ 사용량이 비교적 적어서 그 자체의 부피가 콘크리트 등의 비비기 용적에 계산되지 않는 것

해설 혼화제는 사용량이 비교적 적어 그 자체의 부피가 콘크리트의 배합계산에서 무시된다.

정답 04.㉯ 05.㉯ 06.㉰ 07.㉰ 08.㉯

문제 09 시멘트가 응결할 때 화학적 반응에 의하여 수소가스를 발생시켜 모르타르 또는 콘크리트 속에 아주 작은 기포를 생기게 하는 혼화제로 알루미늄가루 등을 사용하며 프리플레이스트 콘크리트용 그라우트나 PC용 그라우트에 사용하면 부착을 좋게 하는 것은?

㉮ 발포제
㉯ 방수제
㉰ 촉진제
㉱ 급결제

해설 알루미늄 또는 아연 등의 분말을 혼합하면 시멘트의 응결과정에 있어서 수산화물과 반응하여 수소가스를 발생한다.

문제 10 다음 중 콘크리트 운반기계에 포함되지 않는 것은?

㉮ 버킷
㉯ 배처 플랜트
㉰ 슈트
㉱ 트럭 애지데이터

해설 배처 플랜트는 콘크리트를 혼합하는 공장시설이다.

문제 11 한중 콘크리트는 양생 중에 온도를 최소 얼마 이상으로 유지해야 하는가?

㉮ 0℃
㉯ 5℃
㉰ 15℃
㉱ 20℃

해설 일 평균기온이 4℃ 이하가 될 경우 한중 콘크리트로 시공한다.

문제 12 수중 콘크리트를 타설할 때 사용되는 기계 및 기구와 관계가 먼 것은?

㉮ 트레미
㉯ 슬립폼 페이버
㉰ 밑열림 상자
㉱ 콘크리트 펌프

해설 트레미, 콘크리트 펌프, 밑열림 상자, 밑열림 포대 등으로 타설한다.

문제 13 콘크리트 압축강도 시험에 사용하는 시료의 양생 온도범위로 가장 적합한 것은?

㉮ 0~4℃
㉯ 6~10℃
㉰ 11~15℃
㉱ 18~22℃

해설 공시체는 20±2℃에서 습윤상태로 양생한다.

문제 14 콘크리트 압축강도 시험체의 지름은 골재 최대치수의 몇 배 이상이어야 하는가?

㉮ 3배
㉯ 4배
㉰ 5배
㉱ 6배

해설 지름은 굵은골재 최대치수의 3배 이상, 100mm 이상이어야 한다.

정답 09.㉮ 10.㉯ 11.㉰ 12.㉯ 13.㉱ 14.㉮

문제 15
일반수중 콘크리트에서 물-결합재비는 얼마 이하이어야 하는가?
- ㉮ 50%
- ㉯ 55%
- ㉰ 60%
- ㉱ 65%

해설 $C : 370\,\mathrm{kg/m^3}$ 이상

문제 16
잔골재의 유해물 중 시방서에 규정된 점토 덩어리의 함유량의 한도(중량 백분율)는 얼마인가?
- ㉮ 0.5%
- ㉯ 1%
- ㉰ 3%
- ㉱ 5%

해설 굵은골재 : 0.25% 이하

문제 17
시멘트가 매우 빨리 응결하도록 하기 위해 사용하는 혼화제로서, 콘크리트 뿜어올리기 공법, 그라우트에 의한 지수 공법 등에 사용하는 혼화재료는?
- ㉮ 경화촉진제
- ㉯ 급결제
- ㉰ 지연제
- ㉱ 발포제

해설 시멘트의 응결시간을 빨리하기 위해 급결제를 사용한다.

문제 18
콘크리트의 인장강도 시험에 사용할 공시체는 시험 직전에 공시체의 지름을 몇 mm까지 2개소 이상을 측정하여 평균값을 구하는가?
- ㉮ 0.1mm
- ㉯ 0.5mm
- ㉰ 1mm
- ㉱ 2mm

해설 공시체의 길이는 1mm까지 2개소 이상을 재어서 평균값을 구한다.

문제 19
시멘트 분류할 때 혼합 시멘트에 해당하지 않는 것은?
- ㉮ 고로 슬래그 시멘트
- ㉯ 플라이 애시 시멘트
- ㉰ 포졸란 시멘트
- ㉱ 내화물용 알루미나 시멘트

해설 알루미나 시멘트는 특수 시멘트에 속한다.

문제 20
굵은골재의 밀도가 2.65kg/L이고 단위 질량이 1.80kg/L일 때 이 골재의 공극률은?
- ㉮ 30.02%
- ㉯ 31.04%
- ㉰ 31.96%
- ㉱ 32.08%

정답 15.㉮ 16.㉰ 17.㉯ 18.㉮ 19.㉱ 20.㉱

해설 공극률 = $(1 - \dfrac{\text{단위무게}}{\text{밀도}}) \times 100 = (1 - \dfrac{1.80}{2.65}) \times 100 = 32.08\%$

문제 21 콘크리트의 압축강도 시험을 한 결과 파괴하중이 350kN이었다. 이때 압축강도는 얼마인가? (단, 공시체의 지름 : 150mm, 높이 : 300mm)

㉮ 18.6MPa ㉯ 19.8MPa
㉰ 20.6MPa ㉱ 21.8MPa

해설 $P = 350,000\text{N}$
$f_c = \dfrac{350,000}{\dfrac{3.14 \times 150^2}{4}} = 19.8\text{N/mm}^2 = 19.8\text{MPa}$

문제 22 조립률 3.0의 모래와 7.0의 자갈을 중량비 1 : 3비율로 혼합할 때의 조립률을 구한 것 중 옳은 것은?

㉮ 4.0 ㉯ 5.0 ㉰ 6.0 ㉱ 7.0

해설 $\text{FM} = \dfrac{1}{1+3} \times 3.0 + \dfrac{3}{1+3} \times 7.0 = 6$

문제 23 뿜어 붙이기 콘크리트에 관한 다음 내용 중 잘못된 것은?

㉮ 시멘트 건(gun)에 의해 압축공기로 모르타르를 뿜어 붙이는 것이다.
㉯ 수축균열이 생기기 쉽다.
㉰ 공사기간이 길어진다.
㉱ 시공 중 분진이 많이 발생한다.

해설 숏크리트 공법으로 거푸집이 필요 없어 급속 시공이 가능하고 소규모 기계로 시공이 가능하지만 용수가 많은 곳의 시공은 곤란하다.

문제 24 중량 골재에 속하지 않는 것은?

㉮ 중정석 ㉯ 화산암
㉰ 자철광 ㉱ 갈철광

해설 중량골재는 방사선 차폐용 콘크리트에 이용된다.

문제 25 콘크리트 인장강도 시험을 할 때 인장강도가 어느 정도의 일정한 비율로 증가하도록 하중을 가하여야 하는가?

㉮ 매초 0.06±0.04MPa ㉯ 매초 0.07±0.14MPa
㉰ 매초 0.15±0.35MPa ㉱ 매초 1.5±3.5MPa

정답 21.㉯ 22.㉰ 23.㉰ 24.㉯ 25.㉮

해설
- 압축강도는 매초 0.6±0.2MPa 속도로 하중을 가한다.
- 인장강도 및 휨강도는 매초 0.06±0.04MPa 속도로 하중을 가한다.

문제 26
골재의 안정성 시험에 대한 설명 중 옳지 않은 것은?
㉮ 시료를 금속제 망태에 넣고 시험용 용액을 24시간 담가 둔다.
㉯ 무게비가 5% 이상인 무더기에 대해서만 시험을 한다.
㉰ 용액은 자주 휘저으면서 21±1.0℃의 온도로 48시간 이상 보존 후 시험에 사용한다.
㉱ 황산나트륨 포화용액으로 인한 골재의 부서짐 작용에 대한 저항성을 시험한다.

해설
- 시료를 용액에 담가두는 시간은 16~18시간으로 한다.
- 시료를 금속제 망태에 넣고 시험용 용액 안에 담그는데 이때 용액의 표면은 시료의 윗면에서 15mm 이상 높아지도록 한다.

문제 27
콘크리트에서 부순 돌을 굵은골재로 사용했을 때의 설명이다. 잘못된 것은?
㉮ 단위 수량이 많아진다.
㉯ 잔골재율이 작아진다.
㉰ 부착력이 좋아서 압축강도가 커진다.
㉱ 포장 콘크리트에 사용하면 좋다.

해설
- 부순 자갈을 사용할 경우 워커빌리티가 나빠지므로 잔골재율과 단위 수량을 크게 하여 워커빌리티를 개량 할 필요가 있다.
- 둥근 강자갈은 워커빌리티가 좋으나 강도는 부순돌보다 작다.

문제 28
AE 콘크리트의 성질에 관한 설명으로 틀린 것은?
㉮ 워커빌리티가 좋다.
㉯ 소요 단위 수량이 적어진다.
㉰ 블리딩이 적어진다.
㉱ 철근과의 부착강도가 커진다.

해설 철근과의 부착강도가 적어진다.

문제 29
콘크리트가 굳기 시작한 후에 다시 비비는 작업을 무엇이라고 하는가?
㉮ 되비비기   ㉯ 거듭 비비기
㉰ 믹서   ㉱ 슈트(chute)

해설
- **되비비기**: 콘크리트 또는 모르타르가 엉기기 시작하였을 경우 다시 비비는 작업
- **거듭 비비기**: 콘크리트, 모르타르가 엉기기 시작하지 않았으나 비빈 후 상당한 시간이 지났거나 또는 재료 분리한 경우 다시 비비는 작업

정답 26.㉮ 27.㉯ 28.㉱ 29.㉮

문제 30 높은 곳에서 콘크리트를 내리는 경우, 버킷을 사용할 수 없을 때 사용하며 콘크리트 치기의 높이에 따라 길이를 조절할 수 있도록 깔때기 등을 이어서 만든 운반기구는?

㉮ 콘크리트 펌프
㉯ 연직 슈트
㉰ 콘크리트 플레이서
㉱ 벨트 컨베이어

> **해설** 깔때기 등을 이어서 만들고 높은 곳에서부터 콘크리트를 칠 때 연직슈트를 사용한다.

문제 31 콘크리트를 타설한 다음 일정 기간 동안 콘크리트에 충분한 온도와 습도를 유지시켜 주는 것을 무엇이라 하는가?

㉮ 콘크리트 진동
㉯ 콘크리트 다짐
㉰ 콘크리트 양생
㉱ 콘크리트 시공

> **해설** 양생은 콘크리트를 타설한 후 소요기간까지 경화에 필요한 온도, 습도조건을 유지하며 유해한 작용의 영향을 받지 않도록 보호하는 작업이다.

문제 32 골재의 마모시험에서 시료를 시험기에서 꺼내 몇 mm 체로 체가름을 하는가?

㉮ 1.7mm
㉯ 3.4mm
㉰ 1.25mm
㉱ 2.5mm

> **해설** 보통 콘크리트용 골재는 닳음 감량의 한도는 40% 이하이다.

문제 33 시멘트의 분말도에 대한 설명으로 틀린 것은?

㉮ 시멘트의 분말도가 높으면 조기강도가 작아진다.
㉯ 시멘트의 입자가 가늘수록 분말도가 높다.
㉰ 분말도란 시멘트 입자의 고운 정도를 나타낸다.
㉱ 분말도가 높으면 시멘트의 표면적이 커서 수화작용이 빠르다.

> **해설** 시멘트의 분말도가 높으면 조기강도가 커진다.

문제 34 운반거리가 먼 레미콘이나 무더운 여름철 콘크리트의 시공에 사용하는 혼화제는?

㉮ 기포제
㉯ 지연제
㉰ 방수제
㉱ 경화 촉진제

문제 35 물-시멘트비가 50%이고 단위 수량이 180kg/m³일 때 단위 시멘트양은 얼마인가?

㉮ 90kg/m³
㉯ 180kg/m³
㉰ 270kg/m³
㉱ 360kg/m³

정답 30.㉯ 31.㉰ 32.㉮ 33.㉮ 34.㉯ 35.㉱

해설 $\dfrac{W}{C}=0.5$ ∴ $C=\dfrac{W}{0.5}=\dfrac{180}{0.5}=360\text{kg/m}^3$

문제 36
콘크리트의 표면에 아스팔트 유제나 비닐유제 등으로 불투수층을 만들어 수분의 증발을 막는 양생방법을 무엇이라 하는가?
- ㉮ 증기양생
- ㉯ 전기양생
- ㉰ 습윤양생
- ㉱ 피복양생

해설 피복양생(막양생)은 습윤양생이 곤란한 경우에 사용하는 것으로 막양생제의 도포시기는 콘크리트 표면의 물빛이 없어진 직후에 얼룩이 생기지 않도록 살포해야 한다.

문제 37
콘크리트 공사에서 거푸집 떼어내기에 관한 설명으로 틀린 것은?
- ㉮ 거푸집은 콘크리트가 자중 및 시공 중에 가해지는 하중에 충분히 견딜 만한 강도를 가질 때까지 해체해서는 안 된다.
- ㉯ 거푸집을 떼어내는 순서는 비교적 하중을 받지 않는 부분을 먼저 떼어낸다.
- ㉰ 연직 부재의 거푸집은 수평부재의 거푸집보다 먼저 떼어낸다.
- ㉱ 보의 밑판의 거푸집은 보의 양 측면의 거푸집보다 먼저 떼어낸다.

해설
- 보의 밑판의 거푸집은 보의 양 측면의 거푸집보다 나중에 떼어낸다.
- 슬래브 및 보의 밑면, 아치 내면의 콘크리트 압축강도가 14MPa 이상, 설계기준 압축강도의 2/3 이상이면 거푸집을 떼어낼 수 있다.

문제 38
골재의 함수상태 네 가지 중 습기가 없는 실내에서 자연건조시킨 것으로서 골재알 속의 빈틈 일부가 물로 차 있는 상태는?
- ㉮ 습윤상태
- ㉯ 절대건조상태
- ㉰ 표면건조 포화상태
- ㉱ 공기 중 건조상태

해설
- 습윤상태 : 골재 내부의 공극이 물로 가득 차 있고 표면까지 물이 부착되어 있는 상태
- 절대건조상태 : 골재 표면 및 내부가 물이 완전히 제거된 상태
- 표면건조 포화상태 : 골재 표면은 건조되어 있고 골재 내부의 공극은 물로 가득 차 있는 상태

문제 39
콘크리트 타설에 대한 설명으로 틀린 것은?
- ㉮ 콘크리트 치기 도중 발생한 블리딩수가 있을 경우 표면에 도랑을 만들어 물을 흐르게 한다.
- ㉯ 거푸집의 높이가 높을 경우 거푸집에 투입구를 설치하거나 연직슈트를 타설면 가까이 내려서 타설한다.
- ㉰ 콘크리트를 2층 이상으로 나누어 타설할 경우, 상층의 콘크리트는 하층의 콘크리트가 굳기 전에 타설해야 한다.
- ㉱ 콘크리트는 그 표면이 한 구획 내에서는 거의 수평이 되도록 타설하는 것을 원칙으로 한다.

정답 36.㉱ 37.㉱ 38.㉱ 39.㉮

해설 콘크리트 치기 도중 발생한 블리딩수가 있을 경우에는 적당한 방법으로 제거한 후 그 위에 콘크리트를 친다. 단, 고인 물을 제거하기 위해 표면에 홈을 만들어 물을 흐르게 하면 안 된다.

문제 40

프리플레이스트 콘크리트에 있어서 연직 주입관의 수평간격은 얼마 정도를 표준으로 하는가?

㉮ 1m ㉯ 2m
㉰ 3m ㉱ 4m

해설
- 연직 주입관의 수평간격 : 2m
- 수평 주입관의 수평간격 : 2m

문제 41

비빔통 속에 달린 날개를 회전시켜 콘크리트를 비비는 것이며 주로 콘크리트 플랜트에 사용되는 믹서는?

㉮ 중력식 믹서 ㉯ 강제식 믹서
㉰ 가경식 믹서 ㉱ 연속식 믹서

해설 강제식 믹서는 혼합조 속에서 날개가 회전하여 콘크리트를 비빔으로써 비빔 성능이 좋고 큰 용량이 가능하여 레디믹스트 콘크리트 플랜트를 중심으로 널리 사용된다.

문제 42

내부 진동기의 사용 방법으로 옳지 않은 것은?

㉮ 진동기는 연직으로 찔러 넣는다.
㉯ 진동기 삽입간격은 50cm 이하로 한다.
㉰ 진동기를 빨리 빼내어 구멍이 남지 않도록 한다.
㉱ 진동기를 하층의 콘크리트 속으로 10cm 정도 찔러 넣는다.

해설 내부 진동기 사용 방법
- 내부 진동기를 하층 콘크리트 속으로 10cm 정도 찔러 다진다.
- 연직으로 찔러 다지며 삽입간격은 50cm 이하로 한다.
- 1개소당 진동시간은 5~15초로 한다.
- 콘크리트 속에서 진동기를 천천히 빼 구멍이 생기지 않게 한다.
- 콘크리트 재료분리의 원인 때문에 내부 진동기는 콘크리트를 횡방향 이동에 사용해서는 안 된다.

문제 43

수화열이 적어 댐과 같은 단면이 큰 콘크리트 공사에 적합한 시멘트는?

㉮ 보통 포틀랜드 시멘트 ㉯ 중용열 포틀랜드 시멘트
㉰ 조강 포틀랜드 시멘트 ㉱ 알루미나 시멘트

해설 중용열 포틀랜드 시멘트는 건조수축이 작고 장기강도가 크다.

정답 40.㉯ 41.㉯ 42.㉰ 43.㉯

문제 44
서중 콘크리트는 비빈 후 얼마 이내에 타설해야 하는가?
- ㉮ 1시간
- ㉯ 1.5시간
- ㉰ 2시간
- ㉱ 2.5시간

해설 서중 콘크리트는 적어도 5일 이상 양생을 실시한다.

문제 45
굳지 않은 콘크리트의 슬럼프 시험에 대한 설명 중 틀린 것은?
- ㉮ 콘크리트가 슬럼프 콘의 중심축에 대하여 치우친 경우라도 재시험은 하지 않는다.
- ㉯ 굵은골재 최대치수가 40mm를 넘는 콘크리트의 경우에는 40mm를 넘는 굵은 골재를 제거한다.
- ㉰ 슬럼프 콘에 시료를 3층으로 채운 후 각 층을 25회 다짐봉으로 다지고 위로 가만히 빼어 올린다.
- ㉱ 시험은 3분 이내로 한다.

해설
- 콘크리트가 슬럼프 콘의 중심축에 대하여 치우치거나 무너지거나 해서 모양이 불균형이 된 경우에는 다른 시료에 의해 재시험을 실시한다.
- 슬럼프 콘을 벗기는 작업은 2~5초 이내로 한다.

문제 46
잔골재의 표면수 시험에 대한 설명 중 틀린 것은?
- ㉮ 시험방법에는 질량에 의한 측정법과 부피에 의한 측정법이 있다.
- ㉯ 시험은 같은 시료에 대하여 계속 두 번 시험을 한다.
- ㉰ 시험은 잔골재의 표면건조 포화상태의 밀도와 관계가 있다.
- ㉱ 두 번 시험을 하였을 때의 평균값과 각 시험 차가 0.1% 이하이어야 한다.

해설 두 번 시험을 하였을 때의 평균값과 각 시험 차가 0.3% 이하이어야 한다.

문제 47
시멘트 밀도 시험에 사용되는 것이 아닌 것은?
- ㉮ 가는 철사
- ㉯ 광유
- ㉰ 원뿔형 몰드
- ㉱ 르샤틀리에 병

해설 원뿔형 몰드는 잔골재의 밀도 및 흡수율 시험을 할 경우에 사용된다.

문제 48
콘크리트를 제조할 때 각 재료의 계량에 대한 허용오차 중 골재의 허용오차로 옳은 것은?
- ㉮ ±1%
- ㉯ ±2%
- ㉰ ±3%
- ㉱ ±4%

정답 44.㉯ 45.㉮ 46.㉱ 47.㉰ 48.㉰

해설
- 시멘트 : -1%, +2%
- 혼화재 : ±2%
- 물 : -2%, +1%
- 골재, 혼화제 : ±3%

문제 49 거푸집의 높이가 높을 경우, 재료분리를 막기 위해 거푸집에 투입구를 설치하거나 연직슈트 또는 펌프배관의 배출구를 타설면 가까운 곳까지 내려서 콘크리트를 타설하여야 한다. 이 경우 슈트, 펌프배관, 버킷 등의 배출구와 타설면까지의 높이로 가장 적합한 것은?

㉮ 1.5m 이하
㉯ 2.0m 이하
㉰ 2.5m 이하
㉱ 3.0m 이하

해설 콘크리트 타설 도중 표면에 떠올라 고인 블리딩 수가 있을 경우에는 적당한 방법으로 물을 제거한 후 그 위에 콘크리트를 친다. 고인물을 제거하기 위해 콘크리트 표면에 홈을 만들어 흐르게 해서는 안 된다.

문제 50 콘크리트 재료의 계량에 대한 설명으로 틀린 것은?

㉮ 골재의 계량오차는 ±3%이다.
㉯ 혼화제를 묽게 하는 데 사용하는 물은 단위 수량으로 포함하여서는 안 된다.
㉰ 혼화재의 계량오차는 ±2%이다.
㉱ 각 재료는 1배치씩 질량으로 계량하여야 하며, 물과 혼화제 용액은 용적으로 계량해도 좋다.

해설 혼화제를 녹이는 데 사용하는 물이나 혼화제를 묽게 하는 데 사용하는 물은 단위 수량의 일부로 본다.

문제 51 콘크리트용 모래에 포함되어 있는 유기 불순물 시험에 대한 설명으로 옳은 것은?

㉮ 사용하는 수산화나트륨 용액은 물 50에 수산화나트륨 50의 질량비로 용해시킨 것이다.
㉯ 시료는 대표적인 것을 취하고 절대건조상태로 건조시켜 4분법을 사용하여 약 5kg을 준비한다.
㉰ 시험에 사용할 유리병은 노란색으로 된 유리병을 사용하여야 한다.
㉱ 시험의 결과 24시간 정치한 잔골재 상부의 용액색이 표준용액보다 연할 경우 이 모래는 콘크리트용으로 사용할 수 있다.

해설
- 수산화나트륨 3%는 물 97에 수산화나트륨 3의 질량비로 용해시킨다.
- 시료는 대표적인 것을 취하고 공기 중 건조상태로 건조시켜 4분법을 사용하여 약 450g을 준비한다.
- 시험에 사용할 유리병은 무색 투명 유리병을 사용하여야 한다.

정답 49.㉮ 50.㉯ 51.㉱

문제 52
겉보기 공기량이 6.80%이고 골재의 수정계수가 1.20%일 때 콘크리트의 공기량은 얼마인가?
- ㉮ 5.60%
- ㉯ 4.40%
- ㉰ 3.20%
- ㉱ 2.0%

해설 $A = A_1 - G = 6.8 - 1.2 = 5.6\%$

문제 53
시멘트의 강도시험(KS L ISO 679)에서 모르타르를 조제할 때 시멘트와 표준모래의 질량에 의한 비율로 옳은 것은?
- ㉮ 1 : 2
- ㉯ 1 : 2.5
- ㉰ 1 : 3
- ㉱ 1 : 3.5

해설 모르타르는 시멘트와 표준모래를 1 : 3의 질량비로 한다. (시멘트 450g, 표준사 1,350g, 물 225g, W/C=0.5)

문제 54
포졸란을 사용한 콘크리트의 특징으로 틀린 것은?
- ㉮ 워커빌리티가 좋아진다.
- ㉯ 조기강도는 크나, 장기강도가 작아진다.
- ㉰ 블리딩이 감소한다.
- ㉱ 수밀성 및 화학 저항성이 크다.

해설 조기강도는 작으나, 장기강도는 크다.

문제 55
콘크리트 플레이서를 사용할 경우 다음의 설명 중 틀린 것은?
- ㉮ 콘크리트를 압축공기로서 압송하는 것으로 터널 등의 좁은 곳에 운반하는 데는 불편하다.
- ㉯ 수송관의 배치는 굴곡을 적게 하고 수평 또는 상향으로 설치한다.
- ㉰ 수송관의 배치는 하향경사로 설치하여 사용해서는 안 된다.
- ㉱ 잔골재율을 크게 한 콘크리트를 사용하는 것이 좋다.

해설
- 콘크리트를 압축공기로서 압송하는 것으로 콘크리트 펌프와 같이 터널 등의 좁은 곳에 콘크리트를 운반하는 데 편리하다.
- 콘크리트 플레이서를 사용하면 콘크리트의 재료분리가 매우 심한 경우가 발생하므로 점성이 풍부한 콘크리트가 되게 잔골재율을 크게 한 단위 모르타르양이 많은 콘크리트를 사용하는 것이 좋다.
- 수송거리는 공기압, 공기소비량 등에 따라 다르다.
- 관에서 배출하는 과정에 재료분리가 발생하는 경우는 관 끝에 달린 삼베 등에 닿게 배출하게 하여 배출 충격을 줄게 한다.

정답 52.㉮ 53.㉰ 54.㉯ 55.㉮

문제 56 골재의 단위용적 질량시험 방법 중 충격에 의한 경우는 용기에 시료를 3층으로 나누어 채우고 각 층마다 용기의 한 쪽을 몇 cm 정도 들어올려서 낙하시켜야 하는가?
- ㉮ 5cm
- ㉯ 10cm
- ㉰ 15cm
- ㉱ 20cm

해설 골재의 단위용적 질량 시험은 다짐대를 사용하는 방법과 충격을 이용하는 방법이 있다.

문제 57 다음의 혼화재료 중에 사용량이 비교적 많은 혼화재로 짝지어진 것은?
- ㉮ 플라이 애시, 고로 슬래그 미분말
- ㉯ 플라이 애시, AE제
- ㉰ 염화칼슘, AE제
- ㉱ AE제, 고로 슬래그 미분말

해설 포졸란, 플라이 애시, 고로 슬래그, 팽창재, 실리카 퓸은 사용량이 많다.

문제 58 다음의 혼화재 중 용광로에서 나온 슬래그를 냉각시켜 생성된 것은?
- ㉮ AE제
- ㉯ 포촐라나
- ㉰ 플라이 애시
- ㉱ 고로 슬래그 미분말

해설 슬래그는 철을 생산하는 과정에서 부산물로 나오는 것이다.

문제 59 다음 중 콘크리트 시방배합을 현장배합으로 수정할 경우 필요한 사항이 아닌 것은?
- ㉮ 굵은골재 및 잔골재의 표면수량
- ㉯ 잔골재의 5mm 체 잔류율
- ㉰ 시멘트의 밀도
- ㉱ 굵은골재의 5mm 체 통과율

해설 골재의 표면수, 입도 등을 고려하여 시방배합을 현장배합으로 수정한다.

문제 60 다음 중 골재의 입도, 조립률, 굵은골재의 최대 치수 등을 알기 위해 실시하는 시험은?
- ㉮ 골재의 밀도 시험
- ㉯ 골재의 체가름시험
- ㉰ 골재의 안정성시험
- ㉱ 골재의 유기불순물시험

해설 골재의 체가름시험으로 입도상태와 굵은골재의 최대치수 등을 알 수 있다.

정답 56.㉮ 57.㉮ 58.㉱ 59.㉰ 60.㉯

콘크리트기능사 2016년 4월 2일(제2회)

알려 드립니다

한국산업인력공단의 저작권법 저촉에 대한 언급이 있어 과거에 출제된 동일한 문제나 그 유형의 문제로 재구성하였습니다.

문제 01 시멘트의 분말도에 관한 설명 중 옳은 것은?

㉮ 분말도가 높을수록 물에 접촉하는 면적이 작다.
㉯ 분말도가 높을수록 수화작용이 느리다.
㉰ 분말도가 높을수록 콘크리트에 내구성이 좋다.
㉱ 분말도가 높을수록 콘크리트에 균열이 발생하기 쉽다.

해설 분말도가 높은 시멘트는 입자가 가늘어 수화열이 높아 콘크리트 균열이 발생하기 쉽다.

문제 02 다음은 골재의 입도(粒度)에 대한 설명이다. 적당하지 못한 것은 어느 것인가?

㉮ 입도시험을 위한 골재는 4분법이나 시료분취기에 의하여 필요한 양을 채취한다.
㉯ 입도란 크고 작은 골재알이 혼합되어 있는 정도를 말하며 체가름시험에 의하여 구할 수 있다.
㉰ 입도가 좋은 골재를 사용한 콘크리트는 간극이 커지기 때문에 강도가 저하된다.
㉱ 입도곡선이란 골재의 체가름시험 결과를 곡선으로 표시한 것이며, 입도곡선이 표준 입도곡선 내에 들어가야 한다.

해설 입도가 좋은 골재를 사용한 콘크리트는 간극이 적어 시멘트가 적게 소요되므로 경제적이며 강도가 증대된다.

문제 03 휨강도 공시체 150mm×150mm×530mm의 몰드를 제작할 때 각 층은 몇 회씩 다지는가?

㉮ 25회
㉯ 50회
㉰ 80회
㉱ 92회

해설 2층 80회씩 다진다. $(150 \times 530) \div 1,000 ≒ 80$회

정답 01.㉱ 02.㉰ 03.㉰

문제 04 콘크리트 배합에 관하여 다음 설명 중에서 틀린 것은?

㉮ 현장 배합은 현장 골재의 조립률에 따라서 시방 배합을 환산하여 배합한다.
㉯ 콘크리트 배합은 질량 배합을 사용하는 것이 원칙이다.
㉰ 콘크리트 배합 강도는 설계기준강도보다 충분히 크게 정한다.
㉱ 시방 배합에서는 잔·굵은골재는 모두 표면 건조 포화상태로 한다.

해설 현장배합은 입도 및 표면수를 고려하여 환산한다.

문제 05 다음 중 사용량이 많아 콘크리트의 배합 설계에 고려하여야 하는 혼화재료는?

㉮ 슬래그 ㉯ 감수제
㉰ 지연제 ㉱ AE제

해설 포졸란, 플라이 애시, 고로 슬래그 등의 혼화재는 사용량이 시멘트 질량의 5% 이상 되므로 그 자체의 부피를 고려해야 한다.

문제 06 콘크리트의 경화나 강도발현을 촉진하기 위해 실시하는 촉진양생의 종류에 속하지 않는 것은?

㉮ 습윤양생 ㉯ 증기양생
㉰ 오토클레이브 양생 ㉱ 전기양생

해설 습윤양생은 콘크리트 노출면을 양생용 매트, 모포 등을 적셔서 덮거나 또는 살수를 하여 습윤상태로 보호한다.

문제 07 알루미나 시멘트에 관한 설명이다. 옳지 않은 것은?

㉮ 보크사이트와 석회석을 혼합하여 분말로 만든 시멘트이다.
㉯ 화학작용에 대한 저항성이 크다.
㉰ 알칼리성이 약하여 철근을 부식시킬 염려가 있다.
㉱ 재령 3일로 보통 포틀랜드 시멘트의 28일 강도를 나타낸다.

해설 재령 1일로 보통 포틀랜드 시멘트의 28일 강도를 나타낸다.

문제 08 콘크리트용 골재가 갖추어야 할 성질이 아닌 것은?

㉮ 물리적으로 안정하고 내구성, 내마멸성이 클 것
㉯ 화학적으로 안정하고 유해물을 함유하지 않을 것
㉰ 시멘트 풀과의 부착력이 큰 표면조직을 가질 것
㉱ 낱알의 크기가 균일할 것

해설 낱알이 크고 작은 것이 골고루 혼합되어 있어야 좋다.

정답 04.㉮ 05.㉮ 06.㉮ 07.㉱ 08.㉱

문제 09
정비된 콘크리트 제조설비를 가진 공장에서 필요한 조건의 굳지 않은 콘크리트를 수시로 공급할 수 있는 것을 무엇이라 하는가?
㉮ 프리플레이스트 콘크리트
㉯ 프리캐스트 콘크리트
㉰ 프리스트레스트 콘크리트
㉱ 레디믹스트 콘크리트

해설
- 레미콘이라 한다.
- 콘크리트 치기가 쉬워 능률적이다.
- 공사비용과 공사기간이 단축되는 장점이 있다.
- 콘크리트의 품질을 염려할 필요가 없이 시공에만 전념할 수 있다.
- 좋은 품질의 콘크리트를 얻기가 쉽다.

문제 10
댐 공사에서 수화열에 의한 균열을 막기 위해 재료를 인공 냉각하는데 다음 중 그 방법은?
㉮ 프리 쿨링법
㉯ 벤트 공법
㉰ 프레시네 공법
㉱ 전기 냉각법

해설
- 콘크리트 수화열을 낮추기 위해 프리 쿨링, 파이프 쿨링을 한다.
- 수화열이 낮은 중용열 시멘트를 사용한다.
- 콘크리트 배합 시 단위 시멘트양을 되도록 적게 한다.
- 콘크리트 타설 후 거푸집을 가능한 한 빨리 해체한다.

문제 11
재료에 일정 하중이 작용하면 시간의 경과와 함께 변형이 증가하는데 이러한 현상을 무엇이라 하는가?
㉮ 포와송 비
㉯ 크리프
㉰ 연성
㉱ 취성

해설
- 취성은 작은 변형에도 파괴되는 성질이다.
- 릴랙세이션은 재료에 하중을 가했을 때 시간의 경과함에 따라 재료의 응력이 감소하는 현상이다.
- 포와송 비 = 횡방향 변형률/종방향 변형률

문제 12
콘크리트 펌프로 콘크리트를 수송할 때 수송관이 90°의 굴곡이 1회 있을 경우 수평거리는 몇 m 정도로 환산하는가? (단, 슬럼프 값은 120mm 정도이다.)
㉮ 2m
㉯ 6m
㉰ 8m
㉱ 12m

해설
- 압송관이 막히는 경우 그 부분의 콘크리트는 워커빌리티가 나쁘게 되는 등 품질의 변화가 생기기 때문에 이런 콘크리트를 사용해서는 안 된다.
- 압송 개시시나 종료시에 물을 흘러 보내는 경우가 있으나 이런 물이 섞인 콘크리트를 사용해서는 안 된다.
- 압송관의 선단에는 콘크리트 배출 장소의 이동을 쉽게 하기 위하여 일반적으로 고무호스 등 유연한 호스를 사용하고 있다.

정답 09.㉱ 10.㉮ 11.㉯ 12.㉯

- 배관의 수평환산거리는 수직관, taper관, 곡관 및 고무호스에 대하여 구하며 일반적으로 슬럼프 120mm 정도의 콘크리트로서 90°의 굴곡은 수평거리 6m에 해당된다.

문제 13
일반적인 잔골재의 흡수율은 대개 어느 정도인가?

㉮ 1~6%　　㉯ 6~12%
㉰ 13~18%　㉱ 18~23%

해설 골재의 밀도가 크면 강도가 크고 흡수율이 작다.

문제 14
잔골재와 굵은골재를 구별할 때 사용하는 체는?

㉮ 25mm　㉯ 15mm
㉰ 10mm　㉱ 5mm

해설
- 잔골재 : 5mm 체 통과하는 골재
- 굵은골재 : 5mm 체 남는 골재

문제 15
보통 콘크리트의 비비기로부터 치기가 끝날 때까지의 시간은 외기온도가 25℃ 미만일 때 최대 몇 시간 이하를 원칙으로 하는가?

㉮ 2시간　㉯ 2.5시간
㉰ 1.5시간　㉱ 1시간

해설 외기온도가 25℃ 이상일 경우에는 1.5시간 이하를 원칙으로 한다.

문제 16
콘크리트를 타설한 다음 일정 기간 동안 콘크리트에 충분한 온도와 습도를 유지시켜 주는 것을 무엇이라 하는가?

㉮ 콘크리트 진동　㉯ 콘크리트 다짐
㉰ 콘크리트 양생　㉱ 콘크리트 시공

해설 양생은 콘크리트를 타설한 후 소요기간까지 경화에 필요한 온도, 습도조건을 유지하며 유해한 작용의 영향을 받지 않도록 보호하는 작업이다.

문제 17
지름이 150mm, 길이가 300mm인 콘크리트 공시체로 쪼갬 인상강도 시험을 실시한 결과, 공시체 파괴 시 시험기에 나타난 최대하중이 162.6kN이었다. 이 공시 쪼갬 인장강도는?

㉮ 2.1MPa　㉯ 2.3MPa
㉰ 2.5MPa　㉱ 2.7MPa

해설 $f_{sp} = \dfrac{2P}{\pi dl} = \dfrac{2 \times 162,600}{3.14 \times 150 \times 300} = 2.3\text{MPa}$

정답 13.㉮　14.㉱　15.㉮　16.㉰　17.㉯

문제 18

슬럼프 콘의 규격으로 옳은 것은?

㉮ 윗면의 안지름 150mm, 밑면의 안지름 300mm, 높이 300mm
㉯ 윗면의 안지름 150mm, 밑면의 안지름 200mm, 높이 300mm
㉰ 윗면의 안지름 100mm, 밑면의 안지름 300mm, 높이 300mm
㉱ 윗면의 안지름 100mm, 밑면의 안지름 200mm, 높이 300mm

해설 슬럼프 시험에 소요되는 총 시간은 3분 이내로 한다.

문제 19

시멘트의 분말도에 대한 설명으로 틀린 것은?

㉮ 시멘트의 분말도가 높으면 조기강도가 작아진다.
㉯ 시멘트의 입자가 가늘수록 분말도가 높다.
㉰ 분말도란 시멘트 입자의 고운 정도를 나타낸다.
㉱ 분말도가 높으면 시멘트의 표면적이 커서 수화작용이 빠르다.

해설 시멘트의 분말도가 높으면 조기강도가 커진다.

문제 20

시멘트의 응결시간에 대한 설명으로 옳은 것은?

㉮ 일반적으로 물-시멘트비가 클수록 응결시간이 빨라진다.
㉯ 풍화되었을 때에는 응결시간이 늦어진다.
㉰ 온도가 높으면 응결시간이 늦어진다.
㉱ 분말도가 크면 응결시간이 늦어진다.

해설
• 일반적으로 물-시멘트비가 클수록 응결시간이 늦어진다.
• 온도가 높으면 응결시간이 빨라진다.
• 분말도가 크면 응결시간이 빨라진다.

문제 21

콘크리트 타설 시 버킷, 호퍼 등의 배출구로부터 콘크리트의 타설면까지의 높이는 얼마 이내를 원칙으로 하는가?

㉮ 1.0m 이내
㉯ 1.5m 이내
㉰ 2.0m 이내
㉱ 2.5m 이내

해설 슈트, 펌프 수송관, 버킷, 호퍼 등의 배출구와 타설면까지의 높이는 1.5m 이하를 원칙으로 한다.

문제 22

콘크리트를 제조할 때 각 재료의 계량에 대한 허용오차 중 골재의 허용오차로 옳은 것은?

㉮ ±1%
㉯ ±2%
㉰ ±3%
㉱ ±4%

정답 18.㉱ 19.㉮ 20.㉯ 21.㉯ 22.㉰

해설
- 시멘트 : -1%, +2%
- 혼화재 : ±2%
- 물 : -2%, +1%
- 골재, 혼화제 : ±3%

문제 23
일반 수중 콘크리트에 대한 설명으로 틀린 것은?
- ㉮ 트레미, 콘크리트 펌프 등에 의해 타설한다.
- ㉯ 물-결합재비는 50% 이하라야 한다.
- ㉰ 단위 시멘트양은 300kg/m³ 이상으로 한다.
- ㉱ 콘크리트는 수중에 낙하시키지 않아야 한다.

해설 단위 시멘트양은 370kg/m³ 이상으로 한다.

문제 24
슬래브 및 보의 밑면의 경우 콘크리트 압축강도가 몇 MPa 이상일 때 거푸집을 해체할 수 있는가? (단, 콘크리트의 설계기준 압축강도는 21MPa이다.)
- ㉮ 7MPa
- ㉯ 14MPa
- ㉰ 18MPa
- ㉱ 21MPa

해설 확대기초, 보옆, 기둥, 벽 등의 측면 : 5MPa 이상

문제 25
콘크리트의 비비기에 대한 설명으로 옳은 것은?
- ㉮ 콘크리트 비비기는 오래하면 할수록 재료가 분리되지 않으며, 강도가 커진다.
- ㉯ AE 콘크리트 비비기는 오래하면 할수록 공기량이 증가한다.
- ㉰ 비비기는 미리 정해둔 비비기 시간 이상 계속하면 안 된다.
- ㉱ 비비기 시간에 대한 시험을 실시하지 않은 경우 그 최소 시간은 가경식 믹서인 경우 1분 30초 이상을 표준으로 한다.

해설
- 콘크리트 비비기는 오래하면 할수록 재료가 분리되며, 강도가 작아진다.
- AE 콘크리트 비비기는 오래하면 할수록 공기량이 감소한다.
- 비비기는 미리 정해둔 비비기 시간의 3배 이상 계속해서는 안 된다.
- 비비기 시간에 대한 시험을 실시하지 않은 경우 그 최소 시간은 강제식 믹서의 경우 1분 이상을 표준으로 한다.

문제 26
콘크리트 압축강도 시험에 필요한 공시체의 지름은 굵은골재 최대치수의 몇 배 이상이며 또한 몇 mm 이상이어야 하는가?
- ㉮ 2배, 30mm
- ㉯ 3배, 100mm
- ㉰ 2배, 100mm
- ㉱ 3배, 200mm

해설 콘크리트 인장강도 시험에 필요한 공시체의 지름은 골재 최대치수의 4배 이상이어야 하며 또한 150mm 이상으로 한다.

정답 23.㉰ 24.㉯ 25.㉱ 26.㉰

문제 27 잔골재 밀도 시험의 결과가 아래의 표와 같을 때 이 잔골재의 표면건조 포화상태의 밀도는?

- 검정된 용량을 나타낸 눈금까지 물을 채운 플라스크의 질량(g) : 711.2
- 표면건조 포화상태 시료의 질량(g) : 500
- 시료와 물로 검정된 용량을 나타낸 눈금까지 채운 플라스크의 질량(g) : 1,019.8
- 시험온도에서 물의 밀도(1g/cm³)

㉮ 2.046g/cm³ ㉯ 2.357g/cm³
㉰ 2.586g/cm³ ㉱ 2.612g/cm³

해설 표건밀도
$$\frac{m}{B+m-C}\times\rho_w = \frac{500}{711.2+500-1,019.8}\times 1 = 2.612 \text{g/cm}^3$$

문제 28 주로 잠재 수경성이 있는 혼화재는?

㉮ 고로 슬래그 미분말 ㉯ 플라이 애시
㉰ 규산질 미분말 ㉱ 팽창재

해설 알칼리 환경에서 경화되기 쉬운 잠재수경성을 가져 고로시멘트의 원료 혹은 콘크리트용 혼합재로 많이 사용된다.

문제 29 포틀랜드 시멘트 제조방법 중 옳지 않은 것은?

㉮ 건식법 ㉯ 반건식법
㉰ 습식법 ㉱ 수중법

해설 건식법, 반건식법, 습식법 중에서 건식법이 가장 많이 제조방법으로 사용되고 있다.

문제 30 일반적인 구조물의 콘크리트에 사용되는 굵은골재의 최대치수는 다음 중 어느 것을 표준으로 하는가?

㉮ 25mm ㉯ 50mm
㉰ 75mm ㉱ 100mm

해설 단면이 큰 경우에는 40mm 이하이다.

문제 31 잔골재의 밀도 및 흡수율(KS F 2504) 시험에서 밀도 시험의 정밀도는 2회 실시하여 각각 구한 값과 평균값의 차이가 몇 g/cm³ 이하이어야 하는가?

㉮ 0.01g/cm³ ㉯ 0.05g/cm³
㉰ 0.1g/cm³ ㉱ 0.5g/cm³

해설 흡수율 시험의 경우에는 0.05% 이하이어야 한다.

정답 27.㉱ 28.㉮ 29.㉱ 30.㉮ 31.㉮

문제 32

30회 이상의 시험실적으로부터 구한 압축강도의 표준편차가 2MPa이고 품질기준강도가 30MPa인 경우 배합강도는?

㉮ 30MPa
㉯ 31.2MPa
㉰ 32.7MPa
㉱ 33.9MPa

해설
- $f_{cr} = f_{cq} + 1.34s = 30 + 1.34 \times 2 = 32.7\text{MPa}$
- $f_{cr} = (f_{cq} - 3.5) + 2.33s = (30 - 3.5) + 2.33 \times 2 = 31.2\text{MPa}$

∴ 큰 값인 32.7MPa이다.

문제 33

25회 이상의 시험실적으로부터 구한 압축강도의 표준편차가 2MPa이고 호칭강도가 30MPa인 경우 배합강도는?

㉮ 30MPa
㉯ 31.3MPa
㉰ 32.7MPa
㉱ 33.9MPa

해설
- $f_{cr} = f_{cn} + 1.34s = 30 + 1.34 \times (2 \times 1.03) = 32.76\text{MPa}$
- $f_{cr} = (f_{cn} - 3.5) + 2.33s = (30 - 3.5) + 2.33 \times (2 \times 1.03) = 31.3\text{MPa}$

∴ 큰 값인 32.7MPa이다.

문제 34

AE제(공기 연행제)를 사용한 콘크리트의 장점에 대한 설명으로 틀린 것은?

㉮ 알칼리 골재 반응이 적다.
㉯ 단위 수량이 적게 된다.
㉰ 수밀성 및 동결융해에 대한 저항성이 작아진다.
㉱ 워커빌리티가 좋고 블리딩이 적어진다.

해설
- 수밀성 및 동결융해에 대한 저항성이 커진다.
- 동일한 물-결합재비인 경우 콘크리트의 압축강도가 감소한다.

문제 35

경량골재에 대한 설명으로 틀린 것은?

㉮ 경량골재는 천연경량골재와 인공경량골재로 나눌 수 있다.
㉯ 인공경량골재는 흡수량이 크지 않으므로 콘크리트 제조 전에 골재를 흡수시키는 작업을 하지 않는 것을 원칙으로 한다.
㉰ 천연경량골재에는 경석, 화산자갈, 응회암, 용암 등이 있다.
㉱ 동결융해에 대한 내구성은 보통골재와 비교해서 상당히 약한 편이다.

해설 인공경량골재는 흡수량이 크므로 콘크리트 제조 전에 골재를 흡수시키는 작업을 하는 것을 원칙으로 한다.

정답 32.㉰ 33.㉯ 34.㉰ 35.㉯

문제 36
굵은골재의 최대치수가 클수록 콘크리트에 미치는 영향을 설명한 것으로 가장 적합한 것은?

㉮ 재료분리가 일어나기 쉽고 시공이 어렵다.
㉯ 시멘트 풀의 양이 많아져서 경제적이다.
㉰ 콘크리트의 마모 저항성이 커진다.
㉱ 골재의 입도가 커져서 골재 손실이 발생한다.

해설 허용범위 내에서 큰 굵은골재를 사용하면 단위 수량, 단위 시멘트양이 감소하여 유리하지만 클수록 재료분리 및 시공이 어렵다.

문제 37
시멘트 밀도 시험 결과 시멘트의 질량은 64g, 처음 광유 눈금을 읽은 값은 0.4mL, 시료를 넣은 후 광유 눈금을 읽은 값은 20.9mL였다. 이 시멘트의 밀도는 얼마인가?

㉮ 3.09g/cm^3 ㉯ 3.12g/cm^3 ㉰ 3.15g/cm^3 ㉱ 3.18g/cm^3

해설 시멘트 밀도 $= \dfrac{\text{시멘트 질량}}{\text{눈금의 차}} = \dfrac{64}{20.9 - 0.4} = 3.12 \text{g/cm}^3$

문제 38
워커빌리티(workability) 판정 기준이 되는 반죽질기 측정시험 방법이 아닌 것은?

㉮ 켈리볼 관입 시험
㉯ 리몰딩 시험
㉰ 슈미트 해머 시험
㉱ 슬럼프 시험

해설 슈미트 시험은 콘크리트의 강도를 반발경도법에 의해 측정한다.

문제 39
잔골재의 표면수 시험에 대한 설명으로 틀린 것은?

㉮ 시험방법으로 질량법과 용적법이 있다.
㉯ 시료의 양이 많을수록 정확한 결과가 얻어진다.
㉰ 시료는 200g을 채취하고, 채취한 시료는 가능한 한 함수율의 변화가 없도록 주의하여 2분하고 각각을 1회의 시험의 시료로 한다.
㉱ 2회째의 시험에 사용하는 시료는 특히 시험을 할 때까지의 사이에 함수량이 변화하지 않도록 주의한다.

해설 시료는 400g 이상을 채취하고, 채취한 시료는 가능한 한 함수율의 변화가 없도록 주의하여 2분하고 각각을 1회의 시험의 시료로 한다.

문제 40
플라이 애시를 혼합한 콘크리트의 특징으로 틀린 것은?

㉮ 콘크리트의 워커빌리티가 좋아진다.
㉯ 콘크리트의 조기강도가 증가한다.
㉰ 콘크리트의 수밀성이 좋아진다.
㉱ 콘크리트의 건조수축이 감소된다.

정답 36.㉮ 37.㉯ 38.㉰ 39.㉰ 40.㉯

해설
- 콘크리트의 조기강도가 감소된다.
- 단면이 큰 콘크리트 구조물의 경우 콘크리트 내부온도 상승에 의한 균열 발생 등을 억제하는 데 유효하다.
- 콘크리트의 건조, 습윤에 따른 체적 변화와 동결융해에 대한 저항성이 향상된다.

문제 41

콘크리트를 높은 곳에서 낮은 곳으로 미끄러져 내려갈 수 있게 만든 홈통이나 관 모양의 것으로 만들어진 것은?

㉮ 슈트 ㉯ 콘크리트 플레이서
㉰ 버킷 ㉱ 벨트 컨베이어

해설 연직슈트는 깔때기 등을 이어서 만들고 높은 곳에서부터 콘크리트를 칠 때 이용하며 원칙적으로 연직슈트를 사용해야 하며 경사슈트는 사용하지 않는 것이 좋으며 부득이 경사슈트를 사용할 경우에는 수평 2에 수직 1 정도의 경사가 적당하다.

문제 42

골재의 조립률을 구하기 위한 체의 호칭치수로 적당하지 않은 것은?

㉮ 40mm ㉯ 25mm
㉰ 5mm   ㉱ 2.5mm

해설 골재의 조립률을 구하기 위해 75, 40, 20, 10, 5, 2.5, 1.2, 0.6, 0.3, 0.15mm 체가 사용된다.

문제 43

단위용적질량이 1,690 kg/m³, 밀도가 2.60g/cm³인 굵은골재의 공극률은 얼마인가?

㉮ 25% ㉯ 30%
㉰ 35% ㉱ 40%

해설 공극률 $= 100 - $ 실적률 $= 100 - \left(\dfrac{w}{\rho} \times 100\right) = 100 - \left(\dfrac{1.69}{2.6} \times 100\right) = 35\%$

문제 44

시멘트의 응결시간을 측정하는 시험방법은?

㉮ 브레인 공기투과장치 ㉯ 비카장치, 길모어장치
㉰ 시멘트 밀도 시험   ㉱ 오토클레이브 장치

해설
- 분말도 시험 : 브레인 공기투과장치
- 시멘트 밀도 시험 : 르샤틀리에 병
- 시멘트 안정성 시험 : 오토클레이브 장치

문제 45

다음 중 콘크리트의 운반 기구 및 기계가 아닌 것은?

㉮ 버킷   ㉯ 콘크리트 펌프
㉰ 콘크리트 플랜트 ㉱ 벨트 컨베이어

정답 41.㉮ 42.㉱ 43.㉰ 44.㉯ 45.㉰

문제 46 콘크리트용 모래에 포함되어 있는 유기 불순물 시험에 사용하는 식별용 표준색 용액의 제조방법으로 옳은 것은?

㉮ 10%의 수산화나트륨 용액으로 2% 탄닌산 용액을 만들고, 그 2.5mL를 3%의 알코올 용액 97.5mL에 가하여 유리병에 넣어 마개를 닫고 잘 흔든다.
㉯ 10%의 알코올 용액으로 2% 탄닌산 용액을 만들고, 그 2.5mL를 3%의 수산화나트륨 용액 97.5mL에 가하여 유리병에 넣어 마개를 닫고 잘 흔든다.
㉰ 3%의 알코올 용액으로 10% 탄닌산 용액을 만들고, 그 2.5mL를 2%의 황산나트륨 용액 97.5mL에 가하여 유리병에 넣어 마개를 닫고 잘 흔든다.
㉱ 3%의 황산나트륨 용액으로 10% 탄닌산 용액을 만들고, 그 2.5mL를 2%의 알코올 용액 97.5mL에 가하여 유리병에 넣어 마개를 닫고 잘 흔든다.

해설 시험용액의 색깔이 표준색 용액보다 연할 때에는 그 모래는 사용 가능하다.

문제 47 공극률이 적은 골재를 사용한 콘크리트의 특징으로 잘못된 것은?

㉮ 시멘트 풀의 양이 적게 들어 경제적이다.
㉯ 콘크리트의 수밀성이 증대된다.
㉰ 콘크리트의 건조수축이 적어진다.
㉱ 블리딩의 발생이 증대된다.

해설 블리딩의 발생이 감소된다.

문제 48 골재를 함수상태에 따라 분류할 때 골재입자의 내부에 물이 채워져 있고, 표면에도 물이 부착되어 있는 상태는?

㉮ 습윤상태　　㉯ 표면건조 포화상태
㉰ 공기 중 건조상태　　㉱ 절대건조상태

해설
• 표면건조 포화상태(표건상태) : 표면은 건조되고 내부가 물로 채워진 상태
• 공기 중 건조상태(기건상태) : 골재 내부의 일부에 물기가 있는 상태
• 절대건조상태(절건상태) : 골재 내부와 표면에 물기가 전혀 없는 상태

문제 49 콘크리트 압축강도 시험용 공시체 파괴 시험에서 공시체에 하중을 가하는 속도는 매초 얼마를 표준하는가?

㉮ 0.6±0.2MPa　　㉯ 0.8±0.2MPa
㉰ 0.05±0.01MPa　　㉱ 1±0.05MPa

해설 인장강도 및 휨강도의 경우에는 매초 (0.06±0.04)MPa가 되도록 한다.

정답 46.㉯　47.㉱　48.㉮　49.㉮

문제 50 수송관 내의 콘크리트를 압축공기의 압력으로 보내는 것으로서, 주로 터널의 둘레 콘크리트에 사용되는 것은?

㉮ 벨트 컨베이어
㉯ 운반차
㉰ 버킷
㉱ 콘크리트 플레이서

해설 콘크리트 플레이서는 콘크리트 펌프와 같이 터널 등의 좁은 곳에 콘크리트를 운반하는데 적합하다.

문제 51 모르타르 또는 콘크리트를 압축공기에 의해 뿜어 붙여서 만든 콘크리트로 비탈면의 보호, 교량의 보수 등에 쓰이는 콘크리트는?

㉮ 진공 콘크리트
㉯ 프리플레이스트 콘크리트
㉰ 숏크리트
㉱ 수밀 콘크리트

해설 프리플레이스트 콘크리트는 특정한 입도를 가진 굵은골재를 거푸집에 채워놓고 그 공극 속에 특수한 모르타르를 주입하여 만든다.

문제 52 서중 콘크리트에 대한 설명으로 틀린 것은?

㉮ 하루 평균기온이 15℃를 초과하는 것이 예상되는 경우 서중 콘크리트로 시공하여야 한다.
㉯ 서중 콘크리트의 배합온도는 낮게 관리하여야 한다.
㉰ 콘크리트를 타설할 때의 콘크리트 온도는 35℃ 이하이어야 한다.
㉱ 타설하기 전에 지반, 거푸집 등 콘크리트로부터 물을 흡수할 우려가 있는 부분을 습윤상태로 유지하여야 한다.

해설
• 하루 평균기온이 25℃를 초과하는 것이 예상되는 경우 서중 콘크리트로 시공하여야 한다.
• 지연형 감수제를 사용한 경우라도 1.5시간 이내에 타설한다.
• 콘크리트 배합은 단위 수량을 적게 하고 단위 시멘트양이 많아지지 않도록 한다.

문제 53 콘크리트의 휨강도 시험에 대한 설명으로 틀린 것은?

㉮ 몰드에 콘크리트를 채울 때는 3층 이상으로 나누어 채운다.
㉯ 시험 방법은 4점 재하장치에 의한다.
㉰ 공시체가 인장쪽 표면의 지간 방향 중심선의 4점의 바깥쪽에서 파괴된 경우는 그 시험결과를 무효로 한다.
㉱ 몰드를 떼어낸 공시체는 습윤상태에서 강도시험을 할 때까지 양생을 하여야 한다.

해설 몰드에 콘크리트를 채울 때는 2층으로 나누어 채운다.

정답 50.㉱ 51.㉰ 52.㉮ 53.㉮

문제 54
압력법에 의한 콘크리트 공기량 시험 시 주의사항으로 옳지 않은 것은?
- ㉮ 용기의 뚜껑을 죌 때에는 반드시 대각선상으로 조금씩 죈다.
- ㉯ 골재의 수정계수는 생략해도 좋다.
- ㉰ 장치의 검정은 규격에 맞추어 정기적으로 실시해야 한다.
- ㉱ 압력계를 읽을 때엔 항상 압력계를 손가락으로 가볍게 두들긴 다음에 읽어야 한다.

해설 콘크리트 공기량=겉보기 공기량−골재의 수정계수

문제 55
잔골재의 밀도 및 흡수율 시험에 사용하는 시료에 대한 설명으로 옳은 것은?
- ㉮ 절대건조상태의 잔골재를 1kg 이상 채취하고 그 질량을 0.1g까지 측정하여 이것을 1회 시험량으로 사용한다.
- ㉯ 습윤상태의 잔골재를 400g 이상 채취하고 그 질량을 0.01g까지 측정하여 이것을 1회 시험량으로 사용한다.
- ㉰ 표면건조 포화상태의 잔골재를 500g 이상 채취하고 그 질량을 0.1g까지 측정하여 이것을 1회 시험량으로 사용한다.
- ㉱ 공기중 건조상태의 잔골재를 200g 이상 채취하고 그 질량을 0.1g까지 측정하여 이것을 1회 시험량으로 사용한다.

해설 시험은 두 번 실시하여 그 측정값의 평균값과 차가 밀도 시험의 경우 $0.01g/cm^3$ 이하, 흡수율 시험의 경우에는 0.05% 이하이어야 한다.

문제 56
다음 중 공기량 측정법이 아닌 것은?
- ㉮ 공기실 압력법
- ㉯ 질량법
- ㉰ 부피법
- ㉱ 길모아침법

해설 길모아침법은 시멘트의 응결 시험 측정방법이다.

문제 57
일반적인 콘크리트 타설에 대한 설명으로 옳지 않은 것은?
- ㉮ 콘크리트를 쳐 올라가는 속도는 30분에 2~3m 정도로 유지한다.
- ㉯ 거푸집의 높이가 높을 경우에는 재료의 분리를 방지하기 위해 연직슈트, 깔때기 등을 사용한다.
- ㉰ 콘크리트를 2층 이상으로 나누어 타설할 경우에는 상층과 하층이 일체가 되도록 한다.
- ㉱ 콘크리트 타설의 1층 높이는 다짐능력을 고려하여 결정하여야 한다.

해설 콘크리트를 쳐 올라가는 속도는 30분에 1~1.5m 정도로 한다.

정답 54.㉯ 55.㉰ 56.㉱ 57.㉮

문제 58 레디믹스트 콘크리트의 주문 규격이 아래 표와 같을 때 이 콘크리트의 호칭강도는?

보통 25 – 24 – 100

㉮ 25MPa
㉯ 24MPa
㉰ 100MPa
㉱ 12MPa

해설 굵은골재 최대치수 25mm, 호칭강도 24MPa, 슬럼프 100mm

문제 59 터널 내의 콘크리트 라이닝(복공) 설치로 인해 발생하는 현상으로 볼 수 없는 것은?

㉮ 외부 지반의 수압에 대하여 터널의 안정성을 유지한다.
㉯ 터널 내의 콘크리트 벽면이 불안정할 수가 있다.
㉰ 지반이 안정되고 암반의 떨어지는 것을 막는다.
㉱ 터널 안으로 지하수가 흘러나오는 것을 막는다.

해설 터널 내의 콘크리트 벽면이 안정을 유지할 수 한다.

문제 60 시멘트의 경화 촉진제에 대한 설명으로 틀린 것은?

㉮ 염화칼슘을 혼합한 콘크리트는 응결이 촉진되고 콘크리트의 슬럼프가 감소한다.
㉯ 수중이나 한중공사에 조기강도나 수화열을 필요로 할 경우에 사용한다.
㉰ 염화칼슘을 촉진제로 사용된다.
㉱ 황산염의 작용을 받는 경우에 염화칼슘은 시멘트양의 4% 이상을 사용해야 한다.

해설
- 염화칼슘을 사용한 콘크리트는 황산염에 대한 화학저항성이 적다.
- 염화칼슘을 사용할 경우 조기강도를 증대시켜 주나 2% 이상 사용하면 큰 효과가 없으며 순결, 강도 저하를 나타낼 수 있다.

정답 58.㉯ 59.㉯ 60.㉱

2016년 7월 10일(제4회) 콘크리트기능사

■ 알려 드립니다 ■

한국산업인력공단의 저작권법 저촉에 대한 언급이 있어 과거에 출제된 동일한 문제나 그 유형의 문제로 재구성하였습니다.

문제 01 건축물의 미장, 장식용, 인조대리석 제조용으로 사용되는 시멘트는?
- ㉮ 보통 포틀랜드 시멘트
- ㉯ 중용열 포틀랜드 시멘트
- ㉰ 조강 포틀랜드 시멘트
- ㉱ 백색 포틀랜드 시멘트

해설
- KSL 5201 규격 포틀랜드 시멘트 : 보통, 중용열, 조강, 저열, 내황산염 포틀랜드 시멘트
- KSL 5204 규격 포틀랜드 시멘트 : 백색 포틀랜드 시멘트

문제 02 수밀 콘크리트에 대한 설명 중 옳지 않은 것은?
- ㉮ 일반적인 경우보다 잔골재율을 적게 하는 것이 좋다.
- ㉯ 물-결합재비는 50% 이하가 표준이다.
- ㉰ 경화 후의 콘크리트는 될 수 있는 대로 장기간 습윤상태로 유지한다.
- ㉱ 혼화재료는 AE 감수제, 고성능 감수제 또는 포졸란을 사용한다.

해설
- 일반적인 경우보다 잔골재율을 크게 하는 것이 좋다.
- 단위 수량 및 물-결합재비는 되도록 적게 하고 단위 굵은골재량을 되도록 크게 한다.
- 슬럼프는 180mm를 넘지 않게 한다.

문제 03 콘크리트의 인장강도 시험에서 하중을 가하는 속도로서 옳은 것은?
- ㉮ 인장응력도의 증가율이 매초(0.06±0.04)MPa이 되도록 한다.
- ㉯ 인장응력도의 증가율이 매초(0.6±0.4)MPa이 되도록 한다.
- ㉰ 인장응력도의 증가율이 매초(6±0.4)MPa이 되도록 한다.
- ㉱ 인장응력도의 증가율이 매초(6±4)MPa이 되도록 한다.

해설
- 인장강도 및 휨강도 시험에서는 하중을 가하는 속도의 증가율이 매초(0.06±0.04)MPa이 되도록 한다.
- 압축강도 시험에서는 하중을 가하는 속도의 증가율이 매초(0.6±0.2)MPa이 되도록 한다.

정답 01.㉱ 02.㉮ 03.㉮

문제 04 콘크리트의 호칭강도가 18MPa이고, 압축강도 시험의 기록이 없는 경우 콘크리트의 배합강도는?

㉮ 18MPa　㉯ 25MPa　㉰ 26.5MPa　㉱ 28MPa

해설 호칭강도가 21MPa 미만에 해당되므로 $f_{cr} = f_{cn} + 7 = 18 + 7 = 25$ MPa이다.

문제 05 시멘트의 분말도에 대한 설명으로 틀린 것은?

㉮ 시멘트의 분말도가 높으면 조기강도가 작아진다.
㉯ 시멘트의 입자가 가늘수록 분말도가 높다.
㉰ 분말도란 시멘트 입자의 고운 정도를 나타낸다.
㉱ 분말도가 높으면 시멘트의 표면적이 커서 수화작용이 빠르다.

해설 시멘트의 분말도가 높으면 조기강도가 커진다.

문제 06 시멘트의 응결시간에 대한 설명으로 옳은 것은?

㉮ 일반적으로 물-시멘트비가 클수록 응결시간이 빨라진다.
㉯ 풍화되었을 때에는 응결시간이 늦어진다.
㉰ 온도가 높으면 응결시간이 늦어진다.
㉱ 분말도가 크면 응결시간이 늦어진다.

해설
- 일반적으로 물-시멘트비가 클수록 응결시간이 늦어진다.
- 온도가 높으면 응결시간이 빨라진다.
- 분말도가 크면 응결시간이 빨라진다.

문제 07 콘크리트 타설에 대한 설명으로 틀린 것은?

㉮ 한 구획 내의 콘크리트는 타설이 완료될 때까지 연속해서 타설해야 한다.
㉯ 콘크리트는 그 표면이 한 구획 내에서는 거의 수평이 되도록 타설하는 것을 원칙으로 한다.
㉰ 콘크리트 타설의 1층 높이는 다짐능력을 고려하여 이를 결정하여야 한다.
㉱ 타설한 콘크리트는 그 수평을 맞추기 위하여 거푸집 안에서 횡방향으로 이동시키면서 작업하여야 한다.

해설 타설한 콘크리트는 거푸집 안에서 횡방향으로 이동시키면서 작업해서는 안 된다.

문제 08 혼화재료인 플라이 애시의 특성에 대한 설명 중 틀린 것은?

㉮ 가루 석탄재로서 실리카질 혼화재이다.
㉯ 입자가 둥글고 매끄럽다.
㉰ 콘크리트에 넣으면 워커빌리티가 좋아진다.
㉱ 플라이 애시를 사용한 콘크리트는 반죽 시에 사용수량을 증가시켜야 한다.

정답 04.㉯　05.㉮　06.㉯　07.㉱　08.㉱

문제 09 콘크리트 압축강도 시험을 위한 공시체를 제작할 때 콘크리트를 채우고 나서 캐핑을 실시하는 시기로서 가장 적합한 것은? (단, 된반죽 콘크리트의 경우)

㉮ 1~2시간 이후 ㉯ 2~6시간 이후
㉰ 6~12시간 이후 ㉱ 12~24시간 이후

해설 된반죽 콘크리트의 경우 2~6시간 이후, 묽은 반죽 콘크리트의 경우 6~12시간 이후이다.

문제 10 콘크리트의 슬럼프 시험에 대한 설명으로 틀린 것은?

㉮ 콘크리트 슬럼프 시험은 반죽질기를 측정하는 것이다.
㉯ 콘크리트 슬럼프 시험은 워커빌리티를 판단하는 수단으로 사용된다.
㉰ 슬럼프 콘에 시료를 채우고 벗길 때까지의 전 작업시간은 3분 이내로 한다.
㉱ 시료를 슬럼프 콘에 넣고 다짐대로 3층으로 15회씩 다진다.

해설 시료를 슬럼프 콘에 넣고 다짐대로 3층으로 25회씩 다진다.

문제 11 AE제를 사용한 콘크리트의 특성에 대한 설명으로 옳지 않은 것은?

㉮ 워커빌리티가 증가한다.
㉯ 단위 수량이 증가한다.
㉰ 블리딩이 감소된다.
㉱ 동결융해 저항성이 커진다.

해설
• AE제를 사용할 경우 동일한 슬럼프에서는 단위 수량을 줄일 수 있고, 공기량과 거의 같은 용적의 모래양도 줄일 수 있다.
• 블리딩은 콘크리트를 친 뒤 물이 위로 올라오는 현상을 말한다.

문제 12 골재의 함수상태 네 가지 중 습기가 없는 실내에서 자연건조시킨 것으로서 골재알 속의 빈틈 일부가 물로 차 있는 상태는?

㉮ 습윤상태 ㉯ 절대건조상태
㉰ 표면건조 포화상태 ㉱ 공기 중 건조상태

해설
• 습윤상태 : 골재 내부의 공극이 물로 가득 차 있고 표면까지 물이 부착되어 있는 상태
• 절대건조상태 : 골재 표면 및 내부가 물이 완전히 제거된 상태
• 표면건조 포화상태 : 골재 표면은 건조되어 있고 골재 내부의 공극은 물로 가득 차 있는 상태

정답 09.㉯ 10.㉱ 11.㉯ 12.㉱

문제 13

용량(q)이 0.75m³인 믹서기, 4대로 구성된 콘크리트 플랜트의 단위시간당 생산량(Q)은 몇 m³/h인가? (단, 작업효율(E)=0.8, 사이클 시간(C_m)=4분이다.)

㉮ 9m³/h
㉯ 18m³/h
㉰ 36m³/h
㉱ 72m³/h

해설 $Q = \dfrac{60 \times 0.75 \times 0.8 \times 4}{4} = 36\text{m}^3/\text{h}$

문제 14

콘크리트 재료를 계량할 때 혼화재의 계량 허용오차로 옳은 것은?

㉮ ±1%
㉯ ±2%
㉰ ±3%
㉱ ±4%

해설
- 시멘트 : -1%, +2%
- 물 : -2%, +1%
- 골재, 혼화제 : ±3%

문제 15

압력법에 의한 공기량 시험에서 겉보기 공기량이 6.75%이고, 골재의 수정계수가 1.25%인 경우 이 콘크리트의 공기량은?

㉮ 4.25%
㉯ 5.5%
㉰ 8.0%
㉱ 9.25%

해설 콘크리트의 공기량 = 겉보기 공기량 − 골재의 수정계수 = 6.75 − 1.25 = 5.5%

문제 16

안지름 25cm, 높이 28cm의 용기를 사용하여 블리딩 시험을 한 결과 피펫으로 빨아낸 물의 양이 508cm³였다. 블리딩양(cm³/cm²)을 구하면?

㉮ 0.009
㉯ 9.58
㉰ 1.03
㉱ 5.08

해설 블리딩양 $= \dfrac{V}{A} = \dfrac{508}{\dfrac{3.14 \times 25^2}{4}} = 1.03\text{cm}^3/\text{cm}^2$

문제 17

로스앤젤레스 시험기를 사용하는 골재의 시험법은 무엇인가?

㉮ 마모 시험
㉯ 안정성 시험
㉰ 밀도 시험
㉱ 단위용적 질량 시험

해설 보통 콘크리트에 사용되는 굵은골재의 마모율은 40% 이하이다.

정답 13.㉰ 14.㉰ 15.㉯ 16.㉰ 17.㉮

문제 18 굵은골재의 정의로 옳은 것은?
- ㉮ 10mm 체에 거의 다 남는 골재
- ㉯ 5mm 체에 거의 다 남는 골재
- ㉰ 2.5mm 체에 거의 다 남는 골재
- ㉱ 1.2mm 체에 거의 다 남는 골재

해설 굵은골재란 5mm 체에 거의 다 남는 골재, 5mm 체에 다 남는 골재를 말한다.

문제 19 배치 믹서(batch mixer)에 대한 설명으로 옳은 것은?
- ㉮ 콘크리트 1m³씩 혼합하는 믹서
- ㉯ 콘크리트 재료를 1회분씩 운반하는 장치
- ㉰ 콘크리트 재료를 1회분씩 혼합하는 믹서
- ㉱ 콘크리트 1m³씩 운반하는 장치

문제 20 내부 진동기를 사용하여 콘크리트를 다지기할 때 주의해야 할 사항으로 잘못된 것은?
- ㉮ 진동다지기를 할 때에는 내부 진동기를 하층의 콘크리트 속으로 10cm 정도 찔러 넣는다.
- ㉯ 내부 진동기는 콘크리트로부터 천천히 빼내어 구멍이 남지 않도록 한다.
- ㉰ 내부 진동기의 삽입간격은 150cm 이하로 하여야 한다.
- ㉱ 내부 진동기는 연직으로 찔러 넣어야 한다.

해설
- 내부 진동기의 삽입간격은 50cm 이하로 하여야 한다.
- 내부 진동기는 콘크리트를 횡방향으로 이동시킬 목적으로 사용하지 않아야 한다.

문제 21 한중 콘크리트에 있어서 양생 중 콘크리트의 온도는 최저 몇 ℃ 이상으로 유지하는 것을 표준으로 하는가?
- ㉮ 5℃
- ㉯ 10℃
- ㉰ 15℃
- ㉱ 20℃

해설 타설할 때 콘크리트 온도는 5~20℃의 범위에서 한다.

문제 22 휨강도 시험을 위한 공시체의 길이에 대한 설명으로 옳은 것은?
- ㉮ 단면의 한 변의 길이의 2배보다 50mm 이상 긴 것으로 한다.
- ㉯ 단면의 한 변의 길이의 2배보다 80mm 이상 긴 것으로 한다.
- ㉰ 단면의 한 변의 길이의 3배보다 50mm 이상 긴 것으로 한다.
- ㉱ 단면의 한 변의 길이의 3배보다 80mm 이상 긴 것으로 한다.

해설 단면 한 변의 길이의 3배보다 80mm 이상 긴 것으로 한다.

정답 18.㉯ 19.㉰ 20.㉰ 21.㉮ 22.㉱

문제 23 콘크리트용 굵은골재의 안정성은 황산나트륨으로 5회 시험을 하여 평가한다. 이때 손실질량은 몇 % 이하를 표준으로 하는가?

㉮ 12%   ㉯ 10%
㉰ 5%   ㉱ 3%

해설 잔골재의 경우 10% 이하를 표준으로 한다.

문제 24 시멘트 입자를 분산시킴으로써 콘크리트의 소요의 워커빌리티를 얻는 데 필요한 단위수량을 줄이기 위해 사용되는 혼화제는?

㉮ 감수제   ㉯ AE제(공기 연행제)
㉰ 촉진제   ㉱ 급결제

해설 감수제의 효과
- 시멘트 풀의 유동성을 증대시킨다.
- 워커빌리티를 좋게 한다.
- 단위 수량을 감소시킨다.
- 수화작용을 촉진시킨다.

문제 25 잔골재의 밀도 시험은 두 번 실시하여 밀도 측정값의 평균값과 차가 얼마 이하이어야 하는가?

㉮ 0.01g/cm^3 ㉯ 0.1g/cm^3
㉰ 0.02g/cm^3 ㉱ 0.5g/cm^3

해설 흡수율 시험의 경우 : 0.05% 이하

문제 26 잔골재의 밀도 및 흡수율 시험을 하면서 시료와 물이 들어있는 플라스크를 편평한 면에 굴리는 이유 중 가장 옳은 것은?

㉮ 먼지를 제거하기 위하여
㉯ 온도차에 의한 물의 단위질량을 고려하기 위하여
㉰ 공기를 제거하기 위하여
㉱ 플라스크 용량 검정을 위하여

해설
- 표건시료를 판단할 경우 잔골재를 원추형 몰드에 넣고 다짐대의 중량만으로 다지도록 한다.
- 시료를 플라스크에 넣기 전에 소량의 물을 넣어 두면 플라스크가 깨질 염려가 없다.
- 산적된 골재로부터 대표적인 시험용 골재를 채취하는 경우에는 여러 곳에서 채취하는 것이 좋다.

정답 23.㉮ 24.㉮ 25.㉮ 26.㉰

문제 27
프리플레이스트 콘크리트에서 굵은 골재의 최소 치수는 몇 mm 이상이어야 하는가?

- ㉮ 15mm
- ㉯ 25mm
- ㉰ 40mm
- ㉱ 60mm

해설
- 굵은 골재 최소 치수 : 15mm
- 굵은 골재 최대 치수 : 최소 치수의 2~4배 정도

문제 28
잔골재 체가름 시험에 필요한 시료를 준비할 때 1.2mm 체를 95%(질량비) 이상 통과하는 시료의 최소 건조질량은?

- ㉮ 100g
- ㉯ 300g
- ㉰ 500g
- ㉱ 1,000g

해설 1.2mm 체를 5%(질량비) 이상 남는 시료의 최소 건조질량은 500g이다.

문제 29
미리 거푸집 안에 굵은골재를 채우고, 그 틈에 특수 모르타르를 펌프로 주입한 콘크리트는?

- ㉮ 프리플레이스트 콘크리트
- ㉯ 중량 콘크리트
- ㉰ PC콘크리트
- ㉱ 진공 콘크리트

해설 굵은골재의 치수를 크게 하고 주입 모르타르를 부배합으로 하여 시공한다.

문제 30
일반콘크리트에서 수밀성을 기준으로 물-결합재비를 정할 경우 그 값은 얼마를 기준으로 하는가?

- ㉮ 30% 이하
- ㉯ 45% 이하
- ㉰ 50% 이하
- ㉱ 60% 이하

해설 수밀 콘크리트의 배합은 단위 수량 및 물-결합재비는 되도록 적게 하고 단위 굵은 골재량을 되도록 크게 한다.

문제 31
콘크리트에 사용하는 촉진제에 대한 설명으로 옳지 않은 것은?

- ㉮ 프리플레이스트 콘크리트용 그라우트에 사용하여 부착을 좋게 한다.
- ㉯ 시멘트의 수화작용을 빠르게 하여 응결이 빠르므로 숏크리트에 사용한다.
- ㉰ 일반적으로 시멘트 무게의 1~2%의 염화칼슘을 사용하여 조기강도가 커지게 한다.
- ㉱ 염화칼슘을 시멘트 무게의 4% 이상 사용하면 급속히 굳어질 염려가 있고 장기강도가 작아진다.

정답 27.㉮ 28.㉮ 29.㉮ 30.㉰ 31.㉮

해설 프리플레이스트 콘크리트용 그라우트에 사용하는 발포제(기포제)는 모르타르나 시멘트풀을 팽창시켜 굵은 골재의 간극이나 PC 강재의 주위에 충분히 잘 채워지도록 함으로써 부착을 좋게 한다.

문제 32

콘크리트를 2층 이상으로 나누어 타설할 경우 외기온도 25℃ 이하에서 이어치기 허용시간의 표준으로 옳은 것은?

㉮ 1.0시간 ㉯ 1.5시간
㉰ 2.0시간 ㉱ 2.5시간

해설 외기온도 25℃ 이상에서 이어치기 허용시간의 표준은 2.0시간이다.

문제 33

일 평균기온이 15℃ 이상일 때, 보통 포틀랜드 시멘트를 사용한 콘크리트의 습윤 양생기간의 표준은?

㉮ 3일 ㉯ 5일
㉰ 7일 ㉱ 14일

해설 일 평균기온이 15℃ 이상일 때 조강 포틀랜드 시멘트를 사용한 콘크리트의 습윤 양생기간은 3일이다.

문제 34

레디믹스트 콘크리트를 제조와 운반 방법에 따라 분류할 때 아래 표의 설명이 해당하는 것은?

> 콘크리트 플랜트에서 재료를 계량하여 트럭믹서에 싣고 운반 중에 물을 넣어 비비는 방법이다.

㉮ 센트럴 믹스트 콘크리트 ㉯ 슈링크 믹스트 콘크리트
㉰ 가경식 믹스트 콘크리트 ㉱ 트랜싯 믹스트 콘크리트

해설
- 센트럴 믹스트 콘크리트(Central mixed concrete)
  완전히 비벼진 콘크리트를 운반
- 쉬링크 믹스트 콘크리트(Shrink mixed concrete)
  어느 정도 비빈 콘크리트를 운반

문제 35

지름 100mm, 높이 200mm인 콘크리트 공시체로 압축강도 시험을 실시한 결과 공시체 파괴시 최대하중이 231kN이었다. 이 공시체의 압축강도는?

㉮ 29.4MPa ㉯ 27.4MPa
㉰ 25.4MPa ㉱ 23.4MPa

해설 $f_c = \dfrac{P}{A} = \dfrac{231,000}{7,850} = 29.4\text{MPa}$

여기서, $A = \dfrac{\pi d^2}{4} = \dfrac{3.14 \times 100^2}{4} = 7,850\text{mm}^2$

정답 32.㉱ 33.㉮ 34.㉱ 35.㉮

문제 36
슬럼프 콘의 규격으로 옳은 것은?

㉮ 윗면의 안지름이 150mm, 밑면의 안지름이 300mm, 높이 300mm
㉯ 윗면의 안지름이 150mm, 밑면의 안지름이 200mm, 높이 300mm
㉰ 윗면의 안지름이 100mm, 밑면의 안지름이 300mm, 높이 300mm
㉱ 윗면의 안지름이 100mm, 밑면의 안지름이 200mm, 높이 300mm

해설 슬럼프 시험에 소요되는 총 시간은 3분 이내로 한다.

문제 37
일반 수중 콘크리트에 대한 설명으로 틀린 것은?

㉮ 트레미, 콘크리트 펌프 등에 의해 타설한다.
㉯ 물-결합재비는 50% 이하라야 한다.
㉰ 단위 시멘트양은 300kg/m³ 이상으로 한다.
㉱ 콘크리트는 수중에 낙하시키지 않아야 한다.

해설 단위 시멘트양은 370kg/m³ 이상으로 한다.

문제 38
다음의 포졸란 종류 중 인공산에 해당하는 것은?

㉮ 화산재   ㉯ 플라이 애시
㉰ 규조토   ㉱ 규산백토

해설
- 천연산 : 화산재, 규조토, 규산백토 등
- 인공산 : 고로 슬래그, 소성점토, 혈암, 플라이 애시 등

문제 39
콘크리트를 비비는 시간은 시험에 의해 정하는 것을 원칙으로 하나 시험을 실시하지 않는 경우 가경식 믹서에서 비비기 시간은 최소 얼마 이상을 표준으로 하는가?

㉮ 1분 30초   ㉯ 2분
㉰ 3분   ㉱ 3분 30초

해설 강제식 믹서 : 1분 이상

문제 40
서중 콘크리트에 대한 설명으로 틀린 것은?

㉮ 하루 평균기온이 15℃를 초과하는 것이 예상되는 경우 서중 콘크리트로 시공하여야 한다.
㉯ 서중 콘크리트의 배합온도는 낮게 관리하여야 한다.
㉰ 콘크리트를 타설할 때의 콘크리트 온도는 35℃ 이하이어야 한다.
㉱ 타설하기 전에 지반, 거푸집 등 콘크리트로부터 물을 흡수할 우려가 있는 부분을 습윤상태로 유지하여야 한다.

정답 36.㉱ 37.㉰ 38.㉯ 39.㉮ 40.㉮

해설
- 하루 평균기온이 25℃를 초과하는 것이 예상되는 경우 서중 콘크리트로 시공하여야 한다.
- 지연형 감수제를 사용한 경우라도 1.5시간 이내에 타설한다.
- 콘크리트 배합은 단위 수량을 적게 하고 단위 시멘트양이 많아지지 않도록 한다.

문제 41
단위 골재량의 절대부피가 0.70m³이고 잔골재율이 35%일 때 단위 굵은골재량은? (단, 굵은골재의 밀도는 2.6g/cm³)

㉮ 1,183kg
㉯ 1,198kg
㉰ 1,213kg
㉱ 1,228kg

해설 단위 굵은골재량 : $0.7 \times (1-0.35) \times 2.6 \times 1,000 = 1,183$ kg

문제 42
시방배합에서 규정된 배합의 표시법에 포함되지 않는 것은?

㉮ 슬럼프의 범위
㉯ 잔골재의 최대치수
㉰ 물-결합재비
㉱ 시멘트의 단위량

해설 굵은골재의 최대치수, 잔골재의 단위량, 굵은골재의 단위량 등을 표시한다.

문제 43
골재의 안정성 시험에 사용되는 시험용 용액은?

㉮ 황산나트륨
㉯ 가성소다
㉰ 염화칼슘
㉱ 탄닌산

해설 골재의 안정성 시험은 골재가 기상작용에 대한 저항성을 알기 위해 실시하며 황산나트륨, 염화바륨이 사용된다.

문제 44
단위 용적질량이 1,690 kg/m³, 밀도가 2.60g/cm³인 굵은골재의 공극률은 얼마인가?

㉮ 25%
㉯ 30%
㉰ 35%
㉱ 40%

해설 공극률 = $100 - $ 실적률 $= 100 - \left(\dfrac{w}{\rho} \times 100\right) = 100 - \left(\dfrac{1.69}{2.6} \times 100\right) = 35\%$

문제 45
벽이나 기둥과 같이 높이가 높은 콘크리트를 연속해서 타설할 경우 콘크리트의 쳐 올라가는 속도는 일반적으로 30분에 얼마 정도로 하는가?

㉮ 1m 이하
㉯ 1~1.5m
㉰ 2~3m
㉱ 3~4m

해설 재료분리가 가능한 한 적게 되도록 콘크리트의 반죽질기 및 타설 속도를 조정해야 한다.

정답 41.㉮ 42.㉯ 43.㉮ 44.㉰ 45.㉯

문제 46
지름 150mm, 높이 300mm인 공시체를 사용하여 콘크리트 쪼갬인장강도 시험을 하여 시험기에 나타난 최대하중이 147.9kN이었다. 인장강도는 얼마인가?

㉮ 1.5MPa
㉯ 1.7MPa
㉰ 1.9MPa
㉱ 2.1MPa

해설
$$f_{sp} = \frac{2P}{\pi dl} = \frac{2 \times 147,900}{3.14 \times 150 \times 300} = 2.1 \text{N/mm}^2 = 2.1 \text{MPa}$$

문제 47
분말도가 큰 시멘트에 대한 설명으로 틀린 것은?

㉮ 수밀한 콘크리트를 얻을 수 있으며 균열의 발생이 없다.
㉯ 풍화되기 쉽고 수화열이 많이 발생한다.
㉰ 수화반응이 빨라지고 조기강도가 크다.
㉱ 블리딩양이 적고 워커블한 콘크리트를 얻을 수 있다.

해설
- 분말도가 높을수록 수화열이 많이 발생하며 수축으로 인하여 콘크리트에 균열이 발생할 우려가 있다.
- 분말도는 비표면적으로 나타내며 비표면적(cm²/g)이란 1g의 시멘트가 가지고 있는 전체 입자의 총 표면적(cm²)이다.

문제 48
골재의 안정성시험에서 골재에 시약용 용액의 잔류 유무를 판단하기 위해 사용되는 염화바륨 용액의 농도로 적합한 것은?

㉮ 1~5%
㉯ 5~10%
㉰ 10~15%
㉱ 15~20%

해설
- 시약용 용액의 골재에 대한 잔류 유무를 조사하기 위한 염화바륨 용액의 농도는 5~10%로 한다.
- 골재의 안정성 시험은 기상작용에 대한 골재의 내구성을 알기 위해서 한다.

문제 49
거푸집널의 일반적인 설명으로 옳지 않은 것은?

㉮ 목재 및 금속재 거푸집널은 절대 재사용해서는 안 된다.
㉯ 형상이 찌그러지거나 비틀림 등 변형이 있는 것은 교정한 다음 사용해야 한다.
㉰ 흠집 및 옹이가 많은 거푸집과 합판의 접착부분이 떨어져 구조적으로 약한 것을 사용해서는 안 된다.
㉱ 거푸집의 띠장은 부러지거나 균열이 있는 것을 사용해서는 안 된다.

해설 목재 및 금속재 거푸집널은 재사용할 수 있으며 재사용할 경우 콘크리트에 접하는 면을 청소하고 파손한 부위를 수선하여 사용한다.

정답 46.㉱ 47.㉮ 48.㉯ 49.㉮

문제 50 골재의 체가름 시험의 목적으로 옳은 것은?
- ㉮ 골재의 입도 분포 및 골재의 최대치수를 구하기 위해서 한다.
- ㉯ 기상작용에 대한 내구성을 판단한다.
- ㉰ 골재의 부피와 빈틈률을 계산한다.
- ㉱ 골재의 닳음 저항성을 알기 위해서 한다.

해설 골재의 체가름 시험으로 입도의 분포 상태와 골재의 최대치수를 구한다.

문제 51 시멘트의 수화작용에 영향을 미치는 주요 화합물 중 조기강도를 높이는 특성을 갖고 있으며 시멘트 중 함유 비율이 가장 높은 것은?
- ㉮ 알루민산 삼석회(C_3A)
- ㉯ 규산 삼석회(C_3S)
- ㉰ 규산 이석회(C_2S)
- ㉱ 알루민산철 사석회(C_4AF)

해설 규산 이석회는 수화속도가 느리고 수화열은 작으나 장기강도는 크다.

문제 52 다음 중 포틀랜드 시멘트의 종류에 해당되지 않는 것은?
- ㉮ 보통 포틀랜드 시멘트
- ㉯ 중용열 포틀랜드 시멘트
- ㉰ 조강 포틀랜드 시멘트
- ㉱ 포틀랜드 포졸란 시멘트

해설 포틀랜드 시멘트의 종류
보통 포틀랜드 시멘트, 중용열 포틀랜드 시멘트, 조강 포틀랜드 시멘트, 저열 포틀랜드 시멘트, 내황산염 포틀랜드 시멘트

문제 53 콘크리트의 압축강도 시험의 목적으로 옳지 않은 것은?
- ㉮ 배합한 콘크리트의 압축강도를 구한다.
- ㉯ 압축강도 시험값으로 휨강도, 인장강도, 탄성계수 값을 정확하게 구할 수 있다.
- ㉰ 콘크리트의 품질관리에 이용한다.
- ㉱ 콘크리트를 가장 경제적으로 만들기 위해 재료 선정을 한다.

해설 압축강도 시험값을 이용하여 휨강도, 인장강도, 탄성계수 값을 대략적으로 구할 수 있다.

문제 54 시멘트의 응결 시간을 늦추기 위하여 사용하는 혼화제로서 서중 콘크리트나 레디믹스트 콘크리트에서 운반 거리가 먼 경우, 또는 연속적으로 콘크리트를 칠 때 콜드 조인트가 생기지 않도록 할 경우 등에 사용되는 혼화제는?
- ㉮ 감수제
- ㉯ 촉진제
- ㉰ 급결제
- ㉱ 지연제

정답 50.㉮ 51.㉯ 52.㉱ 53.㉯ 54.㉱

해설
- 촉진제는 시멘트의 수화작용을 촉진하는 혼화제로 시멘트 중량에 1~2% 염화칼슘을 사용한다.
- 급결제는 시멘트의 응결시간을 매우 빨리하게 탄산소다, 염화알루미늄, 알루민산소다, 규산소다 등을 사용한다.

문제 55

거푸집과 동바리에 관한 설명 중 옳지 않은 것은?

㉮ 연직부재의 거푸집은 수평부재의 거푸집보다 빨리 떼어낸다.
㉯ 보에서는 밑면 거푸집을 양측면의 거푸집보다 먼저 떼어낸다.
㉰ 거푸집을 시공할 때 거푸집 판의 안쪽에 박리제를 발라서 콘크리트가 거푸집에 붙는 것을 방지하도록 한다.
㉱ 거푸집 및 동바리는 콘크리트가 자중 및 시공 중에 가해지는 하중에 충분히 견딜만한 강도를 가질 때까지 해체해서는 안 된다.

해설 보에서 밑면 거푸집은 양측면의 거푸집보다 나중에 떼어낸다.

문제 56

콘크리트의 배합에서 시방서 또는 책임기술자가 지시한 배합을 무엇이라고 하는가?

㉮ 현장배합 ㉯ 시방배합
㉰ 표면배합 ㉱ 책임배합

해설 시방배합에 사용되는 골재는 표면건조 포화상태이다.

문제 57

표면건조 포화상태의 잔골재 500g을 노건조시켰더니 480g이었다면 흡수율은 얼마인가?

㉮ 4.00% ㉯ 4.17%
㉰ 4.76% ㉱ 5.00%

해설 흡수율 $= \dfrac{500-480}{480} \times 100 = 4.17\%$

문제 58

다음 혼화재료 중 그 사용량이 시멘트 무게의 5%정도 이상이 되어 그 자체의 양이 콘크리트의 배합 계산에 관계되는 혼화재는?

㉮ 고로 슬래그 ㉯ AE제
㉰ 염화칼슘 ㉱ 기포제

해설 혼화재의 종류 : 포졸란, 플라이 애시, 고로 슬래그 분말, 팽창재, 실리카퓸, 착색재 등

정답 55.㉯ 56.㉯ 57.㉯ 58.㉮

문제 59 시멘트의 성질에 대한 설명으로 틀린 것은?

㉮ 시멘트 풀이 물과 화학반응을 일으켜 시간이 경과함에 따라 유동성과 점성을 상실하고 고화하는 현상을 수화라고 한다.
㉯ 수화반응은 시멘트의 분말도, 수량, 온도, 혼화재료의 사용유무 등 많은 요인들의 영향을 받는다.
㉰ 수량이 많고 시멘트가 풍화되어 있을 때에는 응결이 늦어진다.
㉱ 온도가 높고 분말도가 높으면 응결이 빨라진다.

해설 시멘트 풀이 물과 화학반응을 일으켜 시간이 경과함에 따라 유동성과 점성을 상실하고 고화하는 현상을 응결이라 한다.

문제 60 수송관내의 콘크리트를 압축공기의 압력으로 보내는 것으로서, 주로 터널의 둘레 콘크리트에 사용되는 것은?

㉮ 벨트 컨베이어
㉯ 운반차
㉰ 버킷
㉱ 콘크리트 플레이서

해설 콘크리트 플레이서는 콘크리트 펌프와 같이 터널 등의 좁은 곳에 콘크리트를 운반하는 데 적합하다.

정답 59.㉮ 60.㉱

제1회 CBT 모의고사

콘크리트기능사

문제 01 철근콘크리트에서 구조물의 단면이 큰 경우 굵은골재의 최대치수는 다음 중 어느 것을 표준으로 하는가?
㉮ 25mm ㉯ 40mm ㉰ 50mm ㉱ 100mm

해설 구조물의 종류별 굵은골재 최대치수

구조물의 종류		굵은골재 최대치수	
무근 콘크리트		40mm 이하, 부재 최소 치수의 1/4 이하	
철근 콘크리트	일반적인 경우	20mm 또는 25mm 이하	부재 최소 치수의 1/5 이하, 피복 두께 및 철근의 최소 수평, 수직 순간격의 3/4 이하
	단면이 큰 경우	40mm 이하	
댐 콘크리트		150mm 이하	
포장 콘크리트		40mm 이하	

문제 02 1g의 시멘트가 가지고 있는 전체 입자의 표면적의 합계를 무엇이라 하는가?
㉮ 비표면적 ㉯ 총표면적 ㉰ 단위표면적 ㉱ 표면적

해설
- 시멘트의 분말도는 시멘트 입자의 가는 정도를 나타내는 것으로 비표면적으로 나타낸다.
- 보통 포틀랜드 시멘트의 분말도는 2800cm²/g 이상이다.
- 분말도가 높은 시멘트는 풍화하기 쉽다.

문제 03 시멘트의 입자를 흐트러지게 하여 콘크리트의 필요한 반죽질기를 얻는데 사용하는 단위 수량을 줄이는 작용을 하는 혼화제는?
㉮ 감수제 ㉯ 촉진제 ㉰ 급결제 ㉱ 지연제

해설 분산제(감수제, AE 감수제)는 시멘트 입자가 응결하는 것을 방해하며 미세입자로 분산시킴으로써 시멘트 입자와 물과의 접촉을 쉽게 하여 수화반응을 촉진하고 소정의 반죽질기를 얻는데 필요한 단위 수량을 감소시킬 목적으로 사용한다.

문제 04 경량골재 콘크리트에 대한 설명이다. 잘못된 것은?
㉮ 골재의 전부 또는 일부를 인공경량골재를 써서 만든 콘크리트를 말한다.
㉯ 운반과 치기가 쉽다.
㉰ 건조 수축이 작다.
㉱ 강도와 탄성계수가 작다.

해설 경량골재 콘크리트는 골재에 따라 건조수축에 의한 균열이 발생하기 쉽다.

정답 01.㉯ 02.㉮ 03.㉮ 04.㉰

문제 05
풍화가 된 시멘트의 특징으로 틀린 것은?
- ㉮ 응결이 지연된다.
- ㉯ 강열감량이 커진다.
- ㉰ 밀도가 커진다.
- ㉱ 강도의 발현이 저하된다.

해설
- 풍화된 시멘트는 강열감량이 증가되고 밀도가 작아진다.
- 보통 시멘트의 강열감량은 3% 이하로 규정하고 있다.

문제 06
골재의 함수상태에서 골재알의 표면에는 물기가 없고 알속의 빈틈만 물로 차 있는 상태는?
- ㉮ 습윤상태
- ㉯ 절대건조 포화상태
- ㉰ 표면건조 포화상태
- ㉱ 공기 중 건조상태

해설
- 습윤상태 : 골재표면 및 내부가 물로 채워진 상태
- 절대건조상태 : 110℃ 온도에서 24시간 건조한 상태
- 공기 중 건조상태 : 골재 표면과 내부 일부가 건조한 상태

문제 07
콘크리트를 친 후 시멘트와 골재 알이 가라 앉으면서 물이 올라와 콘크리트의 표면의 떠오르는 현상을 무엇이라 하는가?
- ㉮ 워커빌리티
- ㉯ 피니셔빌리티
- ㉰ 리몰딩
- ㉱ 블리딩

해설
- 블리딩이 크면 시멘트 풀과의 부착을 저해하며 수밀성을 감소시킨다.
- 블리딩에 의해 콘크리트 표면에 떠올라와 침전한 미세한 물질을 레이턴스라 한다.

문제 08
다음 중 시멘트의 조기 강도가 큰 순서로 되어 있는 것은?
- ㉮ 보통 포틀랜드 시멘트 > 고로시멘트 > 알루미나 시멘트
- ㉯ 알루미나 시멘트 > 고로시멘트 > 보통 포틀랜드 시멘트
- ㉰ 알루미나 시멘트 > 보통 포틀랜드 시멘트 > 고로시멘트
- ㉱ 고로시멘트 > 보통 포틀랜드 시멘트 > 알루미나 시멘트

해설 고로 시멘트는 혼합 시멘트로 초기 강도는 낮으나 내화학 약품성이 좋으므로 해수, 고장 폐수, 하수 등에 접하는 콘크리트에 적합하다.

문제 09
AE제를 사용한 콘크리트의 특성에 대한 설명으로 옳지 않은 것은?
- ㉮ 워커빌리티가 증가한다.
- ㉯ 단위 수량이 증가한다.
- ㉰ 블리딩이 감소된다.
- ㉱ 동결융해 저항성이 커진다.

해설
- 단위 수량이 감소되므로 콘크리트의 블리딩이 감소되고 수밀성이 증대된다.
- 빈배합의 콘크리트일수록 공기 연행에 의한 워커빌리티의 개선 효과가 크다.

정답 05.㉰ 06.㉰ 07.㉱ 08.㉰ 09.㉯

문제 10
아래 설명의 ( )에 알맞은 수치는?

> 굵은골재란 ( )mm 체에 거의 다 남는 골재, 또는 ( )mm 체에 다 남는 골재를 말한다.

㉮ 5 ㉯ 10
㉰ 15 ㉱ 50

해설 잔골재란 10mm 체를 전부 통과하고 5mm 체에 거의 다 통과하며 0.08mm 체에 거의 다 남는 골재 또는 5mm 체를 다 통과하고 0.08mm 체에 다 남는 골재를 말한다.

문제 11
조립률 3.0, 7.0의 모래와 자갈을 질량비 1 : 3의 비율로 혼합할 때의 조립률을 구하면?

㉮ 4.0 ㉯ 5.0
㉰ 6.0 ㉱ 8.0

해설 $FM = \dfrac{3 \times 1 + 7 \times 3}{1+3} = 6$

문제 12
콘크리트용 골재에 대한 설명으로 옳지 않은 것은?

㉮ 굵은골재중의 연한 석편은 질량백분율로 5% 이하라야 한다.
㉯ 굵은골재중의 점토덩어리 함유량은 질량백분율로 0.25% 이하라야 한다.
㉰ 굵은골재로서 사용할 자갈을 흡수율은 5% 이하의 값을 표준으로 한다.
㉱ 잔골재중의 점토덩어리 함유량은 질량백분율로 1% 이하라야 한다.

해설 굵은골재로서 사용할 자갈의 흡수율은 3% 이하의 값을 표준으로 한다.

문제 13
골재의 단위 용적 질량이 1.6t/m³이고 밀도가 2.60g/cm³일 때 이 골재의 실적률은?

㉮ 61.5% ㉯ 53.9%
㉰ 38.5% ㉱ 16.3%

해설
- 실적률 $= \dfrac{\omega}{\rho} \times 100 = \dfrac{1.6}{2.6} \times 100 = 61.5\%$
- 공극률 $= 100 -$ 실적률 $= 100 - 61.5 = 38.5\%$

문제 14
분말도에 대한 내용 중 옳지 않은 것은?

㉮ 시멘트의 입자가 가늘수록 분말도가 작다.
㉯ 분말도가 높으면 수화작용이 빨라진다.
㉰ 분말도가 높으면 조기 강도가 커진다.
㉱ 분말도가 높으면 건조 수축이 커진다.

해설
- 시멘트의 입자가 가늘수록 분말도가 크다.
- 시멘트 분말도는 블레인 공기 투과장치와 표준체에 의해 시험을 한다.

정답 10.㉮ 11.㉰ 12.㉰ 13.㉮ 14.㉮

문제 15 시멘트의 응결 시간을 늦추기 위하여 사용하는 혼화제로서 서중 콘크리트나 레디믹스트 콘크리트에서 운반 거리가 먼 경우, 또는 연속적으로 콘크리트를 칠 때 콜드 조인트가 생기지 않도록 할 경우 등에 사용되는 혼화제는?
- ㉮ 감수제
- ㉯ 촉진제
- ㉰ 급결제
- ㉱ 지연제

해설
- 촉진제는 시멘트의 수화작용을 촉진하는 혼화제로 시멘트 중량에 1~2% 염화칼슘을 사용한다.
- 급결제는 시멘트의 응결시간을 매우 빨리하게 탄산소다, 염화알루미늄, 알루민산소다, 규산소다 등을 사용한다.

문제 16 다음 포졸란의 종류 중 인공산은?
- ㉮ 규조토
- ㉯ 응회암
- ㉰ 화산재
- ㉱ 플라이 애시

해설 포졸란의 종류는 천연산으로 화산재, 규조토, 규산백토 등이 있고 인공재료는 고로 슬래그, 소성 점토, 혈암, 플라이 애시 등이 있다.

문제 17 시멘트 저장 방법에 대한 다음 설명 중 옳지 않은 것은?
- ㉮ 방습적인 창고에 저장하고 입하 순서대로 사용한다.
- ㉯ 포대 시멘트는 지상 30cm 이상의 마루에 쌓아야 한다.
- ㉰ 통풍이 잘 되도록 저장한다.
- ㉱ 품종별로 구분하여 저장한다.

해설
- 시멘트 저장 중에 공기를 접하면 풍화가 되므로 방습적인 구조로 된 사일로 또는 창고에 저장한다.
- 시멘트는 13포 이상 쌓아 올려서는 안 된다.

문제 18 습윤상태 질량이 120g인 모래를 건조시켜 표면건조 포화상태에서 105g, 공기 중 건조상태에서 100g, 노건조상태에서 97g의 질량이 되었을 때 흡수율은?
- ㉮ 14.3%
- ㉯ 5.5%
- ㉰ 8.2%
- ㉱ 23.7%

해설
- 흡수율 $= \dfrac{105-97}{97} \times 100 = 8.2\%$
- 함수율 $= \dfrac{120-97}{97} \times 100 = 23.7\%$
- 표면수율 $= \dfrac{120-105}{105} \times 100 = 14.2\%$
- 유효흡수율 $= \dfrac{105-100}{100} \times 100 = 5\%$

정답 15.㉱ 16.㉱ 17.㉰ 18.㉰

문제 19
혼화재료의 저장에 대한 설명으로 부적당한 것은?
- ㉮ 혼화제는 먼지나 불순물이 혼입되지 않고 변질되지 않도록 저장한다.
- ㉯ 저장이 오래 된 것은 시험후 사용여부를 결정하여야 한다.
- ㉰ 혼화재는 날리지 않도록 그 취급에 주의해야 한다.
- ㉱ 혼화재는 습기가 약간 있는 창고내에 저장한다.

해설 혼화재는 습기를 흡수하는 성질이 있으므로 방습적인 사일로 또는 창고 등에 저장한다.

문제 20
콘크리트용 골재로서 적합한 잔골재 조립률은?
- ㉮ 2.0~3.3
- ㉯ 3.2~4.5
- ㉰ 4~6
- ㉱ 6~8

해설 굵은골재 조립률 : 6~8

문제 21
수밀 콘크리트의 물-결합재비는 몇 % 이하를 표준으로 하는가?
- ㉮ 35% 이하
- ㉯ 40% 이하
- ㉰ 50% 이하
- ㉱ 60% 이하

해설
- 수밀 콘크리트의 배합 시 물-결합재비는 50% 이하를 표준한다.
- 콘크리트 배합 시 콘크리트의 수밀성을 기준으로 물-결합재비를 정할 경우에도 50% 이하로 한다.

문제 22
보통 포틀랜드 시멘트를 사용한 경우, 콘크리트는 최소 며칠 이상 습윤상태로 보호해야 하는가? (단, 일평균 기온이 15℃ 이상인 경우)
- ㉮ 3일
- ㉯ 5일
- ㉰ 7일
- ㉱ 10일

해설 습윤양생 기간의 표준

일평균 기온	보통 포틀랜드 시멘트	고로 슬래그 시멘트 2종 플라이 애시 시멘트 2종	조강 포틀랜드 시멘트
15℃ 이상	5일	7일	3일
10℃ 이상	7일	9일	4일
5℃ 이상	9일	12일	5일

정답 19.㉱ 20.㉮ 21.㉰ 22.㉯

문제 23 콘크리트 운반 방법 중 슈트에 대한 설명이 잘못된 것은?

㉮ 슈트란 높은 곳에서 낮은 곳으로 미끄러져 내려 갈 수 있게 만든 홈통이나 관을 말한다.
㉯ 연직 슈트는 재료의 분리를 일으키기 쉬우므로, 될 수 있는 대로 경사 슈트를 사용하는 것이 좋다.
㉰ 경사 슈트를 사용할 경우 슈트의 기울기는 수평 2에 대해 연직 1 정도로 하는 것이 좋다.
㉱ 경사 슈트의 토출구에서 조절판 및 깔때기를 설치해서 재료분리를 방지해야 한다.

[해설]
- 경사 슈트는 재료 분리를 일으키기 쉬워 될 수 있는 대로 사용하지 않는 것이 좋다.
- 연직 슈트는 깔때기 등을 이어서 만들고 높은 곳에서부터 콘크리트를 칠 때 이용하며 원칙적으로 연직슈트를 사용해야 한다.

문제 24 콘크리트를 비비는 시간은 시험에 의해 정하는 것을 원칙으로 하나 시험을 실시하지 않는 경우 가경식 믹서에서 비비기 시간은 최소 얼마 이상을 표준으로 하는가?

㉮ 1분 30초 ㉯ 2분
㉰ 3분 ㉱ 3분 30초

[해설]
- 강제식 믹서 : 1분 이상
- 비비기 시간은 시험에 의해 정하는 것을 원칙으로 한다.
- 비비기는 미리 정해 둔 비비기 시간의 3배 이상 계속해서는 안 된다.

문제 25 물-결합재비가 40%이고, 단위 시멘트양이 300kg/m³일 때 단위 수량은?

㉮ 100 kg/m³ ㉯ 110 kg/m³
㉰ 120 kg/m³ ㉱ 130 kg/m³

[해설] $\dfrac{W}{C} = 40\%$

∴ $W = 300 \times 0.4 = 120 \text{kg/m}^3$

문제 26 콘크리트를 한 차례 다지기를 한 뒤에 알맞은 시기에 다시 진동을 주는 것을 재진동이라 한다. 재진동의 효과가 아닌 것은?

㉮ 콘크리트 속의 빈틈이 증가한다.
㉯ 콘크리트의 강도가 증가한다.
㉰ 철근과의 부착 강도가 증가한다.
㉱ 재료의 침하에 의한 균열을 막을 수 있다.

[해설]
- 적절한 시기에 재진 등을 하면 공극(빈틈)이 감소한다.
- 재진동은 초결이 일어나기 전에 실시한다.

정답 23.㉯ 24.㉮ 25.㉰ 26.㉮

문제 27 콘크리트를 재진동한 경우의 효과가 아닌 것은?

㉮ 콘크리트 속의 빈틈이 증가한다.
㉯ 콘크리트의 강도가 증가한다.
㉰ 철근과의 부착 강도가 증가한다.
㉱ 재료의 침하에 의한 균열을 막을 수 있다.

해설
- 적절한 시기에 재진동하면 공극(빈틈)이 감소한다.
- 재진동은 초결이 일어나기 전에 실시한다.

문제 28 한중 콘크리트에 대한 아래 표의 (   )에 알맞은 것은?

하루의 평균기온이 (   )℃ 이하가 되는 기상조건 하에서는 한중 콘크리트로서 시공한다.

㉮ -4℃ ㉯ 4℃
㉰ 0℃   ㉱ -2℃

해설 한중 콘크리트는 AE 콘크리트를 사용하는 것을 원칙으로 하며 물-결합재비는 60% 이하로 한다.

문제 29 레디믹스트 콘크리트의 장점이 아닌 것은?

㉮ 균질의 콘크리트를 얻을 수 있다.
㉯ 공사능률이 향상 되고 공기를 단축할 수 있다.
㉰ 콘크리트의 워커빌리티를 현장에서 즉시 조절할 수 있다.
㉱ 콘크리트 치기와 양생에만 전념할 수 있다.

해설
- 콘크리트의 워커빌리티를 현장에서 즉시 조절할 수 없다.
- 비비기로부터 타설이 끝날 때까지의 시간은 외기온도가 25℃ 이상일 때는 1.5시간 이내, 25℃ 미만일 때는 2시간 이내이다.

문제 30 현장에서 사용하는 골재의 함수상태, 혼합율 등을 고려하여 현장에서 실제로 사용하는 재료의 성질에 맞추어 고친배합(수정배합)은?

㉮ 시방배합 ㉯ 현장배합
㉰ 복합배합 ㉱ 경험배합

해설
- 시방배합을 현장배합으로 수정할 때에는 골재의 입도와 표면수를 고려한다.
- 시방배합 : 시방서 또는 책임 기술자에 의해 표시된 배합

정답 27.㉮ 28.㉯ 29.㉰ 30.㉯

문제 31 콘크리트 치기에 대한 설명으로 옳지 않은 것은?
- ㉮ 철근의 배치가 흐트러지지 않도록 주의해야 한다.
- ㉯ 거푸집안에 투입한 후 이동시킬 필요가 없도록 해야 한다.
- ㉰ 2층 이상으로 쳐 넣을 경우 아래층이 굳은 다음 윗층을 쳐야 한다.
- ㉱ 높은 곳을 연속해서 쳐야 할 경우 반죽질기 및 속도를 조정해야 한다.

해설
- 2층 이상으로 쳐 넣을 경우 아래층이 굳기 전에 윗층을 쳐야 한다.
- 한 구획내의 콘크리트는 타설이 완료될 때까지 연속해서 타설해야 한다.

문제 32 수송관내의 콘크리트를 압축공기의 압력으로 보내는 것으로서, 주로 터널의 둘레 콘크리트에 사용되는 것은?
- ㉮ 벨트 컨베이어
- ㉯ 운반차
- ㉰ 버킷
- ㉱ 콘크리트 플레이서

해설
- 콘크리트 플레이서는 콘크리트 펌프와 같이 터널 등의 좁은 곳에 콘크리트 운반하는데 적합하다.
- 벨트 컨베이어는 된 반죽 콘크리트 운반에 적합하다.

문제 33 일명 고온고압양생이라고 하며, 증기압 7~15기압, 온도 180℃ 정도의 고온, 고압의 증기 솥 속에서 양생하는 방법은?
- ㉮ 오토클레이브 양생
- ㉯ 상압증기양생
- ㉰ 전기양생
- ㉱ 가압양생

해설 오토클레이브 양생은 표준양생 28일 강도를 양생 직후에 얻을 수 있어 석면 시멘트관, 말뚝, 기포 콘크리트 제품 등의 양생에 사용된다.

문제 34 거푸집의 외부에 진동을 주어 내부 콘크리트를 다지는 기계는?
- ㉮ 표면 진동기
- ㉯ 거푸집 진동기
- ㉰ 내부 진동기
- ㉱ 콘크리트 플레이서

해설 내부 진동기 사용을 원칙으로 하나 얇은 벽 등 곤란한 장소에서는 거푸집 진동기를 사용해도 좋다.

문제 35 레디믹스트 콘크리트를 제조할 때 각 재료의 계량 오차 중 혼화재의 허용오차는?
- ㉮ ±1%
- ㉯ ±2%
- ㉰ ±3%
- ㉱ ±4%

해설
- 시멘트 : -1%, +2%
- 골재, 혼화재 : ±3%
- 물 : -2%, +1%

정답 31.㉰ 32.㉱ 33.㉮ 34.㉯ 35.㉰

문제 36
콘크리트의 배합표시법에서 각 재료의 단위량에 대한 설명으로 옳은 것은?
- ㉮ 콘크리트 $1m^2$를 만드는 데 필요한 각 재료의 양(kg)을 말한다.
- ㉯ 콘크리트 $1m^3$를 만드는 데 필요한 각 재료의 양(kg)을 말한다.
- ㉰ 콘크리트 1kg를 만드는 데 필요한 각 재료의 양(m^2)을 말한다.
- ㉱ 콘크리트 1kg를 만드는 데 필요한 각 재료의 양(m^3)을 말한다.

해설 시방 배합표에는 굵은골재 최대치수, 슬럼프, 공기량, 물-결합재비, S/a, 재료의 단위량 (물, 시멘트, 잔골재, 굵은골재), 혼화재료량을 표시한다.

문제 37
일반적인 콘크리트 타설 후 다지기에서 내부진동기를 사용할 때 내부 진동기를 찔러 넣는 간격은 어느 정도로 하는 것이 좋은가?
- ㉮ 50cm 이하
- ㉯ 80cm 이하
- ㉰ 100cm 이하
- ㉱ 130cm 이하

해설
- 1개소당 진동시간은 5~15초로 한다.
- 내부 진동기를 하층 콘크리트 속으로 10cm 정도 찔러 다진다.

문제 38
콘크리트를 연속적으로 운반하는 데 가장 편리한 것은?
- ㉮ 버킷
- ㉯ 벨트 콘베이어
- ㉰ 덤프트럭
- ㉱ 슈트

해설 재료 분리를 막기 위해 벨트 콘베이어 끝부분에 조절판이나 깔때기를 설치한다.

문제 39
한중 콘크리트에서 양생중인 콘크리트는 온도를 최소 몇 ℃ 이상으로 유지하는 것을 표준으로 하는가?
- ㉮ 0℃
- ㉯ 4℃
- ㉰ 5℃
- ㉱ 20℃

해설 한중 콘크리트 타설 시 콘크리트 온도는 5~20℃의 범위에서 한다.

문제 40
콘크리트를 타설한 다음 일정 기간 동안 콘크리트에 충분한 온도와 습도를 유지시켜 주는 것을 무엇이라 하는가?
- ㉮ 콘크리트 진동
- ㉯ 콘크리트 다짐
- ㉰ 콘크리트 양생
- ㉱ 콘크리트 시공

해설 양생은 콘크리트 타설 후 경화에 필요한 온도, 습도 조건을 유지하며 유해한 작용의 영향을 받지 않도록 보호하는 작업이다.

정답 36.㉯ 37.㉮ 38.㉯ 39.㉰ 40.㉰

문제 41 공시체가 지간의 가운데 부분에서 파괴되었을 때 휨강도는 약 얼마인가? (단, 150×150×530mm의 공시체를 사용하였으며, 지간 450mm, 최대하중이 25,000N이다.)

㉮ 2.73MPa ㉯ 3.03MPa
㉰ 3.33MPa ㉱ 4.73MPa

해설 $f_b = \dfrac{Pl}{bd^2} = \dfrac{25,000 \times 450}{150 \times 150^2} = 3.33\text{N/mm}^2 = 3.33\text{MPa}$

문제 42 골재의 안정성 시험에 사용되는 시험용 용액(시약)은?

㉮ 황산마그네슘 ㉯ 황산나트륨
㉰ 수산화칼슘 ㉱ 염화나트륨

해설 골재의 안정성 시험은 골재의 내구성을 알기 위해 황산나트륨 용액으로 인한 골재의 부서짐 작용에 대한 저항성을 시험한다.

문제 43 콘크리트의 씻기 분석 시험에서 모르타르 시료 중의 물의 무게가 432g이고 모르타르 시료중의 시멘트 무게가 805g일 때 물-시멘트 비는?

㉮ 74.3% ㉯ 63.7%
㉰ 58.4% ㉱ 53.7%

해설 $\dfrac{W}{C} = \dfrac{432}{805} = 53.7\%$

문제 44 콘크리트의 강도시험용 공시체의 양생온도는 어느 정도이어야 하는가?

㉮ 4±1℃ ㉯ 15±2℃
㉰ 20±2℃ ㉱ 30±2℃

해설 시험체를 만든 후 16시간 이상 3일 이내에 몰드를 떼어내고 20±2℃에서 습윤 상태로 양생한다.

문제 45 콘크리트의 겉보기 공기량이 7%이고 골재의 수정계수가 1.2%일 때 콘크리트의 공기량은 얼마인가?

㉮ 4.6% ㉯ 5.8%
㉰ 8.2% ㉱ 9.4%

해설
- $A = A_1 - G = 7 - 1.2 = 5.8\%$
- 굵은골재 최대치수가 40mm 이하의 경우 공기량 측정기 용기의 용량은 최소 5*l*이다.

정답 41.㉰ 42.㉯ 43.㉱ 44.㉰ 45.㉯

문제 46

다음 그림은 콘크리트의 슬럼프 시험을 한 결과를 보여주고 있다. 이 그림에서 슬럼프 값을 바르게 나타낸 항은?

㉮ H_1
㉯ H_2
㉰ d_2
㉱ $d_2 - d_1$

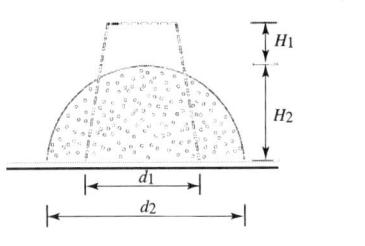

해설
- 슬럼프 시험은 콘크리트의 반죽 질기를 측정하는 것으로 워커빌리티를 판단하기 위해 시험한다.
- 콘크리트 중 굵은골재 최대치수가 40mm 넘는 골재는 제거하고 슬럼프 시험을 한다.

문제 47

콘크리트 블리딩 현상을 감소시키는 방법으로 틀린 것은?

㉮ 미립분을 적절하게 포함한 세골재를 사용한다.
㉯ 분말도가 작은 시멘트를 사용한다.
㉰ 단위 수량을 감소시킨다.
㉱ AE제를 사용한다.

해설
- 블리딩 현상을 줄이려면 분말도가 높은 시멘트, 응결 촉진제 등을 사용한다.
- 블리딩은 콘크리트 친 후 2~4시간에 거의 끝난다.

문제 48

단위 골재량의 절대부피가 0.75m³이고 잔골재율이 34%일 때 단위 굵은골재량은 얼마인가? (단, 굵은골재의 밀도는 2.6g/cm³이다.)

㉮ 1,066kg
㉯ 1,187kg
㉰ 1,206kg
㉱ 1,287kg

해설 G = 0.75 × (1 − 0.34) × 2.6 × 1,000 = 1,287kg

문제 49

콘크리트 슬럼프 시험에서 슬럼프 콘에 시료를 채우고, 벗길 때까지의 전 작업시간은 얼마 이내로 하는가?

㉮ 1분
㉯ 2분
㉰ 3분
㉱ 5분

해설
- 슬럼프 콘을 들어올리는 시간은 2~5초로 한다.
- 슬럼프 측정은 콘크리트가 내려앉은 중앙부에서 길이를 5mm 단위로 한다.

정답 46.㉮ 47.㉯ 48.㉱ 49.㉰

문제 50 다음 표에서 설명하고 있는 배합을 무슨 배합이라고 하는가?

> 소정의 품질을 갖는 콘크리트가 얻어지도록 된 배합으로서 시방서 또는 책임기술자가 지시한 배합

㉮ 현장배합 ㉯ 강도배합
㉰ 골재배합 ㉱ 시방배합

[해설]
- 시방배합에 사용되는 골재는 표면건조 포화상태의 것으로 한다.
- 콘크리트 배합 시 설계 시공상 허용범위 안에서 굵은골재 최대치수가 큰 것을 사용한다.

문제 51 콘크리트 압축강도 시험을 한 결과 공시체가 파괴될 때의 최대하중이 58,900N이었고, 공시체의 지름은 150mm이었다면 콘크리트의 압축강도는?

㉮ 66.6MPa ㉯ 45.0MPa
㉰ 33.3MPa ㉱ 28.0MPa

[해설] $f_c = \dfrac{P}{A} = \dfrac{589,000}{3.14 \times \dfrac{150^2}{4}} = 33.3 \text{N/mm}^2 = 33.3\text{MPa}$

문제 52 블리딩 시험을 수행할 때 유지되어야 하는 시험실의 온도로써 가장 적당한 것은?

㉮ 10±3℃ ㉯ 14±3℃
㉰ 20±3℃ ㉱ 26±3℃

[해설]
- 시험하는 동안 온도를 20±3℃로 유지해야 한다.
- 콘크리트를 안지름 250mm, 안높이 285mm 용기에 채운 후 흙손으로 고르고 규정시간마다 블리딩 물을 빨아낸다.

문제 53 압력법에 의한 굳지 않은 콘크리트의 공기량을 시험하는 내용이다. 겉보기 공기량 측정 방법 중 잘못 나타낸 것은?

㉮ 시료를 용기에 3층으로 나누어 넣는다.
㉯ 각층을 다짐봉으로 25회씩 다진다.
㉰ 용기의 옆면은 어떠한 경우라도 두들기면 안 된다.
㉱ 작동 밸브를 충분히 열고 지침이 안정되고 나서 압력계의 눈금을 읽는다.

[해설] 콘크리트의 각 부분에 압력이 잘 전달되도록 용기의 옆면을 고무 망치로 각 층을 10~15번 두들긴 후 주 밸브를 연다.

정답 50.㉱ 51.㉰ 52.㉰ 53.㉰

문제 54
콘크리트용 모래에 포함되어 있는 유기불순물 시험에 사용되는 시약은?
㉮ 수산화나트륨
㉯ 염화칼슘
㉰ 페놀프탈레인
㉱ 규산나트륨

해설 유기불순물 시험에 사용되는 시약은 수산화나트륨, 타닌산, 알콜이 필요하다.

문제 55
휨강도 시험을 위한 공시체의 길이에 대한 설명으로 옳은 것은?
㉮ 단면의 한 변의 길이의 2배보다 50mm 이상 긴 것으로 한다.
㉯ 단면의 한 변의 길이의 2배보다 80mm 이상 긴 것으로 한다.
㉰ 단면의 한 변의 길이의 3배보다 50mm 이상 긴 것으로 한다.
㉱ 단면의 한 변의 길이의 3배보다 80mm 이상 긴 것으로 한다.

해설 시험체의 한 변의 길이는 골재 최대치수의 4배 이상이며 100mm 이상으로 한다.

문제 56
지름이 150mm, 길이가 300mm인 콘크리트 공시체로 쪼갬인장강도 시험을 실시한 결과, 공시체 파괴시 시험기에 나타난 최대하중이 72,300N이었다. 이 공시체의 인장강도는?
㉮ 2.1MPa
㉯ 1.0MPa
㉰ 2.5MPa
㉱ 2.7MPa

해설 $f_{sp} = \dfrac{2P}{\pi Dl} = \dfrac{2 \times 72,300}{3.14 \times 150 \times 300} = 1.0 \text{N/mm}^2 = 1.0\text{MPa}$

문제 57
콘크리트 압축강도 시험에 사용되는 공시체의 지름은 굵은골재 최대치수의 최소 몇 배 이상이어야 하는가?
㉮ 2배
㉯ 3배
㉰ 4배
㉱ 5배

해설 공시체는 지름의 2배 높이를 가진 원 기둥형으로 지름은 굵은골재 최대치수의 3배 이상이며 또한 100mm 이상이어야 한다.

문제 58
슬럼프(slump)시험 기구 및 방법에 대한 설명으로 틀린 것은?
㉮ 슬럼프 콘은 밑면의 안지름이 200mm, 윗면의 안지름이 100mm, 높이가 300mm의 원추형을 사용한다.
㉯ 다짐봉은 지름 20mm, 길이 800mm의 강 또는 금속제 원형봉으로 그 앞 끝을 반구모양으로 한다.
㉰ 슬럼프 콘을 들어올리는 시간은 2~5초로 한다.
㉱ 슬럼프는 5mm 단위로 표시한다.

정답 54.㉮ 55.㉱ 56.㉯ 57.㉯ 58.㉯

해설
- 다짐봉은 지름 16mm, 길이 500~600mm의 둥근강이다.
- 시료를 슬럼프 콘에 넣고 다질 때 같은 구멍을 다지는 것은 다짐 횟수에 넣지 않는다.

문제 59

다음 그림과 같은 콘크리트의 시험 방법은?

㉮ 압축강도 시험
㉯ 인장강도 시험
㉰ 휨강도 시험
㉱ 블리딩 시험

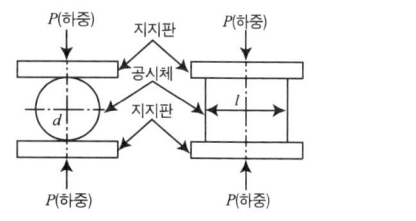

해설
- 인장강도 시험으로 할열시험이 일반적으로 사용된다.
- 인장강도는 압축강도의 1/10~1/13 정도이다.

문제 60

골재의 마모시험에서 시료를 시험기에서 꺼내어 몇 mm 체로 체가름을 하는가?

㉮ 1.7mm   ㉯ 3.4mm
㉰ 1.25mm ㉱ 2.5mm

해설
- 부순 굵은골재의 마모율은 40% 이하이다.
- 로스앤젤레스 시험기에 의해 굵은골재의 마모 시험을 한다.

정답 59.㉯ 60.㉮

콘크리트기능사 제2회 CBT 모의고사

문제 01 시멘트가 풍화하면 나타나는 현상에 대한 설명으로 틀린 것은?
㉮ 밀도가 작아진다. ㉯ 응결이 늦어진다.
㉰ 강도가 늦게 나타난다. ㉱ 강열감량이 작아진다.

해설
- 시멘트가 풍화되면 강열감량이 증가한다.
- 강열감량은 시멘트에 1,000℃의 열을 가했을 때의 중량(질량) 감소량을 말한다.

문제 02 부순 골재에 대한 설명 중 옳은 것은?
㉮ 부순 잔골재의 석분은 콘크리트 경화 및 내구성에 도움이 된다.
㉯ 부순 굵은골재는 시멘트풀과의 부착이 좋다.
㉰ 부순 굵은골재는 콘크리트를 비빌 때 소요 단위 수량이 적어진다.
㉱ 부순 굵은골재를 사용한 콘크리트는 수밀성은 향상되나 휨강도는 감소된다.

해설
- 부순 골재를 사용한 콘크리트는 같은 워커빌리티를 얻기 위해서는 보통 콘크리트보다 단위 수량이 일반적으로 약 10% 정도 많이 든다.
- 부순 골재를 사용한 콘크리트는 수밀성, 내구성 등은 약간 감소한다.

문제 03 포졸란(Pozzolan)의 종류에 해당하지 않는 것은?
㉮ 규조토 ㉯ 규산백토 ㉰ 고로 슬래그 ㉱ 포졸리스

해설 포졸란의 종류
1) 천연산 : 화산재, 규조토, 규산백토
2) 인공산 : 고로 슬래그, 소성점토, 혈암, 플라이 애시

문제 04 콘크리트용으로 적합한 잔골재의 조립률은?
㉮ 1.3~2.1 ㉯ 2.0~3.3 ㉰ 3.3~4.1 ㉱ 4.3~5.1

해설
- 굵은골재의 조립률 : 6~8
- 조립률 계산에 이용되는 체 : 75mm, 40mm, 20mm, 10mm, 5mm, 2.5mm, 1.2mm, 0.6mm, 0.3mm, 0.15mm

문제 05 빈틈률이 작은 골재를 사용할 때의 콘크리트 성질에 대한 설명으로 틀린 것은?
㉮ 시멘트 풀의 양이 적게 든다. ㉯ 건조수축이 커진다.
㉰ 콘크리트의 강도가 커진다. ㉱ 콘크리트의 내구성이 커진다.

해설 빈틈률이 작은 골재를 사용하면 콘크리트의 건조수축이 작아진다.

정답 01.㉱ 02.㉯ 03.㉱ 04.㉯ 05.㉯

문제 06 콘크리트에 유해물이 들어 있으면 콘크리트의 강도, 내구성, 안정성 등이 나빠지는데 특히, 철근 콘크리트나 프리스트레스트 콘크리트 속의 강재를 녹슬게 하는 유해물은?

㉮ 실트 ㉯ 점토 ㉰ 연한 석편 ㉱ 염화물

해설 염화물이 함유된 바다 모래를 사용하면 철근, 강재 등을 부식(녹)하게 한다.

문제 07 조립률 3.0의 모래와 7.0의 자갈을 중량비 1:4로 혼합할 때의 조립률을 구하면?

㉮ 3.2 ㉯ 4.2 ㉰ 5.2 ㉱ 6.2

해설 혼합 골재 조립률 $= \dfrac{3\times1 + 7\times4}{1+4} = 6.2$

문제 08 프리플레이스 콘크리트에 사용하는 굵은골재의 최소 치수는 얼마 이상으로 하는가?

㉮ 5mm ㉯ 8mm ㉰ 10mm ㉱ 15mm

해설 굵은골재 공극 중에 모르타르를 주입할 때 유동하기 쉽게 하기 위해서 굵은골재의 최소치수를 15mm 이상, 굵은골재의 최대치수는 부재 단면 최소치수의 1/4 이하, 철근 콘크리트의 경우 철근 순간격의 2/3 이하로 한다.

문제 09 다음 혼화재료 중 콘크리트의 워커빌리티를 개선하는 효과가 없는 것은?

㉮ 응결경화촉진제 ㉯ AE제
㉰ 플라이 애시 ㉱ 유동화제

해설 응결 경화 촉진제는 시멘트의 수화작용을 촉진하는 혼화제로 시멘트 질량의 2% 이하로 사용한다.

문제 10 골재알이 절대건조상태에서 표면 건조 포화 상태로 되기까지 흡수한 물의 양은?

㉮ 흡수량 ㉯ 유효 흡수량 ㉰ 표면수량 ㉱ 함수량

해설
- 함수량 : 골재 입자에 포함된 전수량
- 유효흡수량 : 공기 중 건조상태에서 골재의 표면건조 포화상태로 되기까지 흡수된 물의 양
- 표면수량 : 골재의 표면에 묻어 있는 수량

문제 11 콘크리트용 골재로서 요구되는 성질이 아닌 것은?

㉮ 골재의 낱알의 크기가 균등하게 분포할 것
㉯ 필요한 무게를 가질 것
㉰ 단단하고 치밀할 것
㉱ 알의 모양은 둥글거나 입방체에 가까울 것

정답 06.㉱ 07.㉱ 08.㉱ 09.㉮ 10.㉮ 11.㉮

해설
- 골재의 낱알은 크고 작은 것이 골고루 혼입될 것
- 마모에 대한 저항성이 클 것
- 물리적, 화학적으로 안정하고 내구성이 클 것

문제 12
AE제에 대한 설명으로 옳은 것은?
㉮ 콘크리트의 워커빌리티가 개선되고 단위 수량을 줄일 수 있다.
㉯ AE제에 의한 연행 공기는 지름이 0.5mm 이상이 대부분이며 골고루 분산된다.
㉰ 동결융해의 기상작용에 대한 저항성이 적어진다.
㉱ 기포분산의 효과로 인해 블리딩을 증가시키는 단점이 있다.

해설
- 동결융해의 기상 작용에 대한 저항성이 커진다.
- 기포가 시멘트 및 골재의 미립자를 떠오르게 하여 단위 수량을 감소시켜 블리딩 등의 재료분리를 감소시킨다.
- AE제에 의한 연행 공기는 지름이 0.025~0.25mm 정도로 골고루 분산되어 워커빌리티를 크게 개선한다.

문제 13
시멘트의 종류 중 특수 시멘트에 속하는 것은?
㉮ 저열 포틀랜드 시멘트   ㉯ 백색 포틀랜드 시멘트
㉰ 알루미나 시멘트   ㉱ 플라이 애시 시멘트

해설 혼합시멘트 : 고로 슬래드 시멘트, 플라이 애시 시멘트, 포틀랜드 포졸란 시멘트

문제 14
시멘트의 입자를 분산시켜 콘크리트의 단위 수량을 감소시키는 혼화제는?
㉮ AE제   ㉯ 지연제
㉰ 촉진제   ㉱ 감수제

해설 감수제를 분산제라고도 불린다.

문제 15
다음의 혼화재료 중에서 사용량이 소량으로서 배합계산에서 그 양을 무시할 수 있는 것은?
㉮ AE제   ㉯ 팽창제
㉰ 플라이 애시   ㉱ 고로 슬래그 미분말

해설 혼화제는 사용량이 시멘트 질량의 1% 정도 이하로 그 자체의 부피가 콘크리트 배합계산에서 무시된다.

문제 16
굵은골재의 유해물 함유량의 한도 중 점토덩어리는 질량 백분율로 얼마 이하인가?
㉮ 0.25%   ㉯ 0.5%
㉰ 1.0%   ㉱ 5.0%

정답 12.㉮ 13.㉰ 14.㉱ 15.㉮ 16.㉮

해설
- 점토 덩어리 : 0.25% 이하
- 연한 석편 : 5% 이하
- 0.08mm 체 통과량 : 1% 이하

문제 17
시멘트의 응결에 관한 설명 중 옳지 않은 것은?
㉮ 습도가 낮으면 응결이 빨라진다.
㉯ 풍화되었을 경우 응결이 빨라진다.
㉰ 온도가 높을수록 응결이 빨라진다.
㉱ 분말도가 높으면 응결이 빨라진다.

해설
- 시멘트가 풍화되면 응결이 늦어진다.
- 석고의 첨가량이 많을수록 응결이 늦어진다.
- 물-결합재비가 많을수록 응결이 늦어진다.

문제 18
플라이 애시 시멘트에 관한 설명 중 옳지 않은 것은?
㉮ 플라이 애시를 시멘트 클링커에 혼합하여 분쇄한 것이다.
㉯ 수화열이 적고 장기 강도는 낮으나 조기강도는 커진다.
㉰ 워커빌리티가 좋고 수밀성이 크다.
㉱ 단위 수량을 감소시킬 수 있어 댐공사에 많이 이용된다.

해설 수화열이 작고 조기강도는 작으나 장기강도는 증가한다.

문제 19
골재의 저장 방법에 대한 설명으로 틀린 것은?
㉮ 잔골재, 굵은골재 및 종류와 입도가 다른 골재는 서로 섞어 균질한 골재가 되도록 하여 저장한다.
㉯ 먼지나 잡물 등이 섞이지 않도록 한다.
㉰ 골재의 저장 설비에는 알맞은 배수 시설을 한다.
㉱ 골재는 햇빛을 바로 쬐지 않도록 알맞은 시설을 갖추어야 한다.

해설 골재는 잔골재, 굵은골재를 별도로 또는 골재의 종류별로 구분하여 저장한다.

문제 20
다음 중 댐, 하천, 항만 등의 구조물에 사용하는 시멘트로 가장 적합한 것은?
㉮ 조강 포틀랜드 시멘트   ㉯ 알루미나 시멘트
㉰ 초속경 시멘트   ㉱ 고로 슬래그 시멘트

해설 고로 슬래그 시멘트는 주로 댐, 하천, 항만 등의 토목공사에 사용되고 특히 염해를 받는 해안 구조물에 적합하다.

정답 17.㉯ 18.㉯ 19.㉮ 20.㉱

문제 21 레디믹스트 콘크리트의 종류 중 센트럴 믹스트 콘크리트의 설명으로 옳은 것은?
- ㉮ 공장에 있어 고정 믹서에서 완전히 비빈 콘크리트를 애지테이터 트럭 등으로 운반하는 방법이다.
- ㉯ 콘크리트 플랜트에서 재료를 계량하여 트럭 믹서에 싣고, 운반 중에 물을 넣어 비비는 방법이다.
- ㉰ 운반거리가 장거리 이거나, 운반 시간이 긴 경우에 사용한다.
- ㉱ 공장에 있어 고정 믹서에서 어느 정도 콘크리트를 비빈 다음, 현장에서 가면서 완전히 비비는 방법이다.

해설
- 센트럴 믹스트 콘크리트는 일반적으로 많이 쓰이는 제조방법이다.
- 슈링크 믹스트 콘크리트는 공장에 있는 고정 믹서에서 어느 정도 콘크리트를 혼합한 후 현장으로 가면서 완전히 혼합하는 방법이다.

문제 22 거푸집과 동바리에 관한 설명 중 옳지 않은 것은?
- ㉮ 연직부재의 거푸집은 수평부재의 거푸집보다 빨리 떼어낸다.
- ㉯ 보에서는 밑면 거푸집을 양측면의 거푸집보다 먼저 떼어낸다.
- ㉰ 거푸집을 시공할 때 거푸집 판의 안쪽에 박리제를 발라서 콘크리트가 거푸집에 붙는 것을 방지하도록 한다.
- ㉱ 거푸집 및 동바리는 콘크리트가 자중 및 시공 중에 가해지는 하중에 충분히 견딜만한 강도를 가질 때까지 해체해서는 안 된다.

해설 보에서 밑면 거푸집은 양측면의 거푸집보다 나중에 떼어낸다.

문제 23 콘크리트의 배합에서 시방서 또는 책임기술자가 지시한 배합을 무엇이라고 하는가?
- ㉮ 현장배합
- ㉯ 시방배합
- ㉰ 표면배합
- ㉱ 책임배합

해설 시방배합에 사용되는 골재는 표면건조 포화상태이다.

문제 24 보통 포틀랜드 시멘트를 사용한 콘크리트의 습윤양생 기간은 최소 며칠 이상인가? (단, 일평균 기온이 15℃ 이상인 경우)
- ㉮ 5일 이상
- ㉯ 10일 이상
- ㉰ 15일 이상
- ㉱ 20일 이상

해설 조강 포틀랜드 시멘트를 사용한 경우는 3일 이상

정답 21.㉮ 22.㉯ 23.㉯ 24.㉮

문제 25 일반수중 콘크리트 타설에 대한 설명으로 잘못된 것은?

㉮ 콘크리트는 흐르지 않는 물속에 쳐야 한다. 정수 중에 칠 수 없을 경우에도 유속은 1초에 50mm 이하로 하여야 한다.
㉯ 콘크리트는 수중에 낙하시켜서는 안 된다.
㉰ 수중 콘크리트의 타설에서 중요한 구조물의 경우는 밑열림 상자나 밑열림 포대를 사용하여 연속해서 타설하는 것을 원칙으로 한다.
㉱ 한 구획의 콘크리트 타설을 완료한 후 레이턴스를 모두 제거하고 다시 타설해야 한다.

해설 수중 콘크리트의 타설에서 중요한 구조물의 경우는 트레미나 콘크리트 펌프를 사용하여 연속하여 타설한다.

문제 26 무더운 여름철 콘크리트 시공이나 운반거리가 먼 레디믹스트 콘크리트에 적합한 혼화제는?

㉮ 경화촉진제　㉯ 방수제　㉰ 지연제　㉱ 급결제

해설 지연제는 시멘트의 수화반응을 늦추어 응결과 초기 경화시간을 지연시킬 목적으로 사용된다.

문제 27 수송관 속의 콘크리트를 압축 공기에 의해 압송하는 것으로서 콘크리트 펌프와 같이 터널 등의 좁은 곳에 콘크리트를 운반하는 데에 편리한 콘크리트 운반기계는?

㉮ 벨트 컨베이어　㉯ 버킷
㉰ 콘크리트 플레이서　㉱ 슈트

해설 콘크리트 플레이서 수송관의 배치는 굴곡을 적게하고 수평 또는 상향으로 설치하며 하향 경사로 설치하여서는 안된다.

문제 28 콘크리트의 시방배합을 현장배합으로 수정할 때 필요한 사항이 아닌 것은?

㉮ 시멘트 밀도　㉯ 골재의 표면수량
㉰ 잔골재의 5mm 체 잔류율　㉱ 굵은골재의 5mm 체 통과율

해설 시방배합을 현장배합으로 수정할 때는 골재의 입도, 표면수를 고려한다.

문제 29 일반 콘크리트를 펌프로 압송 할 경우, 슬럼프 값은 어느 범위가 가장 적당한가?

㉮ 50~80mm　㉯ 80~100mm
㉰ 100~180mm　㉱ 200~250mm

해설 지름 100~150mm 수송관을 사용하여 펌프로 콘크리트를 압송하며 굵은골재 최대치수 40mm, 슬럼프 범위는 100~180mm가 알맞다.

정답 25.㉱ 26.㉰ 27.㉰ 28.㉮ 29.㉰

문제 30
수밀 콘크리트의 물-결합재비는 얼마 이하를 표준으로 하는가?

㉮ 50% ㉯ 55% ㉰ 60% ㉱ 65%

해설
- 콘크리트 배합 시 콘크리트의 수밀성을 기준으로 물-결합재비를 정할 경우는 50% 이하로 한다.
- 수밀 콘크리트에서의 물-결합재비도 50% 이하를 표준으로 한다.

문제 31
콘크리트 비비기는 미리 정해 둔 비비기 시간의 최소 몇 배 이상 계속해서는 안 되는가?

㉮ 2배 ㉯ 3배 ㉰ 4배 ㉱ 5배

해설
- 비비기는 미리 정해둔 비비기 시간의 3배 이상 계속해서는 안 된다.
- 비비기 시간은 시험에 의해 정하는 것을 원칙으로 한다.

문제 32
외기온도가 25℃ 미만일 때 일반 콘크리트의 비비기부터 치기가 끝날 때까지의 시간은 최대 얼마 이내로 해야 하는가?

㉮ 1시간 ㉯ 1시간 30분 ㉰ 2시간 ㉱ 2시간 30분

해설 외기온도가 25℃ 이상일 때 : 1.5 시간 이내

문제 33
콘크리트 타설 시 버킷, 호퍼 등의 배출구로부터 콘크리트의 타설면까지의 높이는 얼마 이내를 원칙으로 하는가?

㉮ 1.0m 이내 ㉯ 1.5m 이내 ㉰ 2.0m 이내 ㉱ 2.5m 이내

해설 슈트, 펌프 배관, 버킷, 호퍼 등의 배출구와 타설면까지의 높이는 1.5m 이하를 원칙으로 한다.

문제 34
콘크리트의 비비기에서 가경식 믹서를 사용할 경우 비비기 시간은 믹서 안에 재료를 투입한 후 몇 초 이상을 표준으로 하는가?

㉮ 30초 ㉯ 60초 ㉰ 90초 ㉱ 120초

해설 강제식 믹서 : 1분 이상

문제 35
콘크리트 플랜트에서 콘크리트를 공급받아 비비면서 주행하는 레디믹스트 콘크리트 운반용 트럭은?

㉮ 슈트 ㉯ 트럭 믹서
㉰ 콘크리트 펌프 ㉱ 콘크리트 플레이서

해설 트럭 믹서 또는 트럭 애지테이터를 이용하여 운반한다.

정답 30.㉮ 31.㉯ 32.㉰ 33.㉯ 34.㉯ 35.㉯

문제 36 콘크리트 각 재료의 1회분에 대한 계량오차 중 골재의 허용오차로 옳은 것은?

㉮ ±1% ㉯ ±2% ㉰ ±3% ㉱ ±4%

해설 • 혼화재 : ±2%   • 골재 및 혼화제 : ±3%

문제 37 콘크리트 블리딩(Bleeding)에 대한 설명 중 틀린 것은?

㉮ 콘크리트 슬럼프가 크면 콘크리트 작업은 어려우나 블리딩은 감소된다.
㉯ 일반적으로 단위 수량을 줄이고 AE제를 사용하면 블리딩은 감소된다.
㉰ 분말도가 높은 시멘트를 사용하면 블리딩은 감소된다.
㉱ 블리딩이 현저하면 상부의 콘크리트가 다공질로 되며 강도, 수밀성, 내구성 등이 감소된다.

해설 콘크리트 슬럼프가 크면 콘크리트 작업은 쉬우나 블리딩은 증가한다.

문제 38 서중 콘크리트 시공 시 유의사항 중 틀린 것은?

㉮ 콘크리트를 타설하기 전에는 지반, 거푸집 등 콘크리트로부터 물을 흡수할 우려가 있는 부분을 습윤 상태로 유지해야 한다.
㉯ 거푸집, 철근 등이 직사광선을 받아서 고온이 될 우려가 있는 경우에는 살수, 덮개 등의 적절한 조치를 해야 한다.
㉰ 서중 콘크리트는 재료를 비빈 후 1.5시간 이내에 타설하여야 한다.
㉱ 서중 콘크리트를 타설할 때의 온도는 40℃ 이하여야 한다.

해설 서중 콘크리트를 타설할 때의 콘크리트 온도는 35℃ 이하여야 한다.

문제 39 미리 거푸집안에 굵은골재를 채우고 그 틈사이에 특수 모르타르를 주입하는 콘크리트는?

㉮ 진공 콘크리트
㉯ 프리플레이스트 콘크리트
㉰ 레디믹스트 콘크리트(Ready Mixed Concrete)
㉱ 프리스트레스트 콘크리트(Prestressed Concrete)

해설 혼화제로 발포제는 알루미늄 분말을 사용하거나 플라이 애시를 사용한다.

문제 40 한중 콘크리트 시공 시 콘크리트의 동결 온도를 낮추기 위해 사용하는 방법으로 가장 적합하지 않은 것은?

㉮ 물을 가열하고 사용
㉯ 잔골재를 가열하고 사용
㉰ 시멘트를 가열하고 사용
㉱ 굵은골재를 가열하고 사용

해설 시멘트는 어떠한 경우라도 직접 가열해서는 안 된다.

정답 36.㉰ 37.㉮ 38.㉱ 39.㉯ 40.㉰

문제 41
워커빌리티(Workability) 판정기준이 되는 반죽질기 측정시험 방법이 아닌 것은?
- ㉮ 켈리볼 관입 시험
- ㉯ 슬럼프 시험
- ㉰ 리몰딩 시험
- ㉱ 슈미트 해머 시험

해설 슈미트 해머 시험은 굳은 콘크리트의 강도를 추정한다.

문제 42
4점 재하법에 의해 콘크리트의 휨강도를 측정하였다. 공시체는 150×150×530mm를 사용하였으며 콘크리트가 25,000N의 하중에 지간의 가운데 부분에서 파괴되었을 때 휨강도는 얼마인가? (단, 공시체의 지간길이는 450mm이다.)
- ㉮ 3.0MPa
- ㉯ 3.33MPa
- ㉰ 3.65MPa
- ㉱ 3.97MPa

해설 $f_b = \dfrac{Pl}{bd^2} = \dfrac{25,000 \times 450}{150 \times 150^2} = 3.33\,\text{MPa}$

문제 43
콘크리트 배합설계에서 잔골재의 부피 290L, 굵은골재의 부피 510L를 얻었다면 잔골재율은 약 얼마인가?
- ㉮ 29%
- ㉯ 36%
- ㉰ 57%
- ㉱ 64%

해설 $S/a = \dfrac{290}{290+510} \times 100 = 36.25\%$

문제 44
콘크리트 인장강도에 대한 설명 중 틀린 것은?
- ㉮ 인장강도는 압축강도의 1/30 정도이다.
- ㉯ 인장강도는 보통 쪼갬 인장강도 시험 방법을 표준으로 하고 있다.
- ㉰ 인장강도는 콘크리트 포장에서 중요하다.
- ㉱ 인장강도는 물탱크 같은 구조물에서 중요하다.

해설 인장강도는 압축강도의 1/10~1/13 정도이다.

문제 45
콘크리트 휨 강도시험에서 150×150×530mm인 시험체에 콘크리트를 1/2 정도 채운 후 다짐봉으로 몇 번 다지는가?
- ㉮ 80번
- ㉯ 75번
- ㉰ 58번
- ㉱ 43번

해설 $(150 \times 530) \div 1,000 ≒ 80$번

정답 41.㉱ 42.㉯ 43.㉯ 44.㉮ 45.㉮

문제 46 콘크리트의 인장강도 시험에서 시험체의 평균지름 $D=150$mm, 평균 길이 $l=300$mm, 최대하중 $P=176,000$N일 때 인장강도의 값을 구하면?

㉮ 2.45MPa ㉯ 2.49MPa
㉰ 2.53MPa ㉱ 2.57MPa

해설 $f_{sp} = \dfrac{2P}{\pi Dl} = \dfrac{2 \times 176,000}{3.14 \times 150 \times 300} = 2.49\,\text{MPa}$

문제 47 굳지 않은 콘크리트의 공기 함유량 시험방법으로 사용되지 않는 것은?

㉮ 질량법 ㉯ 건조법
㉰ 공기실 압력법 ㉱ 부피법

해설 공기량 시험방법은 공기실 압력법, 질량법(중량법), 주수 압력법(부피법)이 있다.

문제 48 콘크리트의 블리딩 시험에 사용하는 용기의 안지름과 안높이는 각각 몇 cm인가?

㉮ 안지름 20cm, 안높이 25.5cm ㉯ 안지름 25cm, 안높이 28.5cm
㉰ 안지름 30cm, 안높이 35.5cm ㉱ 안지름 25cm, 안높이 38.5cm

해설 일반적으로 블리딩은 콘크리트를 친 후 15~30분에 대부분 생기며 2~4시간에 거의 끝난다.

문제 49 콘크리트 압축강도 시험용 공시체 제작 시 몰드 내부에 그리스를 발라 주는 가장 주된 이유는?

㉮ 탈형을 쉽게 하고 이음새로 콘크리트가 새는 것을 방지하기 위해
㉯ 편심하중을 방지하고 경제적인 공시체 제작을 위해
㉰ 공시체 속의 공기를 제거하고 강도를 높이기 위해
㉱ 몰드에 콘크리트를 채울 때 골재 분리를 막기 위해

해설 탈형할 때 몰드 내부에 콘크리트가 묻는 것을 방지한다.

문제 50 배합설계에서 물-결합재비가 45%이고, 단위 수량이 153kg/m³일 때 단위 시멘트양은 얼마인가?

㉮ 254kg/m³ ㉯ 340kg/m³
㉰ 369kg/m³ ㉱ 392kg/m³

해설 W/C=45%

$\therefore C = \dfrac{W}{0.45} = \dfrac{153}{0.45} = 340\,\text{kg/m}^3$

정답 46.㉯ 47.㉯ 48.㉯ 49.㉮ 50.㉯

문제 51
겉보기 공기량이 6.80%이고 골재의 수정계수가 1.20%일 때 콘크리트의 공기량은 얼마인가?

㉮ 5.60%
㉯ 4.40%
㉰ 3.20%
㉱ 2.0%

해설 $A = A_1 - G = 6.8 - 1.2 = 5.6\%$

문제 52
콘크리트 표면에 떠올라서 가라앉은 미세한 물질을 무엇이라 하는가?

㉮ 블리딩
㉯ 레이턴스
㉰ 성형성
㉱ 워커빌리티

해설 블리딩에 의하여 콘크리트 표면으로 떠 올라와 침전된 미세한 백색 침전물이 생기는 것을 레이턴스라 한다.

문제 53
슬럼프 시험에서 매 층당 다지는 횟수는?

㉮ 10회로 한다.
㉯ 15회로 한다.
㉰ 20회로 한다.
㉱ 25회로 한다.

해설 시료를 3층으로 나눠서 채우고 각 층은 다짐봉으로 25회 다진다.

문제 54
콘크리트 압축강도 시험 공시체 제작을 할 때 시멘트풀로 캐핑을 하고자 한다. 이때 사용하는 시멘트풀의 물-시멘트비로 가장 적합한 것은?

㉮ 20~23%
㉯ 27~30%
㉰ 33~36%
㉱ 40~43%

해설 캐핑은 공시체 표면을 반듯하게 하는 작업으로 적당한 반죽의 시멘트 풀로 한다.

문제 55
단위 용적질량이 1.69kg/L, 밀도가 2.60kg/L인 굵은골재의 공극률은 얼마인가?

㉮ 25% ㉯ 30% ㉰ 35% ㉱ 40%

해설
- 실적률 $= \dfrac{\omega}{\rho} \times 100 = \dfrac{1.69}{2.6} \times 100 = 65\%$
- 공극률 $= 100 - $실적률$ = 100 - 65 = 35\%$

문제 56
골재의 안정성 시험을 실시하는 목적으로 가장 적합한 것은?

㉮ 골재의 단위중량을 구하기 위하여
㉯ 골재의 입도를 구하기 위하여
㉰ 기상작용에 대한 내구성을 판단하기 위한 자료를 얻기 위하여
㉱ 염화물 함유량에 대한 자료를 얻기 위하여

정답 51.㉮ 52.㉯ 53.㉱ 54.㉯ 55.㉰ 56.㉰

해설 골재의 안정성 시험은 골재의 내구성을 알기 위해 황산나트륨 포화용액으로 인한 골재의 부서짐 작용에 대한 저항성을 시험한다.

문제 57

최대하중이 230,000N이고 직경이 15cm인 콘크리트 시험체의 압축강도는 얼마인가?

㉮ 10MPa
㉯ 11.6MPa
㉰ 13MPa
㉱ 15.8MPa

해설 $f_c = \dfrac{P}{A} = \dfrac{230,000}{\dfrac{3.14 \times 150^2}{4}} = 13\,\text{MPa}$

문제 58

단위 골재량의 절대부피가 0.70m³이고 잔골재율이 35%일 때 단위 굵은골재량은?
(단, 굵은골재의 밀도는 2.6g/cm³임)

㉮ 1,183kg
㉯ 1,198kg
㉰ 1,213kg
㉱ 1,228kg

해설
- $V_{S+G} = 0.7\,\text{m}^3$
- $V_S = 0.7 \times 0.35 = 0.245\,\text{m}^3$
- $V_G = 0.7 - 0.245 = 0.455\,\text{m}^3$ (또는 $V_G = 0.7 \times (1-0.35) = 0.455\,\text{m}^3$)
- 단위 굵은골재량 $G = 2.6 \times 0.455 \times 1,000 = 1,183\,\text{kg}$

문제 59

로스앤젤레스 시험기를 사용하는 골재의 시험법은 무엇인가?

㉮ 마모 시험
㉯ 안정성 시험
㉰ 밀도 시험
㉱ 단위 무게 시험

해설 로스앤젤레스 시험기에 의한 굵은골재의 마모시험은 굵은골재의 닳음 저항성을 측정한다.

문제 60

다음은 콘크리트 배합 설계에 대한 내용이다. 잘못 나타낸 것은?

㉮ 물-시멘트비는 물과 시멘트의 질량비를 말한다.
㉯ 콘크리트 1m³을 만드는 데 쓰이는 각 재료량을 단위량이라고 한다.
㉰ 배합강도는 콘크리트 배합을 정하는 경우에 목표로 하는 압축강도이다.
㉱ 잔골재율은 잔골재량의 전체 골재에 대한 질량비를 말한다.

해설 잔골재율 $= \dfrac{\text{잔골재의 절대용적}}{\text{전체 골재의 절대용적}} \times 100$

정답 57.㉰ 58.㉮ 59.㉮ 60.㉱

제3회 CBT 모의고사

콘크리트기능사

문제 01 다음 중 중량골재에 속하는 것은?
- ㉮ 팽창혈암
- ㉯ 강자갈
- ㉰ 소성 규조토
- ㉱ 자철광

해설 방사선 차폐용 콘크리트에 사용되는 골재로 중정석, 자철광 등이 있다.

문제 02 잔골재와 굵은골재를 구분하는 체는?
- ㉮ 1mm 체
- ㉯ 2mm 체
- ㉰ 3mm 체
- ㉱ 5mm 체

해설 굵은골재는 5mm 체에 거의 다 남는 골재 또는 5mm 체에 다 남는 골재이다.

문제 03 부순 굵은골재를 사용한 콘크리트에 대한 설명으로 틀린 것은?
- ㉮ 소요 단위 수량이 많아진다.
- ㉯ 강자갈을 사용한 콘크리트와 비교하여 수밀성은 약간 저하된다.
- ㉰ 강자갈을 사용한 콘크리트와 비교하여 압축강도가 현저히 작아진다.
- ㉱ 포장용 콘크리트에는 일반적으로 부순 굵은골재를 사용하는 것이 유리하다.

해설 부순 굵은골재는 강자갈을 사용한 콘크리트와 비교하여 압축강도가 거의 같은 정도의 강도를 얻을 수 있다.

문제 04 고로 시멘트의 특성으로 옳지 않은 것은?
- ㉮ 건조수축은 약간 크다.
- ㉯ 바닷물에 대한 저항이 크다.
- ㉰ 콘크리트의 블리딩이 적어진다.
- ㉱ 조기 강도가 크다.

해설
- 조기강도는 낮다.
- 해수, 공장폐수, 하수 등에 접하는 콘크리트에 적당하다.

문제 05 다음 혼화재 중 인공산인 것은?
- ㉮ 플라이 애시
- ㉯ 화산회
- ㉰ 규조토
- ㉱ 규산백토

해설 포졸란의 종류 중 인공재료는 고로 슬래그, 소성점토, 혈암, 플라이 애시 등이 있고 천연 산으로는 화산재, 규조토, 규산백토 등이 있다.

정답 01.㉱ 02.㉱ 03.㉰ 04.㉱ 05.㉮

문제 06 철근 콘크리트를 만드는 데 필요한 배합수로 적합하지 않는 것은?
  ㉮ 지하수
  ㉯ 바닷물
  ㉰ 수돗물
  ㉱ 하천수

  해설 바닷물(해수)는 철근 콘크리트 또는 PC 강선을 부식시키므로 혼합수로 사용해서는 안된다.

문제 07 워커빌리티에 대한 설명이다. 잘못된 것은?
  ㉮ 포졸란, 플라이 애시 등의 혼화재를 사용하면 워커빌리티가 좋아진다.
  ㉯ 워커빌리티에 가장 중요한 요소는 시멘트이다.
  ㉰ 시간이 지날수록, 온도가 높아질수록 워커빌리티는 나빠진다.
  ㉱ 워커빌리티는 반죽 질기에 좌우되는 일이 많다.

  해설 워커빌리티는 물이 많고 적음에 따라 반죽 질기에 큰 영향을 준다.

문제 08 공극률이 적은 골재를 사용한 콘크리트의 특징으로 잘못된 것은?
  ㉮ 시멘트 풀의 양이 적게 들어 경제적이다.
  ㉯ 콘크리트의 수밀성이 증대된다.
  ㉰ 콘크리트의 건조수축이 적어진다.
  ㉱ 블리딩의 발생이 증대된다.

  해설 블리딩의 발생이 감소된다.

문제 09 잔골재의 절대건조상태의 무게가 100g, 표면건조 포화상태의 무게가 110g, 습윤 상태의 무게가 120g이었다면 이 잔골재의 흡수율은?
  ㉮ 5%   ㉯ 10%   ㉰ 15%   ㉱ 20%

  해설
  • 흡수율 $= \dfrac{110-100}{100} \times 100 = 10\%$

  • 함수율 $= \dfrac{120-100}{100} \times 100 = 20\%$

  • 표면수율 $= \dfrac{120-110}{110} \times 100 ≒ 9.1\%$

문제 10 콘크리트용 잔골재의 유해물 함유량 한도(질량백분율) 중 점토 덩어리의 최대 한도는?
  ㉮ 1.0%   ㉯ 3.0%   ㉰ 5.0%   ㉱ 7.0%

  해설
  • 점토 덩어리 : 1%
  • 0.08mm 체 통과량(콘크리트의 표면이 마모작용을 받는 경우) : 3.0%
  • 염화물(NaCl 환산량) : 0.04%

정답 06.㉯ 07.㉯ 08.㉱ 09.㉯ 10.㉮

문제 11 다음 시멘트 중 혼합시멘트에 속하지 않는 것은?

㉮ 고로 시멘트 ㉯ 플라이 애시 시멘트
㉰ 알루미나 시멘트 ㉱ 포틀랜드 포졸란 시멘트

해설 특수시멘트 : 알루미나 시멘트, 초속경 시멘트, 팽창시멘트 등

문제 12 다음 중 알루미나 시멘트의 용도로서 옳은 것은?

㉮ 댐 축조 또는 큰 구조물의 콘크리트공사
㉯ 구조물의 중량을 줄이기 위한 콘크리트공사
㉰ 해수공사나 한중공사
㉱ 수중 콘크리트나 서중공사

해설 알루미나 시멘트는 산, 염류, 해수 등의 화학적 침식에 대한 저항성이 크며 긴급을 요하는 공사나 한중공사 시공에 적합하다.

문제 13 혼화재료를 분류할 때 혼화재는 사용량이 시멘트 무게의 몇 % 정도 이상이 되는 것을 혼화재라고 하는가?

㉮ 1% 이상 ㉯ 2% 이상
㉰ 3% 이상 ㉱ 5% 이상

해설 혼화제는 시멘트 중량의 1% 정도 이하로 사용된다.

문제 14 다음 중 시멘트 저장 방법으로 부적당한 것은?

㉮ 지상에서 30cm 이상 높은 마루에 저장한다.
㉯ 습기가 차단되도록 방습이 되는 창고에 저장한다.
㉰ 시멘트는 13포 이상 쌓아야 한다.
㉱ 시멘트는 입하순으로 사용한다.

해설
- 시멘트는 13포 이하로 쌓아야 한다.
- 저장 중 약간이라도 굳은 시멘트는 공사에 사용해서는 안 된다.

문제 15 골재의 절대건조상태에 대한 아래 표의 설명에서 ( ) 안에 적합한 온도의 범위는?

> 골재를 (   )℃의 온도에서 일정한 질량이 될 때까지 건조하여 골재 알의 내부에 포함되어 있는 자유수가 완전히 제거된 상태

㉮ 90~100 ㉯ 100~110
㉰ 110~120 ㉱ 120~130

해설 골재의 표면건조 포화상태 : 골재의 표면수는 없고 골재 알 속의 빈틈이 물로 차 있는 상태

정답 11.㉰ 12.㉰ 13.㉱ 14.㉰ 15.㉯

문제 16 AE제를 사용할 때의 특성을 설명한 것으로 옳지 않은 것은?

㉮ 철근과의 부착 강도가 커진다.
㉯ 동결 융해에 대한 저항이 커진다.
㉰ 워커빌리티가 좋아지고 단위 수량이 줄어든다.
㉱ 수밀성은 커지나 강도가 작아진다.

해설
- 철근과의 부착강도가 작아지는 경향이 있다.
- 압축강도는 약 4~6% 감소한다.

문제 17 서중 콘크리트의 시공이나 레디믹스트 콘크리트에서 운반거리가 먼 경우, 또는 연속 콘크리트를 칠 때 작업이음이 생기지 않도록 할 경우에 사용하면 효과가 있는 혼화제는?

㉮ 분산제 ㉯ 지연제
㉰ 증진제 ㉱ 응결경화 촉진제

해설 지연제는 시멘트의 수화반응을 늦추어 응결시간을 길게 할 목적으로 사용하는 혼화제이다.

문제 18 포틀랜드 시멘트의 제조 시 석고를 사용하는 주목적은 무엇인가?

㉮ 압축강도를 증진시키기 위하여 ㉯ 워커빌리티를 향상시키기 위하여
㉰ 응결시간을 조절하기 위하여   ㉱ 공기량을 증가시키기 위하여

해설 포틀랜드 시멘트의 주원료량 : 석회암 〉 점토 〉 규석 〉 슬래그 〉 석고

문제 19 시멘트가 굳어 가는 도중에 부피가 팽창하는 정도를 무엇이라 하는가?

㉮ 수화 ㉯ 응결
㉰ 풍화 ㉱ 안정성

해설 시멘트의 안정성 시험은 오토클레이브 팽창도 시험방법에 의한다.

문제 20 일반적으로 염화칼슘($CaCl_2$), 또는 염화칼슘이 들어있는 감수제를 사용하는 혼화제는?

㉮ 발포제 ㉯ 급결제
㉰ 촉진제 ㉱ 지연제

해설 촉진제는 시멘트의 수화작용을 촉진하는 혼화제로 보통 시멘트 중량의 2% 이하의 염화칼슘을 사용한다.

정답 16.㉮ 17.㉯ 18.㉰ 19.㉱ 20.㉰

문제 21

일반적인 수중 콘크리트 재료 배합에 대한 설명이 잘못된 것은?

㉮ 물-결합재 비는 50% 이하로 한다.
㉯ 단위 시멘트의 양은 370 kg/m³ 이상으로 한다.
㉰ 수중분리 저항성은 점성에 영향을 받으므로 물-결합재 비와 단위 시멘트양으로 설정한다.
㉱ 콘크리트 펌프를 사용하여 시공하는 경우 슬럼프 값은 180~250mm를 표준으로 한다.

해설 일반 수중 콘크리트의 슬럼프 표준값(mm)
- 트레미 : 130~180mm
- 콘크리트 펌프 : 130~180mm
- 밑열림 상자, 밑열림 포대 : 100~150mm

문제 22

레디믹스트 콘크리트에 관한 설명 중 옳지 않은 것은?

㉮ 운반 중 슬럼프 및 공기량 감소에 주의해야 한다.
㉯ 호칭강도는 원칙적으로 품질기준강도보다 작다.
㉰ 대량 콘크리트의 연속치기로 경비를 절약할 수 있다.
㉱ 재료 분리 방지를 위해 애지테이터 트럭 등을 이용한다.

해설 일반적인 경우에는 품질기준강도보다 더 큰 강도로서 호칭강도를 정하게 된다.

문제 23

다음 중 콘크리트의 운반 기구 및 기계가 아닌 것은?

㉮ 버킷
㉯ 콘크리트 펌프
㉰ 콘크리트 플랜트
㉱ 벨트 컨베이어

해설 콘크리트 플랜트(배치 플랜트)는 혼합하는 설비에 속한다.

문제 24

내부 진동기를 사용하여 콘크리트를 다지기할 때 주의해야 할 사항으로 잘못된 것은?

㉮ 진동다지기를 할 때에는 내부 진동기를 하층의 콘크리트 속으로 10cm 정도 찔러 넣는다.
㉯ 내부 진동기는 콘크리트로부터 천천히 빼내어 구멍이 남지 않도록 한다.
㉰ 내부 진동기의 삽입간격은 150cm 이하로 하여야 한다.
㉱ 내부 진동기는 연직으로 찔러 넣어야 한다.

해설
- 내부 진동기의 삽입간격은 50cm 이하로 하여야 한다.
- 내부 진동기는 콘크리트를 횡방향으로 이동시킬 목적으로 사용하지 않아야 한다.

정답 21.㉱ 22.㉯ 23.㉰ 24.㉰

문제 25 높은 곳에서 낮은 곳으로 콘크리트를 타설할 경우 적당한 장비는?
- ㉮ 롤러
- ㉯ 트럭(truck)
- ㉰ 슈트(chute)
- ㉱ 손수레

해설 슈트는 원칙적으로 연직슈트를 사용하여야 한다.

문제 26 콘크리트 배합에 있어서 단위 수량 160 kg/m³, 단위 시멘트양 310 kg/m³, 공기량 3%로 할 때 단위골재량의 절대부피는? (단, 시멘트의 밀도는 3.15g/cm³이다.)
- ㉮ 0.71m³
- ㉯ 0.74m³
- ㉰ 0.61m³
- ㉱ 0.64m³

해설 $V_{S+G} = 1 - \left(\dfrac{160}{1 \times 1,000} + \dfrac{310}{3.15 \times 1,000} + \dfrac{3}{100} \right) = 0.71\,\text{m}^3$

문제 27 다음 중 온도 제어 양생의 종류에 포함되지 않는 것은?
- ㉮ 증기 양생
- ㉯ 급열 양생
- ㉰ 전열 양생
- ㉱ 습윤 양생

해설 습윤 양생 : 콘크리트를 타설한 후 경화가 될 때까지 양생기간 동안 직사광선이나 바람에 의해 수분이 증발하지 않도록 보호한다.

문제 28 외기 온도가 25℃ 미만일 때 콘크리트는 비비기로부터 타설이 끝날 때까지의 시간은 원칙적으로 몇 시간 이내로 하는가?
- ㉮ 1시간
- ㉯ 2시간
- ㉰ 3시간
- ㉱ 4시간

해설 외기 온도가 25℃ 이상일 때는 1.5시간을 넘어서는 안 된다.

문제 29 콘크리트 펌프에 대한 설명 중 옳지 않은 것은?
- ㉮ 압송조건은 관내에 콘크리트가 막히는 일이 없도록 정해야 한다.
- ㉯ 수송관의 배치는 될 수 있는 대로 굴곡을 적게 한다.
- ㉰ 수송관은 될 수 있는 대로 수평 또는 상향으로 하여 콘크리트를 압송한다.
- ㉱ 보통 콘크리트를 펌프로 압송할 경우, 굵은골재의 최대치수는 25mm 이하로 하여야 한다.

해설 일반적으로 지름 100~150mm의 수송관을 사용하여 펌프로 콘크리트를 압송하며 굵은골재의 최대치수 40mm, 슬럼프 범위 100~180mm의 범위가 알맞다.

정답 25.㉰ 26.㉮ 27.㉱ 28.㉰ 29.㉱

문제 30
수송관 속의 콘크리트를 압축 공기에 의해 압송하는 것으로서, 콘크리트 펌프와 같이 터널 등의 좁은 곳에 콘크리트를 운반하는 데에 편리한 운반 기계는?
㉮ 애지테이터
㉯ 트럭믹서
㉰ 콘크리트 플레이서
㉱ 손수레

해설 콘크리트 플레이서의 수송관 배치는 굴곡을 적게 하고 수평 또는 상향으로 설치하며 하향 경사로 설치하여 사용하지 않아야 한다.

문제 31
서중 콘크리트를 타설할 때의 콘크리트 온도는 최대 몇 ℃ 이하이어야 하는가?
㉮ 20℃
㉯ 25℃
㉰ 30℃
㉱ 35℃

해설 하루 평균기온이 25℃를 초과하는 경우 서중 콘크리트로 시공한다.

문제 32
콘크리트 비비기에 대한 설명으로 잘못된 것은?
㉮ 비비기 시간에 대한 시험을 실시하지 않은 경우 가경식 믹서일 때에는 1분 30초 이상을 표준으로 한다.
㉯ 비비기 시간에 대한 시험을 실시하지 않은 경우 강제식 믹서일 때에는 2분 이상을 표준으로 한다.
㉰ 비비기는 미리 정해둔 비비기 시간의 3배 이상 계속하지 않아야 한다.
㉱ 비비기를 시작하기 전에 미리 믹서 내부를 모르타르로 부착시켜야 한다.

해설
• 강제식 믹서 : 1분 이상
• 연속믹서를 사용할 경우에는 비비기 시작 후 최초에 배출되는 콘크리트는 사용하지 않아야 한다.

문제 33
콘크리트 재료를 계량할 경우에 대한 설명으로 옳은 것은?
㉮ 각 재료는 1배치씩 질량으로 계량하여야 한다.
㉯ 각 재료는 1배치씩 용적으로 계량하여야 한다.
㉰ 각 재료는 콘크리트의 색깔로 조절하여 계량하여야 한다.
㉱ 물의 양을 조절하여 계량하여야 한다.

해설
• 물과 혼화제 용액은 용적으로 계량해도 좋다.
• 계량은 현장 배합에 의해 실시하는 것으로 한다.

문제 34
일반적인 경량골재 콘크리트란 콘크리트의 기건 단위무게가 얼마 정도인 것을 말하는가?
㉮ $0.5 \sim 1.0 t/m^3$
㉯ $1.4 \sim 2.1 t/m^3$
㉰ $2.1 \sim 2.7 t/m^3$
㉱ $2.8 \sim 3.5 t/m^3$

정답 30.㉰ 31.㉱ 32.㉯ 33.㉮ 34.㉯

해설 경량골재 콘크리트는 설계기준 압축강도가 15MPa 이상이며 인장강도는 2MPa 이상으로 기건 단위질량은 1,400~2,100kg/m³의 범위이다.

문제 35
다음 중 시방배합표에 속하지 않는 것은?
㉮ 굵은골재의 최대치수   ㉯ 슬럼프의 범위
㉰ 잔골재율   ㉱ 표면수

해설 시방배합표에는 굵은골재의 최대치수, 슬럼프, 공기량, 물-결합재비(물-시멘트비), 잔골재율, 단위량(물, 시멘트, 잔골재, 굵은골재, 혼화재료)을 표시한다.

문제 36
콘크리트는 타설한 후 습윤상태로 노출면이 마르지 않도록 하여야 한다. 조강 포틀랜드 시멘트를 사용한 콘크리트의 경우 습윤양생 기간의 표준으로 옳은 것은? (단, 일평균기온이 15℃ 이상인 경우)
㉮ 3일   ㉯ 5일   ㉰ 7일   ㉱ 9일

해설 일평균기온이 15℃ 이상인 경우 보통 포틀랜드 시멘트를 사용한 콘크리트는 5일간 습윤양생을 한다.

문제 37
비빔통 속에 달린 날개를 회전시켜 콘크리트를 비비는 것이며, 주로 콘크리트 플랜트에 사용되는 믹서는?
㉮ 중력식 믹서   ㉯ 강제식 믹서
㉰ 가경식 믹서   ㉱ 연속식 믹서

해설 중력식 믹서는 날개가 달린 비빔통을 회전시켜 콘크리트를 비비는 것이며 주로 슬럼프가 큰 묽은 반죽 콘크리트의 비비기에 사용된다.

문제 38
콘크리트 재료 배합 시 재료의 계량오차가 ±2% 이내로 해야 하는 것은?
㉮ 혼화재   ㉯ 혼화제   ㉰ 잔골재   ㉱ 굵은골재

해설 계량오차
- 시멘트 : -1%, +2%
- 물 : -2%, +1%
- 혼화재 : ±2%
- 골재, 혼화제 : ±3%

문제 39
다음 중 배치 믹서(batch mixer)에 대한 설명으로 가장 적합한 것은?
㉮ 콘크리트 재료를 1회분씩 비비기하는 기계
㉯ 콘크리트 재료를 1회분씩 계량하는 기계
㉰ 콘크리트를 혼합하면서 운반하는 트럭
㉱ 콘크리트를 1m³씩 혼합하는 기계

해설 콘크리트의 비비기에는 대부분 재료를 1배치 분량식 비비는 배치식 믹서를 사용한다.

정답 35.㉱ 36.㉮ 37.㉯ 38.㉮ 39.㉮

문제 40
거푸집의 높이가 높을 경우, 재료분리를 막기 위해 거푸집에 투입구를 설치하거나 연직슈트 또는 펌프배관의 배출구를 타설면 가까운 곳까지 내려서 콘크리트를 타설하여야 한다. 이 경우 슈트, 펌프배관, 버킷 등의 배출구와 타설면까지의 높이로 가장 적합한 것은?

㉮ 1.5m 이하
㉯ 2.0m 이하
㉰ 2.5m 이하
㉱ 3.0m 이하

해설 콘크리트 타설 도중 표면에 떠올라 고인 블리딩 수가 있을 경우에는 적당한 방법으로 물을 제거한 후 그 위에 콘크리트를 친다. 고인물을 제거하기 위해 콘크리트 표면에 홈을 만들어 흐르게 해서는 안 된다.

문제 41
지름 150mm, 높이 300mm인 공시체를 사용하여 콘크리트 쪼갬인장강도 시험을 하여 시험기에 나타난 최대하중이 147.9kN이었다. 인장강도는 얼마인가?

㉮ 1.5MPa
㉯ 1.7MPa
㉰ 1.9MPa
㉱ 2.1MPa

해설 $f_{sp} = \dfrac{2P}{\pi dl} = \dfrac{2 \times 147,900}{3.14 \times 150 \times 300} = 2.1 \text{N/mm}^2 = 2.1 \text{MPa}$

문제 42
콘크리트 압축강도 시험용 공시체를 제작할 때 캐핑의 재료로 사용하는 시멘트 페이스트의 물-시멘트 비로 가장 적합한 것은?

㉮ 15~18%
㉯ 19~22%
㉰ 23~26%
㉱ 27~30%

해설 캐핑의 두께는 가능한 한 얇은 것이 좋으며 공시체 표면을 평면이 되도록 한다.

문제 43
다음 중 휨강도 시험용 공시체의 치수로 적당한 것은?

㉮ 200×200×450mm
㉯ 200×200×500mm
㉰ 150×150×450mm
㉱ 150×150×530mm

해설 휨강도는 압축강도의 약 1/5~1/8 정도이며 공항, 도로 등의 콘크리트 포장의 설계기준강도와 콘크리트 품질결정 및 관리 등에 이용된다.

문제 44
슬럼프 시험에 대한 설명으로 옳은 것은?

㉮ 콘크리트의 물-시멘트 비를 측정하는 시험이다.
㉯ 굳지 않은 콘크리트의 반죽질기 정도를 측정하는 시험이다.
㉰ 굳지 않은 콘크리트 속의 공기량을 측정하는 시험이다.
㉱ 재료의 혼합 정도를 측정하는 시험이다.

해설 슬럼프 콘에 콘크리트를 채우기 시작해서 벗길 때까지 전 작업을 중단없이 3분 이내로 하며 5mm 단위로 측정한다.

정답 40.㉮ 41.㉱ 42.㉱ 43.㉱ 44.㉯

문제 45
콘크리트 압축강도 시험에 사용하는 시료의 양생 온도 범위로 가장 적합한 것은?
- ㉮ 0~4℃
- ㉯ 6~10℃
- ㉰ 11~15℃
- ㉱ 18~22℃

해설 공시체는 20±2℃ 수조에서 습윤 양생을 한다.

문제 46
굳지 않은 콘크리트의 블리딩(bleeding) 시험을 할 때의 시험 중 콘크리트 온도는 어느 정도로 유지하여야 하는가?
- ㉮ 15±3℃
- ㉯ 20±3℃
- ㉰ 27±3℃
- ㉱ 35±3℃

해설
- 블리딩 시험을 하는 동안 콘크리트 온도는 20±3℃를 유지한다.
- 블리딩은 물-시멘트비가 적을수록 시멘트의 분말도가 높을수록 적다.
- 일반적으로 단위 수량을 줄이고 AE제, 감수제 등을 사용하면 블리딩은 감소한다.

문제 47
콘크리트의 휨강도 시험에 관한 사항 중 옳지 않은 것은?
- ㉮ 휨강도 시험은 4점 재하법을 사용한다.
- ㉯ 휨강도 시험용 공시체를 제작할 때 콘크리트를 최소 3층 이상으로 나누어 채운다.
- ㉰ 휨강도 시험용 공시체는 몰드를 떼어낸 후, 습윤상태에서 강도시험을 할 때까지 양생하여야 한다.
- ㉱ 휨강도 시험 시 공시체가 인장쪽 표면의 지간 방향 중심선의 4점 바깥쪽에서 파괴된 경우는 그 시험 결과를 무효로 한다.

해설 휨강도 시험용 공시체를 제작할 때 콘크리트를 최소 2층 이상으로 나누어 채운다.

문제 48
콘크리트의 배합을 정하는 경우에 목표로 하는 압축강도를 무엇이라 하는가?
- ㉮ 현장배합
- ㉯ 설계기준강도
- ㉰ 시방배합
- ㉱ 배합강도

해설 콘크리트 부재를 설계할 때 기준은 콘크리트 설계기준 압축강도라 하면 콘크리트의 배합을 정하는 경우에 목표로 하는 강도를 배합강도라 한다.

문제 49
잔골재 표면수 측정법에 대한 설명으로 틀린 것은?
- ㉮ 질량에 의한 방법이 있다.
- ㉯ 용적에 의한 방법이 있다.
- ㉰ 시험은 동시에 채취한 시료에 대하여 2회 실시하고 결과는 그 평균값으로 나타낸다.
- ㉱ 시험의 정밀도는 평균값에서의 차가 3% 이하이어야 한다.

해설 시험의 정밀도는 평균값에서의 차가 0.3% 이하이어야 한다.

정답 45.㉱ 46.㉯ 47.㉯ 48.㉱ 49.㉱

문제 50 콘크리트 압축강도 시험에 사용되는 공시체의 지름은 굵은골재 최대치수의 최소 몇 배 이상이어야 하는가?

㉮ 2배 ㉯ 3배
㉰ 4배 ㉱ 5배

해설 공시체의 지름은 굵은골재 최대치수의 3배 이상이며 또한 10cm 이상으로 한다.

문제 51 압력법에 의한 공기량 시험에서 겉보기 공기량이 6.75%이고, 골재의 수정계수가 1.25%인 경우 이 콘크리트의 공기량은?

㉮ 4.25% ㉯ 5.5%
㉰ 8.0% ㉱ 9.25%

해설 $A = A_1 - G = 6.75 - 1.25 = 5.5\%$

문제 52 콘크리트의 블리딩 시험을 위하여 안지름 25cm인 용기에 콘크리트를 채운 후 블리딩된 물을 수집한 결과 441cm³이었다. 블리딩양은 몇 cm³/cm²인가?

㉮ 0.6 ㉯ 0.9
㉰ 1.2 ㉱ 1.5

해설 블리딩양 $= \dfrac{V}{A} = \dfrac{441}{\dfrac{3.14 \times 25^2}{4}} = 0.9 \text{cm}^3/\text{cm}^2$

문제 53 콘크리트 휨 강도 시험용 공시체를 만들 때 다짐봉을 사용하여 몰드 안의 콘크리트를 다지고자 한다. 층별 다짐횟수로 적합한 것은?

㉮ 25회 ㉯ 50회
㉰ 윗면적 700mm²당 1회 ㉱ 윗면적 1,000mm²당 1회

해설 휨강도 시험 시 하중을 가하는 속도는 매초 0.06±0.04MPa가 되도록 한다.

문제 54 콘크리트의 슬럼프 시험에 사용하는 콘의 밑면 안지름은?

㉮ 150mm ㉯ 200mm
㉰ 250mm ㉱ 300mm

해설 슬럼프 콘의 규격(윗면×아랫면×높이) : 100mm×200mm×300mm

문제 55 콘크리트 배합설계 시 기준이 되는 골재의 상태는?

㉮ 절대건조상태 ㉯ 공기 중 건조상태
㉰ 표면건조 포화상태 ㉱ 습윤상태

정답 50.㉯ 51.㉯ 52.㉯ 53.㉱ 54.㉯ 55.㉰

해설 시방배합은 시방서 혹은 책임기술자에 의해 지정된 배합으로서 골재는 표건상태의 것을 사용하며 잔골재는 5mm 체를 전부 통과하는 것, 굵은골재는 5mm 체에 전부 남는 것을 사용하는 경우의 배합이다.

문제 56

워싱턴형 공기량 시험기를 이용한 공기함유량 시험은 다음 중 어느 것인가?

㉮ 면적법
㉯ 공기실 압력법
㉰ 질량법
㉱ 부피법

해설 공기실 압력 방법에 의한 공기량 시험은 기체의 압력과 용적에 관한 보일의 법칙을 응용하여 압력의 감소에 의하여 시험하는 방법이다.

문제 57

잔골재의 조립률 시험을 한 결과 다음 표와 같은 결과를 얻었다. 이 잔골재의 조립률(FM)은 얼마인가?

체의 호칭(mm)	체에 남는 양(%)	체의 호칭(mm)	체에 남는 양(%)
75	0	1.2	21
40	0	0.6	40
20	0	0.3	17
10	0	0.15	12
5	4	접시	0
2.5	6		

㉮ 2.74
㉯ 2.84
㉰ 2.94
㉱ 3.04

해설

체의 호칭(mm)	누계 남는 양(%)
5	4
2.5	10
1.2	31
0.6	71
0.3	88
0.15	100

$$FM = \frac{4+10+31+71+88+100}{100} = 3.04$$

문제 58

굵은골재의 마모시험에 관한 설명으로 옳지 않은 것은?

㉮ 로스앤젤레스 시험기를 사용한다.
㉯ 마모에 대한 저항성을 측정하는 시험이다.
㉰ 일반 콘크리트용 굵은골재의 마모율 한도는 40% 이하이다.
㉱ 시료를 시험기에서 꺼내서 5mm의 망 체로 친다. 이때, 습식으로 쳐도 된다.

해설 시료를 시험기에서 꺼내어 1.7mm의 망 체로 친다.

정답 56.㉯ 57.㉱ 58.㉱

문제 59

절대 부피 1m³의 골재 중 굵은골재의 질량이 1,500kg이다. 굵은골재의 밀도가 2.5 t/m³이라면 잔골재율은 얼마인가?

㉮ 40% ㉯ 50%
㉰ 60% ㉱ 70%

해설

- 굵은골재의 밀도 = $\dfrac{질량}{체적}$

  $2,500 \text{kg/m}^3 = \dfrac{1,500}{V}$

  ∴ 굵은골재의 체적 $\dfrac{1,500}{2,500} = 0.6\text{m}^3$

- 골재의 체적 = 굵은골재의 체적 + 잔골재의 체적

  ∴ 잔골재의 체적 = $1 - 0.6 = 0.4\text{m}^3$

- 잔골재율(S/a) = $\dfrac{0.4}{0.6 + 0.4} \times 100 = 40\%$

문제 60

단위 시멘트양 350kg/m³으로 물-시멘트비 45%인 콘크리트를 배합하려면 단위 수량이 얼마나 필요한가?

㉮ 150kg/m³ ㉯ 157.5kg/m³
㉰ 165kg/m³ ㉱ 172.5kg/m³

해설

$\dfrac{W}{C} = 45\%$

∴ $W = C \times 0.45 = 350 \times 0.45 = 157.5 \text{kg/m}^3$

정답 59.㉮ 60.㉯

콘크리트기능사 — 제4회 CBT 모의고사

문제 01 콘크리트가 경화되는 도중에 부피가 늘어나게 하여 콘크리트의 건조수축에 의한 균열을 막는 데 사용하는 혼화재는?
- ㉮ AE제
- ㉯ 플라이 애시(fly-ash)
- ㉰ 팽창성 혼화재
- ㉱ 포졸란(Pozzolan)

해설 팽창재는 콘크리트 부재의 건조수축을 줄여 균열의 발생을 방지할 목적으로 사용한다.

문제 02 포졸란을 사용한 콘크리트의 특징으로 틀린 것은?
- ㉮ 워커빌리티가 좋아진다.
- ㉯ 조기강도는 크나, 장기강도가 작아진다.
- ㉰ 블리딩이 감소한다.
- ㉱ 수밀성 및 화학 저항성이 크다.

해설 조기강도는 작으나, 장기강도는 크다.

문제 03 풍화된 시멘트에 대한 설명으로 틀린 것은?
- ㉮ 밀도가 커진다.
- ㉯ 강도가 감소된다.
- ㉰ 응결이 늦어진다.
- ㉱ 경화가 늦어진다.

해설 밀도가 작아진다.

문제 04 시멘트의 응결에 대한 설명 중 잘못된 것은?
- ㉮ 물-시멘트비가 높으면 응결이 늦다.
- ㉯ 풍화되었을 경우에는 응결이 늦다.
- ㉰ 온도가 높으면 응결이 늦다.
- ㉱ 분말도가 낮을 때는 응결이 늦다.

해설 온도가 높으면 응결이 빠르다.

문제 05 일반적인 잔골재의 흡수율은 대개 어느 정도인가?
- ㉮ 1~6%
- ㉯ 6~12%
- ㉰ 13~18%
- ㉱ 18~23%

해설 골재의 밀도가 크면 강도가 크고 흡수율이 작다.

정답 01.㉰ 02.㉯ 03.㉮ 04.㉰ 05.㉮

문제 06
콘크리트용 굵은 골재 유해물의 한도 중 연한 석편은 질량 백분율로 최대 몇 % 이하이어야 하는가?
- ㉮ 0.25%
- ㉯ 0.5%
- ㉰ 1%
- ㉱ 5%

해설 굵은 골재 유해물의 한도 중 점토 덩어리는 질량 백분율로 0.25% 이하이어야 한다.

문제 07
혼화재료의 저장에 대한 설명으로 부적당한 것은?
- ㉮ 혼화제는 먼지나 불순물이 혼입되지 않고 변질되지 않도록 저장한다.
- ㉯ 저장이 오래된 것은 시험 후 사용여부를 결정하여야 한다.
- ㉰ 혼화재는 날리지 않도록 그 취급에 주의해야 한다.
- ㉱ 혼화재는 습기가 약간 있는 창고내에 저장한다.

해설 혼화재는 방습이 되는 곳에 저장한다.

문제 08
조립률 3.0의 모래와 7.0의 자갈을 중량비 1 : 4로 혼합할 때의 조립률을 구하면?
- ㉮ 3.2
- ㉯ 4.2
- ㉰ 5.2
- ㉱ 6.2

해설 $FM = \dfrac{3 \times 1 + 7 \times 4}{1+4} = 6.2$

문제 09
잔골재와 굵은골재를 구별할 때 사용하는 체는?
- ㉮ 25mm
- ㉯ 15mm
- ㉰ 10mm
- ㉱ 5mm

해설
- 잔골재 : 5mm 체 통과하는 골재
- 굵은골재 : 5mm 체 남는 골재

문제 10
분말도가 높은 시멘트에 관한 설명으로 옳은 것은?
- ㉮ 콘크리트에 균열이 생기기 쉽다.
- ㉯ 수화열 발생이 적다.
- ㉰ 시멘트 풍화속도가 느리다.
- ㉱ 콘크리트의 수화작용 속도가 느리다.

해설
- 수화열 발생이 많다.
- 시멘트 풍화속도가 빠르다.
- 콘크리트의 수화작용 속도가 빠르다.

정답 06.㉱ 07.㉱ 08.㉱ 09.㉱ 10.㉮

문제 11
아래의 표에서 설명하는 혼화재료는?

> 석탄을 원료로 하는 화력발전소에서 미분탄을 고온으로 연소시켰을 때 회분이 용융되어 고온의 연소가스와 더불어 굴뚝에 이르는 도중에 급격히 냉각되어 구형으로 생성되는 미세한 분말로서 전기식 또는 기계식 집진장치를 사용하여 모은 것이다.

㉮ 포졸란　　　　　　　㉯ 플라이 애시
㉰ 실리카 퓸　　　　　　㉱ 공기연행제(AE제)

해설　플라이 애시를 혼화재로 사용한 콘크리트는 조기강도는 작으나 장기강도는 증가한다.

문제 12
우리나라에서 시멘트의 분류를 하는데 있어서 포틀랜드 시멘트, 혼합 시멘트, 특수 시멘트 등으로 나누는데 다음 중에서 혼합 시멘트에 속하는 것은?

㉮ 중용열 포틀랜드 시멘트　　㉯ 알루미나 시멘트
㉰ 팽창 시멘트　　　　　　　㉱ 고로 슬래그 시멘트

해설　알루미나 시멘트, 팽창 시멘트는 특수 시멘트에 속한다.

문제 13
경량골재에 대한 설명으로 틀린 것은?

㉮ 경량골재는 천연경량골재와 인공경량골재로 나눌 수 있다.
㉯ 인공경량골재는 흡수량이 크지 않으므로 콘크리트 제조 전에 골재를 흡수시키는 작업을 하지 않는 것을 원칙으로 한다.
㉰ 천연경량골재에는 경석, 화산자갈, 응회암, 용암 등이 있다.
㉱ 동결융해에 대한 내구성은 보통골재와 비교해서 상당히 약한 편이다.

해설　경량골재는 콘크리트 제조 전에 골재를 흡수시키는 작업을 원칙으로 한다.

문제 14
콘크리트용 골재가 갖추어야 할 성질 중 틀린 것은?

㉮ 알맞은 입도를 가질 것
㉯ 연한 석편, 가느다란 석편을 함유할 것
㉰ 깨끗하고 강하며, 내구적일 것
㉱ 먼지, 흙, 유기 불순물 등의 유해물을 함유하지 않을 것

해설　둥글고 입도가 양호하며 물리, 화학적으로 안정할 것

문제 15
알루미나 시멘트의 최대 특징은?

㉮ 원료가 풍부하다.　　　㉯ 조기강도가 크다.
㉰ 값이 싸다.　　　　　　㉱ 타 시멘트와 혼합이 용이하다.

해설　알루미나 시멘트는 재령 1일 강도가 보통 포틀랜드 시멘트의 28일 강도와 같다.

정답　11.㉯　12.㉱　13.㉯　14.㉯　15.㉯

문제 16
골재의 절대건조상태에 대한 설명으로 옳은 것은?
- ㉮ 골재를 90±5°C의 온도에서 무게가 일정하게 될 때까지 건조시킨 것
- ㉯ 골재를 105±5°C의 온도에서 무게가 일정하게 될 때까지 건조시킨 것
- ㉰ 골재를 115±5°C의 온도에서 무게가 일정하게 될 때까지 건조시킨 것
- ㉱ 골재를 125±5°C의 온도에서 무게가 일정하게 될 때까지 건조시킨 것

해설 골재를 105±5°C의 온도에서 무게가 일정하게(건조로에서 보통 24시간) 될 때까지 건조시킨 것을 절대건조상태라 한다.

문제 17
공기연행(AE) 콘크리트의 성질에 관한 설명으로 틀린 것은?
- ㉮ 워커빌리티가 좋다.
- ㉯ 소요 단위 수량이 적어진다.
- ㉰ 블리딩이 적어진다.
- ㉱ 철근과의 부착강도가 커진다.

해설 철근과의 부착강도가 적어진다.

문제 18
시멘트 저장 방법에 대한 다음 설명 중 옳지 않은 것은?
- ㉮ 방습적인 창고에 저장하고 입하 순서대로 사용한다.
- ㉯ 포대 시멘트는 지상 30cm 이상의 마루에 쌓아야 한다.
- ㉰ 통풍이 잘 되도록 저장한다.
- ㉱ 품종별로 구분하여 저장한다.

해설 포대 시멘트는 13포 이상 쌓아 놓지 않으며 통풍이 되지 않도록 저장한다.

문제 19
입도가 알맞은 골재를 사용한 콘크리트의 장점에 대한 설명으로 틀린 것은?
- ㉮ 내구성 및 수밀성이 좋아진다.
- ㉯ 시멘트 풀의 양을 줄일 수 있다.
- ㉰ 빈틈이 적어져 단위무게가 커진다.
- ㉱ 골재의 사용량이 적어지므로 경제적이다.

해설 시멘트의 사용량이 적어지므로 경제적이다.

문제 20
공기연행(AE) 콘크리트의 알맞은 공기량은 굵은 골재의 최대치수에 따라 다르며 보통 콘크리트 부피의 몇 %를 표준으로 하는가?
- ㉮ 1~3%
- ㉯ 4~7%
- ㉰ 7~12%
- ㉱ 12~17%

해설 공기연행 콘크리트는 동결융해에 대한 저항성이 크다.

정답 16.㉯ 17.㉱ 18.㉰ 19.㉱ 20.㉯

문제 21 콘크리트를 비빌 때 강제식 믹서의 경우 몇 분 이상 비비는 것을 표준으로 하는가?
㉮ 1분 이상 ㉯ 3분 이상
㉰ 5분 이상 ㉱ 7분 이상

해설 가경식 믹서의 경우에는 1분 30초 이상 비비는 것을 표준으로 한다.

문제 22 콘크리트 비비기에 대한 설명으로 옳은 것은?
㉮ 콘크리트의 비비기를 오래할수록 강도가 커진다.
㉯ 공기연행(AE) 콘크리트는 오래 비빌수록 공기량이 늘어난다.
㉰ 콘크리트 비비기만으로는 워커빌리티를 좋게 할 수 없다.
㉱ 콘크리트 비비기는 정해 둔 시간의 3배를 초과하면 안 된다.

해설 비비기 시간은 시험에 의해 정하는 것을 원칙으로 한다.

문제 23 콘크리트 플랜트에서 생산된 콘크리트를 칠 때까지 재료 분리가 일어나지 않도록 휘저어 섞으면서 운반하는 형식의 트럭은?
㉮ 콘크리트 플레이서 ㉯ 덤프트럭
㉰ 애지테이터 트럭   ㉱ 스크레이퍼

해설 콘크리트는 신속하게 운반하여 즉시 타설하고 충분히 다진다.

문제 24 콘크리트가 굳기 시작한 후에 다시 비비는 작업을 무엇이라고 하는가?
㉮ 되비비기 ㉯ 거듭 비비기
㉰ 믹서   ㉱ 슈트(chute)

해설
• 되비비기 : 콘크리트 또는 모르타르가 엉기기 시작하였을 경우 다시 비비는 작업
• 거듭 비비기 : 콘크리트, 모르타르가 엉기기 시작하지 않았으나 비빈 후 상당한 시간이 지났거나 또는 재료 분리한 경우 다시 비비는 작업

문제 25 그림과 같이 거푸집에 골재를 먼저 채워 넣고 모르타르(mortar)를 나중에 주입하는 콘크리트 시공법은?
㉮ 숏크리트(shotcrete)
㉯ 시멘트 풀(cement paste)
㉰ 매스 콘크리트(mass concrete)
㉱ 프리플레이스트 콘크리트(preplaced concrete)

해설 프리플레이스트 콘크리트는 수중 콘크리트 시공에 적합하다.

정답 21.㉮ 22.㉱ 23.㉰ 24.㉮ 25.㉱

문제 26
보통 콘크리트의 비비기로부터 치기가 끝날 때까지의 시간은 외기온도가 25°C 미만일 때 최대 몇 시간 이하를 원칙으로 하는가?
- ㉮ 2시간
- ㉯ 2.5시간
- ㉰ 1.5시간
- ㉱ 1시간

해설 외기온도가 25°C 이상일 경우에는 1.5시간 이하를 원칙으로 한다.

문제 27
콘크리트 재료 배합 시 재료의 계량오차가 −1%, +2% 이내로 해야 하는 것은?
- ㉮ 시멘트
- ㉯ 혼화제
- ㉰ 잔골재
- ㉱ 굵은골재

해설
- 물 : −2%, +1%
- 골재, 혼화제 : ±3%

문제 28
일반 콘크리트를 콘크리트 펌프로 압송하고자 할 때 슬럼프의 범위로 가장 적합한 것은?
- ㉮ 40~80mm
- ㉯ 100~180mm
- ㉰ 150~230mm
- ㉱ 200~250mm

해설 일반 콘크리트(지름이 100~150mm 수송관)을 사용하여 펌프로 콘크리트를 압송하며 굵은 골재 최대치수 40mm, 슬럼프 범위는 100~180mm가 알맞다.

문제 29
한중 콘크리트 시공 시 동결 온도를 낮추기 위한 방법으로 옳지 않은 것은?
- ㉮ 적당한 보온장치를 한다.
- ㉯ 시멘트를 가열한다.
- ㉰ 골재를 가열한다.
- ㉱ 물을 가열한다.

해설 시멘트는 어떠한 경우라도 직접 가열해서는 안 된다.

문제 30
콘크리트의 내부 진동에 의한 다짐 작업에 대한 설명으로 틀린 것은?
- ㉮ 내부 진동기는 진동효과를 극대화하기 위하여 내부에 비스듬히 찔러 넣는 것이 좋다.
- ㉯ 내부 진동기의 삽입간격은 일반적으로 0.5m 이하로 하는 것이 좋다.
- ㉰ 내부 진동기를 빼낼 때 구멍이 생기지 않도록 한다.
- ㉱ 내부 진동기를 아래층 콘크리트 속으로 0.1m 정도 들어가게 한다.

해설 콘크리트 재료분리의 원인 때문에 내부 진동기는 콘크리트를 횡방향 이동에 사용해서는 안 된다.

정답 26.㉮ 27.㉮ 28.㉯ 29.㉯ 30.㉮

문제 31 다음 중 콘크리트의 운반방법을 결정하는 데 고려해야 하는 사항과 가장 거리가 먼 것은?

㉮ 양생기간과 양생방법
㉯ 구조물의 종류와 치수
㉰ 운반비용과 콘크리트양
㉱ 운반거리와 지형

해설 양생은 콘크리트를 타설한 후 소요기간까지 경화에 필요한 온도, 습도조건을 유지하며 유해한 작용의 영향을 받지 않도록 보호하는 작업이다.

문제 32 확대기초, 보, 기둥 등의 측면에 있는 거푸집널은 콘크리트의 압축강도가 몇 MPa 이상이 되면 해체하여도 좋은가?

㉮ 1MPa
㉯ 3MPa
㉰ 5MPa
㉱ 7MPa

해설 슬래브 및 보의 밑면, 아치 내면의 거푸집널은 설계기준 압축강도×2/3, 14MPa 이상이 되면 해체할 수 있다.

문제 33 콘크리트를 타설한 다음 일정 기간 동안 콘크리트에 충분한 온도와 습도를 유지시켜 주는 것을 무엇이라 하는가?

㉮ 콘크리트 진동
㉯ 콘크리트 다짐
㉰ 콘크리트 양생
㉱ 콘크리트 시공

해설 양생은 콘크리트를 타설한 후 소요기간까지 경화에 필요한 온도, 습도조건을 유지하며 유해한 작용의 영향을 받지 않도록 보호하는 작업이다.

문제 34 높은 곳에서 콘크리트를 내리는 경우, 버킷을 사용할 수 없을 때 사용하며 콘크리트 치기의 높이에 따라 길이를 조절할 수 있도록 깔때기 등을 이어서 만든 운반기구는?

㉮ 콘크리트 펌프
㉯ 연직 슈트
㉰ 콘크리트 플레이서
㉱ 벨트 컨베이어

해설 깔때기 등을 이어서 만들고 높은 곳에서부터 콘크리트를 칠 때 연직슈트를 사용한다.

문제 35 일 평균 기온이 15℃ 이상이고 보통 포틀랜드 시멘트를 사용한 콘크리트의 습윤양생 기간의 표준으로 옳은 것은?

㉮ 3일
㉯ 4일
㉰ 5일
㉱ 7일

해설 보통 포틀랜드 시멘트를 사용한 경우 5일, 조강 포틀랜드 시멘트를 사용한 경우 3일을 표준으로 한다.

정답 31.㉮ 32.㉯ 33.㉰ 34.㉯ 35.㉰

문제 36
용량 0.75m³인 믹서 2대로 된 중력식 콘크리트 플랜트의 시간당 생산량을 구하면?
(단, 작업효율(E)=0.8, 사이클 시간(C_m)=4min으로 한다.)

㉮ 12m³/h ㉯ 14m³/h
㉰ 16m³/h ㉱ 18m³/h

해설 $Q = \dfrac{60 \times 0.75 \times 0.8 \times 2}{4} = 18\text{m}^3/\text{h}$

문제 37
콘크리트 휨강도 시험용 공시체의 한 변의 길이는 콘크리트에 사용될 굵은 골재 최대 치수의 몇 배 이상이며 또한 몇 mm 이상이어야 하는가?

㉮ 2배, 50mm ㉯ 3배, 80mm
㉰ 4배, 100mm ㉱ 5배, 150mm

해설 콘크리트 인장강도 시험용 공시체의 지름은 굵은 골재 최대치수의 4배 이상이며 150mm 이상으로 한다.

문제 38
콘크리트의 반죽질기 여하에 따르는 작업의 난이 정도 및 재료의 분리에 저항하는 정도를 나타내는 굳지 않은 콘크리트의 성질을 무엇이라 하는가?

㉮ 워커빌리티(workability) ㉯ 반죽질기(consistency)
㉰ 성형성(plasticity) ㉱ 피니셔빌리티(finishability)

해설 슬럼프 시험은 굳지 않은 콘크리트의 반죽질기를 측정하는 것으로 워커빌리티를 판단한다.

문제 39
콘크리트의 블리딩 시험을 통하여 판정할 수 있는 것은?

㉮ 재료분리의 경향 ㉯ 응결, 경화의 시간
㉰ 워커빌리티의 상태 ㉱ 시멘트의 밀도

해설 콘크리트의 블리딩 시험은 콘크리트의 재료분리의 경향을 알기 위해 시험을 하며 블리딩이 크면 굵은 골재가 모르타르로부터 분리되는 경향이 커진다.

문제 40
골재의 마모시험에서 시료를 시험기에서 꺼내 몇 mm 체로 체가름을 하는가?

㉮ 1.7mm ㉯ 3.4mm
㉰ 1.25mm ㉱ 2.5mm

해설 보통 콘크리트용 골재는 닳음 감량의 한도는 40% 이하이다.

정답 36.㉱ 37.㉰ 38.㉮ 39.㉮ 40.㉮

문제 41
압축강도 시험용 공시체의 양생 온도로 가장 적당한 것은?
- ㉮ 13±2°C
- ㉯ 15±2°C
- ㉰ 20±2°C
- ㉱ 25±2°C

해설 양생한 공시체는 습윤상태로 압축강도 시험을 한다.

문제 42
일반 수중 콘크리트는 정수 중에 타설하는 것을 원칙으로 하고 있다. 이때 완전히 물 막이를 할 수 없는 경우 유속은 최대 얼마 이하로 하여야 하는가?
- ㉮ 50mm/s 이하
- ㉯ 100mm/s 이하
- ㉰ 150mm/s 이하
- ㉱ 200mm/s 이하

해설 일반 수중 콘크리트 시공 시 콘크리트는 연속해서 타설하며 수중에 낙하시키지 않는다.

문제 43
넓이가 넓은 평판구조의 경우 두께가 얼마 이상인 경우에 매스 콘크리트로 다루어야 하는가?
- ㉮ 0.2m
- ㉯ 0.4m
- ㉰ 0.6m
- ㉱ 0.8m

해설 넓이가 넓은 평판구조에서는 두께 0.8m 이상, 하단이 구속된 벽체에서는 두께 0.5m 이상인 경우 매스 콘크리트로 다룬다.

문제 44
펌프 등을 이용하여 노즐 위치까지 호스 속으로 운반한 콘크리트를 압축공기에 의해 시공면에 뿜어서 만든 콘크리트를 무엇이라 하는가?
- ㉮ 숏크리트
- ㉯ 프리플레이스트 콘크리트
- ㉰ 프리스트레스트 콘크리트
- ㉱ 레진 콘크리트

해설 숏크리트 작업은 뿜어 붙일 면에 직각으로 하며 리바운드된 재료는 혼합되지 않게 한다.

문제 45
콘크리트를 2층 이상으로 나누어 타설할 경우, 이어치기 허용시간 간격의 표준으로 옳은 것은? (단, 외기온도는 25°C 이하인 경우)
- ㉮ 30분
- ㉯ 1시간
- ㉰ 1.5시간
- ㉱ 2.5시간

해설 외기온도가 25°C 초과의 경우에는 2시간을 표준한다.

정답 41.㉰ 42.㉮ 43.㉱ 44.㉮ 45.㉱

문제 46 콘크리트의 배합강도를 결정하기 위한 압축강도의 표준편차는 실제 사용한 콘크리트 몇 회 이상의 시험실적으로부터 결정하는 것을 원칙으로 하는가?

㉮ 30회 ㉯ 20회
㉰ 15회 ㉱ 10회

해설 압축강도의 시험횟수가 29회 이하이고 15회 이상인 경우는 계산한 표준편차에 보정계수를 곱한 값을 표준편차로 사용한다.

문제 47 골재에 포함된 잔입자 시험을 하는 과정에서 골재에 씻은 물을 붓는 데 필요한 체 2개는?

㉮ 0.08mm, 2.5mm ㉯ 2.5mm, 5mm
㉰ 0.08mm, 1.2mm ㉱ 1.2mm, 2.5mm

해설 골재에 잔입자가 들어 있으면 블리딩 현상으로 인하여 레이턴스가 많이 생기게 된다.

문제 48 콘크리트 압축강도 시험용 공시체의 양생은 어떤 양생방법으로 하는가?

㉮ 습윤 양생 ㉯ 건조 양생
㉰ 피막 양생 ㉱ 가압 양생

해설 콘크리트의 강도는 보통 압축강도를 말한다.

문제 49 콘크리트의 인장강도 시험에서 하중을 가하는 속도로서 옳은 것은?

㉮ 인장응력도의 증가율이 매초(0.06±0.04)MPa이 되도록 한다.
㉯ 인장응력도의 증가율이 매초(0.6±0.4)MPa이 되도록 한다.
㉰ 인장응력도의 증가율이 매초(6±0.4)MPa이 되도록 한다.
㉱ 인장응력도의 증가율이 매초(6±4)MPa이 되도록 한다.

해설
- 인장강도 및 휨강도 시험에서는 하중을 가하는 속도의 증가율이 매초(0.06±0.04)MPa이 되도록 한다.
- 압축강도 시험에서는 하중을 가하는 속도의 증가율이 매초(0.6±0.2)MPa이 되도록 한다.

문제 50 콘크리트의 호칭강도가 18MPa이고, 압축강도 시험의 기록이 없는 경우 콘크리트의 배합강도는?

㉮ 18MPa ㉯ 25MPa
㉰ 26.5MPa ㉱ 28MPa

해설 설계기준 압축강도가 21MPa 미만에 해당되므로 $f_{cr} = f_{cn} + 7 = 18 + 7 = 25$MPa이다.

정답 46.㉮ 47.㉰ 48.㉮ 49.㉮ 50.㉯

문제 51 지름이 150mm, 길이가 300mm인 콘크리트 공시체로 쪼갬 인장강도 시험을 실시한 결과, 공시체 파괴 시 시험기에 나타난 최대하중이 162.6kN이었다. 이 공시체의 쪼갬 인장강도는?

㉮ 2.1MPa ㉯ 2.3MPa
㉰ 2.5MPa ㉱ 2.7MPa

해설 $f_{sp} = \dfrac{2P}{\pi dl} = \dfrac{2 \times 162,600}{3.14 \times 150 \times 300} = 2.3\text{MPa}$

문제 52 콘크리트용 잔골재에 포함되어 있는 유기 불순물 시험에 사용되는 시약으로 옳은 것은?

㉮ 무수황산나트륨 용액 ㉯ 염화칼슘 용액
㉰ 실리카 겔 ㉱ 수산화나트륨 용액

문제 53 지름 100mm, 높이 200mm인 콘크리트 공시체로 압축강도 시험을 실시한 결과 공시체 파괴시 최대하중이 190kN이었다. 이 공시체의 압축강도는?

㉮ 24.2MPa ㉯ 25.6MPa
㉰ 26.4MPa ㉱ 28.3MPa

해설
- 공시체의 단면적 : $\dfrac{\pi d^2}{4} = \dfrac{3.14 \times 100^2}{4} = 7,850\text{mm}^2$
- 압축강도 : $\dfrac{P}{A} = \dfrac{190,000}{7,850} = 24.2\text{MPa}$

문제 54 콘크리트 공기량 시험에서 골재의 수정계수를 구하고자 할 때 잔골재를 추가할 때마다 다짐대로 다지는데 몇 회씩 다지는가? (단, 공기실 압력법)

㉮ 10회 ㉯ 15회
㉰ 20회 ㉱ 25회

해설 콘크리트의 공기량=겉보기 공기량-골재의 수정계수

문제 55 슬럼프 콘의 규격으로 옳은 것은?

㉮ 윗면의 안지름이 150mm, 밑면의 안지름이 300mm, 높이 300mm
㉯ 윗면의 안지름이 150mm, 밑면의 안지름이 200mm, 높이 300mm
㉰ 윗면의 안지름이 100mm, 밑면의 안지름이 300mm, 높이 300mm
㉱ 윗면의 안지름이 100mm, 밑면의 안지름이 200mm, 높이 300mm

해설 슬럼프 시험에 소요되는 총 시간은 3분 이내로 한다.

정답 51.㉯ 52.㉱ 53.㉮ 54.㉮ 55.㉱

문제 56
콘크리트 배합설계 시 기준이 되는 골재의 상태는?
- ㉮ 절대 건조상태
- ㉯ 공기 중 건조상태
- ㉰ 표면건조 포화상태
- ㉱ 습윤상태

해설 시방배합은 시방서 또는 책임 기술자가 지시한 배합으로 골재는 표면건조 포화상태에 있고 잔골재는 5mm 체를 통과하고 굵은 골재는 5mm 체에 다 남는 것으로 한다.

문제 57
된 반죽 콘크리트의 압축강도 시험 공시체 제작을 할 때 시멘트 풀로 캐핑을 하고자 한다. 이때 사용하는 시멘트 풀의 물-시멘트비로 가장 적합한 것은?
- ㉮ 20~23%
- ㉯ 27~30%
- ㉰ 33~36%
- ㉱ 40~43%

해설 공시체 표면을 반듯하게 만드는 것을 캐핑이라 한다.

문제 58
150mm×150mm×530mm인 콘크리트 공시체로 지간길이가 450mm이다. 4점 재하장치로 휨강도 시험을 실시한 결과 시험기에 나타난 최대 하중이 34.5kN일 때 공시체가 지간의 중앙에서 파괴되었다. 이 공시체의 휨강도는?
- ㉮ 4.6MPa
- ㉯ 4.2MPa
- ㉰ 3.8MPa
- ㉱ 3.4MPa

해설 $f_b = \dfrac{Pl}{bd^2} = \dfrac{34,500 \times 450}{150 \times 150^2} = 4.6\text{MPa}$

문제 59
골재의 절대 부피가 0.75m³인 콘크리트에서 잔골재율이 35%이고 잔골재 밀도가 2.6g/cm³이면 단위 잔골재량은 얼마인가?
- ㉮ 595kg
- ㉯ 643kg
- ㉰ 683kg
- ㉱ 726kg

해설 단위 잔골재량 : $2.6 \times 0.75 \times 0.35 \times 1,000 = 683\text{kg}$

문제 60
콘크리트의 블리딩 시험에 대한 아래 표의 설명에서 ( )에 들어갈 시간(분)으로 옳은 것은?

> 기록한 처음 시각에서 60분 동안 (a)분마다 콘크리트 표면에 스며나온 물을 빨아낸다. 그후는 블리딩이 정지할 때까지 (b)분마다 물을 빨아낸다.

- ㉮ a=40분, b=10분
- ㉯ a=30분, b=10분
- ㉰ a=10분, b=30분
- ㉱ a=10분, b=60분

해설 일반적으로 블리딩은 콘크리트를 친 후 처음 15~30분에 대부분 생기며 2~4시간에 거의 끝난다.

정답 56.㉰ 57.㉯ 58.㉮ 59.㉰ 60.㉰

콘크리트기능사 제5회 CBT 모의고사

문제 01
굵은골재의 연한 석편 함유량의 한도는 최댓값을 몇 %(질량백분율)로 규정하고 있는가?
- ㉮ 3%
- ㉯ 5%
- ㉰ 10%
- ㉱ 13%

해설 굵은골재 유해물 함유량 한도
- 점토 덩어리 : 0.25% 이하
- 0.08mm 체 통과량 : 1.0% 이하

문제 02
시멘트의 분말도에 대한 설명으로 틀린 것은?
- ㉮ 시멘트의 분말도가 높으면 조기강도가 작아진다.
- ㉯ 시멘트의 입자가 가늘수록 분말도가 높다.
- ㉰ 분말도란 시멘트 입자의 고운 정도를 나타낸다.
- ㉱ 분말도가 높으면 시멘트의 표면적이 커서 수화작용이 빠르다.

해설 시멘트의 분말도가 높으면 조기강도가 커진다.

문제 03
다음 중 특수 시멘트에 속하는 것은?
- ㉮ 백색 포틀랜드 시멘트
- ㉯ 플라이 애시 시멘트
- ㉰ 내황산염 포틀랜드 시멘트
- ㉱ 팽창 시멘트

해설 특수 시멘트 : 알루미나 시멘트, 팽창 시멘트, 초속경 시멘트, 초조강 시멘트 등

문제 04
운반거리가 먼 레미콘이나 무더운 여름철 콘크리트의 시공에 사용하는 혼화제는?
- ㉮ 기포제
- ㉯ 지연제
- ㉰ 방수제
- ㉱ 경화 촉진제

해설 지연제는 시멘트의 수화반응을 늦추어 응결시간을 길게 할 목적으로 사용하며 서중 콘크리트 시공 시 워커빌리티의 저하를 방지한다.

문제 05
중용열 포틀랜드 시멘트에 대한 설명으로 옳은 것은?
- ㉮ 수화열을 크게 만든 것이다.
- ㉯ 장기강도가 작다.
- ㉰ 한중 콘크리트에 적합하다.
- ㉱ 매스 콘크리트용으로 적합하다.

해설 중용열 포틀랜드 시멘트는 수화열을 적게 만든 것이며 조기강도가 작다.

정답 01.㉯ 02.㉮ 03.㉱ 04.㉯ 05.㉱

문제 06
해중 공사 또는 한중 콘크리트 공사용 시멘트는?
- ㉮ 고로 슬래그 시멘트
- ㉯ 보통 포틀랜드 시멘트
- ㉰ 알루미나 시멘트
- ㉱ 백색 포틀랜드 시멘트

해설
- 알루미나 시멘트는 발열량이 커 한중공사, 긴급공사에 적합하다.
- 알루미나 시멘트는 1일 강도가 보통 포틀랜드 시멘트의 28일 강도와 같다.

문제 07
자체로는 수경성이 없으나 콘크리트 속에 녹아 있는 수산화칼슘과 상온에서 천천히 화합하여 불용성 물질을 만드는 포졸란 반응을 하는 혼화재는?
- ㉮ 팽창재
- ㉯ 플라이 애시
- ㉰ 폴리머
- ㉱ 고로 슬래그 미분말

해설
- 플라이 애시는 수화열이 적어 단면이 큰 콘크리트 구조물에 적합하다.
- 플라이 애시는 장기강도가 크다.

문제 08
포졸란(Pozzolan)의 종류에 해당하지 않는 것은?
- ㉮ 규조토
- ㉯ 규산백토
- ㉰ 고로 슬래그
- ㉱ 포졸리스

해설
- 천연 포졸란 : 화산재, 규산백토, 규조토, 응회암 등
- 인공 포졸란 : 플라이 애시, 고로 슬래그, 점토나 혈암을 열처리한 것 등

문제 09
【보기】에 설명하는 시멘트의 성질은?

【보기】
- 포틀랜드 시멘트의 경우 KS에서 0.8% 이하로 규정하고 있다.
- 오토클레이브 팽창도 시험방법으로 측정한다.

- ㉮ 밀도
- ㉯ 강도
- ㉰ 분말도
- ㉱ 안정성

해설 시멘트가 경화중에 체적이 팽창하여 균열이 생기거나 휨 등이 생기는 정도를 시멘트의 안정성이라 한다.

문제 10
골재에서 F.M(Fineness Modulus)이란 무엇을 뜻하는가?
- ㉮ 입도
- ㉯ 조립률
- ㉰ 잔골재율
- ㉱ 골재의 단위량

해설
- 잔골재 조립률 : 2.0~3.3
- 굵은골재 조립률 : 6~8

정답 06.㉰ 07.㉯ 08.㉱ 09.㉱ 10.㉯

문제 11
AE(공기연행) 콘크리트의 특성에 대한 설명으로 틀린 것은?
- ㉮ 워커빌리티(workability)가 좋아진다.
- ㉯ 소요 단위 수량이 적어진다.
- ㉰ 재료 분리가 줄어든다.
- ㉱ 공기량 1% 증가에 압축강도가 4~6% 정도 커진다.

해설 공기량 1% 증가에 압축강도가 4~6% 정도 감소한다.

문제 12
시방배합에서 잔골재와 굵은골재를 구별하는 표준체는?
- ㉮ 5mm 체
- ㉯ 10mm 체
- ㉰ 2.5mm 체
- ㉱ 1.2mm 체

해설
- 잔골재 : 5mm 체를 다 통과하고 0.08mm 체에 남는 골재
- 굵은골재 : 5mm 체에 다 남는 골재

문제 13
다음의 혼화재료 중에서 사용량이 소량으로서 배합계산에서 그 양을 무시할 수 있는 것은?
- ㉮ AE(공기연행)제
- ㉯ 팽창재
- ㉰ 플라이 애시
- ㉱ 고로 슬래그 미분말

해설
- 혼화제는 시멘트 질량의 1% 이하를 사용하므로 배합계산 할 때 무시한다.
- 혼화재는 시멘트 질량의 5% 이상을 사용하므로 배합계산 할 때 고려한다.

문제 14
무근 콘크리트 구조물의 부재 최소치수가 160mm일 때 굵은골재 최대치수는 몇 mm 이하로 하여야 하는가?
- ㉮ 25mm
- ㉯ 40mm
- ㉰ 50mm
- ㉱ 100mm

해설
- 무근 콘크리트 구조물의 경우 : 40mm, 부재 최소치수의 1/4을 초과해서는 안 된다.
- 철근 콘크리트 구조물의 경우 : 일반적인 경우 20mm, 또는 25mm이며 단면이 큰 경우에는 40mm 이하이다.

문제 15
굵은골재의 최대치수에 대한 설명으로 옳은 것은?
- ㉮ 콘크리트에서 굵은골재의 최대치수가 크면 소요 단위 수량은 증가한다.
- ㉯ 콘크리트에서 굵은골재의 최대치수가 크면 소요 단위 시멘트양은 증가한다.
- ㉰ 굵은골재의 최대치수가 크면 재료분리가 감소한다.
- ㉱ 굵은골재의 최대치수가 크면 시멘트 풀의 양이 적어져서 경제적이다.

해설
- 콘크리트에서 굵은골재의 최대치수가 크면 소요 단위 수량은 감소한다.
- 굵은골재의 최대치수가 크면 재료분리가 증가한다.

정답 11.㉱ 12.㉮ 13.㉮ 14.㉯ 15.㉱

문제 16
콘크리트에서 부순돌을 굵은골재로 사용했을 때의 설명으로 틀린 것은?

㉮ 일반 골재를 사용한 콘크리트와 동일한 워커빌리티의 콘크리트를 얻기 위해 단위 수량이 많아진다.
㉯ 일반 골재를 사용한 콘크리트와 동일한 워커빌리티의 콘크리트를 얻기 위해 잔골재율이 작아진다.
㉰ 일반 골재를 사용한 콘크리트 보다 시멘트 페이스트와의 부착이 좋다.
㉱ 포장 콘크리트에 사용하면 좋다.

해설　일반 골재를 사용한 콘크리트와 동일한 워커빌리티의 콘크리트를 얻기 위해 잔골재율이 커진다.

문제 17
시멘트의 응결시간에 대한 설명으로 옳은 것은?

㉮ 일반적으로 물-시멘트비가 클수록 응결시간이 빨라진다.
㉯ 풍화되었을 때에는 응결시간이 늦어진다.
㉰ 온도가 높으면 응결시간이 늦어진다.
㉱ 분말도가 크면 응결시간이 늦어진다.

해설
- 일반적으로 물-시멘트비가 클수록 응결시간이 늦어진다.
- 온도가 높으면 응결시간이 빨라진다.
- 분말도가 크면 응결시간이 빨라진다.

문제 18
고로 슬래그 시멘트에 관한 설명으로 옳은 것은?

㉮ 보통 포틀랜드 시멘트에 비해 응결이 빠르다.
㉯ 보통 포틀랜드 시멘트에 비해 발열량이 많아 균열발생이 크다.
㉰ 보통 포틀랜드 시멘트에 비해 해수 및 화학 작용에 대한 저항성이 크다.
㉱ 보통 포틀랜드 시멘트에 비해 조기강도가 크다.

해설
- 보통 포틀랜드 시멘트에 비해 응결이 늦다.
- 보통 포틀랜드 시멘트에 비해 발열량이 적어 균열발생이 작다.
- 보통 포틀랜드 시멘트에 비해 조기강도가 작다.

문제 19
골재의 저장 방법에 대한 설명으로 틀린 것은?

㉮ 잔골재, 굵은골재 및 종류와 입도가 다른 골재는 서로 섞어 균질한 골재가 되도록 하여 저장한다.
㉯ 먼지나 잡물 등이 섞이지 않도록 한다.
㉰ 골재의 저장 설비에는 알맞은 배수 시설을 한다.
㉱ 골재는 햇빛을 바로 쬐지 않도록 알맞은 시설을 갖추어야 한다.

해설　잔골재, 굵은골재 및 종류와 입도가 다른 골재는 서로 섞이지 않도록 따로 저장한다.

정답 16.㉯ 17.㉯ 18.㉰ 19.㉮

문제 20 한중 콘크리트의 시공에 관한 사항 중 옳지 않은 것은?
㉮ 물, 골재, 시멘트를 가열하여 적당한 온도에서 비볐다.
㉯ 가능한 한 단위 수량을 줄였다.
㉰ 타설할 때의 콘크리트 온도를 구조물의 단면치수, 기상조건 등을 고려하여 5~20°C의 범위에서 정하였다.
㉱ AE(공기연행) 콘크리트를 사용하여 시공하였다.

해설 시멘트는 어떠한 경우라도 가열하여서는 안 된다.

문제 21 시멘트 저장 중에 공기와 접촉하면 공기 중의 수분 및 이산화탄소를 흡수하여 가벼운 수화반응을 일으키게 되는데 이러한 현상을 무엇이라 하는가?
㉮ 경화　　　　　　　㉯ 풍화
㉰ 수축　　　　　　　㉱ 응결

해설 풍화된 시멘트는 밀도가 작고, 응결이 늦으며 강열감량이 증가한다.

문제 22 다음 중 촉진양생에 포함되지 않는 것은?
㉮ 증기 양생　　　　　㉯ 오토클레이브 양생
㉰ 막양생　　　　　　㉱ 고주파 양생

해설 촉진양생에는 증기양생, 전기양생, 적외선 양생, 오토클레이브(고온고압)양생, 온수양생 등이 있다.

문제 23 외기온도가 25°C 미만인 경우 콘크리트 비비기에서부터 타설이 끝날 때까지의 시간은 원칙적으로 얼마 이내라야 하는가?
㉮ 30분　　　　　　　㉯ 1시간
㉰ 1시간 30분　　　　㉱ 2시간

해설 외기온도가 25°C 이상인 경우 : 1시간 30분

문제 24 수송관을 통하여 압력으로 비빈 콘크리트를 치기 할 장소까지 연속적으로 보내는 기계는?
㉮ 콘크리트 펌프(concrete pump)
㉯ 트럭 믹서(truck mixer)
㉰ 콘크리트 슈트(concrete chute)
㉱ 콘크리트 믹서(concrete mixer)

해설 콘크리트 펌프는 콘크리트를 연속적으로 압송할 수 있어 재료분리의 우려가 없다.

정답 20.㉮　21.㉯　22.㉰　23.㉱　24.㉮

문제 25
거푸집의 외부에 진동을 주어 내부 콘크리트를 다지는 기계는?

㉮ 표면 진동기
㉯ 거푸집 진동기
㉰ 내부 진동기
㉱ 콘크리트 플레이서

해설
- 얇은 벽 등 내부 진동기의 사용이 곤란한 장소에서는 거푸집 진동기를 사용해도 좋다.
- 특히 된 반죽 콘크리트의 다지기에는 내부 진동기가 유효하다.

문제 26
콘크리트 또는 모르터가 엉기기 시작하지는 않았지만 비빈 후 상당히 시간이 지났거나 또 재료가 분리된 경우에 다시 비비는 작업을 무엇이라고 하는가?

㉮ 되비비기
㉯ 거듭비비기
㉰ 믹서
㉱ 슈트(chute)

해설 되비비기 : 콘크리트 또는 모르터가 엉기기 시작한 경우 다시 비비는 작업

문제 27
일반 수중 콘크리트에 대한 설명으로 틀린 것은?

㉮ 트레미, 콘크리트 펌프 등에 의해 타설한다.
㉯ 물-결합재비는 50% 이하라야 한다.
㉰ 단위 시멘트양은 300kg/m^3 이상으로 한다.
㉱ 콘크리트는 수중에 낙하시키지 않아야 한다.

해설 단위 시멘트양은 370kg/m^3 이상으로 한다.

문제 28
콘크리트 타설에 대한 설명으로 틀린 것은?

㉮ 한 구획 내의 콘크리트는 타설이 완료될 때까지 연속해서 타설해야 한다.
㉯ 콘크리트는 그 표면이 한 구획 내에서는 거의 수평이 되도록 타설하는 것을 원칙으로 한다.
㉰ 콘크리트 타설의 1층 높이는 다짐능력을 고려하여 이를 결정하여야 한다.
㉱ 타설한 콘크리트는 그 수평을 맞추기 위하여 거푸집 안에서 횡방향으로 이동시키면서 작업하여야 한다.

해설 타설한 콘크리트는 거푸집 안에서 횡방향으로 이동시키면서 작업해서는 안 된다.

문제 29
프리플레이스트 콘크리트에 대한 설명으로 틀린 것은?

㉮ 장기강도가 적다.
㉯ 경화수축이 적다.
㉰ 수밀성이 크다.
㉱ 내구성이 크다.

해설 장기강도가 크다.

정답 25.㉯ 26.㉮ 27.㉰ 28.㉱ 29.㉮

문제 30 슬래브 및 보의 밑면의 경우 콘크리트 압축강도가 몇 MPa 이상일 때 거푸집을 해체할 수 있는가? (단, 단층구조의 경우로 콘크리트의 설계기준 압축강도는 21MPa이다.)
㉮ 7MPa
㉯ 14MPa
㉰ 18MPa
㉱ 21MPa

해설 확대기초, 보옆, 기둥, 벽 등의 측면 : 5MPa 이상

문제 31 콘크리트 펌프에 대한 설명 중 옳지 않은 것은?
㉮ 압송조건은 관내에 콘크리트가 막히는 일이 없도록 정해야 한다.
㉯ 수송관의 배치는 될 수 있는 대로 굴곡을 적게 한다.
㉰ 수송관은 될 수 있는 대로 수평 또는 상향으로 하여 콘크리트를 압송한다.
㉱ 보통 콘크리트를 펌프로 압송할 경우, 굵은골재의 최대치수는 25mm 이하로 하여야 한다.

해설 보통 콘크리트를 펌프로 압송할 경우, 굵은골재의 최대치수는 40mm 이하로 하여야 한다.

문제 32 콘크리트 타설 시 버킷, 호퍼 등의 배출구로부터 콘크리트의 타설면까지의 높이는 얼마 이내를 원칙으로 하는가?
㉮ 1.0m 이내
㉯ 1.5m 이내
㉰ 2.0m 이내
㉱ 2.5m 이내

해설 슈트, 펌프 수송관, 버킷, 호퍼 등의 배출구와 타설면까지의 높이는 1.5m 이하를 원칙으로 한다.

문제 33 콘크리트를 제조할 때 각 재료의 계량에 대한 허용오차 중 골재의 허용오차로 옳은 것은?
㉮ ±1%
㉯ ±2%
㉰ ±3%
㉱ ±4%

해설
- 시멘트 : -1%, +2%
- 혼화재 : ±2%
- 골재, 혼화제 : ±3%

문제 34 시멘트 밀도 시험에 사용되는 기구는?
㉮ 르샤틀리에 플라스크
㉯ 데시케이터
㉰ 피크노미터
㉱ 건조로

해설 시멘트 밀도 시험에 사용되는 것은 광유, 르샤틀리에 플라스크, 철사, 스푼, 헝겊 등이다.

정답 30.㉯ 31.㉱ 32.㉯ 33.㉰ 34.㉮

문제 35

일명 고온고압양생이라고 하며, 증기압 7~15기압, 온도 180°C 정도의 고온, 고압으로 양생하는 방법은?

㉮ 오토클레이브 양생 ㉯ 상압증기양생
㉰ 전기양생 ㉱ 가압양생

해설 오토클레이브 양생으로 석면시멘트관, 경량기포콘크리트나 고강도 콘크리트 제품을 제조할 수 있다.

문제 36

콘크리트를 타설할 때 거푸집의 높이가 높을 경우, 펌프 배관의 배출구를 타설면 가까운 곳까지 내려서 콘크리트를 타설하여야 한다. 그 이유로 가장 적합한 것은?

㉮ 슬럼프의 감소를 막기 위해서 ㉯ 타설 시간을 단축하기 위해서
㉰ 재료분리를 막기 위해서 ㉱ 양생을 쉽게 하기 위해서

해설 거푸집의 높이가 높을 경우 거푸집에 투입구를 설치하거나 연속 슈트 또는 펌프 수송관의 배출구를 치면 가까운 곳까지 내려서 콘크리트를 타설해야 한다.

문제 37

다음 중 특수 콘크리트에 대한 설명으로 옳은 것은?

㉮ 일 평균기온이 4°C 이하에서 콘크리트를 사용하는 것을 서중 콘크리트라 한다.
㉯ 압축 공기에 의해 모르타르 또는 콘크리트를 뿜어 시공하는 것을 프리플레이스트 콘크리트라 한다.
㉰ 구조물의 치수가 커서 시멘트의 수화열에 대한 고려를 하여 시공하는 것을 매스 콘크리트라 한다.
㉱ 서중 콘크리트를 치고자 할 때는 조강 또는 초조강 포틀랜드 시멘트를 사용하면 좋다.

해설
- 일 평균기온이 4°C 이하에서 콘크리트를 사용하는 것을 한중 콘크리트라 한다.
- 압축 공기에 의해 모르타르 또는 콘크리트를 뿜어 시공하는 것을 숏크리트라 한다.
- 한중 콘크리트를 치고자 할 때는 조강 또는 초조강 포틀랜드 시멘트를 사용하면 좋다.

문제 38

수중 콘크리트를 타설할 때는 물을 정지시킨 정수 중에서 타설하는 것이 좋으나, 완전히 물막이를 할 수 없는 경우 최대 유속이 1초간 몇 mm 이하로 하여야 하는가?

㉮ 50mm ㉯ 100mm
㉰ 150mm ㉱ 200mm

해설 수중 콘크리트 시공
- 콘크리트는 수중에 낙하시키지 않는다.
- 콘크리트를 연속해서 타설한다.
- 한 구획의 콘크리트 타설을 완료한 후 레이턴스를 모두 제거하고 다시 타설하여야 한다.

정답 35.㉮ 36.㉰ 37.㉰ 38.㉮

문제 39 콘크리트의 비비기에 대한 설명으로 옳은 것은?
- ㉮ 콘크리트 비비기는 오래하면 할수록 재료가 분리되지 않으며, 강도가 커진다.
- ㉯ AE(공기연행) 콘크리트 비비기는 오래하면 할수록 공기량이 증가한다.
- ㉰ 비비기는 미리 정해둔 비비기 시간 이상 계속하면 안 된다.
- ㉱ 비비기 시간에 대한 시험을 실시하지 않은 경우 그 최소 시간은 가경식 믹서인 경우 1분 30초 이상을 표준으로 한다.

해설
- 콘크리트 비비기는 오래하면 할수록 재료가 분리되며, 강도가 작아진다.
- AE(공기연행) 콘크리트 비비기는 오래하면 할수록 공기량이 감소한다.
- 비비기는 미리 정해둔 비비기 시간의 3배 이상 계속해서는 안 된다.
- 비비기 시간에 대한 시험을 실시하지 않은 경우 그 최소 시간은 강제식 믹서의 경우 1분 이상을 표준으로 한다.

문제 40 경사 슈트에 의해 콘크리트를 운반하는 경우 기울기는 연직 1에 대하여 수평을 얼마 정도로 하는 것이 좋은가?
- ㉮ 1
- ㉯ 2
- ㉰ 3
- ㉱ 4

해설 경사 슈트는 재료분리를 일으키기 쉬워 될 수 있는 대로 사용하지 않는 것이 좋다.

문제 41 콘크리트 다지기에 내부진동기를 사용할 경우 삽입간격은 일반적으로 얼마 이하로 하는 것이 좋은가?
- ㉮ 0.5m 이하
- ㉯ 1m 이하
- ㉰ 1.5m 이하
- ㉱ 2m 이하

해설 내부 진동기 사용 방법
- 내부 진동기를 하층 콘크리트 속으로 0.1m 정도 찔러 다진다.
- 연직으로 찔러 다지며 삽입 간격으로 0.5m 이하로 한다.
- 1개소당 진동시간은 5~15초로 한다.
- 콘크리트 속에서 진동기를 천천히 빼 구멍이 생기지 않게 한다.
- 콘크리트 재료분리의 원인 때문에 내부 진동기는 콘크리트를 횡방향 이동에 사용해서는 안 된다.

문제 42 콘크리트의 블리딩 시험(KS F 2414)은 굵은골재의 최대치수가 최대 몇 mm 이하인 콘크리트에 적용하는가?
- ㉮ 25mm
- ㉯ 30mm
- ㉰ 40mm
- ㉱ 80mm

해설 일반적으로 블리딩은 콘크리트를 친 후 처음 15~30분에 대부분 생기며 2~4시간에 거의 끝난다.

정답 39.㉱ 40.㉯ 41.㉮ 42.㉰

문제 43
시멘트 모르타르의 강도 시험에 표준모래를 사용하는 이유로서 가장 적합한 것은?
- ㉮ 경제적인 모르타르를 제조하여 시험하기 위함이다.
- ㉯ 표준모래는 양생이 쉽고 온도에 영향을 적게 받기 때문이다.
- ㉰ 표준모래는 품질이 좋고 강도가 크기 때문이다.
- ㉱ 모래알의 차이에 의한 영향을 없애고 시험조건을 일정하게 하기 위함이다.

해설
- 모르타르의 압축강도 시험체를 만들 때, 모래알의 차이에 의한 영향을 없애고 시험조건을 일정하게 하기 위함이다.
- 시멘트 압축강도용 모르타르 시험체의 배합비는 시멘트 1, W/C=0.5, 표준모래 3의 질량비로 한다.

문제 44
콘크리트의 슬럼프 시험에서 콘크리트의 내려앉은 길이를 어느 정도의 정밀도로 측정하여야 하는가?
- ㉮ 0.5mm
- ㉯ 1mm
- ㉰ 5mm
- ㉱ 10mm

해설 슬럼프 시험은 시간은 3분 이내에 끝내야 한다.

문제 45
아래의 그림은 잔골재의 밀도 및 흡수율 시험에서 잔골재를 원뿔형 몰드에 넣어 다지고 난 후 빼 올렸을 때의 형태를 나타낸 것이다. 함수량이 많은 순서로 나열하면?
- ㉮ A > C > B
- ㉯ C > A > B
- ㉰ B > A > C
- ㉱ A > B > C

A B C

해설
- A : 습윤상태
- B : 표건상태(1회 시험 시 500g 이상을 채취하여 실시한다.)
- C : 건조상태

문제 46
잔골재 표면수 시험(KS F 2509)에 대한 설명으로 옳지 않은 것은?
- ㉮ 시험방법 중 질량법이 있다.
- ㉯ 시험의 정밀도는 각 시험값과 평균값과의 차가 3% 이하이어야 한다.
- ㉰ 시험방법 중 용적법이 있다.
- ㉱ 시험은 동시에 채취한 시료에 대하여 2회 실시하고 결과는 그 평균값으로 나타낸다.

해설 시험의 정밀도는 각 시험값과 평균값과의 차는 0.3% 이하이어야 한다.

정답 43.㉱ 44.㉰ 45.㉱ 46.㉯

문제 47 콘크리트 압축강도 시험용 공시체를 제작 시 캐핑의 재료로 사용하는 시멘트 풀의 물-시멘트 비로 가장 적합한 것은?

㉮ 15~18% ㉯ 19~22%
㉰ 23~26% ㉱ 27~30%

해설 캐핑을 하는 이유는 공시체의 표면을 반듯하게 하여 압축강도 시험을 할 경우 편심을 받지 않도록 하기 위함이다.

문제 48 물-시멘트비가 66%, 단위 수량이 176kg/m³일 때 단위 시멘트양은 얼마인가?

㉮ 266.7kg/m³ ㉯ 279.8kg/m³
㉰ 285.4kg/m³ ㉱ 293.1kg/m³

해설 $\frac{W}{C} = 0.66$ ∴ $C = \frac{W}{0.66} = \frac{176}{0.66} = 266.7 \text{kg/m}^3$

문제 49 굳지 않은 콘크리트의 공기 함유량 시험에서 보일(Boyle)의 법칙을 이용한 시험법은?

㉮ 밀도법 ㉯ 용적법
㉰ 질량법 ㉱ 공기실 압력법

해설
• 공기실 압력법에 의한 공기량 시험은 최대치수 40mm 이하의 보통 골재를 사용한 콘크리트에 적당하다.
• 콘크리트 공기량 $A = A_1$(겉보기 공기량)$-G$(골재의 수정계수)

문제 50 콘크리트의 슬럼프 시험을 통하여 알 수 있는 것은?

㉮ 반죽질기 ㉯ 내진성
㉰ 압축강도 ㉱ 탄성계수

해설 반죽질기 : 물의 양이 많고 적음에 따르는 반죽이 되고 진 정도를 나타내는 굳지 않은 콘크리트의 성질을 말하며 콘크리트의 유동성을 나타내는 것이다.

문제 51 골재의 단위용적질량 시험에서 굵은골재의 단위용적질량 평균값이 1.64t/m³이고 밀도가 2.60g/cm³이면 공극률은?

㉮ 4.2% ㉯ 30.9%
㉰ 36.9% ㉱ 63.1%

해설
• 공극률 $= \left(1 - \frac{\omega}{\rho}\right) \times 100 = \left(1 - \frac{1.64}{2.60}\right) \times 100 = 36.9\%$
• 실적률 $= \frac{\omega}{\rho} \times 100 = \frac{1.64}{2.60} \times 100 = 63.1\%$
• 공극률 $= 100 -$ 실적률

정답 47.㉱ 48.㉮ 49.㉱ 50.㉮ 51.㉰

문제 52
콘크리트용 모래에 포함되어 있는 유기불순물 시험에 사용되는 시약은?

㉮ 수산화나트륨 ㉯ 염화칼슘
㉰ 페놀프탈레인 ㉱ 규산나트륨

해설 유기불순물 시험에는 알코올, 수산화나트륨, 탄닌산의 시약이 사용된다.

문제 53
콘크리트 압축강도 시험에 필요한 공시체의 지름은 굵은골재 최대치수의 몇 배 이상이며 또한 몇 mm 이상이어야 하는가?

㉮ 2배, 30mm ㉯ 3배, 100mm
㉰ 2배, 100mm ㉱ 3배, 200mm

해설 콘크리트 인장강도 시험에 필요한 공시체의 지름은 골재 최대치수의 4배 이상이어야 하며 또한 150mm 이상으로 한다.

문제 54
골재의 단위용적 질량시험 방법 중 충격에 의한 경우는 용기에 시료를 3층으로 나누어 채우고 각 층마다 용기의 한쪽을 몇 cm 정도 들어올려서 낙하시켜야 하는가?

㉮ 5cm ㉯ 10cm
㉰ 15cm ㉱ 20cm

해설 골재의 단위용적 질량 시험은 다짐대를 사용하는 방법과 충격을 이용하는 방법이 있다.

문제 55
압축강도 시험의 기록이 없는 현장에서 콘크리트의 호칭강도가 40MPa일 때 배합강도는?

㉮ 47MPa ㉯ 48.5MPa
㉰ 49MPa ㉱ 51.5MPa

해설
- $f_{cn} > 35$MPa이므로 $f_{cr} = 1.1 f_{cn} + 5.0 = 1.1 \times 40 + 5.0 = 49$MPa이다.
- $f_{cn} = 21 \sim 35$MPa의 경우 $f_{cr} = f_{cn} + 8.5$이다.
- $f_{cn} < 21$MPa의 경우 $f_{cr} = f_{cn} + 7$이다.

문제 56
블리딩 시험에서 처음 60분 동안은 몇 분 간격으로 표면에 생긴 블리딩의 물을 빨아내는가?

㉮ 5분 간격으로 ㉯ 10분 간격으로
㉰ 20분 간격으로 ㉱ 30분 간격으로

해설 처음 60분 동안은 10분 간격으로, 그 후는 블리딩이 멈출 때까지 30분 간격으로 표면에 생긴 블리딩 물을 피펫으로 빨아낸다.

정답 52.㉮ 53.㉯ 54.㉮ 55.㉰ 56.㉯

문제 57

4점 재하장치로 휨강도 시험을 한 결과 공시체가 지간의 중앙에서 파괴가 되었을 때 휨강도는 약 얼마인가? (단, 150×150×530mm의 공시체를 사용하였으며, 지간 450mm, 최대하중이 25kN이다.)

㉮ 2.73MPa
㉯ 3.03MPa
㉰ 3.33MPa
㉱ 4.73MPa

해설 $f_b = \dfrac{Pl}{bd^2} = \dfrac{25,000 \times 450}{150 \times 150^2} = 3.33 \text{N/mm}^2 = 3.33 \text{MPa}$

문제 58

로스앤젤레스 시험기로 굵은골재 마모시험을 한 시료의 잔량과 통과량을 구분하기 위해 사용하는 체는?

㉮ 1.2mm 체
㉯ 1.7mm 체
㉰ 2.5mm 체
㉱ 5.0mm 체

해설 굵은골재의 마모율은 40% 이하이다.

문제 59

잔골재의 절대 부피가 0.279m³이고 잔골재 밀도가 2.64g/cm³일 때 단위 잔골재량은 약 얼마인가?

㉮ 106kg
㉯ 573kg
㉰ 737kg
㉱ 946kg

해설 단위 잔골재량 : 잔골재 밀도×잔골재 체적×1,000 = 2.64×0.279×1,000 = 737kg

문제 60

잔골재 밀도 시험의 결과가 아래의 표와 같을 때 이 잔골재의 표면건조 포화상태의 밀도는?

- 검정된 용량을 나타낸 눈금까지 물을 채운 플라스크의 질량(g) : 711.2
- 표면건조 포화상태 시료의 질량(g) : 500
- 시료와 물로 검정된 용량을 나타낸 눈금까지 채운 플라스크의 질량(g) : 1019.8
- 시험온도에서 물의 밀도(1g/cm³)

㉮ 2.046g/cm³
㉯ 2.357g/cm³
㉰ 2.586g/cm³
㉱ 2.612g/cm³

해설 표건밀도

$$\dfrac{m}{B+m-C} \times \rho_w = \dfrac{500}{711.2+500-1,019.8} \times 1 = 2.612 \text{g/cm}^3$$

정답 57.㉰ 58.㉱ 59.㉰ 60.㉱

제 6 회 CBT 모의고사

콘크리트기능사

문제 01 골재 알의 모양을 판정하는 척도인 실적률을 구하는 식으로 옳은 것은?
- ㉮ 실적률(%)=공극률(%)−100
- ㉯ 실적률(%)=100−공극률(%)
- ㉰ 실적률(%)=조립률(%)−100
- ㉱ 실적률(%)=100−조립률(%)

해설
- 실적률 = $\dfrac{\text{골재의 단위용적질량}}{\text{골재의 밀도}} \times 100$
- 공극률 = 100 − 실적률

문제 02 포틀랜드 시멘트 제조방법 중 옳지 않은 것은?
- ㉮ 건식법
- ㉯ 반건식법
- ㉰ 습식법
- ㉱ 수중법

해설 건식법, 반건식법, 습식법 중에서 건식법이 가장 많이 제조방법으로 사용되고 있다.

문제 03 콘크리트용 굵은골재와 잔골재를 구분하는 체의 호칭크기로 옳은 것은?
- ㉮ 2.5mm 체
- ㉯ 5mm 체
- ㉰ 10mm 체
- ㉱ 13mm 체

해설 5mm 체에 남는 골재를 굵은골재, 5mm 체를 통과하는 골재를 잔골재라 한다.

문제 04 주로 잠재 수경성이 있는 혼화재는?
- ㉮ 고로 슬래그 미분말
- ㉯ 플라이 애시
- ㉰ 규산질 미분말
- ㉱ 팽창재

해설 알칼리 환경에서 경화되기 쉬운 잠재수경성을 가져 고로시멘트의 원료 혹은 콘크리트용 혼합재로 많이 사용된다.

문제 05 콘크리트용 골재로서 요구되는 성질로 틀린 것은?
- ㉮ 골재의 낱알의 크기가 균등하게 분포할 것
- ㉯ 필요한 무게를 가질 것
- ㉰ 단단하고 치밀할 것
- ㉱ 알의 모양은 둥글거나 입방체에 가까울 것

해설 골재는 크고 작은 낱알이 골고루 분포할 것

정답 01.㉯ 02.㉱ 03.㉯ 04.㉮ 05.㉮

문제 06
시멘트의 응결을 빠르게 하기 위하여 사용하는 혼화제는?
- ㉮ 지연제
- ㉯ 발포제
- ㉰ 급결제
- ㉱ 기포제

해설 일반적으로 숏크리트는 급결제의 첨가에 의하여 조기에 강도를 얻을 수 있고 거푸집이 필요치 않으며 급속시공이 가능하다.

문제 07
철근 콘크리트를 만드는 데 필요한 배합수로 적합하지 않은 것은?
- ㉮ 지하수
- ㉯ 바닷물
- ㉰ 수돗물
- ㉱ 하천수

해설 해수를 사용하면 강의 부식을 초래하므로 철근 콘크리트와 프리스트레스트 콘크리트에서는 사용하지 않아야 한다.

문제 08
건조 수축에 의한 균열을 막기 위하여 콘크리트에 팽창재를 넣거나 팽창 시멘트를 사용하여 만든 콘크리트를 무엇이라 하는가?
- ㉮ AE(공기연행) 콘크리트
- ㉯ 유동화 콘크리트
- ㉰ 팽창 콘크리트
- ㉱ 철근 콘크리트

해설 팽창 콘크리트는 팽창재의 역할로 사용하는 혼화재를 시멘트에 치환 첨가하여 콘크리트의 건조수축하는 성질에 대하여 미리 콘크리트를 팽창시켜 두는 수축보상용 콘크리트, 화학적 프리스트레스를 도입하여 내압강도를 높인 화학적 프리스트레스용 콘크리트 및 충전용 모르터와 콘크리트로 한다.

문제 09
시멘트의 입자를 분산시켜 콘크리트의 단위 수량을 감소시키는 혼화제는?
- ㉮ AE(공기연행)제
- ㉯ 지연제
- ㉰ 촉진제
- ㉱ 감수제

해설
- 감수제는 표준형, 지연형, 촉진형으로 분류된다.
- 감수제는 시멘트의 분산작용에 의해 혼화제를 사용하지 않은 콘크리트와 비교하여 4~8% 감소시킬 수 있다.
- AE(공기연행) 감수제는 시멘트의 분산작용과 공기연행작용의 상승효과에 의해 10~15% 감소시킬 수 있다.

문제 10
다음 시멘트의 종류 중 혼합시멘트가 아닌 것은?
- ㉮ 고로 슬래그 시멘트
- ㉯ 포틀랜드 포졸란 시멘트
- ㉰ 플라이 애시 시멘트
- ㉱ 알루미나 시멘트

해설 알루미나 시멘트는 특수 시멘트로 초조강성 시멘트로 초기강도가 커서 보통 포틀랜드 시멘트의 28일 강도를 1일에 낼 수 있다.

정답 06.㉰ 07.㉯ 08.㉰ 09.㉱ 10.㉱

문제 11
조기강도가 작고 장기강도가 큰 시멘트로 체적 변화가 적고 균열 발생이 적어 댐 공사, 단면이 큰 구조물 공사에 적합한 것은?

㉮ 보통 포틀랜드 시멘트
㉯ 조강 포틀랜드 시멘트
㉰ 백색 포틀랜드 시멘트
㉱ 중용열 포틀랜드 시멘트

해설 중용열 포틀랜드 시멘트는 수화열이 적으며 건조수축은 포틀랜드 시멘트 중에서 가장 적다.

문제 12
플라이 애시를 사용한 콘크리트에 대한 설명으로 틀린 것은?

㉮ 콘크리트의 워커빌리티를 좋게 하고 사용 수량을 감소시켜 준다.
㉯ 초기재령의 강도는 다소 작으나 장기재령의 강도는 증가한다.
㉰ AE(공기연행)제를 조금만 사용해도 공기량이 상당히 많아진다.
㉱ 콘크리트의 수밀성이 좋아진다.

해설 플라이 애시는 공기연행제를 흡착하는 성질이 있으므로 소요의 공기량을 얻기 위해서는 공기연행제를 많이 사용해야 한다.

문제 13
골재의 조립률을 구할 때 사용되지 않는 체의 크기는?

㉮ 40mm
㉯ 15mm
㉰ 10mm
㉱ 0.15mm

해설 75, 40, 20, 10, 5, 2.5, 1.2, 0.6, 0.3, 0.15mm 체가 사용된다.

문제 14
시멘트가 풍화하면 나타나는 현상으로 옳은 것은?

㉮ 밀도가 커지고 응결이 빨라진다.
㉯ 강도가 늦게 나타나고 응결이 빨라진다.
㉰ 밀도가 작아지고 조기강도가 커진다.
㉱ 응결이 늦어지며 밀도가 작아진다.

해설 시멘트가 풍화되면 밀도가 작아지고 조기강도가 작다.

문제 15
숏크리트에 대한 설명으로 틀린 것은?

㉮ 시멘트는 보통 포틀랜드 시멘트를 사용하는 것을 표준으로 한다.
㉯ 혼화제로는 급결제를 사용한다.
㉰ 굵은골재는 최대치수가 40~50mm의 부순돌 또는 강자갈을 사용한다.
㉱ 시공방법으로는 건식공법과 습식공법이 있다.

해설 굵은골재는 최대치수가 10~13mm의 부순돌 또는 강자갈을 사용한다.

정답 11.㉱ 12.㉰ 13.㉯ 14.㉱ 15.㉰

문제 16
일반적인 구조물의 콘크리트에 사용되는 굵은골재의 최대치수는 다음 중 어느 것을 표준으로 하는가?

㉮ 25mm   ㉯ 50mm
㉰ 75mm   ㉱ 100mm

해설 단면이 큰 경우에는 40mm 이하이다.

문제 17
보통 잔골재의 일반적인 밀도로 옳은 것은?

㉮ $2.40 \sim 2.55 g/cm^3$ ㉯ $2.50 \sim 2.65 g/cm^3$
㉰ $2.60 \sim 2.85 g/cm^3$ ㉱ $2.80 \sim 2.95 g/cm^3$

해설 잔골재의 밀도는 표면건조포화상태를 의미한다.

문제 18
시멘트 밀도에 영향을 미치는 요소에 대한 설명으로 옳지 않은 것은?

㉮ 저장기간이 길어지면 밀도가 작아진다.
㉯ 혼합물이 섞이면 밀도가 작아진다.
㉰ SiO_2, Fe_2O_3가 많으면 밀도가 커진다.
㉱ 소성과정(Burning)이 불충분하면 밀도가 커진다.

해설
• 소성과정(Burning)이 불충분하면 밀도가 작아진다.
• 풍화된 시멘트는 밀도가 작아진다.

문제 19
품질이 좋은 콘크리트를 만들기 위해 일반적으로 사용되는 잔골재의 조립률 범위로 옳은 것은?

㉮ 2.0~3.3   ㉯ 3.4~4.1
㉰ 4.5~5.7   ㉱ 6~8

해설 굵은골재의 조립률 : 6~8

문제 20
비빈 콘크리트의 운반에 대한 설명으로 적당하지 않은 것은?

㉮ 재료의 손실이 생기지 않아야 한다.
㉯ 재료의 분리가 생기지 않아야 한다.
㉰ 슬럼프의 감소가 생기지 않아야 한다.
㉱ 블리딩이 많이 발생하도록 운반해야 한다.

해설 블리딩이 발생하지 않도록 운반해야 한다.

정답 16.㉮ 17.㉯ 18.㉱ 19.㉮ 20.㉱

문제 21
콘크리트용 굵은골재의 안정성은 황산나트륨으로 5회 시험을 하여 평가한다. 이때 손실질량은 몇 % 이하를 표준으로 하는가?

㉮ 12% ㉯ 10%
㉰ 5%   ㉱ 3%

해설 잔골재의 경우 10% 이하를 표준으로 한다.

문제 22
콘크리트 다짐기계 중 비교적 두께가 얇고 면적이 넓은 도로 포장 등의 다지기에 사용되는 것은?

㉮ 래머(rammer)   ㉯ 내부진동기
㉰ 표면진동기   ㉱ 거푸집진동기

해설 표면마무리에는 초벌 마무리, 평탄 마무리, 거친 마무리가 있다.

문제 23
공장에 있는 고정믹서에서 어느 정도 비빈 콘크리트를 믹서에 싣고, 비비면서 현장에 운반하는 방법은?

㉮ 슈링크 믹스트 콘크리트   ㉯ 트랜싯 믹스트 콘크리트
㉰ 센트럴 믹스트 콘크리트   ㉱ 콘크리트 플레이서

해설 센트럴 믹스트 콘크리트의 경우는 공장에 있는 고정믹서에서 완전히 비빈 콘크리트를 현장으로 운반하는 방법이다.

문제 24
일반 콘크리트의 경우 AE(공기연행) 공기량이 어느 정도일 때 워커빌리티(workability)와 내구성이 가장 좋은 콘크리트가 되는가?

㉮ 1~3%   ㉯ 4~7%
㉰ 8~10%   ㉱ 11~14%

해설 공기량은 4.5±1.5%이다.

문제 25
거푸집과 동바리에 관한 설명 중 옳지 않은 것은?

㉮ 연직부재의 거푸집은 수평부재의 거푸집보다 빨리 떼어낸다.
㉯ 보에서는 밑면 거푸집을 양측면의 거푸집보다 먼저 떼어낸다.
㉰ 거푸집을 시공할 때 거푸집 판의 안쪽에 박리제를 발라서 콘크리트가 거푸집에 붙는 것을 방지하도록 한다.
㉱ 거푸집 및 동바리는 콘크리트가 자중 및 시공 중에 가해지는 하중에 충분히 견딜만한 강도를 가질 때까지 해체해서는 안 된다.

해설 보에서는 밑면 거푸집을 양측면의 거푸집보다 나중에 떼어낸다.

정답 21.㉮ 22.㉰ 23.㉮ 24.㉯ 25.㉯

문제 26 일반 수중 콘크리트의 물-결합재비의 표준은 몇 % 이하인가?
- ㉮ 20%
- ㉯ 30%
- ㉰ 40%
- ㉱ 50%

해설 일반 수중 콘크리트의 물-결합재비는 50% 이하, 단위 시멘트양은 370kg/m³ 이상이어야 한다.

문제 27 서중 콘크리트를 타설할 때의 콘크리트 온도는 최대 몇 ℃ 이하이어야 하는가?
- ㉮ 20℃
- ㉯ 25℃
- ㉰ 30℃
- ㉱ 35℃

해설 하루 평균 기온이 25℃를 초과할 경우에 서중 콘크리트로 시공하며 콘크리트 타설 시 콘크리트의 온도는 35℃ 이하여야 한다.

문제 28 보통 포틀랜드 시멘트를 사용한 콘크리트를 습윤양생 하고자 할 때 습윤상태로 보호하는 기간의 표준으로 옳은 것은? (단, 일평균기온이 15℃ 이상인 경우)
- ㉮ 2일
- ㉯ 3일
- ㉰ 4일
- ㉱ 5일

해설 일평균기온이 10℃ 이상인 경우는 7일을 표준한다.

문제 29 콘크리트의 재료를 비벼서 굳지 않은 상태의 콘크리트를 만드는 것으로서 재료 저장부, 계량 장치, 비비기 장치, 배출 장치가 있어 콘크리트를 일관 작업으로 대량 생산하는 기계는?
- ㉮ 콘크리트 플랜트
- ㉯ 콘크리트 믹서
- ㉰ 트럭 믹서
- ㉱ 콘크리트 펌프

해설 배치 플랜트의 계량기는 연속적으로 계량할 수 있는 장치가 구비되어야 하며 믹서는 고정식 믹서로 한다.

문제 30 수송관 속의 콘크리트를 압축 공기에 의해 압송하는 것으로서 콘크리트 펌프와 같이 터널 등의 좁은 곳에 콘크리트를 운반하는 데에 편리한 콘크리트 운반기계는?
- ㉮ 벨트 컨베이어
- ㉯ 버킷
- ㉰ 콘크리트 플레이서
- ㉱ 슈트

해설
- 벨트 컨베이어는 된 반죽 콘크리트 운반에 적합하다.
- 버킷은 믹서로부터 받아 즉시 콘크리트 타설할 장소로 운반하기에 가장 좋은 방법이다.
- 경사슈트는 재료분리를 일으키기 쉬워 될 수 있는 한 사용하지 않는 것이 좋고 부득이 경사슈트를 사용할 경우 수평 2에 연직 1정도의 경사가 적당하다.

정답 26.㉱ 27.㉱ 28.㉱ 29.㉮ 30.㉰

문제 31
콘크리트를 2층 이상으로 나누어 타설할 경우 외기온도 25°C 이하에서 이어치기 허용시간의 표준으로 옳은 것은?

㉮ 1.0시간   ㉯ 1.5시간
㉰ 2.0시간   ㉱ 2.5시간

해설 외기온도 25°C 이상에서 이어치기 허용시간의 표준은 2.0시간이다.

문제 32
골재의 절대부피가 0.691m³인 콘크리트에서 잔골재율이 41%이고 잔골재의 밀도가 2.6g/cm³, 굵은골재의 밀도가 2.65g/cm³라면 단위 굵은골재량은 약 얼마인가?

㉮ 410kg/m³   ㉯ 740kg/m³
㉰ 820kg/m³   ㉱ 1,080kg/m³

해설 G = 굵은골재의 밀도 × 굵은골재의 체적 × 1,000
= 2.65 × 0.691 × 0.59 × 1,000 = 1,080kg/m³

문제 33
레디믹스트(Ready Mixed) 콘크리트에 관한 설명으로 틀린 것은?

㉮ 콘크리트를 치기가 쉬워 능률적이다.
㉯ 공사비용과 공사기간이 늘어나는 단점이 있다.
㉰ 콘크리트의 품질을 염려할 필요가 없이 시공에만 전념할 수 있다.
㉱ 좋은 품질의 콘크리트를 얻기가 쉽다.

해설 공사비용과 공사기간이 줄어드는 장점이 있다.

문제 34
부재 혹은 구조물의 치수가 커서 시멘트의 수화열에 의한 온도 상승 및 강하를 고려하여 설계·시공해야 하는 콘크리트는?

㉮ 뿜어붙이기 콘크리트   ㉯ 진공 콘크리트
㉰ 매스 콘크리트   ㉱ 롤러 다짐 콘크리트

해설 매스 콘크리트에서 온도 균열방지 및 제어를 위해 프리쿨링, 파이프 쿨링 등을 한다.

문제 35
콘크리트 타설에 대한 설명으로 옳지 않은 것은?

㉮ 콘크리트의 타설은 원칙적으로 시공계획서에 따라야 한다.
㉯ 타설한 콘크리트를 거푸집 안에서 횡방향으로 이동시켜서는 안 된다.
㉰ 한 구획 내의 콘크리트는 타설이 완료될 때까지 연속해서 타설하여야 한다.
㉱ 벽 또는 기둥과 같이 높이가 높은 콘크리트의 치기속도는 1시간에 1~1.5m 정도로 한다.

해설 벽 또는 기둥과 같이 높이가 높은 콘크리트의 치기속도는 30분에 1~1.5m 정도로 한다.

정답 31.㉱ 32.㉱ 33.㉯ 34.㉰ 35.㉱

문제 36 콘크리트 재료 중 혼화재의 1회 계량분에 대한 계량오차(허용오차)로 옳은 것은?
- ㉮ ±1%
- ㉯ ±2%
- ㉰ ±3%
- ㉱ ±4%

해설 골재 및 혼화제 : ±3%

문제 37 콘크리트의 배합에서 단위 잔골재량이 600kg/m³, 단위 굵은골재량이 1,400kg/m³일 때 절대 잔골재율(S/a)은? (단, 잔골재와 굵은골재 밀도는 같다.)
- ㉮ 30%
- ㉯ 35%
- ㉰ 40%
- ㉱ 45%

해설 $S/a = \dfrac{S}{S+G} \times 100 = \dfrac{600}{600+1,400} \times 100 = 30\%$

문제 38 거푸집의 높이가 높을 경우 재료의 분리를 방지하기 위하여 슈트, 펌프배관 등의 배출구와 타설면까지의 높이는 원칙적으로 얼마로 하여야 하는가?
- ㉮ 1.0m 이하
- ㉯ 1.0m 이상
- ㉰ 1.5m 이하
- ㉱ 1.5m 이상

해설 콘크리트 타설 도중에 심한 재료분리가 생긴 콘크리트는 사용하지 않는다.

문제 39 완전히 물막이를 할 수 없는 현장에서 수중 콘크리트를 타설하고자 할 때 유속을 얼마 이하로 하여야 수중 콘크리트를 타설할 수 있는가?
- ㉮ 50mm/s
- ㉯ 100mm/s
- ㉰ 250mm/s
- ㉱ 500mm/s

해설 수중 콘크리트는 콘크리트 펌프 및 트레미로 타설하는 것을 원칙으로 한다.

문제 40 콘크리트의 슬럼프 시험에 대한 설명으로 틀린 것은?
- ㉮ 콘크리트의 내려앉은 길이를 1cm의 정밀도로 측정한다.
- ㉯ 슬럼프 콘에 시료를 채울 때 각 층은 25회씩 다진다.
- ㉰ 슬럼프 콘에 시료를 채울 때 슬럼프 콘 부피의 1/3씩 3층으로 나눠서 채운다.
- ㉱ 슬럼프 콘에 콘크리트를 채우기 시작하고 나서 슬럼프 콘의 들어올리기를 종료할 때까지의 시간은 3분 이내로 한다.

해설 콘크리트의 내려앉은 길이를 5mm의 정밀도로 측정한다.

정답 36.㉯ 37.㉮ 38.㉰ 39.㉮ 40.㉮

문제 41
슬래브 및 보의 밑면 거푸집은 콘크리트 압축강도가 최소 얼마 이상일 때 해체할 수 있는가? (단, 콘크리트의 압축강도를 시험하여 거푸집널의 해체시기를 정하는 경우)

㉮ 5MPa
㉯ 10MPa
㉰ 14MPa
㉱ 28MPa

해설 측면의 거푸집을 해체할 경우에는 콘크리트 압축강도가 최소 5MPa가 되어야 한다.

문제 42
골재의 안정성 시험은 황산나트륨을 용해시켜 황산나트륨 용액을 만들어 사용한다. 이때 시험용 용액의 비중은?

㉮ 1.151~1.174
㉯ 1.251~1.274
㉰ 1.351~1.374
㉱ 1.451~1.474

해설 기상 작용에 대한 골재의 저항성을 알기 위해 안정성 시험을 한다.

문제 43
강도시험용 콘크리트 공시체의 제작에서 몰드를 떼는 시기는 콘크리트 채우기가 끝나고 나서 얼마 이내에 실시하여야 하는가?

㉮ 4시간 이상 16시간 이내
㉯ 16시간 이상 3일 이내
㉰ 3일 이상 6일 이내
㉱ 6일 이상 28일 이내

해설 공시체는 20±2°C에서 습윤상태로 양생한다.

문제 44
골재의 마모시험 방법 중 로스앤젤레스 마모시험기에 의해 마모시험을 한 경우 잔량 및 통과량을 결정하는 체는?

㉮ 5mm 체
㉯ 2.5mm 체
㉰ 1.7mm 체
㉱ 1.2mm 체

해설 보통 콘크리트용 골재의 닳음 감량의 한도는 40% 이하이다.

문제 45
잔골재의 밀도 및 흡수율(KS F 2504) 시험에서 밀도 시험의 정밀도는 2회 실시하여 각각 구한 값과 평균값의 차이가 몇 g/cm³ 이하이어야 하는가?

㉮ 0.01g/cm³
㉯ 0.05g/cm³
㉰ 0.1g/cm³
㉱ 0.5g/cm³

해설 흡수율 시험의 경우에는 0.05% 이하이어야 한다.

정답 41.㉰ 42.㉮ 43.㉯ 44.㉰ 45.㉮

문제 46 시방배합에서 규정된 배합의 표시법에 포함되지 않는 것은?
- ㉮ 슬럼프의 범위
- ㉯ 잔골재의 최대치수
- ㉰ 물-결합재비
- ㉱ 시멘트의 단위량

해설 굵은골재의 최대치수, 잔골재의 단위량, 굵은골재의 단위량 등을 표시한다.

문제 47 잔골재 체가름 시험에 필요한 시료를 준비할 때 1.2mm 체를 95%(질량비) 이상 통과하는 시료의 최소 건조질량은?
- ㉮ 100g
- ㉯ 300g
- ㉰ 500g
- ㉱ 1,000g

해설 1.2mm 체를 5%(질량비) 이상 남는 시료의 최소 건조질량은 500g이다.

문제 48 콘크리트 공시체로 압축강도 시험을 한 결과 공시체가 파괴될 때의 최대하중이 600kN이었고, 공시체의 지름은 150mm, 높이가 300mm이었다면 콘크리트의 압축강도는?
- ㉮ 28MPa
- ㉯ 31MPa
- ㉰ 34MPa
- ㉱ 38MPa

해설 $f_c = \dfrac{P}{A} = \dfrac{600,000}{\dfrac{\pi \times 150^2}{4}} = 34\text{MPa}$

문제 49 굳지 않은 콘크리트의 압력법에 의한 공기량 측정기구는?
- ㉮ 진동대식 공기량 측정기
- ㉯ 워싱턴형 공기량 측정기
- ㉰ 관입침
- ㉱ 슈미트 해머

해설 공기량의 측정법에는 공기실 압력법, 질량법, 부피법 등이 있다.

문제 50 콘크리트의 휨 강도 시험에 대한 설명으로 틀린 것은?
- ㉮ 지간은 공시체 높이의 3배로 한다.
- ㉯ 재하장치의 접촉면과 공시체 면과의 사이에 틈새가 생기는 경우, 접촉부의 공시체 표면을 평평하게 갈아서 잘 접촉할 수 있도록 한다.
- ㉰ 공시체에 충격을 가하지 않도록 일정한 속도로 하중을 가한다.
- ㉱ 하중을 가하는 속도는 가장자리 응력도의 증가율이 매초 0.6 ± 0.4MPa이 되도록 한다.

해설 하중을 가하는 속도는 가장자리 응력도의 증가율이 매초 0.06 ± 0.04MPa이 되도록 한다.

정답 46.㉯ 47.㉮ 48.㉰ 49.㉯ 50.㉱

문제 51

표면건조포화상태 시료의 질량이 4,000g이고, 물속에서 철망태와 시료의 질량이 3,070g이며 물속에서 철망태의 질량이 580g, 절대건조상태 시료의 질량이 3,930g일 때 이 굵은골재의 절대건조상태의 밀도는? (단, 시험온도에서의 물의 밀도는 1g/cm³이다.)

㉮ 2.30g/cm³
㉯ 2.40g/cm³
㉰ 2.50g/cm³
㉱ 2.60g/cm³

해설

- 겉보기 밀도 $= \dfrac{A}{A-C} \times \rho_w = \dfrac{3,930}{3,930-(3,070-580)} \times 1 = 2.73 \text{g/cm}^3$
- 표건밀도 $= \dfrac{B}{B-C} \times \rho_w = \dfrac{4,000}{4,000-(3,070-580)} \times 1 = 2.65 \text{g/cm}^3$
- 절건밀도 $= \dfrac{A}{B-C} \times \rho_w = \dfrac{3,930}{4,000-(3,070-580)} \times 1 = 2.60 \text{g/cm}^3$

문제 52

시방배합 결과 단위 잔골재량이 700kg/m³이고 단위 굵은골재량이 1,000kg/m³, 단위 수량이 180kg/m³이었다. 현장에서 골재의 상태가 잔골재의 표면수량은 5%, 굵은골재의 표면수량이 1%인 경우 현장배합으로 보정한 단위 수량은? (단, 입도에 대한 보정은 필요 없는 경우)

㉮ 120kg/m³
㉯ 135kg/m³
㉰ 210kg/m³
㉱ 225kg/m³

해설 $180 - (700 \times 0.05) - (1,000 \times 0.01) = 135 \text{kg/m}^3$

문제 53

슬럼프 시험에서 슬럼프 콘을 벗기는 작업은 몇 초 이내로 하여야 하는가?

㉮ 2~5초
㉯ 4~5초
㉰ 10~20초
㉱ 15~25초

해설 슬럼프 시험은 슬럼프 콘을 벗기는 시간을 포함하여 3분 이내에 완료한다.

문제 54

시멘트 밀도 시험의 목적이 아닌 것은?

㉮ 시멘트의 종류를 어느 정도 추정할 수 있다.
㉯ 시멘트의 품질을 판정할 수 있다.
㉰ 시멘트 입자 사이의 공기량을 알 수 있다.
㉱ 콘크리트 배합 설계를 할 때 시멘트의 절대 용적을 구할 수 있다.

해설 시멘트의 풍화상태를 알 수 있다.

정답 51.㉱ 52.㉯ 53.㉮ 54.㉰

문제 55
30회 이상의 시험실적으로부터 구한 압축강도의 표준편차가 2MPa이고 품질기준강도가 30MPa인 경우 배합강도는?

㉮ 30MPa
㉯ 31.2MPa
㉰ 32.7MPa
㉱ 33.9MPa

해설
- $f_{cr} = f_{cq} + 1.34s = 30 + 1.34 \times 2 = 32.7 \text{MPa}$
- $f_{cr} = (f_{cq} - 3.5) + 2.33s = (30 - 3.5) + 2.33 \times 2 = 31.2 \text{MPa}$

∴ 큰 값인 32.7MPa이다.

문제 56
콘크리트용 모래에 포함되어 있는 유기불순물 시험에 사용하는 유리병에 대한 설명으로 옳은 것은?

㉮ 병은 고무마개를 가지고 눈금이 없는 용량 800mL의 무색 투명 유리병이 1개 있어야 한다.
㉯ 병은 고무마개를 가지고 눈금이 없는 용량 400mL의 무색 투명 유리병이 2개 있어야 한다.
㉰ 병은 고무마개를 가지고 눈금이 없는 용량 800mL의 파랑색 투명 유리병이 2개 있어야 한다.
㉱ 병은 고무마개를 가지고 눈금이 없는 용량 400mL의 파랑색 투명 유리병이 1개 있어야 한다.

해설 시료에 넣은 시험용액의 색깔이 표준색 용액보다 연하면 적합하다.

문제 57
콘크리트 압축강도 시험용 공시체의 양생온도로 적당한 것은?

㉮ $10 \pm 2°C$
㉯ $15 \pm 2°C$
㉰ $20 \pm 2°C$
㉱ $25 \pm 2°C$

해설 공시체는 제작한 뒤 16시간 이상 3일 이내에 몰드에서 떼어내고 $20 \pm 2°C$ 습윤상태로 양생한다.

문제 58
압력법에 의한 굳지 않은 콘크리트의 공기함유량 시험에 대한 설명으로 옳은 것은?

㉮ 측정 용기의 용량은 4L를 사용한다.
㉯ 시료를 용기에 한 번에 채우고 다짐봉으로 55회 균등하게 다진다.
㉰ 용기의 뚜껑을 죌 때는 반드시 시계침 방향에 따른 순서대로 죈다.
㉱ 콘크리트의 공기량은 겉보기 공기량에서 골재의 수정계수를 뺀 값으로 한다.

해설
- 측정 용기의 용량은 $5l$를 사용한다.
- 시료를 용기에 3층으로 나눠 채우고 다짐봉으로 각 층을 25회 균등하게 다진다.

정답 55.㉰ 56.㉯ 57.㉰ 58.㉱

문제 59 물-시멘트비가 50%이고 단위 수량이 180kg/m³일 때 단위 시멘트양은 얼마인가?
- ㉮ 90kg/m³
- ㉯ 180kg/m³
- ㉰ 270kg/m³
- ㉱ 360kg/m³

해설 $\dfrac{W}{C} = 0.5$ ∴ $C = \dfrac{W}{0.5} = \dfrac{180}{0.5} = 360\text{kg/m}^3$

문제 60 잔골재의 밀도 및 흡수율 시험에 사용되는 시험기구로 옳지 않은 것은?
- ㉮ 저울
- ㉯ 플라스크
- ㉰ 원심분리기
- ㉱ 원뿔형 몰드

해설 밀도가 큰 골재는 빈틈이 적어 흡수율이 적고 강도와 내구성이 크다.

정답 59.㉱ 60.㉰

제5편

실기 기출문제

실기 필답형 문제
실기 작업형 문제

2013년 3월 17일 실기 필답형 문제	2019년 3월 23일 실기 필답형 문제
2013년 5월 26일 실기 필답형 문제	2019년 5월 25일 실기 필답형 문제
2013년 9월 1일 실기 필답형 문제	2019년 8월 24일 실기 필답형 문제
2014년 3월 23일 실기 필답형 문제	2020년 4월 4일 실기 필답형 문제
2014년 5월 25일 실기 필답형 문제	2020년 6월 13일 실기 필답형 문제
2014년 9월 14일 실기 필답형 문제	2020년 8월 29일 실기 필답형 문제
2015년 3월 15일 실기 필답형 문제	2021년 4월 3일 실기 필답형 문제
2015년 5월 24일 실기 필답형 문제	2021년 6월 13일 실기 필답형 문제
2015년 9월 6일 실기 필답형 문제	2021년 8월 22일 실기 필답형 문제
2016년 3월 13일 실기 필답형 문제	2022년 3월 20일 실기 필답형 문제
2016년 5월 21일 실기 필답형 문제	2022년 5월 29일 실기 필답형 문제
2016년 8월 28일 실기 필답형 문제	2022년 8월 14일 실기 필답형 문제
2017년 3월 12일 실기 필답형 문제	2023년 4월 9일 실기 필답형 문제
2017년 5월 20일 실기 필답형 문제	2023년 6월 11일 실기 필답형 문제
2017년 9월 9일 실기 필답형 문제	2023년 8월 12일 실기 필답형 문제
2018년 3월 10일 실기 필답형 문제	2024년 3월 16일 실기 필답형 문제
2018년 5월 26일 실기 필답형 문제	2024년 6월 1일 실기 필답형 문제
2018년 8월 25일 실기 필답형 문제	2024년 8월 18일 실기 필답형 문제

콘크리트기능사

기출 및 예상문제(1시간) | 실기 필답형 문제

문제 01

르샤틀리에 병의 처음 광유 눈금이 0.4mℓ이고 시멘트 64g을 넣고 읽은 눈금이 21.6mℓ이다. 시멘트의 밀도는 얼마인가?

풀이 시멘트 밀도 $= \dfrac{64}{21.6-0.4} = 3.02 \text{g/cm}^3$

문제 02

시멘트 모르터의 흐름시험을 실시한 결과 다음과 같은 값을 얻었다. 흐름값을 구하시오.

- 몰드의 밑지름 : 102mm
- 평균 퍼진 지름 값 : 212mm

풀이 흐름값

$= \dfrac{\text{모르타르의 퍼진 평균지름} - \text{몰드의 밑지름}}{\text{몰드의 밑지름}} \times 100 = \dfrac{212-102}{102} \times 100 = 107.8$

문제 03

콘크리트 슬럼프 시험에 대한 다음 물음에 답하시오.
가) 슬럼프 콘의 규격을 쓰시오(윗면 안지름 × 밑면 안지름 × 높이).
나) 슬럼프 콘에 시료를 채우고 벗길 때까지의 전 작업시간은?
다) 구관입 시험으로 측정한 값이 70mm이었다. 슬럼프 값을 구하시오.

풀이 가) 100mm × 200mm × 300mm
나) 3분 이내
다) (1.5~2배) × 70mm = 105~140mm

문제 04

시멘트 모르터의 압축강도 시험을 실시하였다. 이때 시험체의 단면적이 1,600mm²이고 파괴 시 최대하중이 54,000N이었다. 압축강도를 구하시오.

풀이 압축강도 $= \dfrac{\text{최대하중}}{\text{시험체의 단면적}} = \dfrac{54,000}{1,600} = 33.75 \text{N/mm}^2 = 33.75 \text{MPa}$

문제 05

시멘트 모르타르의 압축강도 시험에 관한 다음 물음에 답하시오.
가) 모르타르를 만들 때 사용하는 기구를 5가지만 쓰시오.
나) 시험체를 만들 때 사용하는 기구를 5가지만 쓰시오.
다) 압축강도를 측정할 때 사용하는 기구를 3가지만 쓰시오.
라) 각주형 공시체의 치수는?

풀이 가) ① 천칭(저울) ② 혼합기 ③ 표준체 ④ 메스실린더 ⑤ 흙 손
나) ① 혼합기 ② 흐름시험기 ③ 습기함 ④ 몰드 ⑤ 다짐대
다) ① 압축강도 시험기 ② 캘리퍼스 ③ 천칭(저울)
라) 40mm×40mm×160mm

문제 06

콘크리트의 염화물 함유량 시험에 대한 다음 물음에 답하시오.
가) 시험의 목적을 쓰시오.
나) 시험의 종류를 2가지만 쓰시오.

풀이 가) 콘크리트 내의 철근 부식에 영향을 미치는지의 여부를 판단하기 위해 실시한다.
나) ① 질산은 적정법 ② 전위차 적정법

문제 07

부순 굵은골재의 물리적 성질에 대해 ( ) 안에 답하시오.

시험항목	절대건조밀도 (g/cm³)	흡수율(%)	안정성(%)	마모율(%)	0.08mm 체 통과율(%)
품질기준	(①) 이상	(②) 이하	(③) 이하	(④) 이하	(⑤) 이하

풀이 ① 2.5 ② 3.0 ③ 12 ④ 40 ⑤ 1.0

문제 08

시멘트의 밀도시험으로 어떤 성질을 알 수 있는지 2가지만 쓰시오.

풀이 ① 콘크리트 단위 용적 질량과 배합설계 계산에 이용한다.
② 클링커의 소성상태, 풍화상태, 혼화재가 섞인 양의 시멘트의 품질을 알 수 있다.

문제 09

시멘트의 강도시험방법(KSL ISO 679)에서 공시체를 제작하는데 모르타르의 성형 비율을 질량으로 쓰시오.

풀이 시멘트 1에 대해서 물/시멘트 비 0.5 및 잔골재 3의 비율

문제 10

굳지 않은 콘크리트의 공기 함유량 시험에 대한 다음 물음에 답하시오.
가) 공기량 측정 방법의 종류를 3가지 쓰시오.
나) AE 콘크리트에서 알맞은 공기량의 범위는?
다) 콘크리트 부피에 대한 겉보기 공기량(A_1)이 6.2%이고 골재의 수정계수(G)가 1.7일 때 콘크리트 공기량은?

풀이 가) ① 공기실 압력법 ② 수주 압력법 ③ 질량법
나) 4~7%
다) $A = A_1 - G = 6.2 - 1.7 = 4.5\%$

문제 11

시멘트 응결시간 측정 방법을 2가지만 쓰시오.

풀이 가) 비카 침에 의한 방법
나) 길모어 침에 의한 방법

문제 12

시멘트 모르타르의 압축강도 시험 시 주의 사항을 4가지만 쓰시오.

풀이 가) 실험실 상대 습도는 50% 이상 유지
나) 습기함의 습도는 90% 이상 유지
다) 혼합수, 습기함, 습기실 및 저장수조의 물 온도는 20±1℃가 되게 한다.
라) 모르타르 제조 시 시멘트와 표준사는 1 : 3의 질량비로 혼합한다.

문제 13

다음 주어진 잔골재의 체가름 시험 결과표를 이용하여 다음 물음에 답하시오.

체 크기(mm)	20	10	5	2.5	1.2	0.6	0.3	0.15	PAN	합계
남은 양(g)	0	0	0	73.5	187.2	206.4	120.7	90.5	24.6	702.9

가) 잔류율, 가적 잔류율, 가적 통과율을 구하시오. (단, 소수 셋째 자리에서 반올림하시오.)

체크기(mm)	잔류량(g)	잔류율(%)	가적 잔류율(%)	가적 통과율(%)
20	0	0	0	100
10	0	0	0	100
5	0	0	0	100
2.5	73.5	10.46	10.46	89.54
1.2	187.2	26.63	37.09	62.91
0.6	206.4	29.36	66.45	33.55
0.3	120.7	17.17	83.62	16.38
0.15	90.5	12.88	96.50	3.50
PAN	24.6	3.50	100.00	—
합 계	702.9	—	—	—

나) 체가름 곡선을 그리시오

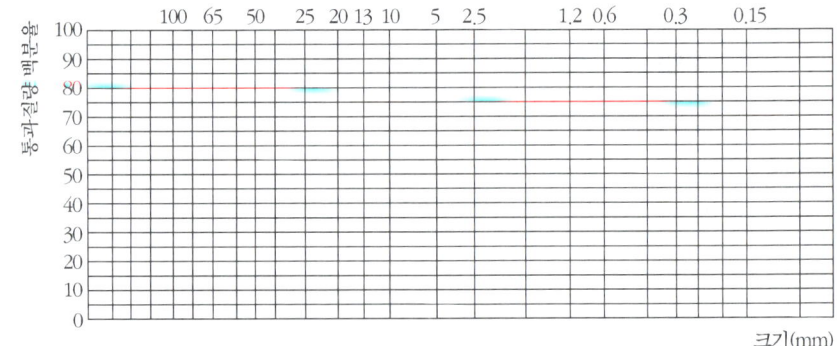

다) 조립률을 구하시오. (단, 소수 셋째 자리에서 반올림하시오.)

라) 이 시료의 사용 여부를 판명하시오.

풀이 가)

체크기(mm)	잔류량(%)	잔류율(%)	가적 잔류율(%)	가적 통과율(%)
20	0	0	0	100
10	0	0	0	100
5	0	0	0	100
2.5	73.5	10.46	10.46	89.54
1.2	187.2	26.63	37.09	62.91
0.6	206.4	29.36	66.45	33.55
0.3	120.7	17.17	83.62	16.38
0.15	90.5	12.88	96.5	3.5
PAN	24.6	3.5	100	0
합 계	702.9			

- 잔류율 = $\dfrac{\text{잔류량}}{\text{총잔류량}} \times 100$

  ① 2.5mm 체 : $\dfrac{73.5}{702.9} \times 100 = 10.46\%$

  ② 1.2mm 체 : $\dfrac{187.2}{702.9} \times 100 = 26.63\%$

  ③ 0.6mm 체 : $\dfrac{206.4}{702.9} \times 100 = 29.36\%$

  ④ 0.3mm 체 : $\dfrac{120.7}{702.9} \times 100 = 17.17\%$

  ⑤ 0.15mm 체 : $\dfrac{90.5}{702.9} \times 100 = 12.88\%$

  ⑥ PAN : $\dfrac{24.6}{702.9} \times 100 = 3.5\%$

- 가적 잔류율 = 각 체의 잔류율 누계

  ① 2.5mm 체 : 10.46%

  ② 1.2mm 체 : 10.46 + 26.63 = 37.09%

  ③ 0.6mm 체 : 37.09 + 29.36 = 66.45%

  ④ 0.3mm 체 : 66.45 + 17.17 = 83.62%

  ⑤ 0.15mm 체 : 83.62 + 12.88 = 96.5%

  ⑥ PAN : 96.5 + 3.5 = 100%

- 가적 통과율 = 100 − 가적 잔류율

  ① 2.5mm 체 : 100 − 10.46 = 89.54%

  ② 1.2mm 체 : 100 − 37.09 = 62.91%

  ③ 0.6mm 체 : 100 − 66.45 = 33.55%

  ④ 0.3mm 체 : 100 − 83.62 = 16.38%

  ⑤ 0.15mm 체 : 100 − 96.5 = 3.5%

  ⑥ PAN : 100 − 100 = 0%

나)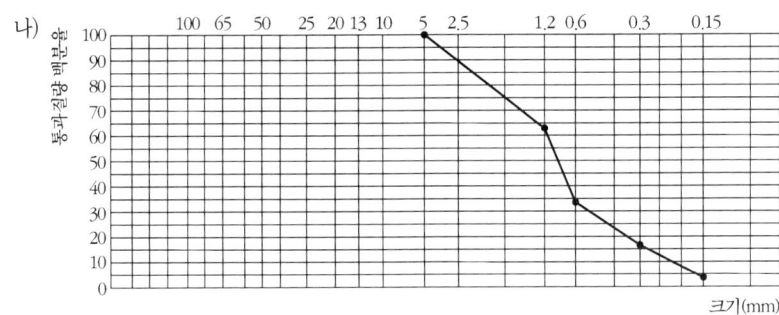

다) 조립률(FM) = $\dfrac{\text{해당되는 각 체의 가적 잔류율 합}}{100}$

$= \dfrac{0+0+0+10.46+37.09+66.45+83.62+96.5}{100} = 2.94$

라) 잔골재 조립률이 2.0~3.3 범위 안에 있으므로 사용 가능하다.

문제 14

다음 주어진 굵은골재의 체가름 시험 결과표를 보고 물음에 답하시오.

체크기(mm)	잔류량(g)	잔류율(%)	가적 잔류율(%)	가적 통과율(%)
75	0	0	0	100
40	825			
25	5,615			
20	3,229			
10	3,960			
5	2,450			
2.5	545			
PAN	0	-	-	-
합 계	16,624	-	-	-

가) 빈칸의 성과 표를 완성하시오. (단, 소수 둘째 자리에서 반올림하시오.)
나) 조립률(FM)을 구하시오. (단, 소수 둘째 자리에서 반올림하시오.)
다) 굵은골재 최대치수를 구하시오.
라) 입도 상태를 판정하시오.

풀이 가) • 잔류율

① 40mm 체 : $\dfrac{825}{16,624} \times 100 = 5\%$

② 25mm 체 : $\dfrac{5,615}{16,624} \times 100 = 33.8\%$

③ 20mm 체 : $\dfrac{3,229}{16,624} \times 100 = 19.4\%$

④ 10mm 체 : $\dfrac{3,960}{16,624} \times 100 = 23.8\%$

⑤ 5mm 체 : $\dfrac{2,450}{16,624} \times 100 = 14.7\%$

⑥ 2.5mm 체 : $\dfrac{545}{16,624} \times 100 = 3.3\%$

- 가적 잔류율
  ① 40mm 체 : 5%
  ② 25mm 체 : 5+33.8=38.8%
  ③ 20mm 체 : 38.8+19.4=58.2%
  ④ 10mm 체 : 58.2+23.8=82%
  ⑤ 5mm 체 : 82+14.7=96.7%
  ⑥ 2.5mm 체 : 96.7+3.3=100%
- 가적 통과율
  ① 40mm 체 : 100-5=95%
  ② 25mm 체 : 100-33.8=61.2%
  ③ 20mm 체 : 100-58.2=41.8%
  ④ 10mm 체 : 100-82=18%
  ⑤ 5mm 체 : 100-96.7=3.3%
  ⑥ 2.5mm 체 : 100-100=0%

체크기(mm)	잔류량(g)	잔류율(%)	가적 잔류율(%)	가적 통과율(%)
75	0	0	0	100
40	825	5	5	95
25	5,615	33.8	38.8	61.2
20	3,229	19.4	58.2	41.8
10	3,960	23.8	82	18
5	2,450	14.7	96.7	3.3
2.5	545	3.3	100	0
PAN	0	—	—	—
합 계	16,624	—	—	—

나) 조립률(FM) = $\dfrac{0+5+58.2+82+96.7+100+100+100+100+100}{100}$ = 7.4

여기서, 조립률이란 75mm, 40mm, 20mm, 10mm, 5mm, 2.5mm, 1.2mm, 0.6mm, 0.3mm, 0.15mm의 10개 체를 따로 사용하여 체가름하였을 때 각 체의 가적 잔류율을 누계하여 100으로 나눈 값이다.

※ 25mm 체는 10개의 체에 속하지 않으므로 제외한다.

다) 40mm

여기서, 굵은골재 최대치수란 질량으로 90% 이상을 통과시키는 체 가운데에서 가장 작은 치수의 체눈을 나타낸다.

라) 굵은골재 조립률이 6~8 범위 안에 있으므로 양호하다.

문제 15

굵은골재의 밀도 및 흡수율 시험에 대한 결과가 다음과 같을 때 물음에 답하시오. (단, $\rho_w = 1\text{g/cm}^3$, 소수 셋째 자리에서 반올림하시오.)

측정항목	1회
표면 건조 포화상태의 공기 중 시료의 질량(g)	6,258
물 속의 철망태와 시료의 질량(g)	5,298
물 속의 철망태 질량(g)	1,420
물 속의 시료 질량(g)	3,878
건조 후 시료 질량(g)	6,194

가) 절대건조 밀도를 구하시오.
나) 표면 건조 포화상태의 밀도를 구하시오.
다) 겉보기 밀도를 구하시오.
라) 흡수율을 구하시오.

풀이

가) 절대건조밀도 $= \dfrac{A}{B-C} \times \rho_w = \dfrac{6,194}{6,258-3,878} \times 1 = 2.60\text{g/cm}^3$

나) 표면 건조 포화상태의 밀도
$\dfrac{B}{B-C} \times \rho_w = \dfrac{6,258}{6,258-3,878} \times 1 = 2.63\text{g/cm}^3$

다) 겉보기 밀도
$\dfrac{A}{A-C} \times \rho_w = \dfrac{6,194}{6,194-3,878} \times 1 = 2.67\text{g/cm}^3$

라) 흡수율
$\dfrac{B-A}{A} \times 100 = \dfrac{6,258-6,194}{6,194} \times 100 = 1.03\%$

문제 16

여러 개의 무더기로 나누어서 시료를 시험하였을 때 다음 표는 굵은골재의 각각 무더기별 백분율, 밀도 및 흡수율을 나타낸 것이다. 물음에 답하시오.

무더기의 크기	원 시료에 대한 백분율(%)	시료질량(g)	밀도	흡수율(%)
5~20mm	45	16,785	2.67	0.9
20~40mm	40	12,654	2.60	1.2
40~65mm	15	8,242	2.56	1.7

가) 평균 밀도를 구하시오. (단, 소수 셋째 자리에서 반올림하시오.)
나) 평균 흡수율을 구하시오. (단, 소수 둘째 자리에서 반올림하시오.)

풀이

가) 평균 밀도 $= \dfrac{2.67 \times 45 + 2.6 \times 40 + 2.56 \times 15}{100} = 2.62\text{g/cm}^3$

나) 평균 흡수율 $= 0.45 \times 0.9 + 0.4 \times 1.2 + 0.15 \times 1.7 = 1.1\%$

문제 17

습윤상태에 있는 굵은골재 6,530g를 채취하여 표면 건조 포화상태가 되었을 때 질량이 6,480g 공기 중 건조상태의 질량이 6,400g 절대건조(노건조)상태의 질량이 6,387g이었다. 다음 물음에 답하시오. (단, 소수 셋째 자리에서 반올림하시오.)

가) 표면수율을 구하시오.
나) 유효 흡수율을 구하시오.
다) 흡수율을 구하시오.
라) 전 함수율을 구하시오.

풀이

가) 표면수율 $= \dfrac{\text{습윤상태 질량} - \text{표면 건조 포화상태 질량}}{\text{표면 건조 포화상태 질량}} \times 100$

$= \dfrac{6,530 - 6,480}{6,480} \times 100 = 0.77\%$

나) 유효 흡수율 $= \dfrac{\text{표면 건조 포화상태 질량} - \text{공기 중 건조상태 질량}}{\text{공기 중 건조상태 질량}} \times 100$

$= \dfrac{6,480 - 6,400}{6,400} \times 100 = 1.25\%$

다) 흡수율 $= \dfrac{\text{표면 건조 포화상태 질량} - \text{절대 건조상태 질량}}{\text{절대 건조상태 질량}} \times 100$

$= \dfrac{6,480 - 6,387}{6,387} \times 100 = 1.46\%$

라) 전 함수율 $= \dfrac{\text{습윤상태 질량} - \text{절대 건조상태 질량}}{\text{절대 건조상태 질량}} \times 100$

$= \dfrac{6,530 - 6,387}{6,387} \times 100 = 2.24\%$

문제 18

잔골재의 밀도 및 흡수율 시험을 한 결과 다음과 같은 결과를 얻었다. 물음에 답하시오. (단, $\rho_w = 1\text{g/cm}^3$, 소수 셋째 자리에서 반올림하시오.)

표면 건조 포화상태의 공기 중 질량(g)	500
노 건조 시료의 공기 중 질량(g)	495.6
(플라스크+물) 질량(g)	685.3
(플라스크+물+시료) 질량(g)	991.2

가) 절대건조밀도를 구하시오.
나) 표면 건조 포화상태의 밀도를 구하시오.
다) 흡수율을 구하시오.

풀이 가) 절대건조밀도 = $\dfrac{\text{노 건조 시료의 공기 중 질량}}{\text{물을 채운 플라스크 질량} + 500 - \text{시료와 물을 검정선까지 채운 플라스크의 질량}} \times \rho_w$

$= \dfrac{495.6}{685.3 + 500 - 991.2} \times 1 = 2.55 \text{g/cm}^3$

나) 표면 건조 포화상태의 밀도

$= \dfrac{500}{\text{물을 채운 플라스크 질량} + 500 - \text{시료와 물을 검정선까지 채운 플라스크의 질량}} \times \rho_w$

$= \dfrac{500}{685.3 + 500 - 991.2} \times 1 = 2.58 \text{g/cm}^3$

다) 흡수율

$= \dfrac{500 - \text{노 건조 시료의 공기 중 질량}}{\text{노 건조 시료의 공기 중 질량}} \times 100 = \dfrac{500 - 495.6}{495.6} \times 100 = 0.89\%$

문제 19

잔골재의 표면수 측정시험 결과 다음과 같다. 물음에 답하시오. (단, 잔골재의 밀도는 2.61g/cm^3이며 소수 셋째 자리에서 반올림하시오.)

- 시료의 질량 : 500g
- (용기+표시선까지의 물) 질량 : 677.5g
- (용기+표시선까지의 물+시료) 질량 : 985.5g

가) 시료에 의해 배제되는 물의 질량을 구하시오.
나) 표면 건조 포화상태의 잔골재를 기준으로 한 표면수율을 구하시오.

풀이 가) 배제된 물의 질량
$m = m_1 + m_2 - m_3 = 500 + 677.5 - 985.5 = 192\text{g}$

나) 표면수율 $H = \dfrac{m - m_s}{m_1 - m} \times 100$

여기서, $m_s = \dfrac{m_1}{\text{밀도}} = \dfrac{500}{2.61} = 191.57\text{g}$

∴ 표면수율 $H = \dfrac{192 - 191.57}{500 - 192} \times 100 = 0.14\%$

문제 20

골재의 단위 용적 질량 시험방법의 종류를 2가지 쓰시오.

풀이 가) 다짐대(다짐봉)를 사용하는 방법
나) 충격(지깅)을 이용하는 방법

문제 21

골재에 포함된 잔입자(0.08mm 체 통과) 시험을 한 결과 씻기 전의 시료의 건조질량이 625g이고 씻은 후의 시료의 건조질량이 612g일 때 다음 물음에 답하시오.

가) 0.08mm 체 통과량(%)을 구하시오
나) 콘크리트용 잔골재로 사용 가능한지 판정하시오
다) 굵은골재의 잔입자 함유량의 한도는 몇 % 이하인가?
라) 시험에 이용되는 한 벌의 체는?

풀이

가) 0.08mm 체 통과량 $= \dfrac{625-612}{625} \times 100 = 2.08\%$

나) 잔골재의 잔입자 함유량 한도가 3% 이하이므로 사용 가능하다.

다) 1%

라) 0.08mm 체, 1.2mm 체

문제 22

어떤 골재의 밀도가 2.65 g/cm³이고 단위용적 질량을 측정한 결과 1.60 t/m³이었다. 이 골재의 공극률 및 실적률을 구하시오.

풀이

가) 공극률 $= \left(1 - \dfrac{\omega}{\rho}\right) \times 100 = \left(1 - \dfrac{1.60}{2.65}\right) \times 100 = 39.6\%$

나) 실적률 $= 100 - $ 공극률 $= 100 - 39.6 = 60.4\%$

또는 실적률 $= \dfrac{\omega}{\rho} \times 100 = \dfrac{1.60}{2.65} \times 100 = 60.4\%$

문제 23

천연 골재 중에 함유되어 있는 점토 덩어리의 함유량 시험을 한 결과 다음과 같다. 시료의 입도가 5~10mm 사이로 1,200g의 시료를 채취하여 점토 덩어리를 제거 한 후 시료의 질량을 측정하니 1,180g이었다. 이 골재의 점토 덩어리 함유율을 구하시오.

풀이

$L = \dfrac{W - W_o}{W} \times 100 = \dfrac{1,200 - 1,180}{1,200} \times 100 = 1.67\%$

문제 24

굵은골재의 안정성 시험 결과 다음과 같다. 빈칸의 성과표를 완성하시오. (단, 소수 셋째 자리에서 반올림하시오.)

통과체 (mm)	남는체 (mm)	각 무더기의 질량백분율 (%)	시험전의 각 무더기의 질량(g)	각 무더기의 손실 질량(g)	각 무더기의 손실 질량 백분율(%)	골재의 손실 질량 백분율(%)
20	10	15%	1,000	96	가)	나)
10	5	12%	300	33.6	다)	라)

풀이 가) $\dfrac{96}{1,000} \times 100 = 9.6\%$ 　　나) $\dfrac{15 \times 9.6}{100} = 1.44\%$

　　다) $\dfrac{33.6}{300} \times 100 = 11.2\%$ 　　라) $\dfrac{12 \times 11.2}{100} = 1.34\%$

문제 25
체가름 시험 결과 잔골재 조립률이 2.65 굵은골재 조립률이 7.20이다. 이때 잔골재 대 굵은골재 비를 1 : 1.5로 할 때 혼합골재의 조립률을 구하시오

풀이 $FM = \dfrac{2.65 \times 1 + 7.2 \times 1.5}{1 + 1.5} = 5.38$

문제 26
다짐대를 이용한 골재의 단위 용적질량 시험을 한 결과 다음과 같을 때 단위 용적질량을 구하시오.

- 용기의 질량 : 3.75kg
- 용기의 체적 : 0.00975m³
- (시료+용기) 질량 : 19.545kg

풀이 단위 용적질량 $= \dfrac{\text{시료의 질량}}{\text{용기의 체적}} = \dfrac{15.795}{0.00975} = 1,620 \text{kg/m}^3$

문제 27
로스앤젤레스 마모 시험기에 의해 시험한 결과가 다음과 같다. 물음에 답하시오.

- 시험전 시료의 질량 : 10,000g
- 시험후 시료의 질량 : 6,500g

가) 시험 후 시료를 어떤 체로 체가름하는가?
나) 마모율은 얼마인가?
다) 보통 콘크리트용 골재로 사용가능여부를 판정하시오.
라) 다음 표의 골재 입도별 시험조건을 완성하시오.

입도 구분	철구수	시료 질량(g)	회전수(회)
A			
B			
C			
D			
E			
F			
G			
H			

풀이 가) 1.7mm 체

나) 마모율(%) = $\frac{10{,}000 - 6{,}500}{10{,}000} \times 100 = 35\%$

다) 보통 콘크리트용 골재의 마모율 한도가 40% 이하이므로 사용 가능하다. (여기서, 댐 콘크리트일 경우 40% 이하, 포장 콘크리트의 경우 35% 이하로 한다.)

라)

입도 구분	철구수	시료 질량(g)	회전수(회)
A	12	5,000	500
B	11	5,000	500
C	8	5,000	500
D	6	5,000	500
E	12	10,000	1,000
F	12	10,000	1,000
G	12	10,000	1,000
H	10	5,000	500

문제 28

다음 물음에 답하시오.

가) 굳지 않은 콘크리트의 반죽질기 측정법 4가지를 쓰시오.
나) 혼화제의 일종으로 시멘트를 분산시켜 콘크리트의 소요 워커빌리티를 얻기 위해 필요한 단위 수량을 감소시키는 것을 주목적으로 한 재료는?
다) AE 콘크리트 공기량은 콘크리트 용적의 몇 % 정도로 하는가?
라) 시방배합에서 잔골재는 몇 mm 체를 전부 통과하고 굵은골재는 몇 mm 체에 전부 남는 것을 말하는가?
마) 콘크리트 혼화재로 염화칼슘을 사용하는 주목적은?

풀이 가) ① 슬럼프 시험, ② 흐름(플로우) 시험, ③ 비비 반죽질기 시험, ④ 구관입 시험
나) AE제
다) 4.5~7.5%
라) 5mm
마) 조기강도를 증대시키기 위해

문제 29

지름이 150mm, 길이가 300mm인 공시체를 사용하여 콘크리트 인장강도 시험을 한 결과 최대파괴하중이 150,000N이었다. 인장강도를 구하시오. (단, 소수 둘째 자리에서 반올림하시오.)

풀이 $f_{sp} = \dfrac{2P}{\pi \cdot d \cdot l} = \dfrac{2 \times 150{,}000}{3.14 \times 150 \times 300} = 2.1 \text{N/mm}^2 = 2.1 \text{MPa}$

문제 30

콘크리트의 휨강도 시험에 대한 내용이다. 다음 물음에 답하시오.

가) 몰드 제작 시 몇 층으로 다지는가?
나) 몰드에 각층 다짐 회수를 구하시오. (단, 몰드규격은 150mm×150mm×530mm이다.)
다) 공시체를 제작한 후 해체 가능한 시기는?
라) 공시체를 수중 양생 시 수조의 온도는?
마) 공시체가 지간의 4점 사이에서 파괴되었을 때 휨강도를 구하시오. (단, 지간은 450mm, 파괴 최대하중은 36,000N이다.)

풀이
가) 2층
나) $(150 \times 530) \div 1,000 \text{mm}^2 ≒ 80$회
다) 16시간 이상 3일 이내
라) $20 \pm 2°C$
마) $f_b = \dfrac{Pl}{bd^2} = \dfrac{36,000 \times 450}{150 \times 150^2} = 4.8 \text{N/mm}^2 = 4.8 \text{MPa}$

문제 31

굳지 않은 콘크리트의 공기함유량 시험결과를 보고 다음 물음에 답하시오. (단, 잔골재량 및 굵은골재량은 1m^3당 소요량이며 공기량 시험기는 $6l$ 용량을 사용한다.)

겉보기 공기량	골재 수정계수
6.0	1.5

잔골재량	굵은골재량
885kg	1,097kg

가) 수정계수 결정을 위한 잔골재 질량을 구하시오. (단, 소수 둘째 자리에서 반올림하시오.)
나) 수정계수 결정을 위한 굵은골재 질량을 구하시오. (단, 소수 둘째 자리에서 반올림하시오.)
다) 공기 함유량을 구하시오.

풀이
가) $F_s = \dfrac{S}{B} \times F_b = \dfrac{6}{1,000} \times 885 = 5.3 \text{kg}$
나) $C_s = \dfrac{S}{B} \times C_b = \dfrac{6}{1,000} \times 1,097 = 6.6 \text{kg}$
다) $A = A_1 - G = 6.0 - 1.5 = 4.5\%$

문제 32

굵은골재 최대치수 40mm, 단위 수량 167kg, 물-결합재비 52%, 슬럼프 값 100mm, 잔골재율 38%, 잔골재 밀도 2.60g/cm³, 굵은골재 밀도 2.62g/cm³, 시멘트 밀도 3.15g/cm³, 갇힌 공기량은 1%이며 골재는 표면 건조 포화상태일 때 콘크리트 1m³에 필요한 각각의 재료량을 물음에 답하시오.

가) 단위 시멘트양을 구하시오. (단, 소수 첫째 자리에서 반올림하시오.)
나) 단위 골재량의 절대부피를 구하시오. (단, 소수 넷째 자리에서 반올림하시오.)
다) 단위 잔골재량의 절대부피를 구하시오. (단, 소수 넷째 자리에서 반올림하시오.)
라) 단위 잔골재량을 구하시오. (단, 소수 첫째 자리에서 반올림하시오.)
마) 단위 굵은골재량을 구하시오. (단, 소수 첫째 자리에서 반올림하시오.)

풀이

가) 단위 시멘트양 $C = \dfrac{167}{0.52} = 321\text{kg}$

나) 단위 골재량의 절대부피 $V = 1 - \left(\dfrac{167}{1 \times 1,000} + \dfrac{321}{3.15 \times 1,000} + \dfrac{1}{100}\right) = 0.721\text{m}^3$

다) 단위 잔골재량의 절대부피 $= 0.721 \times 0.38 = 0.274\text{m}^3$

라) 단위 잔골재량 $= 0.274 \times 2.60 \times 1,000 = 712\text{kg}$

마) 단위 굵은골재량 $= (0.721 - 0.274) \times 2.62 \times 1,000 = 1,171\text{kg}$

문제 33

현장 배합에 의해 콘크리트 1m³에 대한 단위 시멘트양 323kg, 잔골재량 905kg, 굵은골재량 1,130kg일 때 다음 물음에 답하시오. (단, 1배치에 시멘트 3포대(한 포대의 양은 40kg)를 사용하며 단위 수량은 170kg, 소수 첫째 자리에서 반올림하시오.)

가) 잔골재량을 구하시오.
나) 굵은골재량을 구하시오.
다) 물의 양을 구하시오.

풀이

가) 잔골재량 $= 905 \times \dfrac{120}{323} = 336\text{kg}$

　　여기서, 120kg = 3포대 × 40kg임.

나) 굵은골재량 $= 1,130 \times \dfrac{120}{323} = 420\text{kg}$

다) 물의 양 $= 170 \times \dfrac{120}{323} = 63\text{kg}$

문제 34

콘크리트 시방배합으로 각 재료의 단위량과 현장 골재의 상태는 다음과 같다. 물음에 답하시오. (단, 소수 둘째 자리에서 반올림하시오.)

[시방배합표(kg/m³)]

물(W)	시멘트(C)	잔골재(S)	굵은골재(G)
167	320	868	1,125

[현장 골재 상태]
- 잔골재 속에 5mm 체에 남는 양 4%
- 굵은골재 속에 5mm 체 통과량 3%
- 잔골재 표면수율 4%
- 굵은골재 표면수율 1%

가) 시멘트양을 구하시오.
나) 잔골재량을 구하시오.
다) 굵은골재량을 구하시오.
라) 물의 양을 구하시오.

[풀이]

가) 시멘트양 $C = 320$ kg

나) 잔골재량(S)

① 입도조정
$$x = \frac{100S - b(S+G)}{100 - (a+b)} = \frac{100 \times 868 - 3(868 + 1,125)}{100 - (4+3)} = 869 \text{kg}$$

② 표면수 조정
$869 \times 0.04 = 34.76$ kg
∴ $S = 869 + 34.76 = 903.8$ kg

다) 굵은골재(G)

① 입도조정 $y = \dfrac{100G - a(S+G)}{100 - (a+b)} = \dfrac{100 \times 1,125 - 4(868 + 1,125)}{100 - (4+3)} = 1,124$ kg

② 표면수 조정 $1,124 \times 0.01 = 11.24$ kg
∴ $G = 1,124 + 11.24 = 1,135.2$ kg

라) 물(W)
167 - (잔골재 표면수 조정량) - (굵은골재 표면수 조정량)
∴ $W = 167 - 34.76 - 11.24 = 121$ kg

문제 35

콘크리트 1m³를 만드는 데 필요한 재료량을 아래 배합표를 보고 구하시오. (단, 혼화재는 시멘트양의 6%로 한다.)

굵은골재 최대치수 (mm)	단위 수량 W(kg)	물-결합재비 W/B(%)	잔골재율 S/a(%)	잔골재 밀도 (g/cm³)	굵은골재 밀도 (g/cm³)	시멘트 밀도 (g/cm³)	AE 공기량 (%)	혼화재 밀도 (g/cm³)
40	165	50	36	2.60	2.63	3.15	4.5	2.20

가) 단위 시멘트양을 구하시오. (단, 소수 첫째 자리에서 반올림하시오.)
나) 단위 혼화재량을 구하시오. (단, 소수 둘째 자리에서 반올림하시오.)
다) 단위 골재량의 절대 체적을 구하시오. (단, 소수 넷째 자리에서 반올림하시오.)
라) 단위 잔골재량의 절대 체적을 구하시오. (단, 소수 넷째 자리에서 반올림하시오.)
마) 단위 잔골재량을 구하시오. (단, 소수 첫째 자리에서 반올림하시오.)
바) 단위 굵은골재량을 구하시오. (단, 소수 첫째 자리에서 반올림하시오.)

풀이

가) 단위 시멘트양 $= \dfrac{\text{단위 수량}}{\text{물-결합재비}} = \dfrac{165}{0.5} = 330\text{kg}$

나) 단위 혼화재량 $= 330 \times 0.06 = 19.8\text{kg}$

다) 단위 골재량의 절대 체적

$= 1 - \left(\dfrac{\text{단위 수량}}{\text{물의 밀도} \times 1{,}000} + \dfrac{\text{단위 시멘트양}}{\text{시멘트 밀도} \times 1{,}000} + \dfrac{\text{공기량}}{100} + \dfrac{\text{단위 혼화재량}}{\text{혼화재 밀도} \times 1{,}000} \right)$

$= 1 - \left(\dfrac{165}{1 \times 1{,}000} + \dfrac{330}{3.15 \times 1{,}000} + \dfrac{4.5}{100} + \dfrac{19.8}{2.20 \times 1{,}000} \right) = 0.676\text{m}^3$

라) 단위 잔골재량의 절대 체적 $= 0.676 \times 0.36 = 0.243\text{m}^3$

마) 단위 잔골재량 $= 0.243 \times 2.60 \times 1{,}000 = 632\text{kg}$

바) 단위 굵은골재량 $= (0.676 - 0.243) \times 2.63 \times 1{,}000 = 1{,}139\text{kg}$

문제 36

슈미트 해머에 의한 콘크리트 강도의 비파괴 시험에 대한 다음 물음에 답하시오.

가) 한 곳의 측정은 몇 cm 간격으로 몇 점 이상 타격하는가?
나) 반발경도(R) 값의 차이가 평균값의 몇 % 이상 되는 값을 계산에서 제외하는가?
다) 반발경도(R) 값이 34이다. 타격 방향이 수평일 때 수정 반발 경도를 구하여 압축강도를 추정하시오.

풀이

가) 3cm, 20점
나) 20%
다) $F = 1.3 R_0 - 18.4$
   여기서, 수정 반발 경도 $R_0 = R + \Delta R = 34 + 0 = 34$
   $\therefore F = 1.3 R_0 - 18.4 = 1.3 \times 34 - 18.4 = 25.8\text{MPa}$

문제 37

콘크리트용 모래에 포함되어 있는 유기 불순물 시험에서 식별용 표준색 용액을 만드는 데 사용되는 약품의 제조방법을 쓰시오.

풀이
가) 10%의 알코올 용액을 만든다. 알코올 10g에 물 90g을 넣는다.
나) 2%의 탄닌산 용액을 만든다. 10%의 알코올 용액 9.8g에 탄닌산 가루 0.2g을 넣는다.
다) 3%의 수산화나트륨 용액을 만든다. 물 291g에 수산화나트륨 9g(무게비를 97 : 3)을 넣는다.
라) 2%의 탄닌산 용액 2.5ml를 3%의 수산화나트륨 용액 97.5ml에 가하여 유리병에 넣어 마개를 닫고 잘 흔든다.

문제 38

다음 현장 배합표를 보고 가로 1.2m, 세로 2m, 높이 3m인 구조물의 거푸집에 콘크리트 소요 재료량을 구하시오. (단, 소수 둘째 자리에서 반올림하시오.)

[현장 배합표(kg/m^3)]

물	시멘트	잔골재	굵은골재
168	325	896	1,120

가) 콘크리트의 총량(m^3)을 구하시오.
나) 물의 양(kg)을 구하시오.
다) 시멘트양(kg)을 구하시오.
라) 잔골재량(kg)을 구하시오.
마) 굵은골재량(kg)을 구하시오.

풀이
가) $1.2 \times 2 \times 3 = 7.2 \text{m}^3$
나) $168 \times 7.2 = 1,209.6 \text{kg}$
다) $325 \times 7.2 = 2,340 \text{kg}$
라) $896 \times 7.2 = 6,451.2 \text{kg}$
마) $1,120 \times 7.2 = 8,064 \text{kg}$

문제 39

콘크리트 표준기준강도 f_{cq} =24 MPa을 갖는 구조물을 만들려고 할 때 시험결과 참고도표를 이용하여 배합설계를 하시오. (단, 표준편차는 3.6MPa이며 시험결과 시멘트-물비(C/W)와 f_{28} 관계에서 얻은 값은 f_{28} =-13.8+21.6 C/W(MPa)이다.)

[시험결과]
- 굵은골재 최대치수 25mm
- 시멘트 밀도 3.15g/cm³
- 잔골재 밀도 2.61g/cm³
- 굵은골재 밀도 2.63g/cm³
- 잔골재의 조립률(FM) 2.7
- 슬럼프 120mm

[표 1] 배합설계 시 참조표

굵은골재의 최대치수(mm)	단위 굵은골재 용적(%)	AE제를 사용하지 않은 콘크리트		
		갇힌 공기(%)	잔골재율 S/a(%)	단위 수량 W(kg)
20	62	2.0	45	185
25	67	1.5	41	175
40	72	1.2	36	165

[표 2] S/a 및 W의 보정표

구분	S/a의 보정(%)	W의 보정(kg)
모래의 조립률이 0.1만큼 클(작을) 때마다	0.5만큼 크게(작게) 한다.	보정하지 않는다.
물-결합재비가 0.05만큼 클(작을) 때마다	1만큼 크게(작게) 한다.	보정하지 않는다.
슬럼프 값이 10mm만큼 클(작을) 때마다	보정하지 않는다.	1.2%만큼 크게(작게) 한다.

※ [표 1]의 값은 골재로서 보통 입도의 모래(조립률 2.80 정도) 및 자갈을 사용한 물-결합재비 55% 정도, 슬럼프 약 80mm의 콘크리트에 대한 것이다.

가) 물-결합재비를 구하시오. (단, 소수 둘째 자리에서 반올림하시오.)
나) 잔골재율(S/a)을 구하시오.
다) 단위 수량(W)을 구하시오.
라) 단위 시멘트양을 구하시오.
마) 단위 잔골재량을 구하시오.
바) 단위 굵은골재량을 구하시오.
사) 20ℓ 시험배치의 각 재료량을 구하시오. (단, 소수 둘째 자리에서 반올림하시오.)

[풀이] 가) 물-결합재비

① 배합강도($f_{cr} = f_{28}$)

$f_{cr} = f_{cq} + 1.34S = 24 + 1.34 \times 3.6 = 28.8\text{MPa}$

$f_{cr} = (f_{cq} - 3.5) + 2.33S = (24 - 3.5) + 2.33 \times 3.6 = 28.9\text{MPa}$

∴ $f_{cr} = f_{ck} = 28.9\text{MPa}$

② 물-결합재비

$f_{28} = -13.8 + 21.6\dfrac{C}{W}$

$28.9 = -13.8 + 21.6\dfrac{C}{W}$

∴ $\dfrac{W}{C} = \dfrac{21.6}{28.9 + 13.8} = 0.505 ≒ 50\%$

나) 잔골재율(S/a)

① 잔골재의 조립률 보정 : $41 + \dfrac{2.7 - 2.8}{0.1} \times 0.5 = 40.5\%$

② 물-시멘트비의 보정 : $40.5 + \dfrac{0.5 - 0.55}{0.05} \times 1 = 39.5\%$

∴ $S/a = 39.5\%$

다) 단위 수량(W)

슬럼프에 대한 보정 : $175 + 175 \times \left(\dfrac{120 - 80}{10} \times 0.012\right) = 183.4\text{kg}$

∴ $W = 183.4\text{kg}$

라) 단위 시멘트양(C)

$\dfrac{W}{C} = 50\%$ ∴ $C = \dfrac{183.4}{0.5} = 366.8\text{kg}$

마) 단위 잔골재량(S)

① 골재의 절대 체적(V)

$V = 1 - \left(\dfrac{\text{단위 수량}}{\text{물의 밀도} \times 1{,}000} + \dfrac{\text{단위 시멘트양}}{\text{시멘트 밀도} \times 1{,}000} + \dfrac{\text{공기량}}{100}\right)$

$= 1 - \left(\dfrac{183.4}{1 \times 1{,}000} + \dfrac{366.8}{3.15 \times 1{,}000} + \dfrac{1.5}{100}\right)$

$= 0.685\text{m}^3$

② 잔골재 체적(V_s)

$V_s = 0.685 \times S/a = 0.685 \times 0.395 = 0.271\text{m}^3$

∴ $S = 0.271 \times 2.61 \times 1{,}000 = 707.3\text{kg}$

바) 단위 굵은골재량(G)

• 굵은골재 체적 V_G = 골재의 절대체적 - 잔골재 체적

$= 0.685 - 0.271 = 0.414\text{m}^3$ (또는 $0.685 \times 0.605 = 0.414\text{m}^3$)

∴ $G = 0.414 \times 2.63 \times 1{,}000 = 1{,}088.8\text{kg}$

사) $20l$ 시험배치의 각 재료량

① 물의 질량 $183.4 \times \dfrac{20}{1{,}000} = 3.7\text{kg}$

② 시멘트 질량 $366.8 \times \dfrac{20}{1{,}000} = 7.3\text{kg}$

③ 잔골재 질량 $707.3 \times \dfrac{20}{1{,}000} = 14.1\text{kg}$

④ 굵은골재 질량 $1{,}088.8 \times \dfrac{20}{1{,}000} = 21.8\text{kg}$

문제 40

구조체를 슈미트 해머로 20점을 타격한 측정치와 조건이 다음과 같다.

[측정치]

44	40	41	39	43
40	42	39	45	39
40	42	44	40	39
40	42	39	42	39

[조건]
1. 시험체는 완전 습윤상태(+0.05R로 한다)
2. 타격각도 −45°(보정값을 +2.5로 한다)
3. 재령일 : 1,000일(재령계수 값을 0.65로 한다)

가) 측정 반발경도(R)을 구하시오. (소수 첫째 자리에서 반올림하시오.)
나) 수정 반발경도(R_0)를 구하시오. (소수 둘째 자리에서 반올림하시오.)
다) 압축강도(F)를 구하시오. (소수 둘째 자리에서 반올림하시오.)
라) 보정 압축강도(F_C)를 구하시오. (소수 둘째 자리에서 반올림하시오.)

풀이

가) $R = (44+40+41+39+43+40+42+39+45+39+40+42+44$
$+40+39+40+42+39+42+39) \div 20 = 41$

나) $R_0 = 41 + 2.5 + 0.05 \times 41 = 45.6$

다) $F = 1.3R_0 - 18.4 = 1.3 \times 45.6 - 18.4 = 40.9 \text{MPa}$

라) $F_C = $ 압축강도 × 재령계수 $= 40.9 \times 0.65 = 26.6 \text{MPa}$

문제 41

최근 들어 콘크리트 구조물에 대한 비파괴 시험방법이 많이 개발되어 사용되고 있다. 콘크리트 비파괴 시험방법에는 어떤 것들이 있는지 5가지만 쓰시오.

풀이
가) 반발 경도법(슈미트 해머법)
나) 초음파법
다) 인발법
라) 공진법
마) 코어(Core) 채취에 의한 방법

문제 42

다음은 한중 콘크리트에 관한 사항이다. 빈칸을 채우고, 물음에 답하시오.

가) 하루 평균기온이 (   ) 이하에서는 콘크리트가 동결할 염려가 있으므로 한중 콘크리트로 시공한다.
나) 타설할 때 콘크리트 온도는 (   )의 범위에서 한다.
다) 기상조건이 가혹한 경우나 부재 두께가 얇을 경우에 칠 때의 콘크리트 최저 온도는 (   ) 정도로 한다.
라) 가열한 재료를 믹서에 투입하는 순서는?
마) 운반 및 타설시간 1시간에 대하여 콘크리트 온도와 주위 기온과의 차이는 (   ) 정도로 본다.

풀이
가) 4°C
나) 5~20°C
다) 10°C
라) 가열한 물 – 굵은골재 – 잔골재 – 시멘트
마) 15%

문제 43

블리딩 시험 시의 온도는 (①)±3°C이고, 콘크리트를 용기에 (②)±0.3cm 높이까지 채운 후 윗면을 고른 후, 처음 60분은 (③)분 간격으로, 그 후엔 (④)분 간격으로 블리딩이 멈출 때까지 물을 피펫으로 빨아낸다.

풀이
① 20
② 25
③ 10
④ 30

문제 44

다음 부재의 거푸집을 떼어내어도 좋은 콘크리트의 압축강도는 얼마인가?

가) 확대기초, 보 옆, 기둥, 벽 등의 측면
나) 슬래브 및 보의 밑면, 아치내면

풀이
가) 5MPa 이상
나) 설계기준강도 $\times \dfrac{2}{3}$ (단, 14MPa 이상)

문제 45

서중 콘크리트에 관한 사항이다. 다음 빈칸을 채우시오.

가) 하루 평균기온이 (   )를 초과할 경우에 서중 콘크리트로 시공한다.
나) 기온 10°C의 상승에 대해 단위 수량은 (   ) 증가한다.

풀이
가) 25°C
나) 2~5%

문제 46
댐 콘크리트 타설에 있어서 인공 냉각 방법의 종류를 2가지만 쓰시오.

풀이
가) 파이프 쿨링(pipe cooling)
나) 프리 쿨링(pre cooling)

문제 47
다음은 한중 콘크리트의 재료에 관한 사항이다. 빈칸을 채우시오.
가) 시멘트는 (　) 시멘트를 사용하는 것을 표준한다.
나) 물과 골재 혼합물의 온도는 (　) 이하로 하면 시멘트가 급결하지 않는다.
다) 골재를 (　) 이상 가열하면 다루기가 어려워지며 시멘트를 급결시킬 우려가 있다.

풀이
가) 보통 포틀랜드
나) 40℃
다) 65℃

문제 48
포장 콘크리트의 표면 마무리 종류를 시공 순으로 3가지 쓰시오.

풀이 ① 초벌 마무리　② 평탄 마무리　③ 거친면 마무리

문제 49
일반 수중 콘크리트의 시공 방법별 슬럼프의 표준값을 쓰시오.
가) 트레미에 의한 타설 :
나) 콘크리트 펌프에 의한 타설 :
다) 밑열림 상자, 밑열림 포대에 의한 타설 :

풀이
가) 130~180mm
나) 130~180mm
다) 100~150mm

문제 50
콘크리트 운반 시 고려할 사항을 3가지만 쓰시오.

풀이
가) 재료분리 방지
나) 슬럼프 값 및 공기량 저하방지
다) 운반 시간의 단축

문제 51
강제식 믹서는 어떤 콘크리트를 비비는 데 적당한지 3가지만 쓰시오.

풀이
가) 된반죽의 콘크리트
나) 부배합의 콘크리트
다) 경량골재 사용 시

문제 52
콘크리트 다짐 방법을 4가지만 쓰시오.

풀이
가) 봉다짐
나) 진동다짐
다) 거푸집을 두드리는 방법
라) 가압다짐
마) 원심력 다짐

문제 53
거푸집에 박리제를 사용하는 목적을 2가지만 쓰시오.

풀이
가) 거푸집 해체를 쉽게 하기 위하여
나) 거푸집 면에 콘크리트 부착을 방지하기 위하여

문제 54
잔골재와 굵은골재를 구분하는 체 크기는?

풀이 5mm

문제 55
콘크리트의 재료분리 경향을 알기 위한 사항은 무슨 시험인가?

풀이 블리딩 시험

문제 56
풍화한 시멘트의 성질을 4가지 쓰시오.

풀이 가) 강열감량이 증가된다.
　　　　나) 밀도가 떨어진다.
　　　　다) 응결이 지연된다.
　　　　라) 강도의 발현이 저하된다.

문제 57
일반적으로 골재로서 필요한 성질을 5가지 쓰시오.

풀이 가) 깨끗하고 유해물의 유해량을 포함하지 않을 것
　　　　나) 물리, 화학적으로 안정하고 내구성이 클 것
　　　　다) 입도가 적당할 것
　　　　라) 소요의 중량을 가질 것
　　　　마) 모양이 입방체 또는 구형에 가깝고 시멘트 풀과 부착력이 큰 표면 조직을 가질 것
　　　　바) 마모에 대한 저항이 클 것

문제 58
구조물의 종류별 굵은골재의 최대치수를 다음 물음에 답하시오.
　가) 무근 콘크리트의 경우 :
　나) 철근 콘크리트의 경우
　　　① 일반적인 경우 :
　　　② 단면이 큰 경우 :

풀이 가) 40mm 이하, 부재 최소 치수의 1/4 이하
　　　　나) ① 20mm 또는 25mm 이하
　　　　　　② 40mm 이하

문제 59
블리딩(bleeding)으로 인하여 콘크리트나 모르타르의 표면에 떠올라서 가라앉은 회백색의 물질을 무엇이라 하는가?

풀이 레이턴스

문제 60
한중 콘크리트의 동결 온도를 낮추기 위해 사용하는 것은 무엇인가?

풀이 염화칼슘($CaCl_2$), 염화알루미늄, 염화마그네슘, 규산나트륨 등

문제 61
포장 콘크리트에서 굵은골재의 최대치수는 몇 mm 이하를 표준으로 하는가?

풀이 40mm

문제 62
블리딩 현상이 심할 때에 콘크리트는 그 표면이 다공질이 되고 (①) (②) 및 (③)이 저하된다.

풀이 ① 강도 ② 수밀성 ③ 내구성

문제 63
트럭 믹서 또는 트럭 애지데이터로 콘크리트의 비빔 시작부터 부어넣기 종료까지의 시간 한도는?
① 외기 온도 25℃ 미만의 경우 :
② 외기 온도 25℃ 이상의 경우 :

풀이 ① 120분(2시간)
② 90분(1.5시간)

문제 64
시멘트의 비표면적이란 무엇인가?

풀이 시멘트 1g이 가지는 전체 입자의 총 표면적(cm^2/g)

문제 65
시방서에 규정된 시방배합의 표시방법에 의해 콘크리트의 배합표를 만들면 $1m^3$이 필요한 물, 시멘트, 잔골재, 굵은골재의 질량 등이 표시된다. 이것 이외에 표시되는 항목을 4가지만 쓰시오.

풀이
① 굵은골재의 최대치수
② 물-결합재비
③ 슬럼프의 범위
④ 공기량의 범위
⑤ 잔골재율
⑥ 혼화재의 중량

문제 66
일 평균기온이 몇 °C를 초과할 경우에 서중 콘크리트로 시공하는가?

풀이 25°C

문제 67
굵은골재를 저장할 때 최대치수가 몇 mm 이상 되면 2종류 이상으로 체가름하여 분리 저장하는가?

풀이 65mm

문제 68
보통 포틀랜드 시멘트를 사용했을 때 부재측면의 거푸집 존치기간은 20°C 이상의 온도에서 며칠 정도가 적당한가?

풀이 4일

문제 69
프리스트레스트 콘크리트에서 그라우트의 물-결합재비는 몇 % 이하이어야 하는가?

풀이 45%

문제 70
재료가 외력을 받으면 변형이 생기는데, 외력의 증가 없이도 시간의 경과에 따라 변형이 증가되는 현상을 무엇이라 하는가?

풀이 Creep(크리프)

문제 71

버킷, 호퍼 등의 출구로부터 콘크리트 치기면까지의 높이는 몇 m 이하로 해야 하는가?

풀이 1.5m

문제 72

굳지 않은 콘크리트의 씻기분석 시험을 한 결과 콘크리트의 단위시험 그릇의 부피가 9.955m³, 굵은골재의 질량이 11,156kg, 콘크리트의 단위질량이 2,384 kg/m³일 때 단위 굵은골재량과 단위 모르타르 양을 구하시오.
  가) 단위 굵은골재량
  나) 단위 모르타르 양

풀이 가) $\dfrac{W}{V} = \dfrac{11,156}{9.955} = 1,121 \text{kg/m}^3$
  나) $2,384 - 1,121 = 1,263 \text{kg/m}^3$

문제 73

수중 콘크리트에 대한 물음에 답하시오.
  가) 수중 콘크리트의 물-시멘트 비는 얼마 이하인가?
  나) 수중 콘크리트의 시멘트 단위 중량은 얼마 이상인가?
  다) 굵은골재의 최대치수는 수중 불분리성 콘크리트의 경우 몇 mm 이하를 표준하는가?
  라) 수중 콘크리트에 사용되는 타설기구 3가지만 쓰시오.

풀이 가) 50%
  나) 370kg
  다) 40mm
  라) ① 트레미 ② 콘크리트 펌프 ③ 밑열림 상자 ④ 밑열림 포대 ⑤ 포대 콘크리트

문제 74

콘크리트 시험 중 탄성계수를 구할 때 세로 변형률 측정에 사용하는 기구 이름은?

풀이 콤프레소미터

문제 75 콘크리트의 워커빌리티를 판단하는 기준이 되는 반죽질기를 측정하는 방법을 3가지만 쓰시오.

풀이
① 슬럼프 테스트 ② 흐름 시험 ③ 켈리볼 관입 시험 ④ 리몰딩 시험
⑤ 진동대에 의한 반죽질기 시험 ⑥ 이리바렌 시험 ⑦ 다짐계수 시험
⑧ 비-비반죽질기 시험

문제 76 콘크리트를 블리딩 시험한 결과 다음 표와 같다.

60분 동안 블리딩 물의 양(ml)	시료와 용기의 질량(g)	용기의 윗면 단면적(cm^2)	블리딩양 (ml/cm^2)
85	45,382	(①)	(②)

가) 빈칸을 채우시오. (단, 용기는 안지름 25cm, 안높이 28.5cm이다.)
나) 처음 60분 동안은 몇 분 간격으로 블리딩의 물을 빨아내야 하는가?

풀이
가) ① $A = \dfrac{\pi D^2}{4} = \dfrac{3.14 \times 25^2}{4} = 490.87 cm^2$

② 블리딩 양 $= \dfrac{V}{A} = \dfrac{85}{490.87} = 0.173 ml/cm^2$

나) 10분

문제 77 공기량 측정법을 3가지만 쓰시오.

풀이
① 공기실 압력법(워싱턴형)
② 수주 압력법(멘젤형)
③ 무게에 의한 방법
④ 체적에 의한 방법

문제 78 콘크리트 양생방법의 종류를 3가지만 쓰시오.

풀이
① 수중 양생   ② 습윤 양생
③ 피막 양생   ④ 증기 양생
⑤ 전기 양생   ⑥ 고주파 양생

문제 79
콘크리트 계량에서 골재의 계량 허용오차?

풀이 ±3%

문제 80
콘크리트 시공에서 시공이음을 두는 이유? (3가지)

풀이
① 거푸집의 조립이 어렵고 거푸집을 반복해서 사용하기 때문에
② 철근의 조립이 어렵기 때문에
③ 콘크리트의 검사를 위하여
④ 야간작업 등의 무리한 작업을 피하려고

문제 81
레미콘의 단점 3가지를 쓰시오.

풀이
① 콘크리트의 운반이나 공급범위가 한정되며 돌발적인 사고로 인해 콘크리트의 품질이나 운반, 공급 등이 원활하지 못한 경우가 생기기 쉽다.
② 콘크리트의 워커빌리티를 단시간 내에 조절하기가 곤란하다.
③ 운반 중에 콘크리트의 품질이 저하되기 쉽다.

문제 82
콘크리트 압축강도 시험에서 어느 정도까지 정밀도로 공시체 지름을 재는가?

풀이 0.1mm(길이는 1mm)

문제 83
콘크리트 흐름시험에서 다음 물음에 답하시오.
가) 흐름시험의 목적을 쓰시오.
나) 공시체는 몇 층으로 몇 회 다지는가?
다) 흐름시험의 규정된 흐름값은 어느 정도인가?

풀이
가) ① 변형에 대한 저항(유동성 측정)
② 워커빌리티의 정도 판단
나) 2층 25회
다) 110±5

문제 84
골재의 저장과 취급 시 주의할 사항을 4가지 쓰시오.

풀이
① 잔골재, 굵은골재 및 종류와 입도가 다른 골재는 각각 구분하여 따로 저장한다.
② 굵은골재 최대치수가 65mm 이상인 경우에는 적당한 체로 2종 이상으로 체가름하여 따로 저장한다.
③ 골재의 저장설비에는 적당한 배수시설을 하며 표면수가 균일한 골재가 되게 한다.
④ 겨울철에 빙설의 혼입 또는 동결을 방지하기 위한 시설을 갖춘다.
⑤ 여름철에 일광의 직사를 피할 수 있는 시설을 갖춘다.

문제 85
콘크리트 시공에서 블리딩의 방지 방법에 대하여 4가지만 쓰시오.

풀이
① 분말도가 큰 시멘트를 사용한다.
② AE제를 사용한다.
③ 작업이 가능한 범위에서 가능한 단위 수량을 적게 사용한다.
④ 단위 시멘트양을 증가시킨다.
⑤ 굵은골재 최대치수를 크게 한다.
⑥ 분산제를 사용한다.
⑦ 부배합을 한다.
⑧ 포졸란을 사용한다.

문제 86
콘크리트의 워커빌리티(Workability)를 좋게 하기 위한 방법 5가지만 쓰시오.

풀이
① 단위 수량을 크게 한다.
② 단위 시멘트 사용량을 크게 한다.
③ AE제를 사용하여 공기를 연행시킨다.
④ 입도가 양호한 골재를 사용한다.
⑤ 비비기 시간을 충분히 한다.

문제 87
콘크리트가 작업 중에 생기는 재료분리의 원인을 5가지만 쓰시오.

풀이
① 굵은골재 최대치수가 지나치게 큰 경우
② 입자가 거친 잔골재를 사용한 경우
③ 단위 골재량이 너무 많은 경우
④ 단위 수량이 너무 많은 경우
⑤ 배합이 적절하지 않은 경우

문제 88

시멘트 압축강도 시험에 관한 다음 물음에 답하시오.

가) 시멘트 압축강도 시험 시 표준모래를 사용하는 이유를 설명하시오.
나) 시멘트 압축강도의 영향요인을 3가지만 쓰시오.

풀이
가) 모래 알갱이의 차이에 따른 영향을 없애고 시험조건을 일정하게 하기 위하여
나) ① 사용수량 ② 시멘트의 분말도 ③ 시멘트의 풍화 ④ 양생조건 ⑤ 양생기간
　　⑥ 배합 ⑦ 잔골재의 품질 ⑧ 시멘트의 비중 ⑨ 시멘트의 화학성분 등

문제 89

콘크리트를 상압 증기양생한 전주, 말뚝, 관 등의 고강도를 필요로 하는 제품에 대하여 빈칸을 채우시오.

가) 혼합한 뒤 (　　)시간 이상 지나서 증기 양생하는가?
나) 온도를 올리는 속도는 1시간에 대하여 (　　) 이하로 하는가?
다) 최고 온도는 (　　)로 하는가?

풀이 가) 2~3 나) 20℃ 다) 65℃

문제 90

콘크리트 배합시 물-시멘트비를 정하는 기준 3가지를 쓰시오.

풀이 ① 압축강도　　② 내동해성
　　　 ③ 황산염　　　④ 수밀성
　　　 ⑤ 중성화 저항성

문제 91

콘크리트의 반죽질기를 측정하는 슬럼프 시험에 대한 물음에 답을 쓰시오.

가) 슬럼프 콘의 밑면 안지름?
나) 슬럼프 콘의 윗면 안지름?
다) 슬럼프 콘의 높이는?

풀이 가) 200mm
　　　 나) 100mm
　　　 다) 300mm

문제 92

콘크리트 혼화제인 응결경화 촉진제로서 주요한 것은 염화칼슘과 무엇이 있는가?

풀이 규산소다

문제 93

일정한 압력을 주었을 때 공기 부피의 감소량이 먼저 공기의 부피에 비례되는 것을 이용한 공기량 측정법을 쓰시오.

풀이 수주 압력법

문제 94

다음 믹서 내에 재료를 전부 넣은 후 몇 분 이상을 비비기를 하는가?
① 가경식 믹서 :
② 강제식 믹서 :

풀이 ① 1분 30초
② 1분

문제 95

콘크리트의 운반 또는 치기 도중에 재료분리가 일어났을 때에는 어떤 방법으로서 균등질의 콘크리트가 되도록 하여야 하는가?

풀이 거듭 비비기

문제 96

레디믹스트 콘크리트 제조 시 다음 재료의 종류별 1회 계량 오차를 쓰시오.
가) 시멘트, 물 :
나) 혼화재 :
다) 골재, 혼화제 :

풀이 가) 시멘트(−1%, +2%), 물(−2%, +1%)
나) ±2%
다) ±3%

문제 97

레디믹스트 콘크리트 공기량에 대한 물음에 답하시오.
가) 보통 콘크리트의 경우 :
나) 경량골재 콘크리트의 경우 :
다) 허용 오차 :

풀이 가) 4.5%
나) 5.5%
다) ±1.5%

문제 98

레디믹스트 콘크리트에서 슬럼프의 규격별 허용오차를 쓰시오.

슬럼프(mm)	슬럼프 허용차(mm)
25	①
50 및 65	②
80 이상	③

풀이 ① ±10   ② ±15   ③ ±25

문제 99

레디믹스트 콘크리트는 비비기와 운반방법의 조합에 의하여 3가지로 나눈다. 이 3가지를 쓰시오.

풀이
㉮ 센트럴 믹스트 콘크리트(central mixed concrete)
㉯ 쉬링크 믹스트 콘크리트(shrink mixed concrete)
㉰ 크랜싯 믹스트 콘크리트(transit mixed concrete)

문제 100

현장에서 레미콘 인수 시 인수자가 해야 할 시험을 4가지만 쓰시오.

풀이
① 공기량 시험   ② 슬럼프 시험
③ 염화물 함유량 시험   ④ 압축강도 시험(공시체 제작)

문제 101

레디믹스트 콘크리트의 염화물 함유량은 염소이온(Cl^-)량으로 얼마 이하로 규정하는지 다음 물음에 답하시오.

㉮ 배출지점에서 염화물 이온양 :
㉯ 구입자의 승인을 얻은 경우 :

풀이
㉮ $0.3\,kg/m^3$ 이하
㉯ $0.6\,kg/m^3$ 이하

문제 102

일반 콘크리트 압축강도의 검사규정에 대한 다음 물음에 답하시오.

가) 1회 검사 빈도는?
나) 1회 시험결과의 압축강도는?($f_{cq} \leq 35MPa$인 경우)
다) 3회 시험결과의 평균값은?

풀이
가) 1일 1회 이상, 구조물별 120m³마다
나) $(f_{cq} - 3.5)MPa$ 이상
다) f_{cq} 이상

콘크리트기능사

기출 및 예상문제 | **실기 작업형 문제**

1. 콘크리트 손비빔 및 압축강도 공시체 제작

1) 시험기구 및 재료
   (1) 고무망치
   (2) 다짐대(봉)
   (3) 흙손
   (4) 삽
   (5) 공시체 몰드
   (6) 박리제
   (7) 붓
   (8) 브러시
   (9) 재료(시멘트, 모래, 자갈, 물)
   (10) 시료 팬(대, 중, 소)
   (11) 저울(20kg)
   (12) 메스실린더

2) 시험순서 및 유의사항

　　(1) 각 재료량을 계산하여 계량한다. (허용오차 이내로 측정한다.)

(2) 모래와 시멘트를 혼합한 후 자갈, 물의 순으로 혼합한다. (삽을 숙련되게 하여 고르게 잘 혼합한다.)

(3) 공시체 몰드를 붓 또는 브러시로 청소하고 내면에 박리제를 칠하거나 물을 적신다.

(4) 핸드 스콘을 이용하여 혼합한 콘크리트를 떠서 공시체 몰드 안에 넣는다.

(5) 다짐대(봉)을 수직으로 적당한 간격을 유지하면서 다진다. (φ150mm의 경우 2층 각각 18회씩, φ100mm의 경우 2층 적어도 각각 8회 이상)

(6) 공시체 몰드 외부면을 가볍게 고무망치로 두드려 준다.

(7) 흙손으로 표면을 매끄럽게 마무리한다.

2. 콘크리트 슬럼프 시험

1) 시험기구 및 재료
    (1) 슬럼프 콘 세트(다짐대, 밑판, 측정자)
    (2) 핸드 스콘
    (3) 삽
    (4) 저울(용량 20kg)
    (5) 시료 팬
    (6) 비커 또는 메스실린더
    (7) 모래, 물, 자갈, 시멘트
    (8) 흙손

(1)(2)

(3)
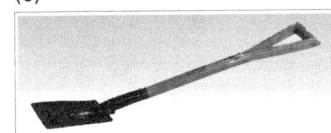

(4)

2) 시험순서 및 유의사항

(1) 슬럼프 콘에 콘크리트를 넣을 때 콘 내부와 밑판을 헝겊으로 잘 닦은 후 콘을 단단히 발로 밟고 고정시키고 시료를 3층으로 나누어 넣으며 각 층마다 25회씩 다진다. (혼합된 시료 옆에 밑판을 놓고 슬럼프 콘을 양쪽 발로 밟고 핸드 스콘을 이용하여 1/3 넣고 다짐대로 25회 다지고, 또 2/3 넣고 다짐대로 25회 다지고, 나머지 가득 채우고 25회 다지는데 여기서 마지막 다질 때 윗부분이 차지 않을 경우는 25회 다질 때 잘 관찰하면서 다소 모자라면 콘크리트를 채우면서 최종 25회가 되도록 다진다.)

(2) 시료를 슬럼프 콘에 다 넣은 후 시료의 표면을 흙손을 사용하여 반듯하게 하고 슬럼프 콘을 천천히 들어올린다. (양발을 움직이지 않은 상태에서 슬럼프 콘 옆에 떨어진 콘크리트를 손을 이용하여 없애고 콘 손잡이를 손으로 꽉 누르고 양 발을 들어내고 손으로 콘을 천천히 2~5초 이내에 들어올린다.)

(3) 시료가 주저앉은 후 주저앉은 중심부위를 기준으로 슬럼프 값을 측정한다. (측정자를 이용하여 밑판 위에 놓고 내려앉은 거리를 측정한다.)

측정 전에 자를 슬럼프 콘 높이에 맞추어서 30cm(0cm) 높이 읽은 값이 위인지 아래인지를 파악하고 측정 시 그 위치의 값을 읽는다. (전 작업을 3분 이내에 끝낸다.)

(4) 성과표에 슬럼프 값을 기록한다. (측정값은 5mm 단위로 측정한다. 예 : 90mm, 95mm)

3) 시험 성과표 작성

[슬럼프 시험 성과표]

측 정 번 호	1회
슬럼프(mm)	

■실기 작업형 시험 예

- 콘크리트기능사(작업형)
- 시험시간 : 1시간 30분(2종목 출제)

1) 요구사항
   (1) 지급된 재료 및 시설을 이용하여 아래 시험을 실시하고 주어진 양식에 작성 제출하시오.
      ① 콘크리트 손 비빔
      ② 콘크리트 압축강도 공시체 제작
      ③ 슬럼프 시험
   (2) 조건
      ① 다음 시방 배합표의 결과를 보고 재료의 양을 10*l*로 산출하고 계량하여 손비빔을 한다.

[시방 배합표(kg/m^3)]

단위 수량	단위 시멘트양	단위 잔골재량	단위 굵은골재량
180	326	836	958

※ 시험 장소에 따라 재료의 양이 다르게 제시될 수 있다.

   ② 콘크리트 압축강도 공시체 제작 및 슬럼프 시험을 한다.

2) 수검자 유의사항
   (1) 필답형 실기시험과 작업형 시험 중 하나라도 응시치 않으면 실격으로 처리한다.
   (2) 시험방법은 한국산업규격(KSF)에 따라 실시한다.
   (3) 사용하는 기구는 조심하여 다루고 시험 중에는 일체의 잡담을 금한다.
   (4) 시험한 결과치는 흑색필 기구(연필류 제외)로 기록한다.
   (5) 각 시험은 시험시간 이내에서 수검자의 의향에 따라 2회 이상 평균값을 취하여도 된다.

1 콘크리트 손비빔·압축강도 공시체 제작

주요항목	세부항목	항목번호	항목별 채점방법
손비빔	재료계량 정확도	1	재료양을 산출하고 계량한다.
	재료의 혼합순서	2	모래와 시멘트 혼합 후 자갈, 물의 순으로 혼합한다.
		3	물의 유실이 전혀 없이 혼합한다.
	재료 혼합상태, 혼합기구사용 및 동작	4	색깔이 고르게 될 때까지 혼합한다.
		5	비빔삽을 사용하여 1분간에 60회 이상 빠르게 동작한다.
공시체 제작	몰드 처리	6	몰드의 이음부위 및 내부를 청소한다.
		7	몰드 내부에 박리제를 칠하거나 물을 적신다.
	콘크리트 운반	8	시료를 4분법으로 채취한다.
		9	콘크리트를 2층 이상으로 거의 동일한 두께로 나눠서 채운다. 각 층의 두께는 160mm을 초과해서는 안 된다.
		10	각 층마다 몰드의 축에 거의 대칭이 되도록 넣는다.
	콘크리트 다짐 및 마무리	11	다짐봉을 똑바로(수직) 찔러 넣는다.
		12	각 층의 두께를 100~150mm로 하고 적어도 윗면적 $1,000mm^2$에 대하여 1회의 비율로 다진다.
		13	각 층마다 고무망치로 몰드 외부 옆면을 10~15회 두드려서 다짐봉에 의해 생긴 구멍을 없앤다.
		14	콘크리트 마무리 작업을 할 때는 몰드 위쪽 콘크리트를 제거하고 흙손으로 표면을 매끈하게 한다.

※ 위 항목에 결격이 없으면 항목당 배점, 결격 시 항목당 0점

[콘크리트 재료량 산출 예]

재료명	물	시멘트	잔골재	굵은 골재
질량(kg)	1.8	3.26	8.36	9.58

※ 시험 장소에 따라 $7l$, $8l$, $9l$ 등 다르게 제시될 수 있다.

- 물 : $180 \times \dfrac{10}{1,000} = 1.8 \, \text{kg}(l)$

- 시멘트 : $326 \times \dfrac{10}{1,000} = 3.26 \, \text{kg}$

- 잔골재 : $836 \times \dfrac{10}{1,000} = 8.36 \, \text{kg}$

- 굵은 골재 : $958 \times \dfrac{10}{1,000} = 9.58 \, \text{kg}$

2 슬럼프 시험

주요항목	세부항목	항목번호	항목별 채점방법
슬럼프 시험	시료채취	15	시료를 4분법으로 대표적인 것을 채취한다.
	슬럼프 콘 청소	16	걸레로 깨끗이 닦아낸다.
	슬럼프 콘에 시료주입	17	슬럼프 콘 용적의 1/3(바닥에서 7cm)씩 주입한다.
	시료다짐	18	슬럼프 콘에 1회 주입 시마다 다짐봉을 수직으로 25회 다진다.
		19	슬럼프 콘에 채운 콘크리트의 윗면을 슬럼프 콘의 상단에 맞춰 고르게 한다.
	슬럼프 콘 벗기기 및 소요시간 정확도와 슬럼프 값 측정	20	콘크리트 가로방향이나 비틀림 운동을 주지 않도록 수직방향으로 2~5초간 벗긴다.
		21	전 작업을 중단 없이 3분 이내로 한다.
		22	공시체가 다 주저앉지 않고 전단되지 않은 상태에서 내려앉은 길이를 측정하여 슬럼프 값을 측정한다.
		23	슬럼프 측정값을 주어진 양식에 기재한다.
		24	사용한 흙손 등 공동으로 사용하는 장비의 청결상태를 유지한다.

※ 위 항목에 결격이 없으면 항목당 배점, 결격 시 항목당 0점

2013년 3월 17일 시행 기출 및 예상문제(1시간) — 실기 필답형 문제

「알려 드립니다」 한국산업인력공단의 저작권법 저촉에 대한 언급이 있어 과거에 출제된 동일한 문제나 그 유형의 문제로 재구성하였습니다.

문제 01
시멘트의 밀도는 시멘트의 품질이 나빠질 경우 작아지는데 일반적으로 어떤 이유로 작아지는지 3가지를 쓰시오.

풀이
가) 시멘트가 풍화되었을 때
나) 저장기간이 길었을 때
다) 클링커의 소성이 불충분할 때
라) 혼합물이 섞여 있을 때

문제 02
다음 물음에 대하여 콘크리트 배합강도를 구하시오.
가) 콘크리트 압축강도의 시험 기록이 없는 경우
 ① 호칭강도가 20MPa인 경우
 ② 호칭강도가 30MPa인 경우
나) 30회의 압축강도 시험 실적이 있는 경우
 ① 품질기준강도가 30MPa이며 표준편차가 3MPa인 경우
 ② 품질기준강도가 40MPa이며 표준편차가 5MPa인 경우

풀이
가) ① $f_{cr} = f_{cn} + 7 = 20 + 7 = 27\text{MPa}$
 ② $f_{cr} = f_{cn} + 8.5 = 30 + 8.5 = 38.5\text{MPa}$
나) ① $f_{cq} \leq 35\text{MPa}$인 경우
 • $f_{cr} = f_{cq} + 1.34s = 30 + 1.34 \times 3 = 34.02\text{MPa}$
 • $f_{cr} = (f_{cq} - 3.5) + 2.33s = (30 - 3.5) + 2.33 \times 3 = 33.49\text{MPa}$
 ∴ 배합강도는 큰 값인 34.02 MPa이다.
 ② $f_{cq} > 35\text{MPa}$인 경우
 • $f_{cr} = f_{cq} + 1.34s = 40 + 1.34 \times 5 = 46.7\text{MPa}$
 • $f_{cr} = 0.9 f_{cq} + 2.33s = 0.9 \times 40 + 2.33 \times 5 = 47.65\text{MPa}$
 ∴ 배합강도는 큰 값인 47.65MPa이다.

문제 03

콘크리트 휨강도 시험에서 공시체가 지간의 4점 사이에서 파괴 시 최대하중이 32kN 이었을 때 휨강도를 구하시오. (단, 공시체의 크기는 150×150×530mm, 지간은 450mm이다.)

풀이 $f_b = \dfrac{Pl}{bd^2} = \dfrac{32,000 \times 450}{150 \times 150^2} = 4.3\text{MPa}$

문제 04

굵은골재 유해물 함유량 한도를 쓰시오.
 가) 점토 덩어리
 나) 연한 석편
 다) 0.08mm 통과량

풀이 가) 0.25% 이하 나) 5% 이하 다) 1.0% 이하

문제 05

다음의 재료를 사용하여 콘크리트 1m³ 배합에 필요한 단위 잔골재량과 단위 굵은골재량을 구하시오.

- 시멘트 : 220kg
- 잔골재율 : 34%
- 잔골재 표건밀도 : 2.65g/cm³
- 공기량 : 2%
- W/C : 55%
- 시멘트 밀도 : 3.17g/cm³
- 굵은골재 표건밀도 : 2.7g/cm³

 가) 단위 잔골재량
 나) 단위 굵은골재량

풀이 가) • 단위 수량
$\dfrac{W}{C} = 0.55, \quad \therefore W = 220 \times 0.55 = 121\text{kg}$

• 골재의 절대 체적
$V = 1 - \left(\dfrac{121}{1 \times 1,000} + \dfrac{220}{3.17 \times 1,000} + \dfrac{2}{100} \right) = 0.79\text{m}^3$
$\therefore S = 2.65 \times (0.79 \times 0.34) \times 1,000 = 711.79\text{kg/m}^3$

나) $G = 2.7 \times (0.79 \times 0.66) \times 1,000 = 1,407.78\text{kg/m}^3$

문제 06

콘크리트의 블리딩 시험 결과 콘크리트를 채운 용기의 윗면적이 490cm³, 블리딩에 따른 물의 용적이 70cm³일 때 블리딩양은?

풀이 블리딩양 $= \dfrac{V}{A} = \dfrac{70}{490} = 0.143\text{cm}^3/\text{cm}^2$

문제 07

콘크리트의 워커빌리티 측정방법 4가지를 쓰시오.

풀이
① 슬럼프 시험
② 구관입 시험
③ 흐름 시험
④ 비비 시험

문제 08

어떤 골재의 체가름 시험을 한 결과이다. 이 골재의 조립률을 구하시오.

체(mm)	남은 양(g)
50	0
40	430
25	2,140
20	3,920
15	1,630
10	1,160
5	720

풀이

체(mm)	남은 양(g)	잔류율(%)	가적 잔류율(%)
50	0	0	0
★40	430	4.3	4.3
25	2,140	21.4	25.7
★20	3,920	39.2	64.9
15	1,630	16.3	81.2
★10	1,160	11.6	92.8
★ 5	720	7.2	100
계	10,000		

조립률(FM) = $\dfrac{4.3+64.9+92.8+100+100+100+100+100+100}{100}$ = 7.62

여기서, 골재의 조립률은 ★표가 있는 체와 2.5, 1.2, 0.6, 0.3, 0.15mm 체의 가적 잔류율을 이용한다.

문제 09

수중 콘크리트의 타설 원칙을 3가지 쓰시오.

풀이
① 정수 중 타설을 원칙으로 한다.
② 수중에 낙하시키지 않는다.
③ 연속해서 타설한다.

2013년 5월 26일 시행 기출 및 예상문제(1시간) | 실기 필답형 문제

「알려 드립니다」 한국산업인력공단의 저작권법 저촉에 대한 언급이 있어 과거에 출제된 동일한 문제나 그 유형의 문제로 재구성하였습니다.

문제 01

콘크리트 1m³를 만드는 데 필요한 재료량을 아래 배합표를 보고 구하시오.

굵은골재 최대치수 (mm)	단위 수량 (kg)	물-시멘트비 (%)	잔골재율 (%)	잔골재 밀도 (g/cm³)	굵은골재 밀도 (g/cm³)	시멘트 밀도 (g/cm³)	공기량 (%)	슬럼프 (mm)
25	180	50	36	2.6	2.65	3.15	3	80

가) 단위 시멘트양을 구하시오. (단, 소수 첫째 자리에서 반올림하시오.)
나) 단위 잔골재의 절대부피를 구하시오. (단, 소수 넷째 자리에서 반올림하시오.)
다) 단위 잔골재량을 구하시오. (단, 소수 첫째 자리에서 반올림하시오.)
라) 단위 굵은골재의 절대부피를 구하시오. (단, 소수 넷째 자리에서 반올림하시오.)
마) 단위 굵은골재량을 구하시오. (단, 소수 첫째 자리에서 반올림하시오.)

풀이

가) $\dfrac{W}{C} = 50\%$ ∴ $C = \dfrac{180}{0.5} = 360 \text{kg}$

나) • 단위 골재량의 절대부피

$$V = 1 - \left(\dfrac{\text{단위 수량}}{\text{물의 밀도} \times 1{,}000} + \dfrac{\text{단위 시멘트양}}{\text{시멘트 밀도} \times 1{,}000} + \dfrac{\text{공기량}}{100} \right)$$

$$= 1 - \left(\dfrac{180}{1 \times 1{,}000} + \dfrac{360}{3.15 \times 1{,}000} + \dfrac{3}{100} \right) = 0.6757 \text{m}^3$$

• 단위 잔골재의 절대부피

$V_S = 0.6757 \times 0.36 = 0.243 \text{m}^3$

다) $S = 2.6 \times 0.243 \times 1000 = 632 \text{kg}$

라) $V_G = 0.6757 \times (1 - 0.36) = 0.432 \text{m}^3$

마) $G = 2.65 \times 0.432 \times 1{,}000 = 1{,}145 \text{kg}$

문제 02

설계기준 압축강도(f_{ck})가 28MPa, 내구성 기준 압축강도(f_{cd})가 27MPa이다. 30회 이상의 압축강도 시험 실적으로부터 결정한 표준편차가 3MPa인 일반 콘크리트의 배합강도를 구하시오.

풀이

• f_{ck}와 f_{cd} 중 큰 값인 28MPa가 품질기준강도(f_{cq})이다.
• $f_{cq} \leq 35\text{MPa}$이므로
  ① $f_{cr} = f_{cq} + 1.34\,s = 28 + 1.34 \times 3 = 32.02 \text{MPa}$
  ② $f_{cr} = (f_{cq} - 3.5) + 2.33\,s = (28 - 3.5) + 2.33 \times 3 = 31.49 \text{MPa}$
  ∴ 배합강도는 큰 값인 32.02MPa이다.

문제 03

다음 물음에 답하시오.
가) 블리딩으로 인하여 콘크리트나 모르타르의 표면에 떠올라서 가라앉은 회백색의 물질을 무엇이라 하는가?
나) 재료가 외력을 받으면 변형이 생기는데, 외력의 증가 없이도 시간의 경과에 따라 변형이 증가되는 현상을 무엇이라 하는가?
다) 일반적으로 보통 콘크리트의 설계기준 압축강도는 재령 며칠의 압축강도를 기준하는가?

풀이 가) 레이턴스
나) 크리프
다) 28일

문제 04

콘크리트 휨강도 시험에 대한 내용이다. 다음 물음에 답하시오.
가) 공시체에 하중을 가하는 속도는?
나) 휨강도 파괴 시 무효 사유는?
다) 지간길이는 공시체 높이의 몇 배인가?

풀이 가) 0.06 ± 0.04 MPa/초
나) 공시체가 인장쪽 표면의 지간 방향 중심선의 4점 바깥쪽에서 파괴된 경우
다) 3배

문제 05

포졸란 작용이 있는 혼화재 3가지를 쓰시오.

풀이 플라이 애시, 고로 슬래그, 화산재, 규조토, 규산백토

문제 06

분말도가 높은 시멘트의 성질을 3가지만 쓰시오.

풀이 ① 풍화하기 쉽다.
② 블리딩이 적고 워커빌리티가 좋아진다.
③ 수화작용이 빠르고 초기강도가 크게 된다.

문제 07

콘크리트 시험에 관한 사항이다. 다음 물음에 답하시오.

가) 공시체의 양생온도?
나) 공시체를 몰드에서 떼어 내는 시간?
다) 공시체가 파괴되었을 때 최대 하중이 380kN이었다. 압축강도를 구하시오.
　　(단, 공시체는 지름 150mm, 높이 300mm이다.)

풀이

가) $20 \pm 2°C$

나) 16시간 이상 3일 이내

다) $f_c = \dfrac{P}{A} = \dfrac{380,000}{\dfrac{3.14 \times 150^2}{4}} = 21.5 \text{MPa}$

문제 08

경량골재 콘크리트 제조 방법 3가지를 쓰시오.

풀이

① 잔골재와 굵은골재를 전부 경량골재를 사용하는 방법
② 잔골재의 일부 혹은 전부를 일반골재를 사용하는 방법
③ 굵은골재의 일부 혹은 전부를 일반골재를 사용하는 방법

2013년 9월 1일 시행 기출 및 예상문제(1시간) | 실기 필답형 문제

「알려 드립니다」 한국산업인력공단의 저작권법 저촉에 대한 언급이 있어 과거에 출제된 동일한 문제나 그 유형의 문제로 재구성하였습니다.

문제 01
풍화한 시멘트의 특징을 3가지 쓰시오.

풀이
1) 강열감량이 증가한다.
2) 밀도가 작아진다.
3) 응결이 지연된다.
4) 강도의 발현이 저하된다.

문제 02
수중 콘크리트의 타설 원칙을 3가지 쓰시오.

풀이
① 정수 중 타설을 원칙으로 한다.
② 수중에 낙하시키지 않는다.
③ 연속해서 타설한다.

문제 03
굵은골재 최대치수 40mm, 단위 수량 175kg, 물-결합재비 50%, 슬럼프 값 100mm, 잔골재율 40%, 잔골재 밀도 2.59 g/cm³, 굵은골재 밀도 2.62 g/cm³, 시멘트 밀도 3.15g/cm³, 갇힌 공기량은 1%이며 골재는 표면건조 포화상태일 때 콘크리트 1m³에 필요한 각각의 재료량을 물음에 답하시오.

1) 단위 시멘트양을 구하시오. (단, 소수 첫째 자리에서 반올림하시오.)
2) 단위 골재량의 절대부피를 구하시오. (단, 소수 넷째 자리에서 반올림하시오.)
3) 단위 잔골재량의 절대부피를 구하시오. (단, 소수 넷째 자리에서 반올림하시오.)
4) 단위 굵은골재량의 절대부피를 구하시오. (단, 소수 넷째 자리에서 반올림하시오.)
5) 단위 잔골재량을 구하시오. (단, 소수 첫째 자리에서 반올림하시오.)
6) 단위 굵은골재량을 구하시오. (단, 소수 첫째 자리에서 반올림하시오.)

풀이

1) 물-결합재비 = $\dfrac{W}{C} = 0.5$

   $\therefore C = \dfrac{175}{0.5} = 350\text{kg}$

2) $V = 1 - \left(\dfrac{175}{1 \times 1,000} + \dfrac{350}{3.15 \times 1,000} + \dfrac{1}{100}\right) = 0.704\text{m}^3$

3) $V_S = 0.704 \times 0.4 = 0.282\text{m}^3$

4) $V_G = 0.704 - 0.282 = 0.422\text{m}^3$ (또는 $0.704 \times 0.6 = 0.422\text{m}^3$)

5) $S = 2.59 \times 0.282 \times 1,000 = 730\text{kg}$

6) $G = 2.62 \times 0.422 \times 1,000 = 1,106\text{kg}$

문제 04

프리스트레스 콘크리트에서 포스트텐션 방식으로 할 때 콘크리트 타설, 경화 후 시스 내에 PC 강재를 삽입하여 긴장시키고 정착한 다음 모르타르를 주입하는 과정을 무엇이라고 하는가?

풀이 그라우팅

문제 05

레디믹스트 콘크리트의 종류를 지정함에 있어서 구입자가 생산자와 협의하여 지정할 사항을 5가지만 쓰시오.

풀이
① 시멘트의 종류
② 굵은골재 최대치수
③ 물-결합재비 상한치
④ 단위 수량 상한치
⑤ 단위 시멘트양 하한치 또는 상한치
⑥ 유동화 콘크리트의 경우 유동화하기 전 베이스 콘크리트에서 슬럼프의 증대량
⑦ 경량골재 콘크리트의 경우 굳지 않은 콘크리트의 단위용적질량
⑧ 한중·서중·매스 콘크리트의 경우 최고온도 또는 최저온도

문제 06

다음은 한중 콘크리트에 관한 사항이다. 빈칸을 채우고 물음에 답하시오.

1) 하루 평균 기온이 (   )℃ 이하에서 콘크리트가 동결할 염려가 있으므로 한중 콘크리트로 시공한다.
2) 타설할 때 콘크리트 온도는 (   )~(   )℃의 범위에서 한다.
3) 동결 방지를 위해 넣는 혼화재료는?

풀이
1) 4
2) 5, 20
3) AE제, AE 감수제 등

문제 07

다음은 인장강도 시험에 대한 내용이다. 빈칸을 채우고 다음 물음에 답하시오.

가) 공시체는 원기둥 모양으로 그 지름은 굵은골재 최대치수의 (   )배 이상이며 (   )mm 이상으로 하며 공시체의 길이는 그 지름 이상, (   )배 이하로 한다.
나) 공시체의 양생온도는?
다) 인장강도 시험을 할 경우에 공시체에 하중을 가하는 속도는?
라) $\phi 150 \times 300$mm의 공시체를 사용하여 콘크리트 인장강도 시험을 한 결과 최대 파괴하중이 178,000N이었다. 인장강도를 구하시오.

풀이
가) 4, 150, 2
나) $20 \pm 2°C$
다) 0.06 ± 0.04MPa/초
라) $f_{sp} = \dfrac{2P}{\pi dl} = \dfrac{2 \times 178,000}{3.14 \times 150 \times 300} = 2.5$MPa

문제 08

콘크리트의 슬럼프 시험방법(KS F 2402)에 대한 내용이다. 다음 물음에 답하시오.

가) 슬럼프 콘의 규격을 쓰시오. (윗면 안지름×밑면 안지름×높이)
나) 슬럼프 콘에 시료를 채우고 벗길 때까지의 전 작업시간은?
다) 슬럼프 콘의 시료를 거의 같은 양의 몇 층으로 나눠서 채우고 각 층은 다짐봉으로 몇 회씩 다지는가?
라) 슬럼프는 몇 mm 단위로 표시하는가?

풀이
가) 100mm×200mm×300mm
나) 3분 이내
다) 3층, 25회
라) 5mm

2014년 3월 23일 시행 기출 및 예상문제(1시간) | 실기 필답형 문제

「**알려 드립니다**」 한국산업인력공단의 저작권법 저촉에 대한 언급이 있어 과거에 출제된 동일한 문제나 그 유형의 문제로 재구성하였습니다.

문제 01 품질기준강도가 28MPa, 30회 이상의 압축강도 시험 실적으로부터 결정한 표준편차가 3MPa인 일반 콘크리트의 배합강도를 구하시오.

풀이 • $f_{cn} \leq 35$MPa이므로
① $f_{cr} = f_{cn} + 1.34\,s = 28 + 1.34 \times 3 = 32.02$MPa
② $f_{cr} = (f_{cn} - 3.5) + 2.33\,s = (28 - 3.5) + 2.33 \times 3 = 31.49$MPa
∴ 배합강도는 큰 값인 32.02MPa이다.

문제 02 콘크리트 휨강도 시험에서 공시체가 지간의 4점 사이에서 파괴 시 최대하중이 32kN이었을 때 휨강도를 구하시오. (단, 공시체의 크기는 150×150×530mm, 지간은 450mm이다.)

풀이 $f_b = \dfrac{Pl}{b\,d^2} = \dfrac{32,000 \times 450}{150 \times 150^2} = 4.3$MPa

문제 03 시멘트의 응결시간 측정법 2가지를 쓰시오.

풀이 ① 비카 침
② 길모어 침

문제 04

콘크리트용 잔골재의 체가름 시험의 결과를 보고 조립률을 구하시오.

체(mm)	잔류량(g)
10	0
5	20
2.5	41
1.2	136
0.6	150
0.3	84
0.15	54
pan	3

풀이

체(mm)	잔류량(g)	잔류율(%)	가적잔류율(%)
10	0	0	0
5	20	4.1	4.1
2.5	41	8.4	12.5
1.2	136	27.9	40.4
0.6	150	30.7	71.1
0.3	84	17.2	88.3
0.15	54	11.1	99.4
pan	3	0.6	100

- 잔류율 = $\dfrac{해당\ 체의\ 잔류량}{전체\ 질량} \times 100$
- 가적잔류율 = 각 체의 잔류율의 누계
- 조립률 $FM = \dfrac{4.1 + 12.5 + 40.4 + 71.1 + 88.3 + 99.4}{100} = 3.16$

문제 05

굵은골재 최대치수 40mm, 단위 수량 175kg, 물-결합재비 50%, 슬럼프 값 100mm, 잔골재율 40%, 잔골재 밀도 2.59 g/cm³, 굵은골재 밀도 2.62 g/cm³, 시멘트 밀도 3.15 g/cm³, 갇힌 공기량은 1%이며 골재는 표면건조 포화상태일 때 콘크리트 1m³에 필요한 각각의 재료량을 물음에 답하시오.

1) 단위 시멘트양을 구하시오. (단, 소수 첫째 자리에서 반올림하시오.)
2) 단위 골재량의 절대부피를 구하시오. (단, 소수 넷째 자리에서 반올림하시오.)
3) 단위 잔골재량의 절대부피를 구하시오. (단, 소수 넷째 자리에서 반올림하시오.)
4) 단위 굵은골재량의 절대부피를 구하시오. (단, 소수 넷째 자리에서 반올림하시오.)
5) 단위 잔골재량을 구하시오. (단, 소수 첫째 자리에서 반올림하시오.)
6) 단위 굵은골재량을 구하시오. (단, 소수 첫째 자리에서 반올림하시오.)

[풀이]
1) 물-결합재비 $= \dfrac{W}{C} = 0.5$

   $\therefore C = \dfrac{175}{0.5} = 350\,\text{kg}$

2) $V = 1 - \left(\dfrac{175}{1 \times 1,000} + \dfrac{350}{3.15 \times 1,000} + \dfrac{1}{100}\right) = 0.704\,\text{m}^3$

3) $V_S = 0.704 \times 0.4 = 0.282\,\text{m}^3$

4) $V_G = 0.704 - 0.282 = 0.422\,\text{m}^3$ (또는 $0.704 \times 0.6 = 0.422\,\text{m}^3$)

5) $S = 2.59 \times 0.282 \times 1,000 = 730\,\text{kg}$

6) $G = 2.62 \times 0.422 \times 1,000 = 1,106\,\text{kg}$

문제 06

골재 함수상태에 따라 분류하고 간단히 설명하시오.

골재 함수상태에 따른 분류	간단한 설명
절대건조상태	물기가 전혀 없는 상태

[풀이]
- 공기중건조상태 : 골재알 속의 일부에만 물기가 있는 상태
- 표면건조포화상태 : 골재알 표면에는 물기가 없고 골재알 속의 빈틈만 물로 차 있는 상태
- 습윤상태 : 골재알 속이 물로 차 있고 표면에도 물기가 있는 상태

문제 07

콘크리트에 사용되는 혼화재료에 대한 다음 물음에 답하시오.
가) 포졸란 작용을 하는 혼화재 종류 2가지만 쓰시오.
나) 오토클레이브 양생에 의하여 고강도를 나타내게 하는 혼화재의 종류 1가지를 쓰시오.
다) 잠재수경성이 있는 혼화재의 종류 1가지를 쓰시오.

[풀이] 가) ① 플라이 애시 ② 규조토 ③ 화산재 ④ 규산백토 등
나) 규산질 미분말
다) 고로 슬래그 분말

문제 08

콘크리트 각 재료의 현장배합표와 길이가 100m인 T형 옹벽 단면도를 보고 다음 물음에 답하시오.

[현장배합표(kg/m³)]

물	160
시멘트	320
잔골재	850
굵은골재	1120

[T형 옹벽 단면도(단위 : mm)]

가) 각 재료의 양을 구하시오.
  ① 물 :
  ② 시멘트 :
  ③ 잔골재 :
  ④ 굵은골재 :

나) 시멘트 40kg 1포가 4,500원, 잔골재 1m³당 8,500원, 굵은골재 1m³당 11,000원일 때 각 재료의 비용을 구하시오.
  ① 시멘트 :
  ② 잔골재 :
  ③ 굵은골재 :

풀이

가) • 콘크리트 단면적(m^2)

$(0.5 \times 5) + (0.4 \times 3) = 3.7 m^2$

• 콘크리트 총량(m^3)

$3.7 \times 100 = 370 m^3$

• 각 재료의 량
  ① 물 : $160 \times 370 = 59,200 kg$
  ② 시멘트 : $320 \times 370 = 118,400 kg$
  ③ 잔골재 : $850 \times 370 = 314,500 kg$
  ④ 굵은골재 : $1,120 \times 370 = 414,400 kg$

나) ① 시멘트 : $4,500 \times \dfrac{118,400}{40} = 13,320,000$원

  ② 잔골재 : $8,500 \times \dfrac{314,500}{1,000} = 2,673,250$원

  ③ 굵은골재 : $11,000 \times \dfrac{414,400}{1,000} = 4,558,400$원

2014년 5월 25일 시행 기출 및 예상문제(1시간) — 실기 필답형 문제

「알려 드립니다」 한국산업인력공단의 저작권법 저촉에 대한 언급이 있어 과거에 출제된 동일한 문제나 그 유형의 문제로 재구성하였습니다.

문제 01

다음은 콘크리트의 인장강도 시험에 대한 내용이다. 빈칸을 채우고 물음에 답하시오.

가) 공시체는 원기둥 모양으로 지름은 굵은골재 최대치수의 ( )배 이상이며 ( )mm 이상으로 하며 공시체 길이는 지름 이상, ( )배 이하로 한다.
나) 공시체의 양생온도는?
다) 콘크리트 휨강도용 공시체가 지간의 4점 사이에서 파괴되었을 때 휨강도를 구하시오. (단, 지간은 450mm, 높이 150mm, 나비 150mm, 파괴 최대하중 2kN이다.)

풀이
가) 4, 150, 2
나) $20 \pm 2°C$
다) $f_b = \dfrac{Pl}{bd^2} = \dfrac{2,000 \times 450}{150 \times 150^2} = 0.27 \text{N/mm}^2 = 0.27 \text{MPa}$

문제 02

다음은 골재의 체가름 시험 결과이다. 물음에 답하시오.

체 크기(mm)	잔류율(%)
75	0
40	4
20	35
10	37
5	21
2.5	3

가) 조립률을 구하시오.
나) 굵은골재 최대치수를 구하시오.

풀이

체 크기(mm)	잔류율(%)	가적잔류율(%)
75	0	0
40	4	4
20	35	39
10	37	76
5	21	97
2.5	3	100

가) $\text{FM} = \dfrac{4+39+76+97+100+400}{100} = 7.16$

나) $G_{\max} = 40\text{mm}$
   40mm 체 통과율 $= 100 - 4 = 96\%$

문제 03

콘크리트 시방배합으로 각 재료의 단위량과 현장 골재의 상태는 다음과 같다. 물음에 답하시오.

[시방 배합표(kg/m³)]

물(W)	시멘트(C)	잔골재(S)	굵은골재(G)
180	370	710	1,190

[현장 골재 상태]
- 잔골재 속에 5mm 체에 남는 양 3%
- 굵은골재 속에 5mm 체 통과량 2%
- 잔골재 표면수량 3%
- 굵은골재 표면수량 1%

가) 잔골재량을 구하시오.
나) 굵은골재량을 구하시오.
다) 물의 양을 구하시오.

풀이

가) ① 입도 조정
$$x = \frac{100S - b(S+G)}{100 - (a+b)} = \frac{100 \times 710 - 2(710 + 1{,}190)}{100 - (3+2)} = 707.4 \text{kg}$$

② 표면수 조정
$707.4 \times 0.03 = 21.22 \text{kg}$
∴ $S = 707.4 + 21.22 = 728.6 \text{kg}$

나) ① 입도 조정
$$y = \frac{100G - a(S+G)}{100 - (a+b)} = \frac{100 \times 1{,}190 - 3(710 + 1{,}190)}{100 - (3+2)} = 1{,}192.6 \text{kg}$$

② 표면수 조정
$1{,}192.6 \times 0.01 = 11.93 \text{kg}$
∴ $G = 1{,}192.6 + 11.93 = 1{,}204.5 \text{kg}$

다) $W = 180 - (21.22 + 11.93) = 146.9 \text{kg}$

문제 04

블리딩의 방지 방법 3가지를 쓰시오.

풀이
① 단위 수량을 적게 한다.
② 골재 입도가 적당해야 한다.
③ AE제, 감수제를 사용한다.
④ 플라이 애시, 슬래그 미분말, 실리카 퓸 등의 미분말 혼화재를 사용한다.

문제 05

수중 콘크리트의 타설 원칙을 3가지 쓰시오.

풀이
① 정수 중 타설을 원칙으로 한다.
② 수중에 낙하시키지 않는다.
③ 연속해서 타설한다.

문제 06

다음 물음에 답하시오.
가) 콘크리트의 표준습윤양생 기간을 쓰시오. (단, 일평균기온이 15°C 이상인 경우)
  ① 보통 포틀랜드 시멘트를 사용한 경우 :
  ② 조강 포틀랜드 시멘트를 사용한 경우 :
나) 일반 콘크리트의 비비기에서 믹서 안에 재료를 투입한 후 비비는 시간의 표준을 쓰시오.
  ① 가경식 믹서일 경우 :
  ② 강제식 믹서일 경우 :
다) 콘크리트를 타설할 때 내부 진동기의 기준의 쓰시오.
  ① 삽입 간격은?
  ② 하층의 콘크리트 삽입 깊이는?

풀이
가) ① 5일 ② 3일
나) ① 1분 30초 이상 ② 1분 이상
다) ① 0.5m ② 0.1m

문제 07

다음의 시멘트에 관한 물음에 답하시오.
가) 시멘트 풍화의 정의
나) 풍화된 시멘트의 특징 2가지
  ①
  ②

풀이
가) 시멘트가 저장 중에 공기와 접하면 공기 중 수분을 흡수하여 수화작용을 일으켜 굳어지는 현상

나) ① 밀도가 작아진다.
② 강열감량이 증가한다.
③ 응결이 지연된다.
④ 강도 발현이 저하된다.

2014년 9월 14일 시행 기출 및 예상문제(1시간) | 실기 필답형 문제

「알려 드립니다」 한국산업인력공단의 저작권법 저촉에 대한 언급이 있어 과거에 출제된 동일한 문제나 그 유형의 문제로 재구성하였습니다.

문제 01
포틀랜드 시멘트 종류 3가지를 쓰시오.

풀이
① 보통 포틀랜드 시멘트
② 중용열 포틀랜드 시멘트
③ 조강 포틀랜드 시멘트
④ 저열 포틀랜드 시멘트
⑤ 내황산염 포틀랜드 시멘트

문제 02
시멘트 분말도 시험 방법 2가지를 쓰시오.

풀이
① 브레인 공기 투과 장치
② 표준체

문제 03
다음은 골재의 체가름 시험 결과이다. 물음에 답하시오.

체 크기(mm)	잔류율(%)
75	0
40	4
20	35
10	37
5	21
2.5	3

가) 조립률을 구하시오.
나) 굵은골재 최대치수를 구하시오.

풀이

체 크기(mm)	잔류율(%)	가적잔류율(%)
75	0	0
40	4	4
20	35	39
10	37	76
5	21	97
2.5	3	100

가) $FM = \dfrac{4+39+76+97+100+400}{100} = 7.16$

나) $G_{\max} = 40\text{mm}$
   40mm 체 통과율 $= 100 - 4 = 96\%$

문제 04

다음은 콘크리트 블리딩 시험에 대한 내용이다. 물음에 답하시오.
가) 블리딩 시험을 할 때 콘크리트 온도는?
나) 콘크리트를 채운 용기의 윗면적이 490cm^2, 블리딩에 따른 물의 용적이 70cm^3일 때 블리딩양은?
다) 콘크리트를 용기에 (   )층으로 나누어 넣고, 각 층을 다짐대로 (   )회씩 다진다.

풀이 가) $20 \pm 3°\text{C}$

나) 블리딩양 $= \dfrac{V}{A} = \dfrac{70}{490} = 0.143\text{cm}^3/\text{cm}^2$

다) 3, 25

문제 05

다음 물음에 대하여 콘크리트 배합강도를 구하시오.
가) 콘크리트 압축강도의 시험 기록이 없는 경우이며, 호칭강도가 24MPa이다.
나) 30회 이상의 압축강도 시험 실적으로부터 결정한 표준편차가 3.0MPa이며 품질기준강도가 30MPa이다.

풀이 가) $f_{cr} = f_{cn} + 8.5 = 24 + 8.5 = 32.5\text{MPa}$

나) $f_{cq} \leq 35\text{MPa}$이므로
① $f_{cr} = f_{cq} + 1.34S = 30 + 1.34 \times 3.0 = 34.02\text{MPa}$
② $f_{cr} = (f_{cq} - 3.5) + 2.33S = (30 - 3.5) + 2.33 \times 3.0 = 33.49\text{MPa}$
∴ 배합강도는 큰 값인 34.02MPa이다.

문제 06

콘크리트의 압축강도 시험에 관한 사항이다. 다음 물음에 답하시오.
가) 공시체의 높이는 지름의 (   )배를 가진 원기둥형이다.
나) 원기둥형의 공시체 지름은 굵은골재 최대치수의 (   )배 이상이다.
다) 공시체의 지름은 (   )mm 이상으로 한다.
라) 공시체가 파괴되었을 때 최대하중이 450kN이었다. 압축강도를 구하시오.
(단, 공시체는 지름 150mm, 높이 300mm이다.)

풀이 가) 2   나) 3   다) 100

라) $f_c = \dfrac{P}{A} = \dfrac{450,000}{\dfrac{3.14 \times 150^2}{4}} = 25.48\text{MPa}$

문제 07

굵은골재 최대치수 40mm, 단위 수량 175kg, 물-결합재비 50%, 슬럼프 값 100mm, 잔골재율 40%, 잔골재 밀도 2.59 g/cm³, 굵은골재 밀도 2.62 g/cm³, 시멘트 밀도 3.15 g/cm³, 갇힌 공기량은 1%이며 골재는 표면건조 포화상태일 때 콘크리트 1m³에 필요한 각각의 재료량을 물음에 답하시오.

1) 단위 시멘트양을 구하시오. (단, 소수 첫째 자리에서 반올림하시오.)
2) 단위 골재량의 절대부피를 구하시오. (단, 소수 넷째 자리에서 반올림하시오.)
3) 단위 잔골재량의 절대부피를 구하시오. (단, 소수 넷째 자리에서 반올림하시오.)
4) 단위 굵은골재량의 절대부피를 구하시오. (단, 소수 넷째 자리에서 반올림하시오.)
5) 단위 잔골재량을 구하시오. (단, 소수 첫째 자리에서 반올림하시오.)
6) 단위 굵은골재량을 구하시오. (단, 소수 첫째 자리에서 반올림하시오.)

풀이

1) 물-결합재비 $= \dfrac{W}{C} = 0.5$

   $\therefore C = \dfrac{175}{0.5} = 350\text{kg}$

2) $V = 1 - \left(\dfrac{175}{1 \times 1,000} + \dfrac{350}{3.15 \times 1,000} + \dfrac{1}{100} \right) = 0.704\text{m}^3$

3) $V_S = 0.704 \times 0.4 = 0.282\text{m}^3$

4) $V_G = 0.704 - 0.282 = 0.422\text{m}^3$ (또는 $0.704 \times 0.6 = 0.422\text{m}^3$)

5) $S = 2.59 \times 0.282 \times 1,000 = 730\text{kg}$

6) $G = 2.62 \times 0.422 \times 1,000 = 1,106\text{kg}$

문제 08

콘크리트의 슬럼프 시험방법(KS F 2402)에 대한 내용이다. 다음 물음에 답하시오.

가) 슬럼프 콘에 시료를 채우고 벗길 때까지의 전 작업시간은?
나) 슬럼프 콘의 시료를 거의 같은 양의 몇 층으로 나눠서 채우고 각 층은 다짐봉으로 몇 회씩 다지는가?
다) 슬럼프는 몇 mm 단위로 표시하는가?

풀이
가) 3분 이내
나) 3층, 25회
다) 5mm

2015년 3월 15일 시행 기출 및 예상문제(1시간) — 실기 필답형 문제

「알려 드립니다」 한국산업인력공단의 저작권법 저촉에 대한 언급이 있어 과거에 출제된 동일한 문제나 그 유형의 문제로 재구성하였습니다.

문제 01
콘크리트 휨강도 시험에 대한 내용이다. 다음 물음에 답하시오.

가) 공시체가 150mm×150mm×530mm일 때 각 층 다짐횟수는?
나) 공시체가 지간의 가운데 부분에서 파괴되었을 때 휨강도를 구하시오.
 (단, 지간은 450mm, 파괴 최대하중이 36,000N이다.)
다) 공시체를 제작한 후 (　)시간 이상, (　)일 이내에 몰드를 떼어내는가?
라) 공시체가 150mm×150mm×530mm일 때 몰드에 몇 층으로 채워 넣는가?

풀이
가) $(150 \times 530) \div 1{,}000 = 80$회
나) $f_b = \dfrac{P\,l}{b\,d^2} = \dfrac{36{,}000 \times 450}{150 \times 150^2} = 5\text{MPa}$
다) 16, 3
라) 2층

문제 02
다음 물음에 대하여 콘크리트 배합강도를 구하시오.

가) 콘크리트 압축강도의 시험 기록이 없는 경우
 ① 호칭강도가 18MPa인 경우
 ② 호칭강도가 28MPa인 경우
나) 30회 이상의 압축강도 시험 실적으로부터 결정한 표준편차가 3MPa이며 품질기준강도(f_{cq})가 24MPa인 경우
다) 잔골재 용적이 270l, 굵은골재 용적이 560l일 때 잔골재율을 구하시오.

풀이
가) ① $f_{cr} = f_{cn} + 7 = 18 + 7 = 25\text{MPa}$
　② $f_{cr} = f_{cn} + 8.5 = 28 + 8.5 = 36.5\text{MPa}$

⟨이해 보충⟩ • 콘크리트 압축강도의 표준편차를 알지 못할 때 또는 압축강도의 시험횟수가 14회 이하인 경우 콘크리트 배합강도

호칭강도(MPa)	배합강도(MPa)
21 미만	$f_{cn} + 7$
21 이상 35 이하	$f_{cn} + 8.5$
35 초과	$1.1 f_{cn} + 5.0$

나) • $f_{cq} \leq 35\text{MPa}$이므로
　① $f_{cr} = f_{cq} + 1.34s = 24 + 1.34 \times 3 = 28.02\text{MPa}$
　② $f_{cr} = (f_{cq} - 3.5) + 2.33s = (24 - 3.5) + 2.33 \times 3 = 27.49\text{MPa}$
　∴ 배합강도는 큰 값인 28.02MPa이다.

〈이해 보충〉 • $f_{cq} > 35\text{MPa}$인 경우
① $f_{cr} = f_{cq} + 1.34s$
② $f_{cr} = 0.9f_{cq} + 2.33s$
배합강도는 ①, ② 중 큰 값이다.

다) $S/a = \dfrac{270}{270+560} \times 100 = 32.5\%$

문제 03

콘크리트 배합설계에서 물-결합재비를 결정할 때 고려하여야 할 사항 3가지 쓰시오.

풀이
가) 콘크리트 압축강도
나) 콘크리트 수밀성
다) 콘크리트 내구성(내동해성)

문제 04

콘크리트 시방배합으로 각 재료의 단위량과 현장 골재의 상태는 다음과 같다. 물음에 답하시오.

[시방 배합표(kg/m³)]

물(W)	시멘트(C)	잔골재(S)	굵은골재(G)
180	370	710	1,190

[현장 골재 상태]
• 잔골재 속에 5mm 체에 남는 양 3%
• 굵은골재 속에 5mm 체 통과량 2%
• 잔골재 표면수량 3%
• 굵은골재 표면수량 1%

가) 입도를 보정한 단위 골재량을 구하시오.
　① 잔골재량 :　　　　　② 굵은골재량 :
나) 표면수를 보정한 골재의 표면수량을 구하시오.
　① 잔골재 표면수량 :　　　② 굵은골재 표면수량 :
나) 콘크리트의 1m³에 소요되는 현장배합량을 구하시오.
　① 잔골재량 :　　　　　② 굵은골재량 :
　③ 단위 수량 :

풀이 가) ① 잔골재량
$$\frac{100S-b(S+G)}{100-(a+b)}=\frac{100\times710-2(710+1{,}190)}{100-(3+2)}=707.4\text{kg}$$
② 굵은골재량
$$\frac{100G-a(S+G)}{100-(a+b)}=\frac{100\times1{,}190-3(710+1{,}190)}{100-(3+2)}=1{,}192.6\text{kg}$$
나) ① 잔골재 표면수량
$707.4\times0.03=21.22\text{kg}$
② 굵은골재량 표면수량
$1{,}192.6\times0.01=11.93\text{kg}$
다) ① 잔골재량
$707.4+21.22=728.6\text{kg}$
② 굵은골재량
$1{,}192.6+11.93=1{,}204.5\text{kg}$
③ 단위 수량
$180-(21.22+11.93)=146.9\text{kg}$

문제 05

일반 수중 콘크리트에 관한 내용이다. 물음에 답하시오.
가) 시공 방법별 슬럼프의 표준값을 쓰시오.
  • 트레미 : (   )   • 콘크리트 펌프 : (   )
나) 콘크리트 타설 시 유속은 1초에 몇 mm 이하인가?
다) 단위 시멘트양의 표준값은?

풀이 가) • (130~180mm)   • (130~180mm)
나) 50mm
다) 370kg/m³ 이상

문제 06

혼합시멘트의 종류 3가지를 쓰시오.

풀이 ① 고로 슬래그 시멘트
② 플라이 애시 시멘트
③ 실리카 시멘트

문제 07

숏크리트 타설 시공에 있어 리바운드양(반발량)을 감소시키기 위한 방법 3가지를 쓰시오.

풀이
① 벽면과 직각으로 분사한다.
② 분사압력을 일정하게 유지한다.
③ 단위 시멘트양을 크게 한다.
④ 굵은골재 최대치수를 작게 한다.
⑤ 잔골재율을 크게 한다.
⑥ 분사면을 거칠게 한다.

문제 08 다음은 콘크리트 블리딩 시험에 대한 내용이다. 물음에 답하시오.
가) 콘크리트를 용기에 채워 넣고 윗면을 고른 후 처음 60분은 몇 분 간격으로 물을 피펫으로 빨아내는가?
나) 콘크리트를 채운 용기의 윗면적이 490cm^2, 블리딩에 따른 물의 용적이 70cm^3일 때 블리딩양은?

풀이 가) 10분
나) 블리딩양 $= \dfrac{V}{A} = \dfrac{70}{490} = 0.143 \text{cm}^3/\text{cm}^2$

2015년 5월 24일 시행 기출 및 예상문제(1시간) | 실기 필답형 문제

「알려 드립니다」 한국산업인력공단의 저작권법 저촉에 대한 언급이 있어 과거에 출제된 동일한 문제나 그 유형의 문제로 재구성하였습니다.

문제 01

다음 물음에 답하시오.
가) 압축강도 공시체에 하중을 가하는 속도는?
나) 휨강도 공시체에 하중을 가하는 속도는?
다) 지름이 150mm, 길이가 300mm인 공시체의 파괴하중이 178kN일 때 인장강도를 구하시오. (소수 둘째 자리에서 반올림하시오.)

풀이
가) 0.6±0.2MPa/초
나) 0.06±0.04MPa/초
다) $f_{sp} = \dfrac{2P}{\pi Dl} = \dfrac{2 \times 178{,}000}{3.14 \times 150 \times 300} = 2.5 \text{MPa}$

문제 02

콘크리트 1m³를 만드는 데 필요한 재료량을 아래 배합표를 보고 구하시오.

굵은골재 최대치수 (mm)	단위 수량 (kg)	물-시멘트비 (%)	잔골재율 (%)	잔골재 밀도 (g/cm³)	굵은골재 밀도 (g/cm³)	시멘트 밀도 (g/cm³)	공기량 (%)	슬럼프 (mm)
25	180	50	36	2.6	2.65	3.15	3	80

가) 단위 시멘트양을 구하시오. (단, 소수 첫째 자리에서 반올림하시오.)
나) 단위 잔골재의 절대부피를 구하시오. (단, 소수 넷째 자리에서 반올림하시오.)
다) 단위 잔골재량을 구하시오. (단, 소수 첫째 자리에서 반올림하시오.)
라) 단위 굵은골재의 절대부피를 구하시오. (단, 소수 넷째 자리에서 반올림하시오.)
마) 단위 굵은골재량을 구하시오. (단, 소수 첫째 자리에서 반올림하시오.)

풀이
가) $\dfrac{W}{C} = 50\%$ ∴ $C = \dfrac{180}{0.5} = 360 \text{kg}$

나) • 단위 골재량의 절대부피
$$V = 1 - \left(\dfrac{\text{단위 수량}}{\text{물의 밀도} \times 1{,}000} + \dfrac{\text{단위 시멘트양}}{\text{시멘트 밀도} \times 1{,}000} + \dfrac{\text{공기량}}{100} \right)$$
$$= 1 - \left(\dfrac{180}{1 \times 1{,}000} + \dfrac{360}{3.15 \times 1{,}000} + \dfrac{3}{100} \right) = 0.6757 \text{m}^3$$

• 단위 잔골재의 절대부피
$V_S = 0.6757 \times 0.36 = 0.243 \text{m}^3$

다) $S = 2.6 \times 0.243 \times 1{,}000 = 632 \text{kg}$
라) $V_G = 0.6757 \times (1 - 0.36) = 0.432 \text{m}^3$
마) $G = 2.65 \times 0.432 \times 1{,}000 = 1{,}145 \text{kg}$

문제 03

골재의 체가름 시험결과 다음과 같다. 물음에 답하시오.[6점]

체 크기(mm)		75	40	20	10	5	2.5	1.2	0.6	0.3	0.15
각체 잔류율(%)	잔골재	0	0	0	0	3	9	14	28	35	11
	굵은골재	0	5	34	36	22	3	0	0	0	0

가) 잔골재 조립률을 구하시오.
나) 굵은골재 조립률을 구하시오.
다) 굵은골재 최대치수를 구하시오.

풀이

가) $FM = \dfrac{(3+12+26+54+89+100)}{100} = 2.84$

나) $FM = \dfrac{(5+39+75+97+100+100+100+100)}{100} = 7.16$

다) $G_{\max} = 40\text{mm}$

40mm 체 통과율 : 100−5=95%

※ 굵은골재 최대치수란 질량으로 90% 이상 통과시키는 체 중에서 최소치수의 체눈을 공칭치수로 나타낸다.

문제 04

시멘트의 밀도는 시멘트의 품질이 나빠질 경우 작아지는데 일반적으로 어떤 이유로 작아지는지 3가지를 쓰시오.

풀이
가) 시멘트가 풍화되었을 때
나) 저장기간이 길었을 때
다) 클링커의 소성이 불충분할 때
라) 혼합물이 섞여 있을 때

문제 05

콘크리트 휨강도 시험에 대한 내용이다. 다음 물음에 답하시오.

가) 다짐봉을 이용하여 공시체를 제작할 경우 몇 층으로 나눠 채우며 다짐은 몇 mm^2에 1회 비율로 다지는가?
나) 공시체를 제작한 후 몰드를 떼어내는 시간의 범위는?
다) 공시체의 양생온도 및 양생상태는?
라) 공시체가 지간의 가운데 부분에서 파괴되었을 때 휨강도를 구하시오. (단, 공시체는 150mm×150mm×530mm이며, 지간은 450mm, 파괴 최대하중이 28kN이다.)

풀이 가) 2층, 1,000mm²
나) 16~72시간
다) 20±2℃, 습윤상태
라) $f_b = \dfrac{P\,l}{b\,d^2} = \dfrac{28{,}000 \times 450}{150 \times 150^2} = 3.73\text{MPa}$

문제 06
혼합시멘트의 종류를 3가지만 쓰시오.

풀이 고로슬래그 시멘트, 실리카 시멘트, 플라이 애시 시멘트, 착색 시멘트

문제 07
수중 콘크리트에 대한 내용이다. 다음 물음에 답하시오.
가) 수중 콘크리트 시공에 사용되는 기구 3가지를 쓰시오.
나) 일반 수중 콘크리트의 물-결합재비는 얼마 이하인가?
다) 일반 수중 콘크리트의 단위 시멘트양은 얼마 이상인가?

풀이 가) ① 트레미
② 콘크리트 펌프
③ 밑열림 상자, 밑열림 포대
나) 50%
다) 370kg/m³

2015년 9월 6일 시행
기출 및 예상문제(1시간) | **실기 필답형 문제**

> 「알려 드립니다」 한국산업인력공단의 저작권법 저촉에 대한 언급이 있어 과거에 출제된 동일한 문제나 그 유형의 문제로 재구성하였습니다.

문제 01

다음의 재료를 사용하여 콘크리트 1m³ 배합에 필요한 단위 잔골재량과 단위 굵은골재량을 구하시오.

- 시멘트 : 220kg
- 잔골재율 : 34%
- 잔골재 표건밀도 : 2.65g/cm³
- 공기량 : 2%
- W/C : 55%
- 시멘트 밀도 : 3.17g/cm³
- 굵은골재 표건밀도 : 2.7g/cm³

가) 단위 수량
나) 단위 잔골재량
다) 단위 굵은골재량

풀이

가) • 단위 수량

$$\frac{W}{C} = 0.55, \quad \therefore W = 220 \times 0.55 = 121\text{kg}$$

나) • 골재의 절대 체적

$$V = 1 - \left(\frac{121}{1 \times 1,000} + \frac{220}{3.17 \times 1,000} + \frac{2}{100}\right) = 0.79\text{m}^3$$

$$\therefore S = 2.65 \times (0.79 \times 0.34) \times 1,000 = 711.79 \text{kg/m}^3$$

다) $G = 2.7 \times (0.79 \times 0.66) \times 1,000 = 1,407.78 \text{kg/m}^3$

문제 02

다음은 골재의 체가름 시험에 대한 내용이다. 다음 물음에 답하시오.

가) 조립률을 구하기 위해 사용되는 표준체 10가지를 체 크기 순서대로 쓰시오.
나) 어떤 골재의 체가름 시험 결과이다. 빈칸을 채우고 조립률을 구하시오.

체(mm)	잔류량(g)	잔류율(%)	가적 잔류율(%)
50	0		
40	430		
25	2,140		
20	3,920		
15	1,630		
10	1,160		
5	720		

풀이 가) 75mm, 40mm, 20mm, 10mm, 5mm, 2.5mm, 1.2mm, 0.6mm, 0.3mm, 0.15mm

나)

체(mm)	잔류량(g)	잔류율(%)	가적 잔류율(%)
50	0	0	0
★40	430	4.3	4.3
25	2,140	21.4	25.7
★20	3,920	39.2	64.9
15	1,630	16.3	81.2
★10	1,160	11.6	92.8
★ 5	720	7.2	100
계	10,000		

조립률(FM) = $\dfrac{4.3+64.9+92.8+100+100+100+100+100+100}{100}$ = 7.62

여기서, 골재의 조립률은 ★표가 있는 체와 2.5, 1.2, 0.6, 0.3, 0.15mm 체의 가적 잔류율을 이용한다.

문제 03

경량골재 콘크리트 제조 방법 3가지를 쓰시오.

풀이
① 잔골재와 굵은골재를 전부 경량골재를 사용하는 방법
② 잔골재의 일부 혹은 전부를 일반골재를 사용하는 방법
③ 굵은골재의 일부 혹은 전부를 일반골재를 사용하는 방법

문제 04

시멘트 분말도 시험 방법 2가지를 쓰시오.

풀이
① 브레인 공기 투과 장치
② 표준체

문제 05

콘크리트의 압축강도 시험에 관한 사항이다. 다음 물음에 답하시오.
가) 공시체의 높이는 지름의 (   )배를 가진 원기둥형이다.
나) 원기둥형의 공시체 지름은 굵은골재 최대치수의 (   )배 이상이다.
다) 공시체의 지름은 (   )mm 이상으로 한다.
라) 공시체가 파괴되었을 때 최대하중이 450kN이었다. 압축강도를 구하시오.
  (단, 공시체는 지름 150mm, 높이 300mm이다.)

풀이 가) 2 나) 3 다) 100

라) $f_c = \dfrac{P}{A} = \dfrac{450,000}{\dfrac{3.14 \times 150^2}{4}} = 25.48\text{MPa}$

문제 06

다음은 콘크리트 블리딩 시험에 대한 내용이다. 빈칸을 채우시오.

> 시험하는 동안 콘크리트 온도는 (①)℃를 유지해야 하고 처음 60분 동안은 (②)분 간격으로, 그 후는 블리딩이 정지 될 때까지 (③)분 간격으로 표면에 생긴 물을 빨아낸다.

풀이
① 20±3
② 10
③ 30

문제 07

류샤틀리에 병에 64g의 시멘트를 넣고 광유 눈금의 차가 20.3ml이다. 시멘트의 밀도를 구하시오.

풀이 시멘트 밀도 $= \dfrac{64}{20.3} = 3.15 \text{g/cm}^3$

문제 08

레디믹스트 콘크리트 제조·공급방법 3가지를 쓰고 설명하시오.

풀이
① 센트럴 믹스트 콘크리트(Central mixed Concrete)
플랜트의 고정믹서에서 계량, 혼합, 비비기를 끝낸 콘크리트를 트럭 믹서 또는 트럭 애지테이터가 운반 중에 교반하면서 현장에 공급하는 방식

② 슈링크 믹스트 콘크리트(Shrink mixed Concrete)
플랜트의 고정믹서에서 어느 정도 혼합 후 트럭 믹서 또는 트럭 애지테이터가 운반 중 완전히 혼합하여 현장에 공급하는 방식

③ 트랜싯 믹스트 콘크리트(Transit mixed Concrete)
플랜트의 고정믹서가 없고 계량장치만 설치하여 각 재료를 트럭 믹서에 넣고 운반 중 완전히 혼합하여 현장에 공급하는 방식

2016년 3월 13일 시행
기출 및 예상문제 (1시간)

실기 필답형 문제

「알려 드립니다」 한국산업인력공단의 저작권법 저촉에 대한 언급이 있어 과거에 출제된 동일한 문제나 그 유형의 문제로 재구성하였습니다.

문제 01

콘크리트 타설시 내부 진동기의 사용에 대한 다음 물음에 답하시오.

가) 연직으로 다지는 간격은?
나) 하층 콘크리트 속의 다짐 깊이?
다) 1개소의 다짐 시간?

풀이 가) 0.5m 이하 나) 0.1m 다) 5~15초

문제 02

주어진 굵은골재의 체가름 시험 결과표를 보고 물음에 답하시오.

체 크기(mm)	잔류량(g)	잔류율(%)	가적 잔류율(%)	가적 통과율(%)
75	0	0	0	100
40	825			
25	5,615			
20	3,229			
10	3,960			
5	2,450			
2.5	545			
pan	0	−	−	−
합계	16,624	−	−	−

가) 빈칸의 성과표를 완성하시오. (단, 소수 둘째 자리에서 반올림하시오.)
나) 조립률을 구하시오. (단, 소수 둘째 자리에서 반올림하시오.)

풀이 가)

체 크기(mm)	잔류량(g)	잔류율(%)	가적 잔류율(%)	가적 통과율(%)
75	0	0	0	100
40	825	5	5	95
25	5,615	33.8	38.8	61.2
20	3,229	19.4	58.2	41.8
10	3,960	23.8	82	18
5	2,450	14.7	96.7	3.3
2.5	545	3.3	100	0
pan	0	−	−	−
합계	16,624	−	−	−

- 잔류율 = $\dfrac{\text{해당 체의 잔류량}}{\text{전체 질량}} \times 100$
- 가적 잔류율 = 잔류율 누계
- 가적 통과율 = 100 − 가적 잔류율

나) 조립률 = $\dfrac{5+58.2+82+96.7+100+100+100+100+100}{100} = 7.4$

문제 03

콘크리트 시방배합으로 각 재료의 단위량과 현장 골재의 상태는 다음과 같다. 물음에 답하시오.

[시방 배합표(kg/m³)]

물(W)	시멘트(C)	잔골재(S)	굵은골재(G)
180	370	710	1,190

[현장 골재 상태]
- 잔골재 속에 5mm 체에 남는 양 3%
- 굵은골재 속에 5mm 체 통과량 2%
- 잔골재 표면수량 3%
- 굵은골재 표면수량 1%

가) 잔골재량을 구하시오.
나) 굵은골재량을 구하시오.
다) 물의 양을 구하시오.

[풀이]

가) ① 입도 조정
$$x = \frac{100S - b(S+G)}{100-(a+b)} = \frac{100 \times 710 - 2(710+1,190)}{100-(3+2)} = 707.4 \text{kg}$$

② 표면수 조정
$707.4 \times 0.03 = 21.22 \text{kg}$
∴ $S = 707.4 + 21.22 = 728.6 \text{kg}$

나) ① 입도 조정
$$y = \frac{100G - a(S+G)}{100-(a+b)} = \frac{100 \times 1,190 - 3(710+1,190)}{100-(3+2)} = 1,192.6 \text{kg}$$

② 표면수 조정
$1,192.6 \times 0.01 = 11.93 \text{kg}$
∴ $G = 1,192.6 + 11.93 = 1,204.5 \text{kg}$

다) $W = 180 - (21.22 + 11.93) = 146.9 \text{kg}$

문제 04

수중 콘크리트의 타설 원칙을 3가지 쓰시오.

[풀이]

① 정수 중 타설을 원칙으로 한다.
② 수중에 낙하시키지 않는다.
③ 연속해서 타설한다.

문제 05

포틀랜드 시멘트 종류 3가지를 쓰시오.

풀이
① 보통 포틀랜드 시멘트
② 중용열 포틀랜드 시멘트
③ 조강 포틀랜드 시멘트
④ 저열 포틀랜드 시멘트
⑤ 내황산염 포틀랜드 시멘트

문제 06

콘크리트 배합에서 단위 잔골재량이 710kg/m³, 단위 굵은골재량이 1,070kg/m³일 때 절대 잔골재율(S/a)은 얼마인가? (단, 잔골재의 표건밀도는 2.61g/cm³, 굵은골재의 표건밀도는 2.68g/cm³이다.)

풀이
- 단위 잔골재량 = 잔골재 표건밀도 × 잔골재 체적 × 1,000
  $$\therefore 잔골재\ 체적 = \frac{단위\ 잔골재량}{잔골재\ 표건밀도 \times 1,000} = \frac{710}{2.61 \times 1,000} = 0.272 m^3 = 272 l$$
- 단위 굵은골재량 = 굵은골재 표건밀도 × 굵은골재 체적 × 1,000
  $$\therefore 굵은골재\ 체적 = \frac{단위\ 굵은골재량}{굵은골재\ 표건밀도 \times 1,000} = \frac{1,070}{2.68 \times 1,000} = 0.399 m^3 = 399 l$$
- 절대 잔골재율
  $$S/a = \frac{잔골재\ 체적}{잔골재\ 체적 + 굵은골재\ 체적} \times 100 = \frac{272}{272 + 399} \times 100 = 40.54\%$$

문제 07

다음은 콘크리트 강도 시험에 관련된 내용이다. 물음에 답하시오.

가) 압축강도 공시체에 하중을 가하는 속도는?
나) 휨강도 공시체에 하중을 가하는 속도는?
다) 공시체가 지간의 가운데 부분에서 파괴되었을 때 휨강도를 구하시오.
   (단, 지간 450mm, 폭 150mm, 높이 150mm, 파괴 최대하중이 42kN이다.)
라) 공시체를 제작한 후 몰드를 해체하는 시기는?
마) 공시체의 양생온도 범위는?

풀이
가) 0.6 ± 0.2 MPa/초
나) 0.06 ± 0.04 MPa/초
다) $f_b = \dfrac{Pl}{bd^2} = \dfrac{42,000 \times 450}{150 \times 150^2} = 5.6 MPa$
라) 16시간 이상 3일 이내
마) 20 ± 2℃

2016년 5월 21일 시행 기출 및 예상문제(1시간) — 실기 필답형 문제

「알려 드립니다」 한국산업인력공단의 저작권법 저촉에 대한 언급이 있어 과거에 출제된 동일한 문제나 그 유형의 문제로 재구성하였습니다.

문제 01

다음은 한중 콘크리트에 관한 사항이다. 빈칸을 채우고 물음에 답하시오.

1) 하루 평균 기온이 (   )℃ 이하에서 콘크리트가 동결할 염려가 있으므로 한중 콘크리트로 시공한다.
2) 타설할 때 콘크리트 온도는 (   )~(   )℃의 범위에서 한다.
3) 동결 방지를 위해 넣는 혼화재료는?

풀이
1) 4
2) 5, 20
3) AE제, AE 감수제 등

문제 02

콘크리트용 잔골재의 체가름 시험의 결과를 보고 조립률을 구하시오.

체(mm)	잔류량(g)
10	0
5	20
2.5	41
1.2	136
0.6	150
0.3	84
0.15	54
pan	3

풀이

체(mm)	잔류량(g)	잔류율(%)	가적잔류율(%)
10	0	0	0
5	20	4.1	4.1
2.5	41	8.4	12.5
1.2	136	27.9	40.4
0.6	150	30.7	71.1
0.3	84	17.2	88.3
0.15	54	11.1	99.4
pan	3	0.6	100

- 잔류율 = $\dfrac{\text{해당 체의 잔류량}}{\text{전체 질량}} \times 100$
- 가적잔류율 = 각 체의 잔류율의 누계
- 조립률 $FM = \dfrac{4.1 + 12.5 + 40.4 + 71.1 + 88.3 + 99.4}{100} = 3.16$

문제 03

블리딩의 방지 방법 3가지를 쓰시오.

풀이
① 단위 수량을 적게 한다.
② 골재 입도가 적당해야 한다.
③ AE제, 감수제를 사용한다.
④ 플라이 애시, 슬래그 미분말, 실리카 퓸 등의 미분말 혼화재를 사용한다.

문제 04

굵은골재 최대치수 40mm, 단위 수량 175kg, 물-결합재비 50%, 슬럼프 값 100mm, 잔골재율 40%, 잔골재 밀도 2.59 g/cm³, 굵은골재 밀도 2.62 g/cm³, 시멘트 밀도 3.15 g/cm³, 갇힌 공기량은 1%이며 골재는 표면건조 포화상태일 때 콘크리트 1m³에 필요한 각각의 재료량을 물음에 답하시오.

1) 단위 시멘트양을 구하시오. (단, 소수 첫째 자리에서 반올림하시오.)
2) 단위 골재량의 절대부피를 구하시오. (단, 소수 넷째 자리에서 반올림하시오.)
3) 단위 잔골재량의 절대부피를 구하시오. (단, 소수 넷째 자리에서 반올림하시오.)
4) 단위 굵은골재량의 절대부피를 구하시오. (단, 소수 넷째 자리에서 반올림하시오.)
5) 단위 잔골재량을 구하시오. (단, 소수 첫째 자리에서 반올림하시오.)
6) 단위 굵은골재량을 구하시오. (단, 소수 첫째 자리에서 반올림하시오.)

풀이

1) 물-결합재비 $= \dfrac{W}{C} = 0.5$

   $\therefore C = \dfrac{175}{0.5} = 350\text{kg}$

2) $V = 1 - \left(\dfrac{175}{1 \times 1,000} + \dfrac{350}{3.15 \times 1,000} + \dfrac{1}{100} \right) = 0.704\text{m}^3$

3) $V_S = 0.704 \times 0.4 = 0.282\text{m}^3$

4) $V_G = 0.704 - 0.282 = 0.422\text{m}^3$ (또는 $0.704 \times 0.6 = 0.422\text{m}^3$)

5) $S = 2.59 \times 0.282 \times 1,000 = 730\text{kg}$

6) $G = 2.62 \times 0.422 \times 1,000 = 1,106\text{kg}$

문제 05

다음 물음에 대하여 콘크리트 배합강도를 구하시오.

가) 콘크리트 압축강도의 시험 기록이 없는 경우
 ① 호칭강도가 18MPa인 경우
 ② 호칭강도가 28MPa인 경우
나) 30회 이상의 압축강도 시험 실적으로부터 결정한 표준편차가 3MPa이며 품질기준강도(f_{cq})가 24MPa인 경우

풀이 가) ① $f_{cr} = f_{cn} + 7 = 18 + 7 = 25\text{MPa}$
② $f_{cr} = f_{cn} + 8.5 = 28 + 8.5 = 36.5\text{MPa}$

〈이해 보충〉 • 콘크리트 압축강도의 표준편차를 알지 못할 때 또는 압축강도의 시험횟수가 14회 이하인 경우 콘크리트 배합강도

호칭강도(MPa)	배합강도(MPa)
21 미만	$f_{cn} + 7$
21 이상 35 이하	$f_{cn} + 8.5$
35 초과	$1.1 f_{cn} + 5.0$

나) • $f_{cq} \leq 35\text{MPa}$ 이므로
① $f_{cr} = f_{cq} + 1.34s = 24 + 1.34 \times 3 = 28.02\text{MPa}$
② $f_{cr} = (f_{cq} - 3.5) + 2.33s = (24 - 3.5) + 2.33 \times 3 = 27.49\text{MPa}$

문제 06

콘크리트 강도시험에 대한 내용이다. 다음 물음에 답하시오.
가) 공시체가 지간의 4점 사이에서 파괴되었을 때 휨강도를 구하시오.
(단, 지간은 450mm, 파괴 최대하중이 36,000N이다.)
나) 공시체가 파괴되었을 때 최대 하중이 380kN이었다. 압축강도를 구하시오.
(단, 공시체는 지름 150mm, 높이 300mm이다.)
다) $\phi 150 \times 300\text{mm}$의 공시체를 사용하여 콘크리트 인장강도 시험을 한 결과 최대 파괴하중이 178,000N이었다. 인장강도를 구하시오.

풀이 가) $f_b = \dfrac{Pl}{bd^2} = \dfrac{36,000 \times 450}{150 \times 150^2} = 5\text{MPa}$

나) $f_c = \dfrac{P}{A} = \dfrac{380,000}{\dfrac{3.14 \times 150^2}{4}} = 21.5\text{MPa}$

다) $f_{sp} = \dfrac{2P}{\pi dl} = \dfrac{2 \times 178,000}{3.14 \times 150 \times 300} = 2.5\text{MPa}$

문제 07

다음의 콘크리트 양생에 관한 물음에 답하시오.
가) 촉진양생의 정의
나) 촉진양생의 종류 3가지

풀이 가) 콘크리트의 경화나 강도 발현을 촉진하기 위해 실시하는 양생
나) ① 증기양생
② 고온고압양생(오오토클레이브 양생)
③ 전기양생
④ 온수양생
⑤ 적외선양생
⑥ 고주파양생

2016년 8월 28일 시행 기출 및 예상문제(1시간) — 실기 필답형 문제

> 「알려 드립니다」 한국산업인력공단의 저작권법 저촉에 대한 언급이 있어 과거에 출제된 동일한 문제나 그 유형의 문제로 재구성하였습니다.

문제 01
시멘트 응결시간 측정 방법을 2가지만 쓰시오.

풀이
가) 비카 침에 의한 방법
나) 길모어 침에 의한 방법

문제 02
콘크리트 시방배합으로 각 재료의 단위량과 현장 골재의 상태는 다음과 같다. 물음에 답하시오.

[시방 배합표(kg/m³)]

물(W)	시멘트(C)	잔골재(S)	굵은골재(G)
180	370	710	1,190

[현장 골재 상태]
- 잔골재 속에 5mm 체에 남는 양 3%
- 굵은골재 속에 5mm 체 통과량 2%
- 잔골재 표면수량 3%
- 굵은골재 표면수량 1%

가) 잔골재량을 구하시오.
나) 굵은골재량을 구하시오.
다) 물의 양을 구하시오.

풀이
가) ① 입도 조정
$$x = \frac{100S - b(S+G)}{100 - (a+b)} = \frac{100 \times 710 - 2(710 + 1,190)}{100 - (3+2)} = 707.4\text{kg}$$
② 표면수 조정
$707.4 \times 0.03 = 21.22\text{kg}$
∴ $S = 707.4 + 21.22 = 728.6\text{kg}$

나) ① 입도 조정
$$y = \frac{100G - a(S+G)}{100 - (a+b)} = \frac{100 \times 1,190 - 3(710 + 1,190)}{100 - (3+2)} = 1,192.6 \text{kg}$$
② 표면수 조정
$1,192.6 \times 0.01 = 11.93 \text{kg}$
∴ $G = 1,192.6 + 11.93 = 1,204.5 \text{kg}$

다) $W = 180 - (21.22 + 11.93) = 146.9 \text{kg}$

문제 03

30회 이상의 압축강도 시험 실적으로부터 결정한 표준편차가 3MPa이며 설계기준 압축강도(f_{ck})가 24MPa, 내구성 기준 압축강도(f_{cd})가 21MPa인 경우 콘크리트 배합강도를 구하시오.

풀이
- f_{ck}와 f_{cd} 중 큰 값인 24MPa가 품질기준강도(f_{cq})이다.
- $f_{cq} \leq 35\text{MPa}$이므로
  ① $f_{cr} = f_{cq} + 1.34s = 24 + 1.34 \times 3 = 28.02 \text{MPa}$
  ② $f_{cr} = (f_{cq} - 3.5) + 2.33s = (24 - 3.5) + 2.33 \times 3 = 27.49 \text{MPa}$
  ∴ 배합강도는 큰 값인 28.02MPa이다.

〈이해 보충〉
- $f_{cq} > 35\text{MPa}$인 경우
  ① $f_{cr} = f_{cq} + 1.34s$
  ② $f_{cr} = 0.9 f_{cq} + 2.33s$
  배합강도는 ①, ② 중 큰 값이다.

문제 04

콘크리트 강도시험에 관한 사항이다. 아래의 물음에 답하시오.

가) 공시체가 파괴되었을 때 최대하중이 450kN이었다. 압축강도를 구하시오. (단, 공시체는 지름 150mm, 높이 300mm이다.)

나) 지름이 150mm, 길이가 300mm인 공시체의 파괴하중이 178kN일 때 인장강도를 구하시오. (소수 둘째 자리에서 반올림하시오.)

다) 공시체가 지간의 가운데 부분에서 파괴되었을 때 휨강도를 구하시오. (단, 공시체 크기는 150mm×150mm×530mm, 지간은 450mm, 파괴 최대하중이 36,000N이다.)

풀이
가) 압축강도 $= \dfrac{P}{A} = \dfrac{450,000}{\dfrac{3.14 \times 150^2}{4}} = 25.48 \text{MPa}$

나) 인장강도 $= \dfrac{2P}{\pi d l} = \dfrac{2 \times 178,000}{3.14 \times 150 \times 300} = 2.5 \text{MPa}$

다) $f_b = \dfrac{P l}{b d^2} = \dfrac{36,000 \times 450}{150 \times 150^2} = 5 \text{MPa}$

문제 05

다음은 골재의 체가름 시험에 대한 내용이다. 다음 물음에 답하시오.

가) 조립률을 구하기 위해 사용되는 표준체 10가지를 체 크기 순서대로 쓰시오.
나) 어떤 골재의 체가름 시험 결과이다. 빈칸을 채우고 조립률을 구하시오.

체(mm)	잔류량(g)	잔류율(%)	가적 잔류율(%)
50	0		
40	430		
25	2,140		
20	3,920		
15	1,630		
10	1,160		
5	720		

풀이

가) 75mm, 40mm, 20mm, 10mm, 5mm, 2.5mm, 1.2mm, 0.6mm, 0.3mm, 0.15mm

나)

체(mm)	잔류량(g)	잔류율(%)	가적 잔류율(%)
50	0	0	0
★40	430	4.3	4.3
25	2,140	21.4	25.7
★20	3,920	39.2	64.9
15	1,630	16.3	81.2
★10	1,160	11.6	92.8
★ 5	720	7.2	100
계	10,000		

$$조립률(FM) = \frac{4.3 + 64.9 + 92.8 + 100 + 100 + 100 + 100 + 100}{100} = 7.62$$

여기서, 골재의 조립률은 ★표가 있는 체와 2.5, 1.2, 0.6, 0.3, 0.15mm 체의 가적 잔류율을 이용한다.

문제 06

혼화제 중에서 응결, 경화시간을 조절하는 것 3가지만 쓰시오.

풀이
① 지연제 ② 촉진제
③ 급결제 ④ 초지연제

문제 07

콘크리트 압축강도 시험을 할 때 공시체에 하중을 가하는 속도는?

풀이 $0.6 \pm 0.2 \, \text{MPa}/초$

문제 08

굳지 않은 콘크리트의 성질에 대한 용어를 쓰시오.

가) 반죽질기 여하에 따르는 작업의 난이정도 및 재료의 분리에 저항하는 정도를 나타내는 굳지 않은 콘크리트의 성질
나) 거푸집에 쉽게 다져 넣을 수 있고 거푸집을 제거하면 천천히 형상이 변하기는 하지만 허물어지거나 재료가 분리하거나 하는 일이 없는 굳지 않은 콘크리트의 성질
다) 굵은골재의 최대치수, 잔골재율, 잔골재의 입도, 반죽질기 등에 따르는 마무리하기 쉬운 정도를 나타내는 굳지 않는 콘크리트의 성질

풀이
가) 워커빌리티
나) 성형성
다) 피니셔빌리티

2017년 3월 12일 시행 기출 및 예상문제(1시간) — 실기 필답형 문제

「알려 드립니다」 한국산업인력공단의 저작권법 저촉에 대한 언급이 있어 과거에 출제된 동일한 문제나 그 유형의 문제로 재구성하였습니다.

문제 01
어떤 골재의 밀도가 2.65 g/cm³이고 단위용적 질량을 측정한 결과 1.60 t/m³이었다. 이 골재의 공극률 및 실적률을 구하시오.

풀이
가) 공극률 $= \left(1 - \dfrac{\omega}{\rho}\right) \times 100 = \left(1 - \dfrac{1.60}{2.65}\right) \times 100 = 39.6\%$

나) 실적률 $= 100 - $ 공극률 $= 100 - 39.6 = 60.4\%$

또는 실적률 $= \dfrac{\omega}{\rho} \times 100 = \dfrac{1.60}{2.65} \times 100 = 60.4\%$

문제 02
콘크리트의 워커빌리티 측정방법 4가지를 쓰시오.

풀이
① 슬럼프 시험
② 구관입 시험
③ 흐름 시험
④ 비비 시험

문제 03
콘크리트 휨강도 시험에 대한 내용이다. 다음 물음에 답하시오.

가) 공시체가 150mm×150mm×530mm일 때 각 층 다짐횟수는?
나) 공시체가 지간의 가운데 부분에서 파괴되었을 때 휨강도를 구하시오.
　　(단, 지간은 450mm, 파괴 최대하중이 36,000N이다.)
다) 공시체를 제작한 후 (　)시간 이상, (　)일 이내에 몰드를 떼어내는가?
라) 공시체가 150mm×150mm×530mm일 때 몰드에 몇 층으로 채워 넣는가?
마) 휨강도 공시체에 하중을 가하는 속도는?
바) 휨강도 시험결과 무효가 되는 이유를 간단히 쓰시오.

풀이
가) $(150 \times 530) \div 1{,}000 = 80$회

나) $f_b = \dfrac{P\,l}{b\,d^2} = \dfrac{36{,}000 \times 450}{150 \times 150^2} = 5\,\text{MPa}$

다) 16, 3
라) 2층
마) 0.06 ± 0.04 MPa/초
바) 공시체가 인장쪽 표면 지간 방향 중심선의 4점 바깥쪽에서 파괴되는 경우

문제 04
혼합시멘트의 종류 3가지를 쓰시오.

풀이
① 고로 슬래그 시멘트
② 플라이 애시 시멘트
③ 실리카 시멘트

문제 05
콘크리트 시방배합으로 각 재료의 단위량과 현장 골재의 상태는 다음과 같다. 물음에 답하시오.

[시방 배합표(kg/m³)]

물(W)	시멘트(C)	잔골재(S)	굵은골재(G)
180	370	710	1,190

[현장 골재 상태]
- 잔골재 속에 5mm 체에 남는 양 3%
- 굵은골재 속에 5mm 체 통과량 2%
- 잔골재 표면수량 3%
- 굵은골재 표면수량 1%

가) 잔골재량을 구하시오.
나) 굵은골재량을 구하시오.
다) 물의 양을 구하시오.

풀이

가) ① 입도 조정
$$x = \frac{100S - b(S+G)}{100 - (a+b)} = \frac{100 \times 710 - 2(710 + 1,190)}{100 - (3+2)} = 707.4 \text{kg}$$

② 표면수 조정
$707.4 \times 0.03 = 21.22 \text{kg}$
$\therefore S = 707.4 + 21.22 = 728.6 \text{kg}$

나) ① 입도 조정
$$y = \frac{100G - a(S+G)}{100 - (a+b)} = \frac{100 \times 1,190 - 3(710 + 1,190)}{100 - (3+2)} = 1,192.6 \text{kg}$$

② 표면수 조정
$1,192.6 \times 0.01 = 11.93 \text{kg}$
$\therefore G = 1,192.6 + 11.93 = 1,204.5 \text{kg}$

다) $W = 180 - (21.22 + 11.93) = 146.9 \text{kg}$

문제 06

다음은 특수 콘크리트에 대한 사항이다. 물음에 답하시오.
가) 하루 평균 기온이 몇 ℃ 이하에서 콘크리트가 동결할 염려가 있으므로 한중 콘크리트로 시공하는가?
나) 한중 콘크리트를 타설할 때 콘크리트 온도의 범위는?
다) 수중 콘크리트의 타설 원칙을 3가지만 쓰시오.

풀이
가) 4℃
나) 5~20℃
다) ① 정수 중 타설을 원칙으로 한다.
② 수중에 낙하시키지 않는다.
③ 연속해서 타설한다.

문제 07

포졸란 작용이 있는 혼화재 3가지를 쓰시오.

풀이
① 플라이 애시
② 고로 슬래그
③ 화산재
④ 규조토
⑤ 규산백토

2017년 5월 20일 시행

기출 및 예상문제(1시간) | 실기 필답형 문제

> 「알려 드립니다」 한국산업인력공단의 저작권법 저촉에 대한 언급이 있어 과거에 출제된 동일한 문제나 그 유형의 문제로 재구성하였습니다.

문제 01

콘크리트 시방배합으로 각 재료의 단위량과 현장 골재의 상태는 다음과 같다. 물음에 답하시오.

[시방 배합표(kg/m³)]

물(W)	시멘트(C)	잔골재(S)	굵은골재(G)
180	370	710	1,190

[현장 골재 상태]
- 잔골재 속에 5mm 체에 남는 양 3%
- 굵은골재 속에 5mm 체 통과량 2%
- 잔골재 표면수량 3%
- 굵은골재 표면수량 1%

가) 잔골재량을 구하시오.
나) 굵은골재량을 구하시오.
다) 물의 양을 구하시오.

풀이 가) ① 입도 조정
$$x = \frac{100S - b(S+G)}{100-(a+b)} = \frac{100 \times 710 - 2(710+1,190)}{100-(3+2)} = 707.4\text{kg}$$

② 표면수 조정
$707.4 \times 0.03 = 21.22\text{kg}$
∴ $S = 707.4 + 21.22 = 728.6\text{kg}$

나) ① 입도 조정
$$y = \frac{100G - a(S+G)}{100-(a+b)} = \frac{100 \times 1,190 - 3(710+1,190)}{100-(3+2)} = 1,192.6\text{kg}$$

② 표면수 조정
$1,192.6 \times 0.01 = 11.93\text{kg}$
∴ $G = 1,192.6 + 11.93 = 1,204.5\text{kg}$

다) $W = 180 - (21.22 + 11.93) = 146.9\text{kg}$

문제 02

현장 배합에 의해 콘크리트 $1m^3$에 대한 단위 시멘트양 323kg, 잔골재량 905kg, 굵은골재량 1,130kg일 때 다음 물음에 답하시오. (단, 1배치에 시멘트 3포대(한 포대의 양은 40kg)를 사용하며 단위 수량은 170kg, 소수 첫째 자리에서 반올림하시오.)

가) 잔골재량을 구하시오.
나) 굵은골재량을 구하시오.
다) 물의 양을 구하시오.

풀이

가) 잔골재량 $= 905 \times \dfrac{120}{323} = 336$kg

　　여기서, 120kg=3포대×40kg임.

나) 굵은골재량 $= 1,130 \times \dfrac{120}{323} = 420$kg

다) 물의 양 $= 170 \times \dfrac{120}{323} = 63$kg

문제 03

현장에서 콘크리트 압축강도를 22회 측정한 결과 표준편차는 5MPa이었다. 품질기준강도(f_{cq})가 35MPa일 때 다음 물음에 답하시오.

가) 표준편차의 보정계수를 구하시오. (단, 시험 횟수는 직선 보간한다.)
나) 배합강도를 구하시오.

풀이

가) 표준편차의 보정계수
시험횟수가 20회 경우 1.08, 25회 경우 1.03이므로 22회 1.06이다.

$\dfrac{1.08-1.03}{5} = 0.01$씩 직선 보간한다.

즉, 20회 1.08, 21회 1.07, 22회 1.06, 23회 1.05 24회 1.04, 25회 1.03이 된다.

나) 배합강도
$f_{cq} \leq 35$MPa이므로
① $f_{cr} = f_{cq} + 1.34S = 35 + 1.34 \times (5 \times 1.06) = 42.1$MPa
② $f_{cr} = (f_{cq} - 3.5) + 2.33S = (35-3.5) + 2.33 \times (5 \times 1.06) = 43.9$MPa
∴ 두 식에서 큰 값인 43.9MPa이다.

문제 04

분말도가 높은 시멘트의 성질을 3가지만 쓰시오.

풀이
① 풍화하기 쉽다.
② 블리딩이 적고 워커빌리티가 좋아진다.
③ 수화작용이 빠르고 초기강도가 크게 된다.

문제 05

수중 콘크리트의 타설 원칙을 3가지 쓰시오.

풀이
① 정수 중 타설을 원칙으로 한다.
② 수중에 낙하시키지 않는다.
③ 연속해서 타설한다.

문제 06

콘크리트에 관련된 다음 용어의 정의를 간단히 쓰시오.

가) 굵은골재의 최대치수 :
나) 블리딩 :
다) 수밀성 :

풀이
가) 질량비로 90% 이상을 통과시키는 체 중에서 최소 치수인 체의 호칭치수로 나타낸 굵은골재의 치수
나) 굳지 않은 콘크리트, 굳지 않은 모르타르, 굳지 않은 시멘트 페이스트에서 고체 재료의 침강 또는 일부가 분리되어 혼합수의 일부가 분리되어 상승하는 현상
다) 투수성이나 투습성이 적은 성질

문제 07

콘크리트 타설 후 습윤 상태로 노출면이 마르지 않도록 하여야 하며 수분의 증발에 따라 살수를 하여 습윤 상태로 보호하여야 한다. 아래 표의 습윤 상태로 보호하는 기간의 빈칸을 채우시오.

일평균 기온	보통 포틀랜드 시멘트	고로 슬래그 시멘트 2종 플라이 애시 시멘트 2종	조강 포틀랜드 시멘트
15℃ 이상	5일	7일	③
10℃ 이상	①	9일	4일
5℃ 이상	9일	②	④

풀이
① 7일　② 12일
③ 3일　④ 5일

일평균 기온	보통 포틀랜드 시멘트	고로 슬래그 시멘트 2종 플라이 애시 시멘트 2종	조강 포틀랜드 시멘트
15℃ 이상	5일	7일	3일
10℃ 이상	7일	9일	4일
5℃ 이상	9일	12일	5일

문제 08
골재의 체가름 시험에서 조립률을 구할 때 사용되는 체를 모두 쓰시오.

풀이 75mm, 40mm, 20mm, 10mm, 5mm, 2.5mm, 1.2mm, 0.6mm, 0.3mm, 0.15mm

문제 09
아래 표의 조건일 때 콘크리트 휨강도 시험에 대한 다음 물음에 답하시오. (단, 공시체가 지간의 가운데 부분에서 파괴된다.)

- 공시체 크기 : 150mm×150mm×530mm
- 지간의 길이 : 450mm
- 파괴 최대하중 : 32kN

가) 휨강도를 구하시오.
나) 공시체를 제작할 때 몰드를 떼어내는 시기는 콘크리트 채우기가 끝나고 나서 얼마정도로 하여야 하는지 그 범위를 쓰시오.
다) 공시체를 제작할 때 다짐봉을 사용하는 경우 각 층을 몇 회로 다져야 하는가?

풀이 가) $f_b = \dfrac{Pl}{bd^2} = \dfrac{32,000 \times 450}{150 \times 150^2} = 4.3\text{MPa}$

나) 16시간 이상 3일 이내

다) 다짐횟수 $= \dfrac{150\text{mm} \times 530\text{mm}}{1,000\text{mm}^2} ≒ 80$회

2017년 9월 9일 시행 기출 및 예상문제(1시간) — 실기 필답형 문제

「알려 드립니다」 한국산업인력공단의 저작권법 저촉에 대한 언급이 있어 과거에 출제된 동일한 문제나 그 유형의 문제로 재구성하였습니다.

문제 01
시멘트의 밀도는 시멘트의 품질이 나빠질 경우 작아지는데 일반적으로 어떤 이유로 작아지는지 3가지를 쓰시오.

풀이
가) 시멘트가 풍화되었을 때
나) 저장기간이 길었을 때
다) 클링커의 소성이 불충분할 때
라) 혼합물이 섞여 있을 때

문제 02
굵은골재 최대치수 40mm, 단위 수량 175kg, 물-결합재비 50%, 슬럼프 값 100mm, 잔골재율 40%, 잔골재 밀도 2.59 g/cm³, 굵은골재 밀도 2.62 g/cm³, 시멘트 밀도 3.15 g/cm³, 갇힌 공기량은 1%이며 골재는 표면건조 포화상태일 때 콘크리트 1m³에 필요한 각각의 재료량을 물음에 답하시오.

1) 단위 시멘트양을 구하시오. (단, 소수 첫째 자리에서 반올림하시오.)
2) 단위 골재량의 절대부피를 구하시오. (단, 소수 넷째 자리에서 반올림하시오.)
3) 단위 잔골재량의 절대부피를 구하시오. (단, 소수 넷째 자리에서 반올림하시오.)
4) 단위 굵은골재량의 절대부피를 구하시오. (단, 소수 넷째 자리에서 반올림하시오.)
5) 단위 잔골재량을 구하시오. (단, 소수 첫째 자리에서 반올림하시오.)
6) 단위 굵은골재량을 구하시오. (단, 소수 첫째 자리에서 반올림하시오.)

풀이

1) 물-결합재비 $=\dfrac{W}{C}=0.5$

$\therefore C=\dfrac{175}{0.5}=350\text{kg}$

2) $V=1-\left(\dfrac{175}{1\times 1,000}+\dfrac{350}{3.15\times 1,000}+\dfrac{1}{100}\right)=0.704\text{m}^3$

3) $V_S=0.704\times 0.4=0.282\text{m}^3$

4) $V_G=0.704-0.282=0.422\text{m}^3$ (또는 $0.704\times 0.6=0.422\text{m}^3$)

5) $S=2.59\times 0.282\times 1,000=730\text{kg}$

6) $G=2.62\times 0.422\times 1,000=1,106\text{kg}$

문제 03
혼합시멘트의 종류 3가지를 쓰시오.

풀이
① 고로 슬래그 시멘트
② 플라이 애시 시멘트
③ 실리카 시멘트

문제 04
시멘트 분말도 시험 방법 2가지를 쓰시오.

풀이
① 브레인 공기 투과 장치
② 표준체

문제 05
다음은 골재의 체가름 시험에 대한 내용이다. 물음에 답하시오.

가) 조립률을 구하기 위해 사용되는 표준체 10가지를 체 크기 순서대로 쓰시오.
나) 콘크리트용 잔골재의 체가름 시험의 결과를 보고 조립률을 구하시오.

체(mm)	잔류량(g)
10	0
5	20
2.5	41
1.2	136
0.6	150
0.3	84
0.15	54
pan	3

풀이
가) 75mm, 40mm, 20mm, 10mm, 5mm, 2.5mm, 1.2mm, 0.6mm, 0.3mm, 0.15mm

나)

체(mm)	잔류량(g)	잔류율(%)	가적잔류율(%)
10	0	0	0
5	20	4.1	4.1
2.5	41	8.4	12.5
1.2	136	27.9	40.4
0.6	150	30.7	71.1
0.3	84	17.2	88.3
0.15	54	11.1	99.4
pan	3	0.6	100

• 잔류율 = $\dfrac{\text{해당 체의 잔류량}}{\text{전체 질량}} \times 100$

• 가적잔류율 = 각 체의 잔류율의 누계

• 조립률 $FM = \dfrac{4.1 + 12.5 + 40.4 + 71.1 + 88.3 + 99.4}{100} = 3.16$

문제 06

콘크리트에 대한 용어의 정의를 간단히 쓰시오.
  가) 레이턴스
  나) 연행공기

[풀이] 가) 블리딩으로 인하여 콘크리트나 모르타르의 표면에 떠올라서 가라앉는 회백색의 물질
나) AE제 또는 AE작용이 있는 혼화제를 사용하여 콘크리트 속에 연행시킨 독립된 미세한 기포

문제 07

다음은 콘크리트 휨강도 시험에 관련된 내용이다. 물음에 답하시오.
  가) 다짐봉을 이용하여 공시체를 제작 할 경우 몇 층으로 나누어 채우며, 이때 각 층은 몇 mm^2에 1회 비율로 다지는가?
  나) 공시체가 지간의 4점 사이에서 파괴되었을 때 휨강도를 구하시오.
    (단, 지간은 450mm, 파괴 최대하중이 36,000N이다.)
  다) 공시체를 제작한 후 (   )시간 이상, (   )일 이내에 몰드를 떼어내는가?
  라) 공시체가 150mm×150mm×530mm일 때 몰드에 몇 층으로 채워 넣는가?

[풀이] 가) 2층, 1,000

나) $f_b = \dfrac{P\,l}{b\,d^2} = \dfrac{36,000 \times 450}{150 \times 150^2} = 5\text{MPa}$

다) 16, 3

라) 2층

2018년 3월 10일 시행
기출 및 예상문제(1시간) | 실기 필답형 문제

「알려 드립니다」 한국산업인력공단의 저작권법 저촉에 대한 언급이 있어 과거에 출제된 동일한 문제나 그 유형의 문제로 재구성하였습니다.

문제 01
아래의 표와 같은 설계조건으로 배합설계를 하시오.

⟨설계조건⟩
- 시멘트의 밀도 : 3.15g/cm³
- 굵은골재의 표건밀도 : 2.65g/cm³
- 잔골재율(S/a) : 40%
- 물-시멘트비 : 50%
- 잔골재의 표건밀도 : 2.60g/cm³
- 공기량 : 5%
- 단위 수량 : 160kg
- 배합강도 : 28MPa

가) 단위 시멘트양을 구하시오.
나) 골재의 절대부피(l)를 구하시오.
다) 단위 잔골재량을 구하시오.
라) 단위 굵은골재량을 구하시오.

풀이

가) $\dfrac{W}{C} = 50\%$ ∴ $C = \dfrac{W}{0.5} = \dfrac{160}{0.5} = 320\,\text{kg}$

나) $V = 1 - \left(\dfrac{\text{단위 수량}}{\text{물의 밀도} \times 1{,}000} + \dfrac{\text{단위 시멘트양}}{\text{시멘트 밀도} \times 1{,}000} + \dfrac{\text{공기량}}{100} \right)$

$= 1 - \left(\dfrac{160}{1 \times 1{,}000} + \dfrac{320}{3.15 \times 1{,}000} + \dfrac{5}{100} \right) = 0.68841\,\text{m}^3 = 688.41\,l$

여기서, $1\,\text{m}^3 = 1{,}000\,l$

다) • 단위 잔골재의 절대부피
$V_s = 0.68841 \times 0.4 = 0.275364\,\text{m}^3$

• 단위 잔골재량
$S = 2.6 \times 0.275364 \times 1{,}000 = 715.95\,\text{kg}$

라) • 단위 굵은골재의 절대부피
$V_G = 0.68841 \times 0.6 = 0.413046\,\text{m}^3$

• 단위 굵은골재량
$G = 2.65 \times 0.413046 \times 1{,}000 = 1{,}094.57\,\text{kg}$

문제 02
각종 콘크리트에 대한 아래의 물음에 답하시오.
가) 섬유보강 콘크리트의 정의를 간단히 쓰시오.
나) AE 콘크리트의 정의를 간단히 쓰시오.
다) 유동화 콘크리트의 정의를 간단히 쓰시오.
라) 경량골재 콘크리트의 정의를 간단히 쓰시오.

풀이 가) 보강용 섬유를 혼입하여 주로 인성, 균열 억제, 내충격성 및 내마모성 등을 높인 콘크리트
나) AE제를 사용하여 콘크리트 속에 미세하고 독립된 기포를 일정하게 분포시킨 콘크리트
다) 미리 비빈 베이스 콘크리트에 유동화제를 첨가하여 유동성을 증대시킨 콘크리트
라) 골재의 전부 또는 일부를 인공 경량골재를 써서 만든 콘크리트

문제 03

혼화제 중 응결·경화시간을 조절하는 것을 3가지만 쓰시오.

풀이
① 경화촉진제
② 지연제
③ 급결제

문제 04

골재의 체가름 시험에 대한 다음의 물음에 답하시오.
가) 조립률을 구하기 위해 사용하는 체를 모두 쓰시오.
나) 잔골재의 체가름 시험에 대한 아래의 성과표를 완성하고, 조립률을 구하시오.

체의 호칭	각 체에 남은 양		각 체에 남은 양의 누계
	g	%	%
5mm	20		
2.5mm	55		
1.2mm	135		
0.6	150		
0.3	95		
0.15	30		
접시	15		
계	500		

풀이 가) 75mm, 40mm, 20mm, 10mm, 5mm, 2.5mm, 1.2mm, 0.6mm, 0.3mm, 0.15mm

나)

체의 호칭	각 체에 남은 양		각 체에 남은 양의 누계
	g	%	%
5mm	20	4	4
2.5mm	55	11	15
1.2mm	135	27	42
0.6	150	30	72
0.3	95	19	91
0.15	30	6	97
접시	15	3	100
계	500		

• 남은율 = $\dfrac{\text{해당 체에 남은 양}}{\text{전체 질량}} \times 100$

$\left(\text{예}: 0.6\text{mm 체의 경우 } \dfrac{150}{500} \times 100 = 30\%\right)$

문제 05

시멘트의 분말도 시험방법 2가지를 쓰시오.

풀이
① 블레인 방법
② 표준체 이용하는 방법

문제 06

콘크리트의 경화나 강도발현을 촉진하기 위해 실시하는 양생을 촉진양생이라고 한다. 이러한 촉진양생의 종류를 3가지만 쓰시오.

풀이
① 증기양생 ② 오토클레이브 양생
③ 전기양생 ④ 고주파양생
⑤ 온수양생 ⑥ 적외선양생

문제 07

콘크리트의 강도 시험에 대한 아래의 물음에 답하시오.

가) 인장강도 시험용 공시체의 치수에 대한 아래 설명의 (   )를 채우시오.

> 공시체는 원기둥 모양으로 그 지름은 굵은골재의 최대치수의 (①)배 이상이며 (②)mm 이상으로 한다. 공시체의 길이는 공시체의 지름 이상, (③)배 이하로 한다.

나) 인장강도 시험용 공시체의 양생온도 범위를 쓰시오.
(   ) ~ (   )℃

다) 콘크리트의 휨강도 시험에서 공시체가 지간의 가운데 부분에서 파괴되었을 때 휨강도를 구하시오. (단, 지간은 450mm, 파괴단면 높이 150mm, 파괴단면 나비 150mm, 최대하중이 27kN일 때)

풀이
가) ① 4, ② 150, ③ 2
나) 18 ~ 22℃
다) $f_b = \dfrac{Pl}{bd^2} = \dfrac{27{,}000 \times 450}{150 \times 150^2} = 3.6\,\text{N/mm}^2 = 3.6\,\text{MPa}$

2018년 5월 26일 시행 기출 및 예상문제(1시간) — 실기 필답형 문제

「알려 드립니다」 한국산업인력공단의 저작권법 저촉에 대한 언급이 있어 과거에 출제된 동일한 문제나 그 유형의 문제로 재구성하였습니다.

문제 01
골재의 체가름 시험에서 조립률을 구할 때 사용하는 체 10개를 쓰시오.

풀이 75, 40, 20, 10, 5, 2.5, 1.2, 0.6, 0.3, 0.15mm

문제 02
레디믹스트 콘크리트 생산공급방식의 분류를 쓰고 설명하시오.

풀이
① 센트럴 믹스트 콘크리트(central mixed concrete)
  플랜트의 고정 믹서에서 비비기를 완전히 끝낸 콘크리트를 트럭믹서에 담아 운반 중에 회전하면서 지정장소에 공급
② 슈링크 믹스트 콘크리트(shrink mixed concrete)
  플랜트의 고정 믹서에서 어느 정도 비빈 콘크리트를 트럭믹서에 담아 운반 중에 비비기를 끝내 지정장소에 공급
③ 트랜싯 믹스트 콘크리트(transit mixed concrete)
  플랜트에서 계량된 각 재료를 트럭믹서에 담아 운반 중에 비비기를 끝내 지정장소에 공급

문제 03
다음 물음에 답하시오.
  가) 압축강도 공시체에 하중을 가하는 속도는?
  나) 휨강도 공시체에 하중을 가하는 속도는?
  다) 공시체가 지간의 가운데 부분에서 파괴되었을 때 휨강도를 구하시오.
      (단, 지간 450mm, 폭 150mm, 높이 150mm, 파괴 최대하중이 42kN이다.)
  라) 공시체를 제작한 후 몰드를 해체하는 시기는?
  마) 공시체의 양생온도는?

풀이
가) 0.6 ± 0.2 MPa/초
나) 0.06 ± 0.04 MPa/초
다) $f_b = \dfrac{Pl}{bd^2} = \dfrac{42,000 \times 450}{150 \times 150^2} = 5.6$ MPa
라) 16시간 이상 3일 이내
마) 20 ± 2 ℃

문제 04

콘크리트의 워커빌리티 측정방법 4가지를 쓰시오.

풀이
① 슬럼프 시험　② 구관입 시험
③ 흐름 시험　　④ 비비 시험

문제 05

골재 함수상태에 따라 분류하고 간단히 설명하시오.

골재 함수상태에 따른 분류	간단한 설명
절대건조상태	물기가 전혀 없는 상태

풀이
- 공기중건조상태 : 골재알 속의 일부에만 물기가 있는 상태
- 표면건조포화상태 : 골재알 표면에는 물기가 없고 골재알 속의 빈틈만 물로 차 있는 상태
- 습윤상태 : 골재알 속이 물로 차 있고 표면에도 물기가 있는 상태

문제 06

콘크리트 시방배합으로 각 재료의 단위량과 현장 골재의 상태는 다음과 같다. 물음에 답하시오.

[시방 배합표(kg/m³)]

물(W)	시멘트(C)	잔골재(S)	굵은골재(G)
180	370	710	1,190

[현장 골재 상태]
- 잔골재 속에 5mm 체에 남는 양 3%
- 굵은골재 속에 5mm 체 통과량 2%
- 잔골재 표면수량 3%
- 굵은골재 표면수량 1%

가) 입도를 보정한 단위 골재량을 구하시오.
　① 잔골재량 :　　　　　　　② 굵은골재량 :
나) 표면수를 보정한 골재의 표면수량을 구하시오.
　① 잔골재 표면수량 :　　　　② 굵은골재 표면수량 :
다) 콘크리트의 1m³에 소요되는 현장배합량을 구하시오.
　① 잔골재량 :　　　　　　　② 굵은골재량 :
　③ 단위 수량 :

[풀이] 가) ① 잔골재량

$$\frac{100S - b(S+G)}{100-(a+b)} = \frac{100 \times 710 - 2(710+1,190)}{100-(3+2)} = 707.4\text{kg}$$

② 굵은골재량

$$\frac{100G - a(S+G)}{100-(a+b)} = \frac{100 \times 1,190 - 3(710+1,190)}{100-(3+2)} = 1,192.6\text{kg}$$

나) ① 잔골재 표면수량
  $707.4 \times 0.03 = 21.22\text{kg}$
② 굵은골재량 표면수량
  $1,192.6 \times 0.01 = 11.93\text{kg}$

다) ① 잔골재량
  $707.4 + 21.22 = 728.6\text{kg}$
② 굵은골재량
  $1,192.6 + 11.93 = 1,204.5\text{kg}$
③ 단위 수량
  $180 - (21.22 + 11.93) = 146.9\text{kg}$

문제 07

콘크리트 혼화재료의 일반적인 사용 목적을 3가지만 쓰시오.

[풀이]
① 콘크리트의 워커빌리티를 개선한다.
② 강도의 증진 및 내구성을 증진시킨다.
③ 응결, 경화시간을 조절한다.
④ 발열량을 저감시킨다.
⑤ 수밀성의 증진 및 철근의 부식방지

문제 08

내구성 기준 압축강도(f_{cd})가 28MPa, 설계기준 압축강도(f_{ck})가 27MPa인 경우 30회 이상의 압축강도 시험 실적으로부터 결정한 표준편차가 3MPa인 일반 콘크리트의 배합강도를 구하시오.

[풀이]
- f_{ck}와 f_{cd} 중 큰 값인 28MPa가 품질기준강도(f_{cq})이다.
- $f_{cq} \leq 35\text{MPa}$이므로
  ① $f_{cr} = f_{cq} + 1.34s = 28 + 1.34 \times 3 = 32.02\text{MPa}$
  ② $f_{cr} = (f_{cq} - 3.5) + 2.33s = (28 - 3.5) + 2.33 \times 3 = 31.49\text{MPa}$
    ∴ 배합강도는 큰 값인 32.02MPa이다.

2018년 8월 25일 시행

기출 및 예상문제(1시간) | 실기 필답형 문제

「**알려 드립니다**」 한국산업인력공단의 저작권법 저촉에 대한 언급이 있어 과거에 출제된 동일한 문제나 그 유형의 문제로 재구성하였습니다.

문제 01 다음 물음에 대하여 콘크리트 배합강도를 구하시오.
  가) 콘크리트 압축강도의 시험 기록이 없는 경우
   ① 호칭강도가 20MPa인 경우
   ② 호칭강도가 30MPa인 경우
  나) 30회의 압축강도 시험 실적이 있는 경우
   ① 품질기준강도(f_{cq})가 30MPa이며 표준편차가 3MPa인 경우
   ② 품질기준강도(f_{cq})가 40MPa이며 표준편차가 5MPa인 경우

풀이 가) ① $f_{cr} = f_{cn} + 7 = 20 + 7 = 27$MPa
  ② $f_{cr} = f_{cn} + 8.5 = 30 + 8.5 = 38.5$MPa
  나) ① $f_{cq} \leq 35$MPa인 경우
   • $f_{cr} = f_{cq} + 1.34s = 30 + 1.34 \times 3 = 34.02$MPa
   • $f_{cr} = (f_{cq} - 3.5) + 2.33s = (30 - 3.5) + 2.33 \times 3 = 33.49$MPa
   ∴ 배합강도는 큰 값인 34.02 MPa이다.
  ② $f_{cq} > 35$MPa인 경우
   • $f_{cr} = f_{cq} + 1.34s = 40 + 1.34 \times 5 = 46.7$MPa
   • $f_{cr} = 0.9 f_{cq} + 2.33s = 0.9 \times 40 + 2.33 \times 5 = 47.65$MPa
   ∴ 배합강도는 큰 값인 47.65MPa이다.

문제 02 콘크리트의 워커빌리티 측정방법 4가지를 쓰시오.

풀이 ① 슬럼프 시험
  ② 구관입 시험
  ③ 흐름 시험
  ④ 비비 시험

문제 03

콘크리트 시험에 대한 내용이다. 다음 물음에 답하시오.

가) 지름이 150mm, 길이가 300mm인 공시체의 파괴하중이 178kN일 때 인장강도를 구하시오. (소수 둘째 자리에서 반올림하시오.)

나) 아래 표의 조건일 때 콘크리트 휨강도 시험에 대한 다음 물음에 답하시오. (단, 공시체가 지간 방향 중심선의 4점 사이에서 파괴된다.)

- 공시체 크기 : 150mm×150mm×530mm
- 지간의 길이 : 450mm
- 파괴 최대하중 : 32kN

① 휨강도를 구하시오.
② 공시체를 제작할 때 다짐봉을 사용하는 경우 각 층을 몇 회로 다져야 하는가?

풀이

가) $f_{sp} = \dfrac{2P}{\pi d l} = \dfrac{2 \times 178,000}{3.14 \times 150 \times 300} = 2.5 \text{MPa}$

나) ① $f_b = \dfrac{Pl}{b d^2} = \dfrac{32,000 \times 450}{150 \times 150^2} = 4.3 \text{MPa}$

② 다짐횟수 $= \dfrac{150\text{mm} \times 530\text{mm}}{1,000\text{mm}^2} \fallingdotseq 80$ 회

문제 04

다음 물음에 답하시오.

가) 콘크리트 타설 후 시멘트와 골재가 가라앉고 물이 표면에 떠오르는 현상을 쓰시오.
나) 콘크리트를 압축공기의 압력으로 보내 주로 터널의 둘레 콘크리트 치기에 사용되는 시공 방법을 쓰시오.
다) 콘크리트 공기량 측정법 3가지를 쓰시오.

풀이
가) 블리딩
나) 숏크리트 또는 뿜어붙이기 콘크리트
다) ① 공기실 압력법 ② 수주 압력법 ③ 중량법

문제 05

콘크리트 시공에서 시공이음을 두는 이유를 3가지만 쓰시오.

풀이
① 거푸집의 조립이 어렵고 거푸집을 반복해서 사용하기 때문에
② 철근의 조립이 어렵기 때문에
③ 콘크리트의 검사를 위하여
④ 야간 작업 등의 무리한 작업을 피하기 위해서

문제 06

콘크리트용 잔골재의 체가름 시험 결과이다. 다음 표의 빈칸을 채우고 조립률을 구하시오.

체의 호칭(mm)	각체에 남은 양		각체에 남은 양의 누계	
	(g)	(%)	(g)	(%)
10	0			
5	0			
2.5	50			
1.2	125			
0.6	165			
0.3	100			
0.15	50			
접시	10			
계	500			

풀이

체의 호칭(mm)	각체에 남은 양		각체에 남은 양의 누계	
	(g)	(%)	(g)	(%)
10	0	0	0	0
5	0	0	0	0
2.5	50	10	50	10
1.2	125	25	175	35
0.6	165	33	340	68
0.3	100	20	440	88
0.15	50	10	490	98
접시	10	2	500	100
계	500			

- 각체에 남은 양(%) = $\dfrac{\text{해당 체의 남은 양(g)}}{\text{전체 질량(g)}} \times 100$

  예) 2.5mm 체의 경우

  $\dfrac{50}{500} \times 100 = 10\%$

- 각체의 남은 양(g), (%)의 누계

  예) 0.6mm 체의 경우

  $50 + 125 + 165 = 340(g)$

  $10 + 25 + 33 = 68(\%)$

- 조립률 = $\dfrac{10 + 35 + 68 + 88 + 98}{100} = 2.99$

문제 07

콘크리트 1m³를 만드는데 필요한 재료량을 아래 배합표를 보고 다음 물음에 답하시오.
(단, 혼화재 사용은 단위 시멘트양의 5%를 사용하고, 공기량은 무시한다.)

굵은골재 최대치수 (mm)	단위 시멘트양 (kg)	물-결합재비 (%)	잔골재율 (%)	잔골재 밀도 (g/cm³)	굵은골재 밀도 (g/cm³)	시멘트 밀도 (g/cm³)	혼화재 밀도 (g/cm³)	슬럼프 (mm)
25	325	50	40	2.62	2.65	3.15	2.45	80

가) 단위 수량을 구하시오. (단, 소수 첫째 자리까지 구하시오.)
나) 단위 골재량의 절대부피를 구하시오. (단, 소수 셋째 자리까지 구하시오.)
다) 단위 잔골재량의 절대부피를 구하시오. (단, 소수 셋째 자리까지 구하시오.)
라) 단위 굵은골재량의 절대부피를 구하시오. (단, 소수 셋째 자리까지 구하시오.)
마) 단위 잔골재량을 구하시오. (단, 소수 첫째 자리까지 구하시오.)
바) 단위 굵은골재량을 구하시오. (단, 소수 첫째 자리까지 구하시오.)
사) 단위 혼화재량을 구하시오.

풀이

가) $\dfrac{W}{C} = 50\%$ ∴ $W = C \times 0.5 = 325 \times 0.5 = 162.5\,\text{kg}$

나) $1 - \left(\dfrac{162.5}{1 \times 1{,}000} + \dfrac{325}{3.15 \times 1{,}000} + \dfrac{325 \times 0.05}{2.45 \times 1{,}000} \right) = 0.727\,\text{m}^3$

다) $0.727 \times 0.4 = 0.290\,\text{m}^3$

라) $0.727 \times (1 - 0.4) = 0.436\,\text{m}^3$

마) $2.62 \times 0.290 \times 1{,}000 = 759.8\,\text{kg}$

바) $2.65 \times 0.436 \times 1{,}000 = 1{,}155.4\,\text{kg}$

사) $325 \times 0.05 = 16.25\,\text{kg}$ (단위 시멘트양의 5%이므로)

2019년 3월 23일 시행

기출 및 예상문제(1시간) | 실기 필답형 문제

> 「알려 드립니다」 한국산업인력공단의 저작권법 저촉에 대한 언급이 있어 과거에 출제된 동일한 문제나 그 유형의 문제로 재구성하였습니다.

문제 01

콘크리트 시방배합으로 각 재료의 단위량과 현장 골재의 상태는 다음과 같다. 물음에 답하시오. (단, 소수 2째 자리에서 반올림하시오.)

[시방 배합표(kg/m³)]

물(W)	시멘트(C)	잔골재(S)	굵은골재(G)
167	320	868	1,125

[현장 골재 상태]
- 잔골재 속에 5mm 체에 남는 양 4%
- 굵은골재 속에 5mm 체 통과량 3%
- 잔골재 표면수율 4%
- 굵은골재 표면수율 1%

가) 시멘트양을 구하시오.
나) 잔골재량을 구하시오.
다) 굵은골재량을 구하시오.
라) 물의 양을 구하시오.

풀이

가) 시멘트양 $C = 320$kg

나) 잔골재량(S)

① 입도조정

$$x = \frac{100S - b(S+G)}{100-(a+b)} = \frac{100 \times 868 - 3(868+1,125)}{100-(4+3)} = 869\text{kg}$$

② 표면수 조정

$869 \times 0.04 = 34.76$kg

∴ $S = 869 + 34.76 = 903.8$kg

다) 굵은골재(G)

① 입도조정 $y = \dfrac{100G - a(S+G)}{100-(a+b)} = \dfrac{100 \times 1,125 - 4(868+1,125)}{100-(4+3)} = 1,124$kg

② 표면수 조정 $1,124 \times 0.01 = 11.24$kg

∴ $G = 1,124 + 11.24 = 1,135.2$kg

라) 물(W)

167 − (잔골재 표면수 조정량) − (굵은골재 표면수 조정량)

∴ $W = 167 - 34.76 - 11.24 = 121$kg

문제 02
콘크리트 양생방법의 종류를 3가지만 쓰시오.

풀이
① 수중 양생   ② 습윤 양생
③ 피막 양생   ④ 증기 양생
⑤ 전기 양생   ⑥ 고주파 양생

문제 03
풍화한 시멘트의 특징을 3가지 쓰시오.

풀이
1) 강열감량이 증가한다.
2) 밀도가 작아진다.
3) 응결이 지연된다.
4) 강도의 발현이 저하된다.

문제 04
콘크리트의 슬럼프 시험방법(KS F 2402)에 대한 내용이다. 다음 물음에 답하시오.
가) 슬럼프 콘의 규격을 쓰시오. (윗면 안지름 × 밑면 안지름 × 높이)
나) 슬럼프 콘에 시료를 채우고 벗길 때까지의 전 작업시간은?
다) 슬럼프 콘의 시료를 거의 같은 양의 몇 층으로 나눠서 채우고 각 층은 다짐봉으로 몇 회씩 다지는가?
라) 슬럼프는 몇 mm 단위로 표시하는가?

풀이
가) 100mm × 200mm × 300mm
나) 3분 이내
다) 3층, 25회
라) 5mm

문제 05
잔골재의 표면수 측정방법(KS F 2509) 2가지를 쓰시오.

풀이
① 질량법
② 용적법

문제 06

다음은 골재의 체가름 시험 결과이다. 물음에 답하시오.

체 크기(mm)	잔류율(%)
75	0
40	4
20	35
10	37
5	21
2.5	3

가) 조립률을 구하시오.
나) 굵은골재 최대치수를 구하시오.

풀이

체 크기(mm)	잔류율(%)	가적잔류율(%)
75	0	0
40	4	4
20	35	39
10	37	76
5	21	97
2.5	3	100

가) $FM = \dfrac{4+39+76+97+100+400}{100} = 7.16$

나) $G_{\max} = 40\text{mm}$
40mm 체 통과율 = 100 − 4 = 96%

문제 07

다음은 콘크리트 블리딩 시험(KS F 2414)에 대한 내용이다. 물음에 답하시오.

가) 시험하는 동안 콘크리트 온도는 몇 ℃를 유지하는가?
나) 아래는 블리딩 시험방법의 과정이다. 빈칸을 채우시오.

> 최초로 기록한 시각에서부터 60분 동안 (①)분마다, 콘크리트 표면에서 스며 나온 물을 빨아낸다. 그 후는 블리딩이 정지할 때까지 (②)분마다, 물을 빨아낸다.

다) 블리딩 시험 결과 아래와 같다. 블리딩양을 구하시오.

측정시간 동안 생긴 블리딩 물의 양(cm³)	63
시료와 용기의 질량(kg)	43.50
시료의 질량(kg)	27.42
용기 상면의 면적(cm²)	488.5

풀이

가) 20±3℃
나) ① 10 ② 30
다) 블리딩양 $= \dfrac{V}{A} = \dfrac{63}{488.5} = 0.13\,\text{cm}^3/\text{cm}^2$

문제 08

다음의 콘크리트 용어에 대해 답하시오.

가) 콘크리트 재료를 1회분씩 비비기 하는 믹서는?
나) 콘크리트의 경화나 강도 발현을 촉진하기 위해 실시하는 양생은?
다) 시방배합의 콘크리트가 얻어지도록 현장에서 재료의 상태 및 계량방법에 따라 정한 배합은?
라) 시공 전에 계획하지 않은 곳에서 생겨난 이음으로서, 먼저 타설된 콘크리트와 나중에 타설되는 콘크리트 사이에 완전히 일체화가 되어 있지 않은 이음부위는?
마) 재료 분리를 일으키는 일 없이 운반, 타설, 다지기, 마무리 등의 작업이 용이하게 될 수 있는 정도를 나타내는 굳지 않은 콘크리트의 성질은?

풀이
가) 배치믹서(batch mixer)
나) 촉진양생
다) 현장배합
라) 콜드 조인트(cold joint)
마) 워커빌리티(workability)

2019년 5월 25일 시행 기출 및 예상문제(1시간) | 실기 필답형 문제

「알려 드립니다」 한국산업인력공단의 저작권법 저촉에 대한 언급이 있어 과거에 출제된 동일한 문제나 그 유형의 문제로 재구성하였습니다.

문제 01
콘크리트 양생방법의 종류를 3가지만 쓰시오.

풀이
① 수중 양생　　② 습윤 양생
③ 피막 양생　　④ 증기 양생
⑤ 전기 양생　　⑥ 고주파 양생

문제 02
굵은골재 최대치수 40mm, 단위 수량 175kg, 물-결합재비 50%, 슬럼프 값 100mm, 잔골재율 40%, 잔골재 밀도 2.59 g/cm³, 굵은골재 밀도 2.62 g/cm³, 시멘트 밀도 3.15 g/cm³, 갇힌 공기량은 1%이며 골재는 표면건조 포화상태일 때 콘크리트 1m³에 필요한 각각의 재료량을 물음에 답하시오.

1) 단위 시멘트양을 구하시오. (단, 소수 첫째 자리에서 반올림하시오.)
2) 단위 골재량의 절대부피를 구하시오. (단, 소수 넷째 자리에서 반올림하시오.)
3) 단위 잔골재량의 절대부피를 구하시오. (단, 소수 넷째 자리에서 반올림하시오.)
4) 단위 굵은골재량의 절대부피를 구하시오. (단, 소수 넷째 자리에서 반올림하시오.)
5) 단위 잔골재량을 구하시오. (단, 소수 첫째 자리에서 반올림하시오.)
6) 단위 굵은골재량을 구하시오. (단, 소수 첫째 자리에서 반올림하시오.)

풀이

1) 물-결합재비 $= \dfrac{W}{C} = 0.5$

　∴ $C = \dfrac{175}{0.5} = 350\,\text{kg}$

2) $V = 1 - \left(\dfrac{175}{1 \times 1,000} + \dfrac{350}{3.15 \times 1,000} + \dfrac{1}{100} \right) = 0.704\,\text{m}^3$

3) $V_S = 0.704 \times 0.4 = 0.282\,\text{m}^3$

4) $V_G = 0.704 - 0.282 = 0.422\,\text{m}^3$ (또는 $0.704 \times 0.6 = 0.422\,\text{m}^3$)

5) $S = 2.59 \times 0.282 \times 1,000 = 730\,\text{kg}$

6) $G = 2.62 \times 0.422 \times 1,000 = 1,106\,\text{kg}$

문제 03

수중 콘크리트에 대한 내용이다. 다음 물음에 답하시오.
가) 수중 콘크리트 시공에 사용되는 기구 3가지를 쓰시오.
나) 일반 수중 콘크리트의 물-결합재비는 얼마 이하인가?
다) 일반 수중 콘크리트의 단위 시멘트양은 얼마 이상인가?

풀이
가) ① 트레미 ② 콘크리트 펌프 ③ 밑열림 상자, 밑열림 포대
나) 50%
다) 370kg/m^3

문제 04

다음은 골재의 체가름 시험에 대한 내용이다. 다음 물음에 답하시오.
가) 조립률을 구하기 위해 사용되는 표준체 10가지를 체 크기 순서대로 쓰시오.
나) 어떤 골재의 체가름 시험 결과이다. 빈칸을 채우고 조립률을 구하시오.

체(mm)	잔류량(g)	잔류율(%)	가적 잔류율(%)
50	0		
40	430		
25	2,140		
20	3,920		
15	1,630		
10	1,160		
5	720		

다) 굵은골재 최대치수를 구하시오.

풀이
가) 75mm, 40mm, 20mm, 10mm, 5mm, 2.5mm, 1.2mm, 0.6mm, 0.3mm, 0.15mm

나)

체(mm)	잔류량(g)	잔류율(%)	가적 잔류율(%)
50	0	0	0
★40	430	4.3	4.3
25	2,140	21.4	25.7
★20	3,920	39.2	64.9
15	1,630	16.3	81.2
★10	1,160	11.6	92.8
★ 5	720	7.2	100
계	10,000		

$$조립률(FM) = \frac{4.3 + 64.9 + 92.8 + 100 + 100 + 100 + 100 + 100 + 100}{100} = 7.62$$

여기서, 골재의 조립률은 ★표가 있는 체와 2.5, 1.2, 0.6, 0.3, 0.15mm 체의 가적 잔류율을 이용한다.

다) 40mm
여기서, 굵은골재 최대치수란 질량으로 90% 이상을 통과 시키는 체 가운데에서 가장 작은 치수의 체눈을 나타내므로 40mm 체의 통과율(100-4.3=95.7%)이 된다.

문제 05
굳지 않은 콘크리트의 성질에 대한 용어를 쓰시오.
가) 반죽질기 여하에 따르는 작업의 난이정도 및 재료의 분리에 저항하는 정도를 나타내는 굳지 않은 콘크리트의 성질
나) 거푸집에 쉽게 다져 넣을 수 있고 거푸집을 제거하면 천천히 형상이 변하기는 하지만 허물어지거나 재료가 분리하거나 하는 일이 없는 굳지 않은 콘크리트의 성질
다) 굵은골재의 최대치수, 잔골재율, 잔골재의 입도, 반죽질기 등에 따르는 마무리 하기 쉬운 정도를 나타내는 굳지 않는 콘크리트의 성질
라) 주로 수량의 다소에 의해 좌우되는 굳지 않은 콘크리트, 굳지 않은 모르타르, 굳지 않은 시멘트 페이스트의 변형 또는 유동에 대한 저항성

풀이
가) 워커빌리티
나) 성형성
다) 피니셔빌리티
라) 반죽질기

문제 06
콘크리트의 워커빌리티 측정방법 4가지를 쓰시오.

풀이
① 슬럼프 시험
② 구관입 시험
③ 흐름 시험
④ 비비 시험

문제 07
콘크리트에 관련된 다음 용어의 정의를 간단히 쓰시오.
가) 거듭 비비기 :
나) 되비비기 :
다) 혼화재 :
라) 혼화제 :

풀이
가) 콘크리트나 모르타르가 엉기기 시작하지 않았으나 비빈 후 상당한 시간이 지났거나 또는 재료가 분리하는 경우에 다시 비비는 작업
나) 콘크리트가 굳기 시작한 후에 다시 비비는 작업
다) 혼화재료 중에서 사용량이 비교적 많아서 그 자체의 부피가 콘크리트의 배합계산에 관계 되는 것으로 일반적으로 시멘트 중량의 5% 정도 이상을 사용하는 것
라) 혼화재료 중에서 사용량이 비교적 적어 그 자체의 부피가 콘크리트 배합계산에서 무시되며 일반적으로 시멘트 중량의 1% 정도 이하로 사용하는 것

2019년 8월 24일 시행 기출 및 예상문제(1시간) — 실기 필답형 문제

> 「알려 드립니다」 한국산업인력공단의 저작권법 저촉에 대한 언급이 있어 과거에 출제된 동일한 문제나 그 유형의 문제로 재구성하였습니다.

문제 01

다음은 콘크리트의 인장강도 시험에 대한 내용이다. 빈칸을 채우고 물음에 답하시오.

가) 공시체는 원기둥 모양으로 그 지름은 굵은골재 최대치수의 (　)배 이상이며 (　)mm 이상으로 하며 공시체의 길이는 그 지름 이상, (　)배 이하로 한다.

나) 공시체 몰드에 콘크리트를 채울 때 콘크리트는 (　)층 이상으로 거의 동일한 두께로 나누어서 채운다. 각 층의 두께는 (　~　)mm로 채우며 다짐봉을 사용하여 다짐하는 경우 각 층은 적어도 (　)mm² 에 1회의 비율로 다지도록 하고 바로 아래층까지 다짐봉이 닿도록 한다.

다) 인장강도 시험 시 공시체에 하중을 가하는 속도는 인장 응력의 증가율이 매초 (　)MPa이 되도록 조정하고 최대 하중이 도달할 때까지 그 증가율을 유지하도록 한다.

풀이
가) 4, 150, 2
나) 2, 75~100, 1,000
다) 0.06 ± 0.04

문제 02

어느 장소에 가로 8m, 세로 20m, 높이 0.3m로 콘크리트 포장을 하려고 한다. 다음 물음에 답하시오.

가) 포장 단면의 콘크리트 총량을 구하시오.
나) 레미콘 차량 1대의 콘크리트 양은 6m³이며 1대의 비용은 600,000원이다. 이때 포장에 필요한 콘크리트 비용을 구하시오.
다) 장소가 비좁아 레미콘 차량이 진입이 어려워 입구에서 0.3m³의 콘크리트 운반용 리어카로 운반하려고 한다. 이때 필요한 리어카의 운반횟수를 구하시오.
라) 입구에서 리어카로 운반하는데 횟수당 4,000원에 도급을 주고 콘크리트 타설 및 기타 비용으로 3,000,000원에 도급을 주었다. 이때 공사비를 구하시오.

풀이
가) $V = 8 \times 20 \times 0.3 = 48 \, m^3$
나) • 레미콘 차량 대수 : $48 \div 6 = 8$대
  • 콘크리트 비용 : $8 \times 600,000 = 4,800,000$원
다) $48 \div 0.3 = 160$회
라) $160 \times 4,000 + 3,000,000 = 3,640,000$원

문제 03

콘크리트 시방배합으로 각 재료의 단위량과 현장 골재의 상태는 다음과 같다. 물음에 답하시오.

[시방 배합표(kg/m³)]

물(W)	시멘트(C)	잔골재(S)	굵은골재(G)
180	370	710	1190

[현장 골재 상태]
- 잔골재 속에 5mm 체에 남는 양 3%
- 굵은골재 속에 5mm 체 통과량 2%
- 잔골재 표면수량 3%
- 굵은골재 표면수량 1%

가) 잔골재량을 구하시오.
나) 굵은골재량을 구하시오.
다) 물의 양을 구하시오.

풀이 가) ① 입도 조정
$$x = \frac{100S - b(S+G)}{100 - (a+b)} = \frac{100 \times 710 - 2(710 + 1,190)}{100 - (3+2)} = 707.4 \text{kg}$$

② 표면수 조정
$707.4 \times 0.03 = 21.22 \text{kg}$
$\therefore S = 707.4 + 21.22 = 728.6 \text{kg}$

나) ① 입도 조정
$$y = \frac{100G - a(S+G)}{100 - (a+b)} = \frac{100 \times 1190 - 3(710 + 1,190)}{100 - (3+2)} = 1,192.6 \text{kg}$$

② 표면수 조정
$1,192.6 \times 0.01 = 11.93 \text{kg}$
$\therefore G = 1,192.6 + 11.93 = 1,204.5 \text{kg}$

다) $W = 180 - (21.22 + 11.93) = 146.9 \text{kg}$

문제 04

수중 콘크리트에 대한 내용이다. 다음 물음에 답하시오.
가) 수중 콘크리트 시공에 사용되는 기구 3가지를 쓰시오.
나) 일반 수중 콘크리트의 물-결합재비는 얼마 이하인가?
다) 일반 수중 콘크리트의 단위 시멘트양은 얼마 이상인가?

풀이 가) ① 트레미 ② 콘크리트 펌프 ③ 밑열림 상자, 밑열림 포대
나) 50%
다) 370kg/m³

문제 05

콘크리트용 잔골재의 체가름 시험의 결과를 보고 조립률을 구하시오.

체(mm)	잔류량(g)
10	0
5	20
2.5	41
1.2	136
0.6	150
0.3	84
0.15	54
pan	3

풀이

체(mm)	잔류량(g)	잔류율(%)	가적잔류율(%)
10	0	0	0
5	20	4.1	4.1
2.5	41	8.4	12.5
1.2	136	27.9	40.4
0.6	150	30.7	71.1
0.3	84	17.2	88.3
0.15	54	11.1	99.4
pan	3	0.6	100

- 잔류율 $= \dfrac{\text{해당 체의 잔류량}}{\text{전체 질량}} \times 100$
- 가적잔류율 = 각 체의 잔류율의 누계
- 조립률 $FM = \dfrac{4.1 + 12.5 + 40.4 + 71.1 + 88.3 + 99.4}{100} = 3.16$

문제 06

콘크리트의 양생 방법 중 습윤양생 방법을 3가지만 쓰시오.

풀이 ① 수중양생 ② 살수양생 ③ 습포양생 ④ 피막양생 ⑤ 시트양생

문제 07

콘크리트의 워커빌리티에 영향을 미치는 요인을 4가지만 쓰시오.

풀이
① 시멘트양이 많으면 콘크리트는 워커빌리티가 좋으며 적으면 재료분리의 경향이 생긴다.
② 단위 수량이 너무 많으면 재료분리가 발생하며 적으면 된반죽이 되어 시공이 곤란하다.
③ 잔골재율이 지나치게 작으면 워커빌리티가 나빠진다.
④ AE제를 사용하면 워커빌리티를 개선할 수 있다.
⑤ 콘크리트의 온도가 높을수록 슬럼프는 감소된다.

문제 08

콘크리트용 재료의 1회 계량 허용오차를 다음 빈칸에 쓰시오.

재료의 종류	허용오차(%)
물	
시멘트	
골재	
혼화재	
혼화제	

풀이

재료의 종류	허용오차(%)
물	-2%, +1%
시멘트	-1%, +2%
골재	±3
혼화재	±2
혼화제	±3

2020년 4월 4일 시행 기출 및 예상문제(1시간) | 실기 필답형 문제

「알려 드립니다」 한국산업인력공단의 저작권법 저촉에 대한 언급이 있어 과거에 출제된 동일한 문제나 그 유형의 문제로 재구성하였습니다.

문제 01

콘크리트 1m³를 만드는 데 필요한 재료량을 아래 배합표를 보고 구하시오.

굵은골재 최대치수 (mm)	단위 수량 (kg)	물-시멘트비 (%)	잔골재율 (%)	잔골재 밀도 (g/cm³)	굵은골재 밀도 (g/cm³)	시멘트 밀도 (g/cm³)	공기량 (%)	슬럼프 (mm)
25	180	50	36	2.6	2.65	3.15	3	80

가) 단위 시멘트양을 구하시오. (단, 소수 첫째 자리에서 반올림하시오.)
나) 단위 잔골재의 절대부피를 구하시오. (단, 소수 넷째 자리에서 반올림하시오.)
다) 단위 잔골재량을 구하시오. (단, 소수 첫째 자리에서 반올림하시오.)
라) 단위 굵은골재의 절대부피를 구하시오. (단, 소수 넷째 자리에서 반올림하시오.)
마) 단위 굵은골재량을 구하시오. (단, 소수 첫째 자리에서 반올림하시오.)

풀이

가) $\dfrac{W}{C} = 50\%$ ∴ $C = \dfrac{180}{0.5} = 360\,\text{kg}$

나) • 단위 골재량의 절대부피

$$V = 1 - \left(\dfrac{\text{단위 수량}}{\text{물의 밀도} \times 1{,}000} + \dfrac{\text{단위 시멘트양}}{\text{시멘트 밀도} \times 1{,}000} + \dfrac{\text{공기량}}{100}\right)$$

$$= 1 - \left(\dfrac{180}{1 \times 1{,}000} + \dfrac{360}{3.15 \times 1{,}000} + \dfrac{3}{100}\right) = 0.6757\,\text{m}^3$$

• 단위 잔골재의 절대부피

$V_S = 0.6757 \times 0.36 = 0.243\,\text{m}^3$

다) $S = 2.6 \times 0.243 \times 1{,}000 = 632\,\text{kg}$

라) $V_G = 0.6757 \times (1 - 0.36) = 0.432\,\text{m}^3$

마) $G = 2.65 \times 0.432 \times 1{,}000 = 1{,}145\,\text{kg}$

문제 02

호칭강도(f_{cn})가 28MPa, 30회 이상의 압축강도 시험 실적으로부터 결정한 표준편차가 3MPa인 일반 콘크리트의 배합강도를 구하시오.

풀이

• $f_{cn} \leq 35\,\text{MPa}$이므로

① $f_{cr} = f_{cn} + 1.34s = 28 + 1.34 \times 3 = 32.02\,\text{MPa}$

② $f_{cr} = (f_{cn} - 3.5) + 2.33s = (28 - 3.5) + 2.33 \times 3 = 31.49\,\text{MPa}$

∴ 배합강도는 큰 값인 32.02MPa이다.

문제 03

다음은 골재의 체가름 시험 결과이다. 물음에 답하시오.

체 크기(mm)	잔류율(%)
75	0
40	4
20	35
10	37
5	21
2.5	3

가) 조립률을 구하시오.
나) 굵은골재 최대치수를 구하시오.

풀이

체 크기(mm)	잔류율(%)	가적잔류율(%)
75	0	0
40	4	4
20	35	39
10	37	76
5	21	97
2.5	3	100

가) $FM = \dfrac{4+39+76+97+100+400}{100} = 7.16$

나) $G_{\max} = 40\text{mm}$
  40mm 체 통과율 $= 100 - 4 = 96\%$

문제 04

다음 물음에 답하시오.

가) 일반 콘크리트의 비비기에서 믹서 안에 재료를 투입한 후 비비는 시간의 표준을 쓰시오.
  ① 가경식 믹서일 경우 :
  ② 강제식 믹서일 경우 :

나) 콘크리트를 타설할 때 내부 진동기의 기준의 쓰시오.
  ① 삽입 간격은?
  ② 하층의 콘크리트 삽입 깊이는?

풀이
가) ① 1분 30초 이상 ② 1분 이상
나) ① 0.5m ② 0.1m

문제 05

콘크리트에 관련된 다음 용어의 정의를 간단히 쓰시오.
가) 시멘트의 표면적 :
나) 블리딩 :

풀이
가) 시멘트 1g이 가지는 전체 입자의 총 표면적(cm^2/g)
나) 굳지 않은 콘크리트에서 물이 분리되어 위로 올라오는 현상

문제 06

일반 수중 콘크리트에서 트레미, 콘크리트 펌프로 시공할 때 슬럼프의 표준값은?

풀이 130~180mm

문제 07

시멘트 모르타르의 인장강도 시험에서 시멘트와 모래의 비율이 1 : 3.2일 때 모르타르에 필요한 물의 양(%)을 구하시오. (단, 표준 주도의 순 시멘트 반죽에 필요한 물의 양은 28%, 표준 모래의 상수는 6.25이다.)

풀이 $Y = \dfrac{2}{3} \times \dfrac{P}{N+1} + K = \dfrac{2}{3} \times \dfrac{28}{3.2+1} + 6.25 = 10.69\%$

문제 08

콘크리트의 공시체는 몇 ℃ 온도에서 습윤 상태로 유지해야 하는가?

풀이 $20 \pm 2℃$

2020년 6월 13일 시행 기출 및 예상문제(1시간) — 실기 필답형 문제

「알려 드립니다」 한국산업인력공단의 저작권법 저촉에 대한 언급이 있어 과거에 출제된 동일한 문제나 그 유형의 문제로 재구성하였습니다.

문제 01
다음 물음에 대하여 콘크리트 배합강도를 구하시오.

가) 콘크리트 압축강도의 시험 기록이 없는 경우
 ① 호칭강도가 20MPa인 경우
 ② 호칭강도가 30MPa인 경우

나) 30회의 압축강도 시험 실적이 있는 경우
 ① 호칭강도가 30MPa이며 표준편차가 3MPa인 경우
 ② 호칭강도가 40MPa이며 표준편차가 5MPa인 경우

풀이

가) ① $f_{cr} = f_{cn} + 7 = 20 + 7 = 27\text{MPa}$
  ② $f_{cr} = f_{cn} + 8.5 = 30 + 8.5 = 38.5\text{MPa}$

나) ① $f_{cn} \leq 35\text{MPa}$인 경우
  • $f_{cr} = f_{cn} + 1.34s = 30 + 1.34 \times 3 = 34.02\text{MPa}$
  • $f_{cr} = (f_{cn} - 3.5) + 2.33s = (30 - 3.5) + 2.33 \times 3 = 33.49\text{MPa}$
  ∴ 배합강도는 큰 값인 34.02 MPa이다.

 ② $f_{cn} > 35\text{MPa}$인 경우
  • $f_{cr} = f_{cn} + 1.34s = 40 + 1.34 \times 5 = 46.7\text{MPa}$
  • $f_{cr} = 0.9 f_{cn} + 2.33s = 0.9 \times 40 + 2.33 \times 5 = 47.65\text{MPa}$
  ∴ 배합강도는 큰 값인 47.65 MPa이다.

문제 02
레디믹스트 콘크리트 제조·공급방법 3가지를 쓰고 설명하시오.

풀이

① 센트럴 믹스트 콘크리트(Central mixed Concrete)
 플랜트의 고정믹서에서 계량, 혼합, 비비기를 끝낸 콘크리트를 트럭 믹서 또는 트럭 애지테이터가 운반 중에 교반하면서 현장에 공급하는 방식

② 슈링크 믹스트 콘크리트(Shrink mixed Concrete)
 플랜트의 고정믹서에서 어느 정도 혼합 후 트럭 믹서 또는 트럭 애지테이터가 운반 중 완전히 혼합하여 현장에 공급하는 방식

③ 트랜싯 믹스트 콘크리트(Transit mixed Concrete)
 플랜트의 고정믹서가 없고 계량장치만 설치하여 각 재료를 트럭 믹서에 넣고 운반 중 완전히 혼합하여 현장에 공급하는 방식

문제 03

콘크리트 시방배합으로 각 재료의 단위량과 현장 골재의 상태는 다음과 같다. 물음에 답하시오.

[시방 배합표(kg/m³)]

물(W)	시멘트(C)	잔골재(S)	굵은골재(G)
180	370	710	1,190

[현장 골재 상태]
- 잔골재 속에 5mm 체에 남는 양 3%
- 굵은골재 속에 5mm 체 통과량 2%
- 잔골재 표면수량 3%
- 굵은골재 표면수량 1%

가) 입도를 보정한 단위 골재량을 구하시오.
　　① 잔골재량 :　　　　　　② 굵은골재량 :
나) 표면수를 보정한 골재의 표면수량을 구하시오.
　　① 잔골재 표면수량 :　　　② 굵은골재 표면수량 :
다) 콘크리트의 1m³에 소요되는 현장배합량을 구하시오.
　　① 잔골재량 :　　　　　　② 굵은골재량 :
　　③ 단위 수량 :

풀이

가) ① 잔골재량
$$\frac{100S - b(S+G)}{100-(a+b)} = \frac{100 \times 710 - 2(710+1,190)}{100-(3+2)} = 707.4 \text{kg}$$

② 굵은골재량
$$\frac{100G - a(S+G)}{100-(a+b)} = \frac{100 \times 1,190 - 3(710+1,190)}{100-(3+2)} = 1,192.6 \text{kg}$$

나) ① 잔골재 표면수량
$$707.4 \times 0.03 = 21.22 \text{kg}$$

② 굵은골재량 표면수량
$$1,192.6 \times 0.01 = 11.93 \text{kg}$$

다) ① 잔골재량
$$707.4 + 21.22 = 728.6 \text{kg}$$

② 굵은골재량
$$1,192.6 + 11.93 = 1,204.5 \text{kg}$$

③ 단위 수량
$$180 - (21.22 + 11.93) = 146.9 \text{kg}$$

문제 04

콘크리트 타설 후 습윤 상태로 노출면이 마르지 않도록 하여야 하며 수분의 증발에 따라 살수를 하여 습윤 상태로 보호하여야 한다. 아래 표의 습윤 상태로 보호하는 기간의 빈칸을 채우시오.

일평균 기온	보통 포틀랜드 시멘트	고로 슬래그 시멘트 2종 플라이 애시 시멘트 2종	조강 포틀랜드 시멘트
15℃ 이상	5일	7일	③
10℃ 이상	①	9일	4일
5℃ 이상	9일	②	④

풀이
① 7일   ② 12일
③ 3일   ④ 5일

일평균 기온	보통 포틀랜드 시멘트	고로 슬래그 시멘트 2종 플라이 애시 시멘트 2종	조강 포틀랜드 시멘트
15℃ 이상	5일	7일	3일
10℃ 이상	7일	9일	4일
5℃ 이상	9일	12일	5일

문제 05

혼화제 중 응결·경화시간을 조절하는 것을 3가지만 쓰시오.

풀이
① 경화촉진제
② 지연제
③ 급결제

문제 06

다음은 골재의 체가름 시험 결과이다. 물음에 답하시오.

체 크기(mm)	잔류율(%)
75	0
40	4
20	35
10	37
5	21
2.5	3

가) 조립률을 구하시오.
나) 굵은골재 최대치수를 구하시오.

풀이

체 크기(mm)	잔류율(%)	가적잔류율(%)
75	0	0
40	4	4
20	35	39
10	37	76
5	21	97
2.5	3	100

가) $FM = \dfrac{4+39+76+97+100+400}{100} = 7.16$

나) $G_{max} = 40\text{mm}$
40mm 체 통과율 $= 100 - 4 = 96\%$

문제 07

콘크리트 압축강도 시험에 관한 다음 물음에 답하시오.

가) 지름 150mm, 높이 300mm인 원주형 시험체를 만들 때, 콘크리트를 몇 층 이상으로 거의 동일 두께로 나눠 채우는가?
나) 압축강도 시험용 공시체를 만든 뒤 몰드에서 몇 시간 안에 떼어 내는가?
다) 압축강도 공시체 지름은 굵은골재 최대치수의 (①)배 이상이며, (②)mm 이상이어야 하는가?
라) 지름이 150mm, 높이가 300mm의 공시체에 최대 하중이 380kN이 작용하였다. 이때 콘크리트의 압축강도는 얼마인가?

풀이
가) 2층
나) 16시간 이상 3일 이내
다) ① 3 ② 100
라) $f_c = \dfrac{P}{A} = \dfrac{380,000}{\dfrac{3.14 \times 150^2}{4}} = 21.51\text{MPa}$

문제 08

콘크리트의 압축강도 시험에서 $\phi 150\text{mm} \times 300\text{mm}$ 공시체를 제작하려고 한다. 보기에서 제작순서를 기호로 표시하시오.

㉠ 공시체를 성형한 후 16시간 ~ 3일 내에 몰드를 뗀다.
㉡ 일정한 시간이 지난 후 된 반죽의 시멘트 풀로 공시체의 표면을 캐핑한다.
㉢ 몰드 맨 위층을 다진 다음, 흙손으로 표면을 고른다.
㉣ 몰드의 내면을 광물성 기름 또는 박리제를 바른다.
㉤ 몰드에 3층으로 거의 동일한 두께가 되게 시료를 나눠서 채운다.
㉥ 각 층을 적어도 1,000mm² 에 1회 비율로 다진다.

풀이 ㉣ — ㉤ — ㉥ — ㉢ — ㉠ — ㉡

2020년 8월 29일 시행 기출 및 예상문제(1시간) — 실기 필답형 문제

> 「알려 드립니다」 한국산업인력공단의 저작권법 저촉에 대한 언급이 있어 과거에 출제된 동일한 문제나 그 유형의 문제로 재구성하였습니다.

문제 01

콘크리트의 시방배합 결과와 현장골재 상태가 아래표와 같을 때 시방배합을 현장배합으로 고치고 현장배합표를 완성하시오.

[시방 배합표]

굵은골재의 최대치수 (mm)	슬럼프 (mm)	공기량 (%)	W/C (%)	S/a (%)	단위량(kg/m³)			
					물 (W)	시멘트 (C)	잔골재 (S)	굵은골재 (G)
25	80	4.5	47.6	35.5	161	322	645	1,177

[현장골재의 상태]

5mm 체에 남는 잔골재량	5%	잔골재의 표면수량	3%
5mm 체에 통과하는 굵은골재량	4%	굵은골재의 표면수량	2%

가) 입도에 대한 보정을 하여 잔골재량과 굵은골재량을 구하시오.
  ① 잔골재량 :
  ② 굵은골재량 :

나) 표면수에 대한 보정을 하여 잔골재 및 굵은골재의 표면수량을 구하시오.
  ① 잔골재의 표면수량 :
  ② 굵은골재의 표면수량 :

다) $1m^3$의 콘크리트를 만들기 위한 아래의 현장배합표를 완성하시오.

단위량(kg/m³)			
시멘트(C)	물(W)	잔골재(S)	굵은골재(G)
322			

풀이 가) ① 잔골재량
$$x = \frac{100S - b(S+G)}{100 - (a+b)} = \frac{100 \times 645 - 4(645 + 1,177)}{100 - (5+4)} = 628.70 \, kg/m^3$$

② 굵은골재량
$$y = \frac{100G - a(S+G)}{100 - (a+b)} = \frac{100 \times 1,177 - 5(645 + 1,177)}{100 - (5+4)} = 1,193.30 \, kg/m^3$$

나) ① 잔골재의 표면수량
$628.70 \times 0.03 = 18.86 \, kg/m^3$

② 굵은골재의 표면수량
$1,193.30 \times 0.02 = 23.87 \, kg/m^3$

다) • 물(W) = 161 − (18.86 + 23.87) = 118.27 kg/m³
• 잔골재(S) = 628.70 + 18.86 = 647.56 kg/m³
• 굵은골재(G) = 1,193.30 + 23.87 = 1,217.17 kg/m³

단위량(kg/m³)			
시멘트(C)	물(W)	잔골재(S)	굵은골재(G)
322	118.27	647.56	1,217.17

문제 02

콘크리트 휨강도 시험에 대하여 아래 물음에 답하시오. (단, 시험체 몰드의 크기는 150mm×150mm×530mm이다.)
가) 다짐봉을 사용하여 공시체를 제작할 때 몰드의 각층 다짐회수를 구하시오.
나) 공시체가 인장쪽 표면 지간 방향 중심선의 4점 사이에서 파괴되었을 때 휨강도를 구하시오. (단, 지간은 450mm, 파괴 시 최대하중이 35kN일 때)
다) 공시체가 인장쪽 표면 지간 방향 중심선의 4점의 바깥쪽에서 파괴된 경우는 어떻게 처리하는가?

풀이 가) 다짐회수 = $\dfrac{150\text{mm} \times 530\text{mm}}{1,000\text{mm}^2} ≒ 80$회

나) $f_b = \dfrac{Pl}{bh^2} = \dfrac{35,000 \times 450}{150 \times 150^2} = 4.67 \text{N/mm}^2 = 4.67 \text{MPa}$

다) 무효로 한다.

문제 03

일반 수중 콘크리트에 대한 아래 물음에 답하시오.
가) 트레미, 콘크리트 펌프로 시공할 때 슬럼프의 표준값은?
( )~( )mm
나) 물-결합재비는 얼마 이하를 표준으로 하는가?
다) 단위 시멘트양은 얼마 이상을 표준으로 하는가?

풀이 가) 130~180mm
나) 50%
다) 370kg/m³

문제 04

굳지 않는 콘크리트의 공기함유량 시험에 대한 아래 물음에 답하시오.
가) 공기량 측정방법을 3가지만 쓰시오.
나) 콘크리트의 용적에 대한 겉보기 공기량(A_1)이 4.9%이고, 골재의 수정계수(G)가 0.8일 때 콘크리트의 공기량을 구하시오.

풀이 가) ① 공기실 압력법 ② 질량법 ③ 용적법(부피법)
나) $A = A_1 - G = 4.9 - 0.8 = 4.1\%$

문제 05

콘크리트의 배합강도에 대한 아래 물음에 답하시오.
가) 압축강도 시험의 실적이 없는 현장의 경우
 ① 호칭강도가 20MPa일 때
 ② 호칭강도가 24MPa일 때
나) 실제 사용한 콘크리트의 15회 압축강도 시험 실적으로부터 결정한 표준편차가 2.5MPa이며 호칭강도(f_{cn})가 30MPa인 경우

풀이 가) ① $f_{cn} < 21$MPa이므로 $f_{cr} = f_{cn} + 7 = 20 + 7 = 27$MPa
  ② f_{cn}가 21~35MPa이므로 $f_{cr} = f_{cn} + 8.5 = 24 + 8.5 = 32.5$MPa
 나) $f_{cn} \leq 35$MPa이므로
  • $f_{cr} = f_{cn} + 1.34s = 30 + 1.34 \times 2.5 \times 1.16 = 33.89$MPa
  • $f_{cr} = (f_{cn} - 3.5) + 2.33s = (30 - 3.5) + 2.33 \times 2.5 \times 1.16 = 33.26$MPa
  여기서, 15횟수의 표준편차 보정계수는 1.16이다.
  ∴ 배합강도는 큰 값인 33.89MPa이다.

문제 06

포졸란을 사용한 콘크리트의 특징을 3가지만 쓰시오.

풀이 ① 워커빌리티를 개선시키며 블리딩 및 재료분리가 작다.
 ② 내구성, 수밀성 및 해수 저항성이 크다.
 ③ 수화 발열량이 작고 단위 수량이 많이 요구되며 건조수축이 크다.

문제 07

단위용적질량이 1.7kg/L인 굵은골재의 절건밀도가 2.65kg/L일 때 이 골재의 실적률을 구하시오.

풀이 실적률 $= \dfrac{w}{\rho} \times 100 = \dfrac{1.7}{2.65} \times 100 = 64.15\%$

문제 08

다음 용어의 정의를 간단히 설명하시오.
가) 골재의 함수율 :
나) 골재의 유효 흡수율 :
다) 부립률 :

풀이 가) 골재의 표면 및 내부에 있는 물 전체 질량의 절건상태 골재 질량에 대한 백분율
 나) 골재가 표면건조포화상태가 될 때까지 흡수하는 수량의, 공기중건조상태의 골재질량에 대한 백분율
 다) 경량골재 중 물에 뜨는 입자의 질량 백분율

2021년 4월 3일 시행
기출 및 예상문제(1시간) | 실기 필답형 문제

「알려 드립니다」 한국산업인력공단의 저작권법 저촉에 대한 언급이 있어 과거에 출제된 동일한 문제나 그 유형의 문제로 재구성하였습니다.

문제 01

콘크리트용으로 주어진 골재를 체가름 시험을 실시한 결과 아래표와 같았다. 표를 보고 물음에 답하시오.

골재명	체의 크기(mm)	75	40	20	10	5	2.5	1.2	0.6	0.3	0.15
잔골재	체에 남는 양(%)	0	0	0	0	3	9	14	28	35	11
	체에 남는 양의 누계(%)										
굵은 골재	체에 남는 양(%)	0	5	34	26	22	3	0	0	0	0
	체에 남는 양의 누계(%)										

가) 잔골재에 대한 위 표의 빈칸을 채우고 잔골재의 조립률을 구하시오.
나) 굵은골재에 대한 위 표의 빈칸을 채우고 굵은골재의 조립률을 구하시오.

풀이

골재명	체의 크기(mm)	75	40	20	10	5	2.5	1.2	0.6	0.3	0.15
잔골재	체에 남는 양(%)	0	0	0	0	3	9	14	28	35	11
	체에 남는 양의 누계(%)	0	0	0	0	3	12	26	54	89	100
굵은 골재	체에 남는 양(%)	0	5	34	36	22	3	0	0	0	0
	체에 남는 양의 누계(%)	0	5	39	75	97	100	100	100	100	100

가) $FM = \dfrac{3+12+26+54+89+100}{100} = 2.84$

나) $FM = \dfrac{5+39+75+97+100+100+100+100+100}{100} = 7.16$

문제 02

포졸란 작용이 있는 혼화재 3가지를 쓰시오.

풀이
① 플라이 애시
② 고로 슬래그
③ 화산재
④ 규조토
⑤ 규산백토

문제 03

콘크리트 압축강도 시험에 관한 다음 물음에 답하시오.

가) 지름 150mm, 높이 300mm인 원주형 공시체를 만들 때, 다짐봉을 사용하여 다져 넣을 경우 각 층마다 몇 회씩 다져 주는가? (단, 계산과정을 쓰시오.)
나) 압축강도 시험용 공시체를 만든 뒤 몰드에서 몇 시간 안에 떼어 내는가?
다) 공시체는 몇 ℃ 온도에서 습윤상태로 유지해야 하는가?
라) 지름이 150mm, 높이가 300mm의 공시체에 최대 하중이 380kN이 작용하였다. 이때 콘크리트의 압축강도는 얼마인가?

풀이

가) $$\text{다짐횟수} = \frac{\frac{\pi \times 150^2}{4}}{1,000} = 17.67 ≒ 18\text{회}$$

※ 공시체 콘크리트는 2층 이상으로 거의 동일한 두께로 나눠서 채우고 각 층은 적어도 1,000mm²에 1회 비율로 다진다.

나) 16시간 이상 3일 이내

다) (20 ± 2)℃

라) $f_c = \dfrac{P}{A} = \dfrac{380,000}{\dfrac{\pi \times 150^2}{4}} = 21.51\,\text{MPa}$

문제 04

현장에서 콘크리트 압축강도를 22회 측정한 결과 표준편차는 5MPa이었다. 호칭강도 (f_{cn})가 35MPa일 때 다음 물음에 답하시오.

가) 표준편차의 보정계수를 구하시오. (단, 시험 횟수는 직선 보간한다.)
나) 배합강도를 구하시오.

풀이

가) 표준편차의 보정계수
시험횟수가 20회 경우 1.08, 25회 경우 1.03이므로 22회 1.06이다.
$\dfrac{1.08 - 1.03}{5} = 0.01$씩 직선 보간한다.
즉, 20회 1.08, 21회 1.07, 22회 1.06, 23회 1.05 24회 1.04, 25회 1.03이 된다.

나) 배합강도
$f_{cn} \leq 35\text{MPa}$이므로
① $f_{cr} = f_{cn} + 1.34S = 35 + 1.34 \times (5 \times 1.06) = 42.1\,\text{MPa}$
② $f_{cr} = (f_{cn} - 3.5) + 2.33S = (35 - 3.5) + 2.33 \times (5 \times 1.06) = 43.9\,\text{MPa}$
∴ 두 식에서 큰 값인 43.9MPa이다.

문제 05

콘크리트 1m³를 만드는 데 필요한 재료량을 아래 배합표를 보고 구하시오.

굵은골재 최대치수 (mm)	단위 수량 (kg)	물- 시멘트비 (%)	잔골 재율 (%)	잔골재 밀도 (g/cm³)	굵은골재 밀도 (g/cm³)	시멘트 밀도 (g/cm³)	공기량 (%)	슬럼프 (mm)
25	180	50	36	2.6	2.65	3.15	3	80

가) 단위 시멘트양을 구하시오. (단, 소수 첫째 자리에서 반올림하시오.)
나) 단위 잔골재의 절대부피를 구하시오. (단, 소수 넷째 자리에서 반올림하시오.)
다) 단위 잔골재량을 구하시오. (단, 소수 첫째 자리에서 반올림하시오.)
라) 단위 굵은골재의 절대부피를 구하시오. (단, 소수 넷째 자리에서 반올림하시오.)
마) 단위 굵은골재량을 구하시오. (단, 소수 첫째 자리에서 반올림하시오.)

풀이

가) $\dfrac{W}{C} = 50\%$ ∴ $C = \dfrac{180}{0.5} = 360\text{kg}$

나) • 단위 골재량의 절대부피

$$V = 1 - \left(\dfrac{\text{단위 수량}}{1 \times 1,000} + \dfrac{\text{단위 시멘트양}}{\text{시멘트 밀도} \times 1,000} + \dfrac{\text{공기량}}{100} \right)$$

$$= 1 - \left(\dfrac{180}{1 \times 1,000} + \dfrac{360}{3.15 \times 1,000} + \dfrac{3}{100} \right) = 0.6757\text{m}^3$$

• 단위 잔골재의 절대부피

$V_S = 0.6757 \times 0.36 = 0.243\text{m}^3$

다) $S = 2.6 \times 0.243 \times 1,000 = 632\text{kg}$

라) $V_G = 0.6757 \times (1 - 0.36) = 0.432\text{m}^3$

마) $G = 2.65 \times 0.432 \times 1,000 = 1,145\text{kg}$

문제 06

수중 콘크리트의 타설 원칙을 3가지 쓰시오.

풀이
① 정수 중 타설을 원칙으로 한다.
② 수중에 낙하시키지 않는다.
③ 연속해서 타설한다.

문제 07

콘크리트의 워커빌리티 측정방법 4가지를 쓰시오.

풀이
① 슬럼프 시험
② 구관입 시험
③ 흐름 시험
④ 비비 시험

문제 08

콘크리트 타설 후 습윤 상태로 노출면이 마르지 않도록 하여야 하며 수분의 증발에 따라 살수를 하여 습윤 상태로 보호하여야 한다. 아래 표의 습윤 상태로 보호하는 기간의 빈칸을 채우시오.

일평균 기온	보통 포틀랜드 시멘트	고로 슬래그 시멘트 2종 플라이 애시 시멘트 2종	조강 포틀랜드 시멘트
15℃ 이상	5일	7일	③
10℃ 이상	①	9일	4일
5℃ 이상	9일	②	④

풀이
① 7일　② 12일
③ 3일　④ 5일

일평균 기온	보통 포틀랜드 시멘트	고로 슬래그 시멘트 2종 플라이 애시 시멘트 2종	조강 포틀랜드 시멘트
15℃ 이상	5일	7일	3일
10℃ 이상	7일	9일	4일
5℃ 이상	9일	12일	5일

2021년 6월 13일 시행
기출 및 예상문제 (1시간) | 실기 필답형 문제

> 「알려 드립니다」 한국산업인력공단의 저작권법 저촉에 대한 언급이 있어 과거에 출제된 동일한 문제나 그 유형의 문제로 재구성하였습니다.

문제 01
콘크리트용 부순 굵은 골재의 유해물 함유량의 한도에 대한 아래 표의 빈칸을 채우시오.

종류	품질기준
점토덩어리	
연한 석편	
0.008mm 체 통과량	

풀이

종류	품질기준
점토덩어리	0.25% 이하
연한 석편	5.0% 이하
0.008mm 체 통과량	1.0% 이하

문제 02
일반 콘크리트 비비기 시간은 시험에 의해 정하는 것을 원칙으로 한다. 비비기 시간에 대한 시험을 실시하지 않은 경우 그 최소 시간은 가경식 믹서일 때에는 얼마를 표준으로 하는가?

풀이 1분 30초 이상

문제 03
콘크리트 휨강도 시험에 대한 내용이다. 다음 물음에 답하시오.
가) 공시체에 하중을 가하는 속도는?
나) 공시체가 인장쪽 표면의 지간 방향 중심선의 4점 사이에서 파괴되었을 때 휨강도를 구하시오. (단, 지간 450mm, 폭 150mm, 높이 150mm, 파괴 최대 하중이 42kN이다.)
다) 휨강도 파괴 시 무효 사유는?

풀이
가) $0.06 \pm 0.04 \text{MPa}/$초
나) $f_b = \dfrac{Pl}{bd^2} = \dfrac{42,000 \times 450}{150 \times 150^2} = 5.6 \text{MPa}$
다) 공시체가 인장쪽 표면의 지간 방향 중심선의 4점의 바깥쪽에 파괴된 경우

문제 04

콘크리트 각 재료의 현장배합표와 길이가 100m인 T형 옹벽 단면도를 보고 다음 물음에 답하시오.

[현장배합표(kg/m³)]

물	160
시멘트	320
잔골재	850
굵은골재	1,120

[T형 옹벽 단면도(단위 : mm)]

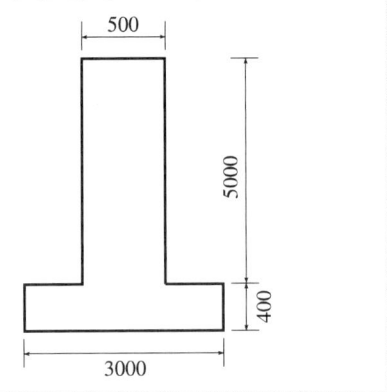

가) 각 재료의 양을 구하시오.
  ① 물 :
  ② 시멘트 :
  ③ 잔골재 :
  ④ 굵은골재 :

나) 시멘트 40kg 1포가 4,500원, 잔골재 1m³당 8,500원, 굵은골재 1m³당 11,000원일 때 각 재료의 비용을 구하시오.
  ① 시멘트 :
  ② 잔골재 :
  ③ 굵은골재 :

풀이

가) • 콘크리트 단면적(m²)
$(0.5 \times 5) + (0.4 \times 3) = 3.7 \text{m}^2$

• 콘크리트 총량(m³)
$3.7 \times 100 = 370 \text{m}^3$

• 각 재료의 량
  ① 물 : $160 \times 370 = 59,200 \text{kg}$
  ② 시멘트 : $320 \times 370 = 118,400 \text{kg}$
  ③ 잔골재 : $850 \times 370 = 314,500 \text{kg}$
  ④ 굵은골재 : $1,120 \times 370 = 414,400 \text{kg}$

나) ① 시멘트 : $4,500 \times \dfrac{118,400}{40} = 13,320,000$원

  ② 잔골재 : $8,500 \times \dfrac{314,500}{1,000} = 2,673,250$원

  ③ 굵은골재 : $11,000 \times \dfrac{414,400}{1,000} = 4,558,400$원

문제 05

다음의 콘크리트 배합강도에 대한 물음에 답하시오.

가) 현장의 압축강도 시험 기록이 없는 경우에 호칭강도가 28MPa일 때 배합강도를 구하시오?

나) 콘크리트의 품질기준강도(f_{cq})가 28MPa이고 15회 시험실적에 의한 압축강도 표준편차가 2.5MPa일 때 콘크리트 배합강도를 구하시오.

다) 콘크리트의 품질기준강도(f_{cq})가 28MPa이고 25회 시험실적에 의한 압축강도 표준편차가 2.5MPa일 때 콘크리트 배합강도를 구하시오.

풀이

가) 배합강도(호칭강도가 21이상 35MPa 이하이므로)
$f_{cr} = f_{cn} + 8.5 = 28 + 8.5 = 36.5\,\text{MPa}$

나) 배합강도($f_{cq} \leq 35\,\text{MPa}$이므로)
- $f_{cr} = f_{cq} + 1.34s = 28 + 1.34 \times (2.5 \times 1.16) = 31.89\,\text{MPa}$
- $f_{cr} = (f_{cq} - 3.5) + 2.33s = (28 - 3.5) + 2.33 \times (2.5 \times 1.16) = 31.26\,\text{MPa}$

∴ 두 식 중 큰 값 31.89MPa
여기서, 시험횟수 15회일 때 표준편차의 보정계수는 1.16이다.

다) 배합강도($f_{cq} \leq 35\,\text{MPa}$이므로)
- $f_{cr} = f_{cq} + 1.34s = 28 + 1.34 \times (2.5 \times 1.03) = 31.45\,\text{MPa}$
- $f_{cr} = (f_{cq} - 3.5) + 2.33s = (28 - 3.5) + 2.33 \times (2.5 \times 1.03) = 30.50\,\text{MPa}$

∴ 두 식 중 큰 값 31.45MPa
여기서, 시험횟수 25회일 때 표준편차의 보정계수는 1.03이다.

문제 06

다음의 콘크리트 양생에 관한 물음에 답하시오.

가) 촉진양생의 정의
나) 촉진양생의 종류 3가지

풀이

가) 콘크리트의 경화나 강도 발현을 촉진하기 위해 실시하는 양생
나) ① 증기양생
② 고온고압양생(오토클레이브 양생)
③ 전기양생
④ 온수양생
⑤ 적외선양생
⑥ 고주파양생

문제 07

다음 물음에 답하시오.

가) 블리딩으로 인하여 콘크리트나 모르타르의 표면에 떠올라서 가라앉은 회백색의 물질을 무엇이라 하는가?
나) 재료가 외력을 받으면 변형이 생기는데, 외력의 증가 없이도 시간의 경과에 따라 변형이 증가되는 현상을 무엇이라 하는가?

풀이

가) 레이턴스
나) 크리프

문제 08

콘크리트용 잔골재의 체가름 시험의 결과를 보고 조립률을 구하시오.

체(mm)	잔류량(g)
10	0
5	20
2.5	41
1.2	136
0.6	150
0.3	84
0.15	54
pan	3

풀이

체(mm)	잔류량(g)	잔류율(%)	가적잔류율(%)
10	0	0	0
5	20	4.1	4.1
2.5	41	8.4	12.5
1.2	136	27.9	40.4
0.6	150	30.7	71.1
0.3	84	17.2	88.3
0.15	54	11.1	99.4
pan	3	0.6	100

• 잔류율 = $\dfrac{\text{해당 체의 잔류량}}{\text{전체 질량}} \times 100$

• 가적잔류율 = 각 체의 잔류율의 누계

• 조립률 $FM = \dfrac{4.1 + 12.5 + 40.4 + 71.1 + 88.3 + 99.4}{100} = 3.16$

2021년 8월 22일 시행 기출 및 예상문제(1시간) | 실기 필답형 문제

「알려 드립니다」 한국산업인력공단의 저작권법 저촉에 대한 언급이 있어 과거에 출제된 동일한 문제나 그 유형의 문제로 재구성하였습니다.

문제 01

콘크리트 1m³를 만드는 데 필요한 재료량을 아래 배합표를 보고 구하시오.

굵은골재 최대치수 (mm)	단위 수량 (kg)	물-시멘트비 (%)	잔골 재율 (%)	잔골재 밀도 (g/cm³)	굵은골재 밀도 (g/cm³)	시멘트 밀도 (g/cm³)	공기량 (%)	슬럼프 (mm)
25	180	50	36	2.6	2.65	3.15	3	80

가) 단위 시멘트양을 구하시오. (단, 소수 첫째 자리에서 반올림하시오.)
나) 단위 잔골재의 절대부피를 구하시오. (단, 소수 넷째 자리에서 반올림하시오.)
다) 단위 잔골재량을 구하시오. (단, 소수 첫째 자리에서 반올림하시오.)
라) 단위 굵은골재의 절대부피를 구하시오. (단, 소수 넷째 자리에서 반올림하시오.)
마) 단위 굵은골재량을 구하시오. (단, 소수 첫째 자리에서 반올림하시오.)

풀이

가) $\dfrac{W}{C} = 50\%$ ∴ $C = \dfrac{180}{0.5} = 360\,\text{kg}$

나) • 단위 골재량의 절대부피

$$V = 1 - \left(\dfrac{\text{단위 수량}}{\text{물의 밀도} \times 1{,}000} + \dfrac{\text{단위 시멘트양}}{\text{시멘트 밀도} \times 1{,}000} + \dfrac{\text{공기량}}{100}\right)$$

$$= 1 - \left(\dfrac{180}{1 \times 1{,}000} + \dfrac{360}{3.15 \times 1{,}000} + \dfrac{3}{100}\right) = 0.6757\,\text{m}^3$$

• 단위 잔골재의 절대부피
$V_S = 0.6757 \times 0.36 = 0.243\,\text{m}^3$

다) $S = 2.6 \times 0.243 \times 1{,}000 = 632\,\text{kg}$

라) $V_G = 0.6757 \times (1 - 0.36) = 0.432\,\text{m}^3$

마) $G = 2.65 \times 0.432 \times 1{,}000 = 1{,}145\,\text{kg}$

문제 02

콘크리트에 관한 사항이다. 다음 빈칸의 내용을 쓰시오.

> 콘크리트 비비기로부터 타설이 끝날 때까지의 시간은 원칙적으로 외기온도가 25℃ 이상인 경우는 (①), 25℃ 미만인 경우에는 (②)을 넘어서는 안 된다.

풀이
① : 1.5시간
② : 2시간

문제 03

골재의 체가름 시험에 대한 다음의 물음에 답하시오.

가) 조립률을 구하기 위해 사용하는 체를 모두 쓰시오.

나) 잔골재의 체가름 시험에 대한 아래의 성과표를 완성하고, 조립률을 구하시오.

체의 호칭	각 체에 남은 양		각 체에 남은 양의 누계
	g	%	%
5mm	20		
2.5mm	55		
1.2mm	135		
0.6	150		
0.3	95		
0.15	30		
접시	15		
계	500		

풀이

가) 75mm, 40mm, 20mm, 10mm, 5mm, 2.5mm, 1.2mm, 0.6mm, 0.3mm, 0.15mm

나)

체의 호칭	각 체에 남은 양		각 체에 남은 양의 누계
	g	%	%
5mm	20	4	4
2.5mm	55	11	15
1.2mm	135	27	42
0.6	150	30	72
0.3	95	19	91
0.15	30	6	97
접시	15	3	100
계	500		

- 남은율 $= \dfrac{\text{해당 체에 남은 양}}{\text{전체 질량}} \times 100$

  (예: 0.6mm 체의 경우 $\dfrac{150}{500} \times 100 = 30\%$)

- 각 체에 남은 양의 누계

  각 체에 남은율의 누계(예: 1.2mm 체의 경우 $4+11+27 = 42\%$)

- 조립률 $FM = \dfrac{4+15+42+72+91+97}{100} = 3.21$

문제 04

콘크리트의 촉진양생 종류 2가지를 쓰시오.

풀이
① 증기양생　　② 전기양생
③ 고온고압양생　④ 온수양생
⑤ 적외선양생　　⑥ 고주파양생

문제 05 다음의 콘크리트에 대한 용어의 정의를 간단히 쓰시오.
  가) 섬유보강 콘크리트 :   나) AE 콘크리트 :
  다) 유동화 콘크리트 :   라) 경량골재 콘크리트 :

풀이
가) 보강용 섬유를 혼입하여 주로 인성, 균열억제, 내충격성 및 내마모성 등을 높인 콘크리트
나) 공기연행제를 사용하여 워커빌리티 증대, 내동해성을 증진시킨 콘크리트
다) 미리 비빈 베이스 콘크리트에 유동화제를 첨가하여 유동성을 증대시킨 콘크리트
라) 골재의 전부 또는 일부를 인공경량골재를 써서 만든 콘크리트

문제 06 콘크리트용 재료의 1회 계량 허용오차를 다음 빈칸에 쓰시오.

재료의 종류	허용오차(%)
물	
시멘트	
골재	
혼화재	
혼화제	

풀이

재료의 종류	허용오차(%)
물	−2%, +1%
시멘트	−1%, +2%
골재	±3
혼화재	±2
혼화제	±3

문제 07 콘크리트 강도시험에 대한 사항이다. 다음 물음에 답하시오.
가) 압축강도 시험에서 시험체에 하중을 가하는 속도를 쓰시오.
나) 휨강도 시험에서 시험체에 하중을 가하는 속도를 쓰시오.
다) 지간 450mm, 폭 150mm, 높이 150mm의 공시체를 이용하여 휨강도 시험을 하였다. 4점 재하장치로 시험한 결과 최대하중이 40kN이고, 공시체가 지간 사이에서 파괴 되었을 때 휨강도를 구하시오.
라) 강도 시험용 공시체를 제작하고 나서 몰드를 떼어내는 시기를 쓰시오.
마) 강도 시험용 공시체의 양생온도 범위를 쓰시오.

풀이
가) (0.6 ± 0.2)MPa/초
나) (0.06 ± 0.04)MPa/초
다) $f_b = \dfrac{Pl}{bd^2} = \dfrac{40,000 \times 450}{150 \times 150^2} = 5.3\,\text{MPa}$
라) 16시간 이상 3일 이내
마) (20 ± 2)℃

2022년 3월 20일 시행
기출 및 예상문제(1시간)

실기 필답형 문제

「**알려 드립니다**」 한국산업인력공단의 저작권법 저촉에 대한 언급이 있어 과거에 출제된 동일한 문제나 그 유형의 문제로 재구성하였습니다.

문제 01

콘크리트 시방배합으로 각 재료의 단위량과 현장 골재의 상태는 다음과 같다. 물음에 답하시오.

[시방 배합표(kg/m³)]

물(W)	시멘트(C)	잔골재(S)	굵은골재(G)
180	370	710	1,190

[현장 골재 상태]
- 잔골재 속에 5mm 체에 남는 양 3%
- 굵은골재 속에 5mm 체 통과량 2%
- 잔골재 표면수량 3%
- 굵은골재 표면수량 1%

가) 잔골재량을 구하시오.
나) 굵은골재량을 구하시오.
다) 물의 양을 구하시오.

풀이 가) ① 입도 조정
$$x = \frac{100S - b(S+G)}{100-(a+b)} = \frac{100 \times 710 - 2(710+1,190)}{100-(3+2)} = 707.4\text{kg}$$

② 표면수 조정
$707.4 \times 0.03 = 21.22\text{kg}$
∴ $S = 707.4 + 21.22 = 728.6\text{kg}$

나) ① 입도 조정
$$y = \frac{100G - a(S+G)}{100-(a+b)} = \frac{100 \times 1,190 - 3(710+1,190)}{100-(3+2)} = 1,192.6\text{kg}$$

② 표면수 조정
$1,192.6 \times 0.01 = 11.93\text{kg}$
∴ $G = 1,192.6 + 11.93 = 1,204.5\text{kg}$

다) $W = 180 - (21.22 + 11.93) = 146.9\text{kg}$

문제 02
골재 중에 함유되어 있는 점토 덩어리 양의 시험에 대한 물음에 답하시오.
가) 시험 전의 시료의 건조질량이 2,000g, 시험 후의 시료의 건조질량이 1,900g 이었다. 점토 덩어리 양을 구하시오.
나) 사용 가능 여부를 판정하시오.

풀이
가) 점토 덩어리 양 $= \dfrac{2,000-1,900}{2,000} \times 100 = 5\%$
나) 점토 덩어리 양이 1%를 초과하였으므로 사용이 불가능하다.

문제 03
굳지 않은 콘크리트의 성질에 대한 용어를 쓰시오.
가) 굵은골재의 최대치수, 잔골재율, 잔골재의 입도, 반죽질기 등에 따르는 마무리하기 쉬운 정도를 나타내는 굳지 않은 콘크리트의 성질
나) 블리딩에 의해 콘크리트 표면에 떠올라 침전한 미세한 물질

풀이
가) 피니셔빌리티
나) 레이턴스

〈보충〉
- 블리딩 : 콘크리트 타설 후 시멘트, 골재 입자 등이 침하함으로써 물이 분리 상승되어 콘크리트 표면에 떠오르는 현상
- 반죽질기 : 주로 단위 수량의 다소에 의한 굳지 않은 콘크리트의 유동성

문제 04
콘크리트의 워커빌리티에 영향을 미치는 요인을 3가지만 쓰시오.

풀이
① 단위 수량
② 시멘트의 성질과 양
③ 골재의 입도와 모양

〈보충〉 혼화재료의 종류와 양, 물-시멘트 비, 공기량, 배합비율, 콘크리트의 온도 등이 콘크리트의 워커빌리티에 영향을 준다.

문제 05
다음은 콘크리트 강도 시험에 대한 내용이다. 물음에 답하시오.
가) 공시체가 파괴되었을 때 최대 하중이 180kN이었다. 쪼갬 인장강도를 구하시오. (단, 공시체는 지름이 150mm, 높이가 300mm이다.)
나) 간접인장강도를 구하는 방법을 쓰시오.

풀이
가) $f_{sp} = \dfrac{2P}{\pi d l} = \dfrac{2 \times 180,000}{3.14 \times 150 \times 300} = 2.55 \text{N/mm}^2 = 2.55 \text{MPa}$
나) 콘크리트 원주 공시체를 할렬시켜 인장강도를 시험하는 방법(쪼갬 인장강도)

문제 06

구입자가 보통 콘크리트인 레디믹스트 콘크리트로 주문시 지정해야 할 사항 3가지를 쓰시오.

풀이
① 굵은골재의 최대치수
② 호칭 강도
③ 슬럼프 또는 슬럼프 플로

문제 07

지름이 150mm, 높이가 300mm인 공시체에 최대 하중이 400kN이 작용하였을 때 파괴가 되었다. 콘크리트의 압축강도를 구하시오.

풀이 $f_c = \dfrac{P}{A} = \dfrac{400,000}{\dfrac{3.14 \times 150^2}{4}} = 22.65 \text{N/mm}^2 = 22.65 \text{MPa}$

문제 08

22회의 시험실적으로부터 구한 압축강도의 표준편차가 4MPa이었고, 콘크리트의 품질기준강도(f_{cq})가 30MPa일 때 배합강도는?

풀이 $f_{cq} \leq 35\text{MPa}$이므로
$f_{cr} = f_{cq} + 1.34s = 30 + 1.34 \times (4 \times 1.06) = 35.68\text{MPa}$
$f_{cr} = (f_{cq} - 3.5) + 2.33s = (30 - 3.5) + 2.33 \times (4 \times 1.06) = 36.38\text{MPa}$
∴ 큰 값인 36.38MPa이다.
여기서, 표준편차의 보정계수는 시험횟수가 20회인 경우 1.08이고, 25회인 경우 1.03이므로 직선 보간을 고려한 표준편차의 보정계수는 24회(1.04), 23회(1.05), 22회(1.06), 21회(1.07)이다.

문제 09

일반 공사 현장을 고려했을 경우 다음 재료의 계량오차의 허용오차를 쓰시오.
① 시멘트 :
② 물 :
③ 골재 :
④ 혼화재 :
⑤ 혼화제 :

풀이
① 시멘트 : -1%, +2%
② 물 : -2%, +1%
③ 골재 : ±3%
④ 혼화재 : ±2%
⑤ 혼화제 : ±3%

문제 10

콘크리트의 압축강도를 시험하지 않을 경우 (기초, 보, 기둥 및 벽의 측면) 거푸집 해체 일수를 ( )에 쓰시오.

시멘트의 종류 평균 기온	조강 포틀랜드 시멘트	보통 포틀랜드 시멘트 고로 슬래그 시멘트(1종) 포틀랜드 포졸란 시멘트(1종) 플라이 애시 시멘트(1종)	고로 슬래그 시멘트(2종) 포틀랜드 포졸란 시멘트(2종) 플라이 애시 시멘트(2종)
20℃ 이상	( )	( )	( )
20℃ 미만 10℃ 이상	( )	( )	( )

풀이

시멘트의 종류 평균 기온	조강 포틀랜드 시멘트	보통 포틀랜드 시멘트 고로 슬래그 시멘트(1종) 포틀랜드 포졸란 시멘트(1종) 플라이 애시 시멘트(1종)	고로 슬래그 시멘트(2종) 포틀랜드 포졸란 시멘트(2종) 플라이 애시 시멘트(2종)
20℃ 이상	2일	4일	5일
20℃ 미만 10℃ 이상	3일	6일	8일

2022년 5월 29일 시행 기출 및 예상문제(1시간) | 실기 필답형 문제

> 「알려 드립니다」 한국산업인력공단의 저작권법 저촉에 대한 언급이 있어 과거에 출제된 동일한 문제나 그 유형의 문제로 재구성하였습니다.

문제 01
어떤 골재의 체가름 시험을 한 결과이다. 이 골재의 조립률을 구하시오.

체(mm)	남은 양(g)
50	0
40	430
25	2,140
20	3,920
15	1,630
10	1,160
5	720

풀이

체(mm)	남은 양(g)	잔류율(%)	가적 잔류율(%)
50	0	0	0
★40	430	4.3	4.3
25	2,140	21.4	25.7
★20	3,920	39.2	64.9
15	1,630	16.3	81.2
★10	1,160	11.6	92.8
★ 5	720	7.2	100
계	10,000		

$$조립률(FM) = \frac{4.3 + 64.9 + 92.8 + 100 + 100 + 100 + 100 + 100 + 100}{100} = 7.62$$

여기서, 골재의 조립률은 ★표가 있는 체와 2.5, 1.2, 0.6, 0.3, 0.15mm 체의 가적 잔류율을 이용한다.

문제 02
콘크리트 타설시 내부 진동기의 사용에 대한 다음 물음에 답하시오.
가) 연직으로 다지는 간격은?
나) 하층 콘크리트 속의 다짐 깊이?
다) 1개소의 다짐 시간?

풀이
가) 0.5m 이하
나) 0.1m
다) 5~15초

문제 03

콘크리트 1m³를 만드는 데 필요한 재료량을 아래 배합표를 보고 구하시오.

굵은골재 최대치수 (mm)	단위 수량 (kg)	물-시멘트비 (%)	잔골재율 (%)	잔골재 밀도 (g/cm³)	굵은골재 밀도 (g/cm³)	시멘트 밀도 (g/cm³)	공기량 (%)	슬럼프 (mm)
25	180	50	36	2.6	2.65	3.15	3	80

가) 단위 시멘트양을 구하시오. (단, 소수 첫째 자리에서 반올림하시오.)
나) 단위 잔골재의 절대부피를 구하시오. (단, 소수 넷째 자리에서 반올림하시오.)
다) 단위 잔골재량을 구하시오. (단, 소수 첫째 자리에서 반올림하시오.)
라) 단위 굵은골재의 절대부피를 구하시오. (단, 소수 넷째 자리에서 반올림하시오.)
마) 단위 굵은골재량을 구하시오. (단, 소수 첫째 자리에서 반올림하시오.)

풀이

가) $\dfrac{W}{C} = 50\%$ ∴ $C = \dfrac{180}{0.5} = 360\text{kg}$

나) • 단위 골재량의 절대부피

$$V = 1 - \left(\dfrac{\text{단위 수량}}{\text{물의 밀도} \times 1,000} + \dfrac{\text{단위 시멘트양}}{\text{시멘트 밀도} \times 1,000} + \dfrac{\text{공기량}}{100}\right)$$

$$= 1 - \left(\dfrac{180}{1 \times 1,000} + \dfrac{360}{3.15 \times 1,000} + \dfrac{3}{100}\right) = 0.6757\text{m}^3$$

• 단위 잔골재의 절대부피

$V_S = 0.6757 \times 0.36 = 0.243\text{m}^3$

다) $S = 2.6 \times 0.243 \times 1,000 = 632\text{kg}$

라) $V_G = 0.6757 \times (1 - 0.36) = 0.432\text{m}^3$

마) $G = 2.65 \times 0.432 \times 1,000 = 1,145\text{kg}$

문제 04

콘크리트용 재료의 1회 계량 허용오차를 다음 빈칸에 쓰시오.

재료의 종류	허용오차(%)
물	
시멘트	
골재	
혼화재	
혼화제	

풀이

재료의 종류	허용오차(%)
물	-2%, +1%
시멘트	-1%, +2%
골재	±3
혼화재	±2
혼화제	±3

문제 05

콘크리트 타설 후 습윤 상태로 노출면이 마르지 않도록 하여야 하며 수분의 증발에 따라 살수를 하여 습윤 상태로 보호하여야 한다. 아래 표의 습윤 상태로 보호하는 기간의 빈칸을 채우시오.

일평균 기온	보통 포틀랜드 시멘트	고로 슬래그 시멘트 2종 플라이 애시 시멘트 2종	조강 포틀랜드 시멘트
15℃ 이상	5일	7일	③
10℃ 이상	①	9일	4일
5℃ 이상	9일	②	④

풀이 ① 7일 ② 12일
　　　　③ 3일 ④ 5일

일평균 기온	보통 포틀랜드 시멘트	고로 슬래그 시멘트 2종 플라이 애시 시멘트 2종	조강 포틀랜드 시멘트
15℃ 이상	5일	7일	3일
10℃ 이상	7일	9일	4일
5℃ 이상	9일	12일	5일

문제 06

콘크리트의 배합강도를 결정하고자 할 때 아래의 각 경우에 대하여 물음에 답하시오.

가) 콘크리트 호칭강도 f_{cn}가 28MPa이고, 압축강도의 시험횟수가 20회, 콘크리트 표준편차가 3.5MPa라고 한다. 이 콘크리트의 배합강도를 구하시오.

나) 콘크리트 압축강도의 시험 기록이 없고, 호칭강도가 20MPa인 경우 배합강도를 구하시오.

풀이 가) $f_{cn} \leq 35\text{MPa}$이므로
$$f_{cr} = f_{cn} + 1.34s = 28 + 1.34 \times (3.5 \times 1.08) = 33.07\text{MPa}$$
$$f_{cr} = (f_{cn} - 3.5) + 2.33s = (28 - 3.5) + 2.33 \times (3.5 \times 1.08) = 33.31\text{MPa}$$
∴ 두 식 중에 큰 값인 33.31MPa이다.

나) $f_{cr} = f_{cn} + 7 = 27\text{MPa}$

문제 07

다음 물음에 답하시오.

가) 콘크리트 블리딩 시험 결과 콘크리트를 채운 용기의 윗면이 490cm², 블리딩에 따른 물의 용적이 70cm³일 때 블리딩양은?

나) 블리딩으로 인하여 콘크리트나 모르타르의 표면에 떠올라서 가라앉은 회백색의 물질을 무엇이라 하는가?

풀이 가) 블리딩양 $= \dfrac{V}{A} = \dfrac{70}{490} = 0.143\text{cm}^3/\text{cm}^2$

나) 레이턴스

문제 08

다음은 수중 콘크리트에 대한 내용이다. 물음에 답하시오.

가) 수중 콘크리트 타설 원칙을 3가지만 쓰시오.
나) 수중 콘크리트 시공에 사용되는 기구 3가지를 쓰시오.
다) 일반 수중 콘크리트의 단위 시멘트양은 얼마 이상인가?

풀이
가) ① 물막이를 설치하여 물을 정지시킨 정수 중에서 타설한다.
② 콘크리트는 수중에 낙하시키지 않는다.
③ 콘크리트 면을 가능한 한 수평하게 유지하면서 소정의 높이 또는 수면 상에 이를 때까지 연속해서 타설한다.
나) ① 트레미
② 콘크리트 펌프
③ 밑열림 상자나 밑열림 포대
다) 370kg/m³

문제 09

다음의 골재 함수 상태에 해당되는 내용을 ( ) 안에 쓰시오.

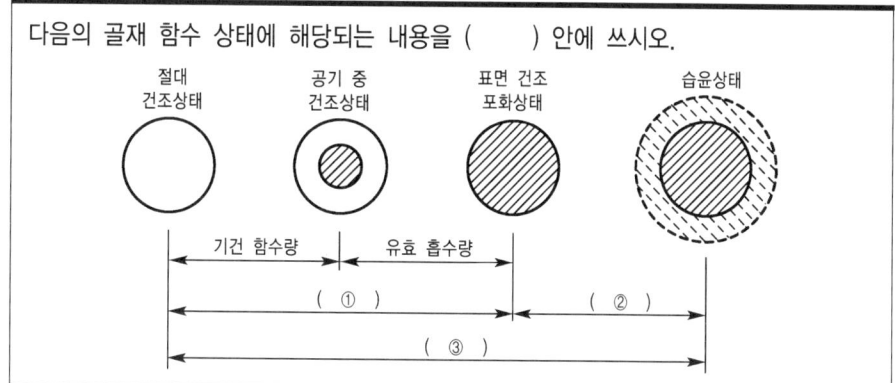

풀이
① 흡수량
② 표면 수량
③ 함수량

문제 10

150mm×150mm×550mm인 공시체를 4점 재하 장치에 고정한 후 휨강도 시험을 실시하였다. 다음 물음에 답하시오.

가) 지간의 길이를 구하시오.
나) 파괴 시 하중이 35kN일 때 휨강도를 구하시오.

풀이 가) 지간의 길이 $l = 3d = 3 \times 150 = 450\,\text{mm}$

나) $f_b = \dfrac{P\,l}{b\,d^2} = \dfrac{35{,}000 \times 450}{150 \times 150^2} = 4.67\,\text{N/mm}^2 = 4.67\,\text{MPa}$

2022년 8월 14일 시행 기출 및 예상문제(1시간) | 실기 필답형 문제

> 「알려 드립니다」 한국산업인력공단의 저작권법 저촉에 대한 언급이 있어 과거에 출제된 동일한 문제나 그 유형의 문제로 재구성하였습니다.

문제 01
레디믹스트 콘크리트의 경우 덤프 트럭으로 콘크리트를 운반할 경우 운반 시간의 한도는 혼합하기 시작하고 나서 몇 시간 이내에 공사 지점에 배출할 수 있도록 운반하는가?

풀이 1시간

⟨보충⟩ 트럭 애지테이터나 트럭 믹서를 사용할 경우, 콘크리트는 혼합하기 시작하고 나서 1.5시간 이내에 공사 지점에 배출할 수 있도록 운반한다.

문제 02
콘크리트 호칭강도가 40MPa이다. 시험 횟수가 13회인 경우 표준편차가 8MPa인 일반 콘크리트의 배합강도를 구하시오.

풀이 압축강도의 시험 횟수가 14회 이하이거나 기록이 없는 경우의 배합강도로 호칭강도가 35MPa 초과의 경우에 해당하므로 $f_{cr} = 1.1 f_{cn} + 5 = 1.1 \times 40 + 5 = 49\text{MPa}$

문제 03
풍화된 콘크리트의 특징을 3가지만 쓰시오.

풀이
① 강열감량이 증가한다.
② 밀도가 작아진다.
③ 응결이 지연된다.
④ 강도의 발현이 저하된다.

문제 04
콘크리트 촉진양생의 종류를 3가지만 쓰시오.

[풀이] ① 증기양생 ② 고온고압양생
③ 전기양생 ④ 온수양생
⑤ 적외선양생 ⑥ 고주파양생

문제 05

콘크리트에 대한 용어의 정의를 간단히 쓰시오.
가) 거듭비비기
나) 되비비기

[풀이] 가) 콘크리트나 모르타르가 엉기기 시작하지 않았으나 비빈 후 상당한 시간이 지났거나 또는 재료가 분리하는 경우에 다시 비비는 작업
나) 콘크리트가 굳기 시작한 후에 다시 비비는 작업

문제 06

콘크리트 배합 시 질량배합비 1 : 2 : 4(시멘트 : 잔골재 : 굵은골재)일 때 혼합 골재율을 구하시오. (단, 시멘트는 320kg, 잔골재의 표건밀도는 2.61g/cm³, 굵은골재의 표건밀도는 2.68g/cm³이다.)

[풀이]
• 단위 잔골재량 = 잔골재 표건밀도 × 잔골재 체적 × 1,000

$$\therefore \text{잔골재 체적} = \frac{\text{단위 잔골재량}}{\text{잔골재 표건밀도} \times 1,000} = \frac{(320 \times 2)}{2.61 \times 1,000} = 0.245 \text{m}^3$$

• 단위 굵은골재량 = 굵은골재 표건밀도 × 굵은골재 체적 × 1,000

$$\therefore \text{굵은골재 체적} = \frac{\text{단위 굵은골재량}}{\text{굵은골재 표건밀도} \times 1,000} = \frac{(320 \times 4)}{2.68 \times 1,000} = 0.478 \text{m}^3$$

• 골재 혼합율(잔골재율)

$$S/a = \frac{\text{잔골재 체적}}{\text{잔골재 체적} + \text{굵은골재 체적}} \times 100 = \frac{0.245}{0.245 + 0.478} \times 100 = 33.89\%$$

문제 07

시멘트 밀도시험(KS L 5110)에 대한 내용이다. 물음에 답하시오.
가) 르샤틀리에 플라스크에 64g의 시멘트를 넣고 광유 눈금의 차가 20.3ml이다. 시멘트의 밀도를 구하시오.
나) 정밀도 및 편차를 구하시오.

[풀이] 가) 시멘트 밀도 = $\frac{64}{20.3}$ = 3.15g/cm³

나) 동일 시험자가 동일 재료에 대하여 2회 측정한 결과가 ±0.03g/cm³ 이내이어야 한다.

문제 08

다음의 골재 체가름 시험 결과를 보고 조립률을 구하시오.

체 크기(mm)	잔류율(%)
50	0
40	4
35	22
25	13
20	19
10	23
5	16

풀이

체 크기(mm)	잔류율(%)	가적 잔류율(%)
50	0	0
★40	4	4
35	22	26
25	13	39
★20	19	58
★10	23	81
★5	16	97

$$조립률(FM) = \frac{4+58+81+97+100+100+100+100+100}{100} = 7.4$$

여기서, 골재의 조립률은 ★표가 있는 체와 2.5, 1.2, 0.6, 0.3, 0.15mm 체의 가적잔류율 100%를 각각 더하여 계산한다.

문제 09

콘크리트 시방배합으로 각 재료의 단위량과 현장 골재의 상태는 다음과 같다. 물음에 답하시오.

[시방 배합표(kg/m³)]

물(W)	시멘트(C)	잔골재(S)	굵은골재(G)
180	370	710	1,190

[현장 골재 상태]
- 잔골재 속에 5mm 체에 남는 양 3%
- 굵은골재 속에 5mm 체 통과량 2%
- 잔골재 표면수량 3%
- 굵은골재 표면수량 1%

가) 잔골재량을 구하시오.
나) 굵은골재량을 구하시오.
다) 물의 양을 구하시오.

[풀이] 가) ① 입도 조정

$$x = \frac{100S - b(S+G)}{100 - (a+b)} = \frac{100 \times 710 - 2(710 + 1,190)}{100 - (3+2)} = 707.4\,\text{kg}$$

② 표면수 조정

$707.4 \times 0.03 = 21.22\,\text{kg}$

∴ $S = 707.4 + 21.22 = 728.6\,\text{kg}$

나) ① 입도 조정

$$y = \frac{100G - a(S+G)}{100 - (a+b)} = \frac{100 \times 1,190 - 3(710 + 1,190)}{100 - (3+2)} = 1,192.6\,\text{kg}$$

② 표면수 조정

$1,192.6 \times 0.01 = 11.93\,\text{kg}$

∴ $G = 1,192.6 + 11.93 = 1,204.5\,\text{kg}$

다) $W = 180 - (21.22 + 11.93) = 146.9\,\text{kg}$

문제 10

다음은 콘크리트 블리딩 시험(KS F 2414)에 대한 내용이다. 물음에 답하시오.

가) 블리딩 시험 결과 아래와 같다. 블리딩양을 구하시오.

측정시간 동안 생긴 블리딩물의 양(cm^3)	63
시료와 용기의 질량(kg)	27.5
시료의 질량(kg)	24.3
용기 윗면의 면적(cm^2)	488.5

나) 아래는 블리딩 시험방법의 과정이다. 빈칸을 채우시오.

> 최초로 기록한 시각에서부터 60분 동안 ( )분마다, 콘크리트 표면에서 스며 나온 물을 빨아낸다. 그 후는 블리딩이 정지할 때까지 30분마다 물을 빨아낸다.

[풀이] 가) 블리딩양 $= \dfrac{V}{A} = \dfrac{63}{488.5} = 0.13\,\text{cm}^3/\text{cm}^2$

나) 10

2023년 4월 9일 시행

기출 및 예상문제(1시간) | 실기 필답형 문제

> 「알려 드립니다」 한국산업인력공단의 저작권법 저촉에 대한 언급이 있어 과거에 출제된 동일한 문제나 그 유형의 문제로 재구성하였습니다.

문제 01
콘크리트의 워커빌리티 측정방법 4가지를 쓰시오.

풀이
① 슬럼프 시험
② 구관입 시험
③ 흐름 시험
④ 비비 시험

문제 02
다음 물음에 답하시오.
가) 블리딩으로 인하여 콘크리트나 모르타르의 표면에 떠올라서 가라앉은 회백색의 물질을 무엇이라 하는가?
나) 재료가 외력을 받으면 변형이 생기는데, 외력의 증가 없이도 시간의 경과에 따라 변형이 증가되는 현상을 무엇이라 하는가?
다) 일반적으로 보통 콘크리트의 설계기준 압축강도는 재령 며칠의 압축강도를 기준하는가?

풀이
가) 레이턴스
나) 크리프
다) 28일

문제 03
콘크리트 시험에 관한 사항이다. 다음 물음에 답하시오.
가) 공시체의 양생온도?
나) 공시체를 몰드에서 떼어 내는 시간?
다) 공시체가 파괴되었을 때 최대 하중이 380kN이었다. 압축강도를 구하시오.
 (단, 공시체는 지름 150mm, 높이 300mm이다.)

풀이
가) $20 \pm 2°C$
나) 16시간 이상 3일 이내
다) $f_c = \dfrac{P}{A} = \dfrac{380,000}{\dfrac{3.14 \times 150^2}{4}} = 21.5 \text{MPa}$

문제 04 레디믹스트 콘크리트 제조·공급방법 3가지를 쓰고 설명하시오.

풀이
① 센트럴 믹스트 콘크리트(Central mixed Concrete)
  플랜트의 고정믹서에서 계량, 혼합, 비비기를 끝낸 콘크리트를 트럭 믹서 또는 트럭 애지테이터가 운반 중에 교반하면서 현장에 공급하는 방식
② 슈링크 믹스트 콘크리트(Shrink mixed Concrete)
  플랜트의 고정믹서에서 어느 정도 혼합 후 트럭 믹서 또는 트럭 애지테이터가 운반 중 완전히 혼합하여 현장에 공급하는 방식
③ 트랜싯 믹스트 콘크리트(Transit mixed Concrete)
  플랜트의 고정믹서가 없고 계량장치만 설치하여 각 재료를 트럭 믹서에 넣고 운반 중 완전히 혼합하여 현장에 공급하는 방식

문제 05 다음의 콘크리트에 대한 용어의 정의를 간단히 쓰시오.
  가) 섬유보강 콘크리트 :   나) AE 콘크리트 :
  다) 유동화 콘크리트 :   라) 경량골재 콘크리트 :

풀이
가) 보강용 섬유를 혼입하여 주로 인성, 균열억제, 내충격성 및 내마모성 등을 높인 콘크리트
나) 공기연행제를 사용하여 워커빌리티 증대, 내동해성을 증진시킨 콘크리트
다) 미리 비빈 베이스 콘크리트에 유동화제를 첨가하여 유동성을 증대시킨 콘크리트
라) 골재의 전부 또는 일부를 인공경량골재를 써서 만든 콘크리트

문제 06 콘크리트의 슬럼프 시험방법(KS F 2402)에 대한 내용이다. 다음 물음에 답하시오.
  가) 슬럼프 콘에 시료를 채우고 벗길 때까지의 전 작업시간은?
  나) 슬럼프 콘을 벗기는 작업시간은?
  다) 슬럼프 콘의 윗면 안지름은?

풀이
가) 3분 이내
나) 2~5초
다) 100mm

문제 07 조립률이 2.8인 잔골재와 조립률이 7.4인 굵은골재를 1:2 질량비로 혼합할 때 혼합골재의 조립률은?

풀이 $FM = \dfrac{2.8 \times 1 + 7.4 \times 2}{1 + 2} = 5.87$

문제 08

콘크리트의 시방배합으로 각 재료의 단위량과 현장골재의 상태가 다음과 같을 때, 현장배합으로서의 각 재료량을 구하시오. (단, 소수 둘째 자리에서 반올림하시오.)

[시방 배합표(kg/m³)]

물(kg)	시멘트(kg)	잔골재(kg)	굵은골재(kg)
167	320	621	1,339

[현장골재의 상태(%)]

종 류	5mm 체에 남는 율	5mm 체 통과율	표면수율
잔골재	10%	90%	3%
굵은골재	90%	4%	1%

가) 입도를 보정한 단위 골재량
  ① 잔골재량(x)   ② 굵은골재량(y)
나) 표면수량을 보정한 단위 골재량
  ① 잔골재량   ② 굵은골재량
다) 현장에서 계량해야 할 단위 수량

풀이

가) ① 잔골재량(x) = $\dfrac{100S - b(S+G)}{100 - (a+b)} = \dfrac{100 \times 621 - 4(621 + 1,339)}{100 - (10 + 4)} = 630.9$ kg

② 굵은골재량(y) = $\dfrac{100G - a(S+G)}{100 - (a+b)} = \dfrac{100 \times 1,339 - 10(621 + 1,339)}{100 - (10 + 4)}$
  = 1,329.1 kg

나) ① 잔골재량 = $630.9 + 630.9 \times 0.03 = 649.8$ kg
  ② 굵은골재량 = $1,329.1 + 1,329.1 \times 0.01 = 1,342.4$ kg

다) $167 - (630.9 \times 0.03) - (1,329.1 \times 0.01) = 134.8$ kg

문제 09

다음의 콘크리트 배합강도에 대한 물음에 답하시오.

가) 현장의 압축강도 시험 기록이 없는 경우에 호칭강도가 28MPa일 때 배합강도를 구하시오.
나) 콘크리트의 품질기준강도(f_{cq})가 28MPa이고 15회 시험실적에 의한 압축강도 표준편차가 2.5MPa일 때 콘크리트 배합강도를 구하시오.
다) 콘크리트 호칭강도(f_{cn})가 28MPa이고 25회 시험실적에 의한 압축강도 표준편차가 2.5MPa일 때 콘크리트 배합강도를 구하시오.

[풀이] 가) 배합강도(호칭강도가 21이상 35MPa 이하이므로)
$f_{cr} = f_{cn} + 8.5 = 28 + 8.5 = 36.5\,\mathrm{MPa}$

나) 배합강도($f_{cq} \leq 35\,\mathrm{MPa}$이므로)
- $f_{cr} = f_{cq} + 1.34s = 28 + 1.34 \times (2.5 \times 1.16) = 31.89\,\mathrm{MPa}$
- $f_{cr} = (f_{cq} - 3.5) + 2.33s = (28 - 3.5) + 2.33 \times (2.5 \times 1.16) = 31.26\,\mathrm{MPa}$
  ∴ 두 식 중 큰값 31.89MPa
  여기서, 시험횟수 15회일 때 표준편차의 보정계수는 1.16이다.

다) 배합강도($f_{cn} \leq 35\,\mathrm{MPa}$이므로)
- $f_{cr} = f_{cn} + 1.34s = 28 + 1.34 \times (2.5 \times 1.03) = 31.45\,\mathrm{MPa}$
- $f_{cr} = (f_{cn} - 3.5) + 2.33s = (28 - 3.5) + 2.33 \times (2.5 \times 1.03) = 30.50\,\mathrm{MPa}$
  ∴ 두 식 중 큰값 31.45MPa
  여기서, 시험횟수 25회일 때 표준편차의 보정계수는 1.03이다.

문제 10

잔골재 밀도 시험 결과가 다음과 같다. 물음에 답하시오. (단, $\rho_w = 1\,\mathrm{g/cm^3}$이다. 소수 넷째자리에서 반올림하시오.)

- 플라스크의 질량 : 164g
- 물을 채운 플라스크의 질량 : 662g
- 표면건조포화상태의 질량 : 500g
- (시료+물+플라스크)의 질량 : 970g
- 노 건조시료의 질량 : 480g

가) 상대 겉보기 밀도 :
나) 절건밀도 :
다) 표건밀도 :

[풀이] 가) $\dfrac{A}{B+A-C} \times \rho_w = \dfrac{480}{662+480-970} \times 1 = 2.791\,\mathrm{g/cm^3}$

나) $\dfrac{A}{B+m-C} \times \rho_w = \dfrac{480}{662+500-970} \times 1 = 2.5\,\mathrm{g/cm^3}$

다) $\dfrac{m}{B+m-C} \times \rho_w = \dfrac{500}{662+500-970} \times 1 = 2.604\,\mathrm{g/cm^3}$

2023년 6월 11일 시행 기출 및 예상문제(1시간) — 실기 필답형 문제

「알려 드립니다」 한국산업인력공단의 저작권법 저촉에 대한 언급이 있어 과거에 출제된 동일한 문제나 그 유형의 문제로 재구성하였습니다.

문제 01

콘크리트 시방배합으로 각 재료의 단위량과 현장 골재의 상태는 다음과 같다. 물음에 답하시오.

[시방 배합표(kg/m³)]

물(W)	시멘트(C)	잔골재(S)	굵은골재(G)
180	370	710	1,190

[현장 골재 상태]
- 잔골재 속에 5mm 체에 남는 양 3%
- 굵은골재 속에 5mm 체 통과량 2%
- 잔골재 표면수량 3%
- 굵은골재 표면수량 1%

가) 잔골재량을 구하시오.
나) 굵은골재량을 구하시오.
다) 물의 양을 구하시오.

[풀이]

가) ① 입도 조정

$$x = \frac{100S - b(S+G)}{100 - (a+b)} = \frac{100 \times 710 - 2(710 + 1,190)}{100 - (3+2)} = 707.4 \text{kg}$$

② 표면수 조정
$707.4 \times 0.03 = 21.22 \text{kg}$
∴ $S = 707.4 + 21.22 = 728.6 \text{kg}$

나) ① 입도 조정

$$y = \frac{100G - a(S+G)}{100 - (a+b)} = \frac{100 \times 1,190 - 3(710 + 1,190)}{100 - (3+2)} = 1,192.6 \text{kg}$$

② 표면수 조정
$1,192.6 \times 0.01 = 11.93 \text{kg}$
∴ $G = 1,192.6 + 11.93 = 1,204.5 \text{kg}$

다) $W = 180 - (21.22 + 11.93) = 146.9 \text{kg}$

문제 02

일반 수중 콘크리트에서 트레미, 콘크리트 펌프로 시공할 때 슬럼프의 표준값은?

[풀이] 130~180mm

문제 03

콘크리트 강도시험에 대한 내용이다. 다음 물음에 답하시오.

가) 공시체가 지간의 4점 사이에서 파괴되었을 때 휨강도를 구하시오.
(단, 지간은 450mm, 파괴 최대하중이 36,000N이다.)
나) 공시체가 파괴되었을 때 최대 하중이 380kN이었다. 압축강도를 구하시오.
(단, 공시체는 지름 150mm, 높이 300mm이다.)
다) $\phi 150 \times 300$mm의 공시체를 사용하여 콘크리트 인장강도 시험을 한 결과 최대 파괴하중이 178,000N이었다. 인장강도를 구하시오.

풀이

가) $f_b = \dfrac{Pl}{bd^2} = \dfrac{36,000 \times 450}{150 \times 150^2} = 5\text{MPa}$

나) $f_c = \dfrac{P}{A} = \dfrac{380,000}{\dfrac{3.14 \times 150^2}{4}} = 21.5\text{MPa}$

다) $f_{sp} = \dfrac{2P}{\pi dl} = \dfrac{2 \times 178,000}{3.14 \times 150 \times 300} = 2.5\text{MPa}$

문제 04

혼합시멘트의 종류 3가지를 쓰시오.

풀이
① 고로 슬래그 시멘트
② 플라이 애시 시멘트
③ 실리카 시멘트

문제 05

콘크리트 타설 후 습윤 상태로 노출면이 마르지 않도록 하여야 하며 수분의 증발에 따라 살수를 하여 습윤 상태로 보호하여야 한다. 아래 표의 습윤 상태로 보호하는 기간의 빈칸을 채우시오.

일평균 기온	보통 포틀랜드 시멘트	고로 슬래그 시멘트 2종 플라이 애시 시멘트 2종	조강 포틀랜드 시멘트
15℃ 이상	5일	7일	③
10℃ 이상	①	9일	4일
5℃ 이상	9일	②	④

풀이
① 7일   ② 12일
③ 3일   ④ 5일

일평균 기온	보통 포틀랜드 시멘트	고로 슬래그 시멘트 2종 플라이 애시 시멘트 2종	조강 포틀랜드 시멘트
15℃ 이상	5일	7일	3일
10℃ 이상	7일	9일	4일
5℃ 이상	9일	12일	5일

문제 06

아래의 표와 같은 설계조건으로 배합설계를 하시오.

〈설계조건〉
- 시멘트의 밀도 : 3.15g/cm³
- 굵은골재의 표건밀도 : 2.65g/cm³
- 잔골재율(S/a) : 40%
- 물-시멘트비 : 50%
- 잔골재의 표건밀도 : 2.60g/cm³
- 공기량 : 5%
- 단위 수량 : 160kg
- 배합강도 : 28MPa

가) 단위 시멘트양을 구하시오.
나) 골재의 절대부피(l)를 구하시오.
다) 단위 잔골재량을 구하시오.

풀이

가) $\dfrac{W}{C} = 50\%$ ∴ $C = \dfrac{W}{0.5} = \dfrac{160}{0.5} = 320\,\text{kg}$

나) $V = 1 - \left(\dfrac{\text{단위 수량}}{\text{물의 밀도} \times 1,000} + \dfrac{\text{단위 시멘트양}}{\text{시멘트 밀도} \times 1,000} + \dfrac{\text{공기량}}{100} \right)$

$= 1 - \left(\dfrac{160}{1 \times 1,000} + \dfrac{320}{3.15 \times 1,000} + \dfrac{5}{100} \right) = 0.68841\,\text{m}^3 = 688.41\,l$

여기서, $1\,\text{m}^3 = 1,000\,l$

다) • 단위 잔골재의 절대부피
$V_s = 0.68841 \times 0.4 = 0.275364\,\text{m}^3$

• 단위 잔골재량
$S = 2.6 \times 0.275364 \times 1,000 = 715.95\,\text{kg}$

문제 07

다음의 콘크리트 배합강도에 대한 물음에 답하시오.

가) 현장의 압축강도 시험 기록이 없는 경우에 호칭강도가 18MPa일 때 배합강도는?
나) 현장의 압축강도 시험 기록이 없는 경우에 호칭강도가 24MPa일 때 배합강도는?
다) 콘크리트 품질기준강도가 28MPa이고 25회 이상의 실험에 의한 압축강도의 표준편차가 3.0MPa일 때 콘크리트의 배합강도를 구하시오.

풀이

가) $f_{cr} = f_{cn} + 7 = 18 + 7 = 25\,\text{MPa}$

나) $f_{cr} = f_{cn} + 8.5 = 24 + 8.5 = 32.5\,\text{MPa}$

다) $f_{cr} = f_{cq} + 1.34S = 28 + 1.34 \times (3 \times 1.03) = 32.14\,\text{MPa}$

$f_{cr} = (f_{cq} - 3.5) + 2.33S = (28 - 3.5) + 2.33 \times (3 \times 1.03) = 31.70\,\text{MPa}$

∴ 큰 값인 32.14 MPa

여기서, 시험횟수 25회의 표준편차 보정계수는 1.03이다.

문제 08

다음은 골재의 체가름 시험 결과이다. 물음에 답하시오.

가) 빈칸의 성과표를 완성하시오.

체 크기(mm)	잔유량(g)	잔유율(%)	가적잔유율(%)
75	0		
50	0		
40	250		
30	1,350		
25	2,200		
20	2,760		
15	4,012		
10	2,005		
5	1,420		
2.5	0		

나) 조립률을 구하시오.

풀이 가)

체 크기(mm)	잔유량(g)	잔유율(%)	가적잔유율(%)
75	0	0	0
50	0	0	0
40	250	1.79	1.79
30	1,350	9.64	11.43
25	2,200	15.71	27.14
20	2,760	19.71	46.85
15	4,012	28.68	75.53
10	2,005	14.32	89.95
5	1,420	10.14	100
2.5	0	0	100

- 잔유율 $= \dfrac{\text{해당 체의 잔유율}}{\text{전체 질량}} \times 100$
- 가적 잔유율 = 각 체의 잔유율의 누계

나) 조립률 $= \dfrac{1.79 + 46.85 + 89.95 + 100 + 100 + 100 + 100 + 100 + 100}{100} = 7.39$

여기서, 조립률에 해당되는 75, 40, 20, 10, 5, 2.5, 1.2, 0.6, 0.3, 0.15mm 체의 가적잔유율을 사용한다.

문제 09

콘크리트에 관련된 다음 용어의 정의를 간단히 쓰시오.

가) 거듭 비비기 :
나) 되비비기 :
다) 반죽질기 :

풀이
가) 콘크리트나 모르타르가 엉기기 시작하지 않았으나 비빈 후 상당한 시간이 지났거나 또는 재료가 분리하는 경우에 다시 비비는 작업
나) 콘크리트가 굳기 시작한 후에 다시 비비는 작업
다) 주로 수량의 다소에 의해 좌우되는 굳지 않은 콘크리트, 굳지 않은 모르타르, 굳지 않은 시멘트 페이스트의 변형 또는 유동에 대한 저항성

문제 10

다음은 콘크리트 습윤양생에 관한 사항이다. ( ) 안에 ○, ×를 표시하시오.

가) 거푸집판이 건조할 염려가 있을 때에는 살수해야 한다.( )
나) 콘크리트를 친 후 경화를 시작할 때까지 직사광선이나 바람에 의해 수분이 증발하도록 조치한다.( )
다) 콘크리트를 친 후 습윤상태로 노출면이 마르도록 하여야 한다.( )

풀이
가) ○
나) ×
(콘크리트를 친 후 경화를 시작할 때까지 직사광선이나 바람에 의해 수분이 증발하지 않도록 보호해야 한다.)
다) ×
(콘크리트를 친 후 습윤상태로 노출면이 마르지 않도록 하여야 하며, 수분의 증발에 따라 살수를 하여 습윤상태로 보호하여야 한다.)

2023년 8월 12일 시행
기출 및 예상문제(1시간) | 실기 필답형 문제

「알려 드립니다」 한국산업인력공단의 저작권법 저촉에 대한 언급이 있어 과거에 출제된 동일한 문제나 그 유형의 문제로 재구성하였습니다.

문제 01
수중 콘크리트의 타설 원칙을 3가지 쓰시오.

풀이
① 정수 중 타설을 원칙으로 한다.
② 수중에 낙하시키지 않는다.
③ 연속해서 타설한다.

문제 02
콘크리트 1m³를 만드는 데 필요한 재료량을 아래 배합표를 보고 구하시오.

굵은골재 최대치수 (mm)	단위 수량 (kg)	물-시멘트비 (%)	잔골 재율 (%)	잔골재 밀도 (g/cm³)	굵은골재 밀도 (g/cm³)	시멘트 밀도 (g/cm³)	공기량 (%)	슬럼프 (mm)
25	180	50	36	2.6	2.65	3.15	3	80

가) 단위 시멘트양을 구하시오. (단, 소수 첫째 자리에서 반올림하시오.)
나) 단위 잔골재의 절대부피를 구하시오. (단, 소수 넷째 자리에서 반올림하시오.)
다) 단위 잔골재량을 구하시오. (단, 소수 첫째 자리에서 반올림하시오.)
라) 단위 굵은골재의 절대부피를 구하시오. (단, 소수 넷째 자리에서 반올림하시오.)
마) 단위 굵은골재량을 구하시오. (단, 소수 첫째 자리에서 반올림하시오.)

풀이
가) $\dfrac{W}{C} = 50\%$ ∴ $C = \dfrac{180}{0.5} = 360\,\text{kg}$

나) • 단위 골재량의 절대부피
$$V = 1 - \left(\dfrac{\text{단위 수량}}{\text{물의 밀도} \times 1{,}000} + \dfrac{\text{단위 시멘트양}}{\text{시멘트 밀도} \times 1{,}000} + \dfrac{\text{공기량}}{100}\right)$$
$$= 1 - \left(\dfrac{180}{1 \times 1{,}000} + \dfrac{360}{3.15 \times 1{,}000} + \dfrac{3}{100}\right) = 0.6757\,\text{m}^3$$

• 단위 잔골재의 절대부피
$V_S = 0.6757 \times 0.36 = 0.243\,\text{m}^3$

다) $S = 2.6 \times 0.243 \times 1{,}000 = 632\,\text{kg}$

라) $V_G = 0.6757 \times (1 - 0.36) = 0.432\,\text{m}^3$

마) $G = 2.65 \times 0.432 \times 1{,}000 = 1{,}145\,\text{kg}$

문제 03
포틀랜드 시멘트 종류 3가지를 쓰시오.

풀이
① 보통 포틀랜드 시멘트
② 중용열 포틀랜드 시멘트
③ 조강 포틀랜드 시멘트
④ 저열 포틀랜드 시멘트
⑤ 내황산염 포틀랜드 시멘트

문제 04
굳지 않은 콘크리트의 공기함유량 시험에 대한 다음 물음에 답하시오.
가) 공기량 측정방법을 3가지만 쓰시오.
나) 콘크리트의 겉보기 공기량이 4.8%이고, 골재의 수정계수가 0.8%일 때 공기량을 구하시오.
다) 압력법에 의한 굳지 않은 콘크리트 공기량 시험 방법의 시험 원리는?

풀이
가) ① 공기실 압력법
② 질량법
③ 용적법(부피법)
나) $A = A_1 - G = 4.8 - 0.8 = 4.0\%$
다) 보일의 법칙

문제 05
콘크리트 휨강도 시험에 대한 내용이다. 다음 물음에 답하시오.
가) 공시체에 하중을 가하는 속도는?
나) 그림과 같은 휨강도 시험용 공시체가 지간의 가운데 부분에서 파괴가 되었을 때 휨강도를 구하시오. (단, 공시체는 150mm×150mm×530mm이며, 지간은 450mm, 파괴 최대하중은 25kN이다.)

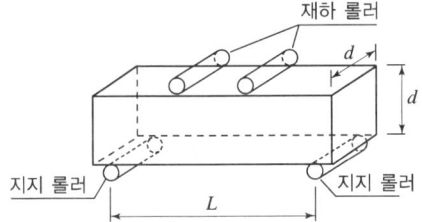

풀이
가) 0.06±0.04MPa/초
나) 휨강도 $f_b = \dfrac{Pl}{bd^2} = \dfrac{25,000 \times 450}{150 \times 150^2} = 3.33 \text{N/mm}^2 = 3.33 \text{MPa}$

문제 06

콘크리트의 운반 기구 및 기계를 2가지만 쓰시오.

풀이
① 버킷
② 콘크리트 펌프
③ 벨트 컨베이어
④ 슈트

문제 07

시멘트의 강도시험(KS L ISO 679)에서 모르타르를 조제할 때에 대한 물음에 답하시오.
가) 시멘트와 표준사의 비율과 물/시멘트 비는?
나) 1회분 시멘트양이 450g일 때 모래의 양과 물의 양은?
다) 습기실 또는 습기함 틀에 시험체를 보관할 때 온도는?

풀이
가) 1 : 3, 0.5
나) 시멘트와 표준사 비율이 1:3이므로 450×3=1,350g,
　　물/시멘트 비가 0.5이므로 225g
다) (20 ± 1.0)℃

문제 08

콘크리트의 습윤양생 방법의 종류를 3가지만 쓰시오.

풀이
① 수중양생
② 습포양생
③ 습사양생

문제 09

일반 콘크리트 비비기에 대한 다음 물음에 답하시오.
가) 콘크리트 재료를 1회분씩 비비기 하는 기계는?
나) 가경식 믹서의 비비기 시간은?

풀이
가) 배치 믹서
나) 1분 30초

문제 10

콘크리트 압축강도의 시험 기록이 없을 경우 배합강도를 구하시오.
가) 호칭강도가 20MPa인 경우
나) 호칭강도가 30MPa인 경우

풀이
가) $f_{cr} = f_{cn} + 7 = 20 + 7 = 27$MPa
나) $f_{cr} = f_{cn} + 8.5 = 30 + 8.5 = 38.5$MPa

2024년 3월 16일 시행 기출 및 예상문제(1시간) | 실기 필답형 문제

「알려 드립니다」 한국산업인력공단의 저작권법 저촉에 대한 언급이 있어 과거에 출제된 동일한 문제나 그 유형의 문제로 재구성하였습니다.

문제 01 다음의 재료를 사용하여 콘크리트 $1m^3$ 배합에 필요한 단위 잔골재량과 단위 굵은골재량을 구하시오.

- 시멘트 : 220kg
- W/C : 55%
- 잔골재율 : 34%
- 시멘트 밀도 : $3.17g/cm^3$
- 잔골재 표건밀도 : $2.65g/cm^3$
- 굵은골재 표건밀도 : $2.7g/cm^3$
- 공기량 : 2%

가) 단위 잔골재량
나) 단위 굵은골재량

풀이 가) • 단위 수량

$$\frac{W}{C} = 0.55, \quad \therefore \ W = 220 \times 0.55 = 121 \text{kg}$$

• 골재의 절대 체적

$$V = 1 - \left(\frac{121}{1 \times 1,000} + \frac{220}{3.17 \times 1,000} + \frac{2}{100}\right) = 0.79 \text{m}^3$$

$$\therefore \ S = 2.65 \times (0.79 \times 0.34) \times 1,000 = 711.79 \text{kg/m}^3$$

나) $G = 2.7 \times (0.79 \times 0.66) \times 1,000 = 1,407.78 \text{kg/m}^3$

문제 02 콘크리트 휨강도 시험에 대한 내용이다. 다음 물음에 답하시오.

가) 공시체에 하중을 가하는 속도는?
나) 휨강도 파괴 시 무효 사유는?
다) 지간길이는 공시체 높이의 몇 배인가?

풀이 가) 0.06 ± 0.04 MPa/초
나) 공시체가 인장쪽 표면의 지간 방향 중심선의 4점 바깥쪽에서 파괴된 경우
다) 3배

문제 03 콘크리트의 슬럼프 시험방법(KS F 2402)에 대한 내용이다. 다음 물음에 답하시오.

가) 슬럼프 콘의 규격을 쓰시오. (윗면 안지름×밑면 안지름×높이)
나) 슬럼프 콘에 시료를 채우고 벗길 때까지의 전 작업시간은?
다) 슬럼프 콘의 시료를 거의 같은 양의 몇 층으로 나눠서 채우고 각 층은 다짐봉으로 몇 회씩 다지는가?
라) 슬럼프는 몇 mm 단위로 표시하는가?

풀이 가) 100mm×200mm×300mm
나) 3분 이내
다) 3층, 25회
라) 5mm

문제 04

콘크리트용 잔골재의 체가름 시험의 결과를 보고 조립률을 구하시오.

체(mm)	잔류량(g)
10	0
5	20
2.5	41
1.2	136
0.6	150
0.3	84
0.15	54
pan	3

풀이

체(mm)	잔류량(g)	잔류율(%)	가적잔류율(%)
10	0	0	0
5	20	4.1	4.1
2.5	41	8.4	12.5
1.2	136	27.9	40.4
0.6	150	30.7	71.1
0.3	84	17.2	88.3
0.15	54	11.1	99.4
pan	3	0.6	100

- 잔류율 = $\dfrac{\text{해당 체의 잔류량}}{\text{전체 질량}} \times 100$
- 가적잔류율 = 각 체의 잔류율의 누계
- 조립률 $FM = \dfrac{4.1 + 12.5 + 40.4 + 71.1 + 88.3 + 99.4}{100} = 3.16$

문제 05

골재 함수상태에 따라 분류하고 간단히 설명하시오.

골재 함수상태에 따른 분류	간단한 설명
절대건조상태	물기가 전혀 없는 상태

풀이
- 공기중건조상태 : 골재알 속의 일부에만 물기가 있는 상태
- 표면건조포화상태 : 골재알 표면에는 물기가 없고 골재알 속의 빈틈만 물로 차 있는 상태
- 습윤상태 : 골재알 속이 물로 차 있고 표면에도 물기가 있는 상태

문제 06

현장에서 콘크리트 압축강도를 22회 측정한 결과 표준편차는 5MPa이었다. 품질기준강도(f_{cq})가 35MPa일 때 다음 물음에 답하시오.

가) 표준편차의 보정계수를 구하시오. (단, 시험 횟수는 직선 보간한다.)
나) 배합강도를 구하시오.

풀이

가) 표준편차의 보정계수
  시험횟수가 20회 경우 1.08, 25회 경우 1.03이므로 22회 1.06이다.
  $\dfrac{1.08-1.03}{5}=0.01$씩 직선 보간한다.
  즉, 20회 1.08, 21회 1.07, 22회 1.06, 23회 1.05 24회 1.04, 25회 1.03이 된다.

나) 배합강도
  $f_{cq} \leq 35$MPa이므로
  ① $f_{cr} = f_{cq}+1.34S = 35+1.34\times(5\times1.06) = 42.1$MPa
  ② $f_{cr} = (f_{cq}-3.5)+2.33S = (35-3.5)+2.33\times(5\times1.06) = 43.9$MPa
  ∴ 두 식에서 큰 값인 43.9MPa이다.

문제 07

어느 장소에 가로 8m, 세로 20m, 높이 0.3m로 콘크리트 포장하려고 한다. 다음 물음에 답하시오.

가) 포장 단면의 콘크리트 총량을 구하시오.
나) 레미콘 차량 1대의 콘크리트 양은 6m³이며 1대의 비용은 600,000원이다. 이때 포장에 필요한 콘크리트 비용을 구하시오.
다) 장소가 비좁아 레미콘 차량이 진입이 어려워 입구에서 0.3m³의 콘크리트 운반용 리어카로 운반하려고 한다. 이때 필요한 리어카의 운반횟수를 구하시오.
라) 입구에서 리어카로 운반하는데 횟수당 4,000원에 도급을 주고 콘크리트 타설 및 기타 비용으로 3,000,000원에 도급을 주었다. 이때 공사비를 구하시오.

풀이

가) $V = 8\times20\times0.3 = 48\,\text{m}^3$
나) • 레미콘 차량 대수 : $48\div6 = 8$대
   • 콘크리트 비용 : $8\times600,000 = 4,800,000$원
다) $48\div0.3 = 160$회
라) $160\times4,000+3,000,000 = 3,640,000$원

문제 08

콘크리트의 습윤양생 방법의 종류를 3가지만 쓰시오.

풀이

① 수중양생
② 습포양생
③ 습사양생

문제 09

인력에 의한 콘크리트 포장 공사를 하려고 한다. 총 콘크리트양이 3,000m³일 때 1인 1일 타설량이 3.0m³이고 하루에 10인이 콘크리트를 친다면 이 공사의 작업 일수는?

풀이
- 1일 콘크리트 타설량 = 3.0 × 10인 = 30 m³
- 소요 일수 = 3,000 ÷ 30 = 100일

문제 10

콘크리트의 다짐기구 3가지를 쓰시오.

풀이 ① 내부 진동기 ② 표면 진동기 ③ 거푸집 진동기

2024년 6월 1일 시행
기출 및 예상문제(1시간) | **실기 필답형 문제**

> 「알려 드립니다」 한국산업인력공단의 저작권법 저촉에 대한 언급이 있어 과거에 출제된 동일한 문제나 그 유형의 문제로 재구성하였습니다.

문제 01
다음 물음에 대하여 콘크리트 배합강도를 구하시오.
가) 콘크리트 압축강도의 시험 기록이 없는 경우이며, 호칭강도가 24MPa이다.
나) 30회 이상의 압축강도 시험 실적으로부터 결정한 표준편차가 3.0MPa이며 품질기준강도가 30MPa이다.

풀이 가) $f_{cr} = f_{cn} + 8.5 = 24 + 8.5 = 32.5\text{MPa}$
나) $f_{cq} \leq 35\text{MPa}$이므로
① $f_{cr} = f_{cq} + 1.34S = 30 + 1.34 \times 3.0 = 34.02\text{MPa}$
② $f_{cr} = (f_{cq} - 3.5) + 2.33S = (30 - 3.5) + 2.33 \times 3.0 = 33.49\text{MPa}$
∴ 배합강도는 큰 값인 34.02MPa이다.

문제 02
콘크리트 타설 후 습윤 상태로 노출면이 마르지 않도록 하여야 하며 수분의 증발에 따라 살수를 하여 습윤 상태로 보호하여야 한다. 아래 표의 습윤 상태로 보호하는 기간의 빈칸을 채우시오.

일평균 기온	보통 포틀랜드 시멘트	고로 슬래그 시멘트 2종 플라이 애시 시멘트 2종	조강 포틀랜드 시멘트
15℃ 이상	5일	7일	③
10℃ 이상	①	9일	4일
5℃ 이상	9일	②	④

풀이 ① 7일   ② 12일
③ 3일   ④ 5일

일평균 기온	보통 포틀랜드 시멘트	고로 슬래그 시멘트 2종 플라이 애시 시멘트 2종	조강 포틀랜드 시멘트
15℃ 이상	5일	7일	3일
10℃ 이상	7일	9일	4일
5℃ 이상	9일	12일	5일

문제 03
콘크리트의 워커빌리티 측정방법 4가지를 쓰시오.

풀이 ① 슬럼프 시험   ② 구관입 시험   ③ 흐름 시험   ④ 비비 시험

문제 04

콘크리트 시험에 대한 내용이다. 다음 물음에 답하시오.

가) 지름이 150mm, 길이가 300mm인 공시체의 파괴하중이 178kN일 때 인장강도를 구하시오. (소수 둘째 자리에서 반올림하시오.)

나) 아래 표의 조건일 때 콘크리트 휨강도 시험에 대한 다음 물음에 답하시오. (단, 공시체가 지간 방향 중심선의 4점 사이에서 파괴된다.)

- 공시체 크기 : 150mm×150mm×530mm
- 지간의 길이 : 450mm
- 파괴 최대하중 : 32kN

① 휨강도를 구하시오.
② 공시체를 제작할 때 다짐봉을 사용하는 경우 각 층을 몇 회로 다져야 하는가?

[풀이]

가) $f_{sp} = \dfrac{2P}{\pi d l} = \dfrac{2 \times 178,000}{3.14 \times 150 \times 300} = 2.5\text{MPa}$

나) ① $f_b = \dfrac{Pl}{bd^2} = \dfrac{32,000 \times 450}{150 \times 150^2} = 4.3\text{MPa}$

② 다짐횟수 $= \dfrac{150\text{mm} \times 530\text{mm}}{1,000\text{mm}^2} \fallingdotseq 80$ 회

문제 05

굵은골재 최대치수 40mm, 단위 수량 175kg, 물-결합재비 50%, 슬럼프 값 100mm, 잔골재율 40%, 잔골재 밀도 2.59g/cm³, 굵은골재 밀도 2.62g/cm³, 시멘트 밀도 3.15g/cm³, 갇힌 공기량은 1%이며 골재는 표면건조 포화상태일 때 콘크리트 1m³에 필요한 각각의 재료량을 물음에 답하시오.

1) 단위 시멘트양을 구하시오. (단, 소수 첫째 자리에서 반올림하시오.)
2) 단위 골재량의 절대부피를 구하시오. (단, 소수 넷째 자리에서 반올림하시오.)
3) 단위 잔골재량의 절대부피를 구하시오. (단, 소수 넷째 자리에서 반올림하시오.)
4) 단위 굵은골재량의 절대부피를 구하시오. (단, 소수 넷째 자리에서 반올림하시오.)
5) 단위 잔골재량을 구하시오. (단, 소수 첫째 자리에서 반올림하시오.)
6) 단위 굵은골재량을 구하시오. (단, 소수 첫째 자리에서 반올림하시오.)

[풀이]

1) 물-결합재비 $= \dfrac{W}{C} = 0.5$ ∴ $C = \dfrac{175}{0.5} = 350\text{kg}$

2) $V = 1 - \left(\dfrac{175}{1 \times 1,000} + \dfrac{350}{3.15 \times 1,000} + \dfrac{1}{100} \right) = 0.704\text{m}^3$

3) $V_S = 0.704 \times 0.4 = 0.282\text{m}^3$

4) $V_G = 0.704 - 0.282 = 0.422\text{m}^3$ (또는 $0.704 \times 0.6 = 0.422\text{m}^3$)

5) $S = 2.59 \times 0.282 \times 1,000 = 730\text{kg}$

6) $G = 2.62 \times 0.422 \times 1,000 = 1,106\text{kg}$

문제 06

다음 물음에 답하시오.
가) 콘크리트 표면에 떠올라서 가라앉은 미세한 물질은?
나) 콘크리트 타설 후 시멘트, 골재 입자 등이 침하함으로써 물이 분리 상승되어 콘크리트 표면에 떠오르는 현상은?

풀이 가) 레이턴스
나) 블리딩

문제 07

시멘트 비표면적의 정의를 쓰시오.

풀이 1g의 시멘트가 가지고 있는 전체 입자의 총면적

문제 08

다음 물음에 답하시오.
가) 콘크리트를 수송하는 데 사용되는 콘크리트 펌프의 종류 2가지를 쓰시오.
나) 단면이 가로 8m, 세로 20m, 두께 0.3m인 구조물에 콘크리트를 타설하려고 한다. 레미콘 차량 대수를 구하시오. (단, 레미콘 차량 1대의 콘크리트양은 $6m^3$이다.)

풀이 가) ① 피스톤식
② 스퀴즈식
나) • 콘크리트의 총량 $= 8 \times 20 \times 0.3 = 48 m^3$
• 레미콘 차량 대수 $= 48 \div 6 = 8$대

문제 09

콘크리트 배합에서 내구성 확보를 위한 요구조건 중 노출범주 및 등급에 따른 최대 물 -결합재비를 쓰시오.
가) 탄산화 :
나) 해양환경 :
다) 동결융해 :

풀이 가) 60%
나) 45%
다) 55%

문제 10

콘크리트의 워커빌리티를 측정하기 위하여 흐름 시험을 실시한 결과 시험 후의 퍼진 지름이 54cm가 되었다. 흐름값을 구하시오. (단, 소수 첫째 자리에서 반올림하시오.)

풀이 흐름값 $= \dfrac{\text{시험 후 퍼진 지름} - \text{콘의 밑지름}(25.4\text{cm})}{\text{콘의 밑지름}(25.4\text{cm})} \times 100$

$= \dfrac{54 - 25.4}{25.4} \times 100 = 113\%$

2024년 8월 18일 시행 기출 및 예상문제(1시간) — 실기 필답형 문제

「알려 드립니다」 한국산업인력공단의 저작권법 저촉에 대한 언급이 있어 과거에 출제된 동일한 문제나 그 유형의 문제로 재구성하였습니다.

문제 01
콘크리트 시공에서 블리딩의 방지 방법에 대하여 3가지만 쓰시오.

풀이
① 분말도가 큰 시멘트를 사용한다.
② AE제를 사용한다.
③ 작업이 가능한 범위에서 가능한 단위 수량을 적게 사용한다.
④ 단위 시멘트양을 증가시킨다.
⑤ 굵은골재 최대치수를 크게 한다.
⑥ 분산제를 사용한다.
⑦ 부배합을 한다.
⑧ 포졸란을 사용한다.

문제 02
다음 물음에 대하여 콘크리트 배합강도를 구하시오.

가) 콘크리트 압축강도의 시험 기록이 없는 경우
  ① 호칭강도가 20MPa인 경우
  ② 호칭강도가 30MPa인 경우

나) 30회의 압축강도 시험 실적이 있는 경우
  ① 품질기준강도가 30MPa이며 표준편차가 3MPa인 경우
  ② 품질기준강도가 40MPa이며 표준편차가 5MPa인 경우

풀이

가) ① $f_{cr} = f_{cn} + 7 = 20 + 7 = 27 \text{MPa}$
  ② $f_{cr} = f_{cn} + 8.5 = 30 + 8.5 = 38.5 \text{MPa}$

나) ① $f_{cq} \leq 35\text{MPa}$인 경우
- $f_{cr} = f_{cq} + 1.34s = 30 + 1.34 \times 3 = 34.02 \text{MPa}$
- $f_{cr} = (f_{cq} - 3.5) + 2.33s = (30 - 3.5) + 2.33 \times 3 = 33.49 \text{MPa}$

∴ 배합강도는 큰 값인 34.02 MPa이다.

② $f_{cq} > 35\text{MPa}$인 경우
- $f_{cr} = f_{cq} + 1.34s = 40 + 1.34 \times 5 = 46.7 \text{MPa}$
- $f_{cr} = 0.9 f_{cq} + 2.33s = 0.9 \times 40 + 2.33 \times 5 = 47.65 \text{MPa}$

∴ 배합강도는 큰 값인 47.65 MPa이다.

문제 03

콘크리트 1m³를 만드는 데 필요한 재료량을 아래 배합표를 보고 구하시오.

굵은골재 최대치수 (mm)	단위 수량 (kg)	물- 시멘트비 (%)	잔골 재율 (%)	잔골재 밀도 (g/cm³)	굵은골재 밀도 (g/cm³)	시멘트 밀도 (g/cm³)	공기량 (%)	슬럼프 (mm)
25	180	50	36	2.6	2.65	3.15	3	80

가) 단위 시멘트양을 구하시오. (단, 소수 첫째 자리에서 반올림하시오.)
나) 단위 잔골재의 절대부피를 구하시오. (단, 소수 넷째 자리에서 반올림하시오.)
다) 단위 잔골재량을 구하시오. (단, 소수 첫째 자리에서 반올림하시오.)
라) 단위 굵은골재의 절대부피를 구하시오. (단, 소수 넷째 자리에서 반올림하시오.)
마) 단위 굵은골재량을 구하시오. (단, 소수 첫째 자리에서 반올림하시오.)

풀이

가) $\dfrac{W}{C} = 50\%$ ∴ $C = \dfrac{180}{0.5} = 360$ kg

나) • 단위 골재량의 절대부피

$$V = 1 - \left(\dfrac{\text{단위 수량}}{\text{물의 밀도} \times 1{,}000} + \dfrac{\text{단위 시멘트양}}{\text{시멘트 밀도} \times 1{,}000} + \dfrac{\text{공기량}}{100}\right)$$

$$= 1 - \left(\dfrac{180}{1 \times 1{,}000} + \dfrac{360}{3.15 \times 1{,}000} + \dfrac{3}{100}\right) = 0.6757 \text{m}^3$$

• 단위 잔골재의 절대부피

$V_S = 0.6757 \times 0.36 = 0.243 \text{m}^3$

다) $S = 2.6 \times 0.243 \times 1{,}000 = 632$ kg

라) $V_G = 0.6757 \times (1 - 0.36) = 0.432 \text{m}^3$

마) $G = 2.65 \times 0.432 \times 1{,}000 = 1{,}145$ kg

문제 04

콘크리트 휨강도 시험에 대한 내용이다. 다음 물음에 답하시오.

가) 공시체가 150mm×150mm×530mm일 때 각 층 다짐횟수는?
나) 휨강도 시험결과 무효가 되는 이유를 간단히 쓰시오.
다) 공시체를 제작한 후 ( )시간 이상, ( )일 이내에 몰드를 떼어내는가?
라) 공시체가 150mm×150mm×530mm일 때 몰드에 몇 층으로 채워 넣는가?
마) 휨강도 공시체에 하중을 가하는 속도는?
바) 공시체가 지간의 가운데 부분에서 파괴되있을 때 휨강도를 구하시오.
(단, 지간은 450mm, 파괴 최대하중이 36,000N이다.)

풀이

가) $(150 \times 530) \div 1{,}000 = 80$회
나) 공시체가 인장쪽 표면 지간 방향 중심선의 4점 바깥쪽에서 파괴되는 경우
다) 16, 3
라) 2층
마) 0.06 ± 0.04 MPa/초
바) $f_b = \dfrac{Pl}{bd^2} = \dfrac{36{,}000 \times 450}{150 \times 150^2} = 5$ MPa

문제 05
혼화제 중에서 응결, 경화시간을 조절하는 것 3가지만 쓰시오.

풀이
① 지연제
② 촉진제
③ 급결제
④ 초지연제

문제 06
콘크리트 시방배합으로 각 재료의 단위량과 현장 골재의 상태는 다음과 같다. 물음에 답하시오.

[시방 배합표(kg/m³)]

물(W)	시멘트(C)	잔골재(S)	굵은골재(G)
180	370	710	1,190

[현장 골재 상태]
- 잔골재 속에 5mm 체에 남는 양 3%
- 굵은골재 속에 5mm 체 통과량 2%
- 잔골재 표면수량 3%
- 굵은골재 표면수량 1%

가) 잔골재량을 구하시오.
나) 굵은골재량을 구하시오.
다) 물의 양을 구하시오.

풀이

가) ① 입도 조정
$$x = \frac{100S - b(S+G)}{100 - (a+b)} = \frac{100 \times 710 - 2(710 + 1,190)}{100 - (3+2)} = 707.4 \text{kg}$$

② 표면수 조정
$707.4 \times 0.03 = 21.22 \text{kg}$
∴ $S = 707.4 + 21.22 = 728.6 \text{kg}$

나) ① 입도 조정
$$y = \frac{100G - a(S+G)}{100 - (a+b)} = \frac{100 \times 1,190 - 3(710 + 1,190)}{100 - (3+2)} = 1,192.6 \text{kg}$$

② 표면수 조정
$1,192.6 \times 0.01 = 11.93 \text{kg}$
∴ $G = 1,192.6 + 11.93 = 1,204.5 \text{kg}$

다) $W = 180 - (21.22 + 11.93) = 146.9 \text{kg}$

문제 07

골재의 체가름 시험에서 조립률을 구할 때 사용되는 체를 모두 쓰시오.

풀이 75mm, 40mm, 20mm, 10mm, 5mm, 2.5mm, 1.2mm, 0.6mm, 0.3mm, 0.15mm

문제 08

콘크리트 타설 후 습윤 상태로 노출면이 마르지 않도록 하여야 하며 수분의 증발에 따라 살수를 하여 습윤 상태로 보호하여야 한다. 아래 표의 습윤 상태로 보호하는 기간의 빈칸을 채우시오.

일평균 기온	보통 포틀랜드 시멘트	고로 슬래그 시멘트 2종 플라이 애시 시멘트 2종	조강 포틀랜드 시멘트
15℃ 이상	5일	7일	③
10℃ 이상	①	9일	4일
5℃ 이상	9일	②	④

풀이
① 7일   ② 12일
③ 3일   ④ 5일

일평균 기온	보통 포틀랜드 시멘트	고로 슬래그 시멘트 2종 플라이 애시 시멘트 2종	조강 포틀랜드 시멘트
15℃ 이상	5일	7일	3일
10℃ 이상	7일	9일	4일
5℃ 이상	9일	12일	5일

문제 09

일반 콘크리트 비비기에 대한 다음 물음에 답하시오.
가) 강제식 믹서의 비비기 시간은?
나) 가경식 믹서의 비비기 시간은?

풀이
가) 1분
나) 1분 30초

문제 10

콘크리트의 블리딩 시험 방법에 대한 내용이다. ( ) 안을 채우시오. (단, 용기의 안지름은 240mm이다.)

가) 콘크리트의 온도는 ( )℃로 한다.
나) 콘크리트를 용기에 ( )층으로 나누어 넣고, 각 층을 다짐봉으로 ( )회씩 균등하게 다진다.

풀이 가) 20±3 나) 3, 25

콘크리트 기능사 필기 · 실기   정가 28,000원

- 저　자　고　행　만
- 발 행 인　차　승　녀

- 2009년　3월　25일　제1판　제1인쇄 발행
- 2010년　1월　20일　제2판　제1인쇄 발행
- 2011년　1월　20일　제3판　제1인쇄 발행
- 2012년　1월　3일　제4판　제1인쇄 발행
- 2013년　1월　3일　제5판　제1인쇄 발행
- 2014년　1월　15일　제6판　제1인쇄 발행
- 2015년　1월　15일　제7판　제1인쇄 발행
- 2016년　1월　15일　제8판　제1인쇄 발행
- 2016년　12월　15일　제9판　제1인쇄 발행
- 2017년　10월　20일　제10판　제1인쇄 발행
- 2018년　7월　20일　제11판　제1인쇄 발행
- 2019년　6월　20일　제12판　제1인쇄 발행
- 2020년　9월　28일　제13판　제1인쇄 발행
- 2022년　1월　25일　제14판　제1인쇄 발행
- 2024년　1월　5일　제15판　제1인쇄 발행
- 2024년　12월　30일　제16판　제1인쇄 발행

도서출판 건기원

(등록 : 제11-162호, 1998. 11. 24)

경기도 파주시 연다산길 244(연다산동 186-16)
♣ TEL : (02)2662-1874~5　　FAX : (02)2665-8281

★ 건기원은 여러분을 책의 주인공으로 만들어 드리며, 출판 윤리 강령을 준수합니다.
★ 본 수험서를 복세 · 변형하여 판매 · 배포 · 전송하는 일체의 행위를 금하며, 이를 위반할 경우 저작권법 등에 따라 처벌받을 수 있습니다.

ISBN　979-11-5767-865-5　　13530